서울대학교 **환경에너지법정책센터**
연구 시리즈 2013-1

ENERGY LAW & POLICY in the Age of Climate Change

기후변화시대의

에너지법정책

조홍식 편저

박영사

서 문

본서는 지난 1년여 간 각 분야의 전문가들이 "기후변화시대의 에너지법정책"이라는 주제 아래 논의한 연구결과를 책으로 엮은 것이다. 서울대학교 법학연구소의 환경에너지법정책센터는 법, 제도, 정책의 연구를 통하여 환경과 에너지에 관련된 여러 문제의 해결에 진력해왔다. 이번 연구는 인류 전체가 응전해야 할 공통의 과제인 "기후변화"가 우리 사회에 미칠 영향과 이에 대한 대응방안을 에너지의 측면에서 탐색하는 데 그 목적을 두고 있다. 이번 연구에 참여한 연구진의 대부분은 기후변화가 법의 지배라는 우리 사회의 운영원리에 미칠 영향을 여러 방면에서 연구하고 그 연구 결과를 2010년 『기후변화와 법의 지배』라는 제목의 책자로 출판한 바 있다. 본서는 이를 바탕으로 하여 본서 말미의 연구 경과에서 볼 수 있는 바와 같이 세 차례에 걸쳐 연구 포럼을 진행하고 그 각 포럼에서 발표된 연구논문을 다시 편집하여 출판한 것이다. 각 논문은 각각의 논점에 대한 심도 깊은 연구이지만, "기후변화시대에 에너지법정책은 어떠하여야 하는가?"라는 하나의 일관된 주제를 논구하는 데 초점을 맞추었다. 에너지법에 관한 연구가 일천한 우리나라에서, 기후변화시대의 에너지문제를 법제도와 정책의 측면에서 다룬 최초의 연구성과라고 자평해본다.

미국 국립해양대기국(NOAA)의 국립기후자료센터(NCDC)가 발표한 2011년 보고서[1]에 따르면 온난화의 영향으로 전체 지구표면의 평균온도가 35년 연속 20세기 평균치를 웃돈 것으로 나타났다. 이런 연구결과에도 불구하고 기후변화 자체에 대한 논란이 그치지 않더니 이제는 그 원인을 인간의 경제활동의 부산물인 이산화탄소 이외의 것에서 찾으려는 움직임이 감지된다. 이 대목에서 놓쳐서는 안 될 포인트가 있다. 기후변화에 관한 자연과학적 진실 논란은 앞으로도 계속될 것이지만, 국제사회는 이미 이를 사실로 받아들이고 이에 대한 응전

1 이 보고서는 2012. 1. 29. 발표된 "State of the Climate: Global Analysis Annual 2011"(http://www.ncdc.noaa.gov/sotc/global/2011/13)을 말한다.

체제에 접어들었다는 점이다. 석탄시대에서 석유시대로 넘어가면서 겪었던 경험을 곱씹어 본다면, 우리나라가 기후변화에 대하여 취해야 할 자세를 가늠해 볼 수 있다. 석탄이 고갈될 위험도 없었고 석탄의 외부효과에 대한 경각심이 크지도 않았지만, 그 어느 누구도 이미 시작된 세계적 추세 변화를 거스를 수는 없었다.

본서는 이와 같은 기후변화를 둘러싸고 진행되고 있는 전 세계적인 메가트렌드(mega-trend)의 변화에 적응하기 위해 우리 사회가 준비하여야 할 것을 에너지법제도와 정책의 측면에서 궁구하고 있다. 본서는 크게 다섯 개의 부로 구성되어 있다. 제 1 부에서는 기후변화시대의 법정책을 지도할 이념, 기본 원리, 목표, 수단 및 이를 뒷받침하는 법제의 근간을 살펴본다. 제 2 부에서는 기후변화 대응을 위한 선진국의 에너지정책과 법제의 동향을 살펴보고, 제 3 부에서는 에너지법제를 중심으로 우리나라의 에너지법정책을 구체적으로 살펴본다. 제 4 부는 기후변화의 도전에 응전하기 위하여 특별히 고안된 배출권거래제와 녹색세제에 관련된 여러 쟁점을 살펴보고 이를 해결하기 위한 제언을 살펴본다. 마지막으로 제 5 부에서는 이상에서 살펴본 에너지법정책을 고안·실행할 때 반드시 고려해야 할 산업계의 목소리를 들어본다.

본서의 출간에 이르기까지 참여해 주신 모든 분들은 열과 성을 다하여 방대하고 심도깊은 논의를 진행하였다. 수많은 토론을 거치면서 다종다양한 의견이 개진되었음은 물론인데, 본서를 출판하면서 하나의 완성된 내용의 단행본의 형태를 갖추려다 보니 그동안 공유했던 통찰력 있는 토론 내용 모두를 담지 못하는 아쉬움이 남는다. 부족하지만 본서의 출간이 토대가 되어 후속연구가 계속되기를 기대한다.

본서의 토대가 된 연구 프로젝트의 기획·추진에서 출간에 이르기까지 실로 헤아릴 수 없는 많은 분들이 귀중한 노고와 시간을 할애해주셨다. 먼저 세 차례에 걸친 연구 포럼에 참여해주시고 옥고를 마무리해주신 모든 분들께 고개 숙여 감사드린다. 또한 환경에너지법정책센터의 탄생을 물심양면에서 지원해주신 전 서울대학교 법학대학원장 김건식 교수님과 이번 연구 프로젝트를 재정적으로 지원해주신 포스코에너지 이경훈 부사장님, 박현 박사님께 다시 한번 감사의 말씀을 드린다. 환경에너지법정책센터의 연구 활동에 관심과 지원을 아끼지 않으시는 정종섭 전 서울대학교 법학대학원장님과 남효순 법학연구소장님께도 깊게 감사드린다. 마지막으로 원고 초록을 정리해준 김유미 사법연수생, 행정적으로 궂은 일을 마다하지 않은 조은수 조교와 항상 웃는 낯으로 행정업무를 총괄하고 최종 편집작업까지 도맡아 준 최미경 조교에게 고마움을 전한다.

2013년 1월
서울대학교 법과대학에서
편저자 趙 弘 植

총 목 차

제 1 부 기후변화시대의 에너지법정책

제 2 부 기후변화 대응을 위한 선진국의 에너지정책과 법제의 동향

제 3 부 기후변화 대응을 위한 우리나라의 환경·에너지법정책

제 4 부 기후변화 대응을 위한 배출권거래제와 녹색 에너지세제

제 5 부 에너지법정책의 설계와 산업경쟁력

세부 목차

제 1 부 기후변화시대의 에너지법정책

제 2 부 기후변화 대응을 위한 선진국의 에너지정책과 법제의 동향

제 3 부 기후변화 대응을 위한 우리나라의 환경·에너지법정책

제 4 부 기후변화 대응을 위한 배출권거래제와 녹색 에너지세제

제 1 부

기후변화시대의 에너지법정책

제1장 기후변화시대의 에너지법정책

조 홍 식*

"에너지는 인간의 존재 양식, 그 자체이다."

서 언

에너지는 안보, 성장, 환경 등 인류의 삶을 구성하는 모든 면에서 나날이 그 중요성이 증대되고 있다. 에너지를 표현하는 중국어 "能源"에서 볼 수 있듯이, 에너지는 인간의 삶을 '가능하게 하는' 원천이다.[1] 이제 인류의 미래상은 에너지 문제의 여러 측면을 규율할, 합리적인 법정책의 수립과 운영에 달려 있다고 해도 과언이 아닐 것이다.

국내의 수송용 연료소비 경향은 2007년 경유가 지속적으로 감소하고 그 대신 LPG 등 가스연료의 사용이 늘어나는 추세이다. 이러한 추세는 정부의 친환경자동차보급정책, 친환경연료정책, 친환경세제정책의 추진에 따른 것이다. CNG 버스가 전국적으로 운행될 수 있는 것도 이런 정책 덕분이다. 이런 사례는 연료의 소비가 법정책에 의하여 여하히 변화하는지를 보여주는 좋은 예이다.

에너지정책을 추진하기 위해 정부가 사용할 수 있는 수단은 다양하다. 우리

---

* 서울대학교 법학전문대학원 교수.

1 김형국 편, 녹색성장 바로알기, 20 (2010).

정부는 친환경자동차의 보급을 장려하기 위하여 두 차례에 걸쳐 에너지세제를 개편함으로써 경유의 세금을 약 180%가량 증가시켰고, 환경개선부담금을 경유 차량에만 부과하고 차량에 부과되는 세금을 개편함으로써 경유의 사용을 제어하였다. 국가 및 지자체에서 지원하는 보조금과 면세 혜택 역시 가스 연료에 유리한 방향으로 되어 있다. 이러한 정부정책의 뒤에는 항상 법률이 있다. 국내의 수송용 연료소비의 추세 변화는 정부가 2004년 제정한 「환경친화적 자동차의 개발 및 보급 촉진에 관한 법률」과 동 법률에 의해 입안된 5년 주기의 "환경친화적 자동차 보급 시행계획"에 따른 결과인 것이다.[2]

우리나라는 대표적인 자원빈국(資源貧國)이다. 따라서 에너지 확보를 위한 법정책 수립의 필요성이 그 어느 나라보다 크다. 에너지 이용에 수반되는 환경문제, 특히 최근의 기후변화 문제는 에너지를 둘러싼 문제 상황을 더욱 복잡하게 만들고 있다. 이에 대처하고 저탄소사회의 선도적 구축을 위해서는 기존의 에너지자원의 관리·이용을 합리화하고 기후변화의 도전에 응전하기 위한 최적화된 에너지법정책을 수립하고 이를 추진하기 위한 법제를 정비하여야 한다.

본고는 이런 문제의식하에, 현재 우리나라가 갖고 있는 에너지 문제의 양상(樣相)을 살펴본 후(Ⅰ.), 기후변화라는 초유의 사태에 대처하는 국제사회의 정세를 평가함으로써(Ⅱ.) 우리의 에너지법정책이 처한 국내외 정책환경을 진단한다. 본고는 이런 진단에 터 잡아 우리의 에너지법정책을 규율할 이념 및 기본원리의 방향 및 내용을 살펴보고(Ⅲ.) 이러한 이념 및 원리를 실현하기 위해 여하한 정책목표와 수단 그리고 법제가 강구되고 있는지를 살펴보기로 한다(Ⅳ.).

Ⅰ. 에너지 문제의 양상, 원인 및 우리나라의 현황

1. 에너지 문제의 양상

바람직한 에너지법정책을 수립하기 위해서는 무엇보다 에너지 문제를 입체적으로 살펴볼 필요가 있다. 에너지 문제의 심각성을 보여주는 첫 번째 양상은

2 신승국, 본서 제19장, "수송용 연료의 미래와 기후변화 대처: 클린디젤을 중심으로 한 장기 수송용 연료 Roadmap 수립" 참조.

에너지의 고갈과 그것이 가져올 가공(可恐)의 위기의식이다. 에너지 소비의 증가 추이를 고려하면[3] 석탄과 석유로 대변되는 화석연료가 멀지않은 장래에 고갈될 것임은 주지의 사실인데, 기실 더 문제인 것은 고갈이 가져올 사회혼란에 대한 우려이다. 석유생산의 정점이 이미 도래했는지 아직 멀었는지에 관하여 의견이 분분하고, 석유의 생산은 지속적으로 증가하다 일정한 지점 이후로는 감소하게 된다는 킹 허버트(King Hubbert)의 "정점(頂点) 이론"에 대해서도 반론이 존재하지만,[4] 현재의 과도한 석유의존 상태를 있는 그대로 받아들인다면 석유 생산의 감소와 유가 상승이 갑작스럽게 찾아올 때 생길 전세계의 혼란상은 쉽게 예측할 수 있을 것이다.

에너지 문제의 두 번째 양상은 에너지 생산, 특히 화석연료에 기반한 에너지 생산에 따른 '부정적 외부효과(negative externality)'이다. 화석연료의 연소는 대기오염물질을 방출하여 환경오염을 초래하는데, 21세기에 들어와서는 새로운 대응책이 필요할 정도로 심각한 모습으로 나타나게 되었다. 바로 기후변화가 실증(實證)된 것이다. 기후변화의 시대에는 에너지 '사용'에 대한 엄격한 관리가 더욱 필요하게 된다. 여기에 미국발 금융위기와 유럽발 재정위기가 터지고 설상가상으로 이란 핵위기와 같은 국제분쟁이 겹쳐지면 에너지 문제는 더욱 복잡한 양상으로 나타나게 될 것이다.

놓쳐서는 안 될 에너지 문제의 또 다른 양상은 에너지 기술의 한계와 관련되어 있다. 에너지 기술은, 황진택 박사가 지적하듯이, 여타의 기술과 비교할 때 대규모·고비용·낮은 경쟁력을 그 태생적 한계로 지니고 있는 까닭에,[5] 에너지 산업 자체가 스스로 기술적 혁신을 도모하기 어렵다. 따라서 에너지 기술의 혁신을 도모하기 위해서는 공공정책이 나서야 하는데, 이는 에너지 문제의 정책의 존도가 높음을 의미한다.

---

3 윤종수, 본서 제12장, "저탄소 녹색성장 시대에서의 에너지와 대기환경정책" 참조.

4 허버트의 이론에 관해서는, M. King Hubbert, "Nuclear Energy and the Fossil Fuels," http://www.hubbertpeak.com/hubbert/1956/1956.pdf (2012. 1. 27. 방문). 동 이론에 관한 논란에 관해서는 Adam R. Brandt, "Testing Hubbert," *Energy Policy* vol. 35 (5), 3074-88 (2007) 참조.

5 황진택, 본서 제17장, "에너지 메가트렌드와 비즈니스 솔루션" 참조.

2. 에너지 문제의 원인 및 특수성

인류가 문명을 창조하기 시작한 이래로 에너지의 안정적 확보는 문명 자체의 존망을 결정하였는데, 특히 지난 200년의 역사는 화석연료의 에너지원을 확보한 나라가 강대국의 지위를 누리게 됨을 웅변한다. 중동발 오일쇼크는 이러한 문제 상황을 적나라하게 보여주는 예이다. **에너지 자원의 편재**(偏在)라는 점에 더하여, **에너지 연소 기술의 낙후성** 또한 문제이다. 에너지 연소는 애초에 물리적으로 완전할 수 없는 것이지만, 기술의 발전 속도가 기대에 뒤쳐진 상태이다. 근자에 들어 후자의 문제가 더욱 부각되는 양상인데, 이는 에너지 연소의 부산물을 흡수하는 역할을 하는 대기체가 특정 대기오염물질에 대하여 더 이상 "흡수원(sink)"으로 기능하지 못하는 한계상황에 다다른 것이다. 이것이 이산화탄소 등 온실가스로 인한 기후변화 문제이다.

이상의 자연적 원인에 더하여 문제를 더욱 복잡하게 만드는 것은 **에너지시장의 역동성, 에너지산업의 기술의존성, 에너지시장의 여타의 시장과의 시장융합성**이다. 허성욱 교수가 지적하듯이,[6] 에너지시장 자체의 역동성은 에너지법정책의 수립·집행을 더욱 어렵게 만든다. 에너지시장은 일반 상품시장과 달리 다양한 정치, 사회, 경제적 요소에 의해 영향을 받는다. 최근 국제유가에 큰 영향을 미쳤던 중동에서의 자스민 혁명의 예가 이를 대표한다. 또한 에너지산업은 기술발전에 의해 빠르고 크게 영향을 받는다. 기술발전의 속도를 감안하면, 이는 에너지산업 자체가 급변할 수 있음을 의미하고, 이는 역으로 에너지산업이 규제에 대한 고도의 즉응성(卽應性)을 가짐을 함의한다. 후술하는 바와 같이 탄소배출권거래제도는 보다 적은 탄소배출 기술을 개발하도록 유발하게 될 것이다. 그리고 에너지시장은 다른 에너지시장이나 다른 상품시장과 융합하는 경향을 가지는데, 이 또한 에너지 문제를 더욱 복잡하게 만드는 요인이다.

3. 우리나라의 에너지 문제의 현황

우리나라에는 에너지 문제를 악화시키는 특수한 사정이 있다. 우리나라는 **자원빈국**으로서 대부분의 에너지원을 수입에 의존하여 왔고 그런 만큼 국민생활

6 허성욱, 본서 제10장, "기후변화시대의 에너지법" 참조.

과 산업경쟁력에 미치는 영향이 말할 수 없이 크다. 우리나라는 세계 10위의 에너지소비대국인데, 2008년을 기준으로 보면 에너지의 96%를 수입하고,[7] 에너지의 83%가 화석연료로부터 나오며, 에너지원의 연간 수입액은 1천4백억 달러로 반도체, 조선, 자동차 산업의 수출액 모두를 합친 것보다 많다. 우리나라는, 황진택 박사가 지적하듯이,[8] **에너지집약적인 산업구조**를 가지고 있기 때문에 글로벌 에너지시장의 상황으로부터 직접적인 영향을 받는 구조적 문제점을 드러내고 있다. 하지만 이런 상황은 역설적이게도 에너지정책의 개발 및 적용에 좋은 여건으로 작용하고 있다. 사정이 이러하므로 에너지 가격의 불안정에 취약할 수밖에 없고 그런 만큼 에너지에 관한 각종 정책이 강구되고 이를 위한 법제가 정비되어야 할 필요성이 절감(切感)되기 때문이다.

Ⅱ. 에너지 문제의 국제적 정책환경: 더반회의의 법정책적 함의

유엔기후변화협약(UN Framework Convention on Climate Change) 제17차 당사국총회(Conference of Parties)가 2011년 12월 11일 남아프리카공화국 더반에서 폐막하였다. 이번 회의에서 유엔기후변화협약이 종언을 고할 것이란 당초의 우려에도 불구하고 193개국 9천여 명의 당사국 정부대표, 93개 기구 1천여 명의 국제기구, 594개 기구 5천여 명의 비정부기구(NGO)가 마치 그런 우려를 비웃기라도 하듯 더반에 모여들었다. 논의는 더욱 치열했다. 이번 회의는 당초 12월 9일 종료될 예정이었으나, 합의도출에 시간이 소요되어 12월 11일 일요일 오전 5시 30분경 폐막할 수 있었다.

더반회의는 이처럼 치열하게 전개된 논의를 모아 "더반 결과물(Durban Outcome)"을 총회 결정문(COP Decisions)의 형식으로 내놓았다. 즉, ① 2012년에 만료되는 교토의정서를 2013년 이후로 연장하여 교토의정서 2차 공약기간을 설정하였고, ② 이에 그치지 않고 2020년 이후 모든 당사국을 대상으로 한, 법적 효력 있는 새로운 기후변화체제의 설립에 합의하고, 이를 위한 협상을 2012년

7 이런 추세는 진행형이다. 조현숙, "역주행하는 한국 에너지 소비," http://biz.heraldm.com/common/Detail.jsp?newsMLId=20110329000293 (2012. 1. 27. 방문).

8 황진택(註 5) 참조.

상반기에 개시하여 2015년 완료한다는 "더반 플랫폼(Durban Platform)"을 출범시켰으며, ③ 개도국의 자발적 감축, 선진국으로부터의 기술이전, 기후변화 적응체계의 구축, 산림악화 방지 구상("REDD+") 등을 담은 칸쿤 합의를 이행하기로 결의하였고, ④ "녹색기후기금(Green Climate Fund)"을 출범시켰던 것이다.

더반 결과물에 대한 평가는 국내적으로나 국제적으로나 녹록하지 않다. 국내 한 경제신문은, 日本經濟新聞의 "일본은 교토의정서 연장에 참가하지 않아 감축의무를 지지 않는다."라는 보도를 근거로 하여,[9] 일본, 러시아, 캐나다가 포스트 교토의정서에 불참함에 따라 교토의정서는 휴지조각으로 전락하였다고 보도하고 있다.[10] 미국의 뉴욕타임즈도 더반 결과물에도 불구하고 유럽연합과 미국, 중국, 인도는 온실가스 감축과 관련하여 계속적인 갈등을 겪을 것이며, 앞으로 진행될 대화에서 기대하는 변화 또한 쉽지 않을 것이라고 전망하고 있다.[11] 과학자들과 환경론자들은, 이구동성으로, 기후변화의 심각성을 고려할 때 탄소배출 저감이 가장 시급한 문제임에도 불구하고 더반 결과물은 그 실현방안에 관해서 구체적 결과를 도출해내지 못했다고 비판하고 있다.[12]

다른 한편, 더반 결과물에 대한 긍정적 평가도 만만치 않다. 무엇보다도 이번 회의가 역사상 최초로 모든 온실가스배출국을 포괄하는 결론을 도출했다는 점을 성과로 보아야 하고,[13] 이번 회의가 이전과 차원이 다른 진보를 이룬 것으로 보아야 한다는 것이다.[14] 도서(島嶼) 국가의 관점에서 보면, 그들의 생존을 담보할 만한 실체적 행동계획은 마련되지 않았지만, 주요 탄소배출국인 미국, 중국, 인도, 브라질을 단일한 국제협상에 참여시켰다는 것만은 미래를 좌우할 국제체제 마련의 초석을 놓았다고 보아야 할 것이다.

더반 결과물에 대한 상충하는 평가 중 어느 것이 옳은 것인지에 상관없이

---

9 니혼게이자이신문(日本經濟新聞), 2011. 12. 13.

10 한국경제신문, 사설, "휴지된 교토의정서, 녹색정책 전면 수정하라," 2011. 12. 14. http://www.hankyung.com/news/app/newsview.php?aid=2011121337381&intype=1 (2012. 1 .27. 방문).

11 New York Times, "Climate talks in Durban yield limited agreement." (2011. 12. 11.). 같은 취지의 논평으로는 USA Today, "Climate Conference approves landmark deal." (2011. 12. 10.); Reuters, "Draft climate accord emerges, problems remain." (2011. 12. 11.).

12 USA Today, "Climate Conference approves landmark deal." (2011. 12. 10.).

13 Reuters, "New UN Climate deal struck, critics say gains modest." (2011. 12. 11.).

14 이런 평가는 미국의 기후대표(US climate envoy)인 토드 스턴(Todd Stern)의 평가이기도 하다. USA Today, "Climate Conference approves landmark deal." (2011. 12. 10.).

우리가 눈여겨 볼 포인트가 하나 있다. 그것은 기후변화에 대한 기본 입장에 있어서 당사국들 사이의 분열이 없었다는 점이다. 다시 말해 선진국, 개도국 가릴 것 없이 당사국 모두는 기후변화에 대처하여야 인류의 생존과 미래가 있다는 엄혹한 사실을 인정하고 대응방안의 큰 틀에 동의하였다는 점이다. 이는 소위 "녹색경주(green race)"가 앞으로도, 더욱 치열하게 전개될 것임을 예고한다.[15] 세계 각국은 녹색경주를 규율할 게임의 규칙, 즉 국제협상의 결과를 유리하게 만들기 위해 노력할 뿐만 아니라 규칙이 아무리 불리하게 만들어지더라도 이에 적응할 태세를 준비하게 될 것이다.

더욱이 우리나라는 이미 국제사회에 "2020년까지 배출전망치 대비 30% 감축"을 선언한 바 있으며, 이런 약속을 미래의 성장동력으로 삼겠다는 방침을 정하고 국가전략의 아이콘으로 "녹색성장"을 발표한 바 있다. 요컨대 우리나라는 아무 일도 없었던 듯이 이 같은 약속을 식언(食言)할 입장이 아니다. 이것이 본서의 주제인 기후변화시대의 에너지법정책이 다루어야 할 국제적 정책환경이다.

Ⅲ. 에너지법정책의 이념 및 기본 원리

1. 에너지법정책의 이념

에너지법정책의 이념은 "환경적으로 건전하고 지속가능한 발전(environmentally sound and sustainable development)"이다. 기후변화는 "지금까지 지구가 겪어본 가장 막심한 시장 실패"이므로 "강력하고 더 빠른 개입의 편익은 그 비용을 훨씬 상회"하게 마련이다.[16] 지속가능발전은 이러한 정부의 개입과 규제를 지도할 이념인 것이다.

1972년 「인간의 환경에 관한 UN 회의(UN Conference on the Human Environment,

---

15 기후변화의 문제가 아니라 하더라도, 화석연료의 시대가 종언을 고할 것임은 판명한 사실이다. 이는 새로운 에너지원의 개발이 절실함을 의미하는바, 가령 기후변화에 대응하는 전 세계의 노력에 가장 미온적인 태도를 보였다고 지탄받고 있는 미국만 하더라도 신에너지원 개발에는 그 어느 나라보다 촉각을 곤두세우고 있다. 즉 오바마 대통령은 2035년까지 전체 전력 생산량의 8할을 '청정(clean)'에너지를 통해서 생산할 것임을 선언하고 있는 것이다. 허성욱(註 6), 각주 16의 본문 참조.

16 Nocholars Stern, *The Economics of Climate Change* (2008).

일명 스톡홀름 회의)」가 환경과 발전 사이의 상충을 인식한 이래, 국제사회는 이러한 상충을 풀기 위한 해법을 고민해왔다. "지속가능발전"이 그 해법으로 정식화된 것은 당시 노르웨이 수상이었던 브런트란트(Gro Harlem Brundtland)가 주관한 「세계환경발전위원회(World Commission on Environment and Development(WCED)」가 1987년 출판한 **우리 공동의 미래**(*Our Common Future*)라는 저서에서인바, 이 보고서에는 다음과 같이 환경과 발전이 불가분임을 밝히고 있다.

> 환경은 인간의 활동, 야망, 욕구로부터 분리된 영역이 아니다. 그런데도 자꾸 인간의 여러 관심사와 무관하게 규정하려는 시도 때문에 '환경'이라는 용어는 일부 정치집단에서는 아주 소박한 의미를 지니게 되었다. '발전'이란 말도 일부 사람들이 너무 의미를 좁히는 바람에 예를 들어 '빈국은 부국이 되어야만 한다'는 식으로 아주 제한된 의미만이 부각되어 버리고 말았다. 이리하여 자동적으로 전문가들, 즉 '개발원조' 문제에 관련된 사람들의 관심사로 치부되어, 국제적인 논란과정에서 많은 사람들이 이 용어를 폐기하는 사태에까지 이르고 말았다.
>
> 그러나 우리 모두가 살아가는 곳이 '환경'이며, 그러한 거처 안에서 우리의 운명을 개선하기 위해 우리 모두가 행하는 활동이 바로 '발전'이다. 따라서 환경을 인간의 관심사로부터 분리하여 보호하려는 시도는 몇몇 정치적 그룹에서 볼 수 있는 바와 같이 환경문제를 너무 순진하게 받아들이는 것이다. **[양자는 불가분이다.]**[17]

이로써 1972년 로마클럽의 보고서인 **성장의 한계**(*The Limits to Growth*)로 대표되는 환경문제에 관한 비관론은 돌파구를 찾게 된 것이다. 그러나 "지속가능발전"은, 국내 및 국제 정책 개발에 있어서 영향력을 행사해왔고 담론을 형성해왔지만, 여러 차례의 국제회의에서 그 내용을 구체화해야 할 만큼 모호하기 짝이 없는 개념이다.[18] **우리 공동의 미래**는 지속가능발전을 "지속가능한 방식으로 발전

---

17 World Commission on Environment and Development (WCED), *Our Common Future*, xi (New York: Oxford University Press, 1987). 번역문은 조형준, 홍성태 역, **우리 공동의 미래**, 22 (1994). [ ] 부분은 원문에는 존재하나 번역본에는 존재하지 않는 부분을 번역해 붙인 것이다. 고딕 강조는 나의 것이다.

18 1992년 브라질 리우에서 개최된 「United Nations Conference on Environment and Development (UNCED)」에서 천명된 「의제 21(Agenda 21)」, 2002년 남아공의 요하네스버그에서 개최된 「World Summit on Sustainable Development (WSSD)」에서 「지속가능 발전에 관한 요하네스버그 선언(Johannesburg Declaration on Sustainable Development)」은 그 대표적인 예이다. 자세한 것은, Debra Mebratu, *Sustainability and Sustainable Development: Historical and Conceptual Review*, 494 (Elsevier Science Inc., 1998).

을 추구할 수 있는 능력 — 미래세대가 자신의 욕구를 충족시킬 능력을 훼손함이 없이 현세대가 자신의 욕구를 충족시키도록 하는 능력"으로 정의하였는데,[19] 이것이 그 후 논의의 출발점이었다.[20] 그리고 위 개념 정의 또한 애매하고 모호하기는 마찬가지여서 많은 사람들을 지속가능발전이란 제하(題下)의 캠프로 끌어모으는 역할은 성공적으로 수행했지만 여전히 그 구체적인 내용이 무엇인가에 관해서는 합의점에 이르지 못하고 있다.[21] 1992년 「환경과 발전에 관한 리우선언(Rio Declaration on Environment and Development)」[22]과 2002년 「지속가능발전에 관한 세계정상회의(World Summit on Sustainable Development)」[23]를 거치면서 지속가능발전은 세 가지 개념 요소를 중심으로 구체화되었다. 즉 "경제적 발전, 사회적 발전, 환경보호라고 하는 상호의존적이고 상호강화적인 지속가능발전의 [세] 기둥을 지역적, 국가적, 지구적 차원에서 진작시키고 강화할 집단적 책임"[24]이 그것이다. 세 기둥을 둠으로써 얻게 된 개념적 이득은, 발전이 오직 경제적 발전만을 의미하는 것으로 이해하게 만든 "환경과 발전의 관계"에 관한 고정 관념의 틀이 가진 한계를 극복할 수 있는 계기가 마련되었다는 것이다. 발전을 오직 경제적인 것만으로 좁게 이해하게 되면, 인간의 발전, 형평, 사회정의와 같은 또 다른 관심사가 주목받지 못하는 우(愚)를 범하게 된다. 이처럼 기존의 고정 관념의 틀을 벗어나 새로운 지평을 연 지속가능발전이지만, 그 세세한 내용에 관해서는 여전히 보편적 합의에 이르지 못한 형국임을 부인할 수 없다.[25] 이에 관해서는

---

19 WCED(註 17), 8.

20 이 개념 정의는 여전히 애매하고 모호하지만 이용면에서나 인용빈도수에서 볼 때 표준적 정의로 판단된다. Robert W. Kates, Thomas M. Parris & Anthony A. Leiserowitz, "What Is Sustainable Development?: Goals, Indicators, Values and Practice," *Environment*, 10 (April 2005).

21 *Id.* 11.

22 리우선언이 밝힌 원칙 중에는 제 3 원칙("The right to development must be exercised in such a way as to respond equitably to the developmental and environmental needs of present and future generations.")과 제 4 원칙("In order to achieve sustainable development, environmental protection shall constitute an integral part of the development process and cannot be considered in isolation from it.")이 지속가능발전을 구체화하고 있고, 「의제 21」은 이를 보다 구체화하는 각종 행동 프로그램을 제시하였다. 자세한 것은 Tracey Strange & Anne Bayley, *Sustainable Development Linking Economy, Society, and Environment*, 28 (OECD Insights, 2008).

23 2002년 요하네스버그에서 열린 WSSD는 두 개의 주목할 만한 결과를 도출해 냈는데 「지속가능발전에 관한 요하네스버그 선언(Johannesburg Declaration on Sustainable Development)」과 「이행계획(Plan of Implementation)」이 그것이다.

24 The Johannesburg Declaration on Sustainable Development, 1 (4 September 2002) http://www.housing.gov.za/content/legislation_policies/johannesburg.htm.

"녹색성장"의 개념을 설명하면서 상술(詳述)하기로 한다.

지속가능발전은, 이처럼 환경과 발전의 '조화'를 모색하기 위해 창안되었기 때문에, 환경법과 정책을 지도하는 이념으로 자리매김된 것은 논리적으로 자연스럽다. 하지만 지속가능발전은 에너지법과 정책을 지도하는 이념이기도 하다. 종래 에너지법과 환경법 사이의 관련성은 주목을 받지 못하였다. 에너지법은 에너지의 안정적·효율적 수급을 실현하는 데 목적이 있는 반면, 환경법은 경제활동에 수반되는 부작용으로부터 환경을 보호하는 것을 존재이유로 한다고 보았기 때문이다. 이 같은 인식은 제도화되어 각각의 영역을 지식경제부와 환경부에 분할·관리하도록 한 우리의 행정조직에 그대로 반영되고 있다.

그러나 조금만 생각해보면, 에너지 사용과 환경보호는 불가분(不可分)의 관계임을 알 수 있다. 우리나라를 예로써 살펴보면, 네 번에 걸쳐 진행된 경제개발 5개년 계획은 우리 경제와 산업을 고도성장의 반석 위에 올려놓았지만 다른 한편으로 이는, 이규용 전 환경부장관이 적확히 지적하듯이,[26] 에너지다소비형 산업구조를 고착화하여 화석연료의 사용량을 급격하게 증가시켰고, 이에 따라 황산화물, 질소산화물 등의 대기오염물질이 다량으로 발생하여 대기오염도를 급속하게 악화시키는 결과를 초래하였다. 경제개발에는 에너지 사용이 필수불가결하고 에너지 사용은 환경에 부하(負荷)를 거는 것이다. 대기환경을 보호하기 위해서는 에너지 사용에 메스를 가해야 하고, 에너지 수급이 불안하면 환경을 희생할 수밖에 없다.

에너지정책과 환경정책은 서로가 서로에게 영향을 미치는 관계임을 분명하게 인식하게 한 계기는 기후변화이다. 이는 환경정책인 동시에 에너지정책일 수밖에 없는 기후변화정책의 속성으로 말미암아 양 정책이 서로의 측면을 가지고 있음을 깨닫게 했기 때문이다.[27] 대기체가 대기오염물질의 '흡수원'으로 기능하듯이, 환경은 인간 활동의 부산물을 소화한다. 대기체가 오염물질을 흡수하는 데 일정한 한계가 있듯이, 환경 또한 인간 활동을 무한정 수용할 수는 없다. 그런데 인간의 활동—특히 경제활동—은 에너지를 필요로 하는바, 그렇다면 환경의 한계는 에너지 사용에 있어서 제약요소가 된다. 이런 까닭에 환경정책은 직접적

25 R. W. Kates et al.(註 20), 12.

26 이규용, 본서 제13장, "환경과 기후관련 에너지(연료) 법적 규제" 참조.

27 허성욱(註 6), 각주 9 및 그 본문 참조.

이건 간접적이건 에너지의 개발과 이용에 이런 저런 영향을 미치게 되어 있다. 요컨대 인간의 에너지 사용은 환경에 부하를 걸고 환경보호는 에너지 사용을 제약한다. 말하자면 에너지와 환경은 떼려고 해도 뗄 수 없는 동전의 양면과 같은 관계인 것이다.

2. 에너지법정책의 기본 원리

성공적인 에너지법정책이 되기 위해서는 정책효과의 측면에서뿐만 아니라 법제(法制)의 체계·내용의 측면에서도 흠결이 없이 완벽을 기해야 한다. 말하자면 드워킨의 "입법에 있어서의 완전성(integrity in legislation)"이 구비되어야 한다.[28] 이를 위해서는 에너지법정책의 이념인 지속가능발전을 온전히 구현할 수 있도록 에너지법정책을 규율하는 기본 원리가 정립되어야 하겠다.

고도성장과 석유위기를 거치면서 형성되기 시작한 우리나라의 에너지정책과 법제는 「저탄소 녹색성장 기본법」과 「에너지법」을 정점으로 하여[29] 각종 하위 법령이 그물망처럼 짜여 있다.[30] 그런데 양법은 에너지정책의 기본 원리로 "에너지 안정공급"·"환경친화"·"시장원리"를 명시하고 있다. UC 버클리대학 로스쿨의 다니엘 파버 교수는 에너지법정책을 규율하는 이러한 원리의 내용과 상호관계를 다음과 같이 설명한다.[31] 기후변화 이전의 미국 에너지법정책은 전통적으로 국민에 대한 "**값싼 에너지의 충분한 공급**"이라는 목표에 초점을 맞추어 왔는데, 이 목표는 화석연료가 세계적으로 일부 분쟁지역에 편중되어 있고 이는 다시 장래의 에너지공급 및 가격에 대한 불확실성을 낳는 까닭에 "**에너지 안보**"라는 더욱 절실한 목표와 연결된다.[32] 이와 같은 두 가지 전통적 목표는 결국 에너지의

28 Ronald Dworkin, *Law's Empire*, 166–67 (1986).

29 에너지법은 "안정적이고 효율적이며 환경친화적인 에너지 수급 구조를 실현하기 위한 에너지정책 및 에너지 관련 계획의 수립·시행에 관한 기본적인 사항을 정함으로써 국민경제의 지속가능한 발전과 국민의 복리 향상에 이바지하는 것을 목적으로" 한다(동법 제1조). 동법 제5조는 "에너지에 관한 법령을 제정하거나 개정하는 경우에는 「저탄소 녹색성장 기본법」 제39조에 따른 기본원칙과 이 법의 목적에 맞도록 하여야 한다."라고 규정하고 있는바, 따라서 「저탄소 녹색성장 기본법」과 「에너지법」을 에너지정책과 법제를 지도하는 기본법으로 볼 수 있게 된다.

30 이 부분은 허성욱 교수의 축조(逐條) 해석을 보라(허성욱(註 6) 참조). 또한 아래 [표 1] 에너지법의 이념, 기본 원리, 정책목표, 그리고 정책수단을 참조하라.

31 Daniel Farber, 본서 제2장, "에너지 절약을 통한 경제적 편익과 환경적 편익의 통합" 참조.

32 Michael B. Gerrard (ed.), *The Law of Clean Energy: Efficiency and Renewables* 1 (2011).

생산·공급·사용이 효율적으로 이루어져야 달성할 수 있는 것인바, 이로써 에너지 "**효율성**"이란 기본 원리가 도출되는 것이다. 화석연료가 낳는 대기오염은 환경보호나 국민보건을 에너지법정책이 고려해야 할 요소로 추가하지만,[33] 이 또한 효율성의 원리로 포섭될 수 있는 관심사가 된다. 왜냐하면 환경이나 국민건강에 대한 피해를 에너지 사용에 따르는 비용 중 하나로 보게 되면, 효율성이란 원리에 의하여 이 또한 해결할 수 있기 때문이다.

하지만 환경문제를 이처럼 경제활동에 부수하는 또 다른 '사회적 비용의 문제'로 보는 것은 시장이나 경제학을 지나치게 신봉하는 것으로 보인다. 다시 말하면 "돈으로 집은 살 수 있어도 가정을 살 수 없다."라는 네덜란드 속담이 웅변해내듯이 환경문제도 경제학적 방법론이 담아내지 못하는 측면을 가지고 있는 것인데,[34] 바로 이 측면을 해결하기 위해서는 효율성 이외의 또 다른 기본 원리가 필요하게 된다. "**환경책임성**"과 "**사회적 형평성**"의 원리가 그것이다. 기후변화시대에는 환경책임성의 원리가 적용되는 주된 대상이 탄소배출임은 당연하다. 탄소배출이 가져오는 해악에 관해서는 본서의 곳곳에서 다루고 있다.[35] 화석연료의 사용이 부대하는 폐해는 화석연료의 연소에 따르는 통상적인 환경오염물질뿐만 아니라 그 추출·생산·운송에 부대하는 여러 가지 환경위해를 포함한다는 점 또한 잊어서는 안 된다. 공정(fairness)은 에너지법정책의 중요한 요소인데, 가령 효율적 에너지 이용을 위해 고려되는 배출권거래제나 탄소세의 경우, 제도 설계가 치밀하지 못하면 오히려 빈자들이 더 큰 악영향을 받게 된다.[36] 왜냐하면 가난할수록 소득 중 더 많은 부분을 에너지 소비에 사용하거나 에너지 효율성이 떨어지는 물품을 사용할 수밖에 없기 때문이다.

---

33 *Id.* 25.

34 拙稿, "법경제학 무대놓기," **경제적 효율성과 법의 지배**, 15 (2009).

35 가령 Farber(註 31); 윤종수(註 3); 이규용(註 26).

36 기후변화 대응법제의 공정성 문제에 관한 문헌으로는 가령, Daniel Farber, "Fairness Issues in the Design of Environmental Trading Systems," in **녹색한국 2011 논문집**, 245 (2011)(이 논문은 http://www.greenkorea2011.org/download/sessionc/session2/full/Green_Korea_2011_Daniel_Farber.pdf에서 내려받을 수 있음); Alice Kaswan, "Reconciling Justice and Efficiency: Integrating Environmental Justice into Domestic Cap-and-Trade Programs for Controling Greenhouse Gases," in Denis G. Arnold, *The Ethics of Global Climate Change* (2011).

Ⅳ. 에너지법정책의 목표, 수단 및 법제

1. 에너지법정책의 목표

우리나라 현행법상 에너지법정책이 지향하는 구체적 목표는 “녹색성장(Green Growth)”이다. 녹색성장은 “경제와 환경의 상생가능성을 실현”하려는 정책목표로서,[37] 이명박 대통령은 2008년 8월 대한민국 건국 60주년 기념식에서 국가발전 방향을 장차 녹색성장에서 찾겠다고 천명한 바 있다.

녹색성장에 관하여 가장 많이 제기되는 의문은 ‘지속가능발전’과 어떤 관계에 있는지 또는 양자의 개념적 차이가 무엇인지이다. 조야(朝野)가 국가발전의 큰 틀을 ‘지속가능발전’에서 찾겠다고 합의하고 대통령자문기구로 국가지속가능발전위원회를 설치한 것이 2000년이었고, 마침내 이 조치를 「지속가능발전법」으로 확인한 것이 2008년이었다. 그간의 경과에 더하여 지속가능발전이 ‘환경보호’를 ‘경제발전’ 및 ‘사회적 형평’과 동렬(同列)로 추구하는 것임을 고려하면, 굳이 녹색성장이란 이름으로 환경과 경제의 공존을 새삼 강조할 필요가 있는가 하는 의문이 고개를 드는 것이다.

이 문제에 대한 해답은 ‘지속가능발전’이란 개념의 추상성(抽象性)에서 찾아야 한다. 지속가능발전은 경제·사회·환경적 가치의 동시발전을 통하여 국가·사회적으로는 ‘건전한 발전’을 지속시키고 개인적으로는 개선된 ‘삶의 질’을 실현시키는 것인데, 기실 상호 모순되는 양상의 세 가지 가치를 동시에 실현하기 위한 방안이 쉽게 찾아지지 않았다.[38] 이상적으로 선언된 가치로서의 지속가능발전이 실천적인 측면에서 그 실현방안을 찾지 못하고 헤매는 것이다. 이를 극복하기 위한 다양한 이론이 제시되었지만,[39] 여전히 그 실천성에는 문제가 있다.

---

37 자세한 것은 김형국(註 1) 참조.

38 J. Sacks, *Common Wealth: Economics for a Crowded Planet* (2008) (“지속가능발전은 이론적으론 달성이 가능하나, 공공정책과 시장기제가 필요한 투자를 이끌어내지 못해 실제로 실현되기 어렵다. 문제는 시장을 현명하고 지속가능한 작동체계로 이끌지 못함인데, 소중한 자원을 고갈시키는 우리를 질타하는 경제적 명령도 없고 그렇게 하는 우리를 막는 ‘보이지 않는 손’도 없다.”). Cf. 이경훈, 본서 제18장, “탄소정책과 주력산업의 지속가능 녹색 경쟁력”의 Ⅱ. 저탄소 녹색성장과 에코·경제효율에서는 지속가능발전이 그 구체화에 있어서 어느 정도 발전이 있었음을 지적하고 있다.

39 가령, 환경보호를 향한 변화로부터 경제 또한 수혜를 볼 수 있다는 낙관론으로는 Joseph Huber와

녹색성장 정책을 이런 배경하에서 탄생한 것으로 이해하면, 녹색성장 정책은 지속가능발전이란 이념을 달성하기 위한 수단으로서 자리매김된다.[40] 녹색성장 정책은 경제성장과 환경훼손의 "탈동조화(de-coupling)"를 달성하고 나아가 이에 그치지 않고 환경보호가 새로운 경제성장의 촉매제 또는 성장동력으로 기능하도록 하기 위한 정책이다. 탄소배출을 저감하고 청정에너지를 개발함으로써 한편으로는 높은 에너지 효율을 달성하고 이로써 에너지 안보를 강화하며, 다른 한편으로는 기후변화에 대한 대응을 강화하는 녹생성장 정책을 추진하면 경제성장도 촉진하고 동시에 생태건정성도 제고할 수 있다는 논리이다. 말하자면 녹색성장에서는 환경과 경제가 "상쇄(tradeoff)" 관계에 있지 않고 "상승(synergy)" 관계에 있다는 것이다.

이에 대해서는 지속가능발전의 중요한 개념요소인 사회적 가치를 등한시하고, 그렇지 않더라도 녹색성장 또한 애매하긴 마찬가지이므로, 이는 지속가능발전의 개선이 아니라 "개악(改惡)"이라는 혹평이 존재한다.[41]

전자의 비판에 대해서는 존 라이트너(John Leitner) 교수의 지적이 적절하다.[42] 녹색성장 정책 추진 과정에서 관련 이해당사자와 일반 국민의 참여가 보장된다면 녹색성장에 사회적 차원이 결여되어 있다는 비판은 적실성이 떨어진다는 주장이다. 지속가능발전에서도 어느 정도 배려하여야만 사회적 형평성이 충족되는 것인가에 관해서는 모두가 동의하는 구체적인 기준이 정립되어 있지 않다. 사정이 이러하므로 지속가능발전에서도 결국 그 기준점을 민주적 정치과정에서 결정할 수밖에 없는데, 그렇다면 지속가능발전과 녹색성장 사이의 차이점은 무엇인가 하고 반문하는 것이다. 다시 말해, 녹색성장 정책을 추진함에 있어서도 국민들이 그 결정과정에 참여할 기회를 충분히 보장한다면 사회적 측면에 대한 고려

Martin Jänicke의 "생태근대화(ecological modernization)"이론이나 이중배당가설 등이 있다. D.R., Fisher and W.R., Freudenburg, "Ecological modernization and its critics: Assessing the past and looking toward the future," *Society and Natural Resources* vol. 14, 701-709 (2001); Don Fullerton, and Gilbert Metcalf, "Environmental Taxes and the Double-Dividend Hypothesis: Did You Really Expect Something for Nothing?," *Chicago-Kent Law Review* vol. 73, 221−256 (1998).

40 이는 녹색성장위원회를 이끈 초대 민간위원장이었던 김형국 교수의 평가이기도 하다. 자세한 것은 김형국(註 1), 38−40 (녹색성장을 "지속가능발전을 실현할 열쇠"로 표현함).

41 Cf. 拙稿, "기후변화의 법정책: 녹색성장기본법을 중심으로," **기후변화와 법의 지배** (조홍식, 이재협, 허성욱 공편), 제 1 장(2010).

42 John Leitner, 본서 제 3 장, "An Analysis of Korean Green Growth Policy from the Perspective of Sustainable Development" 참조.

를 요구하는 국민들의 목소리가 반영된다고 볼 수 있고, 그렇다고 한다면 결국 추상적으로만 다루어졌던 사회적 형평성의 문제가 민주적 절차에 의하여 해결된 것이라고 못볼 바 아니라는 주장이다.

상정(想定) 가능한 또 하나의 반론은 녹색성장 정책의 추진 방식의 "미세조정(fine-tuning)"이다. 녹색성장정책을 추진할 때 소득분배 효과를 적극적으로 고려하면, 가령 전기요금의 누진제를 통해 에너지사용량이 많은 고소득층의 부담을 누진적으로 늘린다든지, 신재생에너지 등 녹색분야를 중소기업의 전문업종으로 선정해 육성시키는 정책을 추진한다면 사회적 측면에 대한 고려가 없다고 할 수 없을 것이다.

2. "녹색경제"와 "녹색성장"

녹색성장 개념의 애매모호성 비판에 대해서는 지속가능발전의 개념사(概念史)에서 해답을 찾을 수 있다. 지속가능발전 개념의 추상성을 극복하기 위해 제시된 개념으로는 "녹색경제(green economy)"가 있다. 일반적인 경제성장모델은 'GDP의 성장'을 최우선과제로 설정함으로써 소득향상과 빈곤탈피에 성공을 거두었으나 그에 따른 사회적·환경적 비용이 컸다. 이를 대체하기 위해 제시된 녹색경제는 생태서비스의 경제적 가치를 담아냄과 동시에, 생태계를 통해 사회에 떠넘겨진 외부효과를 내부화함으로써 일반적 모델의 실패 원인을 답습하지 않으려고 한다. 「유엔환경계획(UN Environment Programme)」은 이 개념을 다음과 같이 정의(定義)한다.

> 경제의 녹색화는, 자연자본, 인간자본, 경제자본 투자가 더 나은 수익을 가져올 수 있도록 사업과 인프라를 재구성함과 동시에 온실가스배출을 감축하고 자연자원을 더 적게 추출·사용하고 폐기물을 줄이며 사회적 불균형을 줄이는 과정을 이른다.[43]

녹색경제와 지속가능발전의 관계에 관해서는 녹색경제가 지속가능발전의 광범위한 목표를 뒷받침하는 것으로 이해되고 있고,[44] 구체적으로 녹색경제는 ①

43 What is the "Green Economy," United Nations Environment Programme, http://www.unep.org/greeneconomy/AboutGEI/WhatisGEI/tabid/29784/Default.aspx 〈last visited November 11, 2011〉.

44 가령 Manish Bapna, Q&A: What is A Green Economy?, WRI Insights, April 5, 2011 http://

"탄소배출과 공해의 감축," ② "에너지 및 자원효율성의 향상," ③ "생물다양성 및 생태서비스 상실의 방지"에 투자함으로써 소득과 고용의 성장을 도모하는 것이다.[45] 그렇다면 녹색경제는 지속가능발전을 달성하기 위한 수단으로 이해할 수 있을 것이다.

하지만 이렇게 이해된 녹색경제에 대해서는 이것이 현재와 같은 지구적 규모의 금융·재정위기 상황에 현실적인 대안이 될 수 없다는 비판이 있다. 선진국은 산업에 부담되는 탄소제약을 감내하기 어렵다고 하고, 후발국은 녹색경제로의 이행이 자신의 경제성장과 빈곤퇴치에 방해가 된다고 볼 것이다. 후발국은 녹색경제를 선진국이 후발국의 수출에 대한 "녹색 무역장벽"을 세우기 위한 위장전술이고 그렇지 않더라도 녹색기술에 뒤쳐진 후발국을 곤경에 빠뜨릴 것이라고 폄하하는 것이다.

녹색성장은 바로 이런 맥락에서 고안된 개념이다. 녹색경제라는 개념을 추상적 차원에서 규명하려는 노력보다는 현실정책으로서 갖추어야 할 실천적인 내용이 무엇인가를 궁구함으로써 후발국도 수용할 수 있도록 고안한 개념이 녹색성장이다. 후진국에게 지속가능발전은 성장을 가로막는 제약이었다면, 녹색성장은 환경보호가 경제성장을 가져오는 또 다른 방아쇠 역할을 할 수 있음을 강조함으로써 환경과 경제가 상승 관계가 될 수 있음을 강조한다. 또한 기후변화라는 피할 수 없는 제약을 염두에 두면 장기적 성장잠재력 측면에서 녹색성장이 "갈색 성장(brown growth)"보다 더 우월할 수 있음을 강조한다. 이런 까닭에 녹색성장은 성장을 가능하게 하는 자원효율적이고 환경친화적인 녹색기술을 강조한다. 녹색성장은 기술개발과 혁신을 통해 신성장동력으로서의 녹색산업을 발전시키고 생산·유통·소비에 이르는 경제활동의 전(全) 단계에서의 환경친화적·자원효율적 변화를 추구하며 녹색인프라에 대한 투자를 확대한다는 구체적 전략을 제시하고 있다.[46] 그리하여 현 정부는 2009년 매년 GDP의 2% 이상 녹색성장 정책에 투자함과 동시에 2020년까지 배출전망치(business as usual) 대비 최대 30%의 온실가스를 줄이는 감축목표를 확정한 바 있다.[47]

---

insights.wri.org/news/2011/04/qa-what-green-economy 〈last visited November 11, 2011〉.

45 *Id.*

46 OECD, Towards Green Growth, 11, http://www.oecd.org/dataoecd/37/34/48224539.pdf (November 11, 2011).

47 노선철, "온실가스 감축 목표 확정," 국민일보 2011. 7. 11. 참조. 그 경제적 영향에 관해서는, 권순우

3. 에너지법정책의 수단 및 법제

우리 정부는 2010. 1. 13. 녹색성장이란 정책목표를 구체화하기 위하여 「저탄소 녹색성장 기본법」(이하, "녹색성장기본법")을 제정하였다. 녹색성장기본법은 현 정부가 "녹색성장"에 대하여 기울이는 집중력의 정도를 가늠하게 하는 의욕적인 내용의 조문으로 가득 차 있는데,[48] 여기에 에너지법정책을 이행하기 위한 각종 수단도 포함됨은 물론이다. 녹색성장기본법의 규제시스템은 목표관리제와 같은 행위수단을 규정할 뿐만 아니라 녹색성장에 필요한 사회경제적 인프라를 구축하고, 각종 보조금 정책 및 조세정책을 이용하여 경제주체의 새로운 동기를 유발하며, 녹색성장과 관련된 사항의 보고의무 및 기후변화영향평가와 같은 제도를 통해 녹색성장에 필요한 각종 정보를 공개하고 하고, 탄소배출권거래제도와 같이 배출되는 온실가스의 총량을 통제하는 기반을 마련하고 있다. 녹색성장기본법은 아울러 녹색성장위원회, 녹색성장기획단 등 녹색성장 정책을 추진하기 위해 필요한 각종 행정조직 또한 규정하고 있다.

에너지정책과 환경정책이 한 동전의 양면임은 기술했거니와, 녹색성장 정책은 화석연료 의존방식을 탈피하려는 에너지정책과 누적되고 있는 온실가스에 대처하려는 기후정책이 근간이다. 후자가 기왕에 발생한 문제의 증상을 다룬다는 점에서 "대증요법"인 반면, 전자는 문제의 원인을 다룬다는 점에서 "원인요법"이라 할 수 있다.[49] 기후정책은 온실가스의 감축과 기후 적응에 의해 추진된다면, 에너지정책은 "에너지 효율성 제고"와 "신재생 에너지원의 활용 및 보급"의 양두(兩頭)에 의해 견인된다.

녹색성장기본법의 내용 중 에너지법정책을 구현하는 수단을 구체적으로 살펴보면, 동법은 화석연료의 사용을 단계적으로 축소하고 녹색기술과 녹색산업을 육성함으로써 "녹색경제"를 구현하여야 함을 천명한 후(법 제22조), 녹색경제·녹색산업의 육성·지원을 위한 각종 규정, 즉 자원순환을 촉진하고(법 제24조), 기업의 녹색경영을 촉진하며(법 제25조), 녹색기술의 연구개발 및 사업화 등을 촉진하고(법 제26조), 이를 위하여 정보통신기술을 적극 활용할 것을 규정하고 있다(법

외, SERI 전망 2010 (삼성경제연구소, 2009. 12.) 참조.

48 자세한 것은, 拙稿(註 41).

49 김형국(註 1), 20.

제27조). 뿐만 아니라 동법은 녹색성장을 위한 금융을 지원하고 활성화하며(법 제28조), 녹색기술과 녹색산업을 표준화하고(법 제32조), 나아가 녹색기술 및 녹색산업에 자산을 투자하여 그 수익을 투자자에게 배분하는 것을 목적으로 하는 "녹색산업투자회사"를 설립하고, 녹색기술·녹색산업 집적지 및 단지를 조성할 수 있음을 규정하고 있다(법 제29조).

녹색성장기본법은 또한 다양한 보조금 제도를 규정하고 있다. 즉 동법은 녹색기술·녹색산업에 대하여 보조금을 지급하고 신용보증을 하며, 외국인의 투자유치를 지원하는 녹색기술·녹색산업에 대한 지원 및 특례를 규정하고 있다(법 제31조). 동법은 녹색성장에 동참하려는 중소기업에 대한 특별 지원을 마련하며(법 제33조), 녹색기술·녹색산업에 대한 일자리 창출을 위한 재정적·기술적 지원을 규정하고 있다(법 제35조). 동법은 나아가 온실가스와 오염물질을 발생시키거나 에너지·자원 이용효율이 낮은 재화와 서비스를 줄이고 환경친화적인 재화와 서비스를 촉진하는 방향으로 조세제도를 운영하는데, 이를 구체화하기 위한 수단으로는 녹색기술·녹색산업과 관련된 기업을 지원하기 위한 소득세·법인세·취득세·재산세·등록세의 감면 규정을 들 수 있을 것이다.

우리나라에는 녹색성장기본법 이전에도 에너지정책을 규율하는 에너지법체계가 존재하였다. 이를 살펴보면, 에너지법체계의 최정점에 헌법이 있음은 물론이지만, 실질적으로 에너지법을 규율하는 기본법은 녹색성장기본법의 제정 이전에는 「에너지기본법」이었고,[50] 그 하부에 각종 에너지정책에 관한 법률인 「에너지이용합리화법」, 「집단에너지사업법」, 「에너지 및 자원사업 특별회계법」, 「교통·에너지·환경세법」이 포진하고, 다시 그 하부에 석유·가스, 석탄, 원자력, 전기 및 신재생에너지 등 개별 에너지자원을 규율하는 법률들이 다수 포진하고 있다.[51] 이러한 기존의 법률들은 녹색성장기본법이 제정됨으로써 동법 하부에 위치하여 동법이 지향하는 에너지법정책의 목표를 실현하는 수단으로 기능하게 된다.

[표 1]은 상술(上述)한 에너지법정책의 이념·기본 원리·목표·수단에 맞게 에너지 법제를 정서(整序)한 것이다. 우리의 에너지법제는, [표 1]에서 볼 수 있듯

50 동 법률은 「저탄소 녹색성장 기본법」이 제정된 후 「에너지법」으로 법명이 바뀌고 기본법으로서의 지위가 상실되었다.

51 자세한 내용은 허성욱(註 6) 참조.

이, 구체화되었을 뿐만 아니라 상당한 수준의 체계성을 갖추고 있다. 하지만 상술한 에너지 문제의 높은 '정책의존성'을 고려하면 현재 수준에 만족할 수는 없다. 지속가능발전의 이념을 구현하기 위해서는 에너지법정책을 구체화하고 체계화하는 노력이 입법과정뿐만 아니라 행정과정에서 지속적으로 추진되어야 한다. 이 조건이 충족될 때 지속가능발전의 에너지법정책은 비로소 우리 법문화에 착근(着根)할 수 있을 것이다.

결 어

인류의 생존과 번영은 에너지에 달려 있다. 하지만 에너지를 둘러싼 조건은 어느 것 하나 인류의 편이 아니다. 에너지 자원은 편재해 있고 에너지 기술은 여전히 불완전해서 처리곤란한 부산물을 남기고 있으며 에너지 시장은 미래에 대한 안정적 투자를 가능하게 할 만큼 안정적이지 못하다. 이런 조건들은 모두 에너지 자원의 개발·이용·관리에 관한 합리적인 정책과 정치한 법제도가 필요한 이유이다. 여기에 더하여 우리나라는 자원빈국일뿐 아니라 에너지집약적 산업구조를 가지고 있음을 기억해야 한다.

기후변화는 에너지 문제를 더욱 심각하게 만든다. 자연은 인간의 끝없는 욕망을 용인할 생각이 없다. 다행히도 지구촌 구성원들은 지난 연말 더반에서 의미 있는 합의물을 도출해냈다. 선진국, 개도국 가릴 것 없이 모두가 기후변화에 대처해야 인류의 미래가 존재할 수 있다는 사실을 받아들이고 대응방안에 관한 큰 틀에 합의한 것이다. 이는 앞으로도 계속 녹색경주가 치열하게 전개될 것을 예고하는 것인바, 에너지법정책을 설계할 때 국제 동향 및 국제공조의 틀을 염두에 둔 채 주도면밀한 대책이 강구되어야 함을 의미한다.

이러한 환경 속에서 에너지법정책을 규율할 이념과 원리, 추진해야 할 정책목표와 수단, 그리고 이를 수행할 법제를 연구하여 그 내용과 위계를 밝히는 것은 아무리 강조해도 지나치지 않을 만큼 중요하다. '지속가능발전'은 환경법정책뿐만 아니라 에너지법정책도 지도하고 규율할 이념이다. 지속가능발전을 구현하기 위한 원리로는 '경제적 효율성,' '환경책임성,' '사회적 형평성'이 포진한다. '녹색성장'은 지속가능발전의 개념적 추상성을 극복하고 현실적인 성과를 불러오기 위해 창안된 에너지법정책의 구체적 목표이다. 녹색성장기본법을 위시한 각종 에너지관련 법률은 잘 짜인 위계질서 속에서 다양한 정책수단을 제시하고 있다. 에너지정책은 에너지 효율성 제고와 신재생 에너지원의 활용·보급이 주축을 이루고 있다.

"소를 물가까지 끌고 갈 수는 있지만, 물을 먹일 수는 없다."라는 속담이 있다. 정책이나 제도가 국민의 관심과 행위를 계도하지만 그렇다고 해서 원하는 바가 실제로 일어난다는 보장은 없다. 정부 정책과 규제만으로는 에너지 문제에 온전히 대응할 수 없음을 직시할 필요가 있다. 따라서 정부는 장기적 안목을 가지고 국민과의 소통에 지속적인 노력을 기울여 국민의 자발적 참여를 독려하고 정부와 민간의 협력시스템을 가동시켜야 할 것이다.

[표 1] 에너지법의 이념, 기본 원리, 정책목표, 그리고 정책수단

<table>
<tr><th>개념
구분</th><th>실체적
내용</th><th>법 제</th><th>행정작용 형식</th></tr>
<tr><td rowspan="3">이념</td><td rowspan="3">지속가능
발전</td><td>녹색성장기본법 §1(경제와 환경의 조화로운 발전)[52]</td><td rowspan="3">각종
기본·실행계획/
행정행위</td></tr>
<tr><td>에너지법 §1(“국민경제의 지속가능한 발전에 이바지”)[53]</td></tr>
<tr><td>지속가능발전법 §§1, 2(지속가능성·지속가능발전)(“경제의 성장, 사회의 안정과 통합 및 환경의 보전이 균형을 이루는 발전”)[54]</td></tr>
<tr><td rowspan="9">기본
원리</td><td rowspan="3">효율성</td><td>녹색성장기본법 §2ii.(에너지·자원의 효율적 사용); §3(저탄소 녹색성장 추진의 기본원칙)[55]; §39(에너지정책 등의 기본원칙)[56]</td><td rowspan="9">각종 기본·
실행계획(에너지
기본계획 등)/
행정행위</td></tr>
<tr><td>에너지법 §1(“안정적이고 효율적이며 환경친화적인 에너지 수급(需給) 구조를 실현”)</td></tr>
<tr><td>지속가능발전법 §2i.(“지속가능성”이란 “미래 세대가 사용할 경제·사회·환경 등의 자원을 낭비하거나 여건을 저하(低下)시키지 아니하고”)</td></tr>
<tr><td rowspan="3">환경
책임성</td><td>녹색성장기본법 §2ii.(환경훼손 저감); §39(에너지정책 등의 기본원칙)[57]</td></tr>
<tr><td>에너지법 §1(“환경친화적인 에너지 수급구조를 실현하기 위한”); §4③(“에너지의 생산 등의 안정성, 효율성, 환경친화성을 극대화하도록 노력”); ④(“에너지를 합리적이고 환경친화적으로 사용하도록 노력); §7iii.(신·재생에너지 등 환경친화적 에너지 사용); §11(환경친화적 에너지 기술개발계획); 「에너지이용합리화법」</td></tr>
<tr><td>지속가능발전법 §2i.(“환경 등의 자원을 낭비하거나 여건을 저하시키지 아니하고”); ii.(“환경의 보전이 균형을 이루는 발전”)</td></tr>
<tr><td rowspan="3">형평성</td><td>녹색성장기본법 §39(에너지정책 등의 기본원칙)[58]</td></tr>
<tr><td>에너지법 §4⑤(“빈곤층 등 모든 국민에게 에너지가 보편적으로 공급되도록 기여하여야”); §10(에너지위원회의 기능)[59]</td></tr>
<tr><td>지속가능발전법 §2ii.(정의)(“사회의 안정과 통합”)</td></tr>
<tr><td>정책
목표</td><td>녹색경제/
녹색성장</td><td>녹색성장기본법 §2ii.(경제와 환경이 조화를 이루는 성장)[60]; §9 (저탄소 녹색성장 국가전략)[61]; 「에너지법」</td><td>각종 기본·
실행계획/
행정행위</td></tr>
<tr><td rowspan="3">정책
수단</td><td rowspan="3"></td><td>녹색성장기본법의 목표관리제; 「배출권거래제법」법안; 「신에너지 및 재생에너지 개발·이용·보급 촉진법」 §12의5(신재생에너지 의무할당제)</td><td rowspan="3">각종 기본계획/
연차별
실행계획/
행정행위</td></tr>
<tr><td>「에너지이용합리화법」; 「집단에너지사업법」; 「에너지 및 자원사업 특별회계법」; 「교통·에너지·환경세법」</td></tr>
<tr><td>석유·가스, 석탄, 원자력, 전기 및 신재생에너지 등 개별 에너지 자원법률</td></tr>
</table>

52 녹색성장기본법 §1(경제와 환경의 조화로운 발전을 위한 수단으로서 저탄소 녹색성장에 필요한 기반의 조성; 녹색기술과 녹색산업의 활용; 저탄소 사회 구현을 통한 국민의 삶의 질의 향상; 국제사회에 대한 책임).

53 에너지법 §1("이 법은 안정적이고 효율적이며 환경친화적인 에너지 수급(需給) 구조를 실현하기 위한 에너지정책 및 에너지 관련 계획의 수립 · 시행에 관한 기본적인 사항을 정함으로써 국민경제의 지속가능한 발전과 국민의 복리(福利) 향상에 이바지하는 것을 목적으로 한다.).

54 지속가능발전법 §2("지속가능성"이란 현재 세대의 필요를 충족시키기 위하여 미래 세대가 사용할 경제 · 사회 · 환경 등의 자원을 낭비하거나 여건을 저하(低下)시키지 아니하고 서로 조화와 균형을 이루는 것을 말하고, "지속가능발전"이란 지속가능성에 기초하여 경제의 성장, 사회의 안정과 통합 및 환경의 보전이 균형을 이루는 발전을 말한다.).

55 §3(저탄소 녹색성장 추진의 기본원칙) i.("국토의 효율적 활용"); ii.("시장기능을 최대한 활성화"); iv.("국가의 자원을 효율적으로 사용"); v.("사회 · 경제활동에서 에너지와 자원이용의 효율성을 높이고"); vii.("정부는 환경오염이나 온실가스 배출로 인한 경제적 비용이 재화 또는 서비스의 시장가격에 합리적으로 반영되도록 조세체계와 금융체계를 개편하여 자원을 효율적으로 배분하고 국민의 소비 및 생활방식이 저탄소 녹색성장에 기여하도록 적극 유도하여야 한다. 이 경우 국내산업의 국제경제력이 약화되지 않도록 고려하여야 한다.").

56 §39ii.("에너지 가격의 합리화, 에너지의 절약, 에너지 이용효율 제고 등 에너지 수요관리를 강화하여 지구온난화를 예방하고 환경을 보전하며, 에너지 저소비 · 자원순환형 경제 · 사회구조로 전환한다."); iv.("에너지가격 및 에너지산업에 대한 시장경쟁요소의 도입을 확대하고…, 에너지산업에 대한 규제를 합리적으로 도입 · 개선하여 새로운 시장을 창출한다."). 한편 vi.에서는 에너지 안보를 규정하고 있다("국외 에너지자원 확보, 에너지의 수입다변화, 에너지 비축 등을 통하여 에너지를 안정적으로 공급함으로써 에너지에 관한 국가안보를 강화한다.").

57 §39ii.("에너지 가격의 합리화, 에너지의 절약, 에너지 이용효율 제고 등 에너지 수요관리를 강화하여 지구온난화를 예방하고 환경을 보전하며, 에너지 저소비 · 자원순환형 경제 · 사회구조로 전환한다.").

58 녹색성장기본법 §39v.("국민이 저탄소 녹색성장의 혜택을 고루 누릴 수 있도록 저소득층에 대한 에너지 이용 혜택을 확대하고 형평성을 제고하는 등 에너지와 관련한 복지를 확대한다.").

59 에너지법 §10(위원회의 기능) vi.(에너지와 관련된 사회적 갈등의 예방 및 해소 방안에 관한 사항).

60 녹색성장기본법 §2ii.("에너지와 자원을 절약하고 효율적으로 사용하여 기후변화와 환경훼손을 줄이고 청정 에너지와 녹색 기술의 연구개발을 통하여 새로운 성장동력을 확보하며 새로운 일자리를 창출해 나가는 등 경제와 환경이 조화를 이루는 성장").

61 녹색성장기본법 §9 ② iii.(전략의 주요 내용으로 "기후변화대응 정책, 에너지정책 및 지속가능발전정책에 관한 사항").

참고문헌

국내문헌

김형국 편, 녹색성장 바로알기 (2010).

권순우 외, SERI 전망 2010, 삼성경제연구소 (2009. 12.).

조형준, 홍성태 역, 우리 공동의 미래 (1994).

고학수, 허성욱, "법경제학 무대놓기," 경제적 효율성과 법의 지배, 박영사 (2009).

조홍식, 이재협, 허성욱, 기후변화와 법의 지배, 박영사 (2010).

외국문헌

Adam R. Brandt, "Testing Hubbert," *Energy Policy* vol. 35 (5) (2007).

Alice Kaswan, "Reconciling Justice and Efficiency: Integrating Environmental Justice into Domestic Cap-and-Trade Programs for Controling Greenhouse Gases," in Denis G. Arnold, *The Ethics of Global Climate Change* (2011).

Daniel Farber, "Fairness Issues in the Design of Environmental Trading Systems," in 녹색한국 2011 논문집 (2011).

Debra Mebratu, *Sustainability and Sustainable Development: Historical and Conceptual Review* (Elsevier Science Inc., 1998).

Don Fullerton, and Gilbert Metcalf, "Environmental Taxes and the Double-Dividend Hypothesis: Did You Really Expect Something for Nothing?," *Chicago-Kent Law Review* vol. 73 (1998).

D.R., Fisher and W. R., Freudenburg, "Ecological modernization and its critics: Assessing the past and looking toward the future," *Society and Natural Resources* vol. 14 (2001).

J. Sacks, *Common Wealth: Economics for a Crowded Planet* (2008).

Michael B. Gerrard (ed.), *The Law of Clean Energy: Efficiency and Renewables* 1 (2011).

Nocholars Stern, *The Economics of Climate Change* (2008).

Robert W. Kates, Thomas M. Parris & Anthony A. Leiserowitz, "What Is Sustainable Development?: Goals, Indicators, Values and Practice," *Environment* (April 2005).

Ronald Dworkin, *Law's Empire* (1986).

Tracey Strange & Anne Bayley, *Sustainable Development Linking Economy, Society, and Environment* (OECD Insights, 2008).

World Commission on Environment and Development (WCED), *Our Common Future* (New York: Oxford University Press, 1987).

제 2 장 Combining Economic and Environmental Benefits Through Energy Efficiency

Daniel Farber*

Energy use is tightly linked with climate change, given the heavy reliance of much of the world on fossil fuels. Fossil fuels are also a source of conventional pollutants, and resource extraction and transportation can cause other kinds of environmental harm. Controlling the use of fossil fuels is a key priority for sustainability.

This article will focus on a single aspect of that problem, the issue of energy efficiency. Much can be done to reduce the harmful impacts of energy use through shifting energy production toward renewable energy, but reducing the amount of energy consumption can be more cost effective and easier to implement.[1] The payoff could be considerable. According to the U.S. National Academies of Science, the United States could reduce energy use by roughly twenty percent by 2020 and perhaps as much as thirty percent by 2030,

* Sho Sato Professor and Chair of the Energy and Resources Group (ERG), University of California, Berkeley. This article is based on the keynote address at a conference on energy and climate change at Seoul National University on September 16, 2011.

1 A good overview of energy efficiency policies can be found in Elizabeth Doris, Jaquelin Cochran, and Martin Vorum, *Energy Efficiency Policy in the United States: Overviews of Trends at Different Levels of Government* (Dec. 2009) (National Renewable Energy Laboratory Technical Report NREL/TP-6A2-46532); Michael B. Gerrard (ed.), *The Law of Clean Energy: Efficiency and Renewables* (2011).

primarily using existing commercial technologies.[2]

Part I of this article discusses the benefits of increased energy efficiency. Energy efficiency measures can promote important energy policies. Mitigating climate change is the most important single benefit, but other significant advantages exist.

Part II then discusses tools for reducing energy use. Some of these tools include building codes, appliance standards, redesign of urban areas, and consumer labeling. Considerable use of these tools has been made in the United States, and some individual states such as California have been on the forefront.

Finally, Part III discusses the so-called rebound effect. The rebound effect involves indirect side effects of energy efficiency that offset the direct reduction in energy use. The size of the rebound effect is still uncertain and probably depends on the energy efficiency measure in question. The evidence does not seem to support claims that the rebound effect completely cancels out energy savings. The rebound effect can be limited through other measures such as pricing carbon.

Although rebound reduces the climate benefits of energy efficiency, it only does so by allowing increased consumption, which could be seen as desirable for developing countries. Thus, the rebound effect may change the mix of benefits from energy efficiency but does not undermine the argument for pursuing efficiency as a societal goal.

I. The Benefits of Energy Efficiency

Energy efficiency needs to be evaluated in terms of the major policies

2 Gerrard, *supra* note 1, at 6. These reductions seem to be measured against business as usual rather than current levels of energy use. For a detailed review of a number of the studies that support these estimates, see Steven Nadel, Anna Monis Shipley, and R. Neal Elliott, *The Technical, Economic, and Achievable Potential for Energy Efficiency in the United States: A Meta-Analysis of Recent Studies*, *available at* http://www.fypower.org/pdf/ACEEEstudy.pdf.

underlying energy law. Four policies stand out as especially important:

1. Affordable and adequate long-term supply of energy. This is the traditional goal of energy policy, with the more recent addition of environmental protection as a consideration.[3] Efficiency can contribute to affordability, with returns on investment over twenty percent for many actions.[4]

2. Environmental responsibility. Here, the primary issue is the need to reduce carbon emissions, which is discussed in sections A and B below. But fossil fuels are also a major source of urban air pollution, which leads to over three- quarters of a million deaths per year globally.[5] Putting a price on carbon, in order to make carbon producers responsible for the climate impact of their energy use, would also encourage energy efficiency.[6]

3. Energy security. Oil and gas, in particular, are often located in global "hotspots," leading to uncertainty about future supplies and prices.[7] Some countries also are forced to import large quantities of coal. Efficient use of energy can reduce the need to rely on foreign energy sources.

4. Equity. Fairness is another important aspect of energy policy. For instance, emissions trading systems or carbon taxes can have their greatest impacts on the poor, who must spend a greater percentage of their income on energy or on energy-intensive products. Assisting the poor to increase energy efficiency can offset price increases due to other aspects of climate policy.

Because energy efficiency serves such a multitude of goals, it has political appeal across a broad spectrum. For instance, although the state of Virginia is traditionally conservative in terms of the U.S. political spectrum, it has enacted energy standards for public buildings and building energy codes.[8]

---

3 *See* John C. Dernbach and Marianne Tyrrell, *Federal Energy Efficiency and Conservation Laws*, in Gerard, *supra* note 1, at 25 ("the traditional purposes of U.S. energy policy have been to supply plentiful energy at low prices with appropriate environmental and public health protections").

4 Gerrard, *supra* note 1, at 6.

5 *Id.* at 1.

6 *Id.* at 14-15.

7 *Id.* at 1.

8 Alexandra B. Klass and John K. Harting, *State and Municipal Energy Efficiency Laws*, in Gerrard, *supra* note 1, at 57.

Part A demonstrates that addressing climate change is extremely important, not only in wealthy Western countries but in developing Asian ones as well. Part B then explains why energy efficiency can be an important method of reducing carbon and how it promotes other energy policies as well.

A. The Need to Confront Climate Change

With rare exceptions, recent years rank at the top of the list of the warmest global temperatures,[9] and depending on future emissions and climate sensitivity, the world will end up 2-7°C warmer than it is today.[10] Temperature change in the arctic will be about twice as large.[11] Even warming of 2°C would leave the earth warmer than it has been in millions of years.[12]

China provides a good example of how climate change will impact Asia. Like the United States, China is large and geographically diverse; as such, the impacts of climate change vary across the country. For example, the Chinese government reports that the "frequency of heat waves in summer has increased and droughts have worsened in some areas, especially in northern China; heavy precipitation has increased in southern China; and the snow disaster has became (sic) more frequent in western China."[13]

The Chinese government notes that "discernible adverse impacts on … agriculture and livestock industry" have already emerged.[14] China projects a likely drop in the "yield of the three major crops — wheat, rice and corn; changes in the agricultural production layout and structure; accelerated decomposition of

9 David Archer and Stefan Rahmstorf, The Climate Crisis: An Introductory Guide to Climate Change 43 (2010).

10 *Id.* at 129.

11 *Id.* at 133.

12 *Id.* at 225.

13 Information Office of the State Council of the People's Republic of China, China's Policies and Actions for Addressing Climate Change 3-4 (Oct. 2008), *available at* http://www.ccchina.gov.cn/WebSite/CCChina/UpFile/File419.pdf.

14 *Id.* at 7.

organic carbon in the soil; enlarged scope of crop diseases and insect outbreaks; accelerated potential desertification trend of grasslands; increasing frequency of natural fire; decreasing livestock productivity and reproductive ability; and growing risk of livestock disease outbreak."[15]

Chinese officials observe that the overall water supply of the Yellow, Huaihe, Haihe and Liaohe Rivers in northern China has decreased significantly, while water supply in southern China has slightly increased. Chinese officials report increased flooding and droughts.[16] Looking forward, they predict that "accelerated melting of glaciers in western China due to climate warming will further reduce the area of glaciers and glacier ice reserves, thus having significant impacts on rivers and run-offs with sources in glacier melt water. Climate warming could reinforce the drought trend in northern China, and intensify water scarcity and imbalance between water supply and demand."[17]

Sea level rise is also a serious worry. Chinese authorities report an "accelerating trend of sea level rise" over the last three decades, which has caused "seawater intrusion, soil salinization and coastal erosion," has damaged the ecological systems of coastal wetlands, mangroves and coral reefs, and has "diminished the service functions and bio-diversity of ecological system in coastal areas."[18] Furthermore, authorities posit that climate-induced rises in sea temperature and climate-induced ocean acidification may have caused "oxygen- impoverished zones in part of maritime areas, [and] the degradation of marine fishery and rare and endangered species resources."[19] Continuing sea level rise will "undermine the capacity of public drainage facilities in coastal cities, and impair the functions of harbors."[20]

---

15 *Id.* at 7-8.

16 *Id.* at 9.

17 *Id.*

18 *Id.* at 9-10.

19 *Id.* at 10.

20 *Id.*

Overall, Chinese government reports are far from sanguine about the potential impacts of climate change. The government's prediction is that "climate change will also produce far-reaching impacts on society, economy and other fields, and cause huge losses to the national economy." It predicts the increased chance of the spread of disease; increased potential for "geological and meteorological disasters and consequent threats to the security of major projects;" and threats to the "ecological environment and bio-diversity of nature reserves and national parks" resulting in economic loss. Finally, China predicts increased "threats to the safety of life and property, and to the normal order and stability of social life."[21]

In terms of the global picture, adaptation to these impending changes poses serious challenges.[22] The Stern Report estimates that the cost of adapting infrastructure "to a higher-risk future could be $15-150 billion each year (0.05 - 0.5% of GDP), with one-third of the costs borne by the US and one-fifth in Japan."[23] "Extreme events such as floods and drought cause extensive damage to many parts of society, and thus a critical issue for adaptation is the degree to which frequency, intensity, and persistence of extreme events change."[24]

Although there is room for reasonable disagreement about how quickly to reduce emissions of greenhouse gases and what techniques to use, it is clear that we need to begin taking action. Part B shows how energy efficiency can promote carbon reductions as well as other energy policies.

---

21 *Id.*

22 These challenges are discussed in Tim Bonyhady, Andrew Macintosh, Jan McDonald, *Adaptation to Climate Change: Law and Policy* (2010); U.S. Government Accountability Office, *Climate Change Adaptation: Strategic Federal Planning Could Help Government Officials Make More Informed Decisions*, http://www.gao.gov/products/GAO-10-113 (2010).

23 Nicholas Stern, The Economics of Climate Change 417 (2007).

24 William E. Easterling III, Brian H. Hurd, and Joel B. Smith, *Coping with Global Climate Change: The Role of Adaptation in the United States* 17 (2004) (*available at* http://www.pewclimate.org/docUploads/Adaptation.pdf).

B. Energy Efficiency as a Climate Mitigation Tool

The United States provides a useful example of the potential effectiveness of energy consumption. Individual energy consumption — including household heating and cooling as well as non-business transportation — creates roughly one-third of U.S. energy use and carbon emissions.[25] It would be feasible to reduce these emissions by twenty percent in a decade — there is a lot of low-hanging fruit yet to be picked.[26]

Energy efficiency presents a significant opportunity for low-cost energy and emissions savings by consumers. For example, a recent U.S. report found that 23% of projected demand for end-use energy consumption could be achieved through energy efficiency improvements.[27] Another study estimates that "behavioral measures targeting household conservation and efficiency could reasonably be expected to reduce U.S. emissions by over seven percent by 2020," an amount greater than the total emissions of France.[28] A more recent study by the National Research Council suggested that a ten percent decrease below current levels by 2020 was feasible.[29]

The European Union is aggressively pursuing energy efficiency. An EU directive requires each member country to achieve nine percent energy savings by 2015.[30] Another directive requires member states to set energy standards for new buildings and to adopt retrofit requirements.[31]

---

25 Michael P. Vandenbergh, *Implementing the Behavioral Wedge: Designing and Adopting Effective Carbon Emissions Reduction Programs*, 40 Environmental Law Reporter 10547, 10549 (2010).

26 *Id.* at 10547. Several of the principles for designing effective programs seem intuitive (e.g., "prioritize high impact actions" and "provide credible information at points of decision"). *Id.* at 10551. Nevertheless, some existing programs violate one or more of those principles. *Id.* at 10552-10554.

27 McKinsey & Co., *Unlocking Energy Efficiency In The U.S. Economy* 165 1 (2009), www.mckinsey.com/USenergyefficiency.

28 Michael P. Vandenbergh, Amanda R. Carrico, and Lisa Schultz Bressman, *Regulation in the Behavioral Era*, 95 Minn. L. Rev. 715, 765 (2011).

29 Dernbach and Tyrrell, *supra* note 3, at 25.

30 *Id.* at 46.

Energy conservation also holds great opportunities for South Korea. South Korea was the world's tenth largest energy consumer in 2007, and was also one of the top energy importers in the world.[32] Korea was also the fifth largest importer of crude oil and the second largest importer of both coal and liquified natural gas.[33] It was estimated in 2007 that electricity demand in South Korea would rise at an average level of around four percent through 2015.[34]

Energy conservation may actually be in the economic self-interest of consumers, because most conservation measures have relatively short payback periods. But cognitive habits and predispositions seem to lead consumers to undervalue those economic benefits. Thus, government action may be necessary to help consumers make the right choices.[35]

Energy conservation also may well be the most cost-effective way of reducing carbon, at least in the short-run:

> According to the International Energy Agency, an additional $1 spent on more efficient electrical equipment, appliances, and buildings avoids, on average, $2 in investment in energy supply. For planning purposes, U.S. government regulators estimate the cost of efficiency improvements at three cents per kilowatt hour saved, and a widely cited 2007 report by McKinsey & Co. identified about a dozen energy efficiency improvements in the residential, commercial, and industrial sectors that could reduce greenhouse gas emissions at negative marginal cost — at a net savings to the economy. In contrast, new coal-fired plants ordered in 2009 are likely to sell electricity for ten to thirteen cents per kilowatt hour, and new nuclear power plants

---

31 *Id.*

32 Energy Information Administration (EIA), Country Analysis Briefs: South Korea (Oct. 2010).

33 *Id.*

34 *Energy Profile of South Korea*, www.eoearth.org/article/Energy_profile_of_South_Korea.

35 Noah M. Sachs, *Greening Demand: Energy Consumption And U.S. Climate Policy*, 19 Duke Env. L. & Pol'y F. 295, 306-312 (2009). For example, a study of hybrid car purchases found that consumers had an implicit discount rate of 14-28% depending on the vehicle's assumed useful life - an extraordinarily high amount compared with the returns accepted on other forms of investment. Kelly Sims Gallarher and Erich Muehlegger, *Giving Green to Get Green? Incentives and Consumer Adoption of Hybrid Vehicle Technology*, 61 J. Env. Econ. & Mngt. 1, 11-12 (2011).

are likely to sell electricity for fifteen to twenty-one cents per kilowatt hour, based on projected capital costs.[36]

In terms of the Korean situation, energy efficiency has multiple benefits. It could reduce Korea's dependence on imported fossil fuels, an energy security issue. It could allow consumers to spend their money on other goods and services, promoting growth. Reduced fossil fuel usage would decrease urban air pollution. And of course, it would reduce Korea's disproportionate contribution to global carbon emissions.

Thus, energy conservation has great potential for reducing greenhouse gases, while at the same time saving resources and helping consumers. Part II will consider some methods for reaching this goal. The discussion is primarily focused on regulatory tools, but targeted subsidies can also be very useful. For instance, economic stimulus measures in the United States included $5 billion for weatherization of buildings, $3.2 billion to the funding for state and local energy efficiency efforts, and $8 billion for high-speed rail in order to encourage switching from automobiles.[37]

Ⅱ. Methods of Conserving Energy

This section surveys some methods for improving energy efficiency, ranging from improved building designs to techniques for changing consumer behavior. Serious efforts at energy conservation date back forty years. Although more remains to be done, we now have a solid record of experience with governmental interventions. These efforts need to be adapted to the politics and legal systems of different societies, but they provide a readily available toolkit of regulatory approaches.

---

36 Sachs, *supra* note 35, at 303. For a survey of how utility regulators can promote energy efficiency, *see* David Nichols, *The Role of Regulators: Energy Efficiency*, 18 Pace Env. L. Rev. 295 (2011).

37 Council of Economic Advisors, 2010 Economic Report to the President 244 (2010).

A. Green Building and Communities

Green building offers one opportunity for energy conservation. South Korea passed mandatory building energy standards at the end of 2004.[38] The standards applied to residential buildings with over fifty apartments and office buildings larger than three thousand square meters.[39] Yet, more can be done, especially given advances in building methods since 2004.

There are five major tools in improving energy efficiency in buildings:

1. Building codes, which, by addressing design, affect long-term energy demands;
2. Appliance standards, which mandate minimum levels of efficiency of appliances;
3. Labels and consumer information, which provide consumers information on long-term energy consumption of appliances and buildings;
4. Incentives, both financial and non-financial, which include programs such as tax credits and expedited permitting for efficient buildings;
5. Research and development, e.g., on technologies needed to achieve cost-competitive zero-energy buildings.[40]

Building codes in particular have untapped potential for achieving efficiency improvements:

> The adoption of the most recent model building codes would yield significant energy savings. In the residential sector, a recent McKinsey study estimates that the 2009 IECC code improves efficiency by 12%-16% relative to the 2006 IECC code. A projected 2012 code could save an additional 15%. Adopting both of these codes as they are made available would save an estimated 250 trillion end-use BTUs annually by 2020.
>
> A similar potential for energy savings exists in the commercial sector. Adopting the latest building code, ASHRAE Standard 90.1-2007, followed by adoption of a code with an estimated 30% improved efficiency in 2012, would yield an estimated

---

38 *Energy Efficiency Building Standards in Korea*, *available at* www.AsiaBusinessCouncil.org. http://www.asiabusinesscouncil.org/docs/BEE/papers/BEE_Policy_Korea.pdf.

39 *Id.*

40 Doris, Cochran and Vorum, *supra* note 1, at 5.

energy savings of 270 trillion end-use BTUs in 2020. This would represent 12% of potential commercial energy demand.[41]

Governments can also lead by example. A 2005 statute requires that U.S. government buildings must reduce energy consumption thirty percent by 2015 below 2003 levels, and new buildings must be more than thirty percent below normal building code requirements.[42]

Improved efficiency in new buildings is especially important in developing countries, where construction rates may be high due to economic growth. Inefficient buildings may save money in the short run but over the years will have higher energy costs and lead to greater emissions of greenhouse gases.

Green building can also reduce the environmental footprint of communities.[43] Estimates vary, but buildings appear to account for one-third or more of greenhouse gas emissions.[44] Municipalities are experimenting with a range of building code requirements and incentives to encourage green building.[45]

Urban planning can provide another route toward energy conservation. Improved passenger rail can not only reduce emissions but also aid the remaining drivers by reducing congestion. In 2007, automobile congestion caused over four billion person-hours in delay at a total cost of over $85 billion, and these numbers seem to be rapidly growing.[46] Well-designed rail also

---

41 *Id.* at 10. For maps showing how different states have addressed these efficiency issues in their building codes, *see Id.* at 8-9.

42 Doris, Cochran and Vorum, *supra* note 1, at 6.

43 *See* Trip Pollard, *Building Greener Communities: Smarter Growth and Green Building*, 27 Va. Env. L. J. 125-126 (2009). Green building has been defined as:

> the practice of (1) increasing the efficiency with which buildings and their sites use energy, water, and materials, and (2) reducing building impacts on human health and the environment, through better siting, design, construction, operation, maintenance, and removal – the complete building life cycle.

Office of the Federal Environmental Executive and Council on Environmental Quality, The Federal Commitment to Green Building: Experiences and Expectations (2003), *available at* http://www.ofee.gov/Resources/Guidance_reports/Guidance_reports_archives/fgb_report.pdf.

44 Pollard, *supra* note 43, at 127.

45 *Id.* at 141-145.

46 *See* Benjamin J. Wickizer and Andrew Snow, *Rediscovering the Transportation Frontier:*

improves quality of life by decreasing stress.[47]

There are a number of other innovative techniques that can help reduce residential energy use. Planting trees can act as a windbreak and reduce heating costs, while trees can also reduce cooling costs in the summer by providing shade.[48] Urban forests can provide a variety of other ecosystem services such as capturing and filtering storm-water and reducing urban air pollution.[49] High-albedo (i.e. light-colored) roofs can reduce energy use, decrease cooling costs, and reduce the urban heat island effect.[50] Chicago, Dallas, and Houston mandate low-albedo roofs for certain construction, while cities ranging from Portland to Cincinnati and Philadelphia offer incentives to encourage such roofs.[51]

California provides an excellent setting to consider the potential for infrastructure and urban planning to contribute to sustainability. California is expected to grow by twenty million people (seven million new households) by 2050.[52] The transportation sector in California accounts for almost forty percent of the state's greenhouse gas emissions, making it the single largest source. These emissions, in major part, result from the miles that Californians drive their cars and light trucks. The California Department of Transportation (Caltrans)

Improving Sustainability in the United States Through Passenger Rail, 11 Sustainable Dev. L. & Pol'y 12, 15 (2010).

47 *Id.* Public transport can reduce stress in two ways. Some individuals may find it a less stressful or time-consuming transportation option than driving. Individuals who continue to drive will benefit from reduced congestion due to the increased use of public transportation, improving their quality of life. This is one reason that subsidies for public transportation make sense, even apart from its desirable environmental effects.

48 *See* Lynn Scarlett, *Introduction: Cities and Sustainability — Ecology, Economy, and Community*, 11 Sustainable Dev. L. & Pol'y 2 (2010).

49 Keith Hirokawa, *Sustainability and the Urban Forest: An Ecosystem Services Perspective* (2009), *available at* http://ssrn.com/abstract=1722650.

50 Elise Stull, Xiopu Sun, and Durwood Zelke, *Enhancing Urban Albedo to Fight Climate Change and Save Energy*, 11 Sustainable Dev. L. & Pol'y 5, 5-6 (2010).

51 Patricia Salkin, *Sustainability and Land Use Planning: Greening State and Local Land Use Plans and Regulation to Address Climate Change Challenges and Preserve Resources for Future Generations*, 34 Wm. & Mary Env. L. & Pol'y Rev. 121, 169 (2009). An intriguing idea is to allow green building to serve as a carbon offset for industrial emitters in order to create a market incentive. *See* Hirokawa, *supra* note 49.

52 Peter Calthorpe, Urbanism in the Age of Climate Change 11 (2011).

concludes that even with new greenhouse gas regulations and improvement to the carbon content of fuel, projected increases in vehicle miles traveled will outweigh these policies' combined impact on greenhouse gas emissions.[53]

Transit-oriented development (TOD) schemes encourage development in areas close to transportation hubs, in order to promote "urban, mixed-use development in transit corridors and provide residents with walking access to mass transit and nearby points of interest."[54]

High-speed rail (HSR) can guide development toward communities where stations are located. High speed rail could be used to shift new growth away from the Central Valley's farmlands and toward existing cities.[55] Light rail could also be a valuable option, reducing automobile use and channeling growth toward sustainability. Dedicated bus-ways can serve much the same purposes:

> What ultimately drives development is accessibility gains — whether in the form of rubber tyres on concrete or steel wheels on steel rail. Cities like Ottawa, Canada and Curitiba, Brazil show that bus-based TODs can be every bit as successful as rail TODs as long as they are accompanied by forward-looking, intelligent planning.[56]

Public transportation and sustainable communities are synergistic. Public transportation aids sustainability, while the resulting TOD makes use of public

---

53 Center for Law, Energy & the Environment, Berkeley Law School, Center (CLEE) & Environmental Law Center & Emmett Center Climate, UCLA Law School, Plan for the Future: How Local Governments Can Help Implement California's New Land Use and Climate Change Legislation (2010), *available at* http://www.law.berkeley.edu/files/Plan_for_the_Future_July_ 2010.pdf.

54 *Id.* at 153.

55 $715 million in federal funding has been designated to fund construction of high-speed rail track, rail stations and control technology in the Central Valley. California High-Speed Rail Authority, *UC Berkeley Research on the Potential for Transit-Oriented Development in the Central Valley (2010), available at* http://cahighspeedrail.ca.gov/ucberkeley_research.aspx.

56 Robert Cervero. *Transport and Land Use: Key Issues in Metropolitan Planning and Smart Growth* [undated], *available at* http://uctc.net/research/papers/436.pdf. This acceptance of multiple forms of transport seems to be a shift: "The original direction of TOD was limited – focused on light rail to the exclusion of other transit types. Now the modes have matured to include bus rapid transit, DMU (self-propelled light rail), express buses, street cars, commuter trains, and heavy rail systems." Calthorpe, *supra* note 52, at 86.

transport more feasible. California is not alone in seeking to encourage more sustainable development. For instance, Florida planning law encourages cities to avoid urban sprawl and support energy-efficient development.[57] Arizona and Connecticut pursue similar policies.[58] Some notable examples of comprehensive plans that address sustainability and climate change can be found in Blacksburg, Virginia; Bounder County, Colorado; Buffalo, New York; Marin County, California;[59] and Seattle, Washington.[60]

Another fruitful approach involves redesign of city streets to promote sustainability. City streets offer further opportunities for reducing greenhouse gas emissions. Different allocations of space in street right-of-ways can encourage

---

57 Patricia Salkin, *Sustainability and Land Use Planning: Greening State and Local Land Use Plans and Regulation to Address Climate Change Challenges and Preserve Resources for Future Generations*, 34 Wm. & Mary Env. L. & Pol'y Rev. 121, 131 (2009).

58 *Id.* at 130.

59 There may be limited available money for new public transit in the next few years. However, in the meantime, the state could help ensure that land use planning around future HSR stations promotes strong, compact development. The state could also promote public/private partnerships on transit, such as employer-organized ridesharing, and employer incentives for employees to live near their work. Revolving loan-funds through an infrastructure bank could also help finance some of the necessary infrastructure improvements in prime transit-oriented development areas.

Rachel Medina and A. Dan Tarlock, *Addressing Climate Change at the State and Local Level: Using Land Use Controls to Reduce Automobile Emissions*, 2 Sustainability 1742, 1756-1757 (2010), provides a case study of the Marin County experience. Among other salient points:

> The Marin County General Plan uses sustainability as an underlying theme throughout. The plan even calculates the ecological footprint of the average resident and includes measures to reduce the footprint. It is allegedly the first local comprehensive plan in the country to use such an approach … Marin County cites many policy initiatives, some of which are quite relevant to greenhouse gas reductions, such as establishing a housing overlay designation, locating housing near activity centers, focusing intensive development at nodes, enhancing existing commercial and industrial areas and businesses, and expanding countywide efforts to increase workforce housing rather than full commercial build-out … The housing overlay designation initiative encourages construction of housing for very-low- and low-income households close to transit, employment and public services. Enhancing commercial and industrial areas and business encourages mixed-use development. And, expanding the effort to increase workforce housing encourages housing development near employment centers and public transportation.

Id.

60 Salkin, *supra* note 57, at 135-140 (2009).

walking, bicycling and mass transit instead of car use. Trees can reduce air temperatures and shade the sidewalk for pedestrians. Permeable pavement can increase filtration of rainwater into the ground, reducing loads and energy use in sewage treatment facilities. UC Berkeley's City Streets Project is investigating the design, function and regulation of streets with an eye toward reducing related greenhouse gas emissions.[61]

In the United States, most cities and counties rely on non-binding industry standards to guide street design, in part to defend themselves against possible tort suits for accidents. These standards typically favor higher speed travel and elimination of traffic congestion over designs that would encourage pedestrian and transit use. There seems to be room to increase the sustainability of streets without harm to the users.[62]

As these examples show, energy efficiency can be increased indirectly by reducing the need to use energy as well as directly by reducing the energy intensity of goods and services. Improved insulation is a direct way to reduce cooling costs, but painting roofs or planting trees may be cheaper and equally effective.

B. More Efficient Consumer Products

Improved product standards are another route to reduce energy use. In the United States, federal law requires the Department of Energy (DOE) to create standardized test procedures for energy efficiency, while the Federal Trade Commission (FTC) adopts corresponding labeling rules.[63] The statutory requirements have evolved from 1975 to the 2007 Energy Innovations and Security Act.[64] After

61 http://www.law.berkeley.edu/6346.htm.

62 John Urgo, Meredith Wilensky, & Steven Weissman, *Moving Beyond Prevailing Street Design Standards: Assessing Legal and Liability Barriers to More Efficient Street Design and Function* (2010).

63 John Dernbach and Marianne Tyrrell, *supra* note 3, at 12 (2010), *available at* http://ssrn.com/abstract=1684201.

64 Doris, Cochran and Vorum, *supra* note 1, at 12.

considerable prompting from Congress, litigation, and the White House,[65] DOE has also established standards for refrigerators, central air conditioners, furnaces, dishwashers, and various types of lighting.[66] These standards have reduced U.S. electricity use by seven percent[67] and the reduction will be over eleven percent by 2020.[68]

State appliance standards are normally subject to federal preemption, but the U.S. Department of Energy ("DOE") can waive preemption so that states can provide for higher energy conservation standards than are federally mandated.[69] At least ten states have set such standards.[70] California estimates that by 2020 its standards will have saved consumers $3 billion in utility bills for power that would otherwise have been consumed and that it will eliminate the need for three new power plants.[71] Standards for consumer products can result in considerable energy savings, according to studies:

> To date, 17 residential, 13 lighting, and 17 commercial equipment federal standards have been promulgated by Congress or DOE (ASAP 2009). Extensive technological analyses have demonstrated the large energy savings that result from the standards, especially in later years as market penetration increases.11 A 2003 study (Meyers et al.) suggests that standards taking effect from 1988-2003 will capture cumulative reductions in energy use from 1988-2050 of 8%-9% relative to a

---

65 Dernbach and Tyrrell, *supra* note 3, at 14.

66 *Id.* at 13.

67 Dernbach and Tyrrell, *supra* note 3, at 14.

68 *Id.* at 33.

69 For an argument for a more extensive state role, *see* Alexandra B. Klaas, *State Standards for Nationwide Products Revisited: Federalism, Green Building Codes, and Appliance Efficiency Standards*, 34 Harv. Env. L. Rev. 335 (2010). For example, Klaas reports, an Albuquerque energy conservation ordinance was invalidated because the ordinance allowed the option of complying through LEED certified building components. *Id.* at 355. In the court's view, a building that complied with the ordinance through this route but then decided to revert to the less efficient components allowed by federal law would be "penalized" by having to make other changes in the building to compensate for the increased emissions. *Id.* at 355-356.

70 David Hodas, *State Initiatives*, in Global Climate Change and U.S. Law 364 (Michael B. Gerrard ed., 2007).

71 *Id.*

no-standards baseline. The corresponding cumulative costs of these standards have been estimated to be $200-$250 million (2002 dollars), with a cumulative (through 2050) benefit/cost ratio of 2.75:1 (Meyers et al. 2003). A more recent study corroborates these findings, estimating 4% and 8% energy reductions resulting from standards in the commercial and residential sectors, respectively, for standards in place from 1987-2006.[72]

South Korea is also engaged in reducing consumption by product changes, especially in terms of lighting. The government has announced plans to invest $47 billion into energy efficient lighting.[73] It is hoped that this will save the same amount of power that is now consumed by two hundred thousand South Korean homes.

Regulatory standards are necessary because of the natural human tendency to focus on the short-term. As Dernbach and Tyrrell explain:

But consumers still need to be willing to buy more efficient products rather than retaining older ones. "In spite of numerous existing 'cost-effective energy efficiency opportunities', there is a complex 'behavior gap' impeding the use of those opportunities. Among other things, consumers often give more weight to higher up-front costs and less weight to the much greater but later savings …."[74] Post-purchasing consumer behavior is also significant. How consumers use products can be just as significant as their choice of products. The next section discusses methods of moving consumers toward sustainable consumption.

C. Sustainable Consumption

Another opportunity for reducing energy use comes at the consumer level. Individuals make decisions about energy use every single day. Some of these decisions occur infrequently, but have long-term energy-use implications, e.g.,

---

72 Doris, Cochran and Vorum, *supra* note 1, at 13.

73 Enviro News, *Energy Efficient Lighting Plan for South Korea*, www.enviro-news.com/news/energy_efficient_lighting_plan_for_south_korea.html (posted December 2, 2010).

74 Dernbach and Tyrrell, *supra* note 3, at 26.

weatherizing a house or buying a fuel-efficient vehicle. Some decisions occur regularly, e.g., using cold water to wash clothes or reducing highway-driving speeds from 70 to 60 miles per hour. While each of these individual decisions might only save a small amount of energy, the cumulative savings over many months and years can be substantial.[75] Other decisions pertain to equipment settings, e.g., raising the thermostat to 78°F during the summer and lowering it to 68°F during the winter, and equipment maintenance, e.g., getting regular vehicle tune-ups.[76] People tend to underestimate the amount of energy consumed by different activities, as well as the overall potential for energy savings available from both conservation and efficiency efforts.[77]

Better information can lead to more sustainable consumer choices. The point is not to indoctrinate the public with environmentalism, but to provide information and show how desirable conduct connects with personal norms. For instance, many people erroneously believe that they need to idle their car engine for several minutes when starting in cold weather or that idling is more efficient than stopping and restarting the engine.[78] In 2002 Americans released an estimated 2.9 million tons of carbon dioxide from idling their automobiles and trucks while waiting.[79] Similarly, many homeowners are unaware of the energy inefficiencies in their properties, the opportunities for long-term cost savings through retrofits, and the best retrofit methods for achieving financial benefits.[80] The result of this lack of information is avoidable, wasteful

75 For a discussion of how consumers could reduce home energy use and a survey of policies to encourage such a shift, *see* Jason J. Czarnezki, Everyday Environmentalism: Law, Nature & Individual Behavior 43-45. (2011).

76 Thomas Dietz et al., *Household actions can provide a behavioral wedge to rapidly reduce US carbon emissions*, 106 Proceedings of the National Academy of Sciences 18452-18456 (2009). *See* also, Gerald T. Gardner & Paul C. Stern, *The Short List: The Most Effective Actions U.S. Households Can Take to Curb Climate Change*, 50 Environment, 2009, at 12-24.

77 Shahzeen Z. Attari et al., *Public Perceptions of Energy Consumption and Savings*, 107 Proceedings of the National Academy of Sciences 16054-16059 (2010).

78 *Id.* at 1701-1702.

79 *Id.*

80 Center for Law, Energy & the Environment, Berkeley Law School, Center (CLEE), & Environmental Law Center & Emmett Center Climate, UCLA Law School, Saving Energy: How

consumption.

Congress has subsidized weatherizing for low-income households, assisting over six million households to reduce their energy bills.[81] Building owners need easy access to data about the typical retrofit needs for their building's age and type, as well as for their neighborhood and climate. Subsidies can only work if homeowners have the information to make effective use of them. Geographic information systems (GIS) can convey this information effectively to homeowners. The more standardized the retrofit recommendations, the easier for building owners to decide to begin the process.[82]

Information can be a potent tool. The U.S. Energy Star program saved consumers approximately $16 billion in 2007 alone.[83] The program also reduced carbon emissions by the equivalent of 30 million vehicles.[84] But we need better methods for communicating key information in forms that consumers will find relevant. Doing so will require more research into how consumers process information and make choices, combined with exploration of new technologies for gathering and delivering consumer-relevant information.

Participation in a group of like-minded individuals can be invaluable in promoting changed lifestyles. Carbon Rationing Action Groups (CRAGs), which began in England, are considered "the most hardcore versions of neighborhood groups" dedicated to sustainable lifestyles.[85] A study of members of CRAGS

California Can Launch a Statewide Retrofit Program for Existing Residences and Small Businesses (2010). *Available at* http://www.law.berkeley.edu/files/Saving_Energy_May_2010(1).pdf.

81 Dernbach and Tyrrell, *supra* note 3, at 21-22.

82 The mapping data provided by these assessments could help policy-makers target the most cost-effective areas for retrofit programs. For example, state and local governments could focus retrofit incentives and financing programs on areas with older and inefficient homes in inland zones that have significant temperature fluctuations.

83 Doris, Cochran and Vorum, *supra* note 1, at 14. For a detailed discussion of the Energy Star program, *see* John A. Hodges, *Appliances, Lighting, Computers, Data Centers, and Computer Servers*, in Gerrard, *supra* note 1, at 286-288.

84 Dernbach and Tyrrell, *supra* note 3, at 34.

85 Sarah Krakoff, *Planetarian Identity Formation and the Relocalization of Environmental Law* 26 (2011), *available at* http://papers.ssrn.com/sol3/papers.cfm?abstract_id=1804495 (forthcoming Fla.

gathered comments like the following. One participant said that the group is "very effective, wouldn't have made these changes without it, makes it fun and [creates] solidarity." Another member commented similarly that the CRAG motivated her household to make "fairly cheap, easy and efficient home insulation measures" and also to seek out a grant for further work in their house. "Thank you CRAG, and shame on the six of us for not being quicker off the mark … " This CRAG member also editorialized that "Exchanging tips with other people who were also striving to cut on their carbon … seemed like a good idea, but I hadn't appreciated at the time just how valuable a resource my fellow CRAGgers would turn out to be! And nice too."[86]

The survey asked CRAG members to comment on how the changes affected their quality of life. Responses were "uniformly positive."[87] For instance, one busy professional responded that she "learned a lot, life is much better for it."[88] Although we cannot expect this level of commitment from most people, these results do indicate that at least for some people, the very act of changing behavior to achieve global goals was satisfying. Participants in CRAGs and in less tightly organized groups expressed "a sense of joy and satisfaction with their actions": "They claim that 'no hair shirts' have been donned; that hanging their laundry makes them happy; that they enjoy walking and biking everywhere; that their actions 'just feel good … '."[89]

The people who joined these groups were more motivated than most members of the population, and we should not expect such strong responses from everyone. But they do show that, for at least some people, lifestyle changes can be experienced as very positive.

Another promising approach to mobilizing individuals is to enlist firms in modifying the behavior of their customers. Directly motivating changes in

---

L. Rev. 2011).

86 *Id.* at 33.

87 *Id.* at 34.

88 *Id.*

89 *Id.* at 43.

behavior is likely to be challenging for regulators. Agencies are far more experienced, however, in regulating the behavior of large firms, and these firms themselves already invest a great deal of advertising money in an effort to change consumer behavior. Regulators should consider ways to leverage regulation of firms in order to change behavior at the individual level. For instance, in California, the Public Utilities Commission has long used this strategy as part of its energy conservation efforts, enlisting utilities in improving energy efficiency decisions of consumers.[90]

Korea has the potential to become a leader in energy efficiency. Since 2009, one estimate is that Korea is investing up to two percent of its GDP per year in energy efficiency.[91] Government spending has helped draw corporations such as Samsung into the effort.[92] Of course, if Korea succeeds in becoming a leader in this area, it should also be able to profit from international markets as other countries also try to increase their efficiency.

D. Electricity Pricing

The simplest first step on the efficiency pathway is to end policies that favor the inefficient use of energy. In particular, electricity and must be priced at its true cost. It may seem tempting to provide a government subsidy to support electricity use. When utilities are owned by the government, such subsidies may have powerful political appeal but may also be hard to expose because of the complex accounting for governmental agencies. Nevertheless, it is simple economics that people will buy more of something if it is cheaper.

It is important that utilities have the proper incentives to promote energy

---

90 *See, e.g.*, Press Release, California Public Utilities Commission, CPU Approves Incentive Payments for Utility Energy Efficiency Investments (Dec. 17, 2009), http://docs.cpuc.ca.gov/published/news_release/111358.htm.

91 Victoria Jen, *South Korea investing US$88b to Improve Energy Efficiency*, Asia Pacific News, (June 18, 2010), www.Channelnewsasia.com/stories/eastasia/view/1063984/1/.html.

92 *Id.*

efficiency. This will not be true if their government budgets (in the case of public companies) or profits (in the case of private companies) depend on selling a high volume of electricity. California and other states have successfully used a mechanism called decoupling to give utilities the proper incentives:

> One successful example of regulatory change is to disassociate utility profits from sales volume; this is called "decoupling." Under decoupling, utilities receive differing rates (per kWh) depending on total electricity demand. If demand increases above a state-identified target, the rates fall; if demand decreases, rates rise. In this way, utilities have a financial incentive to help end-users reduce energy demand to receive higher per kWh rates, e.g., by providing end-user financial incentives (such as subsidized energy audits and energy-efficient appliances), or by providing technical assistance and information on how to reduce demand.[93]

Nine states have followed California's lead in this area.[94] As always, proper regulatory design is crucial. Maine experimented briefly with a decoupling program which failed due to defective design which failed to take into account the impact of weather changes on power use.[95]

Perhaps the worst policy is to subsidize energy consumption through low rates. If electricity is priced below cost, the result is an economic distortion in which consumers use too much electricity at the expense of other expenditures. The consequence is to increase carbon emissions for no good purpose. If there is concern about low-income consumers being unable to afford electricity, the best solution is simply to provide them with cash, or else to cross-subsidize electricity use through higher costs on other consumers.

As we have seen in this section, there are a broad array of well-tested tools to improve energy efficiency and reduce energy usage. There is little doubt that governments have the ability to reduce energy intensity and decrease the rate of growth of energy use. Doing so will clearly improve energy security and cut

93 Doris, Cochran, and Vorum, *supra* note 1, at 36.

94 *Id.* at 39. As of 2009, similar regulation or legislation was pending in five additional states. *Id.*

95 *Id.* at 41.

costs to consumers. Under most circumstances, it will also limit carbon emissions and urban pollution. But, as discussed in the next section, there are some complications in determining the magnitude of these environmental benefits.

Ⅲ. The Rebound Effect

In assessing the environmental benefits of energy conservation, we need to keep in mind an important side-effect called the "rebound effect."[96] The rebound effect involves increases in energy use that are paradoxically caused by increased energy efficiency. This effect actually takes three forms.

First, when energy use is more efficient, consumers may actually increase some of their energy-using activities. For instance, if lighting is very energy efficient, consumers may be less careful about turning off lights in vacant rooms. Or they may simply use more lights in order to have a brighter room.

Second, if they use less power, consumers will have lower electrical bills. This gives them more money to spend on other things, and some of those other things may require energy to produce or use. For example, the money that is saved might go to buy a new appliance like a dishwasher. But the dishwasher will use energy, and the process of producing it also required energy.

Third, if less energy is used, demand for fuel is lower, which decreases the price of fuel. This may cause consumption elsewhere in the world to increase. For instance, if Korea buys less coal on the international market, China could take advantage of the lower price to import more coal. The result could be the same level of global carbon emissions, but with a shift from Korea to China.

From an environmental point of view, the rebound effect is a negative. Efficiency causes direct benefits in terms of lower emissions, but some of the benefits are offset by increased energy use and emissions elsewhere. At the

---

96 The rebound effect received popular attention in David Owen, *The Efficiency Dilemma*, The New Yorker (Dec. 20, 2010), which gives a somewhat one-sided view of the problem.

same time, however, the rebound effect has economic benefits because consumers are able to buy more goods and services with the money they save from less energy usage or from lower fuel prices.

Because of the rebound effect, it is even theoretically possible that increased energy efficiency could actually lead to greater total consumption of energy. This is most likely to be true with regard to industrial uses of energy where increased energy efficiency might cause higher productivity and economic growth, that would in turn increase the use of energy.[97] This phenomenon is called "backlash." It is an extreme form of rebound, as if a dropped ball bounced higher than the original height.

The size of the rebound effect is the crucial question. In a 2010 review of the economic literature, two economists said that "there seems to be some evidence for direct rebound under certain conditions like a large unsatisfied demand," but the studies do not support the "backfire" scenario or large rebound otherwise.[98] In developed countries the rebound seems to be below thirty percent, possibly much lower, but rebound in developing countries may be higher because of unmet demand.[99] Examples of unmet demand leading to large rebound include residential heating in Japan and Britain in the 1970s and use of residential lighting in rural India.[100]

The European Union completed a major study of the rebound effect in April, 2011.[101] In terms of OECD countries, the report estimates direct rebound effects of 5-12% for lighting and 15-20% for heating/cooling and appliances.[102] In general, economy-wide (indirect) rebound seems to be around 10%, although

---

97 Sheetal Gavankar and Roland Geyer, *The Rebound Effect: State of the Debate and Implications for Energy Efficiency Research* (Bren School of Environmental Science and Management, June. 26, 2010), *available at* http://iee.ucsb.edu/files/pdf/Rebound%20Report%20for%20IEE-UCSB.pdf.

98 *Id.* at 46.

99 *Id.* at 61.

100 Frank Gottron, *Energy Efficiency and the Rebound Effect* (Congressional Research Service Rep. RL31188, updated Nov. 19, 2001).

101 European Commission DB ENV, Addressing the Rebound Effect (Final Report April 26, 2011).

102 *Id.* at 82.

it is difficult to estimate.[103] Policymakers are taking these effects into account:

> [T]he UK Department of Energy and Climate Change (DECC) accepts the existence of the direct rebound effects in relevant policy interventions, and officially incorporates 'take back' in energy savings from rebound in its policy evaluation. To date this has been incorporated in domestic insulation energy policy; where a 15% direct rebound effect is accounted for in recognition of 'comfort taking' in a newly insulated home. This 15% reduction in savings has been applied to the CERT (Carbon Emissions Reduction Scheme) scheme which has been running in the UK since 2008.[104]

What does the rebound effect mean in terms of "green growth"? It means that part of the effect of energy efficiency is "green" (lower carbon and lower local air pollution) and part is "growth" (increased consumption either in the sector or more broadly). Particularly in a country that is still undergoing development, the rebound effect is not completely bad news, since it means that society will produce more well-being from a smaller amount of resources.

There is no doubt about the seriousness of climate change. Energy efficiency can be a uniquely effective tool for reducing emissions. In some contexts, rather than costing money, it can actually produce savings. It may also be easier to accomplish than a large-scale change in energy sources, which requires new infrastructure to support renewable energy.

Because of the rebound effect, some of the benefits of energy efficiency come back to consumers by reducing their expenses and allowing them to purchase more goods and services. Because these goods and services may themselves require energy, the rebound effect must taken into account to calculate the true impact of energy efficiency on carbon reduction. This reduces the environmental benefits of energy efficiency, perhaps by as much as thirty percent. The good news is that this thirty percent turns into consumer welfare.

---

103 *Id.* at 83.

104 *Id.* at 33.

The rebound effect can be limited by using other tools to help control carbon emissions, such as an emissions trading system or carbon tax. These techniques raise the price of electricity, offsetting the potential rebound effect of greater efficiency. Energy efficiency makes it more feasible to impose such a system by reducing the burden on consumers. Increased efficiency, conversely, decreases the economic burden of a carbon tax or emission trading system on consumers.

Increased consumption due to the rebound effect could also be countered through a tax to soak up the additional funds As the EU Report explains:

> For price induced rebound effects for energy efficiency, as it is driven by the falling cost of energy services which drive the demand increase, measures that offset the fall will constrain it. Measures that can dampen rebound effects in the short term include raising the price of fuels so that effective/implicit price does not change (if politically feasible to raise the price of energy) or rationing the energy supply i.e. Cap & Trade schemes for industry or SMART meters for consumers …
>
> Inclusion of behavioral factors that influence consumption and role models (business, government, education) in consumer focused Sustainable Lifestyle instruments is a mitigating measure for direct rebound effects. For indirect rebound effects (where consumers use income from efficiencies to consume more products with a high environmental burden) the importance of effective awareness raising for consumers is key. A Swiss study where no indirect rebound effects were found for hybrid cars identified a potential link between increasing consumer knowledge on the environmental impacts of their car that can translate across to other consumption expenditure choices e.g. food. Further a UK example shows the importance of encouraging householders to shift consumption patterns to lower GHG intensive expenditure and to invest in low carbon investments vs. consuming.[105]

In short, if the goal is to reduce carbon emissions, it is important to combine energy efficiency requirements with other measures in order to limit the rebound effect.

---

105 *Id.* at 17-18.

Ⅳ. Conclusion

There are numerous reasons to reduce the use of fossil fuels. These fuels often must be imported; they can be expensive; they cause urban air pollution; and they contribute to climate change. Replacing fossil fuels with renewable energy sources is one solution. But reducing the amount of energy consumption can be quicker and often cheaper – in fact, it often pays for itself.

Tools to reduce energy use are easily identified. Putting a price on carbon is an important step, and it is equally important to ensure that electricity is properly priced. Building codes and appliance standards, along with better consumer information, can directly decrease energy usage. Less directly, improved urban planning and changes in personal values can also reduce society's need for energy.

No one contends that energy efficiency is a magic solution. It requires considerable effort to implement; it is limited by the rebound effect; and it cannot replace the need for more renewable energy. It can, however, provide relatively inexpensive environmental benefits on a relatively short time change. For that reason, energy efficiency is an important component of any sustainable energy policy.

제 2 장 에너지 효율 향상을 통한 경제적 편익과 환경적 편익의 동반 달성

Daniel Farber*

윤 세 종 역**

전 세계가 화석연료에 크게 의존하고 있는 만큼 에너지 소비는 기후변화와 매우 밀접한 관계를 맺고 있다. 화석연료는 그 사용 과정에서 통상의 환경오염물질을 발생시킬 뿐만 아니라, 생산과 운송 과정에서 환경에 많은 해악을 끼치고 있다. 따라서 화석연료의 소비량을 억제하는 것은 지속가능한 발전을 위한 최우선 과제라 할 것이다.

이 글은 화석연료의 소비량 억제를 둘러싼 다양한 문제들 가운데서도, 에너지 효율 향상이라는 측면에 초점을 맞추었다. 물론 우리가 사용하는 에너지의 생산방식을 재생에너지를 많이 활용하는 형태로 전환한다면 에너지 소비에서 비롯되는 환경문제를 상당 부분 줄일 수 있을 것이다. 하지만 에너지 소비량 자체를 줄이는 것이 보다 쉽고 값싸며 효율적인 해결책이 될 수 있다.[1] 이를 통해 우

* University of California, Berkeley의 Sho Shato Professor, 에너지·자원그룹(Energy and Resources Group, ERG) 의장.

** 김앤장법률사무소, 변호사.

본 논문은 2011. 9. 16. 서울대학교 환경법정책센터 주최로 서울대학교에서 열린 제 6 차 환경에너지법 포럼 「기후변화시대의 에너지법과 정책」의 기조연설을 기초로 작성한 것이다.

1 에너지 효율 정책에 관한 개관으로는 Elizabeth Doris, Jaquelin Cochran, and Martin Vorum, *Energy Efficiency Policy in the United States: Overviews of Trends at Different Levels of Government* (Dec. 2009) (National Renewable Energy Laboratory Technical Report NREL/TP-6A2-46532); Michael B. Gerrard (ed.), *The Law of Clean Energy: Efficiency and Renewables*

리가 얻을 수 있는 혜택은 상당하다. 미국 국립과학 학술원의 연구에 따르면, 에너지 효율 향상을 위한 기술 중에서 이미 상업화에 성공한 기술만을 주로 활용하더라도 2020년까지 미국의 에너지 소비량의 약 20%를 감축할 수 있고, 2030년까지는 에너지 소비량의 약 30%를 감축할 수 있다고 한다.[2]

1장에서는 우리가 에너지 효율을 개선함으로써 얻을 수 있는 혜택들을 살펴본다. 에너지 효율 개선을 위한 여러 정책들은 주요 에너지 정책목표들을 달성하는 데 도움이 된다. 가장 대표적인 예가 에너지 효율 개선을 통해 온실가스 배출량을 감축시킬 수 있다는 것이다. 그 외에도 에너지 효율을 개선시킬 경우 다양한 혜택들이 뒤따르게 된다.

2장에서는 에너지 소비량을 감소시키기 위한 정책 수단들에 대해 살펴본다. 이러한 정책 수단들로는 건축법규 제정, 전기기구들의 에너지 효율에 관한 표준 설정, 도심의 공간재배치, 소비자들이 사용하는 제품에 관한 인증제 도입 등을 들 수 있다. 많은 정책수단들이 미국에서 이미 사용되고 있고, 캘리포니아주 등이 가장 적극적으로 이를 활용하고 있다.

3장에서는 이른바 반등효과(rebound effect)에 대해 살펴본다. 반등효과는 에너지 효율을 개선하는 과정에서 나타나는 부작용으로서, 에너지 효율 개선으로 인하여 감소한 에너지 소비량을 상쇄할 정도로 다른 분야에서 에너지 소비량이 증가하는 것을 가리킨다. 반등효과의 정확한 규모는 아직까지 밝혀지지 않았지만 반등효과는 어떤 에너지 효율 개선 수단을 활용하는지에 따라 달라진다. 연구에 따르면 반등효과가 에너지 효율 개선에 따른 에너지 소비량 감축효과 전부를 상쇄시킬 정도로 크지는 않는 것으로 나타나고 있다. 탄소배출에 비용을 책정하는 것을(pricing carbon) 통해 반등 효과를 억제할 수 있다.

비록 반등효과가 에너지 효율 개선으로 얻을 수 있는 환경적 이익을 감소시키긴 하지만, 반등효과가 발생하는 더 중요한 이유는 소비수준이 추가적으로 증

(2011)을 참조할 것.

2 Gerrard, *supra* note 1, at 6. 본문에서 언급한 에너지 소비량 감축규모는 현재의 에너지 사용량을 기준으로 한 것이 아니라, 현재의 에너지 사용량의 상승추세가 미래에도 계속 유지될 경우(business as usual) 그에 따른 미래의 에너지 사용량과 비교했을 때의 에너지 소비량 감축규모를 뜻하는 것으로 보인다. 이러한 추정값을 지지하는 보고서들에 대해서는, *see* Steven Nadel, Anna Monis Shipley, and R. Neal Elliott, *The Technical, Economic, and Achievable Potential for Energy Efficiency in the United States: A Meta-Analysis of Recent Studies, available at* http://www.fypower.org/pdf/ACEEEstudy.pdf를 참조할 것.

가하기 때문이다. 이러한 반등효과는 개발도상국의 입장에서는 바람직한 것으로 간주될 수 있다. 반등효과로 인해 우리가 에너지 효율을 개선함으로부터 얻게 될 혜택들의 조합이 다소 바뀔 수는 있겠지만, 에너지 효율 개선을 사회적 목표로 추구하는 것은 여전히 유의미하다.

Ⅰ. 에너지 효율 개선에 따른 이득

먼저 에너지 관련법들의 바탕을 이루는 주요 정책목표에 대해 에너지 효율 개선이 어떠한 의미를 갖는지 음미해볼 필요가 있다. 에너지법 분야에서 특히 중요한 정책적 목표로 아래의 4가지를 들 수 있다.

1. 장기적으로 충분한 양의 값싼 에너지 공급을 확보하는 것.

이것은 가장 전통적인 에너지정책의 목표로, 최근에는 환경보호 역시 고려대상에 추가되게 되었다.[3] 에너지 효율을 높이기 위한 많은 조치들은 그 투자수익률이 20%를 넘는 경우가 많기 때문에, 그러한 조치들은 지속가능한 에너지 공급선 확보에 도움이 될 수 있다.[4]

2. 환경책임의 실현.

이 목표와 관련한 주된 쟁점은 탄소배출량을 감축할 필요가 있다는 것이다. 그에 관한 자세한 내용은 이하의 A, B항에서 다룬다.

하지만 화석연료는 도심지역 대기오염의 대표적인 원인으로서, 전세계적으로 매년 750,000명의 사망자를 낳는다.[5] 탄소를 배출하는 사람들에게 그에 따른 비용을 부담하게 함으로써, 자신들이 야기한 기후변화에 따른 악영향에 대해 책임을 지도록 하는 것은 에너지 효율 개선에도 도움이 된다.[6]

---

3 이와 관련하여서는 John C. Dernbach and Marianne Tyrrell, *Federal Energy Efficiency and Conservation Laws*, in Gerrard, *supra* note 1, at 25를 참조할 것("미국의 에너지정책은 전통적으로 충분한 양의 에너지를 싼 가격에 공급하면서도, 환경과 공중보건을 해치지 않는 것을 목표로 삼아왔다).

4 Gerrard, *supra* note 1, at 6.

5 *Id.* at 1.

6 *Id.* at 14-15.

3. 에너지 안보(energy security)의 유지.

각종 에너지원들 중에서도 특히 석유와 가스는 세계적으로 일부 지역에 편중되어 있다. 이는 석유, 가스의 향후 생산량과 가격에 대한 불확실성을 야기한다.[7] 어떤 나라들은 많은 양의 석탄을 수입할 수밖에 없는 상황이다. 이런 나라들은 에너지 효율 개선을 통해 수입 에너지원에 대한 의존도를 낮출 수 있다.

4. 형평(equity)의 실현.

공정성(fairness)은 에너지정책의 중요한 부분이다. 예를 들어 배출권거래제나 탄소세의 경우, 가난한 사람들의 삶에 가장 많은 영향을 끼칠 수 있다. 왜냐하면 가난한 사람일수록 부유한 사람보다, 자신의 소득 중에서 더 많은 비율을 에너지 소비에 사용하거나, 에너지 효율이 떨어지는 물품을 사용할 수밖에 없기 때문이다. 따라서 가난한 사람들이 사용하는 물품의 에너지 효율을 개선하는 작업은 기후변화를 막기 위한 다른 정책들로 인해 에너지 가격이 상승함으로써 가난한 사람들의 삶의 수준이 악화되는 문제를 막을 수 있다.

에너지 효율 개선은 다양한 목표들의 달성에 도움이 되기 때문에, 정치적 성향에 관계없이 많은 지지를 얻고 있다. 예를 들어 버지니아주는 전통적으로 미국 정치 스펙트럼에 있어서 보수적인 곳으로 분류되어 왔으나, 다른 주보다 앞장 서서 공공건물에 대한 에너지 효율 기준을 입법하였다.[8]

A항은 기후변화에 대처하는 것이 서구의 부유한 국가들에서뿐만 아니라 아시아의 개발도상국에 있어서도 매우 중요함을 논한다. B항은 왜 에너지 효율을 개선하는 것이 탄소배출량을 감소시키며, 다른 에너지정책들을 실행하는 데도 도움이 되는지 설명한다.

A. 기후변화에 대처할 필요성

최근 몇 년은 세계기온이 역사상 가장 높았던 해들 중 하나였다.[9] 그리고 향후의 탄소배출량이나 기후민감도(climate sensitivity)에 따라 세계기온은 현재보다

---

7 *Id.* at 1.

8 Alexandra B. Klass and John K. Harting, *State and Municipal Energy Efficiency Laws*, in Gerrard, *supra* note 1, at 57.

9 David Archer and Stefan Rahmstorf, *The Climate Crisis: An Introductory Guide to Climate Change* 43 (2010).

추가로 2-7℃ 상승할 것이다.[10] 또한 북극에서의 기온 상승은 그보다 2배 정도 더 심각할 것이다.[11] 만약 최대한 낙관적으로 미래상황을 가정하여 세계기온이 2℃만 추가로 상승한다고 하더라도, 그에 따른 세계기온은 지난 몇 백만년 동안의 어떤 때보다도 가장 높은 수준에 해당하게 된다.[12]

중국은 기후변화가 아시아에 어떤 영향을 미치게 될 것인지를 잘 보여주는 사례이다. 미국과 마찬가지로 중국은 넓고, 다양한 기후형태들이 한 국가 내에 동시에 존재한다. 따라서 기후변화가 미치는 영향은 중국 내 각 지역마다 다를 것이다. 예를 들어 중국 정부는 '여름의 혹서가 더 빈번하게 발생하고 있고, 북부에서는 가뭄이 심해졌고, 남부에서는 폭우가 더 빈번하게 발생하고 있으며, 서부에서는 폭설로 인한 자연재해가 더욱 빈번해졌다'고 보고하고 있다."[13]

중국 정부는 기후변화로 인한 농축산업에 대한 악영향이 이미 눈에 띌 만큼 진행되고 있다고 보고한다.[14] 중국 정부는 중국의 3대 주요 작물인 밀, 쌀, 옥수수의 생산량이 감소할 것이며, 현재의 농업생산형태 및 구조가 변화할 것이고, 토양 내 유기탄소(organic carbon)의 분해가 가속화될 것이며, 병충해, 초원의 사막화, 자연산불의 증가, 가축의 생산성 및 재생산 능력 감소, 가축들에 대한 질병 발생 위험이 심화될 것으로 예측하고 있다.[15]

중국 정부는 중국 북부의 주요 하천인 황하, 회하, 해하, 요하의 수량이 대폭 감소한 반면 중국 남부 하천의 수량 오히려 약간 늘어났다고 보고하고 있다. 중국 공무원들에 따르면 홍수와 가뭄의 횟수가 증가하였다고 한다.[16] 미래에 대해 이들은 "기후변화로 인해 중국 서부에 있는 빙하의 녹는 속도가 빨라졌고, 이는 남아있는 빙하량을 더욱 더 감소시킬 것이고, 그리하여 빙하의 녹은 물로부터 기원한 강들이나 빗물의 양에 큰 영향을 미칠 것이다. 지구온난화는 중국 북부의 가뭄을 심화시키고, 물 부족 상황을 더욱 악화시킴으로써 물의 공급과 수

10 *Id.* at 129.

11 *Id.* at 133.

12 *Id.* at 225.

13 Information Office of the State Council of the People's Republic of China, China's Policies and Actions for Addressing Climate Change 3-4 (Oct. 2008), *available at* http://www.ccchina.gov.cn/WebSite/CCChina/UpFile/File419.pdf.

14 *Id.* at 7.

15 *Id.* at 7-8.

16 *Id.* at 9.

요 사이의 불균형을 초래할 것"으로 예측한다.[17]

해수면 상승 역시 우려의 대상이다. 중국의 관계 당국은 "해수면 상승이 지난 30년간 가속화되고 있는 추세"임을 지적하면서, 이것이 "해수의 침투, 토양의 염류화(soil salinization), 해안선 침식(coastal erosion)을 야기하며, 그로 인하여 해안가에 위치한 습지, 망그로브, 산호초 등의 생태계가 훼손되었고, 해안생태계의 생물다양성과 서비스 기능을 손상시켰다"고 보고하고 있다.[18] 나아가 중국의 관계당국은 기후변화로 인한 해수의 수온 상승 및 해양산성화가 "해수의 산소농도를 감소시키고, 수산업의 악화, 희귀생물 혹은 멸종위기에 놓인 생물 자원의 감소를 가져왔을 가능성이 있다"고 보고 있다.[19] 지속적인 해수면 상승은 "해안가에 위치한 도시들에 설치된 공공 배수 시설의 배수능력을 감소시키고, 위 도시들이 항구로서 갖던 기능들을 손상시킬 것이다."[20]

전체적으로, 중국 정부의 보고서는 기후변화가 장래에 미칠 파급효과에 대해 비관적이다. 중국 정부의 예측에 따르면 "기후변화는 사회, 경제 및 여타의 분야에 광범위한 영향을 미칠 것이고, 중국 경제에 큰 손실을 가져올 것이다". 중국 정부는 기후변화가 지질학적 혹은 기상학적 자연재해의 가능성뿐만 아니라 질병의 유행에도 큰 영향을 미칠 것으로 보고 있으며, 이들이 주요 국가정책의 안정성에 대한 결정적인 위협으로 다가올 것으로 전망하고 있다. 또한 환경생태계나 국립공원 및 자연보호지역의 생물다양성이 위협받음으로써 경제적 손실로 귀결되고 있다. 마지막으로, 중국은 개인의 생명, 재산의 안전이 위협받게 될 것이며, 사회질서의 안정성까지도 위협받게 될 것이라 보고 있다.[21]

세계 전체적 차원에서 보면, 인류가 기후변화에 적응하는 것은 매우 어려운 과제이다.[22] 스턴 보고서는 사회기반시설을 기후변화에 적응시키는 비용이 매년

---

17 *Id.*

18 *Id.* at 9-10.

19 *Id.* at 10.

20 *Id.*

21 *Id.*

22 이러한 문제들은 이하의 글에서 잘 다루고 있다. Tim Bonyhady, Andrew Macintosh, Jan McDonald, *Adaptation to Climate Change: Law and Policy* (2010); U.S. Government Accountability Office, *Climate Change Adaptation: Strategic Federal Planning Could Help Government Officials Make More Informed Decisions*, http://www.gao.gov/products/GAO-10-113 (2010).

150억-1500억(GDP의 0.05-0.5%)에 이를 것으로 추산한다. 그리고 위 비용 중 1/3은 미국이 지출해야 할 비용이고, 1/5은 일본이 지출해야 할 비용이다.[23] "홍수나 가뭄과 같은 극단적인 기후현상들이 사회의 많은 부분들에 광범위한 피해를 입힐 것이고, 그리하여 기후변화에 적응하는 데 있어서 중요한 이슈는 극단적인 기후현상들이 얼마나 자주, 집중적으로, 계속해서 일어날 것인지 여부이다."[24]

비록 얼마나 빠른 속도로 온실가스 배출량을 감소시킬 것인지, 배출량 감소를 위해 어떠한 기술을 활용할 것인지에 대해서는 합리적인 의견불일치가 있을 수 있지만, 우리가 조치를 취해나갈 필요가 있다는 점은 확실하다. B항에서는 에너지 효율을 개선하는 것이 어떻게 탄소배출량 감소뿐만 아니라 다른 에너지 정책목표들을 달성하는 데 도움이 되는지 살펴보도록 하겠다.

B. 기후변화에 대처하기 위한 수단으로서의 에너지 효율성

우리가 에너지 소비부문에 주목해야 하는 이유를 잘 보여주는 국가는 바로 미국이다. 개인 에너지 소비 부문(비즈니스 목적 외의 교통수단 이용, 주거 냉난방 등을 포함)은 미국 전체 에너지 소비량과 탄소 배출량의 약 1/3을 차지한다.[25] 전문가들은 향후 10년 내에 개인 에너지 소비 부문의 현 탄소배출량 중 20%를 감축할 수 있을 것으로 예측하고 있다. 이는 탄소배출량을 손쉽게 감축할 수 있는 영역들이 여전히 많이 존재하고 있음을 뜻한다.[26]

소비자들은 에너지 효율 개선에 동참함으로써 에너지 소비에 지출하는 비용을 줄이고, 탄소배출량을 감소시킬 수 있다. 예를 들어 최근 미국의 한 보고서에 따르면 향후 예측되는 최종단계(end-use)의 에너지 수요 중 23%는 에너지 효율을

23 Nicholas Stern, The Economics of Climate Change 417 (2007).

24 William E. Easterling III, Brian H. Hurd, and Joel B. Smith, *Coping with Global Climate Change: The Role of Adaptation in the United States* 17 (2004) (*available at* http://www.pewclimate.org/docUploads/Adaptation.pdf).

25 Michael P. Vandenbergh, *Implementing the Behavioral Wedge: Designing and Adopting Effective Carbon Emissions Reduction Programs*, 40 Environmental Law Reporter 10547, 10549 (2010).

26 *Id.* at 10547. 이 글에서 지적하는, 효과적인 프로그램을 설계하기 위한 원칙들 중 몇 가지는 참조할 만하다. (예를 들어 '파급효과가 큰 조치들을 우선 시행하라' 그리고 '결정시마다 신뢰할 만한 정보를 제공하라'). *Id.* at 10551. 그럼에도 불구하고, 현존하는 몇 가지 프로그램은 위 원칙들 중 하나 이상을 위반하고 있다. *Id.* at 10552-10554.

개선함으로써 해결될 수 있다고 한다.[27] 또 다른 연구는 "각 가정에서의 에너지 절약 및 에너지 효율 개선을 통해 2020년까지 미국의 전체 탄소배출량 중 7% 이상을 감축시킬 수 있다"고 추정한다.[28] 이는 프랑스 전체의 탄소배출량보다 큰 규모이다. 또한 미국 국가연구위원회(National Research Council)의 최근 연구에 따르면 2020년까지 미국의 현재 탄소배출량 중 90%만을 배출하도록 만드는 것이 실제 가능하다고 한다.[29]

유럽연합은 에너지 효율 개선을 매우 적극적으로 추진하고 있다. 유럽연합은 회원국들에게 2015년까지 9%의 에너지 소비 절감을 의무화하는 지침(directive)을 입법하였다.[30] 또 유럽연합은 신축 건물에 대한 에너지 효율 표준을 설정하도록 하여 기존 건물을 리모델링할 경우, 구(舊) 건물의 시설 중 의무적으로 개선해야 할 항목들을 정하도록 하는 지침도 마련하고 있다.[31]

한국 역시 에너지 절약 부문에서 많은 잠재력을 가지고 있다. 2007년 기준으로 한국은 세계에서 열 번째로 많은 양의 에너지를 소비한 국가였고, 원유 수입 위, 석탄과 액화천연가스 수입 위를 기록한,[32] 세계에서 손꼽히는 에너지 수입국이다.[33] 한국의 에너지 수요는 2015년까지 평균 4% 수준으로 증가할 것으로 예측되고 있다.[34]

에너지 절약은 비교적으로 짧은 시간 안에 소비자들에게 경제적 보상이 돌아오기 때문에 소비자들의 경제적 이익에도 부합한다. 그러나 소비자들의 인지적 편향으로 인해 이러한 경제적 편익은 저평가되어 있다. 따라서 정부가 소비자들이 합리적인 선택을 할 수 있도록 도와줄 필요가 있다.[35]

---

27 McKinsey & Co., *Unlocking Energy Efficiency In The U.S. Economy* 165 1 (2009), www.mckinsey.com/USenergyefficiency.

28 Michael P. Vandenbergh, Amanda R. Carrico, and Lisa Schultz Bressman, *Regulation in the Behavioral Era*, 95 Minn. L. Rev. 715, 765 (2011).

29 Dernbach and Tyrrell, *supra* note 3, at 25.

30 *Id.* at 46.

31 *Id.*

32 *Id.*

33 Energy Information Administration (EIA), Country Analysis Briefs: South Korea (Oct. 2010).

34 *Energy Profile of South Korea*, www.eoearthl.org/article/Energy_profile_of_South_Korea.

35 Noah M. Sachs, *Greening Demand: Energy Consumption And U.S. Climate Policy*, 19 Duke Env. L. & Pol'y F. 295, 306-312 (2009). 예를 들어 소비자들의 하이브리드 자동차 구입 행태에 관한 연구에 따르면 소비자들은 당해 차량의 사용가능연한이 길고 짧음에 따라 암묵적으로 14-28%의 할인율을 적용한다고 한다. 이 정도의 할인율은 다른 분야에 대한 투자의 수익율과 비교했을 때 지나

또한 단기적으로는 에너지 절약이 탄소 배출을 줄이는데 가장 효율적인 수단이 될 수 있다.

> 국제에너지기구(IEA)에 따르면 전기 설비, 가전 제품, 건물의 에너지 효율에 1달러를 투자하는 것이 에너지 공급에 2달러를 투자하는 것과 같은 효과가 있다고 한다. 미국 규제당국은 정책을 입안할 때 에너지 효율 개선의 비용을 3센트 / kWh로 계산하고 있고, 널리 인용되고 있는 맥킨지의 2007년 보고서는 주거, 상업 및 산업 부문에서 부(負)(−)의 한계비용, 즉 이익을 거두면서 탄소 배출을 감축할 수 있는 십여 개의 에너지 효율 개선 방안을 제시하였다. 반면, 2009년에 새로 건설한 석탄화력발전소가 생산하는 전기의 가격은 10−13 센트/kWh, 원자력발전소가 생산하는 전기의 가격은 15−21 센트/kWh가 될 것으로 예측되고 있다.[36]

한국의 상황을 고려할 때, 에너지 효율을 개선하는 것은 많은 혜택을 가져다 줄 수 있다. 에너지 효율성 증대를 통해 화석연료 수입에 대한 한국의 의존도를 낮출 수 있고, 이를 통해 에너지 안보 문제를 해결할 수 있다. 또한 소비자들은 에너지 효율 개선을 통해 절약한 돈을 가지고 다른 재화나 서비스를 구매할 수 있으므로 경제성장이 촉진된다. 화석연료 사용량의 감소는 도심의 대기오염 문제를 완화시켜줄 것이다. 또한 한국이 다른 국가들과 비교했을 때 상당히 많이 배출하고 있는 탄소배출량을 감소시켜 줄 것이다.

이처럼 에너지 효율 개선은 자원을 절약하고 소비자들에게 경제적 편익을 제공할 뿐 아니라, 온실가스 감축에 있어서도 커다란 잠재력을 가지고 있다. Ⅱ. 에서는 에너지 효율을 개선하기 위한 방법들에 대해 살펴본다. 논의는 주로 규제 수단들에 초점을 맞출 것이지만, 보조금 지급 역시 유용한 수단이 될 수 있다. 예를 들어, 미국의 경기부양책은 50억 달러를 투자하여 단열재 등을 사용해 건물의 내후성(耐候性, weatherization)을 증진시키는 사업과, 주정부와 지방자치단체의 에너지 효율 개선에 대해 32억 달러를 지원하는 사업, 그리고 자동차 대신

치게 높은 수치이다. Kelly Sims Gallargher and Erich Muehlegger, *Giving Green to Get Green? Incentives and Consumer Adoption of Hybrid Vehicle Technology*, 61 J. Env. Econ. & Mngt. 1, 11-12 (2011).

36 Sachs, *supra* note 35, at 303. 공공재기업(utilities) 규제자들이 어떻게 에너지 효율을 개선할 수 있을지에 관한 연구로는 David Nichols, *The Role of Regulators: Energy Efficiency*, 18 Pace Env. L. Rev. 295 (2011)를 참조할 것.

대중교통을 이용하는 것을 장려하기 위해 80억 달러를 투자하여 고속철도를 건설하는 사업을 포함하고 있다.[37]

Ⅱ. 에너지 절약 방안

이 장에서는 에너지 효율을 개선할 수 있는 방법들에 대해 살펴본다. 그 예로는 건물 디자인의 개선, 변화하는 소비자들의 행동방식에 적합한 기술 개발 등이 있다. 에너지 절약을 위해서 40년 전부터 진지한 노력들이 이루어져 왔다. 아직도 갈 길이 멀긴 하지만, 우리는 정부 개입을 통해 문제를 해결해온 경험을 가지고 있다. 물론 이러한 경험은 각 사회별로 법체계나 정치체계가 다른 만큼, 그에 맞게 변형될 필요가 있다. 그럼에도 기존의 경험은 향후 규제 체계를 설계해 나감에 있어서 유용한 도구가 될 수 있다.

A. 녹색 빌딩과 녹색공동체

녹색 빌딩은 에너지 절약을 달성함에 있어서 중요한 수단 중 하나이다. 대한민국은 2004년 말에 건물의 의무적 에너지 효율 기준을 통과시켰다.[38] 이 기준은 아파트 50동 이상 규모의 주거용 건물단지와 3,000m^2 이상 규모의 사무용 건물에 적용된다.[39] 한편 2004년 이후 이루어진 건축기술의 발전을 고려하면, 아직도 개선될 부분들이 많다.

건물의 에너지 효율을 개선하는 데 있어서는 5가지 주요한 수단들이 있다.

1. 건축법규들을 통해 건물 디자인을 규제함으로서 장기적인 에너지 수요에 대처할 수 있도록 한다.
2. 전기제품에 관한 표준설정을 통해 최소한의 에너지 효율 수준을 의무화한다.
3. 인증제도 도입을 통해, 소비자들이 해당 전기제품이나 건물의 장기적인 에너지

37 Council of Economic Advisors, 2010 Economic Report to the President 244 (2010).

38 *Energy Efficiency Building Standards in Korea*, *available at* www.AsiaBusinessCouncil.org. http://www.asiabusinesscouncil.org/docs/BEE/papers/BEE_Policy_Korea.pdf.

39 *Id.*

소비량에 대한 정보를 얻을 수 있도록 한다.

4. 세금 감면이나 에너지 효율이 높은 빌딩에 대해 건축 허가를 보다 신속하게 내어 준다는 등의 금전적 혹은 비금전적인 유인책을 제공한다.
5. 싼 값에 에너지 소비량도 매우 낮은 건물을 짓는 데 필요한 기술개발을 지원한다.[40]

건축법규들은 특히 에너지 효율 개선을 위해 매우 중요하다.

최근 미국은 새로 도입한 건축법규를 통해 상당한 양의 에너지를 절약할 수 있을 것으로 보인다. McKinsey 연구에 따르면 2009 IECC 코드가 2006년 IECC 코드와 비교할 때 주거용 건축분야에 있어서 에너지 효율을 12-16% 향상시켰다고 한다. 앞으로 활용될 2012 IECC 코드는 추가로 15%의 에너지 절약을 달성할 수 있을 것으로 전망된다. 그리하여 위 코드들을 적용함으로써 2020년까지 250조 BTU에 달하는 에너지 최종소비량을 절약할 수 있을 것이다.

상가건물 분야에서도 에너지 절약을 달성할 수 있는 기회들이 많이 있다. 최근 미국은 건축 코드인 ASHRAE Standard 90.1-2007를 도입했고, 2012년 30%의 에너지 효율 향상을 요구하는 코드를 도입했다. 그리하여 미국은 2020년까지 270조 BTU에 달하는 에너지 최종소비량을 줄일 수 있다. 이는 잠재적인 상가건물 분야의 에너지 수요 중 12% 정도를 차지할 정도로 엄청난 양이다.[41]

미국 정부의 실천사례 역시 모범적인 선례가 될 수 있다. 2005년 법률에 따르면 미국 정부의 건물들은 2015년까지 에너지 소비수준을 30% 감소시켜, 2003년의 에너지 소비수준보다 낮은 수준을 달성해야 한다. 그리고 신축 건물은 일반 건물에 적용되는 건축법규상 요구조건보다 30% 이상 더 에너지 효율이 높아야 한다.[42]

신축빌딩의 에너지 효율 개선은 특히 개발도상국에 있어서 중요하다. 왜냐하면 개발도상국에서는 경제성장으로 인해 신규건축이 많기 때문이다. 에너지 효율이 낮은 건물들은 단기적으로는 비용을 절감할 수 있지만, 시간이 갈수록 에너지 비용이 많이 들게 되고, 그리하여 보다 많은 온실가스 배출로 이어지게 된다.

40 Doris, Cochran and Vorum, *supra* note 1, at 5.

41 *Id.* at 10. 그동안 미국의 여러 주들이 건축법규와 관련하여 에너지 효율 개선의 문제를 어떻게 다루어왔는지 정리한 도해(圖解)는 *Id.* at 8-9에 있음.

42 Doris, Cochran and Vorum, *supra* note 1, at 6.

녹색 건물들은 지역사회의 환경발자국(environmental footprint)을 감소시키는 데 중요하다.[43] 건물들은 대략 전체 온실가스 배출량의 1/3 이상을 차지하는 것으로 추산되고 있다.[44] 지방자치단체들은 녹색 빌딩을 장려하기 위해 다양한 건축법규나 인센티브들을 실험해보고 있는 상황이다.[45]

도시계획 역시 에너지 절약을 위한 또 다른 수단 중 하나이다. 도시철도의 에너지 효율을 개선할 경우, 그 자체로 온실가스 배출량을 감소시킬 수 있을 뿐만 아니라 교통체증을 감소시킴으로써 자동차의 배기가스 배출량을 감소시킬 수 있다. 2007년 한해 동안 자동차의 교통체증으로 인해 40억 시간이 낭비되었고, 이 수치는 빠르게 증가하고 있다.[46] 잘 디자인된 도시철도는 시민들의 일상적인 교통 스트레스를 줄여줌으로써 삶의 질을 향상시킬 수 있다.[47]

그 외에도 주거건물의 에너지 사용량을 감소시킬 수 있는 혁신적인 시도들이 있다. 나무를 심는 것은 외풍을 막아 난방비용을 절감시켜줄 뿐만 아니라, 여름에는 그늘을 제공함으로써 냉방비용을 절감시켜준다.[48] 도심의 숲은 폭우 시에 비를 머금고 빗물을 정화시키는 역할, 도심의 대기오염을 감소시키는 역할 등 생태계에 다양한 편익을 제공한다.[49] 높은 알베도(즉 밝은 색깔의)의 지붕은 에너

43 Trip Pollard, *Building Greener Communities: Smarter Growth and Green Building*, 27 Va. Env. L. J. 125-126 (2009)를 참조할 것. 녹색 건물은 다음과 같이 정의되고 있다.
(1) 당해 건축물과 건물 부지가 에너지, 물, 각종 재료 등을 보다 효율적으로 사용하며, (2) 보다 나은 건물 부지 설정, 건물 디자인, 건물 시공방법, 건물의 작동 방식, 유지방식, 철거 방식 등 건물의 전체 생애주기에 걸쳐, 건물이 주변 환경과 사람들의 건강에 미치는 영향을 완화시키는 것.
Office of the Federal Environmental Executive and Council on Environmental Quality, The Federal Commitment to Green Building: Experiences and Expectations (2003), *available at* http://www.ofee.gov/Resources/Guidance_reports/Guidance_reports_archives/fgb_report.pdf.

44 Pollard, *supra* note 43, at 127.

45 *Id.* at 141-145.

46 *See* Benjamin J. Wickizer and Andrew Snow, *Rediscovering the Transportation Frontier: Improving Sustainability in the United States Through Passenger Rail*, 11 Sustainable Dev. L. & Pol'y 12, 15 (2010).

47 *Id.* 잘 짜여진 대중교통은 사람들의 스트레스를 2가지 형태로 완화시킬 수 있다. 일부 사람들은 대중교통이용이 자가용 운전보다 이동시간이 적게 걸릴 수 있고 또는 그 과정에서 스트레스를 덜 받을 수 있다. 그래서 더 많은 사람들이 대중교통을 이용할 경우, 계속해서 자가용을 이용하는 다른 사람들은 교통체증이 완화됨으로써 삶의 질이 높아지는 혜택을 보게 된다. 대중교통에 보조금을 지급하는 것은 환경적으로 바람직할 뿐만 아니라 위와 같은 점에 비추어 볼 때에도 타당하다.

48 *See* Lynn Scarlett, *Introduction: Cities and Sustainability—Ecology, Economy, and Community*, 11 Sustainable Dev. L. & Pol'y 2 (2010).

49 Keith Hirokawa, *Sustainability and the Urban Forest: An Ecosystem Services Perspective* (2009), *available at* http://ssrn.com/abstract=1722650.

지 사용량 및 냉방비용, 도심의 열섬현상을 줄여준다.[50] 시카고, 댈러스, 휴스턴은 특정 건물을 건축함에 있어서 높은 알베도의 지붕을 의무화하고 있고, 포틀랜드, 신시내티, 필라델피아 등의 도시들은 그러한 지붕을 설치하도록 인센티브를 제공하고 있다.[51]

캘리포니아는 사회기반시설과 도시계획이 지속가능한 사회 건설에 얼마나 기여할 수 있는지 그 잠재력을 확인할 수 있는 장소이다. 캘리포니아는 2050년까지 인구가 2천만 명(700만 가구) 더 증가할 것으로 예상된다.[52] 캘리포니아의 교통분야는 캘리포니아에서 온실가스를 가장 많이 배출하는 분야로서 캘리포니아 전체 온실가스 배출량의 40% 정도를 차지한다. 이러한 온실가스 배출의 대부분은 개인 소유의 자동차나 트럭으로 인해 발생한다. 캘리포니아 교통국(California Department of Transportation, Caltrans)은 새로운 온실가스 배출 규제와 석유의 탄소함량에 대한 개선이 이루어진다고 하더라도, 자동차 운행거리의 증가에 따른 온실가스 배출량 증가가 위와 같은 정책들로 인해 감소되는 온실가스 배출량을 능가할 것으로 보고 있다.[53]

대중교통지향형 도시개발(Transit-oriented development=TOD) 계획은 교통허브 주변에 위치한 지역들의 발전을 장려한다. 그리하여 도심의 복합용도개발(mixed-use development)을 활성화하고, 주민들로 하여금 대중교통을 이용해 인근 지역에 쉽게 접근할 수 있도록 해준다.[54]

고속철도는 기차역이 위치한 지역들의 발전에 도움을 준다. 고속철도는 도심지역이 센트럴 밸리의 농장지대를 잠식하는 것이 아니라, 기존의 다른 도시들

---

50 Elise Stull, Xiopu Sun, and Durwood Zelke, *Enhancing Urban Albedo to Fight Climate Change and Save Energy*, 11 Sustainable Dev. L. & Pol'y 5, 5-6 (2010).

51 Patricia Salkin, *Sustainability and Land Use Planning: Greening State and Local Land Use Plans and Regulation to Address Climate Change Challenges and Preserve Resources for Future Generations*, 34 Wm. & Mary Env. L. & Pol'y Rev. 121, 169 (2009). 홍미로운 아이디어로는 시장에 녹색빌딩 증가를 위한 인센티브를 제공하기 위해 탄소배출산업들과의 탄소 상쇄를 인정하자는 주장이다. *See* Hirokawa, *supra* note 49.

52 Peter Calthorpe, Urbanism in the Age of Climate Change 11 (2011).

53 Center for Law, Energy & the Environment, Berkeley Law School, Center (CLEE) & Environmental Law Center & Emmett Center Climate, UCLA Law School, Plan for the Future: How Local Governments Can Help Implement California's New Land Use and Climate Change Legislation (2010), *available at* http://www.law.berkeley.edu/files/Plan_for_the_Future_July_2010.pdf.

54 *Id.* at 153.

에서 이루어지도록 만들어준다.[55] 경전철 역시 자동차 사용과 지속가능한 성장을 달성하기 위한 좋은 옵션이 될 수 있다. 버스전용차로 역시 비슷한 목적 달성에 도움이 될 수 있다.

> 대중교통의 개발은 그 형태가 기차든 자동차든 궁극적으로 접근성의 향상이라는 공통의 목표를 추구한다. 캐나다의 오타와, 브라질의 꾸리치바와 같은 사례를 볼 때, 버스 중심의 대중교통지향형 도시개발(TOD) 역시 미래지향적인 계획하에 이루어진다면 기차 중심의 대중교통지향형 도시개발(TOD)과 마찬가지로 충분히 성공할 수 있다.[56]

대중교통과 지속가능한 지역사회는 서로 시너지 효과를 일으키는 관계에 있다. 대중교통은 지속가능성을 향상시키고, 대중교통지향형 도시개발은 대중교통의 사용을 촉진시킨다. 지속가능한 개발을 장려하고자 하는 것은 캘리포니아만이 아니다. 플로리다의 도시계획법은 도심의 확산을 막고, 에너지 효율을 향상시키는 형태의 개발을 장려한다.[57] 애리조나주와 코네티컷주 역시 비슷한 정책을 시행하고 있다.[58] 그밖에도 버지니아주의 블랙스버그, 콜로라도주의 바운더 카운티, 뉴욕주의 버팔로, 캘리포니아의 마린 카운티,[59] 워싱턴주의 시애틀 등이 지속가능한 개발을

---

55 연방정부의 7억 1500만 달러 지원금이 센트럴 계곡에의 고속철도 및 정거장 건설, 통제기술 개발을 위해 지급되었다. California High-Speed Rail Authority, *UC Berkeley Research on the Potential for Transit-Oriented Development in the Central Valley* (2010), *available at* http://cahighspeedrail.ca.gov/ucberkeley_research.aspx.

56 Robert Cervero, *Transport and Land Use: Key Issues in Metropolitan Planning and Smart Growth* [undated], *available at* http://uctc.net/research/papers/436.pdf. 이처럼 다양한 방식의 대중교통 형태를 받아들이는 태도는 큰 변화이다. "애초의 대중교통지향형 도시개발(TOD)은 경전철에만 초점을 맞췄고, 다른 형태의 대중교통은 배제하는 방식이었기에 그 범위가 상당히 협소했다. 하지만 이제는 간선급행버스(bus rapid transit), 디젤철도차량(자가추진경전철), 고속버스, 스트리트 카(street car), 통근열차, 중전철도 포함시킬 수 있을 정도로 그 형태가 발전하였다." Calthorpe, *supra* note 52, at 86.

57 Patricia Salkin, *Sustainability and Land Use Planning: Greening State and Local Land Use Plans and Regulation to Address Climate Change Challenges and Preserve Resources for Future Generations*, 34 Wm. & Mary Env. L. & Pol'y Rev. 121, 131 (2009).

58 *Id.* at 130.

59 향후 몇 년간은 새로운 대중교통수단을 도입하기에 재원이 부족할 수 있다. 하지만 그 외에도 주 정부는 고속철도 정거장 주변의 토지사용계획이 컴팩트 개발(compact development)을 보장하는 형태로 짜여지도록 도움을 줄 수 있다. 또한 주정부는 대중교통체계구축과 관련하여 민관 협력을 촉진할 수 있다. 예를 들어 사용자가 근로자들의 카풀을 조직하거나, 근무지 주변에 사는 직원들에게 사용자가 혜택을 부여하도록 하는 방안들을 통해서 말이다. 사회기반시설 은행을 통해 전환대출을 제공하

도모하고 기후변화에 대처하는 종합적인 계획을 추진하고 있어 주목된다.[60]

도심 거리를 새롭게 디자인하는 것 또한 지속가능성 향상을 위한 유용한 정책수단이 될 수 있다. 도시의 거리는 온실가스 감축을 위해 중요한 기회를 제공한다. 자동차 운전자 또는 보행자 중 누가 거리를 통행할 권리가 있는지 여부를 결정함으로써 우리는 공간의 분배형태를 바꿀 수 있다. 그에 따라 자동차 사용 대신에 대중교통 이용이나 자전거 이용 혹은 도보 이용을 장려할 수 있다. 가로수는 대기온도를 낮춰주고, 사람들이 걸어다니는 인도에 그늘을 제공한다. 물이 통과할 수 있는 포장도로는 빗물이 땅으로 여과되어 흡수될 수 있도록 도와줌으로써, 하수처리시설의 부담을 줄여주고 에너지 사용량을 감소시켜 준다. 버클리 대학의 도시 거리 프로젝트는 거리의 디자인, 기능, 그리고 거리에 대한 법적 규제를 온실가스 배출감소의 시각에서 연구하고 있다.[61]

미국의 경우, 대부분의 도시들과 카운티들은 거리 디자인을 규제함에 있어서, 법적 구속력이 없는 산업표준에 의존하고 있다. 이는 사고가 발생할 경우, 지방자치단체가 불법행위책임을 부담하게 될 위험을 회피하기 위함이다. 위에서 말한 산업표준들은 일반적으로 대중교통 사용이나 인도 활용을 중시하는 디자인보다는, 교통체증을 없애고 보다 빠른 속도의 교통을 가능케 하는 디자인을 주로 취한다. 따라서 누군가에게 피해를 주지 않으면서도 거리의 지속가능성을 증가시킬 여지는 아직 많이 남아있다.[62]

는 것 역시 대중교통체계 구축이 필요한 지역들의 재원 조달에 도움을 줄 수 있다.

Rachel Medina and A. Dan Tarlock, *Addressing Climate Change at the State and Local Level: Using Land Use Controls to Reduce Automobile Emissions*, 2 Sustainability 1742, 1756-1757 (2010)는 Marin 카운티의 경험을 잘 소개하고 있다. 주목할 만한 부분으로는

> Marin 카운티 도시일반계획은 지속가능성을 전체 계획의 기초가 되는 하나의 주제로 보고 있다. 위 계획은 심지어 일반 주민들의 생태발자국을 측정하고, 이를 감축할 수 있는 조치들에 관한 내용을 담고 있다. 이처럼 포괄적인 지방정부의 계획은 미국 전체에서 처음으로 이루어지는 것이다 … Marin 카운티는 온실가스 감축과 관련하여 추가적인 주거구역 지정(housing overlay designation), 활동센터(activity center) 주변에의 주거지역 마련, 특정 지점들의 중점적 개발, 기존 상업 및 산업지역의 확대 및 경제 활성화, 판매를 위한 주택 건설 대신에 근로자 주택 마련을 위한 노력 확대 등 여러 정책 제안들을 인용하고 있다 … 추가적인 주거구역 지정은 저소득층을 위한 주택이 대중교통, 직장, 공공시설에 가까운 지역에 건설되도록 장려한다. 상업 및 산업지역의 확대 및 경제 활성화는 복합용도개발을 촉진시킨다. 그리고 근로자주택 증가를 위한 노력은 고용센터나 대중교통 주변에 근로자 주택이 많이 건설되도록 돕는다. *Id.*

60 Salkin, *supra* note 57, at 135-140 (2009).

61 http://www.law.berkeley.edu/6346.htm.

62 John Urgo, Meredith Wilensky, & Steven Weissman, *Moving Beyond Prevailing Street Design*

이러한 사례들에서 잘 드러나듯이, 에너지 효율은 직접적으로는 여러 재화 및 서비스의 에너지 집약도(intensity)를 줄이는 방향으로도 향상될 수 있지만, 간접적으로는 에너지를 소비하는 활동 자체에 대한 필요를 감소시킴으로써 향상될 수 있다. 건물 단열의 향상은 냉방비용을 감소시키는 직접적인 방법이지만, 지붕의 색깔을 바꾸고 나무를 심는 것이 더욱 저렴하고 효과적인 방법일 수도 있다.

B. 더욱 효율적인 소비자 제품

제품 표준을 상향 조정하는 것 또한 소비가 에너지 사용에서 차지하는 비중을 줄이는 방안이 될 수 있다. 미연방에너지부(DOE)은 연방법에 따라 상품의 에너지 효율을 측정하는 표준화된 검사 절차를 수립하고, 미연방통상위원회(FTC)는 이에 상응하는 인증 제도를 도입하고 있다.[63] 이처럼 관련 법제는 1975년부터 '2007 에너지 혁신 및 안보 법안'(2007 Energy Innovations and Security Act)이 입법될 때까지 계속해서 강화되어 왔다.[64] 백악관 및 의회의 노력 그리고 여러 소송들 끝에,[65] 미연방에너지부는 냉장고, 중앙형 에어컨, 벽난로, 식기세척기, 각종 조명 기구에 대한 에너지 표준을 수립하기에 이르렀다.[66] 이러한 규제를 통해 미국은 전기 소비량의 7%를 감축할 수 있었고,[67] 2020년에는 그 감축분이 11%를 넘을 것으로 전망된다.[68]

미연방에너지부가 설정한 제품 표준은 연방법 우위원칙(federal preemption)에 따라 주(州)에서 정하는 전기제품 에너지 표준보다 우선적으로 적용되는 것이 원칙이다. 그러나 미연방에너지부는 주정부가 보다 엄격한 에너지 표준을 설정하는 경우 연방법 우위를 배제하고 주정부의 규제가 적용되도록 하여,[69] 현재 10개

Standards: Assessing Legal and Liability Barriers to More Efficient Street Design and Function (2010).

63 John Dernbach and Marianne Tyrrell, *supra* note 3, at 12 (2010), *available at* http://ssrn.com/abstract=1684201.

64 Doris, Cochran and Vorum, *supra* note 1, at 12.

65 Dernbach and Tyrell, *supra* note 3, at 14.

66 *Id.* at 13.

67 Dernbach and Tyrell, *supra* note 3, at 14.

68 *Id.* at 33.

69 주 정부의 역할을 보다 넓게 인정할 필요가 있다는 주장으론 Alexandra B. Klaas, *State Standards*

이상의 주에서 연방 규제보다 엄격한 표준을 설정하여 적용하고 있다.[70] 캘리포니아주는 에너지 표준 수립을 통해 2020년까지 주민들이 절약하게 될 전기요금액이 30억 달러에 달하며, 그에 따른 전기 절약 덕분에 3기의 발전소 건설이 필요 없게 될 것으로 예측하고 있다.[71]

연구결과들에 따르면, 소비자들이 사용하는 제품에 대한 여러 표준 설정은 에너지 절약에 상당히 기여할 수 있다.

현재까지 의회나 에너지부(Department Of Energy)에 의하여 17개의 주거용품, 13개의 조명용품, 17개의 상업용품들에 대한 연방 정부 차원의 상품 표준이 공표되었다. (ASAP 2009) 연구들에 의하면 위와 같은 상품 표준의 설정에 의해 대량의 에너지를 절약할 수 있었으며, 그 효과는 최근 들어 에너지 효율적인 제품들의 시장침투가 증가하면서 늘어나고 있다고 한다. 2003년에 이루어진 연구결과(Meyers et al.)에 따르면 1988–2003년 사이에 이루어진 상품 표준 설정에 의한 에너지 사용량 감소의 총합이, 만약 상품 표준이 설정되지 않았더라면 1988–2050년 사이에 사용되었을 에너지 사용량의 8–9%에 이르는 것으로 조사되었다. 이러한 에너지 사용량 감소를 위한 표준 설정에 들어간 누적비용은 2억–2억 5천만 달러(2002년 달러 가치 기준)이지만, 2050년까지 누적 편익/비용 비율은 2.75:1에 이른다(Meyers et al. 2003). 최근의 연구는 이러한 연구결과를 다시금 확인하면서, 1987–2006년 사이에 설정된 상품 표준의 효과로 상업용품 분야에서 발생하는 에너지 사용량 감소는 4%, 주거용품 분야에서 발생하는 에너지 사용량 감소는 8%에 이르는 것으로 밝혀졌다.[72]

한국은 특히 조명 부문에서 제품 개선을 통한 에너지 소비 감축을 진행해왔다. 한국 정부는 조명 효율 개선에 47억 달러를 투자할 계획을 세웠고,[73] 이를 통

---

for Nationwide Products Revisited: Federalism, Green Building Codes, and Appliance Efficiency Standards, 34 Harv. Env. L. Rev. 335 (2010)을 참조할 것. 예를 들어 위 논문의 저자 Klaas는 Albuquerque시의 에너지 절약 조례를 법원이 무효라고 판결한 사례를 인용하고 있다. 이 사례에서 법원은 만약 개별 빌딩이 연방법상 표준에는 부합하나, Albuquerque시의 표준에는 미달하는 건물설비를 도입하는 경우, Albuquerque시 조례의 에너지 효율 기준이 훨씬 더 높기 때문에 형사처벌을 받게 된다는 점을 이유로 위 조례를 무효화시켰다. *Id.* at 355-356.

70 David Hodas, *State Initiatives,* in Global Climate Change and U.S. Law 364 (Michael B. Gerrard ed., 2007).

71 *Id.*

72 Doris, Cochran and Vorum, *supra* note 1, at 13.

73 *Energy Efficient Lighting Plan for South Korea*, www.enviro-news.com/news/energy_efficient_

해 20만 가구의 전력 소모량에 상응하는 전기를 절약할 수 있을 것으로 기대하고 있다. 상품들에 표준을 설정하는 규제정책은 사람들이 단기적 결과에만 초점을 맞추게 되는 자연적인 경향에 대처하기 위해 필요하다. Dernbach and Tyrrell은 보다 많은 소비자들이 기존의 구형 제품을 계속 보유하기보다, 더욱 에너지 효율이 높은 제품을 구매하고자 하는 의지를 가지는 것이 중요하다고 지적한다. "다양한 기존의 '비용효율적인 에너지 효율 향상 기회'들이 있음에도 불구하고, 여전히 이러한 기회들이 적게 활용되는 이유에는 사람들의 행동방식이라는 복잡한 문제가 존재한다. 무엇보다도 소비자들은 에너지 효율이 높은 제품을 구입함으로써 장기적으로 비용을 절감할 수 있다는 점보다는, 당장 제품 가격이 비싸다는 점을 더 중요하게 생각하는 경우가 종종 있다."[74]

제품을 구매하고 난 후 소비자들의 행동방식 역시 중요하다. 소비자가 구매한 제품을 어떻게 사용하는지 역시 소비자들이 어떤 제품을 구입하는지 만큼이나 중요하다. 다음 섹션에서는 소비자들의 소비패턴을 보다 지속가능한 방식으로 변화시키는 방법에 대해 검토한다.

C. 지속가능한 소비

에너지 소비 감축은 소비자 단계에서도 이루어질 수 있다. 모든 사람들은 매일 에너지 소비에 대한 의사결정을 한다. 주택의 단열방식의 선택이나 에너지 효율이 높은 자동차의 구입과 같은 선택은 발생빈도가 낮긴 하지만, 에너지 소비량에 있어서 매우 장기적인 영향을 미친다. 반면 빨래를 찬물로 할 것인지 더운 물로 할 것인지, 고속도로에서 몇 km/h로 주행할 것인지 등의 선택은 일상적으로 일어난다. 이러한 행동들의 경우 개별적으로는 에너지 소비량의 차이가 미미할 것이다. 그러나 수개월이나 수년이 지날 경우 상당한 에너지 소비량의 차이를 가져올 수 있다.[75] 또한 여름철 실내온도를 25℃ 이상으로, 겨울철 실내온도를 20℃ 이하로 설정하는 등의 계기 설정이나, 정기적인 자동차 점검 등의 기기

lighting_plan_for_south_korea.html (posted December 2, 2010).

74 Dernbach and Tyrrell, *supra* note 3, at 26.

75 소비자들이 어떻게 하면 가정의 에너지 사용량을 줄일 수 있는지, 그리고 그러한 행동들을 장려하기 위한 정책들에 대해서는 Jason J. Czarnezki, Everyday Environmentalism: Law, Nature & Individual Behavior 43-45. (2011)을 참조할 것.

유지 보수 등도 에너지 소비에 영향을 미친다.[76] 그런데 소비자들은 일반적으로 에너지 절약 또는 에너지 효율개선을 통해 절감할 수 있는 에너지 수량뿐만 아니라, 생활 속에서 다양한 방식으로 소비하고 있는 에너지의 양을 과소평가하는 경향이 있다.[77]

소비자들이 보다 지속가능한 선택을 할 수 있도록 돕기 위해서는, 보다 많은 정보를 제공할 필요가 있다. 중요한 것은 대중들에게 환경주의(environmentalism)를 강제적으로 주입하는 것이 아니라, 그들에게 정보를 제공하고, 에너지 효율적인 행동들이 그들 개인의 이해와 부합한다는 점을 알리는 것이다. 예컨대, 겨울철에는 자동차의 시동을 켜고 몇 분간 엔진을 공회전시켜서 "예열"을 하는 것이 필요하고, 시동을 켜 놓는 것이 시동을 껐다가 다시 켜는 것보다 효율적인 방법이라고 잘못 알고 있는 사람들이 많다.[78] 2002년 한해 동안 미국에서는 이러한 불필요한 공회전으로 290만 톤의 이산화탄소가 배출되었다.[79] 또한 주택보유자들이 자기 집의 에너지 효율 상황이나, 개보수를 통해 장기적으로 절감할 수 있는 에너지 비용의 크기, 금융지원을 받기에 가장 유리한 개보수 방식에 대한 지식을 가진 경우가 매우 드물다.[80] 이와 같은 정보부족으로 인해 충분히 절감할 수 있는 에너지가 낭비되고 있는 것이다.

미 의회는 저소득 가구를 대상으로 주택 단열 개선 사업에 보조금을 지급하여 6백만 이상의 가구들이 에너지 지출을 줄일 수 있도록 도와주고 있다.[81] 건물소유자들에게는 자기 소유 건물의 연식과 형태, 인근지역과 기후에 적합한 개보수 방식에 대한 정보가 필요하다. 보조금 제도는 건물소유자들이 이를 효율적으로 활용할 수 있는 방안에 대한 정보를 가지고 있을 때, 비로소 실질적인 효과를

76 Thomas Dietz et al., *Household actions can provide a behavioral wedge to rapidly reduce US carbon emissions*, 106 Proceedings of the National Academy of Sciences 18452-18456 (2009). *See* also, Gerald T. Gardner & Paul C. Stern, T*he Short List: The Most Effective Actions U.S. Households Can Take to Curb Climate Change*, 50 Environment, 2009, at 12-24.

77 Shahzeen Z. Attari et al., *Public perceptions of Energy Consumption and Savings*, 107 Proceedings of the National Academy of Sciences 16054-16059 (2010).

78 *Id.* at 1701-1702.

79 *Id.*

80 Center for Law, Energy & the Environment, Berkeley Law School, Center (CLEE), & Environmental Law Center & Emmett Center Climate, UCLA Law School, Saving Energy: How California Can Launch a Statewide Retrofit Program for Existing Residences and Small Businesses (2010). *Available at* http://www.law.berkeley.edu/files/Saving_Energy_May_2010(1).pdf.

81 Dernbach and Tyrrel, *supra* note 3, at 21-22.

거둘 수 있다. 이러한 정보 제공자 역할을 효율적으로 담당할 수 있는 것이 바로 지리정보시스템(GIS)이다. 정부가 체계적으로 표준화된 건물 개보수 방법을 제시한다면 건물소유자들이 보다 쉽게 개보수에 착수할 수 있을 것이다.[82]

정보는 유용한 수단이 될 수 있다. 미국의 Energy Star 프로그램은 2007년에만 소비자들이 대략 160억 달러를 절약할 수 있도록 도와주었다.[83] 이 프로그램은 3천만 대의 차량이 배출하는 정도의 탄소배출을 감소시켰다.[84] 하지만 핵심적인 정보를 소비자들이 쉽게 받아들일 수 있는 형태로 전달하는 더 좋은 방법에 대한 고민이 필요하다. 이를 위해서는 소비자들이 정보를 처리하고 의사를 결정하는 방식, 정보수집 및 전달 기술에 대한 연구가 필요할 것이다.

같은 생각을 공유하는 사람들과 함께 하는 것은 새로운 삶의 방식을 채택하는 데 있어서 중요하다. 탄소할당행동(Carbon Rationing Action Groups=CRAGs)은 영국에서 시작된 단체인데, 이 단체는 주민단체들 중 가장 높은 수준의 지속가능한 삶을 실천하는 단체로 알려져 있다.[85] CRAGs에 대한 연구에서 한 회원들의 인터뷰를 살펴보면, 한 회원은 "CRAGs가 매우 효과적으로 활동하고 있으며, CRAGs 없이는 삶의 방식을 변화시킬 수 없었을 것이다. CRAGs는 그러한 변화를 재밌게 느끼도록 만들며, 연대의식을 느낄 수 있게 한다"고 표현했다. 또 "CRAGs가 저렴한 가격에 에너지 효율이 높은 단열설비를 가정에 설치하도록 동기를 부여해주었고, 추가적인 리모델링를 위해 보조금을 받을 수 있도록 도와주었다"고 평가하였다. 또 다른 CRAGs 회원은 "고맙습니다. CRAGs, 6명의 우리가족은 보다 빨리 행동에 동참하지 못한 점을 부끄럽게 생각하고 있습니다 … "라고 하며 "탄소배출량 감소를 위해 노력하고 있는 다른 사람들과 팁을 교환하는 것 역시 좋았지만, 더욱 좋았던 것은 동료 CRAGs 멤버들을 알게 되었다는 것입니

82 이 작업에 의한 자료는 정책입안자들에게 어떤 지역이 건물 개보수 지원 프로그램을 도입했을 때 가장 비용효율적일 것인지 정보를 제공함으로써, 그들이 결정을 내리는데 도움이 될 수 있다. 예컨대 주 정부와 지방정부는 기온변화가 심한 내륙지방 중에서도 지은 지 오래되어 에너지 효율이 낮은 주택들이 밀집된 지역에 대해, 건물 개보수에 대한 유인책 및 자금지원을 집중할 수 있다.

83 Doris, Cochran and Vorum, *supra* note 1, at 14. 에너지 스타 프로그램에 대한 자세한 내용은 John A. Hodges, *Appliances, Lighting, Computers, Data Centers, and Computer Servers*, in Gerrard, *supra* note 1, at 286-288을 참조할 것.

84 Dernbach and Tyrrell, *supra* note 3, at 34.

85 Sarah Krakoff, *Planetarian Identity Formation and the Relocalization of Environmental Law* 26 (2011), *available at* http://papers.ssrn.com/sol3/papers.cfm?abstract_id=1804495 (forthcoming Fla. L. Rev. 2011).

다. 그리고 그들은 너무나 다들 좋은 사람들이었습니다"라고 말하였다.[86]

한 설문조사는 CRAGs 멤버들에게 삶의 방식을 바꿈으로써 그들의 삶의 질에 어떠한 변화가 일어났는지를 질문하였다. 결과는 모두 긍정적인 대답이었다.[87] 예를 들어, 전문직에 종사하는 여성회원은 "많은 것을 배웠고, 삶은 훨씬 더 좋아졌다"고 대답했다.[88] 비록 우리가 대다수의 사람들에게 이 정도의 헌신을 요구할 수는 없겠지만, CRAGs는 적어도 지구를 위해 자신들의 삶의 방식을 바꾸는 그 행위 자체에서 만족감을 얻는 사람들이 있다는 것을 알 수 있다. CRAGs와 같은 단체들에 참여하는 사람들은 "자신들의 행동에서 만족감과 행복을 느낀다"고 말하며 "이러한 변화가 불편이 아니라, 자기 손으로 빨래를 널고, 걷고 자전거를 타는 삶의 방식이 기쁨과 행복을 준다"고 느끼고 있다.[89]

이러한 단체에 가입한 사람들은 일반적인 사람들보다 동기부여가 잘 되어있는 사람들이다. 따라서 우리는 모든 사람들에게 이러한 참여를 기대할 수는 없다. 하지만 이들의 사례는 적어도 일부 사람들에게는 삶의 방식을 바꾸는 것이 대단히 긍정적인 경험일 수 있음을 보여준다.

사람들을 변화하도록 만드는 또 다른 희망적인 접근방식은 기업들을 활용하여 사람 들의 삶의 방식을 변화시키는 것이다. 사람들로 하여금 행동을 변화시키도록 직접적으로 동기를 부여하는 것은 규제자의 입장에서는 쉽지 않다. 반면 행정기관들은 대기업들의 영업방식을 변화시키는 데에 있어서는 많은 경험을 갖고 있다. 그리고 대기업들은 이미 소비자들의 행동방식을 변화시키기 위해 광고에 많은 돈을 투자하고 있다. 규제당국은 개인들의 삶의 방식을 변화시키기 위해, 기업들의 협력을 이끌어낼 수 있는 규제방식을 고민해야 한다. 예를 들어 캘리포니아에서는 공공사업위원회(the Public Utilities Commission)가 개별 공기업들의 협조를 얻어, 소비자들이 에너지를 보다 효율적으로 사용하도록 만드는 전략을 오래전부터 활용해왔다.[90]

---

86 *Id.* at 33.

87 *Id.* at 34.

88 *Id.*

89 *Id.* at 43.

90 *See, e.g.*, Press Release, California Public Utilities Commission, CPU Approves Incentive Payments for Utility Energy Efficiency Investments (Dec. 17, 2009), http://docs.cpuc.ca.gov/published/news_release/111358.htm.

한국은 에너지 효율개선 부분에서 주도적인 역할을 할 수 있는 잠재력을 가지고 있다. 한 연구에 따르면 2009년 이후 한국은 연간 GDP의 최대 2%를 에너지 효율개선에 투자하고 있다고 한다.[91] 정부의 적극적인 투자로 삼성과 같은 대기업들이 에너지 효율 개선사업에 합류하였다.[92] 세계의 다른 국가들이 에너지 효율개선에 노력을 기울이고 있는 만큼, 한국이 에너지 효율 개선부문의 선두주자로 올라선다면 국제시장에서도 매우 유리한 지위를 선점할 수 있을 것이다.

D. 전력가격산정

에너지 효율을 개선하기 위해 가장 간단한 첫걸음은, 에너지를 비효율적으로 활용하는 방식에 혜택을 제공하는 정책을 폐지하는 것이다. 특히 전기는 그 실제 생산비용에 비례하여 가격이 매겨져야 한다.

전기사용에 대해 정부보조금을 지급하는 방안은 매우 매력적으로 보일 수 있다. 공공사업이 정부에 의해 소유될 경우, 이러한 보조금들은 정치적으로 매우 매력적인 정책이지만, 정부기관들의 회계가 매우 복잡하기 때문에 외부에서 이를 밝혀내기는 힘들다. 그럼에도 불구하고, 사람들이 물건값이 싸면, 그 물건을 더 많이 살 것이라는 점은 기초적인 경제학의 논리이다.

공공사업체들이 에너지 효율을 향상시킬 적절한 인센티브를 갖도록 만드는 것은 중요하다. 만약 공기업의 정부예산이나 사기업의 이윤이 얼마나 많은 양의 전기를 판매하였는지에 달려있다면 이들은 에너지 효율 향상을 위한 인센티브를 갖지 않게 된다. 캘리포니아와 다른 주들은 공공재기업들이 적절한 인센티브를 갖도록 하는 탈동조화(decoupling)라는 메커니즘을 성공적으로 활용하고 있다.

> 규제변화의 성공적인 사례 중 하나가 바로 공공사업의 이윤을 판매량과 무관하도록 만든 것이다. 이를 탈동조화(decoupling)라고 한다. 탈동조화 체제하에서 공공사업체들은 전체 전력 수요에 따라 kWh당 받는 요금이 달라지게 된다. 만약 전력 수요가 주정부가 지정한 수준 이상으로 상승할 경우 요금은 낮아진다. 전력 수요가 주정부가 지정한 수준 이하로 감소할 경우 요금은 증가한다. 이런 방식에 의할 경우

---

91 *South Korea investing US$88b to Improve Energy Efficiency*, www.Channelnewsasia.com/stories/eastasia/view/1063984/1/.html (June 18, 2010).

92 *Id.*

공공사업체들은 보다 높은 단가의 KWh당 요금을 받기 위해, 최종 사용자들의 에너지 수요를 감소시키고자 노력할 경제적 유인동기를 갖게 되며, 에너지 효율이 좋은 제품을 사용하도록 권장하고, 에너지 진단(energy audit)을 받는 것에 대해 보조금을 지급하거나, 에너지 수요를 줄이는 방법에 대해 정보를 제공하고 기술적 지원을 제공하는 등[93] 최종 사용자들에게 경제적 인센티브를 제공하게 된다.

현재 9개 주가 이 분야의 선두주자인 캘리포니아를 벤치마킹하고 있다.[94] 규제 개혁의 적절성은 항상 매우 중요하다. 메인 주는 날씨 변화에 따른 전력 사용량 변화를 제대로 고려하지 못한 채 탈동조화 프로그램을 진행하였다가 실패한 경험이 있다.[95]

최악의 정책은 전력 가격을 낮게 유지함으로써 에너지 소비에 사실상 보조금을 지원하는 행위이다. 만약 전기에 대해 생산비용보다 낮은 가격이 책정될 경우 소비자들이 지나치게 전기를 많이 사용하게 되는 경제적 왜곡이 발생하고, 그 결과로 탄소배출량의 상승하게 된다. 만약 저소득층이 돈이 없어 전기를 사용하지 못하게 되는 상황을 염려한다면, 이들에게 현금을 제공하여 전기요금을 낼 수 있게 하거나, 다른 소비자들의 전기사용에 대해 보다 많은 요금을 부과함으로써 이를 통해 저소득층의 전기사용에 보조금을 지원하면 족하다.

이와 같이 에너지 효율을 향상시키고 에너지 사용량을 감소시키기 위한 수많은 검증된 도구들은 충분히 존재한다. 정부는 에너지사용량 증가 추세를 둔화시키고 에너지 집약도(energy intensity)를 감소시킬 능력이 있다. 그렇게 하는 것이 에너지 안보에 도움이 되고 소비자들이 부담해야 할 비용을 줄이는 길이다. 또한 그러한 정책들은 대부분의 상황에서 탄소배출량과 도심의 오염을 감소시킬 것이다. 하지만 다음 장에서 검토하듯이, 이러한 환경적 이익의 정도가 얼마인지를 측정함에 있어서는 다소 복잡한 문제가 존재한다.

---

93 Doris, Cochran, and Vorum, *supra* note 1, at 36.

94 *Id.* at 39. "2009년 기준으로 5개 주에서 유사한 입법 또는 규제를 준비중이었다." *Id.*

95 *Id.* at 41.

Ⅲ. 반등효과

에너지 절약을 통한 환경적 편익을 평가할 때 중요하게 고려해야 하는 요소 가운데 "반등효과(rebound effect)"[96]라는 개념이 있다. 반등효과란 에너지 효율의 개선으로 인해 역설적으로 증가하는 에너지의 소비량을 지칭하는 개념이다. 반등효과는 세 가지 형태로 나타난다.

첫째로, 에너지 효율이 높아지면 소비자들이 에너지를 더 많이 소비하게 될 가능성이 있다. 예를 들어, 조명기구의 에너지 효율이 높아지면 사람들이 부주의해져서 사람이 없는 방에도 불을 켜두거나, 더 많은 조명기구를 사용하게 될 수 있다.

둘째로, 에너지 효율개선으로 전력 사용량이 줄어들면 전기요금을 절감할 수 있게 되는데, 사람들이 절감한 비용만큼 다른 소비를 하게 되면 그 소비에 의해 에너지가 사용될 수 있다는 점이다. 전기요금을 아낀 돈으로 식기세척기를 구입하는 경우가 예가 될 수 있다. 그리고 식기세척기를 생산하는 과정 역시 에너지를 필요로 한다.

셋째로, 에너지 소비가 감소하면 연료의 수요가 감소하여 연료의 가격이 내려가게 되는데, 이는 세계 다른 곳에서의 소비 증가를 일으킬 수 있다. 예를 들어 국제시장에서 한국의 석탄수요가 감소하고 석탄 가격이 떨어지면, 중국이 이를 이용해 석탄 사용량을 늘릴 수 있다. 그 결과는 전세계의 탄소배출량은 그대로이고, 다만 탄소를 배출하는 국가만이 한국에서 중국으로 변화할 뿐일 수 있다.

환경적 관점에서 볼 때 반등효과는 분명히 부정적인 것이다. 에너지 효율의 개선은 배출감축이라는 직접적인 편익을 가져오지만, 그 편익의 일부는 다른 부문에서의 에너지 소비와 배출로 상쇄되어 버리기 때문이다. 한편, 반등효과는 소비자들이 절감한 비용으로 다른 재화나 용역을 구매할 수 있게 해주므로 경제적인 관점에서는 효용이라고 평가할 수 있다.

이론적으로는 에너지 효율개선으로 인한 절감보다 반등효과가 더 커서 전체 에너지 소비량이 증가하는 경우도 충분히 가능하다. 특히 산업 부문에서는 에너

96 반등효과는 2010. 12. 20. "The New Yorker"에 실린 David Owen의 글 "The Efficiency Dilemma"를 통해 주목받기 시작하였다. 그러나 위 글은 반등효과에 관하여 다소 편향적인 관점에 입각해 있는 것으로 평가된다.

지 효율 개선이 에너지 소비 증가와 직결되어 있는 생산력 증가와 경제성장으로 이어질 가능성이 높기 때문에 이러한 위험이 상존한다.[97] 이러한 현상을 이른바 "반격(backlash)"이라고 한다. 반격은 반등효과의 극단적인 형태로, 마치 떨어뜨린 공이 처음 떨어뜨린 높이보다 더 높이 튀어오르는 것과도 같다.

반등효과가 얼마나 될 것인가는 핵심적인 문제다. 2010년 경제학계에서 대규모 초과수요가 존재하는 상황에서 반등효과가 발생한다는 증거가 있다는 연구결과가 발표된 바 있지만, 반격현상이나 대규모 반등효과를 뒷받침 할만한 연구는 아직 나오지 않고 있다.[98]

선진국에서 반등효과는 30%를 밑돌 것으로 평가되나, 개발도상국에서는 초과수요의 존재로 인해 반등효과가 훨씬 높은 것으로 보인다.[99] 1970년대 일본과 영국의 주택 난방이나 인도의 농촌지역 주거 조명의 예들은 초과수요로 인한 반등효과를 잘 보여준다.[100]

유럽연합은 2011년 4월 반등효과에 대한 광범위한 연구를 진행한 바 있다.[101] 이 보고서에 따르면 OECD국가들의 직접적 반등효과는 조명에서 5-12%, 냉난방과 가전제품에서 15-20%인 것으로 나타났다.[102] 정확한 평가는 어렵지만 경제전반에 걸친 (간접적) 반등효과는 10% 내외인 것으로 보인다.[103] 정책입안자들은 이러한 효과들을 고려하여 정책을 설계하고 있다:

> 영국의 기후변화와 에너지부(The UK Department of Energy and Climate Change, DECC)는 정책적 개입으로 인해 직접적으로 반등효과가 발생함을 인정하고, 공식적으로 반등효과에 따른 에너지 절감의 상쇄를 정책 평가에 함께 고려한다. 현재까지 영국 내의 단열 설비에 관한 에너지정책에 있어서 반등효과가 함께 고려되었다. 그리하여 새롭게 단열설비를 한 집에 대하여 15%의 직접적인 반등효과가 있는 것으로

97 Sheetal Gaankar and Roladn Geyer, *The Rebound Effect: State of the Debate and Implications for Energy Efficiency Research* (Bren School of Environmental Science and Management, June. 26, 2010).

98 *Id.* at 46.

99 *Id.* at 61.

100 Frank Gottron, *Energy Efficiency and the Rebound Effect* (Congressional Research Service Rep. RL31188, updated Nov. 19, 2001).

101 European Commission DB ENV, Addressing the Rebound Effect (Final Report April 26, 2011).

102 *Id.* at 82.

103 *Id.* at 83.

나타났다. 이러한 에너지 절감 효과 중 15%의 감소는 2008년부터 영국에서 운용되고 있는 탄소배출감소계획(Carbon Emissions Reduction Scheme, CERT)에 반영되었다.[104]

"녹색성장"의 관점에서 반등효과는 에너지 효율개선의 효과가 "녹색"(탄소배출감축과 대기오염물질 배출 감소)과 "성장"(특정 부문 또는 경제 전체의 소비 증가)을 모두 포함하고 있다는 것을 의미한다. 특히 개발의 과정에 있는 국가들에게 반등효과는 반드시 부정적인 것이라고만은 볼 수 없다. 반등효과는 보다 적은 자원으로 보다 많은 사회적 편익을 생산하고 있다는 의미이기 때문이다.

기후변화의 심각성에 대해서는 더 이상 의심의 여지가 없다. 한국은 온실가스감축에 강력한 의지를 보이고 있다. 에너지 효율개선은 온실가스감축에 있어 효율적인 도구가 될 수 있다. 에너지 효율 개선은 다른 감축수단과 달리 비용을 발생시키는 대신 편익을 만들어 낼 수 있다. 기존의 에너지원을 재생에너지로 대체하는 작업은 대규모의 기반시설을 요하는 대대적인 사업이 될 수밖에 없는 데에 반해 에너지 효율개선은 훨씬 달성하기 용이한 목표인 것 또한 사실이다.

에너지 효율개선의 편익 가운데 일부는 반등효과로 인한 소비증가로 다시 소비자에게 돌아오게 된다. 새로 창출된 소비 역시 에너지를 필요로 하기 때문에 에너지 효율개선이 탄소배출감축에 미치는 영향을 올바로 평가하기 위해서는 반등효과에 대한 고려가 반드시 필요하다. 반등효과로 인해 에너지 효율개선의 환경적 편익은 최대 30%까지 절하될 수 있다. 다행스러운 것은 이 30%가 소비자 후생으로 변환된다는 점이다.

탄소세나 배출권거래제 등 탄소배출을 조절하는 다른 정책수단을 적절히 활용하면 반등효과를 최소화하는 것이 가능하다. 이러한 제도들은 전력가격을 상승시킴으로써, 에너지 효율의 상승에 따른 반등효과를 상쇄시킨다. 에너지 효율이 개선되면 위와 같은 제도들에 대한 소비자들의 부담이 경감되므로 제도의 실행이 용이해진다. 에너지 효율의 상승은 역으로 탄소세나 탄소배출권거래제의 시행으로 인해 소비자들에게 경제적 부담으로 작용하는 정도를 완화시켜 준다. 반등효과로 인한 소비 증가는 비용 감소분을 흡수하는 세금을 부과함으로써 막을 수 있다. EU 보고서에 따르면:

---

104 *Id.* at 33.

에너지 효율 상승으로 인한 가격변동이 낳은 반등효과의 경우, 에너지 제공 서비스의 비용이 감소함에 따라 에너지 수요가 증가함으로써 나타난다. 이러한 반등효과를 단기적으로 상쇄할 수 있는 조치들로는 석유가격을 높임으로써 석유의 실질가격을 그대로 유지시키는 방법(만약 에너지 가격을 인상하는 것이 정치적으로 가능할 경우) 또는 전체 에너지 공급량을 일부에게만 할당하는 방법(산업 전반에 걸친 배출권거래제 시스템이라든지 소비자들을 상대로 한 스마트미터기 설치 등) 등이 있다.

소비에 영향을 주는 행동요인들을 함께 고려하고, 지속가능한 생활방식에 초점을 맞춘 소비자들에 대한 롤 모델 제시(기업의 역할, 정부의 역할, 교육의 형태)는 직접적인 반등효과를 완화시킬 수 있는 조치들이다. 간접적인 반등효과(소비자가 에너지 효율 향상으로 인해 증가된 소득을, 환경에 더 많은 부담을 주는 다른 제품을 소비하는 데 사용해버리는 경우 발생함)의 경우, 소비자들이 이를 보다 실질적으로 자각하도록 하는 것이 중요하다. 하이브리드 자동차들에서는 간접적인 반등효과가 발견되지 않았다는 스위스의 한 연구는 소비자들이 자신들의 자동차 사용이 환경에 미치는 영향을 보다 잘 인식하도록 함으로써 그것이 음식소비 등 다른 소비지출 선택에도 영향을 미치게 되는 잠재적 연결고리를 발견해냈다 할 수 있다. 나아가 영국의 예는 각 가정들로 하여금 보다 적은 양의 온실가스를 배출하는 소비패턴을 택하도록 장려하고, 탄소배출량 절감을 위해 투자하도록 하는 것이 얼마나 중요한지를 보여준다.[105]

요컨대, 만약 탄소배출량을 줄이는 것이 목표라고 한다면, 에너지 효율성 향상을 의무화하는 것과 다른 형태의 조치들을 결합시켜 반등효과를 억제하는 것이 중요하다.

Ⅳ. 결 론

우리는 여러 가지 이유로 화석연료의 사용량을 줄일 필요가 있다. 화석연료는 대부분이 수입되어야 한다. 화석연료는 비싸고, 도심의 대기오염을 야기한다. 그리고 화석연료는 기후변화를 야기한다. 화석연료를 재생에너지로 대체하는 것 역시 하나의 방안이 될 수 있다. 하지만 에너지 소비의 양을 줄이는 것이 더 빠르고 더 저렴한 방안일 수 있을 뿐만 아니라, 에너지 소비량 감소는 그 자체로 가치 있는 일이다.

---

105 *Id.* at 17-18.

그리고 에너지 사용량을 줄이기 위한 여러 손쉬운 수단이 이미 존재한다. 탄소배출에 가격을 부담하도록 하는 것은 중요한 수단 중 하나이며, 전력가격이 적절하게 산정되도록 하는 것 역시 매우 중요하다. 건축법규나 가전제품의 표준을 설정하고, 소비자들에게 보다 많은 정보를 제공하는 것은 직접적으로 에너지 사용량을 감소시킬 수 있다. 보다 덜 직접적으로는, 보다 발전된 도시계획이나 개인의 가치관의 변화 역시 우리 사회의 에너지 수요를 감소시킬 수 있다.

에너지 효율개선은 결코 완벽한 해결책이 아니다. 사업의 실행을 위해서는 막대한 노력이 필요하며, 반등효과로 그 편익이 제한될 뿐 아니라, 에너지 효율개선이 재생에너지의 수요 자체를 대체할 수는 없다. 그러나 에너지 효율개선을 통해 비교적 단기간에 비교적 낮은 비용으로 환경적 편익을 만들어 낼 수 있는 것은 사실이다. 이러한 이유로 에너지 효율 개선은 지속가능한 에너지정책의 필수적인 구성요소가 될 수밖에 없다.

참고문헌

외국문헌

Alexandra B. Klass and John K. Harting, *State and Municipal Energy Efficiency Laws*, in Gerrard (ed.), The Law of Clean Energy: Efficiency and Renewables (2011).

Benjamin J. Wickizer and Andrew Snow, *Rediscovering the Transportation Frontier: Improving Sustainability in the United States Through Passenger Rail,* 11 Sustainable Dev. L. & Pol'y 12, 15 (2010).

California High-Speed Rail Authority, *UC Berkeley Research on the Potential for Transit-Oriented Development in the Central Valley (2010), available at* http://cahighspeedrail.ca.gov/ucberkeley_research.aspx.

Center for Law, Energy & the Environment, Berkeley Law School, Center (CLEE) & Environmental Law Center & Emmett Center Climate, UCLA Law School, Plan for the Future: How Local Governments Can Help Implement California's New Land Use and Climate Change Legislation (2010), *available at* http://www.law.berkeley.edu/files/Plan_for_the_Future_July_2010.pdf.

______, Saving Energy: How California Can Launch a Statewide Retrofit Program for Existing Residences and Small Businesses (2010). *Available at* http://www.law.berkeley.edu/files/Saving_Energy_May_2010(1).pdf.

Council of Economic Advisors, 2010 Economic Report to the President 244 (2010).

David Archer and Stefan Rahmstorf, *The Climate Crisis: An Introductory Guide to Climate Change* 43 (2010).

David Hodas, *State Initiatives,* in Global Climate Change and U.S. Law 364 (Michael B. Gerrard ed., 2007).

Elise Stull, Xiopu Sun, and Durwood Zelke, *Enhancing Urban Albedo to Fight Climate Change and Save Energy*, 11 Sustainable Dev. L. & Pol'y 5, 5-6 (2010).

Elizabeth Doris, Jaquelin Cochran, and Martin Vorum, *Energy Efficiency Policy in the United States: Overviews of Trends at Different Levels of Government* (Dec. 2009) (National Renewable Energy Laboratory Technical Report NREL/TP-6A2-46532).

Energy Efficiency Building Standards in Korea, available at www.AsiaBusinessCouncil.org. http://www.asiabusinesscouncil.org/docs/BEE/papers/BEE_Policy_Korea.pdf.

Energy Information Administration (EIA), Country Analysis Briefs: South Korea (October 2010).

Energy Profile of South Korea, www.eoearthl.org/article/Energy_profile_of_South_Korea.

European Commission DB ENV, Addressing the Rebound Effect (Final Report April 26, 2011).

Frank Gottron, *Energy Efficiency and the Rebound Effect* (Congressional Research Service Rep. RL31188, updated Nov. 19, 2001).

Gerald T. Gardner & Paul C. Stern, *The Short List: The Most Effective Actions U.S. Households Can Take to Curb Climate Change,* 50 Environment, 2009, at 12-24.

Information Office of the State Council of the People's Republic of China, China's Policies and Actions for Addressing Climate Change 3-4 (Oct. 2008), *available at* http://www.ccchina.gov.cn/WebSite/CCChina/UpFile/File419.pdf.

John Urgo, Meredith Wilensky, & Steven Weissman, *Moving Beyond Prevailing Street Design Standards: Assessing Legal and Liability Barriers to More Efficient Street Design and Function* (2010).

Keith Hirokawa, *Sustainability and the Urban Forest: An Ecosystem Services Perspective* (2009), *available at* http://ssrn.com/abstract=1722650.

Kelly Sims Gallargher and Erich Muehlegger, *Giving Green to Get Green? Incentives and Consumer Adoption of Hybrid Vehicle Technology*, 61 J. Env. Econ. & Mngt. 1, 11-12 (2011).

Lynn Scarlett, *Introduction: Cities and Sustainability—Ecology, Economy, and Community,* 11 Sustainable Dev. L. & Pol'y 2 (2010).

McKinsey & Co., *Unlocking Energy Efficiency In The U.S. Economy* 165 1 (2009), www.mckinsey.com/USenergyefficiency.

Michael B. Gerrard (ed.), *The Law of Clean Energy: Efficiency and Renewables* (2011).

Michael P. Vandenbergh, *Implementing the Behavioral Wedge: Designing and Adopting Effective Carbon Emissions Reduction Programs*, 40 Environmental Law Reporter 10547, 10549 (2010).

Michael P. Vandenbergh, Amanda R. Carrico, and Lisa Schultz Bressman, *Regulation in the Behavioral Era*, 95 Minn. L. Rev. 715, 765 (2011).

Nicholas Stern, The Economics of Climate Change 417 (2007).

Noah M. Sachs, *Greening Demand: Energy Consumption And U.S. Climate Policy*, 19 Duke Env. L. & Pol'y F. 295, 306-312 (2009).

Patricia Salkin, *Sustainability and Land Use Planning: Greening State and Local Land Use Plans and Regulation to Address Climate Change Challenges and Preserve Resources for Future Generations,* 34 Wm. & Mary Env. L. & Pol'y Rev. 121, 131 (2009).

______, *Sustainability and Land Use Planning: Greening State and Local Land Use Plans and Regulation to Address Climate Change Challenges and Preserve Resources for Future Generations,* 34 Wm. & Mary Env. L. & Pol'y Rev. 121, 169 (2009).

Peter Calthorpe, Urbanism in the Age of Climate Change 11 (2011).

Robert Cervero. *Transport and Land Use: Key Issues in Metropolitan Planning and Smart Growth* [undated], *available at* http://uctc.net/research/papers/436.pdf.

Sarah Krakoff, *Planetarian Identity Formation and the Relocalization of Environmental Law* 26 (2011), *available at* http://papers.ssrn.com/sol3/papers.cfm?abstract_id=1804495 (forthcoming Fla. L. Rev. 2011).

Shahzeen Z. Attari et al., *Public perceptions of Energy Consumption and Savings*, 107 Proceedings of the National Academy of Sciences 16054-16059 (2010).

Sheetal Gaankar and Roladn Geyer, *The Rebound Effect: State of the Debate and Implications for Energy Efficiency Research* (Bren School of Environmental Science and Management, June 26, 2010).

Thomas Dietz et al., *Household actions can provide a behavioral wedge to rapidly reduce US carbon emissions*, 106 Proceedings of the National Academy of Sciences 18452-18456 (2009).

Trip Pollard, *Building Greener Communities: Smarter Growth and Green Building,* 27 Va. Env. L. J. 125-126 (2009).

William E. Easterling III, Brian H. Hurd, and Joel B. Smith, *Coping with Global Climate Change: The Role of Adaptation in the United States* 17 (2004) (*available at* http://www.pewclimate.org/docUploads/Adaptation.pdf).

제 3 장 An Analysis of Green Growth Policy from the Perspective of Sustainable Development

John M. Leitner*

I. Introduction

"Green growth," from its proclamation as policy in 2008[1] and its statutory promulgation in early 2010,[2] has become one of the most publicly prominent and fiercely debated features of Korean law.[3] The Low Carbon, Green Growth Fundamental Act (the "LCGGFA" or the "Act")[4] identifies policy-making directions

---

* Attorney at law, Baker Botts LLP; Former Faculty of Law, Seoul National University; Faculty Member, Center for Energy and Environmental Law and Policy. The author wishes to acknowledge support that he received from the Seoul National University New Faculty Settlement Grant.

1 For a discussion of President Lee's policy address delivered on August 15, 2008, the sixtieth anniversary of the Korean republic, *see* Lee Maan-ee, *Korea Needs to Change Development Paradigm*, Korea Times, Feb. 12, 2009, *available at* http://www.koreatimes.co.kr/www/news/special/2011/04/270_39450.html.

2 The relevant legislation, the Low Carbon, Green Growth Fundamental Act, was signed into law by President Lee Myung-Bak on January 13, 2010.

3 *See, e.g.*, Dennis Normille, *A 'Green' Blessing Raises Questions*, 327 Science 1570 (2010).

4 Act No. 9931 (Jan. 13, 2010). All quotations from the Act are excerpted from the English translation of the Act. See Ministry of Government Legislation, Laws on Green Growth in Korea, Government Publication Registration Number 11-1170000-000341-14 (2010).

intended to address five stated objectives: climate change adaptation,[5] energy sufficiency, creation of engines for economic growth, improvement of public welfare, and advancement of Korea's standing in the international community.[6] The Act instructs government actors to integrate environmental concerns into a broad set of economic policy choices.[7]

The Act purports to present a unique approach to the diverse set of problems and opportunities currently faced by Korea and the international community due to changing environmental and climate conditions. With provisions ranging from direct supervision of energy and emission-related business and consumption practices,[8] to channeled investment and stimulus for certain industries,[9] to the potential creation of a carbon-trading market,[10] the Act takes as its scope a general and inclusive understanding of the relationship between "green growth" and Korean society and economy.[11]

The rhetoric of the Act reflects a qualitative acknowledgement of the central importance of three policy pillars: environment, economy, and social welfare.[12] This approach is explicitly formulated to coincide with the pre-existing concept, embedded in various international law and policy sources[13] and Korea's own

5 This objective recognizes a dual response to climate change: mitigation of the greenhouse gas emissions that contribute to altered atmospheric chemistry and management of the environmental, economic, and social impacts of the changes in the climate that do occur and will occur in the future.

6 *See* Ministry of Government Legislation, *supra* note 4, at 12-20.

7 According the Act, "The State shall, whenever it formulates various policies, take into consideration impacts on the harmonized development of the economy and environment and climate change." LCGGFA, Art. 4(2).

8 *Id.* at Art. 42(5)-(11) (describing the regulation of greenhouse gas emissions and energy consumption of so-called "controlled entities").

9 *See generally id.* at Chapter 4.

10 *Id.* at Art. 46.

11 *See* Jisoon Lee, Green Growth, 34-36 (2010) (defining green growth as "economic growth and economic progress at the same time" and raising the possibility of building "environmental capital" as part of green growth policy).

12 *See, e.g.*, LCGGFA, Art. 1; Ministry of Government Legislation, *supra* note 4, at 8-11.

13 *See, e.g., World Conservation Strategy of the International Union for the Conservation of Nature*, UNGA Res. 7, UN GAOR 36th Sess., Supp. No. 51, UN Doc. A/51 (1982); World

enacted legislation,[14] of "sustainable development."[15] Almost immediately, however, the allegation was advanced that the Act addressed, at most, the first two elements, environmental protection[16] and economic advancement, while neglecting to consider the implications of effectuated policy for equity[17] within the Korean society.[18]

Commission on Environment and Development, *Our Common Future*, Oxford University Press (1987); *Rio Declaration on Environment and Development*, UN Doc. A/CONF.151/6/Rev.1 (1992), 31 ILM 874 (1992); *Programme of Further Action to Implement Agenda* 21, UN Doc. A/Res/s-19/2 Annex (1997); *Johannesburg Declaration on Sustainable Development*, in Report of the World Summit on Sustainable Development, Johannesburg, South Africa, A/CONF.199/20, United Nations (2002); *Johannesburg Plan of Implementation*, in Report of the World Summit on Sustainable Development, UN Doc. A/CONF.199/20, *available at* http://www.un.org/esa/sustdev/documents/WSSD_POI_PD/English/POIToc.htm.

14 Sustainable Development Act, Act No. 8612 (Aug. 3, 2007); amended by Act No. 9931 (Jan. 13, 2010). Note that the Sustainable Development Act was amended by the LCGGFA.

15 An early and still-prominent definition of sustainable development presents the principle as follows: "development that meets the needs of the present without compromising the ability of future generations to meet their own needs." World Commission on Environment and Development, *Our Common Future*, Oxford University Press (1987). Such a definition potentially de-emphasizes economic development (at least beyond the level necessary for meeting present "needs") if limitations on economic growth are viewed as valuable in ensuring the environmental and social stability necessary for safeguarding the needs of future generations. It also implies a fundamentally precautionary approach to current policy decisions that have uncertain, but potentially resource-constraining, implications for future generations, reflecting a significant concern for intra-generational justice.

16 Environmental protection is itself fundamentally linked to considerations of individual rights and the preservation of resources of collective value under the formal principles of Korean law. As the most fundamental and theoretically instructive source of law, the Constitution of Korea (the "Constitution") states, "All citizens shall have the right to a healthy and agreeable environment. The State and all citizens shall endeavor to protect the environment." Constitution, Art. 35(1).

17 Sustainable development is frequently characterized as requiring the consideration and accommodation of three distinct but interrelated dimensions of human societies, economy, environment, and equity; this has been abbreviated as the "3E" approach. *See, e.g.*, United States—Importation Prohibition of Certain Shrimp and Shrimp Products (Sept. 20, 1999), WT/DS58/AB/R (Appellate Body Report) at paragraph 129 (stating that sustainable development has "been generally accepted as integrating economic and social development and environmental protection"); Vaughn Lowe, *Sustainable Development and Unsustainable Arguments*, in International Law and Sustainable Development: Past Achievements and Future Challenges, A. Boyle and D. Freestone, eds., (1999). Lowe argues that sustainable development functions as an "interstitial" norm, reconciling conflicts between economic, social, and environmental priorities. *Id.* at 30.

18 *See, e.g.*, Mun Sang-Deok, *A Study on Green Growth Act from the Point of View of Environmental Law*, 37-38; Hahm Tae-Seong, *A Legal Study on the Relationship between 'Green Growth' and 'Sustainable Development'*, 375-76.

In light of the debate surrounding the nature and meaning of Korean green growth, and its relationship to pre-existing principles of international law, I wish to explore the relationship between green growth and sustainable development. After establishing certain key features of both concepts, I will examine the similarities and differences between the alternative paradigms and then specifically address two issues: 1) whether green growth is a distinguishable and theoretically viable alternative or complement to sustainable development; and 2) whether green growth accounts for the social justice ramifications of its policies, the "equity" element of the "3E" definition of sustainable development. To reflect upon the relationship between green growth policies and social will, I introduce and evaluate the current project to modify and reform the major waterways within the Korea (the "Four Rivers Project").[19] This project has been continuously advanced and promoted as an instantiation and embodiment of green growth.[20] Its current form emerged as a successor to an earlier proposal that faced significant public opposition.[21] I analyze this case not on the basis of its substantive economic impact or ecological merits,[22] but rather to consider whether the Four Rivers Project has been implemented in a socially responsive and "sustainable" manner. I propose a closer nexus between public opinion and the activities of civil society, on one hand, and the legislative process and executive enforcement,[23] on the other. Finally, I discuss the relationship between judicial oversight and the social sustainability of green growth.

I hope that these considerations are of interest at this critical juncture in the

19 *See generally* Dennis Normille, *Restoration or Devastation?*, 327 Science 1568, 1568-70 (2010).

20 *See, e.g., Lee confident of river project's success despite backlash*, Yonhap News, Apr. 16, 2011, *available at* http://english.yonhapnews.co.kr/national/2011/04/16/94/0301000000AEN20110416003800315F.HTML.

21 *See* Bae Ji-sook, *Whistleblower Criticizes Canal Project*, Korea Times, May 25, 2008, *available at* http://www.koreatimes.co.kr/www/news/nation/2009/10/117_24704.html.

22 The desirability of the project from investment and environmental perspectives has been, and continues to be, hotly debated within Korean society. *See, e.g.*, Normille, *supra* note 19.

23 The inclusion of the executive is particularly essential in the context of the LCGGFA, which delegates substantial powers to the executive to not just perform specified tasks, but to determine the content of many green growth-related programs and policies.

policy implementation trajectory of green growth. Korean policy-makers are presently elaborating upon the general contours of this principle. The particular legal and regulatory structures that are implemented, and the specific programs that are executed, will determine the Act's ultimate relationship to the Korean economy and society. The collective impact of these decisions will be to define the applied meaning of green growth for Korean society and to provide a reference point for other societies as they consider their own policy choices in terms of domestic political viability and international accountability.

Ⅱ. "Green Growth" in the Context of "Sustainable Development"

A. Essential Features of Green Growth

Building upon the original work regarding green growth at a United Nations event in Seoul in 2005,[24] the green growth policy direction was proclaimed by President Lee in 2008, a vision that was generally outlined in a speech in August of 2008.[25] Under the terms of the five-year plan extending until 2013, Korea will devote at least two percent of its annual GDP to environment-friendly economic development and reduce its nationwide carbon emissions by 30% below business-as-usual levels[26] by 2020.[27] When many nations appropriated funds for

24 The conference was jointly hosted by Korea's Ministry of Environment and the United Nations. *See* United Nations Environment Programme, Overview of the Republic of Korea's National Strategy for Green Growth 51, n. 2 (2010).

25 President Lee stated, "Green growth refers to sustainable growth, which helps reduce greenhouse gas emissions and environmental pollution. It is also a new national development paradigm that creates new growth engines and jobs with green technology and clean energy." Lee Maan-ee, *supra* note 1.

26 Business-as-usual ("BAU") indicates the rate of carbon emissions that would be produced at a particular point in time, under current economic projections, in the absence of any deliberate policy mechanisms in place to reduce those emissions. *See* Hoffert et al., *Energy implications of future stabilization of atmospheric CO_2 content*, 395 Nature 881, 882 (1998) (defining BAU as the "baseline scenario" for future carbon emissions based upon consensus estimates of population change, economic development, and energy technology in the absence of new govern-

economic stimulus during the global economic downturn in 2008, Korea's spending targeted sectors consistent with the green growth vision.[28] The World Bank calculated that Korea's similar stimulus package was allocated 84% for "green" investment; by comparison, 36% of China's stimulus spending was devoted to these areas, and in the case of the United States, 12%.[29] Of particular note was the funding allocated for river "restoration," accounting for nearly half of the stimulus funds.[30] More comprehensive legal guidance, and a basic template for the future implications of green growth in Korean society, was provided through the drafting and promulgation of Korea's fundamental law on green growth, the LCGGFA.

The Act provides explicit guidance on the areas of economic growth[31] and conceptions of environmental responsibility[32] to be promoted through the Act. Several characteristics of the LCGGFA are highly important in understanding the role of this legislation in Korean law and its present phase of implementation. The LCGGFA should be noted, firstly, for its generality. It sets a broad agenda and indicates general features of possible future laws and policies,[33] but does not,

---

ment policy related to climate change).

27 *See* Randall S. Jones and Byungseo Yoo, *Korea's Green Growth Strategy: Mitigating Climate Change and Developing New Growth Engines, OECD Economics Department Working Papers*, No. 798 (2010), *available at* http://dx.doi.org/10.1787/5kmbhk4gh1ns-en.

28 Korea's stimulus spending was presented as a "green new deal," in reference to the notion of a "new deal" as a set of public investments and activities meant to invigorate the economy and transform the relationship between citizens and the state (in the case of Korea, with a more urgent emphasis on the former). *See* Lee Maan-ee, *supra* note 1.

29 World Bank, World Development Report 2010 (2010). *See also* Gary Hufbauer and Jisun Kim, *Climate Change and International Trade: Looking Beyond Copenhagen*, American Law Institute, March 2010.

30 *See* Normille, *supra* note 19. This particular green growth-connected investment is analyzed in detail, *infra* Section III.

31 *See, e.g.*, LCGGFA, Art. 22-35 (stating provisions relating to "green economy," "green industries," and "green technology").

32 *See, e.g.*, *id.* at Art. 38 ("Basic Principles for Coping with Climate Change"); Art. 51 ("Management of Green Homeland"); Art. 55 ("Promotion of Environment-Friendly Agriculture and Fisheries and Expansion of Carbon Sinks").

33 One prominent example is the Act's discussion of the possibility of a cap-and-trade carbon emissions market. *Id.* at Art. 46.

itself, define substantive policies. The Act does create new executive bodies,[34] impose general "obligations" on individuals,[35] and delegate power to the administrative state.[36] In that sense, its positive enactments are largely procedural and administrative in nature, establishing a framework of interrelated actors with delegated powers to imbue substance into the green growth concept through future enactments. However, it should also be noted that while the Act is general in terms of legal duties and powers, it specifically identifies topics that are to be addressed.[37] The accusation could be made against the Act that, where it does define areas and parameters of policy-making with specificity, it is too complex.[38] However, inasmuch as its legal obligations are largely aspirational, the question of enforcement remains indeterminate.[39]

Another notable aspect of the LCGGFA is the primary role it establishes for the Korean President. The president directly oversees the Presidential Committee,[40] the primary executive body for the Act. The combination of accountability to the President (underscored by the President's direct control over membership) and the wide discretion extended to the Presidential Committee imbues the executive branch in general, and the President in particular,[41] with broad policy-making

---

34 *See id.* at Art. 14.

35 *See, e.g.*, *id.* at Art. 7.

36 *See, e.g.*, *id.* at Art. 3-4, 9.

37 The illustrations of such specific directions are numerous; one example is the article describing improvement of agricultural and fishery practices and the cultivation of carbon sinks. *See id.* at Art. 55.

38 Complexity theory suggests that while specific causal interactions may be impossible to predict, the trends and character of such interactions are not, and that as applied to the administrative state, the theory counsels against highly "complex" and context-specific regulation. *See* J.B. Ruhl and Harold J. Ruhl, Jr., *The Arrow of the Law in Modern Administrative States: Using Complexity Theory to Reveal the Diminishing Returns and Increasing Risks the Burgeoning of Law Poses to Society*, 30 U.C. Davis L. Rev. 405 (1997).

39 For example, the LCGGFA states obligations for individual citizens to promote green growth principles, such as practicing "green life" and preferring the consumption of "green products." LCGGFA, Art. 7(1), (2).

40 The Presidential Committee is "instituted under the control of the President." *Id.* at Art. 14(1). Its membership consists of the Prime Minister and presidential appointees. *Id.* at Art. 14(3), (4).

and implementation power. A particular area of flexibility and discretion exists surrounding the possibility of constructing new domestic institutions and interlinking those institutions with organizations operating in other countries or internationally.[42]

B. Sustainable Development as a Principle of Environmental Law Policy

Sustainable development has long been a touchstone concept[43] of international economic, environmental, and political institution-related sociolegal philosophy.[44] It advances the condition that policy-makers must account for the "3E" elements: economy, environment, and (social) equity, and advances a vision of implementing this balance of objectives at jurisdictional levels ranging from local governments to global organizations.[45] In the 2005 United Nations World Summit Outcome Document, it was stated that "sustainable development in its economic, social and environmental aspects constitutes a key element of the overarching framework of United Nations activities."[46]

Sustainable development emerged through time as distinguishable from, and

---

41 President Lee's term of office ends in 2012; much of the long-term meaning of green growth in Korea, especially as it is formulated within the framework of the LCGGFA, will depend upon the actions of his successor.

42 *See, e.g., id.* at Art. 61 ("Enhancement of International Cooperation"). Korea's Global Green Growth Institute is a government-funded institution expressly charged with developing transnational extensions of green growth policies. *See* http://www.gggi.org.

43 The introduction of the sustainable development concept arguably dates back to several United Nations-related conferences and declarations of the early 1970s, such as the 1972 United Nations Conference on the Human Environment and the Stockholm Declaration on the Human Environment, UN Doc. A/C.48/14 (1972). *See* G.D. Meyers and S.C. Muller, *The Ethical Implications, Political Ramifications, and Practical Limitations of Adopting Sustainable Development as National and International Policy*, 4 Buff. Envt'l L.J. 1, 2-3 (1996).

44 Sustainable development was explicitly stated as a foundational principle of ecological and economic policy in 1980. *See World Conservation Strategy of the International Union for the Conservation of Nature, supra* note 13.

45 *See Johannesburg Declaration on Sustainable Development, supra* note 13.

46 United Nations, 2005 World Summit Outcome, A/Res/60/1, p. 2.

generally preferred by policy-makers over, other environment-related principles, such as the pre-existing "deep ecology" and "environmental justice" concepts.[47] However, significant questions exist over whether a more precise definition of sustainable development can gain international consensus.[48] Experts also disagree over whether such a definition is necessary to promote the underlying objectives of sustainable development.[49] In practice, sustainable development continues to be deployed as a foundational concept. Some proponents utilize the very broadness of the concept, as it is at this level of generality that definitional agreement is possible.[50]

Several significant points of disagreement amongst sustainable development theorists have also given rise to critiques of green growth. Experts debate whether applications of the sustainable development concept over-emphasize foreseeable enhancements in the economic development of each society, and whether the concept delineates the manner by which economic and environmental objectives are to be balanced. Varying explications of sustainable development, for instance, have modified it as "*ecological* sustainable development" and as "*economic* sustainable development."[51] The former indicates that ecosystems, the fabric of naturally

---

47 *See* J.B. Ruhl, *The Co-Evolution of Sustainable Development and Environmental Justice: Cooperation, then Competition, then Conflict*, 9 Duke Envir. L. & Pol. Forum 161 (1999).

48 *See, e.g.*, P.R. Berke and M. Conroy, *Are We Planning for Sustainable Development?*, 66 J. Amer. Planning Assoc. 21 (2000); R. N. Andrews, *National Environmental Policies: The United States*, in National Environmental Policies: A Comparative study of Capacity Building (M. Jaenicke and H. J. Weidner, eds.) (1997).

49 *See* Meyers and Muller, *supra* note 43, at 3-15. Meyers and Muller argue for a more "concrete" definition of sustainable development and propose the following: "development which either improves, maintains, or does not materially interfere with the ecological structure and functions of the [geographic] area in which such development takes place." *Id.* at 15. In a world with fewer economic and social barriers and no effective boundaries for containing environmental impacts, this definition should not limit its scope to interfering impacts only within the immediate geographic area of particular development.

50 Such a view holds that sustainable development should be promoted as a universal principle, even if consensus is currently only possible for a broad understanding of the concept. On the other hand, it can be argued that consensus is not legally or socio-politically meaningful without agreement about the substantive meaning and at least some of the policy implications of sustainable development.

51 *Compare* Our Common Future, *supra* note 13, at 308 (asserting that "human survival … could

occurring environments and inter-relationships between the elements of those environments, are the first and primary object of the sustainability effort. The latter reaches environmental protection derivatively, because environment is an instrumentality of continuous achievement of economic growth.

Climate change and greenhouse gas mitigation policies illustrate the relationship between environmental and economic objectives as applied. Under an explicitly economic orientation, greenhouse gas emissions are mitigated in the first place because the estimated costs that climate change will inflict upon societies outweigh the present costs of mitigation.[52] Even if degradation or other transformation of ecosystems due to climate change were not counted as a relevant cost, mitigation of carbon emissions may have the collateral effect of reducing the impact of human activity upon natural ecosystems. The inclusion of these impacts in the cost-benefit analysis, however, may in some cases have an important effect on analytical outcomes and the policies that are enacted based upon them. Key choices, such as what impacts to include as costs and at what rate to discount future costs, are essential considerations that weigh heavily upon the extent to which inter-generational justice and social sustainability are emphasized.[53]

C. The LCGGFA and Sustainable Development

The LCGGFA seeks to give putative meaning to the concept of "sustainable

---

depend on success in elevating sustainable development to a global ethics"), *with* Margaret Thatcher, Speech to the Royal Society (Sept. 27, 1988) (stating that "[s]table prosperity can be achieved throughout the world provided the environment is nurtured and safe guarded").

52 The analysis of costs is vitally impacted by the choice of discount rate for future benefits and harms. Two competing visions of climate change mitigation policies, for instance, have been advanced and distinguished on the basis of differing views of discount rate. *Compare* Nicholas Stern, The Economics of Climate Change: The Stern Review (2007), *with* William Nordhaus, A Question of Balance: Weighing the Options on Global Warming Policies (2008). *See generally* David Weibach and Cass Sunstein, *Climate Change and Discounting the Future: A Guide for the Perplexed*, 27 Yale L. & Pol'y Rev. 433 (2009).

53 *See id.*

development." The Act incorporates the definition of "sustainable development" from the Sustainable Development Act[54]: "development based on sustainability[55] that is implemented simultaneously in the pursuit of economic growth, social stability and integration, and the preservation of the environment."[56] In its current form, as amended (and, in effect, restated) by the LCGGFA, the remaining provisions of the Sustainable Development Act are quite general and function principally to create and operate information-gathering channels.[57]

As the law which succeeded and directly amended the Sustainable Development Act, the LCGGFA contains numerous provisions identified as related to sustainable development. The LCGGFA views sustainable development as heavily related to altering patterns of resource consumption and mitigating carbon emissions. The President is charged with preparing measures to address land management and efficient development, such as "carbon-neutral" and resource self-sufficient cities and generally "environment-friendly" development.[58] The executive branch is further charged with overseeing water management[59] and the transportation network[60] in a manner that both mitigates the consequences of climate change and adapts[61] to them. The President lies at the center of policy-making for design and efficiency standards to promote the proliferation of "green buildings."[62] The President is given the broad instruction to promote environment and energy-sustainable production and consumption choices by

54 Act No. 8612 (Aug. 3, 2007).

55 This definition is facially tautological, so I seek to identify below the substantive content of sustainable development as it is applied in Korean law.

56 *Id.* at Art. 2(2).

57 *See id.*

58 LCCGFA, Art. 51(2).

59 *Id.* at Art. 52.

60 *Id.* at Art. 53.

61 Adaptation takes on special significance in light of the social dimension of sustainable development theory, especially if one assumes that the most economically and socially vulnerable individuals would generally bear the heaviest burden of climate change impacts in the absence of effective anticipation and adaptation.

62 *Id.* at Art. 54.

ensuring that the energy and emissions consequences of goods and service provision are "reasonably linked to and reflected in the price of goods and services."[63] The executive is charged with promotion of carbon sinks domestically through a variety of channels, including regulation of land use (forests, farmland), agriculture, and territorial sea waters.[64] The discretion to provide developing countries with climate change-related "financial support"[65] may have considerable application in the area of carbon sinks, such as aforestation and reforestation projects in the tropical regions of Southeast Asia.

D. Relationship Between Green Growth and Sustainable Development

At the most aspirational level, the LCGGFA asserts to fulfill the basic premise of sustainable development: building a foundation for policy-making that reflects a full consideration and accommodation of environmental, economic, and social justice considerations. The provisions of the Act purport to frame the context in which Korean development occurs and, ultimately, the physical and social environment in which individual Koreans live.[66] These provisions have an evident balance of environmental and economic policy: they capture the intersections of environmental conservation[67] and harm reduction[68] with intermediate- and long-term economic planning.

As Korean economists argue, sustaining and broadening the current base of

63 *Id.* at Art. 57(2).

64 *Id.* at Art. 55.

65 *Id.* at Art. 61.

66 *See generally id.* at Art. 36 (stating that the government "shall endeavor to reduce social and economic expenses by inducing persons who cause the generation of greenhouse gases or pollutants to voluntarily reduce the generation of greenhouse gases and pollutants"); Art. 7 (stating individual duties to "practice green life" and "increase consumption and use of green products").

67 The Act contains, for instance, provisions on the promotion of "eco-tourism" through preservation and restoration of ecosystems. *Id.* at Art. 56.

68 In example, consider provisions related to reduced energy consumption and lowered carbon emissions, ranging from design standards to a prospective cap-and-trade system for carbon emissions. Id. at Art. 42-47.

Korean prosperity requires the utilization of emerging technology markets and, in essence, a new transformation of the Korean economy.[69] These provisions provide a framework and template for the balancing and mutual satisfaction of environmental and economic objectives.[70] Sustainable development implies not just a dimension of conservation and custodianship, but also modification and adaptation. While sustainability contains a principle of maintaining certain conditions, such as minimum quantities or "critical masses" of natural resources,[71] development is predicated upon change and conversion.[72] Green growth is a particular means of operationalizing the adaptation dimension of sustainability. Such adaptation lies at the heart of the claim that dimensions of the natural world can be sustained and even cultivated through time.

Does the LCGGFA accommodate the "social" dimension of sustainability? Various Korean scholars have criticized the Act as insufficiently reflecting social equity. It has been argued that Korean green growth: 1) elevates economic interests over the environment;[73] 2) lacks the "3E" balance necessary for international legitimacy;[74] and 3) does not reflect the public participation and support critical to social equity-based legislation.[75] These are important considerations that, if one is committed to the "policy mix" prescribed by sustainable development orthodoxy, are serious objections. I analyze the first

69 *See* Jisoon Lee, *supra* note 11, at 24-31.

70 As discussed *supra*, sustainability has been an embedded component of international environmental law rhetoric for more than two decades. The ubiquity and generality of sustainable development bolsters the reality that it must be supplemented or integrated into an elaborated vision. Therefore, the objection that Korean green growth is inadequate on an international stage due to the established position of sustainable development is unavailing.

71 For discussions of maintenance of natural capital, *see* M. Roseland, *Sustainable Community Development: Integrating Environmental, Economic, and Social Objectives*, 54 Progress in Planning 73, 78 (2000); D. Pearce and R. K. Turner, Economics of Natural Resources and the Environment 44 (1990).

72 *See* Kohn et al., Sustainability in Action: Sectoral and Regional Case Studies, 3 (2001) (considering the theoretical and practical challenges of maintaining particular features or quantities of elements within dynamic environmental systems through time).

73 Mun, *supra* note 18, at 37-38.

74 *Id.*

75 Hahm, *supra* note 18, at 375-76.

and third objections throughout the remainder of the article.[76]

If cases inevitably arise wherein economic and environmental objectives are not synergistic, and choices and trade-offs must be made, does green growth systematically favor short-term wealth over long-term environmental health? The Act itself does not on its face indicate that this policy resolution would be reached. The incentivization of "green industry" at least arguably re-contextualizes the inevitable and necessary expansion of business ventures[77] in order to harmonize that economic activity with parameters of environmental protection. Social sustainability, understood in the context of a democratic and transparent society,[78] requires that the government develop and openly reveal a body of relevant information regarding environmental and social impacts of proposed green growth policies. The first and central test of social legitimacy is public reaction to, and ultimately ex ante approval of, major green growth policies.

Can the social equity element of sustainable development be satisfied or otherwise adequately answered by a certain threshold of public support for green growth policies? Social equity may, in some cases, require more than majoritarian support. Environmental policy in a society that enshrines equality, due process, and even clean environment-related rights must account for the impact of the policies on groups that are politically vulnerable due to lack of expressed voice through the electoral process and a failure of representation of their interests or entitlements in the law-making process. The vast discretion

76 The second objection pertains to international legitimacy and the necessity of projecting a certain explicit sustainable development formulation. As I argued, *supra*, sustainable development itself has been presented very generally in international discourse, and it has taken varying forms when it has been included as part of a concrete plan of action. Under these circumstances, it is difficult to conclude that the Korean approach lacks any certain customary statutory or regulatory form that is required for legitimacy abroad.

77 Some versions of sustainability theory would question the "inevitability" or the "necessity" of economic growth as it is presently widely pursued. While competing visions of sustainability lie at the heart of the debate between environmental and economic-focused sustainable development, it is reasonably clear that Korean green growth assumes and comprehensively advances a model of continuous economic expansion. *See* Lee Maan-ee, *supra* note 1.

78 Any questions about Korean government transparency amount to a potential critique of green growth's social legitimacy. Such transparency is central to the notion of "social sustainability."

vested in the executive by the Act provides, ideally, an opportunity for administrative agencies to account for individual and group rights and to devise resultant minimum standards or guidelines. Where this process of protecting the rights of minorities does not happen effectively, litigation and private enforcement of statutory provisions or even defense of individual constitutional rights can potentially invoke the judicial review power of the Korean courts.

In Section III, I develop an expanded analysis of the public engagement and judicial review formulation for socially sustainable green growth policy. In order to provide a practical and illustrative context, I first present the socially prominent and heavily debated Four Rivers Project, advanced by the government as substantially related to the objectives of green growth. This example will be analyzed as a case study of the roles of public opinion and legal advocacy in shaping the content and ultimate execution of specific "green growth" policies.

E. The Four Rivers Project

During his presidential campaign in 2007, current president Lee Myung-Bak advocated the creation of a "Pan Korea Grand Waterway" by connecting the Han and Nakdong rivers via a canal.[79] Following considerable scholarly and public opposition, the canal proposal was abandoned. A new plan, unveiled in December of 2008, proposed to invest heavily in the modification of an extensive network of Korean waterways based around four principal rivers, the Han, Nakdong, Geum, and Yeongsan. Advanced as a specific green growth-related initiative prior to the promulgation of the LCGGFA, the Four Rivers Project required an initial 22 trillion won allocation (the equivalent of more than 19 billion USD) for its completion. Amongst other measures, the legislation calls for building 16 dams, deepening riverbeds through extensive dredging of more than 500 million cubic meters of sand and other riverbed material, and

79 *See* John Sudworth, *Canal plan divides Korea*, BBC News, Jan. 23, 2008, *available at* http://news.bbc.co.uk/2/hi/asia-pacific/7202161.stm.

constructing a series of recreational accommodations, such as parks, along the waterways.[80]

The Four Rivers Project included amongst its stated objectives natural ecosystem restoration, fuel and time efficiency enhancement of water-based cargo transit, and the cultivation of environmental assets for the enjoyment of present and future generations. The proposal received early if qualified praise from some international bodies;[81] the United Nations Environmental Programme ("UNEP") referenced it in relation to important environment and economic activity-adaptation goals.[82] To what extent the Four Rivers Project would actually advance these benchmark objectives, and with what collateral consequences, have been central questions of the political and social debate in Korea over the Four Rivers Project.[83] On the question of whether the Four Rivers Project should continue as planned, about 70% of the public have expressed the view that it should be canceled or at least suspended.[84] While this has fueled a spirited debate within civil society,[85] disputes and public resistance have not impeded

80 *See* Normille, *supra* note 19.

81 *See* Do Je-hae, *Foreign NGOs Brings 4-Rivers Plan Positive Spin*, Korea Times, Feb. 9, 2010, *available at* http://www.koreatimes.co.kr/www/news/nation/2010/02/113_60590.html.

82 With reference to the Four Rivers Project, UNEP observed, "UNEP encourages the stepping up of investment in ecological restoration, to address this key ecological scarcity as well as to prepare effective and cheap adaptation strategies for the onset of climate change reducing recurrent costs associated with periodic flooding." United Nations Environment Programme, Overview of the Republic of Korea's National Strategy for Green Growth 7 (2010), *available at* http://hqweb.unep.org/PDF/PressReleases/201004_UNEP_NATIONAL_STRATEGY.pdf.

83 *See* Normille, *supra* note 19, at 1568-1570.

84 *See* Do Je-hae, *supra* note 81.

85 For instance, approximately 2,800 Korean scholars organized in opposition to the canal project in the so-called Professors' Organization for Movement Against Grand Korean Canal ("POMAC") and expressed criticism of the Four Rivers Project. *See* Normille, *supra* note 19. In another example, the Catholic Bishops' Conference of Korea issued statements criticizing the environmental impact and rapid implementation method of the Four Rivers Project, engaging a prominent dimension of Korean civic life, its organization through religious communities and hierarchies, in the social debate. *See Catholic Bishops' Conference of Korea announces opposition to Four Rivers project*, The Hankyoreh, March 13, 2010, *available at* http://www.hani.co.kr/arti/english_edition/e_national/409868.html. While much domestic sentiment has resisted the Four Rivers Project, not all civil society involvement has been oriented towards opposition to the project.

the pace of project implementation.[86] The Four Rivers Project is scheduled to be principally concluded in September of 2011;[87] in the face of continuing opposition and criticism, President Lee is confident that the public will come to favor the Four Rivers Project after seeing the results.[88]

Ⅲ. Channels of Sustainability: Popular Consent and Judicial Review

The Four Rivers Project, predating in its first form even President Lee's green growth policy address and promulgated by the National Assembly prior to the LCGGFA, is both a prototypical example of government green growth policy-making and the single most significant national investment in a green growth-linked project thus far.[89] By declining to advocate a particular view on the environmental or economic desirability of the Four Rivers Project, I have instead endeavored to advance it as a key insight into the current interrelationship between environmental law-making, popular reaction and advocacy, and judicial oversight. Social sustainability, promoted through the advancement of articulated social values and principles of justice, should be considered openly and directly by the legislative and executive powers as an indispensable part of their duties in the design of legislation and administrative implementation. However, the final and necessary barometer of social sustainability is only possible, in practice, through transparent public debate and at least some degree of judicial oversight

86 Construction has also continued in the face of considerable political debate and conflict with local government officials. *See South Korea's Four Rivers project: The dredgery must go on*, The Economist, Aug. 9, 2010, *available at* http://www.economist.com/blogs/banyan/2010/08/south_koreas_four_rivers_project.

87 *See* Yonhap News, *supra* note 20.

88 According to President Lee, "All [of the people] will accept [the project] if [they] see the scene after [the construction] is completed … There can be opposition to new things. But if [the government] does not carry out what it should do due to opposition, a country can't develop." *Id.*

89 Approximately half of the "green new deal" funds have been invested in the Four Rivers Project.

for the enforcement of societal pre-commitments.[90]

A. Flaws in the "Social Sustainability" of Green Growth

The major contribution of green growth to the advancement of environmental protection and economic development is not as much theoretical as practical. In short, green growth's refinement upon the tenets of sustainable development catalyzes the political channels through which specific and incremental advancements in identified goals can be promoted. The green growth framework publicly asserts desired objectives and provides, if roughly, economic and environmental metrics by which the utility of particular green growth programs may be judged. The Korean public must provide, through its participation in electoral expression and politics, the final value judgments to which proposals must be subjected and by which enacted policies must be reassessed upon review. The abandonment of the publicly disfavored canal between the Han and Nakdong rivers attests to the potential efficacy of this model for sustainability, but the continuing heavy investment in the Four Rivers Project, despite public resistance and widespread preference for delay and debate,[91] raises serious questions about the aggregate effects of public policy-making against public preference or outside of public knowledge.[92] In the case of the Four Rivers Project, many ecological impacts have already occurred or will occur during the present implementation of the project and are, for

---

90 If we understand sustainability to arise through continuing majoritarian support and adherence to legally enshrined and respected principles of justice that protect minority groups and individuals, then a vibrant civic life and the exercise of judicial review provide mechanisms by which democratic legitimacy and constitutional constraints can be applied to green growth policy.

91 *See* Do Je-hae, *supra* note 81.

92 While *ex post* public acceptance of an implemented policy may seemingly be just as sustainable as support originating in *ex ante* approval, policy promulgated in the hopes that it is retroactively legitimated relies upon a highly uncertain assumption about long-term changes in public attitude; this assumption is even less tenable in the case of an essentially irreversible modification of the physical environment.

practical purposes, irreversible.[93] In this light, the paternalistic view of the government towards public opinion[94] challenges the notion that electoral politics alone can safeguard the social sustainability dimension of green growth.

Central government resistance to popular preference is just one illustration of the potential limitation of public opinion and expression to buttress social sustainability. The Four Rivers Project has received a level of media attention and organized criticism unprecedented in the area of Korean environmental regulatory law. Certain prominent green growth-related initiatives, such as a possible carbon-trading market, would presumably also receive considerable attention. However, many other green growth policies may not attract such ex ante public awareness and occupy a central place in public debate, but may, once implemented, have significant long-term impacts upon public perceptions of justice and equity in the society.

One example is tax code reforms. According to the LCGGFA, tax policy is to be reformed in the direction of "green" objectives.[95] In general, the character of this provision is consistent with many others, which is to promote an abstract theme of cultivating efficient incentives, while granting latitude in the design and implementation of specific laws and regulations. Where tax reform proposals lack a direct effect upon individual taxpayers, public awareness of their distributive effects may be limited, yet the long-term impact of tax policy for perceptions and realities of distributive justice may be potentially vast.[96]

Another issue exists even where one presumes both awareness of the relevant dimensions of a proposed "green growth" policy by the public and

93 *See* Normille, *supra* note 19.

94 *See* Yonhap News, *supra* note 20.

95 LCGGFA, Art. 30.

96 Unlike the active transformation of physical environments, tax law reform is obviously not irreversible. I offer this example to illustrate the intra-generational social justice implications of green growth law, but the example is less apt at demonstrating inter-generational impacts, such as repurposing land or crafting environmental regulations that ultimately determine the survival of various species. For a critique of Korean land development policy, *see* Birds Korea, *Large-scale Wetland Reclamation of Song Do Tidal-flat Approved*, March 24, 2009, *available at* http://www.birdskorea.org/Habitats/Wetlands/Songdo/BK-HA-Songdo-Tidal-flat-reclamation-2009-03.shtml.

legislative and executive responsiveness to emerging majoritarian views. It remains distinctly possible that minorities may be harmed by policies in a way that the majority favors, and even in a way that generates a gain to social welfare,[97] but that nonetheless violates legal principle pre-commitments of the society. Turning to the Constitution as a source of such pre-commitments, a number of individual rights principles may be violated by purportedly green growth-based legislation. Under the Constitution, Koreans have a right to a clean environment,[98] a right that is legally enforceable for the benefit of individuals.[99] This right has not been interpreted to absolutely guarantee the avoidance or elimination of particular elements or aspects of the physical environment that arguably make it "unclean," such as pollution or ecological degradation. Within Korean Constitutional law, rights-related claims are generally subject to balancing analysis that invokes a utilitarian logic.[100] Nonetheless, particular green growth-related policies may seriously threaten the individual enjoyment of this environmental right in a potentially legally actionable manner.

Another important consideration is the right of equality. The Constitution

---

97 By "social welfare," I mean to refer to optimization of utility within a society, based upon the accumulated personal preferences of the members of the society. In this case, it is not the majority's external value judgments that are being optimized in a calculation of welfare, but rather the aggregation of direct and personal gains that are made by individual members of the society. The lack of accounting for external preferences distinguishes this judgment from the determination of expressed majoritarian preference, and potentially results in divergent outcomes. For a discussion of thought experiments meant to distinguish between personal and external preferences in utilitarian calculations, *see, e.g.*, Ronald Dworkin, Taking Rights Seriously, 233-238 (1977).

98 Constitution, Art. 35(1).

99 2006Hun-Ma711 (July 31, 2008) (acknowledging the standing of complainants but ruling against them on the merits of the complaint).

100 The perpetual presence of a social utility-based calculation of individual rights may be usefully illustrated by the manner in which fundamental rights are weighed against each other. According to the Korean Supreme Court, "When the protection of a person's reputation and the freedom of expression are in conflict, how the two rights should be mediated depends on the comparison of various social interests by comparing the benefit of free expression and the values achieved through the protection of personal rights." 85Da-Kha29, Gong 1988. 11. 15. (836), 1393 (October 11, 1988).

enshrines a right to equality;[101] while the philosophical nature of "equality" is a question that far exceeds the scope of this article, it may at least arguably be the case that the government in an equality-promoting democratic society is obligated to accord equal concern to the interests of each individual within the society. An individual may very well be disadvantaged by government policy and action, but not through a process and based upon a judgment that disregards or discounts the legitimacy of her interests compared to other citizens. Environmentally impactful development policies have enormous impacts upon the life, health, and personal perception of welfare of individuals. Where the status of certain individuals as equal in the society is compromised by the disproportionate burden imposed upon them,[102] and especially where the method by which the decision to impose the burden was made is procedurally suspect, it must be asked what limitation on even a properly functioning majoritarian government is available.[103]

B. Two Brief Sustainability Suggestions

The first and most obvious way of enhancing the domestic social sustainability of Korean green growth law is to take proactive measures to enhance public awareness of, and engagement with, environmental policy-related issues, and to promote a political culture in which the government is more responsive to the preferences of the citizens. These two changes are evidently related, for the greater the public awareness and concern for environmental

101 The Constitution addresses the right of equality in Article 11(1): "All citizens shall be equal before the law, and there shall be no discrimination in political, economic, social or cultural life on account of sex, religion or social status."

102 Consider, for example, the probability that burdens of environmental degradation or change fall disproportionately upon the economically less advantaged members of a particular society.

103 The government, its decision-making majority elected by and roughly reflecting the preferences of the majority of voters in the society, must often properly decide that a policy that disadvantages some in the society is nonetheless legal and justifiable on the basis of the benefits it generates. However, if that determination does not account for the preferences or interests of the individuals so burdened, a serious question of equality is raised.

issues, the more likely these issues, and the decisions legislators and executive authorities make in relation to them, will be relevant considerations in electoral politics.

Government actor responsiveness may be influenced or calibrated in a number of ways, but I suggest a simple one: reduction or elimination of legal obstacles to political expression, such as limitations on expression during defined periods prior to elections.[104] The prohibition, for instance, on Twitter messages that advocate for a candidate or a position held by a certain candidate strips individuals of the opportunity to be effective political advocates, and lessens the profile of substantive issues in the critical days leading up to elections. A democracy that is procedurally fair but limited in the quantity (and, presumably, diversity) of political expression is less likely to reflect the informed opinions and judgments of the voting citizenry.

The Four Rivers Project illustrates vividly the growing (if not always policy-transformative) role of civil society and non-governmental organizations ("NGOs") in disseminating information to the public. The Four Rivers Project has been heavily reviewed and debated by civil society and NGOs.[105] Limitation of expression in Korean politics is generally justified on the basis of the view that the social interest in quantity of information and access to information is importantly conditioned upon the accuracy and objectivity of publicly disseminated information. While this is a multi-faceted and constitutionally complex issue, I posit here that, in the context of limited, procedurally fair, and judicially reviewed regulation, NGOs can and do play a vital role in optimizing

---

104 *See* Public Officials Election Act, Art. 93(1). The Korean Constitutional Court last year upheld a requirement of identity verification for news and politics-related internet sites prior to elections. 2008Hun-Ma324, 2009Hun-Ba31 (consolidated) (Feb. 25, 2010).

105 *See, e.g.*, Birds Korea, The Anticipated Impacts of the Four Rivers Project (ROK) on Waterbirds, Preliminary Report, Mar. 3, 2010, *available at* http://www.birdskorea.org/Habitats/4-Rivers/4-Rivers-Report-2010/BK-HA-4-Rivers-Report-2010.shtml; Randy Hester, Jong Ho Hong and Marcia McNally, *Korea's Rivers Feeling Impacts from 4-Rivers Project*, Sept. 8, 2010, *available at* http://www.internationalrivers.org/other-regions-topics/korea%E2%80%99s-rivers-feeling-impacts-4-rivers-project.

the amount, availability, and even the quality of the information relied upon by the public.[106] In that case, any regulation that may limit expression and access to information should be narrow and not obstruct the significant positive contribution of NGOs and civil society generally to the richness of public discourse.

What institutional mechanisms may be utilized where public consensus-building is obstructed or where popular will-driven enactments violate legal pre-commitments of Korean society? The Constitution explicitly defines the role of judicial review in Korean government.[107] While the express creation of this power does little to answer contentious questions about judicial philosophy and role, I focus here on the particular dimensions of judicial review that relate to and impact social sustainability. A first concern is state-imposed impediments to the public participation that imbues the decisions of government institutions with democratic legitimacy. In particular, limitations on political expression and argument raise the question of whether procedural electoral neutrality, alone, assures elections of being a reliable product of public preference. The Korean courts already occupy a central position in reviewing the boundaries of government regulation of expression;[108] the decisions of the Constitutional Court in the future will be vital in defining the open functioning of exchange of ideas and opinions regarding green growth-related policies.

The Korean courts also have the potential to significantly limit government

---

106 Presumably some information furnished by NGOs is impacted, in form if not in substance, by ideological preferences of particular organizations. However, the active engagement of organizations and non-state institutions in developing the breadth of information, and the diversity of viewpoints available to the public is of potentially great value in cultivating an intellectually rich environment for public discourse.

107 "The Constitutional Court shall have jurisdiction over the following matters: 1. The constitutionality of a law upon the request of the courts…" Constitution, Art. 111.

108 *See, e.g.*, 89Hun-Ka113 (Apr. 2, 1990) (upholding application of certain provisions of the National Security Act under limited circumstances); 99Hun-Ma480 (June 27, 2002) (striking as vague and overbroad a provision of the Telecommunication Business Act, as then written, proscribing unsound communications harmful to public peace, order, social morals, or good customs).

power by considering individual and group-related rights that might be violated under the terms or implementation of particular green growth policies. It exceeds the scope of this article to speculate on particular future policies and causes of action that may result, but I have elaborated, *supra*, two constitutional theories that may be relevant in a variety of cases, the individual right to a clean environment and the individual right of equality. A right to a clean or healthy environment, construed as an individual right or as a collective public interest, might seem most likely to arise where the state is either not acting or acting in a fragmented and incomplete manner.[109] In the case of green growth-related policies, the state is in fact acting aggressively and directly, but the allegation may be made that the policy was chosen with objectionable intent or has collateral effects that violate legal rights. In that case, the courts function as the ultimate interpreter and enforcer of the meaning of individual rights, as applied.

As a final note, judicial review has the capacity, depending upon the legal theories advanced before the courts and ultimately credited by them, to reconcile the potential limitation of populist-based social sustainability to "intra-generational sustainability."[110] If the process of public engagement with the law-making process is relatively effective at advancing widely shared views of present

---

109 For an American law parallel to this scenario, *see* AEP v. Connecticut, argued before the Supreme Court of the United States in April of 2011 and currently awaiting decision. The case involves a public nuisance tort suit brought by certain American states and New York City against major electricity-generating corporations, alleging that their industrial activities produce carbon dioxide emissions that contribute to climate change and thus are acts of public nuisance. The defendant petitioner argued before the Supreme Court that regulation of greenhouse gas emissions is a political question that courts are ill-equipped to answer and, as a matter of judicial role, are precluded from answering. For the official oral argument transcript, *see* http://www.supremecourt.gov/oral_arguments/argument_transcripts/10-174.pdf.

110 One possible basis currently being utilized in American environmental law is the public trust doctrine. A sensational recent complaint was filed in Oregon state court alleging that the State of Oregon's failure to reduce carbon emissions violates their common law and statutory duty to protect public natural resources from degradation and defilement. For the complaint, *see* Chernaik v. Kitzhaber, *available at* http://crag.org/wp-content/uploads/2011/05/Oregon-ATL-Complaint-filed.pdf. For a brief analysis, *see* Felicity Barringer, *Suit Accuses U.S. Government of Failing to Protect Earth for Generations Unborn*, N.Y. Times, May 4, 2011, *available at* http://www.nytimes.com/2011/05/05/science/earth/05climate.html?_r=1&ref=environment.

distributional justice and individual rights, one potentially neglected class of individuals consists of future generations of Korean citizens.[111] The role of the courts in this regard may ultimately be more important as a public forum and feedback loop with the society than as a firm restriction of government policies seen by judges as violating the interests of generations of Koreans yet to come of age. This role may be highly significant in developing, refining, and deepening public discourse.

Ⅳ. Conclusion

It has been my main objective to analyze the theoretical similarities and distinctions between the substantive content of Korean "green growth" and the pre-existing international elaborations of the sustainable development principle. I have argued that green growth is best understood as a particular policy goal-driven implementation of the basic sustainable development concept. Green growth provides a refined and clarified perspective on sustainable development by identifying specific forms of government-led initiatives to be designed and implemented, mostly within the administrative machinery of the executive branch. Two major questions arose out of this analysis. Firstly, how, if at all, does green growth account for the social equity and justice element of sustainable development? Secondly, what balance of power within Korean government generally, and what judicial review role in particular, can provide long-term legal and political legitimacy to the multifaceted means by which the framework of green growth will be advanced and embodied in specific policies?

I have utilized the example of the continuous and ongoing debate surrounding the Four Rivers Project to illustrate the interaction between executive and legislative policy-making, public response and expression of popular will, and judicial review.

111 Chernaik argues that "future generations" can be represented by minors who, as present-day citizens, have enforceable rights. *See id.*

On a broad level, this important case illustrates that the state does respond to a critical mass of public disapproval of a particular project, as illustrated by the abandonment of the Han-Nakdong canal. However, the rapid implementation of the revised Four Rivers Project, despite considerable public opposition (or, at a minimum, preference for delay, debate, and eventual consensus) raises serious questions of democratic legitimacy and the willingness of future generations of Koreans to accept the implications of green growth as "socially sustainable."

I propose a broader engagement of the public with environmental policy and an expanded and empowered judicial review function in facilitating more deliberation in the implementation of green growth policies. The substance of green growth's "social sustainability," at least on a domestic law and policy level, is not subject to a static definition that can be culled from a treaty or declaration. It is the content that the Korean public accepts and supports through time as the appropriate balance of economic and environmental regulation that is consistent with the majoritarian values of the society without violating the society's constitutionally adopted limitations on its own power. That content can only be determined by informed public debate and engagement with state institutions; where particular state actions potentially compromise individual rights, judicial review power should be exercised assertively. If green growth policies are subjected to the public and judicial scrutiny necessary to achieve transparency and consistency with the public's own vision of Korean societal transformation, green growth may prove to be a powerful realization of sustainable development in practice.

제 3 장 지속가능한 발전의 관점에서 바라본 녹색성장

John M. Leitner*

윤 세 종 역**

I. 서 론

2008년 정책목표로 발표되어[1] 2010년 입법되기에 이른[2] "녹색성장"은 현재 한국에서 가장 주목을 받는 주제임과 동시에 가장 격렬한 논란의 대상이 되고 있다.[3] 저탄소 녹색성장 기본법[4](이하 "녹색성장법")은 기후변화 적응,[5] 에너지 효율 개선, 성장동력 확보, 삶의 질 개선, 선진일류국가 도약[6]의 다섯 가지 목표 달성

---

* Baker Botts법률회사, 변호사; 前 서울대학교 법과대학 교수; 서울대학교 환경에너지법정책센터 운영위원. 본 연구는 서울대학교 신임교수 정착연구비의 지원을 받아 진행된 것임을 밝힘.

** 김앤장법률사무소, 변호사.

1 이명박 대통령의 2008. 8. 15. 건국 60주년 연설에 대해서는, Lee Maan-ee, *Korea Needs to Change Development Paradigm*, Korea Times, Feb. 12, 2009, *available at* http://www.koreatimes.co.kr/www/news/special/2011/04/270_39450.html을 참조할 것.

2 저탄소 녹색성장 기본법 2010. 1. 13. 이명박 대통령에 의해 공포되었음.

3 *See, e.g.*, Dennis Normille, *A 'Green' Blessing Raises Questions*, 327 Science 1570 (2010).

4 법률 제9931호 (2010. 1. 13). 이하 법률의 인용은 Ministry of Government Legislation, Laws on Green Growth in Korea, Government Publication Registration Number 11-1170000-000341-14 (2010)의 영문 번역에 의하였음.

5 이는 기후변화에 대한 두 가지 대응, 즉 대기조성을 변화시키는 온실 가스 배출의 감축과 현재 및 미래의 기후 변화로 인한 환경, 경제 및 사회적 충격에 대한 관리를 모두 포함한다.

6 *See* Ministry of Government Legislation, *supra* note 4, at 12-20.

을 위한 정책 지침을 규정하고 있다.[7]

녹색성장은 국제사회가 기후변화를 위시한 환경위기로 인해 직면하고 있는 다양한 과제와 기회에 대해 한국이 제시하는 독특한 해법이라고 할 수 있다. 이 법은 에너지소비와 배출권 관련 산업에 대한 직접적인 규제에서[8] 특정 환경 관련 산업에 대한 투자,[9] 배출권거래시장의 조성[10]에 이르기까지 광범위한 영역을 규율대상으로 하면서 한국의 사회 및 경제와의 관계에서 녹색성장의 위치를 정립하려 한다.[11]

이 법의 문언을 살펴보면 환경, 경제, 사회적 복지의 세 핵심개념의 중요성에 대한 질적인 이해가 반영되어 있음을 알 수 있다.[12] 이러한 접근방식은 국제사회뿐[13] 아니라 한국 스스로도 입법을[14] 통해 구체화시켰던 지속가능한 발전의 개념요소를 반영하기 위한 것이다.[15] 그러나 녹색성장법은 입법과 동시에 환경보

7 녹색성장법 제 4 조 제 2 항 "국가는 각종 정책을 수립할 때 경제와 환경의 조화로운 발전 및 기후변화에 미치는 영향 등을 종합적으로 고려하여야 한다."

8 같은 법 제42조 제 5 항 내지 제11항에서 "관리업체"의 온실가스 배출과 에너지소비를 규제하고 있음.

9 같은 법 제 4 장 참조.

10 같은 법 제46조.

11 *See* Jisoon Lee, Green Growth, 34-36 (2010)(녹색성장은 "경제 성장과 경제 발전이 동시에 일어나는 것"이라고 하면서 녹색성장 정책의 일환으로 "환경 자본"을 육성하는 것의 가능성을 언급하고 있음).

12 *See, e.g.*, LCGGFA, Art. 1; Ministry of Government Legislation, *supra* note 4, at 8-11.

13 *See, e.g.*, *World Conservation Strategy of the International Union for the Conservation of Nature*, UNGA Res. 7, UN GAOR 36th Sess., Supp. No. 51, UN Doc. A/51 (1982); World Commission on Environment and Development, Our Common Future, Oxford University Press (1987); *Rio Declaration on Environment and Development*, UN Doc. A/CONF.151/6/Rev.1 (1992), 31 ILM 874 (1992); *Programme of Further Action to Implement Agenda* 21, UN Doc. A/Res/s-19/2 Annex (1997); *Johannesburg Declaration on Sustainable Development*, in Report of the World Summit on Sustainable Development, Johannesburg, South Africa, A/CONF.199/20, United Nations (2002); *Johannesburg Plan of Implementation*, in Report of the World Summit on Sustainable Development, UN Doc. A/CONF.199/20, *available at* http://www.un.org/esa/sustdev/documents/WSSD_POI_PD/English/POIToc.htm.

14 지속가능발전법(법률 제8612호, 2007. 8. 3.) 지속가능발전법은 녹색성장법에 의해 개정되었음을 참고할 것.

15 일찍이 '지속가능한 발전'은 "미래 세대가 그들이 필요를 충족시킬 능력을 저해하지 않으면서 현재 세대의 필요를 충족시키는 발전"이라고 정의된 바 있으며, 이는 현재까지도 유효하다. World Commission on Environment and Development, *Our Common Future*, Oxford University Press (1987). 이러한 정의는 경제발전의 제한이 미래 세대의 필요를 보호하는 데 요구되는 사회 및 환경의 안정성에 기여할 수 있는 한 경제발전에 ("필요"를 충족시키는 것 이상의 발전에 대해서) 중요성을 덜 부여하는 것으로 해석될 수 있다. 또한 이러한 정의에 따를 경우 세대 간 정의에 입각하여 미래 세대의 자원을 제한할 가능성이 있는 정책 결정에 대해서는 불확실한 경우에도 이를 택하지 않도록 하는 "사전예방적" 접근을 취하게 될 수 있다.

호와[16] 경제발전의 요소만을 반영할 뿐, 사회적 형평을[17] 도외시한다는 비판에 직면한 것이 사실이다.[18]

한국의 녹색성장의 의미와 기존의 국제법 원칙과의 관계를 둘러싼 이와 같은 논쟁을 이해하기 위해서, 이 글에서는 먼저 지속가능한 발전과 녹색성장의 개념을 비교하고 분석하여 양 개념의 핵심적 특징들을 확인하였다. 그리고 이 두 패러다임의 유사점과 차이점을 분석하면서 특히 i) 녹색성장이 이론적으로 독자성을 가진 대안이 될 수 있는지, 아니면 지속가능한 발전의 보충개념인지와 ii) 녹색성장이 지속가능한 발전의 핵심요소인 "3E" 중 사회적 형평(equity)에 대한 고려를 내포하고 있는지를 중점적으로 검토하였다. 또한 녹색성장 정책과 여론(social will)과의 관계를 한국의 4개 주요 하천에 대한 정비사업인 "4대강 사업"[19]을 통해 고찰하였다. 이 사업은 녹색성장의 시발점으로서 구상되고 홍보된 사업이며,[20] 여론의 강력한 반대에 부딪혔던 대운하 사업의 변형된 대안으로 제시된 것이다.[21] 이 글에서는 4대강 사업의 생태적, 경제적 타당성 여부보다는[22] 사업의

16 환경 보호는 근본적으로 한국의 법에 규정되어 있는 개인의 권리와 집단적 가치를 갖는 자원에 대한 보존 원칙과 연관되어 있다. 가장 기본적인 법원으로 대한민국 헌법은 "모든 국민은 건강하고 쾌적한 환경에서 생활할 권리를 가지며, 국가와 국민은 환경보전을 위하여 노력하여야 한다"고 제35조 제1항에서 규정하고 있다.

17 지속가능한 발전은 흔히 세 가지의 구별되지만 상호연관된 요소로 구성된다고 한다. 경제(economy), 환경(environment), 형평(equity)의 3요소는 흔히 '3E'라고 불린다. *See e.g.* United States — Importation Prohibition of Certain Shrimp and Shrimp Products (Sept. 20, 1999), WT/DS58/AB/R (Appellate Body Report) at paragraph 129(지속가능한 발전이 "통상 경제와 사회적 발전 및 환경보호를 통합하는 개념으로 받아들여진다"라고 서술하고 있음); Vaughn Lowe, Sustainable Development and Unsustainable Arguments, in International Law and Sustainable Development: Past Achievements and Future Challenges, A. Boyle and D. Freestone, eds., (1999). Lowe는 지속가능한 발전이 경제, 사회 및 환경이라는 목표들 사이에서 발생하는 분쟁을 해결하는 "틈새 규범"(interstitial norm)으로 기능한다고 주장하였다. *Id.* at 30.

18 *See, e.g.*, Mun Sang-Deok, *A Study on Green Growth Act from the Point of View of Environmental Law*, 37-38; Hahm Tae-Seong, *A Legal Study on the Relationship between 'Green Growth' and 'Sustainable Development'*, 375-76.

19 *See generally* Dennis Normille, *Restoration or Devastation?*, 327 Science 1568, 1568-70 (2010).

20 *See, e.g., Lee confident of river project's success despite backlash*, Yonhap News, Apr. 16, 2011, *available at* http://english.yonhapnews.co.kr/national/2011/04/16/ 94/0301000000AEN20110416003800315F.HTML.

21 *See* Bae Ji-sook, *Whistleblower Criticizes Canal Project*, Korea Times, May 25, 2008, *available at* http://www.koreatimes.co.kr/www/news/nation/2009/10/117_24704.html.

22 투자적 관점 및 환경적 관점에서 이 프로젝트의 타당성에 대해서는 현재까지도 격렬한 논쟁이 계속되고 있다. *See, e.g.*, Normille, *supra* note 19.

추진 과정이 얼마나 사회적 소통을 통한 지속가능한 방식으로 이루어졌는지에 대한 평가에 중점을 두었다. 이러한 분석을 통해서 여론과 시민사회 영역, 그리고 입법과정과 행정부의 집행과정[23] 간에 보다 긴밀한 연계가 필요하다는 결론을 도출하였다. 마지막으로 사법심사와 녹색성장의 사회적 지속가능성의 관계를 고찰하였다.

녹색성장이 실행단계에 진입한 현재 이 글에서 제기하는 문제가 시기적으로 의미있는 것이기를 바란다. 한국의 정책결정자들은 현재 녹색성장의 윤곽을 잡아나가고 있는 과정에 있다. 앞으로 만들어지고 집행될 구체적인 법제도와 규제수단 및 각종 사업들의 구조와 내용이 이 법의 궁극적인 운명을 결정하게 될 것이다. 이러한 정책결정들이 모여 녹색성장법이 한국사회와 경제에 대해 갖는 의미를 형성할 것이며, 국제사회의 다른 국가들이 각자의 정치적 상황과 국제적 책임에 따른 정책을 만들어 가는데 준거점이 될 수 있으리라 생각한다.

Ⅱ. 지속가능한 발전의 관점에서 본 녹색성장

A. 녹색성장의 주요한 특징

2005년 서울에서 열린 국제연합 행사에서[24] 처음 제시된 녹색성장의 개념은 2008년 8월 이명박 대통령에 의해 국가정책 비전으로서 발표되었다.[25] 정부는 2013년까지의 5개년 계획을 통해 국내총생산의 2%를 친환경 경제개발에 투자하고 2020년까지[26] BAU 대비 30%의 온실가스배출을 감축할 목표를 설정하였다.[27]

23 녹색성장법은 특정 임무 수행에서 나아가 다수의 녹색성장 관련 정책과 프로그램의 내용을 행정부에게 위임하고 있으므로 행정부의 참여가 필수적이다.

24 이 회의는 한국 환경부와 UN이 공동으로 주최하였다. *See* United Nations Environment Programme, Overview of the Republic of Korea's National Strategy for Green Growth 51, n. 2 (2010).

25 이명박 대통령은 "녹색성장이란 온실가스 배출을 감축하고 환경오염을 줄이는 지속가능한 성장을 의미하고, 녹색기술과 청정에너지를 통한 새로운 성장의 엔진과 일자리를 창출하는 새로운 국가발전 패러다임"이라고 평가하였다. Lee Maan-ee, *supra* note 1.

26 *See* Randall S. Jones and Byungseo Yoo, *Korea's Green Growth Strategy: Mitigating Climate Change and Developing New Growth Engines, OECD Economics Department Working Papers*, No. 798 (2010), *available at* http://dx.doi.org/10.1787/5kmbhk4gh1ns-en.

27 배출전망(Business-as-usual, BAU)란 다른 조치를 취하지 않았을 경우 현재 경제 추세를 통해 특정 시점에 발생할 것으로 예상되는 탄소배출을 의미한다. *See* Hoffert et al., *Energy implications of future stabilization of atmospheric CO_2 content*, 395 Nature 881, 882 (1998)(BAU를 "베이스라인

2008년 세계금융위기로 인한 경기침체로 다수의 국가들이 경기부양을 위해 재원을 투입할 때, 한국은 녹색성장의 비전과 부합하는 산업부문에 대해 지원을 집중하였다.[28] 세계은행의 추산에 따르면 한국은 경기부양책의 84%는 "녹색" 부문에 투자한데 비해, 같은 시기 중국은 36%, 미국은 12%만을 친환경 부문에 지원한 것으로 나타났다.[29] 단, 한국의 "녹색" 투자의 절반에 가까운 재원이 하천정비사업에 투입되었다는 점은 지적해둘 필요가 있을 것이다.[30] 이에 이은 저탄소 녹색성장 기본법의 입법을 통해 녹색성장 정책의 법적 기반과 녹색성장 정책이 한국사회에 미칠 영향의 윤곽이 그려지게 되었다.

녹색성장법은 경제적 성장[31]과 환경적 책임[32]을 법률의 목표로서 명시적으로 규정하고 있다. 녹색성장법이 현재 단계에서 한국 법제도에서 담당하는 역할을 제대로 이해하기 위해서는 녹색성장법의 몇 가지 특징에 주목할 필요가 있다. 첫 번째 주요한 특징은 녹색성장법의 기본법으로서 갖는 일반성(generality)이다. 이 법은 추상적인 정책목표와 장래에 입법될 수 있는 법률과 정책의 내용의 일반적 내용을 규정하고 있지만,[33] 이 법률 자체만으로는 실체적인 정책을 규정하지 않고 있다. 물론 녹색성장법은 새로운 행정기관을 창설하고,[34] 국민 개개인에게 일반적인 "책무"를 부여하며[35] 행정부에 많은 권한을 위임하고 있다.[36] 이러한 의미에서 이 법률에 따른 향후의 실체적 입법은 대부분 절차법적이거나 행정적인 내용으로 이루어지고, 권한의 위임을 받은 행정주체가 녹색성장의 개념을 형성해나갈 수 있는 기본구조(framework)를 제공하는 역할을 하게 될 것이다. 하지

시나리오"라고 하며 기후변화 관련 정책이 없는 경우 인구변화, 경제발전 및 에너지 기술을 고려한 탄소배출량을 의미한다고 정의하였음).

28 한국 정부는 경기부양책을 경기를 개선하고 국가와 시민과의 관계를 변화시킨다는 의미에서 "녹색뉴딜"이라고 정의하였다(한국의 경우에 전자에 보다 중점이 있었다). *See* Lee Maan-ee, *supra* note 1.

29 World Bank, World Development Report 2010 (2010). *See* also Gary Hufbauer and Jisun Kim, *Climate Change and International Trade: Looking Beyond Copenhagen*, American Law Institute, March 2010.

30 *See* Normille, *supra* note 19. 이러한 녹색성장 관련 투자는 3장에서 자세하게 검토한다.

31 녹색경제, 녹색산업, 녹색기술에 대한 녹색성장법 제22조 내지 제35조 참조.

32 같은 법 제38조(기후변화대응의 기본원칙), 제51조(녹색국토의 관리), 제55조(친환경 농림수산의 촉진 및 탄소흡수원 확충).

33 대표적인 예로 같은 법 제46조의 탄소배출권거래제의 도입가능성 조항을 들 수 있다.

34 같은 법 제14조.

35 같은 법 제 7 조.

36 같은 법 제 3 조, 제 4 조, 제 9 조.

만 이러한 일반성과 추상성에도 불구하고 녹색성장법이 구체적인 규율대상을 규정하고 있다는 점은 매우 중요하다.[37] 이 점에 대해 녹색성장법이 규율대상 영역에 대해 지나치게 상세하고 복잡한 규정을 두고 있다는 비판도 제기되고 있다.[38] 그러나 이 법이 규정하는 법적 "책무"가 구속력이 매우 약한 개념임을 상기한다면, 녹색성장법의 집행의 문제를 평가하기에는 이른 것으로 보인다.[39]

녹색성장법의 또 하나의 중요한 특징은 녹색성장의 목표달성을 위해 대통령에게 핵심적인 역할을 부여하고 있다는 점이다. 이 법에 따라 주요 정책 및 계획과 이행에 관한 사항을 심의하기 위해 설치되는 녹색성장위원회는 대통령에게 소속되어 대통령의 지휘를 받는다.[40] 대통령이 구성하는 위원회가 정책결정에 대해 폭넓은 재량을 보유함으로서 행정부, 특히 대통령은 녹색성장의 실현에 매우 큰 권한을 갖게 된다.[41] 특히 국제협력과 관련한 기관의 설립 및 국제 연계에 관해서는 유연한 재량이 별도로 규정되어 있다.[42]

B. 환경법정책의 원칙으로서 지속가능한 발전

"지속가능한 발전"이라는 개념은 국제적으로 경제, 환경, 정치 제도에 관한 사회철학적 논의[43]에서 주춧돌과 같은 역할을 해왔다.[44] 지속가능한 발전은 경제

---

37 구체적인 규율을 담고 있는 조항이 다수 있으며 제55조 친환경 농림수산의 촉진 및 탄소흡수원 확충 조항이 대표적이다.

38 복잡성 이론에 따르면 특정한 상호작용의 결과는 예측하기 어려우나 상호작용의 동향이나 특성에 대해서는 파악이 가능하다고 지적하면서, 이를 국가의 행정에 적용하였을 때 고도로 복잡하거나 특정한 맥락에 입각한 규제는 바람직하지 않다고 한다. *See* J.B. Ruhl and Harold J. Ruhl, Jr., *The Arrow of the Law in Modern Administrative States: Using Complexity Theory to Reveal the Diminishing Returns and Increasing Risks the Burgeoning of Law Poses to Society*, 30 U.C. Davis L. Rev. 405 (1997).

39 예를 들어, 녹색성장법은 제 7 조 제 1 항 및 제 2 항에서 녹색제품의 소비 등을 통한 녹색생활을 영위할 책무를 국민에게 지우고 있다.

40 녹색성장위원회는 "대통령 소속으로"(같은 법 제14조 제 1 항), 국무총리와 대통령이 지명하는 사람으로 구성된다(같은 법 제14조 제 3 항 및 제 4 항).

41 이명박 대통령의 임기는 2012년에 종료하며, 저탄소 녹색성장의 기초위에서 녹색성장이 장기적으로 어떤 의미를 담을 수 있을지는 후임 대통령에게 맡겨져 있는 것으로 평가된다.

42 같은 법 제61조(국제협력의 증진). 한국의 GGGI는 정부출연기관으로 녹색성장 정책의 국제적 확장 전략을 담당하고 있다.

43 지속가능한 발전은 1980년 생태 및 경제 정책의 근본원칙으로 명백하게 규정된 바 있다. *See World Conservation Strategy of the International Union for the Conservation of Nature, supra* note 13.

44 지속가능한 발전의 개념은 1972년 인간환경에 관한 UN회의나 인간환경에 대한 스톡홀름 선언 등

(economy), 환경(environment), 사회적 형평(equity)의 3요소("3E")의 균형적 고려를 핵심적인 내용으로 하며, 지방자치단체에서 국제 기구에 이르는 모든 층위에서 이를 실현할 것을 요구한다.[45] 2005년 국제연합 세계정상회의 결과보고서(UN World Summit Outcome Document)는 "지속가능한 발전의 사회적, 경제적, 환경적 측면은 국제연합의 활동의 핵심적 요소"[46]라고 천명한 바 있다.

지속가능한 발전은 "근본생태주의"나 "환경정의"의 개념에 비해 정책결정자들의 선호를 얻으면서 국제사회의 원칙으로 채택되었다.[47] 그러나 지속가능한 발전이 보다 엄밀한 의미에서도 국제사회의 합의를 얻은 개념인지에 대해서는 많은 의문이 제기되고 있다.[48] 동시에 지속가능한 발전 개념을 보다 구체적이고 정밀하게 정의하는 작업이 지속가능한 발전의 달성에 득이 되지 않을 것이라는 지적도 제기된다.[49] 하지만 지속가능한 개념은 일종의 기초개념(foundational concept)으로 현재에도 계속 활용되고 있다는 것은 분명한 사실이다. 지속가능한 발전이 추상적인 개념이기 때문에 근본적 층위에서의 개념에 대한 합의가 이루어질 수 있다는 분석도 일리가 있다.[50]

지속가능한 발전에 관해 이론적으로 대립되고 있는 쟁점들은 녹색성장에 대해서도 중요한 비판점을 제공한다. 전문가들은 지속가능한 발전 개념의 적용이 한 공동체의 경제적 성장 가능성을 지나치게 강조하는 것이 아닌지, 또 이 개념이 경제적 목표와 환경적 목표달성의 균형에 대한 지침을 제공해 줄 수 있는 것

1970년대 초기 UN 관련 회의와 선언들로 거슬러 올라갈 수 있다.

45 *See Johannesburg Declaration on Sustainable Development, supra* note 13.

46 United Nations, 2005 World Summit Outcome, A/Res/60/1, p. 2.

47 *See* J.B. Ruhl, *The Co-Evolution of Sustainable Development and Environmental Justice: Cooperation, then Competition, then Conflict*, 9 Duke Envir. L. & Pol. Forum 161 (1999).

48 *See, e.g.*, P.R. Berke and M. Conroy, *Are We Planning for Sustainable Development?*, 66 J. Amer. Planning Assoc. 21 (2000); R. N. Andrews, *National Environmental Policies: The United States*, in National Environmental Policies: A Comparative study of Capacity Building (M. Jaenicke and H. J. Weidner, eds.) (1997).

49 *See* Meyers and Muller, *supra* note 43, at 3-15. Meyers and Muller는 보다 "구체적인" 지속가능발전의 정의를 제안하면서 "발전이 이루어지는 지리적 영역의 생태적 구조 및 기능을 개선하거나, 유지하거나, 훼손하지 않는 발전"이라고 정의한 바 있다. 사회적·경제적 장애물이 줄어들고 환경의 영향을 국지적으로 국한시킬 수 있는 기술적인 능력이 없는 현재 특정한 개발의 지역으로 관점을 제한시키는 것은 바람직하지 않은 것으로 판단된다.

50 이러한 관점은 지속가능한 발전이 현재로서는 넓은 의미에서의 동의밖에 획득하지 못하였지만 보편적인 원칙이 되어야 한다고 주장한다. 반대로는 지속가능한 발전의 실체적 의미나 어느 정도의 정책적 합의에 대한 합의 없이는 동의가 법적으로나 사회-정치적으로 의미를 갖기 어렵다는 반론도 제기된다.

인지에 대해 많은 논의를 진행해왔다. 지속가능한 발전은 실무적으로 *생태적으로* 지속가능한 발전과 *경제적으로* 지속가능한 발전을 양축으로 하여 다양한 스펙트럼으로 존재한다.[51] 생태적으로 지속가능한 발전은 자연환경과 그 구성요소들의 상호의존성 전체를 가리키는 생태계를 지속가능한 발전의 최우선 목표로 설정한다. 경제적으로 지속가능한 발전은 환경을 지속적인 경제성장의 수단으로 보며 환경보호를 경제성장의 부차적인 효과로 취급한다.

기후변화와 온실가스 배출 관련 규제 정책을 살펴보면 경제적 목표와 환경적 목표가 어떻게 설정되고 적용되는지를 볼 수 있다. 경제적 측면에 방점을 둘 경우, 기후변화가 사회에 가져올 것으로 예견되는 비용이 현재의 온실가스 감축 비용보다 큰 것으로 나타나면 온실가스를 규제하게 된다.[52] 기후변화로 인한 생태계의 파괴가 관련 비용으로 고려되지 않는 경우에도, 탄소 배출 감축을 통해 자연 생태계의 보호라는 부수적 편익이 달성된다. 하지만 이런 편익을 비용-편익 분석에 포함시킨다면 정책결정에서 중요한 변화가 일어날 수 있다. 이러한 제도 하에서는 어떤 영향을 고려할 것인지, 미래 비용의 할인율을 얼마로 책정할 것인지와 같은 핵심 고려요소의 선택이 결과를 좌우하게 되며, 이는 세대 간 정의와 사회적 지속가능성에 대한 고려에 따라 달라질 수 있을 것이다.[53]

C. 저탄소 녹색성장 기본법과 지속가능한 발전

녹색성장법은 지속가능한 발전 개념에 의미를 부여하고 있다. 이 법은 먼저 입법된 지속가능발전법에서 채택한 지속가능한 발전의 개념을 채택하였다.[54] 지

51 인류의 생존은 지속가능한 발전을 지구적 윤리차원으로 끌어올릴 수 있느냐에 달려있다고 한 *Compare* Our Common Future, *supra* note 13, at 308과 환경이 잘 가꾸어지고 보호된다면 전 지구가 안정적인 풍요를 누리는 것이 가능하다라고 하는 *with* Margaret Thatcher, Speech to the Royal Society (Sept. 27, 1988)의 입장을 비교해보라.

52 비용의 분석은 미래 편익에 대해 어느 정도의 할인율을 적용할 것인가에 따라 달라질 수밖에 없다. 할인율에 대한 관점의 차이로 기후변화 저감 정책에 대해 존재한 상이한 입장에서는 다음을 참고하라. *Compare* Nicholas Stern, The Economics of Climate Change: The Stern Review (2007), *with* William Nordhaus, A Question of Balance: Weighing the Options on Global Warming Policies (2008). *See generally* David Weibach and Cass Sunstein, *Climate Change and Discounting the Future: A Guide for the Perplexed*, 27 Yale L. & Pol'y Rev. 433 (2009).

53 *See id.*

54 Act No. 8612 (Aug. 3, 2007).

속가능발전법은 지속가능한 발전을 "지속가능성에 기초하여[55] 경제의 성장, 사회의 안정과 통합, 환경의 보전이 균형을 이루는 발전"[56]이라고 정의하고 있다. 녹색성장법에 의해 사실상 대체된 지속가능발전법은 현재 정보수집 채널을 설정하고 운용하는 기능만이 남아있는 상태이다.[57]

지속가능발전법을 직접 개정하는 대체입법으로서 녹색성장법은 지속가능한 발전과 관련을 맺는 다양한 조항을 포함하고 있다. 녹색성장법은 지속가능한 발전을 자원소비 패턴과 탄소배출감축을 중심으로 포섭하고 있다. 이 법에 따라 대통령은 자원자립형 탄소중립도시 조성이나 "친환경"적인 국토 이용 개발[58]에 대한 책임을 지며, 행정부는 기후변화에 대응 및 적응[59]할 수 있는 물관리[60]와 교통체계[61]에 대한 책임을 진다. 녹색건물의 확대를 위한 건축설계 및 효율기준을 설정하는 핵심적인 역할은 대통령이 담당한다.[62] 또한 대통령은 재화 및 서비스의 가격에 에너지 소비량 및 탄소배출량 등이 합리적으로 연계, 반영되고 그 정보가 소비자에게 정확하게 공개, 전달될 수 있도록 하는 정책목표에 대한 광범위한 권한을 갖게 된다.[63] 또한 행정부는 농지, 산림의 이용규제와 바다숲의 조성 등을 통해 탄소흡수원을 확충할 책임이 있다.[64] 특히 개발도상국에 대한 국제적 재정 지원 규정[65]은 동남아 지역의 조림과 산림복원을 통한 탄소흡수원 개발에 큰 함의를 가질 수 있을 것으로 보인다.

---

55 이 정의는 일견 동어반복적이므로 필자는 지속가능한 발전의 실체적 내용을 한국법의 내용을 통해 살펴보고자 함.

56 *Id.* at Art. 2(2).

57 *See id.*

58 녹색성장법 제51조 제 2 항.

59 적정한 예측과 적응이 이루어지지 않는 경우 기후변화의 타격을 가장 크게 받는 것은 사회적 및 경제적으로 가장 취약한 계층이라는 점을 가정하면 기후변화 적응의 문제는 지속가능한 발전의 사회적 측면에서 볼 때 특별한 의미를 갖는다.

60 같은 법 제52조.

61 같은 법 제53조.

62 같은 법 제54조.

63 같은 법 제57조 제 2 항.

64 같은 법 제55조.

65 같은 법 제63조.

D. 지속가능한 발전과 녹색성장의 관계

녹색성장법은 지속가능한 발전의 기본 전제인 환경, 경제, 사회정의를 포괄하는 정책결정의 기반을 마련한다는 목표를 설정하고 있다. 이 법은 향후 한국의 발전방식의 틀을 정함으로써 궁극적으로는 국민이 살아가는 물리적, 사회적 환경의 모습을 만들어가고자 하는 것이다.[66] 이들 법률규정은 환경보전[67]과 오염저감[68]을 중장기 경제계획과 연계함으로써 명시적으로 환경과 경제의 균형을 추구하고 있다.

한국 경제학자들은 한국 경제의 기반을 유지, 확장하기 위해서는 새로운 기술과 시장에 진출하는 것이 필수적이라는 데 동의하면서, 한국 경제의 변혁이 필요하다고 지적하고 있다.[69] 이 법의 규정들은 환경 및 경제 목표의 동반 달성을 위한 법적, 제도적 기반을 제공한다.[70] 지속가능한 발전은 환경의 보전과 보호뿐 아니라 환경의 변화와 적응의 개념을 포함한다. “지속가능성”의 개념은 자연자원의 최소한, 또는 “임계 질량”(critical mass)과 같은 특정한 조건들의 유지를 포함하는 한편,[71] “발전”은 전환과 변화를 전제로 하는 개념이기 때문이다.[72] 녹색성장은 지속가능성의 적응 측면에 방점을 둔 지속가능성의 실현수단이라고 평가할 수 있다. 이와 같은 적응의 개념은 자연환경이 지속되는 것을 넘어 만들어질 수 있다는 주장의 근간이 된다.

---

66 정부는 온실가스 또는 오염물질의 발생 원인자가 스스로 온실가스와 오염물질의 발생을 줄이도록 유지함으로써 사회 경제적 비용을 줄이도록 노력해야 한다는 같은 법 제36조의 규정과 녹색소비를 통한 녹색생활의 달성을 요구하는 제7조의 규정 참조.

67 예를 들어 법 제56조는 생태계의 보존 및 복원을 통한 생태관광의 촉진에 대항 규정을 두고 있음.

68 같은 법 설계기준에서 배출권거래제에 이르는 에너지 소비 감축과 탄소 배출 감축 관련 조항은 같은 법 제42조 내지 제47조 참조.

69 *See* Jisoon Lee, *supra* note 11, at 24-31.

70 앞서 논의한 바와 같이 지속가능한 발전은 20년 이상 국제적인 환경법 용어로 사용되어 왔다. 지속가능한 발전의 이와 같은 일반성 및 범용성은 지속가능한 발전이 구체적인 비전으로 통합 및 보충될 필요성을 낳는다. 따라서 지속가능한 발전 개념이 이미 차지하고 있는 위치로 인해 한국의 녹색성장이 설 자리가 없다는 반박은 타당하지 않다.

71 자연 자본의 유지에 관한 논의는 *see* M. Roseland, *Sustainable Community Development: Integrating Environmental, Economic, and Social Objectives*, 54 Progress in Planning 73, 78 (2000); D. Pearce and R. K. Turner, Economics of Natural Resources and the Environment 44 (1990)을 참조할 것.

72 *See* Kohn et al., Sustainability in Action: Sectoral and Regional Case Studies, 3 (2001)(역동적인 환경 시스템의 특성 또는 요소를 유지하는 것의 이론적 및 실질적 한계에 대한 부분을 참조).

한편 녹색성장법이 지속가능성의 사회적 측면에 대한 고려를 담고 있는지를 살펴볼 필요가 있다. 다수의 한국 법학자들은 이 법이 사회적 형평에 대한 고려를 충분히 반영하지 않고 있다고 비판하고 있다. 이들은 녹색성장이 1) 환경보다 경제적 편익을 우선시하고[73] 2) "3E"를 균형적으로 고려하지 못하여 국제사회에서의 정당성을 얻기 어려운 개념이며[74] 3) 사회적 형평의 달성에 필수적인 국민의 참여와 지지를 결하였다고 지적한다.[75] 지속가능한 발전이 요구하는 정책목표의 균형에 충실한 입장에서 볼 때 이것은 매우 심각한 문제이다. 이 글에서는 첫 번째와 세 번째 문제제기를 중심으로 녹색성장 개념을 검토하고자 한다.[76]

먼저, 환경 목표와 경제 목표가 상호보완될 수 없는 경우, 즉, 환경과 경제 간에 불가피한 양자택일이 이루어져야 하는 상황에서 녹색성장은 제도적으로 단기의 경제적 부를 장기의 환경 편익보다 우선시하는가라는 질문을 던질 수 있다. 녹색성장법은 그 자체로 명시적인 답을 제시하지는 않고 있다. 다만 "녹색산업"에 유인을 제공하여 정책적으로 진흥하는 것이[77] 필요불가결한 산업활동의 확장을 환경보호의 맥락에서 재구성하고 있다는 평가를 내릴 수는 있을 것이다. 투명하고 민주적인 사회에서[78] 사회적 지속가능성은 정부가 정책을 수립하고 추진하는 과정에서 그 정책의 사회적 및 환경적 영향에 대한 정보를 국민에게 공개하는 것을 전제로 한다. 즉 녹색성장 정책의 민주적 정당성은 궁극적으로 국민의 승인을 통해서 얻어진다는 것이다.

그렇다면 녹색성장이 일정 수 이상의 국민의 지지를 받는다는 것으로 사회적 형평 요소를 충족시켰다고 평가할 수 있는 것일까? 사회적 형평은 다수의 지

---

73 Mun, *supra* note 18, at 37-38.

74 *Id.*

75 Hahm, *supra* note 18, at 375-76.

76 두 번째 반론은 지속가능한 발전의 특정한 형태를 제시할 필요성 내지는 국제적 정당성에 관한 것이다. 앞서 논의하였듯이 지속가능한 발전은 국제적으로 매우 일반적인 차원에서 논의되어 왔고, 구체적인 행동 계획에 포함될 때는 다양한 형태를 취해왔다. 이러한 상황을 고려하면 한국의 접근 방식이 국제적인 정당성을 취득하기에는 어떠한 관습, 법령 또는 규제적 형태가 흠결되었다고 평가하기는 어려울 것이다.

77 지속가능성에 관한 이론 가운데는 통상 받아들여지고 있는 경제 성장의 '필요성' 또는 '불가피성' 자체에 대한 의문을 제기하는 입장이 있을 수 있다. 환경에 중점을 두느냐, 경제성장에 중점을 두느냐가 지속가능한 발전을 둘러싼 논의의 핵심적인 쟁점이나, 한국의 녹색성장이 계속적인 경제 확장을 전제로 하고 있음은 비교적 명백한 것으로 평가된다. *See* Lee Maan-ee, *supra* note 1.

78 한국 정부의 투명성에 대한 비판은 녹색성장의 사회적 정당성에 대한 비판으로 이어질 수 있다. 투명성은 "사회적 지속가능성"과 직결되어 있기 때문이다.

지 이상을 필요로 하는 경우가 있다. 평등과 적법절차 그리고 환경에 대한 권리를 인정하는 사회라면 환경정책을 수립하고 결정하는 데 있어 정치과정과 입법과정에서 자신의 목소리를 표출할 기회와 능력이 부족한 사회적 취약계층에게 그 정책이 미칠 영향에 대해 반드시 고려하여야 한다. 녹색성장법이 행정부에게 방대한 재량을 부여하고 있는 만큼, 정부는 약자에 대한 고려를 제도 내로 취합할 수 있는 최소한의 기준 또는 지침을 마련할 기회를 갖게 된 셈이기도 하다. 이 단계에서 약자에 대한 보호가 충분히 이루어지지 못할 경우에는 사법 및 공법상의 소송과 헌법상 환경권에 기한 소송을 통해 한국의 법원에 의한 사법심사를 통한 보호가 가능하다.

사회적으로 지속가능한 녹색성장 정책에서 국민의 참여와 사법심사의 역할에 대한 논의는 3장에서 보다 상세히 다루고 있으므로, 현재 상황을 보다 입체적으로 이해하기 위해 먼저 한국사회에서 많은 논란을 일으켰던 정부의 대표적 녹색성장 프로젝트인 4대강 사업에 대한 소개와 분석을 하고자 한다. 이 사안 분석을 통해 개별 녹색성장 정책의 형성과 실행에 있어 여론과 사법의 역할을 분석할 것이다.

E. 4대강 사업

2007년 대통령 선거에서 당시 이명박 대통령 후보는 한강과 낙동강을 잇는 '한반도 대운하'의 건설을 공약으로 내세웠다.[79] 그러나 대운하 계획은 이명박의 당선 후 학계와 여론의 반대에 부딪혀 백지화 되었다. 2008년 12월, 이명박 정부는 한강, 낙동강, 영산강, 금강 수계의 전면적인 정비를 내용으로 하는 4대강 사업을 발표하였다. 녹색성장법의 입법에 앞서 녹색성장의 대표적인 사업으로 제안된 4대강 사업에는 22조 원의 예산이 소요될 것으로 추산되었다. 이 계획은 16개 댐의 건설과 5억 입방미터 이상의 토사 준설을 통한 수심의 확보, 하천 유역의 공원 등 위락시설의 설치를 그 내용으로 하였다.[80]

4대강 사업은 자연 생태계의 복원과 수상 화물운송을 통한 운송효율의 개

---

79 *See* John Sudworth, *Canal plan divides Korea*, BBC News, Jan. 23, 2008, *available at* http://news.bbc.co.uk/2/hi/asia-pacific/7202161.stm.

80 *See* Normille, *supra* note 19.

선, 현재와 미래세대를 위한 환경자원의 향유를 목표로 설정하였다. 발표 초기 이 사업은 몇몇 국제기구의 지지를 받았으며,[81] 유엔환경계획은 환경과 경제활동의 적응이라는 관점에서 이 사업을 주목할 만한 것이라고 평가하기도 하였다.[82] 4대강 사업을 둘러싸고 이 사업이 위 목표를 달성하는 데 적합한 것인지, 그리고 어떤 부수적인 효과가 야기될 것인지를 두고 격렬한 논쟁이 벌어졌다.[83] 4대강 사업이 계획대로 추진되어야 할지에 대한 여론조사에서 70%의 국민은 계획이 취소되어야 하거나 최소한 유예되어야 한다고 답하였다.[84] 그러나 여론의 저항과 계속되는 논쟁이[85] 정부의 사업추진을 지연시키지는 않았다.[86] 4대강 사업은 2011년 9월에 완료되는 것으로 계획되었고,[87] 이명박 대통령은 계속되는 여론의 반대와 비판에도 불구하고, 사업의 결과를 보고나면 여론의 지지를 받으리라는 확신을 보이고 있다.[88]

---

81 *See* Do Je-hae, *Foreign NGOs Brings 4-Rivers Plan Positive Spin*, Korea Times, Feb. 9, 2010, *available at* http://www.koreatimes.co.kr/www/news/nation/2010/02/113_60590.html.

82 4대강 사업과 관련하여 UNEP는 "UNEP는 주기적 범람으로 인한 비용을 줄이는 등 기후변화에 대한 저비용 고비용의 적응 전략으로 기능함과 동시에 핵심적인 생태적 자원을 보호하는 생태복원에 투자하는 것을 권장한다"고 평가한바 있다. United Nations Environment Programme, Overview of the Republic of Korea's National Strategy for Green Growth 7 (2010), *available at* http://hqweb.unep.org/PDF/PressReleases/201004_UNEP_NATIONAL_STRATEGY.pdf.

83 *See* Normille, *supra* note 19, at 1568-1570.

84 *See* Do Je-hae, *supra* note 81.

85 예컨대, 대운하 건설에 반대하는 2,800명의 학자들이 "한반도 대운하를 반대하는 전국교수모임"을 결성하고 4대강 사업에 대하여 비판의 목소리를 표명한 바 있다. *See* Normille, *supra* note 19. 또 다른 예로는 카톨릭의 한국주교회의에서 4대강의 반환경적 영향과 졸속한 추진에 대한 비판을 담은 성명을 내면서 교회 공동체 및 교회 조직을 통해 한국 시민사회에 적극적으로 참여한 바 있다. *See Catholic Bishops' Conference of Korea announces opposition to Four Rivers project*, The Hankyoreh, March 13, 2010, *available at* http://www.hani.co.kr/arti/english_edition/e_national/409868.html. 4대강을 비판하는 여론이 강하였으나, 모든 시민사회가 사업에 반대한 것은 아니었다.

86 정치적인 논쟁 및 지방자치단체와의 갈등에도 불구하고 공사는 계속 진행되었다. *See South Korea's Four Rivers project: The dredgery must go on*, The Economist, Aug. 9, 2010, *available at* http://www.economist.com/blogs/banyan/2010/08/south_koreas_four_rivers_project.

87 *See* Yonhap News, *supra* note 20.

88 이명박 대통령은 "[4대강 사업] 완공 후의 모습을 볼 수 있다면 모두가 이를 받아들일 것이라고 생각한다. … 새로운 것에 대해서는 반대가 있을 수 있다. … 그러나 정부가 반대로 인해서 해야 할 일을 추진하지 못한다면 나라가 발전할 수 없다"라고 말한 바 있다. *Id.*

Ⅲ. 지속가능성의 통로: 국민적 합의와 사법심사

녹색성장법의 입법보다 앞선 이명박 대통령의 녹색성장의 채택과 국회의 협조로 시작된 4대강 사업은 현재까지 정부의 가장 대표적인 대규모 녹색성장 정책으로서 정부 주도의 녹색성장 사업의 모델이라고 평가할 수 있다.[89] 이 글에서는 4대강 사업의 경제적 환경적 타당성보다는 환경입법과 여론, 그리고 사법심사의 관계에 대해 고찰하는 하나의 사례로서 4대강 사업을 분석하고자 한다. 사회적 가치와 정의의 원칙을 통해 달성되는 사회적 지속가능성은 입법과 행정적 집행의 과정에서 반드시 고려되어야 한다. 그러나 한 사회의 사회적 지속가능성은 투명하고 공개적인 토론과 일정 수준의 사법심사가 전제될 때에만 정당하게 평가될 수 있다.[90]

A. "사회적 지속가능성"의 측면에서 평가한 녹색성장의 흠결

녹색성장이 경제발전과 환경보호에 미치는 기여는 이론적인 부분보다 실무적인 기여가 크다고 할 수 있다. 녹색성장은 지속가능한 발전 개념을 구체화하여 현실 정치를 통해 구체적인 정책목표들이 점진적으로 실현될 수 있는 촉매로서 작용하고 있다. 녹색성장의 이론적 틀을 통해서 구체적인 정책목표가 정의되고, 녹색성장 프로그램의 성패를 판단할 수 있는 환경적, 경제적 척도가 마련되었다. 중요한 것은 국민의 역할이다. 모든 정책은 입안과 실행단계에서 궁극적으로는 국민의 가치판단에 비춘 심사를 받아야 하며, 국민들은 정치과정에 적극적으로 참여함으로써 그 가치판단을 형성하고 표현해야 한다. 낙동강과 한강을 잇는 운하의 건설이 여론의 반대로 무산된 것이 국민의 의사가 지속가능성의 달성에 갖는 잠재적 역량을 보여준다면, 반대로 지속적인 반대에도 불구하고[91] 4대강 사업이 진행된 것은 여론에 역행하는 정책 또는 비공개적으로 진행되는 정책

89 녹색뉴딜 예산의 절반 정도가 4대강 사업에 투입되었다.

90 지속가능성이 다수의 지지와 소수 집단 및 개인의 보호에 관하여 법률이 인정하는 정의의 원칙을 통해서 달성될 수 있는 것으로 이해한다면, 활발한 시민사회와 사법심사가 녹색성장 정책에 민주적 정당성과 헌법적 제한을 가하는 메커니즘으로 작용할 수 있을 것이다.

91 *See* Do Je-hae, *supra* note 81.

에 대해 여론이 가질 수 있는 힘의 한계를 보여주는 예라고 할 수 있다.[92] 4대강 사업이 자연환경과 생태계에 미칠 영향은 사업 진행 단계에서 이미 현실화되었거나 앞으로 나타날 것으로 예측되고 있으며, 이 사업이 가져올 결과의 상당부분은 되돌릴 수 없을 것이다.[93] 이런 맥락에서 선거구 정치만으로 녹색성장의 사회적 지속가능성을 담보할 수 있다는 견해는 국민에 대한 후견적 국가관[94]에서 비판을 받게 된다.

여론에 역행하는 중앙정부는 국민의 의사만으로는 사회적 지속가능성을 보장할 수 없음을 보여주는 예 중 하나에 불과하다. 4대강 사업은 한국 환경규제법 역사상 유례없을 만큼 집중적인 관심과 비판을 받았다. 앞으로도 탄소배출권 거래제도와 같은 주요한 녹색성장 관련 정책들이 언론의 주목을 받게 될 것이다. 하지만 보다 중요한 것은 그만큼 여론의 사전적 관심을 끌지 못하면서도 사회의 정의와 형평에 장기적으로 중대한 영향을 미치는 정책들이 존재할 것이라는 점이다.

세제 개정이 바로 대표적인 예이다. 녹색성장법은 "녹색" 목표 달성을 위해 세금 제도를 개정할 수 있도록 규정하고 있다.[95] 이 규정은 추상적인 인센티브 구조를 만들고 개별 입법을 통해 구체적인 제도를 시행하도록 예정한다는 점에서 녹색성장법의 다른 규정들과 성격을 같이한다. 세제의 개정이 납세자 개개인에게 직접적인 영향이 없는 경우 국민들이 제도 변경으로 인한 분배효과에 대해 관심을 갖기는 쉽지 않다. 그러나 세제 개혁은 장기적으로는 사회의 분배적 정의에 중대한 영향을 미칠 수 있다.[96]

---

92 결과적으로는 어떤 정책에 대한 국민들의 사후적인 수용이 사전적인 승인만큼이나 지속가능할 수 있다고 볼 수 있겠지만, 소급적으로 정당화할 수 있으리라는 기대하에서 추진하는 정책은 국민의 장기적인 태도 변화에 대한 고도의 불확실한 가정에 기초하고 있는 것이며, 특히 비가역적인 물리적인 환경의 변화를 초래하는 정책을 추진하는 과정에서는 이러한 가정이 더욱 유지되기 어렵다고 할 것이다.

93 *See* Normille, *supra* note 19.

94 *See* Yonhap News, *supra* note 20.

95 LCGGFA, Art. 30.

96 예컨대 세제의 개편은 물리적 환경을 적극적으로 변형하는 것과 '비가역성'에 있어서 대비된다. 이러한 예는 녹색성장 법제가 가질 수 있는 세대 내의 영향에 대한 설명이 될 수는 있지만 토지의 형질변경이나 다양한 생물종의 생존에 영향을 미치는 환경 규제 등이 갖게 되는 세대 간 영향을 설명하는 데는 충분치 못하다. 한국 토지 개발 정책에 대한 비판으로는 *see* Birds Korea, *Large-scale Wetland Reclamation of Song Do Tidal-flat Approved*, March 24, 2009, *available at* http://www.birdskorea.org/Habitats/Wetlands/Songdo/BK-HA-Songdo-Tidal-flat-reclamation-2009-03.shtml을 참고할 것.

한편, 설령 여론이 녹색성장 정책안에 대해 정보를 가지고 있고, 입법부와 행정부도 다수 여론에 귀를 기울이는 경우를 가정할 때에도 문제는 존재한다. 다수의 선호에 의해 소수가 피해를 입을 가능성, 특히 이를 통해 사회 전체의 복리가 증진될 수 있는 경우[97] 사회가 합의한 법원칙에 위반하여 소수의 희생이 강요되는 상황이 존재할 수 있기 때문이다. 헌법이 바로 위와 같은 법원칙에 해당할 것이므로, 다시말해 녹색성장 정책이 소수의 기본권을 침해할 가능성이 상존한다는 것이다. 한국의 헌법은 환경권을 기본권으로 보장하고 있으며,[98] 환경권은 개인의 권리로서 법적 효력이 인정된다.[99] 하지만 한국에서 환경권은 환경오염이나 생태계파괴 등 환경을 "쾌적하지 않게" 만드는 구체적인 물리적 요인을 절대적으로 배제할 수 있는 구체적 권리로서 인정되고 있지는 않다. 헌법재판소는 기본권 침해의 주장에 대해서 공리주의적 이익형량의 심사를 적용하고 있다.[100] 하지만 특정한 녹색성장 정책이 개인의 환경에 대한 기본권을 침해한다고 인정될 가능성은 충분히 존재하는 것으로 판단된다.

한국의 헌법이 평등권을 보장하고 있는 만큼 평등권 역시 매우 중요한 요소이다.[101] 평등의 철학적 본질은 이 연구의 범위를 한참 넘어서는 주제이겠지만, 최소한 평등을 지향하는 민주적 사회에서 정부가 개개인의 이해를 평등하게 고려할 의무가 있다는 점에 대해서는 이론이 없을 것이다. 물론 정부의 정책이나

---

97 "사회 전체의 복리"라 함은 사회 구성원 개개인의 선호의 총합에 기초하여 공동체 내 효용을 최적화하는 것을 말한다. 이 경우 복리를 계산하는 데에 있어 최적화되는 것은 다수의 외적인 가치판단이 아니라 공동체 구성원의 개인적이고 직접적인 효용의 총합이다. 외적인 선호가 산입되지 않는다는 점에서 이러한 판단은 표현된 다수 선호의 결론과 상이한 다양한 결론으로 나타날 수 있다. 공리주의적 계산에서 개인의 선호와 외적 선호의 구별에 관한 사고 실험에 대한 논의는 *see, e.g.*, Ronald Dworkin, Taking Rights Seriously, 233-238 (1977)을 참조할 것.

98 대한민국 헌법 제35조 제 1 항.

99 헌법재판소 2008. 7. 31. 선고 2006헌마711 결정(청구인 적격을 인정하고 본안에서 청구를 기각한 사례).

100 개인의 권리에 대한 사회적 효용에 기반한 계산이 끊임없이 이루어지고 있다는 사실은 기본권 간의 형량을 하는 방식에서 잘 드러난다. 대법원은 "인격권으로서의 개인의 명예의 보호와 표현의 자유의 보장이라는 두 법익이 충돌하였을 때 그 조정을 어떻게 할 것인지는 구체적인 경우에 사회적인 여러 가지 이익을 비교하여 표현의 자유로 얻어지는 이익, 가치와 인격권의 보호에 의하여 달성되는 가치를 형량하여 그 규제의 폭과 방법을 정하여야 한다"고 판시한 바 있다(대법원 1988. 10. 11. 선고85다카29 판결).

101 헌법 제11조 제 1 항은 평등권을 규정하고 있다: "모든 국민은 법 앞에 평등하다. 누구든지 성별, 종교 또는 사회적 신분에 의하여 정치적, 경제적, 사회적, 문화적 생활의 모든 영역에 있어서 차별을 받지 아니한다."

행정행위로 인해 개인의 권리가 제한되는 것 자체로 문제가 되는 것은 아니다. 다만 그 제한이 개인의 정당한 권익에 대한 고려 없이 이루어진 행위로 인한 것이라면 문제가 될 수 있다.

환경에 큰 영향을 미치는 개발정책은 개인의 생명, 건강, 그리고 복지에 대한 인식에 지대한 영향을 준다. 평등하게 취급되어야 할 개인의 지위가 불공평한 불이익으로 인해 침해될 때,[102] 특히 그 불이익이 절차적으로 적법하게 부과된 것일 때, 다수가 지배하는 정부의 권한에 어떻게 한계를 설정할 것인가의 질문이 반드시 필요하다.[103]

B. 지속가능성에 대한 두 가지 제안

한국의 녹색성장법의 사회적 지속가능성을 담보하는 가장 확실한 방법은 국민들에게 정보를 제공하고 참여를 유도하는 적극적인 정책수단을 마련하고, 정부로 하여금 국민들의 선호를 적극적으로 반영하도록 하는 정치문화를 조성하는 것이다. 국민의 환경에 대한 관심도가 높을수록 선거구 정치원리에 따라 입법 및 행정에서 이루어지는 정책결정이 국민의 의사에 따르게 될 가능성이 높으므로 이 두 가지는 상호 밀접하게 연관되어 있다고 할 수 있다.

정부의 국민 의사에 대한 반응성을 평가하는 척도는 여러 가지가 있을 수 있지만, 가장 간단하고 효과적인 것은 정치적 표현에 대한 제한을 최소화하는 것이다. 특히 선거기간의 정치적 의사표현의 제한을 철폐하는 것이 중요하다.[104] 예컨대 트위터 등에서 특정 후보를 지지하는 의사표현을 규제하는 것은 일반 국민이 자신의 정치적 의사를 표명할 수 있는 기회를 박탈하여 중요한 정치적 쟁점에 대한 논의가 가장 결정적인 시기인 선거 직전에 이루어지지 못하게 되는

102 예컨대, 어떤 사회에서 환경의 파괴 또는 변화로 인한 부담이 사회적 약자에게 집중되는 상황을 상정할 수 있다.

103 공동체 내 다수의 유권자들에 의해 선출된 정부는 공동체 내 일부 집단에게 불리한 정책이라도 그 정책으로 인하여 창출되는 효용에 기초하여 이를 합법적이고 정당한 것이라고 결정해야 하는 경우가 있다. 그러나 그러한 결정이 그로 인해 부담을 지게 되는 집단의 이해나 선호를 반영하지 않는다면, 심각한 형평의 문제가 제기될 수 있다.

104 공직선거법 제93조 제 1 항 참조. 한국의 헌법재판소는 선거기간 중 인터넷언론사의 홈페이지의 게시판이나 대화방 등에 정당 후보자에 대한 지지, 반대의 글을 게시할 수 있도록 하는 경우 실명을 확인받도록 하는 것이 헌법에 위배되지 않는다고 판단하였다(헌법재판소 2010. 2. 25. 선고 2008헌마324, 2009헌바31 결정).

결과를 가져온다. 절차적 공정을 보장하고 있더라도 정치적 표현의 양과 다양성이 보장되지 않는 민주주의는 유권자의 의견과 판단을 제대로 반영하지 못할 가능성이 높다.

4대강 사업은 대중에게 정보를 제공하는 데에 있어 시민사회와 비정부기구(NGO)들이 맡고 있는 역할의 중요성이 커지고 있음을 여실히 보여주고 있다. 4대강 사업은 시민사회와 여러 NGO의 강력한 비판을 받았다.[105] 한국 정치에서 표현의 제한은 일반적으로 대중에게 전파되는 정보의 양과 접근성은 그 정보의 정확성에 따라 통제되어야 한다는 관점에서 정당화되어왔다. 이 문제는 헌법적으로 매우 다층적이고 복잡한 논의를 통해 규명되어야 할 성질의 것이지만, 여기서는 최소한 절차적 정당성을 갖추고 사법심사의 대상이 되는 규제에 있어서는 시민사회와 NGO가 국민이 판단의 근거로 삼을 수 있는 정보의 양과 질과 접근성을 최적화하는 핵심적인 역할을 담당할 수 있다는 점을 지적하고자 한다.[106] 따라서 이 영역에 있어 알 권리와 표현의 자유를 제한하는 규제는 최소한이 되어야 하고, 대중적 논의의 수준을 향상시키는 시민사회의 건설적 기여를 방해해서는 안된다.

국민의 합의도출 과정이 방해되거나 다수의 의사에 따른 정책이 헌법적 권리를 침해하는 경우는 어떠한 제도적 기제가 작동해야 하는 것일까? 정부에 대한 사법심사의 역할에 관하여 한국의 헌법은 명시적인 규정을 두고 있다.[107] 헌법이 헌법적 심사권한의 근거를 두고 있다는 것만으로 사법부의 역할에 대한 철학적 논쟁의 답을 제시할 수는 없지만, 여기서는 사법심사가 사회적 지속가능성에 미치는 역할에 주목하고자 한다. 첫 번째 문제는 국가가 제도적으로 국민의 참여를 어렵게 함으로써 정부기관의 결정에 민주적 정당성을 부여하려 한다는

---

105 *See, e.g.*, Birds Korea, The Anticipated Impacts of the Four Rivers Project (ROK) on Waterbirds, Preliminary Report, Mar. 3, 2010, *available at* http://www.birdskorea.org/Habitats/4-Rivers/4-Rivers-Report-2010/BK-HA-4-Rivers-Report-2010.shtml; Randy Hester, Jong Ho Hong and Marcia McNally, *Korea's Rivers Feeling Impacts from 4-Rivers Project*, Sept. 8, 2010, *available at* http://www.internationalrivers.org/other-regions-topics/korea%E2%80%99s-rivers-feeling-impacts-4-rivers-project.

106 NGO가 생산하는 정보는 특정 조직의 이데올로기적 선호의 영향을 형식적으로나 내용적으로 받을 수 있다. 그러나 비정부조직이나 시민단체의 적극적인 참여는 국민에게 폭넓은 정보와 다양한 관점을 확보함으로써 지적으로 풍부한 공적 담론의 환경을 조성하는 큰 효용을 가져올 수 있다.

107 "The Constitutional Court shall have jurisdiction over the following matters: 1. The constitutionality of a law upon the request of the courts…" Constitution, Art. 111.

것이다. 특히 정치적 표현과 논쟁이 제한되고 있는 이상, 선거제도의 중립성만으로는 선거를 국민 선호의 결집수단으로 신뢰할 수 있는지에 대해 심각한 의문이 제기된다. 한국의 사법부는 정부의 표현의 자유의 제한에 대한 한계를 심사하는 중심적 역할을 담당해 왔으며[108] 앞으로 헌법재판소가 녹색성장 관련 정책에 대한 자유로운 의사 교환이 보장될 것인지에 관한 핵심적 역할을 담당하게 될 것이다.

또한 한국의 사법부는 녹색성장의 개별 정책들이 개인 또는 단체의 권리를 침해하는지 여부를 심사함으로써 정부의 권한을 견제할 수 있는 잠재적 권한을 가지고 있다. 소송의 대상이 될 구체적인 정책이나 그 결과에 대한 예측은 이 연구의 범위를 벗어나는 주제일 것이나, 앞서 서술한 바와 같이 특히 환경권과 평등권에 기한 법적 분쟁이 예상된다. 개인의 기본권 또는 집단적 공익으로서 환경권에 기한 주장은 정부가 아무런 행동을 취하지 않는 경우 또는 작위가 불완전한 경우에 제기될 것이다.[109] 녹색성장 관련 정책이 문제되는 경우, 정부는 적극적이고 공격적인 입장에 서게 되고, 권리 침해를 주장하는 자는 정책의 선택이 부당한 의도에 의한 것이라거나 부수적으로 부당한 권리침해가 발생한다고 주장하게 될 것이다. 이 경우 법원은 개인의 권리의 의미를 해석하고 실현하는 최종적 권한을 보유하고 행사하게 된다.

끝으로, 사법부는 사법심사 과정에서 현출되는 법이론들의 경쟁과 검토를 통해 다수 민주주의에 기반한 사회적 지속가능성의 한계를 넘어 "세대 간 지속가능성"을 실현할 수 있는 능력이 있다.[110] 국민이 입법과정에 적극적으로 참여하

---

108 국가보안법의 제한적인 적용이 헌법에 위반되지 않는다는 89헌가113, 공공의 안녕질서 또는 미풍양속을 해하는 내용의 통신을 금하는 전기통신사업법이 헌법에 위반된다는 99헌마480 참조.

109 이러한 시나리오에 대응하는 미국법의 예로, 2011. 4. 미국 연방 대법원에서 심리되어 현재 판결을 기다리고 있는 AEP v. Conneticut 사건을 들 수 있다. 이 사건은 뉴욕시와 미국 내 몇개 주가 주요 발전사업자를 상대로, 발전사업자들의 산업활동이 이산화탄소를 배출하여 기후변화를 유발함으로써 불법행위인 공공 방해(public nuisance)에 이르렀다는 주장을 하면서 제기되었다. 피고는 미연방 대법원에서 온실가스배출의 규제는 정치적인 문제로 법원이 이를 판단할 능력이 없고, 사법부의 역할을 고려할 때 이와 같은 문제에 대한 결론을 내려서는 아니 된다고 주장하였다. *see* http://www.supremecourt.gov/oral_arguments/argument_transcripts/10-174.pdf.

110 이에 관하여 미국 환경법에서 이용되고 있는 이론 가운데 '공공신탁이론'이 있다. 최근 오레곤 주 법원에 오레곤 주정부가 탄소 배출을 감축하지 못하는 것이 공동의 자연자원을 보호할 보통법 및 법령상 의무 위반이라는 주장에 기초한 소가 제기되어 화제가 된 바 있다. 이 소송에 관하여는 *see* Chernaik v. Kitzhaber, *available at* http://crag.org/wp-content/uploads/2011/05/Oregon-ATL-Complaint-filed.pdf. For a brief analysis, *see* Felicity Barringer, *Suit Accuses U.S. Government of Failing to*

는 것으로 현재 세대의 권리와 분배적 정의를 실현할 수는 있을지라도, "미래의 국민"이라는 계층의 의사는 반영되지 못한다.[111] 이 경우 법원의 역할은 아직 존재하지 않는 미래 세대의 가정적 선호에 기초해 정부의 정책에 제한을 가하는 것이 아니라 사회에 미래 세대의 이해관계에 대한 피드백을 제공하는 공적 논의의 장을 형성하는 것이 되어야 한다.

Ⅳ. 결 론

이 글의 주된 목적은 한국의 녹색성장과 국제사회에서 이제까지 논의되어온 지속가능한 발전의 이론적 유사점과 차이점을 분석하는 것이다. 녹색성장은 지속가능한 발전의 개념에 기초하여 구체화된 정책목표라고 이해하는 것이 가장 타당성 있을 것으로 보인다. 녹색성장은 정부 주도하에 행정작용을 통한 계획과 실행으로 실현되는 구체적인 목표를 설정함으로써 보다 선명하고 구체적인 형태의 지속가능한 발전의 비전을 제시하고 있다. 이러한 분석을 통해 다음 두 가지의 질문을 도출하였다. 먼저, 녹색성장은 지속가능한 발전의 요소 중 사회적 형평과 정의를 어떻게 포섭하고 있는가? 둘째, 녹색성장 개념을 기반으로 향후 구체화될 정책들의 장기적인 법적 및 정치적 정당성을 삼권분립에서 어떻게 도출할 것인가? 특히 사법부는 어떠한 역할을 담당해야 하는가?

현재도 계속 되고 있는 녹색성장의 대표적 사업인 4대강 사업의 예를 통해 행정부와 입법부, 여론과 국민의 의사표현, 그리고 사법심사의 관계를 고찰하였다. 넓게 보면, 한반도 대운하 사업의 포기는 임계점 이상의 국민의 의사는 정부의 의사결정에 영향을 미친다는 것을 보여주는 예가 될 수 있다. 그러나, 여론의 반대에도 불구하고 강행된 4대강 사업의 예는 녹색성장이 민주적 정당성과 사회적 지속가능성에 대한 심각한 의문을 제기하게 하였다.

이 글에서는 녹색성장 정책이 보다 신중하게 이루어지게 하는 방안으로 환경정책에 대한 국민들의 참여 증진과 사법심사의 강화를 제안하였다. 녹색성장

Protect Earth for Generations Unborn, N.Y. Times, May 4, 2011, *available at* http://www.nytimes.com/2011/05/05/science/earth/05climate.html?_r=1&ref=environment을 참조할 것.

111 Chernaik은 미래세대는 현재의 시민으로서 실체적 권리를 가지고 있는 미성년자들에 의해 대표될 수 있다고 주장한다.

의 사회적 지속가능성의 실질은 조약이나 선언문의 문언으로 정의할 수 있는 정적인 개념이 아니다. 사회적 지속가능성은 한국 국민이 헌법적으로 정한 한계 내에서 규합한 다수의 가치판단으로 점진적으로 합의한 경제와 환경의 적절한 균형점을 그 내용으로 하기 때문이다. 이러한 균형은 충분한 정보가 제공된 가운데 정부와 국민 간에 활발한 논의가 이루어질 때만 도출될 수 있다. 또한 정부가 개인의 권리를 침해하는 경우는 정부의 권한행사에 대한 사법심사가 적극적으로 이루어져야 한다. 녹색성장 정책이 국민과 사법부의 심사를 통해 투명한 방식으로 국민이 바라는 새로운 사회상을 반영해 나갈 수 있다면, 녹색성장은 지속가능한 발전의 강력한 실현수단으로서 기능할 수 있을 것이다.

참고문헌

국내문헌

Bae Ji-sook, *Whistleblower Criticizes Canal Project*, Korea Times, May 25, 2008, *available at* http://www.koreatimes.co.kr/www/news/nation/2009/10/117_24704.html.

Birds Korea, *Large-scale Wetland Reclamation of Song Do Tidal-flat Approved*, March 24, 2009, *available at* http://www.birdskorea.org/Habitats/Wetlands/Songdo/BK-HA-Songdo-Tidal-flat-reclamation-2009-03.shtml.

______, The Anticipated Impacts of the Four Rivers Project (ROK) on Waterbirds, Preliminary Report, Mar. 3, 2010, *available at* http://www.birdskorea.org/Habitats/4-Rivers/4-Rivers-Report-2010/BK-HA-4-Rivers-Report-2010.shtml.

Hahm Tae-Seong, *A Legal Study on the Relationship between 'Green Growth' and 'Sustainable Development'.*

Jisoon Lee, Green Growth (2010).

Ministry of Government Legislation, Laws on Green Growth in Korea, Government Publication Registration Number 11-1170000-000341-14 (2010).

Mun Sang-Deok, *A Study on Green Growth Act from the Point of View of Environmental Law.*

Randy Hester, Jong Ho Hong and Marcia McNally, *Korea's Rivers Feeling Impacts from 4-Rivers Project*, Sept. 8, 2010, *available at* http://www.internationalrivers.org/other-regions-topics/korea%E2%80%99s-rivers-feeling-impacts-4-rivers-project.

외국문헌

David Weibach and Cass Sunstein, *Climate Change and Discounting the Future: A Guide for the Perplexed*, 27 Yale L. & Pol'y Rev. 433 (2009).

Dennis Normille, *A 'Green' Blessing Raises Questions,* 327 Science 1570 (2010).

______, *Restoration or Devastation?*, 327 Science 1568, 1568-70 (2010).

Gary Hufbauer and Jisun Kim, *Climate Change and International Trade: Looking Beyond Copenhagen*, American Law Institute, March 2010.

Hoffert et al., *Energy implications of future stabilization of atmospheric CO_2 content*, 395

Nature 881, 882 (1998).

J.B. Ruhl, *The Co-Evolution of Sustainable Development and Environmental Justice: Cooperation, then Competition, then Conflict*, 9 Duke Envir. L. & Pol. Forum 161 (1999).

J.B. Ruhl and Harold J. Ruhl, Jr., *The Arrow of the Law in Modern Administrative States: Using Complexity Theory to Reveal the Diminishing Returns and Increasing Risks the Burgeoning of Law Poses to Society*, 30 U.C. Davis L. Rev. 405 (1997).

Johannesburg Declaration on Sustainable Development, in Report of the World Summit on Sustainable Development, Johannesburg, South Africa, A/CONF.199/20, United Nations (2002).

Johannesburg Plan of Implementation, in Report of the World Summit on Sustainable Development, UN Doc. A/CONF.199/20, *available at* http://www.un.org/esa/sustdev/documents/WSSD_POI_PD/English/POIToc.htm.

Kohn et al., Sustainability in Action: Sectoral and Regional Case Studies, 3 (2001).

Nicholas Stern, The Economics of Climate Change: The Stern Review (2007), with William Nordhaus, A Question of Balance: Weighing the Options on Global Warming Policies (2008).

P.R. Berke and M. Conroy, *Are We Planning for Sustainable Development?,* 66 J. Amer. Planning Assoc. 21 (2000).

Programme of Further Action to Implement Agenda 21, UN Doc. A/Res/s-19/2 Annex (1997).

Randall S. Jones and Byungseo Yoo, *Korea's Green Growth Strategy: Mitigating Climate Change and Developing New Growth Engines, OECD Economics Department Working Papers*, No. 798 (2010), *available at* http://dx.doi.org/10.1787/5kmbhk4gh1ns-en.

Rio Declaration on Environment and Development, UN Doc. A/CONF.151/6/Rev.1 (1992), 31 ILM 874 (1992).

Ronald Dworkin, Taking Rights Seriously, 233-238 (1977).

R. N. Andrews, *National Environmental Policies: The United States*, in National Environmental Policies: A Comparative study of Capacity Building (M. Jaenicke and H. J. Weidner, eds.) (1997).

United Nations, 2005 World Summit Outcome, A/Res/60/1.

United Nations Environment Programme, Overview of the Republic of Korea's National

Strategy for Green Growth 51, n. 2 (2010).

United States — Importation Prohibition of Certain Shrimp and Shrimp Products (Sept. 20, 1999), WT/DS58/AB/R (Appellate Body Report) at paragraph 129.

Vaughn Lowe, Sustainable Development and Unsustainable Arguments, in International Law and Sustainable Development: Past Achievements and Future Challenges, A. Boyle and D. Freestone, eds. (1999).

World Bank, World Development Report 2010 (2010).

World Commission on Environment and Development, *Our Common Future*, Oxford University Press (1987).

World Conservation Strategy of the International Union for the Conservation of Nature, UNGA Res. 7, UN GAOR 36th Sess., Supp. No. 51, UN Doc. A/51 (1982).

제 2 부

기후변화 대응을 위한 선진국의 에너지정책과 법제의 동향

제 4 장 기후변화의 도전과 미국의 에너지법정책*

이 재 협**

Ⅰ. 서 론

기후변화는 현재 인류가 당면한 가장 중요한 문제로서 환경문제의 차원을 넘어서서 장기적 경제정책 수립에 있어 반드시 고려해야만 하는 사항으로 인식되고 있다. 특히 지난 5년간 기후변화에 대한 경각심이 유례없이 커졌고,[1] 이는 국가적, 지역적 문제를 넘어서는 전 지구적 문제로서 그 해법에 있어서도 다양한 차원의 노력이 필요하다. 일회적, 사후적 방식이 아닌 중장기적이고 예방적인 접근방식이 필요하며 특정국가, 특정부문, 특정행위자의 노력만이 아닌, 모든 사람들의 행위변화가 이루어져야 한다는 공감대가 형성되어 왔다.

기후변화를 야기시키는 인위적인 온실가스의 배출은 인구폭발, 확장적 기업활동, 무분별한 소비문화 등과 불가분의 관계에 있으며, 재사용 불가능한 화석연료의 과도한 생성과 소비가 그 문제의 중심에 있다.[2] 반면 인류문명의 생성과 발전에 있어서 에너지는 핵심적 역할을 수행해 왔고, 특히 지난 200여 년간 인류

---

* 이 논문은 2011년 9월 16일 서울대학교 환경에너지법정책센터 주최의 에너지포럼에서 발표되었으며, 「경희법학」 제46권 제 4 호(2011)에 게재된 바 있다.

** 서울대학교 법과대학 법학대학원 교수/법학박사(J.D.).

1 전 지구적인 이상기후의 증대, 기후변화와 인위적 발생의 온실가스 간의 관련성에 대한 보다 확정적인 과학자들 간의 합의, 기후변화피해의 천문학적 경제적 비용과 이를 최소화하기 위한 조기행동 필요성의 재인식, 포스트 교토 온실가스감축논의의 본격적 개시 등이 기후변화 대응의 인식수준을 높인 것으로 평가되고 있다.

2 David Hunter et al., *International Environmental Law and Policy*, Foundation Press, 2006.

의 경제성장과 복지를 비약적으로 발전시켰던 산업사회로의 도약은 화석연료의 발견과 이용이 없었다면 이루어질 수 없었다. 이렇듯 에너지 문제는 기후변화 논의의 알파이자 오메가이다. 따라서 기후변화에 대응하는 법정책은 에너지와 환경을 동시에 고려할 수밖에 없다. 기후변화에의 대응이 에너지 규제에 어떠한 영향을 미칠지, 기후변화의 위기가 환경보호와 자원의 지속가능한 이용의 목적에 부합하는 새로운 에너지 규제를 수반할 수 있을 것인지, 궁극적으로 에너지법과 환경법은 조화를 이룰 수 있을 것인지 앞으로 주목해 보아야 할 일이다.

미국은 기후변화와 에너지의 관점에서 볼 때 전 세계적으로 가장 중요한 국가 중 하나이다. 미국의 인구는 전 세계 인구의 약 5%를 차지하지만 전 세계 에너지 소비의 25%가 미국에서 이루어지고 있다. 아울러 미국은 역사적으로 가장 온실가스를 많이 배출한 나라이며, 현재도 중국과 더불어 가장 많은 배출을 하고 있다.[3] 비록 미국이 에너지 포트폴리오를 재조정하기 위해 1970년대부터 노력해 왔지만, 대체에너지를 개발하기 위한 노력에 속도가 붙기 시작한 것은 기후변화에 대한 관심이 높아진 비교적 최근의 일이다. 1970년대 오일쇼크 이후 에너지자립의 요구가 에너지법정책의 발전을 촉진시켰다면 최근의 에너지 가격 상승으로 미국에서도 에너지자립에 대한 관심이 다시 생겼고, 이를 전통적 에너지원의 청정화 개발을 통해 이룩하려 추진하고 있는 것이다. 주입법과 연방정부의 세금환급 정책으로 재생에너지 산업이 가파르게 빠른 상승을 보이고 있는 것도 에너지정책의 기조변화에 한몫을 하고 있다. 하지만 그럼에도 재생에너지 이용과 에너지효율성과 보존이 미국에너지법의 목표와 구조에 있어 핵심적 사항으로 여겨지고 있지는 않은 것 같다.

미국은 환경과 에너지 분야에서 가장 정교한 법령과 판례를 보유하고 있는 국가이다. 환경문제와 관련한 미국법정책은 20세기 초부터 시작되어 왔는데 20세기 중반 이후 대표적인 연방차원의 입법이 이루어지고 환경관련 소송이 증가하면서 법이론과 판례가 축적되기 시작하였다. 에너지문제는 대체로 에너지원(연료) 중심의 규제가 주정부 중심으로 이루어져 오다가 환경법과 마찬가지로 20세기 중반 이후 연방차원의 입법이 제정되어 오고 있다. 환경문제와 에너지문제는 매우 밀접하게 관련되어 있음에도 법정책적 측면에서는 통합적 조화를 이루어 오지 못하였다. 환경법정책과 에너지법정책은 서로 별개의 분야로 인식되어 각

3 International Energy Agency (IEA), World Energy Outlook 2010.

각 발전해 왔기 때문에 현재 미국이 당면한 기후변화 문제의 해결을 위한 효과적인 방책을 개발하지 못해왔다.

기후변화에 효과적으로 대처할 수 있는 자원과 능력이 풍부하고 그러한 정책적 당위성이 높은 미국에서 적절한 환경 및 에너지법정책을 구비하지 못하고 있는 현실은 어떻게 설명되어야 할 것인가? 이 글은 이러한 문제의식을 가지고 미국에서의 에너지법정책의 발전과 현황을 개관하고, 최근에 환경과 에너지문제를 통합규제하기 위해 시행되고 있는 몇 가지 법정책들을 살펴보고자 한다. 먼저 에너지법정책이 역사적으로 어떻게 전개되어 왔는지, 그러한 변천과정에 담긴 주된 특징은 무엇인지를 살펴본다. 다음으로는 미국환경법정책 형성과정에서 에너지와 관련된 규제는 어떻게 연관되고 있는지, 규제의 간극이 있다면 어떠한 것인지를 고찰한다. 또한 에너지와 환경을 통합하는 기후변화 문제를 해결하기 위해 사법판결을 통한 노력이 어떻게 전개되고 있는지를 주요판례를 통해 검토한다. 마지막으로 현재 미국의 주정부를 중심으로 활발히 전개되고 있는 재생에너지 사용촉진정책 중 재생에너지 공급의무화제도(Renewable Portfolio Standards: RPS)의 주요내용과 법적 쟁점들을 분석한다.

Ⅱ. 미국의 에너지법정책 개관

1. 미국의 에너지 현실

미국의 에너지 총소비는 2009년 기준으로 94,578 Trillion BTU로 세계 에너지소비의 약 25%를 차지하고 있다. 미국은 자원대국임에도 원유의 58%를 수입에 의존하고 있다. 총에너지 소비 중 에너지원별 비중은 석유가 35.3%, 천연가스가 23.5%, 석탄이 19.7%, 원자력이 8.3%, 신재생에너지가 7.7%를 차지하고 있다.[4] 화석연료 이외의 에너지 공급확대에 장기간이 소요되어 현재와 같이 높은 수준의 화석연료 의존도는 유지될 것이나 점차 재생에너지 보급확대를 통해 에너지 해외의존도를 낮출 계획이다.

4 U.S. Primary Energy Flow by Source and Sector 2009, U.S. Energy Information Administration, http://www.eia.gov/totalenergy/data/annual/pecss_diagram.cfm.

미국의 에너지원은 수송부문과 전력부문으로 나눌 수 있고, 석탄과 천연가스가 전력의 3/4 이상을 생성하고 있다. 석유는 수송부문에 집중되어 있으며, 가정용, 산업용, 상업용 전력공급은 화력발전이 중심이다([표 1] 참조). 수송부문의 에너지 사용을 제외한다면, 전력소비의 가장 큰 증가는 주거 및 빌딩 부문에서 나왔다. 미국인들은 대체적으로 큰 집과 사무실을 선호하기 때문에 각종장비와 전자제품의 소비, 냉난방비에 필요한 연료소비가 많이 발생할 수밖에 없다. 또한 에너지가 항상 값싸고 풍부할 것이라고 간주해 왔기 때문에 전기료의 급격한 상승에 무방비상태로 노출될 수밖에 없었다.

에너지원별로 에너지가 생산과 소비과정에서 어떻게 사용되는지를 살펴보면, 전력이 에너지생산과 소비의 60%를 차지하고 있으며 나머지 40%는 석유와 관련이 있다. 원자력, 풍력의 전부, 그리고 화력, 수력, 지열 등의 대부분은 전력생산에 쓰인다. 생산된 전력의 50%가 화력, 20%가 천연가스, 20%가 원자력 에너지에 의한 것이며, 수력을 포함한 재생에너지가 7%의 비중을 차지하고 있다. 풍

[표 1] 미국의 에너지소비(trillion BTU), 2009

	가 정 용	상 업 용	산 업 용	수 송	전 력
석 탄	7	61	1,396	–	18,296
천연가스	4,874	3,187	7,584	687	7,039
석 유	1,162	600	7,775	25,342	390
원 자 력	–	–	–	–	8,349
수 력	–	1	18	–	2,663
지 열	33	17	4	–	320
태 양 열	101	–	–	–	8
풍 력	–	–	–	–	697
바이오매스	430	108	1,977	922	426
전력매매	4,650	4,514	3,009	26	–
전력에너지상실	9,950	9,659	6,439	56	–
전력수입	–	–	–	–	117
합 계	21,207	18,148	28,199	27,033	38,304

출처: M. Gerrard (ed.), *The Law of Clean Energy: Efficiency and Renewables* (note 69), p. 10에서 재인용.

력과 태양열로 생산되는 전력은 1% 미만이다.[5] 석유의 대부분은 수송부문에 소비되고 있다. 천연가스는 모든 부문에 걸쳐 가장 광범위하게 활용되는 에너지원이다.

재생에너지의 대부분은 수력과 바이오에탄올이며, 지열, 풍력, 태양열 에너지가 그 뒤를 잇고 있다. 재생에너지 소비는 전력생산(51%)과 공업용 부문(30%)이 대부분을 차지하고 있으며, 교통부문과 가정용부문의 소비 역시 상승 중이다. 연방정부보다는 주정부나 지방정부 차원에서 재생에너지 지원 정책이 활발하게 시행되고 있으며, 연방정부가 새롭게 도입한 정책 대부분이 주정부나 지방정부에서 성공한 프로그램을 모델로 시행하는 경우가 많다.

2. 에너지 규제기관

미국에서 에너지규제와 관련한 연방규제기관으로는 1977년 에너지부조직법(The Department of Energy Organization Act, 42 U.S.C. 1701)의 제정으로 설치된 에너지부(Department of Energy)가 있다. 에너지부는 연방의회에 보낼 에너지메시지를 기초하고, 연간 에너지경제상황을 보고하며 미래의 에너지 수요와 지원을 예측한다. 원래 에너지부는 기존의 연방에너지행정청(Federal Energy Administration), 에너지연구개발행정청(Energy Research and Development Administration), 연방전력위원회(Federal Power Commission)를 폐지하고 이들 3개 행정청의 권한 모두를 인수받기로 하였다.[6] 에너지부 내에는 에너지와 환경, 과학, 원자력안전부장관(Undersecretaries)이 있어서 이들이 에너지 효율, 에너지 보존, 재생에너지에 대해 각각 책임을 지고 있다.[7] 그러나 에너지부에 포괄되지 않는 중요한 에너지 행정기관들과 프로그램들도 있다.[8] 아울러 에너지부 내에는 독립규제행정청으로서의 연방에너지규제위

5 Joseph P. Tomain, *Ending Dirty Energy Policy: Prelude to Climate Change*, Cambridge Univ. Press, 2011, p. 9.

6 Joseph P. Tomain and Richard D. Cudahy, *Energy Law in a Nutshell*, West, 2004, p. 102. 이 책의 주요부분은 이희정·박찬호, 「미국의 에너지관련 법제에 관한 비교법적 연구」, 한국법제연구원, 2008에 번역·소개되어 있다.

7 U.S. Department of Energy, Organization Chart, http://www.energy.gov/organization/orgchart.htm.

8 여기에는 대표적으로 핵규제위원회(Nuclear Regulatory Commission)가 있다. NRC의 규제책무가 에너지부에 통합되지 않은 주된 이유는 핵발전소의 안전의 중요성과 이러한 기능이 더 광범한 책무를 가진 행정청에 흡수되어 희석될 수 있다는 우려 때문이었다. 결과적으로 핵에너지 관련 법제는 통합적으로 이루어지게 하는 계기가 되었다.

원회(Federal Energy Regulatory Commission: FERC)가 설치되어 있다.

연방에너지규제위원회(FERC)는 이전의 연방동력위원회(Federal Power Commission)가 행사했던 기능을 수행하고 있다. FERC는 대통령이 상원의 인준을 받아 임명하는 5인의 위원(Commissioner)으로 구성되어 있고, 이들 중 3인 이상은 동일 정당 출신이 될 수 없다. FERC는 전통적으로 연방수력법(Federal Water Power Act), 연방전력법(Federal Power Act), 천연가스법(Natural Gas Act), 천연가스정책법(Natural Gas Policy Act) 및 기타 에너지 관련 법률하의 권한을 행사해 왔다. 에너지 영역의 주요한 규칙제정은 사실상 에너지부보다는 FERC에 의해 이루어져 왔다.[9]

이에 반해 공익산업(public utilities)의 규제는 주 공익산업규제위원회(Public Utilities Commission: PUCs)에 의한 규제로 발전하였다. 전력시스템과 같은 공익산업은 시설의 건설과 송전 및 배급과 관련된 고비용을 감안할 때, 인프라가 이미 구축된 시장에 신규 진입하는 것이 경제적으로 바람직하지 않기 때문에 자연독점(natural monopoly)으로 간주되어 왔다. 따라서 독점적 전력서비스회사들을 견제하기 위해 주의 공익산업규제위원회가 전력회사의 운영을 규제하여 값싸고 풍부한 전력이 안정적으로 공급되도록 하였다. 주정부는 그 경계 내의 공익산업기업들에게 독점적 허가를 주고, 전기서비스를 그 발전부터 송전, 지역 주민들에 대한 배급에 이르기까지 규제하였다. 오늘날 50개 주와 워싱턴 DC가 공익산업규제위원회를 가지고 있으며 이 위원회는 대부분 공익서비스의 개시를 위한 허가, 시설의 건축과 폐기, 그 밖에 관련 문제들에 대한 권한을 갖는다.

에너지산업을 포함한 공익서비스에 대한 연방과 주의 규제 간의 관할권 구분은 비교적 잘 확보되어 왔다. 연방의회는 주 공익산업규제위원회의 특권과 지방전력공급서비스에 대한 관할권을 침해하지 않도록 주의해 왔다. 연방전력법(Federal Power Act)은 FERC에게 주간통상교역(interstate commerce)에서 송전에 관한 관할권을 부여하고 있다.[10] FERC는 도매로 매매되는 전력 에너지와 주간통상교역으로 송전되는 전력 에너지를 규제할 수 있는 권한을 가진다. 도매가로 매매되는 전력은 소매가격으로 팔 것을 의도하는 모든 자에게 전기가 공급되는 것을 말한다. FERC는 연방전력법상의 "주간통상교역"에 대해 매우 광범위한 정의

9 Tomain and Cudahy, *supra* note 6, p. 103.

10 반면 주정부는 지역전력배급과 소매가로 이루어지는 매매를 관할한다.

를 채택하고 있고 이는 연방대법원에 의해 인정되었다.[11] 이 관할권은 일응 배타적인 것이고, 연방대법원도 New York Public Service Comm'n v. FERC 판결에서[12] 이를 지지하였다.

FERC와 주 공익산업규제위원회 간의 관할권 충돌문제에 관해서는 FERC가 공익산업사업자가 아닌 독립적인 전력생산자로부터 생성된 전력을 공익산업사업자로 하여금 최종소비자에게 송전하도록 하는 권한을 갖고 있는지, 또한 전력도매가격을 규제할 수 있는지, 그리고 공익산업사업자로 하여금 재생에너지 생산자로부터 전력을 구매하도록 하는 연방의회의 권한이 있는지 등이 쟁점이다. 앞으로 연방정부가 재생에너지원을 통한 전력규제에 좀 더 큰 역할을 하게 되면 FERC의 개입은 주정부로부터 많은 저항을 받을 것으로 보인다. 탄소규제에 대한 가능성이 점점 커지고 있는 현 상황에서, 주 내의 전력송전과 판매를 규제하는 주 공익산업규제위원회는 새로운 화력발전소를 건설하고자 하는 공익산업사업자의 요청을 거부하는 규제권을 발동하기 시작했다. 하지만 공익산업규제위원회의 그러한 결정은 화력발전이 초래하는 환경적 결과에 의한 것이 아니라 탄소규제가 시작될 경우 전기료 상승으로 인해 소비자들이 받게 될 불이익을 막기 위한 비용절감의 요인이 더 큰 것으로 보인다.[13]

3. 에너지법정책 변천사

미국법 체계 내에서는 에너지의 생산, 이동, 배분을 규율하는 포괄적인 입법은 없다. 에너지법이라 통칭 일컬어지는 것은 연방, 주, 지방정부가 집행하는 수많은 개별법과 규제의 총합을 말하는데, 이들은 종종 서로 입법목적이 다를 수 있기 때문에 일관성이 결여되어 있기도 하다. 또한 에너지법의 범주에는 석탄, 석유, 천연가스 등 전통적 화석연료나 태양열, 풍력, 지열 등의 재생에너지원을 지원하는 각종 보조금, 조세환급금, 재정적 인센티브 등도 포함될 수 있다. 이렇듯 에너지법의 범위는 넓고 모호해서 한마디로 정의하기가 대단히 어렵다. 더군다나 에너지법을 구성하는 많은 실체적 측면은 법이 아니라는 특징이 있다.

11 Federal Power Comm'n v. Florida Power & Light Co., 404 U.S. 453 (1972).

12 535 U.S. 1 (2002).

13 Chris Wold, David Hunter, and Melissa Powers, *Climate Change and the Law*, LexisNexis, 2009, pp. 668–673.

다시 말해 에너지법의 대부분은 법제화되지 않고 정책적 결정에 구현되어 있다는 것이다. 한 학자가 말했듯이 "에너지법이 에너지법이 아니라 에너지정책이 에너지법(Energy law is not energy law. Energy policy is energy law)"이다.[14] 그러므로 에너지법을 구성하는 것은 실체법뿐 아니라 그 배경이 되는 정책목표이기도 하다.[15]

미국의 에너지법은 1970년대의 에너지 위기 때 제정된 일련의 입법으로부터 발전하기 시작하였다. 이때부터 에너지법에 대한 로스쿨 교재, 주석서, 학술지가 발간되었으며, 학계와 실무계에서 에너지법을 하나의 독립적인 법영역으로 간주하기 시작하였다.[16] 에너지법은 에너지 생산과 공급에 대한 규제이며 전통적으로 미국에서는 공익산업법과 석유 및 천연가스와 관련된 법제의 형태로 나타난다. 그러나 현재의 에너지 생산은 석유, 가스, 석탄에만 국한되는 것이 아니라 다양한 모든 자원을 포함하고 있다.

미국정부의 에너지정책은 주로 시장에 의한 사적 질서형성을 지원하면서, 시장의 실패를 교정하기 위해 규제를 하는 방식이었다. 연방에너지규제의 일반적 목표는 에너지 생산 및 산업안정을 추구하는 것이었고, 가끔씩 일부 에너지 기업의 시장력 행사로 심각한 사회경제적 왜곡이 초래되는 경우 이를 교정하는 것을 목표로 하였다. 또한 각 에너지 산업 또는 시장별로 별도의 규제를 하는 방식이었고, 다양한 에너지원을 종합적으로 조정하는 에너지계획의 수립 등과 같은 포괄적 접근은 이루어지지 않았다. 따라서 미국의 에너지법제는 민간영역인 에너지 산업과 그에 대한 공적규제의 공생관계라 할 수 있다.[17]

미국 에너지법정책을 역사적으로 살펴보면 산업혁명 당시까지 거슬러 올라갈 수 있다. 19세기 중반 무렵부터 미국사회는 급속히 산업화되면서 주된 에너지원이 석탄과 석유로 전환하게 되었다.[18] 19세기 말까지 에너지는 각 지방 또는 주 단위로 생산되었으므로 규제정책도 이러한 지방, 주 단위로 형성되었다. 천연자원의 개발과 이용을 조정하는 포괄적인 에너지정책도 없었고, 각각의 에너지

14 Marla E. Mansfield, *Energy Policy: The REEL World*, 2001, p. 17.

15 Lincoln. Davies, "Alternative Energy and the Energy-Environment Disconnect," *Idaho Law Review* Vol. 46, 2010, p. 479.

16 Tomain, *supra* note 5, p. 11.

17 이희정·박찬호, 전게서, 19쪽.

18 석탄의 발견은 고래기름과 목재를 대체하였다.

원들은 서로 독립적으로 규제되었다.[19] 그러다가 점차 에너지의 생산과 유통이 지방에서 주, 주에서 다시 광역, 전국, 국제적인 시장으로 발전해 가면서 정부의 규제도 이러한 변동에 맞추어 발전해 갔다. Munn v. Illinois(1876) 사건은 "공익에 의해 영향받는 서비스"(service affected with a public interest)에 정부가 직접 시장에 개입하여 가격규제를 할 수 있다고 판시한 첫 번째 연방대법원 판례이다.[20]

현재와 같은 에너지 산업과 시장에 대한 연방규제의 틀이 형성되기 시작한 것은 20세기 초반부터이다([표 2] 참조). 이 기간 중 정부규제는 주로 반독점법을 수단으로 하는 진보주의를 그 동인으로 하였다. 제 1 차 세계대전은 민간 에너지 산업의 유럽과의 교역을 활성화시켜 주면서 이들의 입지를 더 강화시켜 주었다. 미국연료행정청(U.S. Fuel Administration)은 연방차원의 최초의 에너지규제기관으로, 가격, 운송, 유통을 규제할 수 있는 권한을 주었으나 이를 제대로 행사하지는 못하였다. 1920년대 석유가격을 안정화시키기 위해 연방석유보존위원회(The Federal Oil Conservation Board)가 만들어져 석유산업의 취약점에 대해 조사한 결과, 낭비, 추정 매장량의 감소, 가격불안정 등이 제기되었다.

[표 2] 미국의 에너지 관련 연방법률

연 도	법 률 명	주요내용
1920	연방수력법(Federal Water Power Act)	연방 수력발전 프로젝트를 조정하기 위해 연방동력위원회 설립
1935	연방전력법(Federal Power Act)	전력매매/송전 규제를 연방동력위원회가 하도록 함
1935	공익산업지주회사법 (Public Utility Holding Company Act)	전력서비스사가 특정 지역에 제한되도록 크기를 제한
1938	천연가스법(Natural Gas Act)	가스 파이프라인이 연방동력위원회 규제하도록 만듬
1946	원자력법(Atomic Energy Act)	원자력 개발을 민간통제로 이양
1954	원자력법(Atomic Energy Act)	민간 원자력 프로그램 개발의 문을 염
1975	에너지정책보전법 (Energy Policy and Conservation Act)	전략적 석유감축분을 만듬. 최초의 자동차 연비기준(CEFE) 수립

19 당시 자연자원의 이용과 관련해서는 포획의 법칙(rule of capture: 자원을 처음 '포획'한 자가 소유자가 되는 것)과 같은 커먼로상의 법리가 지배하였다.

20 본 사건에서 연방대법원은 일리노이 주정부가 시카고에서 사용되는 곡물엘리베이터의 요금을 규제할 수 있다고 판시하였다.

1977	에너지부조직법 (Department of Energy Organization Act)	연방 에너지부 창설
1978	국가에너지법(National Energy Act) – 국가에너지보전정책법 (National Energy Conservation Policy Act) – 발전소및산업연료이용법 (Power Plant and Industrial Fuel Use Act) – 공익산업규제정책법 (Public Utilities Regulatory Policies Act) – 에너지세법(Energy Tax Act) – 천연가스정책법(Natural Gas Policy Act)	가정, 학교, 공공기관 건물의 에너지보전 장려. 석유/천연가스 사용 신규발전소 신설제한(1987년에 폐지됨) 대체적 전력생산자에게 전력시장 개방 연비효율이 낮은 자동차(gass-guzzer)에 조세부과, 대체연료사용에 소비세 크레딧 줌 가스굴착관(wellhead) 가격의 단계별 탈규제
1980	에너지안보법(Energy Security Act) – U.S. Synthetic Fuels Corporation Act – 바이오매스에너지 및 알코올연료법 (Biomass Energy and Alcohol Fuels Act) – 재생에너지자원법 (Renewable Energy Resources Act) – 태양열에너지보전법 (Solar Energy and Energy Conservation Act) – 지열에너지법(Geothermal Energy Act) – 해양열에너지보전법 (Ocean Thermal Energy Conservation Act)	합성연료회사를 만들어 화석연료대체시장 만듬 바이오매스와 알코올 연료 프로젝트에 대여보장 프로그램
1982	원자력폐기물정책법 (Nuclear Waste Policy Act)	첫 번째 통합적인 원자력폐기물 법률 방사성 폐기물 저장소 부지 선정을 평가하는 절차 및 이를 위한 연방정부 및 주정부 간의 상호 협력에 관한 내용을 포함하고 있음.
1992	에너지정책법(Energy Policy Act)	사적/정부소유 자동차에 대체연료차 사용의무
2005	에너지정책법(Energy Policy Act)	에너지보전 및 대체연료사용에 조세 인센티브 부과
2007	에너지독립안보법 (Energy Independence and Security Act)	연비규정 강화, 백열전구 사용 단계적 금지, 바이오연료개발 장려
2009	경기부양법 (The American Recovery and Reinvestment Act)	전기 스마트그리드 기금 재생에너지 세제지원 저소득층 가정주택의 에너지효율 개선(weatherization) 지원

뉴딜시대부터 제 2 차 세계대전 사이의 기간 중에 거의 대부분의 경제영역에 연방정부의 규제가 도입되었다. 그러나 효율성의 이름하에 에너지 생산과 산업의 안정을 추구함으로써 에너지에 대한 종합적 계획이나 생산자로부터 소비자에 대한 富의 재분배와 같은 것은 고려되지 못했다. 뉴딜시대의 가장 중요한 에너

지입법은 1935년 제정된 연방전력법 제 2 장(Part II of Federal Power Act)과 1938년 제정된 천연가스법(Natural Gas Act)이었다.[21]

제 2 차 세계대전 후부터 1973년까지 기간 중 천연가스 시장에 대한 연방정부의 규제와 그로 인한 시장의 왜곡이 발생하였다. 1978년 천연가스정책법(Natural Gas Policy Act)을 통해 규제개혁과 부분적인 규제완화가 이루어졌다. 이즈음까지 미국 에너지 규제의 지배적 모델이 형성되었는바, 그 특징은 5가지로 요약된다. ① 풍부하고 믿을만한 에너지의 공급을 보장하고, ② 에너지가 합리적인 가격에 공급될 수 있도록 하고, ③ 연료 내, 연료 간의 경쟁에 따라 가격산정이 이루어질 수 있도록 하고, ④ 에너지 회사들의 시장지배력을 제한하는 경쟁정책을 펴고, ⑤ 제한적인 수의 전통적 연료 — 석유, 천연가스, 석탄, 수력, 원자력 등 — 를 통해 그러한 목적을 달성하는 것이다.[22]

1970년대 중반 이후 미국 에너지 법정책은 전환점을 지나게 된다. 1970년대의 제 1 차, 제 2 차 오일쇼크를 겪으면서 카터 행정부는 그간 에너지정책의 형성과 결정권한을 각료급의 에너지부(Department of Energy)로 집중시키고, 포괄적이고 여러 영역을 상호조율할 수 있는 국가에너지계획의 수립을 시도하였다. 그 중 가장 중요한 법률이 국가에너지법(National Energy Act, 1978)과 에너지안보법(Energy Security Act, 1980)이다.

국가에너지법(National Energy Act)은 에너지보전법(National Energy Conservation Act), 발전소 및 산업 연료이용에 관한 법(Powerplant and Industrial Fuel Act), 천연가스정책법(Natural Gas Policy Act), 공익산업규제정책법(Public Utilities Regulatory Policies Act), 에너지세법(Energy Tax Act)의 5개의 개별법으로 구성되었다. 이 법들의 목적은 해외석유에 대한 의존도 감축, 석탄사용 권장, 에너지 효율 증대, 공익서비스의 요금책정의 현대화, 에너지절약의 촉진, 대체에너지원 개발을 위한 새로운 시장형성, 천연가스시장의 왜곡 교정 등이었다. 이 중 공익산업규제정책법(PURPA)은 전력사업자에 대해 '적격인정설비(Qualifying Facilities: QF)'[23]로부터의 전력구입을 의무화함으로써 발전부문의 진입규제 완화를 촉진하고 미국 전력산업을 경쟁체제로 전환시켰다. 에너지세법에서는 태양, 풍력, 지열 에너지 등 재

21 이희정 · 박찬호, 전게서, 25쪽.

22 Tomain, *supra* note 5, p. 47.

23 QF란 열병합발전 혹은 재생가능에너지발전을 하는 설비용량 80MW 이하의 비전력사업자이다.

생에너지 생산설비를 구입, 설치한 사업자는 일정비율의 세금공제 혜택을 받을 수 있도록 하였다. 세금의 공제율은 1985년에 실효할 때까지 장기에 걸쳐 변경을 거듭했지만 기본적인 정책은 에너지세법의 성립에 수반해 진전하였다.

1980년에는 에너지안보법(Energy Security Act)이 제정되었는데, 이 법은 에너지정책을 전통적인 에너지원에서 석탄, 석유 혈암, 타르 모래 등으로 만드는 합성오일과 가스의 개발과 권장으로 전환하는 획기적 발상에 의한 것이었다. 또한 동법은 화석연료에서 태양, 풍력, 지열 등 재생가능에너지원으로의 전환을 촉진하고자 하였다. 그러나 카터 행정부에서 만들어진 국가에너지법과 에너지안보법은 장기적인 석유로부터의 독립을 성취하지 못했고, 에너지정책을 조정하지도 못했으며, 대안적 시장을 열지 못했고, 전통적인 연료에서 재생연료로의 전환도 만들어내지 못했다는 평가를 받는다.[24]

부시(George H. W. Bush) 행정부하에서는 1992년에 에너지정책법(Energy Policy Act)이 제정되었는데, 이 법은 비용효율적이고 친환경적인 방식으로 점진적이고 꾸준하게 에너지 안보를 상회하는 것을 목적으로 포괄적인 국가에너지정책을 규정하고 있다. 그중 주된 내용으로는 공익산업지주회사법(Public Utility Holding Company Act)의 개정이 포함되어, 전력시장에 신규진입을 촉진하고, 공익산업사업자가 아닌 발전사업자(non-utility generators)들에게 전력망에 대한 접근을 개방하고, 주의 규제기관들에게 통합적 자원계획을 검토하도록 하고, 전기차에 보조금과 세제혜택을 주는 것이었다. 이 법 또한 대안적, 재생가능한 에너지원에 대한 조항이 있었는데, 과세대상의 기업이 풍력 또는 바이오매스 발전을 실시한 경우, 1994~1999년 동안 송전망에 공급한 전력량 1kWh에 대해 1.5센트의 생산세 공제(Production Tax Credit)를 10년간 적용하며 공제액에는 인플레 조정을 실시한다는 규정을 마련하였다. 그러나 에너지정책법 역시 전반적으로 화석연료를 보호하는 데 치중하였다는 평가를 받는다.

클린턴 행정부 시기에 에너지부는 국가에너지계획(National Energy Policy Plan, 1995)을 수립하고, 뒤이어 관련된 전략계획(Strategic Plan, 1997), 국가종합에너지전략(Comprehensive National Energy Strategy, 1998)을 수립하였다. 이러한 계획들은 에너지효율성, 환경에 대한 고려 등을 목표로 하였지만 역시 전통적 에너지정책 패러다임에 근본적 변화를 가져오지는 못하였다.

---

24 Tomain, *supra* note 5, p. 30.

죠지 W. 부시 대통령 재임 중 제정된 2005년 에너지정책법(Energy Policy Act)은 1992년 에너지정책법 이후 의회가 처음으로 제정한 포괄적인 에너지 관련 법률이다. 동법의 정책목표는 에너지 자원에 대한 미국의 의존도를 낮추고자 함이다. 2005년 법률의 가장 중요한 부분은 전력산업 부분인데, 법은 FERC로 하여금 전력신뢰도기구(Electric Reliability Organization)를 지정하여 전력공급을 원활하게 하기 위한 기준을 제정하도록 하였다.

이 법은 또한 PURPA를 개정하여 연방차원의 3가지 기준을 추가하였다. 첫째는 자가발전량차감제(net metering)로서, 이는 전력소비자가 요금산정 기준기간 중에 자신의 토지상의 발전설비에서 발전한 전기를 지역배전시설로 보냈을 경우 그에 상당하는 양을 전력소비자의 전기요금에서 차감해 주는 방식을 의미한다. 둘째, 연료원 다양화(fuel source diversity)로서, 개별 공익산업사업자들에게 전력공급에 있어서 재생가능에너지기술을 포함하여 다양한 에너지원과 기술을 이용하여 단일 에너지원에 대한 의존도를 낮출 수 있도록 계획을 개발할 의무를 부과하는 것이다. 셋째, 화석연료발전의 효율성기준(fossil fuel generation efficiency)은 각 공익산업사업자에게 화석연료발전의 효율성 증대를 위해 10년 계획을 시행할 의무를 부과하는 것이다.

2007년에 제정된 에너지 독립과 안보에 관한 법률(Energy Independence and Security Act)의 주된 내용을 이루고 있는 것은 에너지 효율과 재생에너지의 이용 가능성 증대를 위한 규정이다. 핵심적인 규정으로는 첫째, 기업평균연료효율(Corporate Average Fuel Economy: CAFE)의 목표기준을 자동차와 경트럭의 경우 2020년 모델까지 연비 1갤런당 35마일의 목표를 달성할 의무를 부과하고 있다.[25] 둘째, 재생연료의무구매제도(Renewable Fuels Standard)에 의한 재생연료의무사용량을 2008년 90억 갤런에서 시작하여 2022년까지는 360억 갤런까지 증가시키도록 하고 있다. 셋째, 다양한 조명, 주거용·상업용 전기기기제품의 에너지효율기준을 정하고 있다. 넷째, 위 CAFE 규정의 집행비용을 상쇄시켜 주기 위한 석유와 가스에 대한 세제혜택을 폐지하였다. 그러나 동법률에서는 전국적인 재생에너지공급의무화제도(RPS)와 석유와 가스에 대한 세제혜택의 폐지와 에너지효율과 재생에너지를 위한 새로운 인센티브 등을 포함한 세제관련규정을 포함시키지 못했다.

25 2011년 7월 오바마 대통령은 2025년까지 1갤런당 54.5마일의 목표를 새로이 제시한 바 있다.

2009년 경기부양법(The American Recovery and Reinvestment Act)에서는 에너지 관련 산업에 총 598억 불을 집중투자하고, 재생에너지산업 육성에 209억 불을 투입하되 직접적 보조(60억 불)보다 감세(10년간 149억 불) 지원에 초점을 맞추고 있다. 또한 에너지효율향상(energy efficiency) 산업에 247억 불을 지원할 계획으로 재생에너지 지원과 더불어 에너지정책의 두 축을 형성하고 있다.

4. 에너지법정책 패러다임 변화의 모색: 재생에너지법정책

지금까지의 미국의 에너지법정책은 세 가지 가정에 기초하고 있다.[26] 첫째, 에너지소비는 경제성장에 직접적으로 연관된다. 둘째, 큰 에너지가 더 좋은 에너지이다. 셋째, 시장이 가장 효율적인 것으로 선호된다. 그동안 미국의 에너지정책은 대규모, 자본집약적인 특징을 가지며 화석연료를 중심으로 형성되었다. 지배적인 정책은 석유, 천연가스, 석탄, 원자력 및 그러한 에너지원으로부터 발전된 전력에 관한 것이었다. 화석연료로부터의 에너지를 대규모, 하이테크, 자본집약적, 통합적, 중앙집권적으로 생산하는 것을 선호했다. 그 결과 석유, 천연가스, 석탄산업의 이익을 보호하고 에너지효율성과 재생가능한 에너지원의 역할을 제한해 왔다. 또한 화석연료의 공급을 증가시키고 보조금 등의 기제를 통해 이들의 가격을 낮게 유지해 왔다. 그러나 갈수록 대체에너지원에 대한 관심이 높아지고, 이를 둘러싼 에너지정책이 증가하고 있다.

미국에서 최초의 재생에너지, 대체에너지와 관련한 연방입법으로는 태양열에너지 연구개발법(Solar Energy Research and Development Act of 1974)과 지열에너지 연구개발법(Geothermal Energy Research and Demonstration Act of 1974)이 있으나 본격적으로 미국정부가 이에 관심을 가지게 된 것은 앞서 살펴본 바와 같이 1978년 국가에너지법(NEA)의 제정 전후이다.

개별 재생에너지원과 관련한 입법으로는 풍력에너지 증진법(Wind Energy Improvement Act), 지열에너지법(Gethermal Energy Act)이 있다. 1980년에는 바이오매스 에너지 및 알코올 연료법(Biomass Energy and Alcohol Fuels Act)이 제정되었는데, 이 법에 의해 바이오매스와 알코올 연료를 사용하는 사업자들은 해당사업과 관련한 대출 시 보증 등의 혜택을 받을 수 있었다. 그 밖에 1981년 경제회복법

26 Tomain, *supra* note 5, pp. 46-47.

(Economic Recovery Act), 1986년 세제개혁법(Tax Reform Act) 등은 재생에너지를 사용하는 프로젝트에 대한 세금 혜택의 폭을 확대하거나 합리화하는 데 기여하였다. 1989년에 제정된 재생에너지 및 에너지효율기술경쟁법(Renewable Energy and Energy Efficiency Technology Competitive Act)은 "미래의 안정적이고 안전한 에너지 공급을 확보하기 위하여 재생에너지와 에너지효율에 관한 기술을 연구 개발하고 구현하기 위한 국가적 프로그램을 적극적으로 추진하고자"하는 목표를 내세우고 있다.

1992년 에너지정책법과 2005년 개정 에너지정책법은 생산세액공제(Renewable Electricity Production Tax Credit: PTC 제도), 재생에너지 생산 인센티브(Renewable Energy Production Incentive: REPI) 제도 등 현재 시행되고 있는 주요한 재생에너지 지원제도의 근간을 형성하고 있다.

미국의 재생에너지정책은 지역경제 회복 및 21세기형 일자리 창출을 주요 정책으로 설정하고 있다. 오바마 행정부는 출범 이후 재생에너지 산업육성 및 고용창출을 목표로 지속적인 기술개발 및 지원정책을 추진 중이고, 청정에너지(clean energy)에 박차를 가할 계획으로 있다. 신에너지 기술개발정책으로는 바이오 등 화석연료를 대체할 새로운 에너지산업을 육성하고자 하는 것으로 청정석탄(clean coal) 기술개발 및 보급 등이 포함된다.

기후변화를 저감시킬 수 있는 탄소포집저장(Carbon Capture & Storage: CCS) 기술도 청정기술의 하나로 시도되고 있는데 이는 많은 문제점들을 유발한다. 석탄사업계가 CCS기술을 지원하는 것은 전혀 놀라울 일이 아니다. 그것은 미국의 에너지 독립을 돕고 석탄산업에서 발생하는 탄소를 줄일 수 있기 때문이다. 환경론자들은 이 기술의 효용성에 대해 견해가 엇갈린다. 한쪽에서는 CCS가 불가피한 석탄의 사용을 보다 친환경적으로 개선하는 필수적인 요소로 본다. 다른 한쪽에서는 CCS기술에 집중함으로 인해 재생가능한 에너지 기술에의 관심과 재정지원이 약해질까 두려워한다.[27]

하지만 현재의 통합적 에너지 법제도, 그 안을 자세히 들여다보면 장기적인 에너지 비전과 전략을 제시하는 것보다는 현 상황을 유지하기 위한 여러 가지 정치적 타협의 산물이라는 비판이 있어 왔다.[28] 현재의 지배적인 패러다임의

27 Wold et al., *supra* note 13, pp. 675–678.

28 Joseph P. Tomain, "Dirty Energy Policy," in David M. Driesen (ed.), *Economic Thought and*

획기적인 발상의 전환이 있기 전에는 에너지법의 기본기조가 바뀌기는 힘들 것이다.

Ⅲ. 환경법정책과 에너지문제

1. 환경법정책 패러다임

미국에서의 환경법은 20세기 초 자연보호 및 자연자원 보전과 관련한 일련의 연방법률의 입법으로부터 이루어졌다.[29] 이러한 초기의 법률을 통해 점차 사인에 의한 자연자원의 경제적 이용이 점차 정부 주도의 자연자원 보존정책으로 바뀌어가게 되었다.[30] 많은 환경문제, 특히 온실가스와 산성비와 같은 대기오염 문제는 에너지활동과 밀접한 연관이 있으나 에너지법과 환경법은 독립적으로 발전해 왔다. 에너지법과 환경법이 별도로 발전하게 된 데에는 근본적인 지향점이 다른 것도 이유가 된다. 에너지법은 대체로 공익산업규제법과 경쟁법에서 나왔고, 경제적 분석, 독점시장을 가정하고 시장적 메커니즘을 선호한다. 환경법은 이와 달리 오염방지와 리스크 관리를 강조한다. 에너지법은 에너지자원의 이용을 규제하는 반면 환경법은 그러한 이용이 가져오는 환경적 영향을 규제한다.

이렇듯 에너지법과 환경법은 출발점과 지향점이 다르지만 정책수단 측면에서 볼 때 현재 진행되고 있는 양상은 매우 비슷하다. 명령통제에서 점차 시장기제와 정보기제로 이동하는 등 외양상 비슷한 점이 많고 교류가 많아 보인다. 하지만 아직까지는 양자가 서로를 보완하는 시너지 효과를 결하고 있다.[31]

미국에서 가장 중요한 연방환경법들은 1970년부터 1990년 사이에 제정되었는데, 특히 1970년대의 입법활동이 두드러졌다([표 3] 참조). 이 시기에 연방환경청(EPA), 환경질위원회(CEQ) 등의 환경전문 정부기관이 만들어졌을 뿐 아니라 의

U.S., Climate Change Policy, The MIT Press, 2009, p. 46.

29 여기에는 Antiquities Act (1906), Migratory Bird Treaty Act (1918), Federal Power Act (1920), Mineral Leasing Act (1920), National Park Service Organic Act (1916), Taylor Grazing Act (1934), Historic Sites, Buildings and Antiquities Act (1935), Bald and Golden Eagle Protection Act (1940), Submerged Lands Act (1953)이 있다.

30 Richard J. Lazarus, *The Making of Environmental Law*, The Univ. of Chicago Press, 2004, p. 49.

31 Davies, *supra* note 15, pp. 475–476.

[표 3] 1970년대에 제정된 대표적 환경입법

법 률 명	연 도
국가환경정책법(National Environmental Policy Act)	1970
청정대기법(Clean Air Act)	1970
연방수질오염규제법(Federal Water Pollution Control Act)	1972
연방살충제·살균제·살서제법(Federal Insecticide, Funguicide, and Rodenticide Act)	1972
소음규제법(Noise Control Act)	1972
연안관리법(Coastal Zone Management Act)	1972
멸종위기종보호법(Endangered Species Act)	1973
안전식수법(Safe Drinking Water Act)	1974
산림방목지재생자원계획법(Forest Rangeland Renewable Resources Planning Act)	1974
개정 연방석탄광물임대차법(Federal Coal Leasing Act Amendments)	1976
독성물질규제법(Toxic Substances Control Act)	1976
자원보존회복법(Resource Conservation and Recovery Act)	1976
국가산림관리법(National Forest Management Act)	1976
연방토지정책관리법(Federal Land Policy and Management Act)	1976
개정 청정대기법(Clean Air Act Amendments)	1977
개정 청정수질법(Clean Water Act Amendments)	1977
표면광업규제(Surface Mining Control and Reclamation Act)	1977
외변대륙붕토지법(Outer Continental Shelf Lands Act)	1978

출처: R. Lazarus, The Making of Environmental Law (note 30), p. 70.

회 내에 각종 환경관련 위원회 및 소위원회가 만들어졌다. 1980년대에 제정된 CERCLA는 정부 내, 기업 내의 환경법률가의 수요를 창출하여 환경법전문 변호사들의 비약적인 성장을 가져왔다.[32]

정책목표별로 이들을 분류해 본다면 첫째, 오염 저감(CAA와 CWA), 오염 복구(CERCLA와 RCRA), 자연자원 계획 및 관리(ESA, National Parks Act, Multiple-Use Sustained-Yield Act), 환경절차 및 정보공개(NEPA)로 나눌 수 있을 것이다.[33] 미국의 환경법은 다양한 정책목표와 정책수단을 활용하고 있지만 근원적인 문제해결보다는 사후관리에 초점을 맞추고 있다. 대개 명령통제적 규제가 지배적이고 오

32 Lazarus, *supra* note 30, p. 115.

33 Davies, *supra* note 15, pp. 487–488.

염매체별로 규제가 분화되어 있다. 또한 환경법은 광범위한 영향을 미치고 있는 것처럼 보이지만 규제의 간극이 있어 왔다.[34]

에너지 산업과 에너지 이용에 적용되는 환경법을 살펴보면, 에너지가 다른 부문과 달리 특별히 취급되고 있지 않다. 환경법은 에너지를 규제대상 산업 중의 하나로 취급한다. 환경법이 에너지원별로 어떻게 연관되고 있는가를 살펴보면 에너지에 대한 환경법의 침투가 미흡함을 알 수 있다. 먼저 원자력의 경우 환경법의 적용이 총체적으로 배제되어 있다. 그것은 원자력법(Atomic Energy Act)에 의해 원자력규제위원회(Nuclear Regulatory Commission)가 배타적인 관할권을 갖고 원자력과 관련된 모든 과정에서 통합적으로 규제를 하고 있기 때문이다. 다만 원자력 발전소를 건설할 때 NEPA가 요구되고[35] 원자로의 냉각수가 CWA의 규제를 받는다.[36]

석유의 경우 대부분은 수송부문에 쓰이고 있기 때문에 CAA의 이동오염원(mobile source) 규정에 따른 규제를 받는다. 그러나 이 규정은 주로 자동차제조사들에 적용되고 원유제조사들에는 적용되지 않는다. 따라서 원유제조사들이 배출하는 온실가스에 대해서는 환경법이 적용되지 않는 규제의 간극이 존재한다.[37] 반면 석유정제업의 경우 CAA, CWA, RCRA의 규정에 따라 규제를 받게 되지만,[38] 이러한 규제들은 석유가 정제될 때 그리고 연소될 때에만 적용된다.

천연가스와 석탄 역시 환경법과 단절되어 있다. 천연가스의 활용은 가정용 난방, 산업용 설비, 그리고 전력생산에서 이루어진다. 석유와 마찬가지로 천연가스와 석탄에 대한 환경법적 규제는 그 자원이 연소될 때 발생하고, 연소가 고정시설에서 이루어져 CAA상 점오염원(point source)에 적용되는 규제를 받게 된다. 이에 관한 규제는 얼마나 시설이 오래되었는가와 소재지에 따라 다르다.[39] 천연

34 Amy J. Wildermuth, "Is Environmental Law a Barrier to Emerging Alternative Energy Sources?," *Idaho Law Review* Vol. 46, 2010, pp. 522-523.

35 *See* Vermont Yankee Nuclear Power Corp. v. Natural Res. Def. Council, Inc., 435 U.S. 519 (1978).

36 Seacoast Anti-Pollution League v. Costle, 572 F.2d 872 (1st Cir. 1978).

37 Wildermuth, *supra* note 34.

38 40 C.F.R. §60.100-09 (2009); 40 C.F.R. §419.10-57 (2009).

39 청정대기법상 국가대기질기준(NAAQS)은 주이행계획(SIP)에 의해 달성되어야 하는데, 그러한 기준을 충족시키지 못할 경우 비달성지역(non-attainment area)으로 지정되어야 한다. 신규오염원의 경우 달성지역(attainment area)에 있는 시설이라도 악화방지프로그램(PSD)의 적용을 받아 기준준수를 강제하고 있다. 이러한 청정대기법상의 기준은 기술수준에 근거하고(technology-based) 있다. Jonathan

가스는 석탄보다 더 깨끗하다고 여겨지지만 천연가스도 메탄가스를 배출하기 때문에 지구온난화 기여도가 크다. 또한 석탄과 천연가스 연소 시 냉각수가 첨가되는데 그러한 시설은 CWA의 규제를 받게 된다.[40] 천연가스의 경우 고체폐기물을 발생시키지 않지만 석탄의 경우 비연소 폐기물이 RCRA의 규제를 받을 수 있다.[41]

다시 말해 화석연료 규제는 대부분의 경우 석유와 같이 정제될 때나 연소될 때에 적용된다는 것이다. 따라서 에너지 생산, 소비, 처리과정의 마지막 단계에 개입할 뿐 그 근원적 원인을 해결하지 못한다. 결과적으로 환경법은 에너지원, 또한 에너지가 얼마나 생산되는지에 대해 관심을 쏟지 않는다.[42] 에너지법이 화석연료를 선호하여 왔던 패러다임의 지배를 받아왔다면 결국 환경법은 화석연료의 이용을 방치하여 왔다고 볼 수 있다. 화석연료의 경우가 그러하다면 현행 미국환경법상 재생에너지는 어떻게 연결되고 있는가? 환경법 규정은 재생에너지 활성화에 도움이 되는가 그렇지 않은가?

태양열 에너지의 경우 태양열발전(solar thermal)과 태양광발전(photovoltaic) 시스템은 CAA나 CWA상의 배출이 없다. 그러나 태양열 기술에 있는 유해물질로 인해 RCRA가 적용될 수 있다. 태양열 물질은 EPA가 정한 독성물질평가 결과 유해하다고 판정이 나면 RCRA상의 유해폐기물 규정에 적용을 받게 된다.[43] 또한 태양열 기술이 동식물에 영향을 줄 경우 ESA나 이와 유사한 법의 규정을 받을 수 있다. 태양열 기술은 또한 커먼로상의 생활방해 주장을 받을 수 있다. 태양열 에너지는 태양에 접근할 수 있어야 하고, 그러한 접근이 법적 보호의 대상이 된다. 일반적으로 그러한 접근은 용도지역지구제(zoning), 용익권(easement), 상린관계(nuisance) 또는 우선점용에 따른 권리취득(prior appropriation)과 같은 제도를 통해 지방정부 또는 주법에 의해 보호되어 왔다. 이와 관련한 판례로서 Prah v. Maretti 판결에서는 주택을 건축한 자가 인접토지 소유자의 태양광에 대한 접근을 막아서 태양에너지시스템의 이용에 심각한 피해를 입혔다는 이유로 이를 사

R. Nash, *Environment Law and Policy: Essentials*, Aspen Publishers, 2010, pp. 59–61.

40 Clean Water Act, 33 U.S.C. §1326(b) (2006).

41 42 U.S.C. §6903(27).

42 Wildermuth, *supra* note 34, p. 509.

43 일반고체폐기물은 RCRA의 Subtitle D의 적용을 받고, 유해폐기물은 보다 엄격한 Subtitle C의 적용을 받는다.

적 생활방해(private nuisance)에 해당한다고 한 사례가 있었다.[44]

풍력에너지는 대량으로 전기를 생산하는 재생에너지로서 각광을 받고 있다. 이 역시 CAA나 CWA상의 배출을 발생시키지 않는다. 다만 풍력터번이 새와 박쥐를 죽음에 이르게 하여 ESA가 적용될 수 있다. 또한 풍력에너지는 풍력터번이 발생시키는 소음과 미관을 해친다는 등 생활방해 이유의 문제제기가 생길 수 있다.[45]

지열의 경우 태양열이나 풍력에 비해 환경법이 덜 적용된다. 일반적으로 지열은 이용과정에서 이산화탄소, 아산화질소 등의 오염물질을 발생시키지 않는다는 측면에서 친환경적인 에너지원으로 평가되고 있다. 다만 소음, 악취, 열공해, 용해된 물질이 지상 또는 지하수로 침투할 가능성, 지반침강 등의 환경문제가 발생할 수 있으나, 이러한 문제들은 지열이 개발되는 당해 지역에 한정되어 발생한다. 지열을 이용하는 데 필요한 지표의 면적도 크지 않으며, 인근토지이용에 대해서도 간섭이 거의 없다. 지열과 관련하여 주와 연방법 관련 쟁점은 지열에 대한 권리가 지하에 있는 광물자원의 소유자에게 귀속되는가, 아니면 지표 토지의 소유자에게 귀속되는가 하는 문제인데, 광물자원의 소유자에게 권리가 귀속된다고 인정되어 왔다. 지열자원의 소유자는 지표의 부동산에 들어가 발전시설을 건설할 수 있고, 토지소유자가 반대하는 경우에도 그러하다.[46]

바이오매스의 경우 1976년 자원보전 및 회복에 관한 법률(RCRA)의 고체폐기물의 에너지로서의 잠재적 가능성을 연구하기 위해 연방정부와 주정부의 합동프로그램을 창설하였다.[47]

재생에너지의 경우 환경법은 이들의 발전에 어떠한 인센티브도 부여하지 않고 있다. 결과적으로 환경법은 재생에너지 이용을 저해하지도 장려하지도 않는 중립적 역할을 해 왔다. 따라서 환경법에서도 제정법의 간극 때문에 현행법 체계 하에서는 에너지 사용의 근본적인 변화를 이룰 수 없다. 에너지문제와 환경문제를 단일법하에서 통합하여 규율하는 입법적 노력이 필요하지만 아직까지 연방차원의 그러한 법률은 존재하지 않는다.

---

44 이희정·박찬호, 전게서, 173쪽.

45 Burch v. NedPower Mount Storm, LLC, 647 S.E.2d 879, 895 (W. Va. 2007).

46 이희정·박찬호, 전게서, 178-179쪽.

47 42 U.S.C.A. §6901 이하.

2. 사법부의 역할

죠지 W. 부시행정부가 들어선 이후 미국정부가 교토의정서 탈퇴를 공식화하고 또한 연방의회에서도 온실가스 규제관련 법률제정이 늦어지자[48] 기후변화에 대한 법적 대응을 위해 사법부를 통해 그 공백을 메우고자 하는 시도들이 있어왔다.[49] 그 결과 2004년부터 기후변화로 인한 피해를 보상받기 위한 민사소송이 제기되기 시작하였다. 주정부와 민간단체들은 정유, 에너지, 전력회사 등을 생활방해의 이유로 제소하였는데, 대개 이러한 소송들은 지방법원에서 당사자적격(standing) 결여 혹은 사법부가 파단하기에 적합하지 않은 정치적 문제(non-justiciable political question)라는 이유로 각하되었다. 항소법원에서는 원고가 일부 승소하기도 하였고, 최근 이와 관련한 연방대법원의 판결이 있었다.

이러한 판결들은 정유, 에너지, 전력회사 등 에너지법정책이 규율하는 주된 행위자들을 상대로 이루어진 사건이기 때문에 이를 통해 기후변화가 어떻게 에너지법정책에 영향을 미치고 있는지, 여기에서 사법부의 역할은 무엇인지를 살펴볼 수 있다. 특히 2007년 연방대법원에서 온실가스를 청정대기법상 오염물질로 EPA의 규제대상으로 판시한 Massachusetts v. EPA 사건 이후 사법부를 통한 기후변화에의 법적대응 노력은 더욱 주목을 받아왔다.[50]

1) Comer v. Murphy Oil USA

이 사건은 정유·에너지 회사들의 온실가스 배출로 인해 기후변화가 야기되었고, 그 결과 해수면이 상승하여 허리케인 카트리나의 피해를 증폭시켜 자신들의 재산권을 침해하였다는 이유로 미시시피 걸프만 유역의 토지소유자들이 제소한 사건이다. 원고들은 공적·사적 생활방해, 불법침입, 과실, 부당이득, 사기, 민

48 연방의회의 온실가스 관련 입법안으로는 이재협, "기후변화입법의 성공적 요소: 미국의 연방법률안을 중심으로," 한양대학교 「법학논총」 제26집 제 4 호, 2009 참조.

49 Border Power Plant Working Group v. Department of Energy, 260 F.Supp.2d 997 (S.D. Cal. 2003)에서는 발전소 건설운영을 허가함에 있어 이산화탄소 배출을 고려하지 않은 환경영향평가가 미흡하였다고 판시하였다.

50 연방대법원은 이 사건에서 매사추세츠 주가 준주권적(quasi-sovereign) 주로서 원고적격론상 특별한 지위에 있음을, 그리고 온실가스가 CAA의 규제대상임을 확인하였다. Massachusetts v. EPA, 549 U.S. 497 (2007).

사적 공모(civil conspiracy)[51] 등의 미시시피주 커먼로상의 소송원인으로 손해배상을 청구하였다. 연방지방법원은 원고적격 결여와 '사법부가 판단하기에 적합하지 않은 정치적 문제(non-justiciable political question)'라는 이유로 각하하였다.[52] 이에 원고는 항소하였고, 제 5 순회구 항소법원은 3인 재판부 심리에서 원심의 결정을 파기, 환송하였다.[53]

항소법원은 먼저 당사자적격과 관련하여 원고들은 사실상의 침해(injury in fact)를 입증해야 하고, 그러한 침해는 '상당한 정도의 원인추적을 할 수 있을 정도로(fairly traceable)' 피고의 행위에 의한 것이어야 하며, 이익침해가 사법부 판결에 의해 구제될 수 있어야(redressible) 한다. 생활방해, 불법침입, 과실의 주장에 관해서는 세 가지 요건 중 첫 번째와 세 번째가 충족되지만 두 번째 요건이 충족되지 않는다고 피고들에 의해 문제시되었는데, 그것은 피고들의 행위와 지구온난화 간의 인과관계를 찾기 어렵다는 것이다. 그러나 법원은 원인추적(traceability) 요건은 법률상 인과관계(proximate cause)와 같이 엄격한 것이 아니라 '상당한 원인추적 가능성(fairly traceable)'과 같은 간접적 인과관계만으로 족하다고 판시하였다. 법원은 또한 상당한 원인추적 가능성이란 손해의 전적이고 실질적인(wholly and material) 원인이 아닌, 손해발생에 기여한(contribute to) 수준이면 충분하다고 보았다.

연방헌법 제III조상 사건과 쟁송 요건(cases and controversy)[54]과 관련해서는 원고의 주장이 입법부와 행정부에서 배타적으로 다루어져야 하는 문제를 제기하지 않기 때문에 사법부에서 판단할 수 있다고 판시하였다. 원고는 정치적 문제가 아닌, 불법행위에 기한 소를 제기하고 있기 때문에 사법부가 판단할 수 있는 사안이다. 만약 향후 의회나 행정부에서 온실가스 규제와 관련한 새로운 법이

---

51 제 3 자의 권리를 빼앗기 위해서 둘 이상이 모의하는 것을 말하며, 미국에서는 종종 독점금지법이나 증권거래법 위반 소송에서 피고회사들에게 제기되는 경향이 있다.

52 미국 연방대법원은 사법부가 판단하기에 적합하지 않은 정치적 문제를 판단하는 기준을 다음과 같이 제시하고 있다. 첫째, 그 쟁점에 관해 입법부와 행정부에서 다룬다고 헌법에서 명시적으로 규정한 경우, 둘째, 법원에 의해 발견되어지고 다루어질 수 있는 기준들이 결여된 경우, 셋째, 비사법적 자유재량에 의한 최초의 정책적 결정 없이는 판단이 내려질 수 없는 경우, 넷째, 입법부나 행정부에 대한 불경을 범하지 않고서는 법원이 독립된 결정을 내릴 수 없는 경우, 다섯째, 이미 내려진 정치적 결정에 대한 절대적인 추종이 특히 필요한 경우, 여섯째 한 가지 문제에 관해 여러 기관이 각기 다른 결정을 내릴 가능성이 있는 경우이다. Baker v. Carr, 369 U.S. 186, 210 (1962).

53 Comer v. Murphy Oil USA, 607 F.3d 208 (5th Cir. 2010).

54 연방법원의 사법권 범위를 제한한 규정으로, 연방법원은 추상적이거나 가설적인 질문에 대한 의견을 발표할 수 없고, 실질적 분쟁이 있는 사건만을 다룬다는 요건이다.

제정된다면 그것이 주커먼로를 專占(preempt)[55]한다고 주장할 수 있을 것이다. 그러나 그러한 법이 제정되기 전까지는 미시시피주의 불법행위법에 따른 생활방해, 불법침입, 과실에 기한 주장은 법원에서 판단할 수 있다고 보았다.[56]

이에 피고는 전원재판부 심리(en banc)를 요청하였고,[57] 항소법원은 이후 절차적 결격사유로 항소를 기각하였으며 이에 따라 원고패소한 원심이 확정되었다.[58] 이 사건의 최종결과는 원고의 패소로 끝났으나, 그것이 항소법원 전원재판부의 본안심사가 아닌 절차적 이유로 기각되었기 때문에 내용적 측면에서는 항소법원 3인재판부의 결정이 참고가 될 것이다.

2) Native Village of Kivalina v. ExxonMobil Corp.

이 사건의 원고들은 알래스카주의 키발리나(Kivalina)시와 그 주민들로서 24개의 정유, 에너지, 전력회사를 상대로 연방커먼로상의 생활방해 법리로 제소하였다. 원고들은 겨울바람으로부터 키발리나 연안을 보호해주던 북극빙하가 기후변화로 인해 사라지면서 연안침식이 가속화되어 그 결과 키발리나 주민들의 이주를 불가피하게 야기하였다고 주장하였다.[59] 법원 판결에 의하면 원고의 생활방해 제기를 평가하려면 수인가능한 온실가스 배출수준과 이에 대한 비용을 누가 부담하여야 하는지를 평가하여야 한다. 그러나 이러한 문제는 본질적으로 정책적 판단에 의하여야 하는 것으로 사법부의 재량을 넘어서는 것이다. 따라서 원고의 주장은 사법부가 판단하기에 적합하지 않은 정치적 문제이다. 아울러 원고가 인과관계를 입증하지 못하였기 때문에 원고적격 조건을 충족하지 못한다고 판시하였다.

이 사건은 상소되어 현재 제 9 순회구 항소법원에 계류 중이다.

---

55 연방법과 주법이 동일한 대상을 규제하고 있으나 그 내용이 명백하게 상치되지 않는 경우, 연방법의 제정유래 및 목적 등을 검토하여 연방의회가 규제대상에 관한 모든 분야(entire field)를 통일적 · 획일적으로 규제하는 것을 목적으로 하고 있다고 판단되면 연방법에 대하여 우선적 효력을 부여하는 원칙을 말한다. Maryland v. Louisiana, 451 U.S. 725, 746 (1981).

56 Comer v. Murphy Oil USA, *supra* note 53.

57 미국 연방항소법원은 3인 재판부(panel)에서 기판결한 사건이 예외적으로 중요하거나, 그 판결이 항소법원의 선판례와 충돌한다고 판단될 경우 전원 재판부(en banc)에 의한 재심리를 허가할 수 있다. F. R. Appl. P. 35(a).

58 전원재판부 심리가 허가되었지만 향후 정족수 미달로 심리가 이루어지지 않았다. Comer v. Murphy Oil USA, 607 F.3d 1049 (May 28, 2010).

59 Native Village of Kivalina v. ExxonMobil Corp., 663 F.Supp.2d 868 (N.D. Cal. 2009), appeal docketed, No. 09-17490 (9th Cir.).

3) Connecticut v. Am. Elec. Power Co., Inc.

이 사건의 원고는 캘리포니아, 코네티컷, 아이오와, 뉴저지, 뉴욕, 로드 아일랜드, 버몬트, 위스콘신 등 8개의 주정부와 뉴욕시, 그리고 3개의 민간토지신탁기관이며, 피고는 주요 전력회사이다. 이 사건은 앞선 두 사건들과 유사하나 몇 가지 점에서 중요하다. 그것은 항소법원에서 원고들의 주장을 인정하여 제소의 절차적인 요건이 충족되었고, 또한 연방대법원의 심리가 허가되었기 때문이다.

원고들은 피고들의 온실가스 배출이 연방커먼로와 주 불법행위법을 위반하였다고 주장하며 피고회사를 공적 생활방해(public nuisance)의 이유로 유지청구(injunction)하였고, 법원으로 하여금 피고회사의 연간 온실가스배출의 상한선을 정해줄 것을 청구하였다. 연방지방법원에서는 원고들이 사법구제를 받을 수 없는 정치적 사안을 제기하였다 하여 각하하였고,[60] 이 사건은 제 2 순회구 연방항소법원에 상소되었다.

항소법원에서는 원심과는 달리 원고적격을 인정하고, 원고의 주장이 사법부가 판단하기에 적합하지 않은 정치적 문제가 아니라고 판단하였으며, 원고의 주장인 연방커먼로상의 생활방해법리상의 제소가 가능하다고 판시하였다.[61] 특히 법원은 연방대법원이 Massachusetts v. EPA 사건에서 인정한 후견적(parens patriae), 준주권적(quasi-sovereign) 당사자적격을 인정하였다. 아울러 전통적 당사자적격 법리에[62] 따르더라도 원고적격이 인정된다고 보았다. 아울러 본안심사에서 Illinois v. Milwaukee 사건[63]에 따라 원고들은 주정부가 다른 주정부나 주外 기업들에 의해 생성된 대기와 수질오염 저감을 위해 연방커먼로상의 생활방해 소를 제기할 수 있다고 판시하였다. 이에 피고회사들은 연방대법원에 상고하였고, 2011월 6월 20일 미국연방대법원은 판결문을 발표하였다.[64]

---

60 Connecticut v. Am. Elec. Power Co., Inc., 406 F.Supp.2d 265 (S.D.N.Y. 2005).

61 Connecticut v. American Elec. Power Co., 582 F.3d 309 (2009).

62 원고적격을 인정함에 있어서 미국연방헌법상 최소한의 요건은 원고가 사실상 침해(injury in fact)를 받았고, 소송의 대상인 행위와 원고가 받은 손해 간에 인과관계(causation)가 있으며, 원고가 받은 침해가 판결에 의하여 현실로 회복될 가능성(redressability)이 있어야 한다. Lujan v. Defenders of Widlife, 504 U.S. 555 (1992).

63 Illinois v. Milwaukee, 406 U.S. 91, 93 (1972) (Milwaukee I).

64 American Electric Power Co., Inc., et al. v. Connecticut, et al., 564 U.S. ____, _____ (2011) (Docket number 10-174).

연방대법원은 본안심사에 앞서 당사자적격과 관련한 의견을 제시했다. 대법원은 먼저 관할권의 문제를 살펴본 후 이 사건이 생활방해 소를 제기할만한 연방커먼로가 있는지를 살펴보았다. 먼저 대법원은 원고들이 연방헌법 제 3 조상 원고적격이 있는지, 즉 연방법원의 관할권을 규정한 연방헌법 제 3 조 제 2 항상의 '사건과 쟁송(claim과 controversy)' 요건이 충족될 만큼 원고들에게 충분한 특정한 피해가 있는지 그리하여 연방법원시스템 하에서 구제를 받을 수 있는지에 대해 의견이 갈렸다. 연방대법관 중 절반이(4 대 4) 원고적격을 인정하였고 이례적으로 제 2 순회구 항소법원에서 원고적격을 인정한 판결을 인용하였다.[65]

본안심사에서 법원은 청정대기법(Clean Air Act)과 동법상 EPA의 규칙이 전력회사의 온실가스배출을 제한하고자 하는 연방커먼로상의 생활방해 소를 대체한다고(displace) 판시하였다. 이는 온실가스가 청정대기법상 대기오염물질로서 규제가능하다고 연방대법원이 판결하였던 Massachusetts v. EPA 판결을 재확인한 것이다. 연방대법원은 연방법률이 연방커먼로를 대체하느냐 아니냐의 문제를 판단함에 있어 '주법을 전점하는(preemption of state law)' 수준의 '분명하고 명백한(clear and manifest)' 입법목적을 요구하지 않고, 단지 법률이 '해당 문제에 대해 직접적인 언급을 하고 있는가(speak directly to the question)'가 중요하다고 보았다. 그리하여 피고회사의 전력발전소에서 배출되는 이산화탄소에 대해 청정대기법은 직접적으로 언급하고 있다고 판단하였다. 동법상 Section 111은 발전시설에서 배출되는 온실가스의 상한을 정할 수단을 제공하고 있고, 그것은 이 사건에서 연방커먼로상의 이유로 원고가 청구하고 있는 바로 그 내용이다. 따라서 화석연료발전시설로부터 배출되는 온실가스기준을 정하는 EPA의 Section 111 규칙제정이 연방커먼로상의 청구를 대체한다고 판시하였다.[66]

아직까지 EPA가 관련규칙제정을 완료하지 않았다고 해서 연방커먼로상의 주장이 유효한 것은 아니다. 왜냐하면 대체문제를 판단하는 핵심은 법률이 '해당 분야를 점하고 있느냐(whether the field has been occupied)'이지 '어떠한 방식으로

65 대법관 임용 전에 제 2 순회구 항소법원판사로서 이 사건의 항소심 판결의 다수의견에 동조하였던 Sotomayor 대법관은 본 대법원판결에는 참가하지 않았다는 점을 고려한다면, 향후 유사한 사건에서 당사자적격이 인정될 가능성이 매우 높다고 할 수 있다.

66 EPA는 (1) 연간 25,000톤 이상을 생산하는 오염원에 적용되는 온실가스 보고제 규칙을 제정하였고, (2) 온실가스의 최종적인 위해성판단(final endangerment finding)을 내렸고, (3) 경차의 온실가스기준과 CAFE 기준을 만들었고, (4) 악화방지(PSD)의 tailoring rule과 Title V 허가, (5) 2012년 5월까지 신규, 기존 발전소의 NSPS를 제정하기로 하였다.

점하고 있느냐(whether it has been occupied in a particular manner)'는 것이 아니기 때문이다. 온실가스 규제에 관련된 과학적, 경제적, 기술적 자원을 가장 많이 보유한 EPA가 온실가스 배출상한과 같은 내용을 담당하기에 가장 적합하며, 만약 원고들이 그러한 EPA의 규칙제정에 만족하지 못한다면 이에 대한 법적 구제는 청정대기법상 EPA의 규칙제정 이의절차를 먼저 따라야 할 것이며 법원은 향후 사법심사를 통해 개입할 수 있을 것이다.

이 판결은 몇 가지 해결되지 않은 쟁점들을 제기한다. 첫째, 법원은 계속 원고들에게, 특히 Massachusetts 사건에서의 기업단체들과 같은 비정부기구들이나 이 사건에서의 환경단체들에게 그들이 특정피해가 없음에도 계속 제 3 조상 원고적격을 인정할 것인가? 대법관 임용 전에 제 2 순회구 항소법원판사로서 이 사건의 항소심 판결의 다수의견에 동조하였던 Sotomayor 대법관이 본 대법원판결에는 참가하지 않았다는 점을 고려한다면, 향후 유사한 사건에서 당사자적격 부여에 우호적인 대법관수가 5명에 이르러 당사자적격이 인정될 가능성이 매우 높다고 할 수 있다. 둘째, 주커먼로(state common law)상의 주장들이 연방법인 청정대기법에 의해 전점되는가? 왜냐하면 하급법원에서 연방커먼로가 주법에 상위한다는 판시를 했기 때문이다. 이 판결에서 주법에의 전점쟁점은 다루어지지 않았기 때문에 앞으로 지방법원에서의 전개양상을 지켜봐야 한다. 셋째, 향후 EPA나 연방의회가 온실가스 규제를 하지 않을 경우는 어떠한가? 이 경우 다시 연방커먼로상의 주장이 복귀하여 유효할 수 있기 때문에 이제 연방의회가 그러한 규제입안을 거부하기가 어려워질 수 있다.

Ⅳ. 통합적 입법의 시도: 주정부 재생에너지 정책을 중심으로

앞서 살펴본 바와 같이 미국에서 에너지법과 환경법은 양자가 밀접하게 연결되어 있음에도 불구하고 통합적으로 관리되지 못해왔다. 기후변화를 야기시키는 온실가스를 규제하고, 에너지 사용을 온실가스 발생 측면에서 규제하는 포괄적이고 통합적인 입법은 몇 차례 미국연방차원에서 시도되었지만 성공하지 못하였다.[67]

기후변화대응입법은 탄소세(carbon tax)와 총량배출권거래제도(cap-and-trade

67 이에 관해서는 이재협, 전게논문 참조.

system)를 기반으로 제시되었다. Waxman-Markey 법안 이후 연방차원에서 이러한 기제를 활용하는 입법은 없으며, 지역규제 프로그램인 RGGI나 캘리포니아주의 배출권거래제가 예외적이다. RGGI는 2010년 말까지 777.5million 달러를 할당수익으로 거두어들였으며, 이들의 대부분은 에너지효율 프로그램으로 쓰였다. 그러나 할당금액이 너무 낮아 에너지소비에 미치는 영향은 미미했다. 캘리포니아주는 2010년 11월 주민투표를 거쳐 최종적으로 온실가스 배출규제법안을 승인하고 2012년부터 총량배출권거래제를 시행하기로 하였다.[68] 앞으로 캘리포니아주의 시행성과를 주목해볼 만하다.

1. 주정부의 재생에너지 관련 법정책

2010년 10월 현재, 미국의 50개 주는 모두 에너지효율과 기후변화와 관련한 법률과 정책을 구비하고 있다. 재생에너지 인센티브 프로그램 데이터베이스인 DSIRE(Database of State Incentives for Renewables & Efficiency)에 따르면 주정부 또는 지방정부는 개인소득세 공제, 법인세 공제, 리베이트, 교부금, 대출, 채권발행 등 다양한 방법으로 경제적 인센티브를 제공하고 있다. 또한 거의 대부분의 주가 온실가스 저감목표를 설정하고 있다([표 4] 참조).

재생에너지시스템 재산세액 면제제도는 재생에너지원을 이용하는 발전, 저장설비 설치 또는 발전시설 건축과 관련하여 부과되는 재산세를 면제해 주는 프로그램이다. 프랜차이즈세액면제 제도는 재생에너지 생산을 위해 구입한 장비구입비에 대해 프랜차이즈세를 면제해 주는 제도이다. 또한 개인주택에 에너지효율시설을 설치한 개인에게도 소득세 환급혜택을 주기도 한다. 2010년 10월 현재 DSIRE 자료에 의하면 14개 주가 에너지효율과 관련한 세제혜택을 마련하고 있다.[69]

리베이트 제도는 주로 전력공급회사가 지정하는 재생에너지 설비를 설치한 개인 또는 기업 수요자에 대해 해당 전력공급회사가 단위발전량당 일정금액(와트당 얼마 등의 형태로)을 환급해 주거나 또는 저리로 융자를 해주는 프로그램이다.

68 RGGI와 캘리포니아 주법 AB32의 개략적인 소개는 상게논문, pp. 178-180 참조.

69 Michael B. Gerrard (ed.), *The Law of Clean Energy: Efficiency and Renewables*, ABA Publishing, 2011, p. 59.

2010년 현재 재생에너지와 관련한 리베이트 프로그램은 443개, 에너지효율과 관련한 리베이트 프로그램은 1,039개에 달한다.[70]

미국의 주요 주의 재생에너지 관련 법정책을 살펴보면 다음과 같다.

[표 4] 주요 주정부의 재생에너지·에너지효율정책

주 명	재정적 유인	법 규 정	정책계획
캘리포니아	세제혜택: 재생에너지 설계, 제조, 생산 등 소요비용에서 소비세 면제	RPS: 20%(2010년), 33%(2020년) 저탄소연료규정(LCFS): 10%(2020년)	- 2020년까지 1990년 수준 온실가스 배출수준 달성 - 온실가스배출권거래제 도입 (2012년부터)
코네티컷	재산세 면제, 소비세 면제 에너지효율 지원금 에너지효율전력시스템 설치주민 리베이트	RPS: 10%(2010), 23%(2020) 주정부 재생에너지원 전력구매의무: 50%(2020년), 100%(2050년)	- 2020년까지 1990년 기준 온실가스 10% 감축, 2050년까지 2001년 기준 80% 감축
하 와 이	소득세 크레딧(25%, 풍력; 35%, 태양열) 저이율 대여 프로그램	RPS: 10%(2010년), 40%(2030년)	- 2020년까지 1990년 수준 온실가스 배출수준 달성
일리노이	에너지효율 지원금 연료효율/에너지효율 리베이트 면세 본드	RPS: 25%(2025) 주정부 재생에너지원 전력구매의무: 15%(2020년)	- 2020년까지 1990년 수준 온실가스 배출수준 달성, 2050년까지 60% 감축
매사추세츠	청정기술 프로그램 지원금 에너지효율 리베이트	RPS: 5%(2010년), 15%(2020년) 주정부 재생에너지원 전력구매의무: 15%(2012년), 30%(2020년)	- 1990년 기준 온실가스 25%(2020년), 80%(2050년) 감축
뉴 욕	그린빌 조세 크레딧 대여금 지원금 리베이트	RPS: 30%(2015) 주정부 재생에너지원 전력구매의무: 20%(2010년)	- 2030년까지 1990년 기준 온실가스 40% 감축
펜실베이니아	대체연료개발 조세 크레딧 건물 연료효율개선 대여금	RPS: 18%(2020) 주정부 재생에너지원	- 2020년까지 2002년 기준 온실가스 30% 감축

70 *Id.*, p. 61.

	대체연료차 구입 지원금 태양열 시설 설치 리베이트	전력구매의무: 50%(2015년)	
워싱턴	소비세 면제 kWh당 재정보조	RPS: 3%(2012), 15%(2020)	- 2020년까지 1990년 온실가스 배출수준 달성, 그 이후 25%(2035년), 50%(2050년) 감축
위스콘신	소비세 면제 재생에너지 프로젝트 대여금 R&D 지원금	RPS: 10%(2015) 주정부 재생에너지원 전력구매의무: 20%(2011년)	- 2014년까지 2005년 기준 온실가스 배출수준 달성, 그 이후 22%(2022년), 75%(2050년) 감축

출처: M. Gerrard (ed.), The Law of Clean Energy: Efficiency and Renewables (note 69), pp. 559-618에서 발췌.

2. 재생에너지 공급의무화제도

재생에너지 공급의무화제도는 재생에너지시설의 설립과 활용을 촉진하는 중요한 정책이다. 지난 수십년간 미국에서 가장 중요한 재생에너지 정책은 PURPA였다. 200년대 중반 이후에 그러한 역할은 주정부 재생에너지 공급의무화제도 혹은 목표로 대체된다.[71] RPS가 처음 출현한 것은 1983년 아이오와주에서이다.[72] 이 정책은 RPS 혹은 RES(Renewable Electricity Standards)로 명명되며 이와 유사한 개념의 제도로서는 재생연료구매의무화제도(Renewable Fuel Standard)가 있다.

RPS는 전력회사들이 총발전량 또는 총전력판매량의 일정 비율(%) 이상을 혹은 연간 특정수준의(메가와트 단위)[73] 발전량을 신재생에너지에 의한 발전량으로 충당화하도록 의무화한 제도이다. 현재 30개 주와 DC에서 시행중이지만 연방차원에서의 RPS는 아직 도입되지 못하였다. 2002년 이후 세 차례에 걸쳐 상원에서

71 주정부 주도의 PRS가 PURPA상의 FERC 권한과 충돌하는지가 문제시될 수 있다. 1997년 FERC는 주정부가 인증시설사업자(QF)가 생산한 전력을 공익산업서비스기업이 회피가능비용(avoided cost) 이상으로 구매하도록 요구하는 것은 PURPA 규정위반이라고 결정하였다. Midwest Power Systems Inc., 78 FERC 61,067 (Jan. 29, 1997). 다만 주정부가 일정수준의 재생에너지원으로부터의 전력구매를 규정한 것은 그 자체로 PURPA 위반은 아니다. S. Cal. Edison Co. and San Diego Gas & Elec. Co., 70 FERC 61, 215 (Feb. 23, 1995). Gerrard, *supra* note 69, p. 81에서 재인용.

72 Lincoln Davies, "Power Forward: The Argument for a National RPS," *Connecticut Law Review* Vol. 42, 2010, p. 1357.

73 아이오와주(105 MW)나 텍사스주(2015년까지 매년 5,880 MW)가 그러하다.

그러한 법안이 통과되었고, 2007년과 2009년에는 하원에서 통과되었으나 양원을 동시에 통과하지는 못하였다. 만약 연방차원의 RPS가 도입된다면 에너지법과 환경법을 통합시키는 계기가 될 것이다. 에너지공급을 다양화하고 친환경적인 에너지가 안정적으로 공급되는 계기가 될 것이다.

현재 시행중인 주의 RPS는 강제적이지만 그렇지 않은 주도 있다. DC와 30개 주에서는 강제적인 RPS가 시행되고 있고, 5개 주에서는 그러한 의무달성이 강제적인 것이 아닌 목표(Renewable Portfolio Goals: RPG)의 형태도 되어있다.[74] 또한 RPS는 모든 전력공급자에게 적용되지 않는다.[75] 대개 RPS나 RPG는 단계적으로 달성해야 할 중장기적인 목표를 설정하고 있는데, 그러한 의무달성 수준과 단계는 주마다 매우 상이하다([표 4] 참조). 어떠한 프로그램에서는 목표달성을 재생에너지 발전이 아닌, 에너지효율 프로그램을 통해 달성하도록 하고 있다.[76]

RPS는 강제적 목표이기 때문에 목표미달성 시 강구할 수 있는 제재조치와 예외규정을 두고 있다.[77] 또한 RPS는 전력공급자들에게 보고의무를 지우고 있다. 만약 의무공급자가 의무달성을 못하거나 REC를 구매하지 못하면 대안적인 의무달성비용을 지불하도록 하고 있다. 그러한 비용은 REC시장가격을 상회하는 것으로 되어 있다. 아울러 의무를 달성하지 못한 자에게는 벌금을 부과할 수 있다.

RPS가 적용되는 재생에너지원의 기준도 주마다 다르다. 거의 모든 주에서는 풍력, 바이오매스, 메탄, 태양광에너지를 재생에너지원으로 인정하고 있고, 태양열발전의 경우 35개 주가 인정하고 있다. 해양조력발전을 재생에너지원으로 인정하고 있는 주는 26개 주에 불과하다.[78] 일반적으로 화력발전은 재생에너지로 인정되지 않으나 미시건주에서는 CCS기술에 의해 이산화탄소배출의 85% 이상을 저장할 경우 이를 재생에너지원으로 인정하고 있다. 오하이오주와 펜실베이니아주에서도 청정석탄(clean coal)을 RPS프로그램의 적용대상으로 인정하고 있다. 또한 신규 재생에너지 발전에만 적용되는지 아니면 기존의 재생에너지 발전도 실적으로 인정해 주는지 각 주의 RPS프로그램은 다르게 규정하고 있다.

RPS와 관련된 제도로 재생에너지 발전의무 면제권(Renewable Energy Credits:

---

74 노스 다코타, 사우스 다코타, 유타, 버몬트, 버지니아, 웨스트 버지니아주가 그러하다.

75 모든 전력공급자에게 적용되는 프로그램은 절반의 주에서만 시행되고 있다.

76 Gerrard, *supra* note 69.

77 *Id.*

78 *Id.*

RECs) 제도가 함께 운용되고 있는데, 이는 단위 전력량을 재생에너지를 사용하여 발전하였음을 입증하는 인증서로 시장에서 거래되며 이를 통해 의무공급 비율을 감면받을 수 있다. 즉 RPS는 의무대상 전력공급자들이 재생에너지원으로부터 특정 수준을 구매하든지 REC를 구매하는 방법으로 의무를 달성하도록 하는 것이다. RPS와 REC 두 용어는 흔히 혼용되고 있다.

대부분의 RPS 체제에 있어, 의무대상 전력소매회사들은 그들이 판매하는 전력의 일정부분을 REC로 보유하도록 되어 있다. REC는 재생에너지원으로 발전함으로써 생산되거나 아니면 다른 재생에너지 발전소로부터 구매할 수도 있다. 기능적으로 총량배출권제도상 이산화탄소 배출권과 유사하다.

REC 추적시스템을 관장하는 기관은 REC를 재생에너지 발전소에 발행한다. REC는 검증되어야 하고 그러한 크레딧의 생성, 매매, 처리과정에 걸쳐 추적가능하여야 한다. REC 한 단위 생성에 얼마만큼의 전력단위가 필요한지도 규정되어야 한다(예컨대 1K조당 1REC 혹은 1Mwh당 1REC 등). RPS는 특정 재생에너지원에 인센티브, 즉 REC의 할증을 부여함으로써 또 다른 정책목적을 달성할 수도 있다.[79]

REC의 경우에도 모든 주에서 구비되어 있는 것은 아니고 기준도 다르다. 아리조나주와 같은 곳에서는 REC에 유효기간이 있는가 하면, 콜로라도주 같은 곳에서는 5년 정도의 장기적인 보존기간(shelf life)를 주고 있다.

REC 가격은 지역과 에너지원에 따라 편차가 크다. 왜냐하면 서로 다른 에너지원자격기준 때문이다. RPS를 시행하는 주의 3/4 정도가 지역적 제한을 두고 있다. 예컨대 오하이오주와 아리조나주는 자기 주의 재생에너지원으로부터의 생산자에게 혜택을 주고 있다. 매사추세츠주의 RPS에서는 주내 생산자와 장기 재생에너지 계약을 요구하고 있고, 소매제공자들로 하여금 주내 생산자로부터 태양열 에너지의 일정부문을 구매하도록 하고 있다.[80]

RPS프로그램은 또한 주정부 프로그램 시행이전에 체결된 계약 중 REC관련규정의 미비로 인해 그 소유권을 누가 갖느냐에 대해 소송이 있어 왔다. Wheelabrator Lisbon, Inc. v. Department of Public Utility Control 사건에서 코네

79 예컨대 인디언 거주지역으로부터 생산된 재생에너지 크레딧을 두 배로 할증하는 것 등이 제시된 바 있다. *Id.*, p. 79.

80 이러한 규정들은 내재적 주간통상조항(dormant commerce clause) 규정에 위반될 수 있으나 아직까지 그러한 소송이 제기된 바는 없다. *Id.*, p. 83.

티컷주 대법원은 공익산업사업자 혹은 생산자 중 누가 REC에 대한 소유권을 갖느냐의 문제를 심사하였다.[81] 해당 계약은 주의 RPS프로그램이 시행되기 전에 체결되었기 때문에 관련조항이 없었다. 주의 PUC는 계약상 "전력"이 재생에너지원을 포함하는 것으로 해석하였고, 따라서 향후 시행된 RPS에 의해 만들어진 REC를 구매자인 공익산업사업자가 소유하게 되는 것으로 해석하였다. 법원도 이를 인정하였다. 법원은 RPS상의 REC는 전혀 새로운 상품이 아니라 이미 기존의 계약상 공익산업사업자가 구매한 선행(preexisting) 상품이라고 보았다.[82]

RPS는 탄소배출권제도와 함께 에너지 이용과 환경적 영향을 동시에 고려하는 의미있는 제도라 할 수 있다. 이렇게 볼 때 RPS는 에너지법과 환경법을 공유된 목적으로 통합시키는데 기여할 것이다. 실제로 RPS제도는 온실가스 총량배출권제도와 연계되어 시행되기도 한다. RPS제도는 전력생산에 있어 재생에너지와의 혼합에 초점을 맞추고 있고, 총량배출권제도는 배출저감전략에 초점을 맞추고 있다. 따라서 풍력과 태양열 에너지와 같은 재생에너지 사용은 결국 RPS와 총량배출권거래제의 목표를 동시에 달성하는 것이다. 그것은 에너지법의 충분한 공급을 요구하는 소비중심의 목적으로부터 환경법의 보다 건강하고 지속가능한 세계로의 변화를 추구한다. 또한 환경법에서 주로 사용되는 관말단계(end-of-pipe)에서의 기술에 근거한 복구적 정책도구를 보다 전향적인 에너지계획 수립에 합류시킨다. 아울러 RPS는 목표설정 후 거래가능케 하는 기제를 사용함으로써 에너지법정책이 그동안 전력시장에서의 서비스비용에 기반한 가격산정을 하던 관행으로부터 환경법에서의 총량배출권거래제와 같이 점차 시장기반의 가격산정으로 이동하는 계기를 제공한다.[83] 이러한 점들이 우리가 RPS의 미래를 주목해 보아야 할 이유이다.

---

81 931 A.2d 159, 163 (Conn. 2007).

82 이에 대해 FERC는 REC와 같이 새로이 창조된 권리는 계약서상의 규정이 없는 한 자동적으로 공익산업사업자에게도 귀속되지 않는다는 견해를 밝힌 바 있다. 다만 REC의 권리귀속과 관련한 문제는 주법의 문제이고 주정부가 결정할 사항이라고 하였다. American Ref-Fuel Co., 107 FERC 61,016 (2004). Gerrard, *supra* note 69, p. 87.

83 Davies, *supra* note 72.

Ⅴ. 결 론

지금까지 기후변화 문제에 대응하는 미국의 에너지법정책을 살펴보았다. 미국의 에너지법정책은 화석연료 소비를 조장하는 방식의 패러다임의 지배를 받아왔고, 에너지소비로 인해 발생하는 환경적 영향을 제어하는 환경법정책 역시 그 자체의 논리와 규제의 한계 때문에 정책적 연계가 제대로 이루어지지 않았다. 최근 이를 교정하기 위한 통합적 입법시도와 사법부를 통한 구제시도가 있었고, 주정부 주도로 재생에너지 사용과 에너지효율성을 증진시키기 위한 제도가 시도되고 있다.

현재 우리가 당면하고 있는 에너지와 기후변화의 문제는 사후적인 교정에만 의존하기에는 너무나 다른 성격을 갖고 있다. 그러한 문제들은 복잡하고 단기적인 단순한 해결책으로 해결될 수 없고, 비용편익 자체가 산정불가능하여 그러한 논리에 의거한 정부의 시장개입이 종종 논란을 일으킬 수 있다. 따라서 새로운 에너지 패러다임을 가져오기 위해서는 기존의 시장이론을 재고하고, 기득권자의 이해관계를 넘어서는 전혀 새로운 방식의 규제형식을 생각해야 한다.[84]

지금까지 미국의 에너지법정책을 지배해 온 패러다임을 변화시키려면 법적, 정책적, 정치적 측면이 함께 고려되어야 한다. 법적 측면은 연방헌법과 충돌하지 않으며 정부가 에너지법을 집행할 때 입법목적과 권한 내에서 적용하는 것인데, 이 부분은 법리상 큰 문제가 없는 것으로 지적되고 있다. 정책적으로도 규제의 중복, 부처 간 경합과 경쟁과 같은 거버넌스의 문제가 있기는 하지만 극복하기 불가능한 것이 아닐 것이다. 새로운 패러다임에 기반한 법정책을 입안하는 데 필요한 과학적, 기술적, 경제적 근거도 충분한 것으로 판단된다. 그러나 가장 중요하고 힘든 과제는 이를 실현한 정치적 의지와 지원을 확보하는 것일 것이다.[85]

우리나라의 경우도 미국과 마찬가지로 환경문제와 에너지문제는 서로 다른 차원에서 인식되고 규제되었다. 환경법의 체계적인 정비는 1990년 환경정책기본법의 제정을 계기로 이루어졌고, 에너지정책 전반을 규율하는 에너지기본법은 2006년에야 만들어졌다. 반면 녹색성장정책과 관련된 에너지정책은 저탄소 녹색

84 Tomain, *supra* note 5, p. 5.

85 *Id.*, p. 4.

성장 기본법(법률 제9931호, 2010. 1. 13. 제정) 내에서 다루어지고 있기 때문에 현 시점에서 적어도 기후변화대책 및 녹색성장정책과 관련하여서는 원칙적으로 환경법과 에너지법의 통합적 규율이 가능하게 되었다. 일견 입법적으로 볼 때 미국의 경우보다 진일보한 것처럼 보이지만, 저탄소 녹색성장 기본법에 담긴 내용이 여전히 추상적인 기본원칙의 선언과 기본계획의 수립에 그치고 있기 때문에 앞으로 환경과 에너지 분야를 아우르는 구체적 규범력을 갖춘 법규의 제정이 필요하다.

미국의 연방정부차원에서의 온실가스저감법의 불비에도 불구하고 캘리포니아주에서는 2012년부터 총량배출권거래제도를 시행할 예정이라는 사실은 우리의 상황에도 시사해 주는 바가 크다. 우리나라도 교토의정서상 구체적인 감축의무는 없지만 온실가스를 자발적으로 감축하겠다는 선언을 하였고, 국내법적으로 저감목표를 설정하고 이를 효율적으로 달성하기 위한 배출권거래제도의 입법을 시도한 바 있다. 아울러 미국의 많은 주에서 시행하고 있는 재생에너지공급의무화제도(RPS)도 우리나라에 도입되어 2012년부터 시행되었다. 양 제도는 환경법과 에너지법을 통합하는 데 매우 중요한 수단으로서 앞으로의 통합적 입법을 설계하는 데 시금석이 될 것으로 판단된다. 따라서 제도의 성공적 정착을 위해 앞서 시행한 미국의 사례를 검토해 보는 것은 중요하다. 각각의 법제도를 내용적으로 참고하는 것도 중요하지만, 보다 근본적으로 미국 에너지법정책 전반을 지배해 왔던 패러다임을 이해하고 이를 극복할 수 있는 대안적 패러다임을 탐색해 보는 것이야말로 향후 우리나라의 에너지법정책을 설계하는 데 매우 긴요한 작업일 것이라 생각된다.

참고문헌

국내문헌

이재협, “기후변화입법의 성공적 요소: 미국의 연방법률안을 중심으로,” 한양대학교, 「법학논총」 제26집 제 4 호, 2009.

이희정·박찬호, 「미국의 에너지관련 법제에 관한 비교법적 연구」, 한국법제연구원, 2008.

외국문헌

Davies, Lincoln, “Power Forward: The Argument for a National RPS,” *Connecticut Law Review* Vol. 42, 2010.

____________, “Alternative Energy and the Energy-Environment Disconnect,” *Idaho Law Review* Vol. 46, 2010.

Gerrard, Michael B. (ed.), *The Law of Clean Energy: Efficiency and Renewables*, ABA Publishing, 2011.

Hunter, David et al., *International Environmental Law and Policy*, Foundation Press, 2006.

International Energy Agency (IEA), World Energy Outlook 2010.

Lazarus, Richard J., *The Making of Environmental Law*, The Univ. of Chicago Press, 2004.

Mansfield, Marla E., *Energy Policy: The REEL World*, 2001.

Nash, Jonathan R., *Environment Law and Policy: Essentials*, Aspen Publishers, 2010.

Tomain, Joseph P., and Richard D. Cudahy, *Energy Law in a Nutshell,* West, 2004.

Tomain, Joseph P., “Dirty Energy Policy,” in David M. Driesen (ed.), *Economic Thought and U.S., Climate Change Policy*, The MIT Press, 2009.

____________, *Ending Dirty Energy Policy: Prelude to Climate Change*, Cambridge Univ. Press, 2011.

U.S. Department of Energy, Organization Chart.

제 5 장 유럽연합(EU)의 기후보호정책과 시사점

안 병 옥*

Ⅰ. 서 론

기후변화는 일차적으로 지구생태계의 물리·화학적인 환경의 변화를 의미하지만, 인류가 제대로 대처하지 못할 경우 그 궁극적인 종착역은 인류문명의 파국일 가능성이 크다. 지구의 역사에서 생명계는 현생누대(顯生累代, Phanerozoic Eon)에만 모두 다섯 차례의 대규모 멸종을 겪어야 했다. 하지만 그것은 모두 문명이 시작되기 이전의 일이었다. 인류가 지구상에 등장한 이래 문명을 송두리째 파괴할 만한 자연계의 변화는 없었으며, 끔찍한 자연재해도 특정지역에 국한되거나 일시적인 현상에 그쳤다. 오늘날 기후변화과학이 내포하고 있는 불확실성을 감안한다 하더라도, 기후변화처럼 인류문명의 존속을 위협하는 수준의 위기는 없었음이 분명하다.

기후변화로 인한 문명의 위기는 매우 복잡한 정치경제적 함의를 지닌다. 기후변화에 있어서 영원한 승자는 없으며 오직 패자만이 있을 뿐이다. 하지만 각국은 기후변화체제를 둘러싼 이해득실의 덫에서 벗어나지 못하고 있다. 국제사회의 공동대처를 가로막는 장애물로는 무엇보다도 기후변화의 책임과 그것에 상응하는 온실가스 감축의 부담문제가 지적된다. 2005년 교토의정서가 발효된 이래 유엔 기후변화협상의 최대 쟁점은, 2차 공약기간(2013-2017년)에서 선진국의 온실가스 감축과 구속력 있는 감축행동에 중국·인도 등 주요 개발도상국의 포

* 기후변화행동연구소, 소장.

함 여부였다. 2011년 말 남아프리카공화국 더반에서 열렸던 제17차 유엔기후변화협약 당사국총회(COP17)에서는 교토의정서 제 2 차 공약기간 설정과 선진국과 개발도상국이 모두 참여하는 새로운 기후체제인 '행동 증진을 위한 더반 플랫폼(Durban Platform for Enhanced Action)'에 합의했다. 캐나다가 교토의정서에서 탈퇴하고 일본과 러시아가 제 2 차 공약기간에 불참하기로 결정하는 등 많은 한계에도 불구하고 향후 기후변화 대응의 전기를 마련한 것으로 평가된다. 더반 합의를 '교토의정서 체제를 뛰어넘는 성과'로 평가하는 일부의 시각은, 단일한 법적 체제 아래에서 모든 국가가 참여하는 실질적인 감축행동의 전기가 마련되었기 때문일 것이다.

하지만 더반 협상을 성공적이라고 평가하기에는 시간표가 너무 느슨하게 짜였다는 지적도 존재한다. 지난 20년간 세계 온실가스 배출량은 50%가량 증가했다. 지구 기온상승을 산업화 이전에 견주어 2℃ 이내로 억제하기 위해서는 향후 10년 이내에 온실가스 배출량이 정점에 도달한 후 줄어들어야 한다. 하지만 현 시점에서 이러한 목표가 달성 가능한 것인지에 대해서는 회의적인 시각이 지배적이다.

하지만 이렇듯 불확실한 상황에서도 세계 주요 국가들의 온실가스 감축노력은 지속될 것으로 예상된다. 많은 국가에서 온실가스 감축을 통한 저탄소경제의 실현은 기후변화협상의 타결 여부와 무관하게 자국 산업의 체질 개선과 경쟁력 강화를 위한 핵심 수단으로 추진되고 있기 때문이다. 또한 기후변화협상이 표류할 경우 온실가스 감축에 소극적인 국가로부터 수입하는 상품에 관세를 매기는 탄소국경세(carbon border tax)를 도입하려는 움직임이 가시화될 수도 있다. 일부 선진국들이 온실가스 감축을 내세워 외국기업의 자국시장 접근을 제한하게 되면, 기후변화 대응은 유엔기후변화협약의 거버넌스 틀을 벗어나 '무역 전쟁'의 성격을 띠게 된다. 기술우위를 앞세우는 EU를 중심으로 무역 기술장벽(Technical Barriers to Trade)이 강화되고 있다는 점도 온실가스 감축을 늦출 수 없게 하는 요인이다.

지금까지 교토의정서 등 기후변화 레짐은 EU가 주도해 왔다고 볼 수 있다. EU는 세계 주요 경제권 가운데 교토의정서 1차 공약기간(2008-2012)의 온실가스 감축목표 달성이 예상되는 유일한 곳이기도 하다. EU는 오래전부터 '생태 효율성(eco-efficiency)' 제고를 위한 기술혁신과 법·제도 정비에 많은 노력을 기울여 왔다. 자원과 에너지 가격의 상승으로 이들의 대량투입에 의존하는 '요소투입형' 성장방식이 한계에 도달했다는 인식 때문이다. 최근 독일, 스웨덴, 덴마크 등의 국가에서 뚜렷해지고 있는 경제성장과 에너지 소비의 탈동조화(decoupling) 경향은, 성장지상주의와 반(反)성장론이라는 두 극단으로부터 탈출구를 찾기 위해 유럽사회가 추구해 왔던 생태적 현대화(ecological modernization)의 결과로 평가된다.[1]

EU의 온실가스 감축정책은 배출권거래제 시행, 에너지세 및 탄소세 도입, 에너지 효율 개선을 위한 기술혁신, 재생가능에너지 확대 등 다양한 정책수단을 혼용하고 있다. 이러한 정책조합은 개별 정책수단의 장점을 활용함과 동시에 단점을 보완하기 위한 것으로서, '오염자 부담의 원칙'에 따라 온실가스 감축은 모든 부문을 포괄해야 한다는 감축노력 분담(effort sharing)의 기본원칙이 반영된 결과이다.

온실가스 배출량 증가속도가 빠른 속도로 증가하고 있는 우리나라의 경우 2020년 배출전망치(BAU) 대비 30% 감축한다는 국가감축목표 달성을 위해서는, 다양한 정책수단의 혼용 모색이 필수적이다. 특히 지난 5월 초 「온실가스 배출권의 할당 및 거래에 관한 법률」이 제정된 후 시행령 제정 과정에서 이 제도를 보완할 수 있는 방안 마련이 시급해지고 있다. 이러한 점을 고려할 때 우리나라 온실가스 감축 정책의 방향 설정에 있어서 EU의 기후보호정책에 대한 이해는 필수적이다. 최근 배출권거래제와 탄소세 도입을 둘러싼 논란의 과정에서도 EU의 정책에 대한 정보의 중요성이 제기된 바 있다. 아래에서는 EU의 온실가스 감축정책을 개관하고 배출권거래제와 탄소세 등 주요 정책을 살펴봄으로서 국내 정책 수립의 시사점을 도출하고자 한다.

Ⅱ. EU의 온실가스 감축정책

EU에서 기후변화 대응이 본격적으로 추진된 것은 20년 전부터다. 1991년부터 EU 집행위원회는 온실가스 배출량 억제와 에너지효율 개선을 위한 유럽공동체의 전략을 마련하는 등 다양한 기후변화 대응 이니셔티브를 추진해 왔다. 여

1 안병옥(2010): 지난 10년간 독일 환경정책의 평가와 전망, FES-Information-Series 2010-05, 프리드리히-에버트 재단.

기에는 전력부문에서 재생가능에너지 확대를 위한 법률 제정, 자동차 기업들의 자발적인 이산화탄소 배출량 감축 약속 유도, 에너지세의 도입 및 개편 등이 포함된다.

하지만 2012년까지 EU의 온실가스 배출량을 1990년에 견줘 8% 줄이도록 정한 교토의정서의 감축의무를 달성하기 위해서는, 보다 적극적인 감축정책의 수립과 추진이 필요하게 되었다. 또한 산업화 이전 대비 지구 평균기온 2℃ 이상 상승 억제라는 국제사회의 목표에 부합하기 위해, 2020년과 2050년을 목표연도로 중장기적인 온실가스 감축목표를 설정하고 저탄소사회로의 전환을 위한 다양한 경로(pathway)를 제시하는 일이 시급한 과제로 대두되었다. 그 결과 많은 정책들이 수립되었는데, 핵심적인 내용은 '유럽 기후변화 프로그램(European Climate Change Programme; ECCP)', '통합 오염예방 및 관리 지침(Integrated pollution prevention and control; IPPC Directive)', EU 기후·에너지 패키지(EU climate and energy package), 2050 저탄소사회를 향한 로드맵(Roadmap for moving to a low-carbon economy in 2050) 등에 담겨 있다([표 1]).

[표 1] 온실가스 감축을 위한 EU의 주요 정책과 내용

정 책	내 용
유럽 기후변화 프로그램(ECCP)	• 재생가능에너지, 고효율 열병합 발전, 건물 에너지, 운송, 농업, 폐기물 처리 등 배출권거래제 이외의 영역에서 CO_2 저감 및 에너지효율 향상을 위한 다양한 정책 집행
통합적 오염예방 및 관리 지침 (IPCC Directive)	• 오염 잠재력이 높은 산업시설과 농업시설들이 일정 수준 이상의 환경조건을 만족시켰을 때에 한해 운영을 허가
EU 기후·에너지 패키지 (EU climate and energy package)	• 유럽의 정책목표로 '20-20-20' 설정 • 배출권거래제(EU-ETS) 수정 및 규정 강화 • 감축노력 분담(Effort Sharing) • 재생가능에너지 비중 확대 • 탄소포집저장기술(CCS) 개발과 안전한 이용을 위한 법적 틀 마련
2050 저탄소사회를 향한 로드맵 (Roadmap for moving to a low-carbon economy in 2050)	• 2050년까지 온실가스를 1990년 대비 80-95% 감축한다는 장기 목표 • 부문별 온실가스 감축목표와 달성 경로

Ⅱ-1. 유럽 기후변화 프로그램

2000년 시작된 유럽 기후변화 프로그램(ECCP)은 EU의 가장 대표적인 기후변화 대응정책의 하나로서 유럽배출권거래제(EU-ETS) 도입의 근거를 마련한 프로그램이다. 행정가, 전문가, 산업계, NGO 등 다양한 이해당사자들의 자문과 참여를 보장하고 있으며, EU의 제 6 차 환경행동프로그램(6th Environmental Action Programme, 계획기간: 2002-2012)[2]과도 긴밀하게 연계되어 있다. ECCP Ⅰ(2000-2004)에서는 온실가스 감축과 관련된 다양한 정책수단들을 검토하기 위해 운영위원회 산하에 아래와 같은 총 11개의 워킹그룹이 설치되었다[3]:

- 유연성 메커니즘: 배출권거래제(ETS)
- 유연성 메커니즘: 공동이행제도(JI) 및 청정개발체제(CDM)
- 에너지 공급
- 에너지 수요
- 에너지 최종소비 단계의 설비 및 산업공정의 에너지 효율
- 수송
- 산업(불화가스, 재생가능 원료, 자발적 협약에 관한 하부 워킹그룹 설치)
- 연구
- 농업
- 농지 토양에서의 온실가스 흡수
- 산림 관련 온실가스 흡수

ECCP I의 종료시기인 2004년까지 마무리된 과제들은 1) 배출권거래제 시행을 위한 제안, 2) 바이오연료 생산 및 이용 촉진을 위한 법령 보고서 발간 및 제안, 3) 소형열병합발전(CHP) 촉진을 위한 법령 제안, 4) 자동차세제 관련 보고서 발간 등이다. 2005년부터 시작된 ECCP II에서는 온실가스 감축정책과 EU의 리스본 전략[4]의 시너지 효과를 극대화하기 위해, 탄소포집저장(CCS), 경량승용차의 CO_2 배출량, 항공부문의 온실가스 감축, 선박운송의 부문 온실가스 감축, 기후변

2 기후변화 대응을 포함해 EU 환경정책의 최우선 과제 4개와 유럽의 지속가능발전전략을 담고 있는 EU의 환경 분야 최상위계획.

3 http://ec.europa.eu/clima/policies/eccp/first_en.htm(검색 2011. 6. 10).

4 2000년 3월 리스본에서 열린 EU 회원국 정상회의에서 '보다 역동적이고 경쟁력 있는 유럽'을 기치로 채택되었으며, 경제성장과 일자리 창출에 초점을 맞춰 2005년에 수정된 유럽의 전략.

화 적응 등 5개의 워킹그룹을 추가하였다.[5] 또한 건물 냉난방 분야에서 재생가능에너지 이용 확대를 목적으로 다양한 정책수단들을 검토하고 있다.

Ⅱ-2. 통합적 오염예방 및 관리 지침

통합적 오염예방 및 관리 지침(IPCC Directive)[6]은 대기, 물, 토양의 오염과 폐기물 양을 줄이기 위해 오염 잠재력이 높은 산업 및 농업시설들이 일정 수준 이상의 환경조건을 만족시킬 경우에만 운영을 허가하도록 정하고 있다. 적용대상은 에너지 산업, 철강 생산 및 가공, 광업, 화학 산업, 폐기물 처리, 축산업 등이다. 허가를 위해서는 아래와 같은 최소한의 환경조건들을 의무적으로 충족시켜야 한다.

- 최적가용기술(BAT) 활용 등 적절한 오염방지수단의 적용(폐기물 최대 감량, 유해물질 사용 최소화, 재활용 등)
- 대규모 오염의 예방
- 오염을 최소화할 수 있는 방법으로 폐기물의 발생 예방, 재활용, 처리
- 에너지를 효율적으로 사용
- 사고 예방 및 손실 최소화
- 시설 운영 종료 시 입지조건을 원상태로 복구

통합적 오염예방 및 관리 지침은 적용대상 시설의 입지 및 운영 허가에 필요한 다양한 기준들을 제시하고 있다. 하지만 EU-ETS와의 중복을 피하기 위해 배출권거래제의 대상이 되는 온실가스의 배출한도는 기준에서 제외하였다. 허가신청서는 시설유형, 사용 원료, 물질, 에너지, 오염물질 배출원, 오염예방기술, 폐기물 배출 저감수단, 오염물질 배출 모니터링 수단 등을 기술한 자료와 함께 EU 회원국 담당관청에 제출하도록 되어 있다. 기업비밀과 관련된 사항이 아닌

---

5 ECCP II의 워킹 그룹에 대해서는 http://circa.europa.eu/Public/irc/env/eccp_2/library 참조(검색 2011. 6. 10).

6 지침 전문은 Official Journal of the European Union (2008. 1. 19)에 실린 'Directive 2008/1/EC of the European Parliament and of the Council of 15 January 2008 concerning integrated pollution prevention and control' 참조. 2010년 Directive 2008/1/EC는 대형 산업시설의 규제와 관련된 6개의 지침과 통합되어 산업 배출 지침(Industrial Emissions Directive; IED)으로 개명됨.

한 모든 정보는 공개되며, 허가 관청은 심사과정에서 시설 운영과 관련된 모든 이해당사자 집단의 의견을 충분히 고려해야 한다.

Ⅱ-3. EU 기후·에너지 패키지

EU 기후·에너지 패키지(EU climate and energy package)[7]는 2007년 3월 EU 정치지도자들이 기후변화와 에너지 의제의 통합을 통해 고효율·저탄소사회로의 전환을 이루기 위해 제안한 정책프로그램이다. 기후변화 대응, 에너지안보 증진, 경쟁력 강화를 내걸고 EU가 설정한 목표는 이른바 '20-20-20' 프로그램에 잘 요약되어 있다. '20-20-20'의 내용은 다음과 같다.

- 2020년까지 EU가 배출하는 온실가스를 1990년 배출량 대비 20% 감축[8]
- 2020년까지 EU의 에너지 소비량의 20%를 재생가능에너지로 공급
- 2020년까지 에너지효율 개선을 통해 EU의 1차 에너지 소비량을 전망치 대비 20% 저감

이 프로그램은 2008년 12월 유럽 의회와 집행위원회의 승인을 거쳐 2009년 6월에 법령으로 공표되었다. 법령에 담긴 핵심 내용은 다음과 같다.

① EU 배출권거래제(EU-ETS)의 개선 및 강화

- 제 3 기가 시작되는 2013년부터 EU 차원의 단일 할당방식을 도입하며, 2020년에 배출권 할당총량이 2005년 대비 21% 줄어들도록 할당량을 연차적으로 축소
- 점진적으로 배출권 무상할당을 경매방식으로 전환하며, 배출권거래제의 대상이 되는 산업부문과 온실가스 종류를 확대

② 감축노력 분담(Effort Sharing)

- 배출권거래제 적용을 받지 않는 수송, 건물, 농업, 폐기물 분야의 온실가스 감축을 위해 회원국들은 2013년부터 2020년까지의 구속력 있는 감축목표를 설정
- 부유한 회원국들은 최대 20% 감축하며, 상대적으로 경제력이 없는 회원국들은 20%까지 온실가스 배출량 증가를 허용
- 회원국들의 국가별 감축목표를 종합했을 때, 배출권거래제 적용을 받지 않는 부문

7 http://ec.europa.eu/clima/policies/package/index_en.htm 참조.

8 여기에는 주요 온실가스 배출국들이 전향적인 온실가스 감축 공약을 발표할 경우, 2020년 감축목표를 1990년 배출량 대비 30%로 상향 조정한다는 내용 또한 포함되어 있다.

의 온실가스 배출량을 2020년까지 2005년에 견줘 10% 감축하도록 조정

- 대중교통수단 확충, 건물 에너지 기준 강화, 난방시스템의 효율 개선 및 재생가능 에너지 사용, 농업부문 에너지효율 증대, 축산 분뇨의 바이오가스화, 에코 라벨링, 자동차 배출기준 강화 등을 정책수단으로 제시

③ 재생가능에너지 비중의 확대

- 2020년까지 EU의 재생가능에너지 비중이 20%(2006년 9.2%의 약 2배)를 차지할 수 있도록 재생가능에너지 지침(Renewable Energy Directive) 제정을 통해 법적 구속력을 갖는 재생가능에너지 목표를 회원국들이 설정하도록 유도
- 회원국들의 재생가능에너지 확대 목표는 몰타의 10%에서 스웨덴의 49%까지 국가별로 차등화([표 2])

④ 탄소포집저장기술(CCS)의 개발과 안전한 사용을 위한 법적 틀 마련

- 2020년경까지 탄소포집저장기술(CCS)의 상용화를 목표로 2015년까지 시범단지의 네트워크를 구축
- 시범단지 운영을 재정적으로 지원하기 위해 관련 법률을 정비

[표 2] EU 회원국들의 재생가능에너지 확대 목표[9]

EU 회원국	2005년 최종에너지 소비량 대비 재생가능 에너지 비율	2020년 재생가능 에너지 비율 목표치	EU 회원국	2005년 최종에너지 소비량 대비 재생가능 에너지 비율	2020년 재생가능 에너지 비율 목표치
오스트리아	23.30%	34%	라트비아	32.60%	40%
벨 기 에	2.20%	13%	리투아니아	15.00%	23%
불가리아	9.40%	16%	룩셈부르크	0.90%	11%
사이프러스	2.90%	13%	몰 타	0/0%	10%
체코공화국	6.10%	13%	네덜란드	2.40%	14%
덴 마 크	17.00%	30%	폴 란 드	7.20%	15%
에스토니아	18.00%	25%	포르투갈	20.50%	31%
핀 란 드	28.50%	38%	루마니아	17.80%	24%
프 랑 스	10.30%	23%	슬로바키아	6.70%	14%
독 일	5.80%	18%	슬로베니아	16.00%	25%
그 리 스	6.90%	18%	스 페 인	8.70%	20%
헝 가 리	4.30%	13%	스 웨 덴	39.80%	49%
아일랜드	3.10%	16%	영 국	1.30%	15%
이탈리아	5.20%	17%	EU-27	8.50%	20%

9 EU Directive 2009/28/EC의 ANNEX I 참조.

Ⅱ-4. 2050 저탄소사회를 향한 로드맵

2011년 3월 EU 집행위원회는 2050년까지 온실가스를 1990년 대비 80-95% 감축하겠다는 장기 목표를 담은 로드맵을 발표했다.[10] EU 집행위원회의 시나리오 분석에 따르면, EU 역내에서 배출되는 온실가스를 1990년 대비 2020년까지 25%, 2030년까지 40%, 2040년까지 60% 수준에서 감축하는 것은 비용효과적인 경로를 통해 충분히 가능한 일이다. 이 시나리오가 현실화되기 위해서는 2020년까지 EU는 매년 1990년 배출량의 1%, 2020년부터 2030년까지 1.5%, 2030년 이후 2050년까지는 2%씩 줄여나가야 한다. 시간이 흐를수록 좀 더 과감한 감축목표를 설정한 것은, 미래에는 보다 비용효과적인 온실가스 저감기술의 개발이 예상되기 때문이다. EU 집행위원회의 시나리오는 EU의 온실가스 감축목표가 느슨할수록 저탄소기술에 대한 투자를 지연시켜 탄소가격의 상승과 함께 결국 기후변화 대응비용이 전반적으로 증가할 것이라는 인식에 기초하고 있다. 또한 재활용 등 폐기물 관리의 개선, 시민 행동양식의 변화, 생태계 복원 등이 저탄소사회로의 전환에 필수적인 요소라는 점을 강조하고 있다.

EU 집행위원회의 로드맵에는 EU가 저탄소사회로 전환하기 위해 필요한 부문별 온실가스 감축경로가 제안되어 있다([표 3]). 감축 잠재력이 가장 높은 것으로 평가된 전력부문에서는 2050년경 이산화탄소 배출량이 제로 수준에 도달할 것으로 전망된다. 2011년 3월 현재 전력에너지 구성에서 45%가량을 차지하고 있는 저탄소기술의 비중은, 2020년 60%, 2030년 75-80%, 2050년에는 100%까지 증가하게 될 것이다. 저탄소기술이 시장에서 경쟁력을 갖기 위해서는, 탄소가격이 시장에 충분한 신호를 보낼 수 있을 만큼 적정한 수준에서 형성되어야 하며 장기적인 예측 가능성이 확보되어야 한다. 이러한 맥락에서 전력부문 탈탄소화(decarbonization)의 가장 핵심적인 전제조건은, EU-ETS 배출권 할당총량의 지속적인 감소, 에너지세의 강화, 혁신기술 개발 지원 등 다양한 정책수단을 혼용하는 것이다.

10 EU 역내에서 배출되는 온실가스는 1990년 대비 80% 감축. 2050 저탄소사회를 향한 로드맵의 주요 내용은 European Commission (2011): A Roadmap for moving to a competitive low carbon economy in 2050 참조.

EU 집행위원회의 분석은 2050년까지 산업부문에서 온실가스를 83-87% 감축할 수 있음을 보여주고 있다. 에너지 집약적인 업종에서 온실가스 배출량을 절반 이상 감축하는 것은, 산업공정과 설비의 효율화, 재활용률 증대, 아산화질소와 메탄 등 이산화탄소 이외의 온실가스 배출 억제기술 개발 등을 통해 충분히 가능할 것으로 판단된다.

온실가스 증가세가 지속되고 있어 가장 취약한 분야로 평가되고 있는 수송부문은, EU가 저탄소사회로 전환하기 위해 가장 많은 노력을 기울여야할 분야로 간주되고 있다. EU 집행위원회의 목표는 항공부문을 포함해 2050년까지 이산화탄소 배출량을 1990년 대비 60% 이상 감축하는 것이다. 감축 수단은 엔진·원료·디자인의 개선을 통한 차량의 효율성 증대, 신형 연료 및 추진시스템 개발을 통한 청정에너지의 사용, 정보통신기술을 활용한 수송 네트워크의 개선 등으로 요약된다. EU 집행위원회에 따르면, 2025년까지 연료효율의 개선은 수송부문에서 이산화탄소 배출량 증가 추세를 반전시킬 수 있는 유력한 수단이 될 수 있다. 연료효율 개선 이외의 주요 정책으로는 수요관리, 교통기반시설 이용료 부과, 교통혼잡과 대기오염 저감을 위한 가격제도의 도입, 지능형 도시계획, 대중교통수단의 확충, 하이브리드 자동차와 전기자동차의 보급 등을 들 수 있다.

건물부문은 에너지효율 개선을 통해 단기간에 낮은 비용으로 이산화탄소를 감축할 수 있는 분야로 주목받고 있다. EU 집행위원회가 설정한 목표는 2050년까지 건물부문에서 이산화탄소 배출량을 1990년 대비 약 90% 감축한다는 것이다. 이러한 목표 달성에는 신축건물의 경우 2021년부터 제로에너지 수

[표 3] EU의 부문별 온실가스 감축목표

1990년 대비 온실가스 감축목표	2005(%)	2030(%)	2050(%)
전력(CO_2)	−7	−54~−68	−93~−99
산업(CO_2)	−20	−34~−40	−83~−87
수송(항공부문 CO_2 포함, 해양운송 미포함)	+30	+20~−9	−54~−67
건물 및 서비스(CO_2)	−12	−37~−53	−88~−91
농업(CO_2 이외의 온실가스)	−20	−36~−37	−42~−49
기타(CO_2 이외의 온실가스)	−30	−72~−73	−70~−78
계	−7	−40~−44	−79~−82

준을 만족시킬 것을 규정하고 있는 '건물의 에너지 성과에 관한 지침'[11]의 역할이 클 것으로 판단된다. 2011년 2월 4일 유럽이사회는 2012년부터 공공건물과 서비스에 에너지효율 표준을 적용하기로 결정했다. 하지만 신축건물과는 달리 기존 건물의 에너지효율 개선에 필요한 재원 확보는 EU 회원국들이 풀어야 할 가장 어려운 과제 가운데 하나로 간주된다. EU 집행위원회는 건물 에너지효율 개선에 소요되는 비용이 향후 10년간 약 2000억 유로에 달할 것으로 추정하고 있다.

농업부문의 목표는 2050까지 이산화탄소 이외의 온실가스를 1990년 대비 42–49% 감축하는 것이다. EU는 목표 달성을 위해 효율적인 비료 사용, 유기 분뇨의 가스화, 분뇨 관리의 효율화, 사료 질 개선, 가축 생산성 증진 등 다양한 정책수단을 활용할 계획이다. 초지 보전, 습지 복원, 침식 방지 등 농업 및 산림 분야에서의 관리방식 개선은 토양과 숲의 탄소저장능력을 증가시킬 것으로 기대되고 있다. 이와 같은 내용은 2011년 들어 EU가 논의 중에 있는 '2020년 지속가능한 바이오 경제를 향한 유럽의 전략 및 행동계획'을 통해 구체화될 예정이다.[12]

2050 저탄소사회를 향한 로드맵이 현실화되면, EU의 1차 에너지 소비량은 2005년 대비 약 30% 감소해 석유와 가스의 수입비용은 현재의 절반 수준으로 줄어들게 될 것이다. 이에 따라 예상되는 EU의 연료비용 절감액은 연평균 1750–3200억 유로에 달할 것으로 추정된다. EU가 저탄소사회로 전환하는 과정에서 기대되는 또 다른 긍정적인 효과는 녹색일자리의 창출이다. EU위원회의 분석에 따르면, EU-ETS의 경매수입과 탄소세 세수를 노동비용 감소에 활용할 경우 2020년까지 약 150만 개의 일자리가 만들어질 것으로 예상된다. 대기오염 개선에 따른 각종 편익도 적지 않다. 현존 대기오염 개선수단과 온실가스 감축수단을 조합할 경우, 2030년 EU의 대기오염 수준은 2005년 대비 65% 이상 낮아지게 될 것으로 보인다. 이에 따른 대기 개선비용 절감액은 2030년경에는 연평균 100억 유로,

---

11 Directive 2010/31/EU.

12 이 계획에 대해서는 Commission Work Programme 2011, European Strategy and Action plan towards a sustainable bio-based economy by 2020 참조. 이 프로그램의 목적은, 식량 및 에너지 위기 대응, 기후변화 완화 및 적응, 생물다양성 보전, 자연자원 이용의 최적화 등의 분야에서 새로운 해법을 찾기 위해 생물과학, 정보산업기술, 로봇 공학 분야에 대한 집중적인 투자를 통해 지식과 신기술을 농업, 산업, 사회 분야의 혁신에 활용하는 것이다.

2050년경에는 연평균 500억 유로에 달할 것으로 분석되었다. 대기 질 개선을 통한 사망률 감소의 경제적 효과는 2030년경 연평균 170억 유로, 2050년경 연평균 380억 유로로 추산된다.

Ⅲ. 배출권거래제와 에너지세 및 탄소세

Ⅲ-1. 배출권거래제

앞에서 살펴본 EU의 온실가스 감축정책들은 대부분 배출권거래제(EU-ETS)와 연계되어 있다. 전통적으로 세제 도입을 통한 외부효과의 교정이나 명령 통제식 직접규제를 선호해 왔던 EU가 배출권거래제 중심의 온실가스 감축정책으로 선회하게 된 계기는 교토의정서의 발효인 것으로 알려져 있다. 최근 EU는 배출권거래시장의 안정화 문제를 논의하는 한편, 호주와 배출권거래시장 연계에 합의하는 등 온실가스 배출권거래제의 제도적 실효성을 높이고 거래시장을 확대하려는 움직임을 보이고 있다. 배출권거래시장의 안정화를 위해서는 2030년까지 배출권 효력 유보정책(set-aside)을 통해 유효 배출권의 양을 조절하는 방안과 2020년까지 1990년 배출량 대비 20% 감축이라는 EU의 온실가스 감축목표를 30%로 상향 조정하는 방안 두 가지를 검토 중이다. 한편, 2012년 8월 28일 EU와 호주는 두 지역의 배출권거래제를 2018년 7월 1일 완전연계하기로 합의했다. 2015년 7월 1일부터는 호주 기업의 EU 탄소배출권 구입만 가능한 일방연계를 우선 시행할 계획이다. 호주는 2012년 7월 도입한 배출권 고정가격제(톤당 2012년 A$23, 2013년 A$24.15, 2014년 A$25.40)를 2015년 7월 1일 배출권거래제로 전환하게 된다. 이러한 움직임은 교토의정서의 감축의무 달성을 넘어 2050년 저탄소사회로의 전환을 추구하는 EU의 입장에서 배출권거래제는 산업계의 온실가스 배출을 억제하기 위한 핵심 정책수단으로 자리 잡았다는 사실을 뜻한다.

EU-15의 온실가스 배출량은 1990년 약 42억6600만 CO_2 환산 톤에서 2008년 약 39억7100만 CO_2 환산 톤으로 1990년 대비 6.9% 줄어든 것으로 나타났다([표 4])(EU가 계획 중인 정책들이 모두 추진될 경우 온실가스 배출량을 2012년까지 1990년 대비 8% 감축한다는 교토의정서의 의무는 달성할 수 있을 것으로 전망된다).

2008년 독일, 영국, 이탈리아, 프랑스 4개국이 EU-15와 EU-27의 온실가스 배출량에서 차지하는 비중은 각각 66.9%와 53.7%였다. EU-15 회원국들 가운데 교토의정서의 감축 목표를 2008년에 달성한 국가는 벨기에, 핀란드, 프랑스, 독일, 그리스, 스웨덴, 영국 등 7개국인 것으로 나타났다.

EU가 산업계의 온실가스 감축을 위한 정책수단으로 배출권거래제를 채택한 법률적 근거는 2003년 유럽의회와 유럽이사회가 채택한 지침서(Directive 2003/87/EC)이다. 배출권거래제 도입 논의 초기인 2000년 EU 집행위원회가 발표했던 녹서(Green Paper)[13]에는 교토의정서가 정한 6개 온실가스와 8개 업종이 적용 대상에 포함되었다. 하지만 지침서(Directive 2003/87/EC)에는 경쟁력 약화에 대한 회원국들의 우려를 반영해 알루미늄과 화학 산업이 제외되고 대신 에너지 부문의 사업장 범위를 50MW이상에서 20MW이상으로 확대하게 된다.

2005년부터 2007년까지 3년간 시행된 제 1 기 EU 배출권거래제(EU-ETS)는 '강제적 준비단계(mandatory 'warm-up' phase)'로서 EU 회원국들의 배출권거래제 경험 축적을 중시하는 제도 운영에 초점을 맞추고 있다. 배출권거래제에 대한 국가별 이해관계가 다르고 개별 사업장의 온실가스 배출 현황 및 감축 잠재력에 대한 정보 역시 불충분하다는 점을 고려했기 때문이다. 국가별 배출권 총량에 대한 EU의 승인은 각 회원국들이 제출한 국가할당계획(National Allocation Plan, NAP)에 기초해 이루어졌다. EU 회원국들은 총배출량과 할당방식 등을 명시한 국가할당계획을 EU 집행위원회에 제출해 승인을 얻은 후에야 자국 내 사업장들을 대상으로 배출권을 할당할 수 있었다. 지침서(Directive 2003/87/EC)의 부속서 Ⅲ에는 국가할당계획 작성 시 고려해야할 11개의 기준이 명시되어 있다.[14] 하지만 일부 회원국들의 국가할당계획은 지침서(Directive 2003/87/EC)에 제시된 국가할당계획 공개 목표일인 2004년 3월 31일로부터 14개월 이상이 지난 2005년 6월에야

13 Commission of the European Communities (2000): Green Paper on greenhouse gas emissions trading within the European Union.

14 Directive 2003/87/EC의 부속서 Ⅲ에 제시된 11가지 기준은 1) 교토 의정서의 감축목표 고려, 2) EU의 전체 감축목표와의 부합성, 3) 감축 잠재력에 상응하는 배출권 할당, 4) EU의 타 법률 및 정책에 대한 고려, 5) 기업 혹은 부문 간의 형평성, 6) 신규 진입자 처리에 관한 정보 제공, 7) 조기행동의 처리에 관한 정보 제공, 8) 에너지효율기술을 포함한 청정기술의 취급에 관한 정보 제공, 9) 공중의 의견 고려에 관한 규정, 10) 배출권거래제 적용 시설 목록, 11) EU 외부와의 경쟁에 관한 정보 제공 등이다.

[표 4] EU의 온실가스 배출량(LULUCF 제외, CO_2 환산톤)[15]

EU 회원국	교토의정서 기준 연도('90) 배출량	2008년 배출량	'07-'08 변화	'90-'08 변화	교토의정서 감축목표 (2008-2012)
	100만t	100만t	%	%	%
오스트리아	79.0	86.6	-0.4	9.6	-13.0
벨 기 에	145.7	133.3	2.3	-8.6	-7.5
덴 마 크	69.3	63.8	-4.5	-7.9	-21.0
핀 란 드	71.0	70.1	-10.2	-1.2	0.0
프 랑 스	563.9	527.0	-0.6	-6.5	0.0
독 일	1,232.4	958.1	0.1	-22.3	-21.0
그 리 스	107.0	126.9	-3.8	18.6	25.0
아일랜드	55.6	67.4	-0.3	21.3	13.0
이탈리아	516.9	541.5	-2.0	4.8	-6.5
룩셈부르크	13.2	12.5	-2.3	-5.1	-28.0
네덜란드	213.0	206.9	0.0	-2.9	-6.0
포르투갈	60.1	78.4	-1.9	30.3	27.0
스 페 인	289.8	405.7	-7.5	40.0	15.0
스 웨 덴	72.2	64.0	-3.3	-11.3	4.0
영 국	776.3	628.2	-1.8	-19.1	-12.5
EU-15	**4,265.5**	**3,970.5**	**-1.9**	**-6.9**	**-8.0**
불가리아	132.6	73.5	-3.2	-44.6	-8.0
사이프러스	n.a.	10.2	3.7	n.a.	n.a.
체코공화국	194.2	141.4	-4.1	-27.2	-8.0
에스토니아	42.6	20.3	-8.2	-52.5	-8.0
헝 가 리	115.4	73.1	-3.4	-36.6	-6.0
라트비아	25.9	11.9	-3.1	-54.1	-8.0
리투아니아	49.4	24.3	-4.5	-50.8	-8.0
몰 타	n.a.	3.0	-1.8	n.a.	n.a.
폴 란 드	563.4	395.6	-1.1	-29.8	-6.0
루마니아	278.2	145.9	-4.4	-47.6	-8.0
슬로바키아	72.1	48.8	2.3	-32.2	-8.0
슬로베니아	20.4	21.3	3.5	4.6	-8.0
EU-27	n.a.	4,939.7	-2.0	n.a.	n.a.

※: n.a.=not applicable, 사이프러스와 몰타와 구 동구권 국가들은 교토의정서의 감축의무가 없어 기준연도 또한 없음.

확정되었다. 또한 2006년 4월 말 각국 정부가 자국의 기업들에 부담을 주지 않기 위해 배출권을 과다 할당했다는 사실이 알려지면서 유럽에너지거래소(EEX)에

15 European Environment Agency (2010): Annual European Union greenhouse gas inventory 1990-2008 and inventory report 2010, EEA Technical report No 6/2010.

서 배출권(EUA) 가격이 톤 당 30유로에서 약 10유로 수준까지 급락하는 등 많은 문제점이 드러나기 시작했다.[16] 2005년 할당량과 실제 배출량을 살펴보면 EU-25 회원국 가운데 실제 배출량보다 할당을 적게 한 국가는 오스트리아, 그리스, 이탈리아, 아일랜드, 스페인, 영국 등 6개국에 불과하다. 2005년부터 2007년까지 매년 평균 21억 5,000만 톤에 해당하는 배출권이 할당되었지만, 실제 배출량은 2005년 20억 1,200만 톤, 2006년 20억 3,400만 톤, 2007년에는 20억 5,000만 톤에 불과했다. 이는 연간 1억 톤 이상의 배출권이 과다 할당되었으며, EU-15는 1990년 배출량보다 4.3% 더 많은 배출권을 할당받았다는 사실을 의미한다. 제 1 기 배출권거래제에서 배출권 과다할당이 이루어진 원인은 다음과 같다.

- 영국 등을 제외한 대다수 회원국들에게 절대적으로 부족했던 준비기간
- 상당수 기업들이 자신들의 배출량 및 감축 여력에 대해 잘못된 정보를 제공(검증된 사업장별 배출량 통계 부재)
- EU 회원국의 다수는 자국 산업에 보다 많은 배출권을 할당하기 위해 낙관적인 경제성장 전망을 적용
- 신규 가입국들의 낙후된 시설에 대한 부정확한 통계자료
- 신규 및 퇴출 시설에 대한 배출량 할당 규정과 측정 · 보고 · 검증(MRV) 방식에 대한 제도상의 불확실성 및 그에 따른 국가별 편차
- 추가 할당심사 허용으로 동시성과 예측가능성 저하

과다할당과 함께 가장 큰 문제점으로 나타난 것은 기준연도 불변 실적기준 무상할당에 따른 오염기업들의 우발이익(windfall profit)이었다. 우발이익의 대표적인 사례로는 전력부문이 거론되어 왔지만, 정유, 철강, 화학 산업 등 에너지집약적인 산업부문에서도 2005년부터 2008년까지 총 140억 유로에 달하는 우발이익이 발생했다는 분석 결과도 있다.[17]

제 2 기 EU 배출권거래제는 교토의정서상의 의무이행 기간과 동일한 기간(2008–2012)에 해당하는 '강제적 교토기간(mandatory Kyoto phase)'의 성격을 지닌다. 제 2 기에서 주목할 점은 제 1 기에서 나타난 과도한 배출권 할당의 문제점을

16 2007년 4월 배출권 가격이 톤당 0.05유로까지 떨어진 것은 과다할당의 결과로 언급되기도 하지만, 실제로는 제 1 기에 할당된 배출권의 이월을 허용하지 않은 EU-ETS의 설계에 기인한다.

17 이에 대해서는 CE Delft (2010): Does the energy intensive industry obtain windfall profits through the EU ETS? 참조.

개선하기 위해 국가별 할당계획의 타당성을 2005년 검증 배출량에 기초해 엄격하게 심사했다는 것이다. 그 결과 각국 정부가 신청한 23억 2,500만 톤의 10.4%인 2억 4,400만 톤을 삭감해 20억 8,100만 톤만을 할당하게 되었다. 또한 우발이익의 가능성을 줄이기 위해 제 1 기에 EU-25 전체 배출권의 0.2%에 불과하던 배출권 유상할당의 비율을 3.1%로 상향조정했다. 하지만 이는 EU가 당초 정한 목표인 유상할당 비율 최대 10% 수준에는 크게 미치지 못하는 수준으로서, 우발이익의 근원적인 차단과는 거리가 먼 것이었다.[18]

1기와 2기를 통해 무상할당의 문제점을 인식한 EU는 2013년 1월 1일부터 2020년 12월 31일까지 시행될 제 3 기 배출권거래제의 제반 규정을 대폭 강화하기로 했다. 새로운 규정을 담고 있는 수정 지침서(Directive 2009/29/EC)의 주요 내용은 다음과 같다.

- 과잉할당의 가능성을 차단하기 위해 제 2 기까지 개별 회원국들의 국가할당계획에 기초해 이루어져 왔던 배출권 할당을 EU의 단일할당(single cap)으로 대체
- 할당총량은 2020년까지 2005년에 검증된 온실가스 배출량의 21%를 감축할 수 있도록 매년 제 2 기 연평균 할당량의 1.74%씩 하향조정
- EU-ETS의 감축 효과성과 경제적 효율성을 증가시키기 위해 유상할당 비율을 2020년까지 최소 60% 수준으로 확대하며, 전력부문의 배출권은 100% 경매로 할당
- 역내에서 온실가스 배출의 실질적인 감축 비중을 높이기 위해 교토의정서 유연성체제가 허용한 외부 탄소크레디트 활용 비율이 EU가 필요로 하는 감축량의 50%가 넘지 않도록 제한
- 회원국 간의 연대를 강화하기 위해 경매방식으로 할당되는 배출량의 12%를 국민총생산(GDP) 수준이 낮은 구 동구권 회원국들에게 재분배
- EU 회원국들은 배출권 경매수입의 최소 50%를 EU와 개발도상국의 기후변화 대응을 위해 사용[19]
- 산업부문의 배출권은 역내 온실가스 배출 효율을 기준으로 상위 10% 사업장의 평균값에 기초해 벤치마크 방식으로 할당
- 탄소누출(carbon leakage)의 위험에 노출된 업종은 벤치마크 방식에 기초해 배출권의 100%를 무상으로 할당

---

18 Point Carbon (2008): EU ETS Phase II-The potential and scale of windfall profits in the power sector에 따르면, 제 2 기에 발생한 우발이익은 독일, 영국, 포르투갈, 스페인, 폴란드의 5개국에서만 230억에서 710억 유로에 달하는 것으로 분석되었다.

19 이는 회원국들의 비구속적인 약속.

- 탄소누출의 위험이 없는 업종은 2013년에는 벤치마크 방식으로 배출권의 80%를 무상으로 할당하되, 무상할당 비율은 2020년 30%, 2020년에는 0%가 되도록 점진적으로 하향조정
- 신규 진입을 위한 예비 배출권 가운데 최대 3억 톤까지는 탄소포집저장(CCS) 시범사업과 혁신적인 재생가능에너지 기술을 지원하기 위해 사용(NER300)
- 소규모 온실가스 배출원과 의료시설의 부담 경감을 위해 회원국들이 일정 규모 이하의 소형 사업장을 배출권거래제에서 제외하는 것을 허용[20]

제 1 기부터 제 3 기까지 변화된 EU 배출거래제의 주요 내용은 [표 5]와 같다.

[표 5] EU 배출거래제 1-3기의 주요 내용

내 용	1기	2기	3기
적용기간	2005-2007	2008-2012	2013-2020
참여국가	EU_{25}	EU_{27} + 아이슬란드, 리히텐슈타인, 노르웨이	30개국 + α
감축대상	역내 CO_2 배출량의 45%, 온실가스 배출량의 30%	역내 CO_2 배출량의 50%, 온실가스 배출량의 40%	역내 온실가스 배출량의 50%
적용 사업장수	2005-2007년 평균 10,691개	2008년 11,359개 (불가리아, 리히텐슈타인, 노르웨이 포함)	소규모 사업장(연간 35MW 이하 또는 25,000 CO_2 환산톤 미만 배출시설) 제외
적용부문	발전시설 및 20MW 이상의 대형 연소시설, 석유정제, 코크스로, 철강금속공업, 시멘트, 유리, 세라믹, 펄프·제지, 화학 및 식품공업 등		항공, 선박, 알루미늄, 탄소포집저장기술(CCS) 적용 시설 등을 추가
대상물질	이산화탄소(CO_2)	CO_2 및 질산 생산과정에서 배출되는 아산화질소(N_2O) (2008년 네덜란드와 노르웨이에서만 적용)	① 글리옥실산 생산공정의 아산화질소(N_2O), 질산, 아디핀산 추가 ② 알루미늄 생산공정의 과불화탄소(PFCs) 추가
할당방식	배출권 총량의 최소 95% 허용(덴마크 5%, 아일랜드 0.75%, 헝가리 2.5%, 리투아니아 1.5%), 실제 0.2%	배출권 총량의 최소 90% 허용(독일 8.8%, 네덜란드 4.0%, 영국 7.0%, 헝가리 5.0%), 실제 3.1%	2013년 유상할당 20%, 비율을 점차 확대해 2020년 60% 이상, 2027년 100% 경매에 도달
교토 메커니즘	원자력발전과 흡수원을 제외한 외부 크레딧을 매우 제한적으로 허용	CDM, JI(총 14억t, 연평균 2억 8천만t) 등 외부 크레딧 제한적 허용, 흡수원 미포함	외부 크레딧 허용제한 강화

20 EU-ETS 적용 사업장들의 연간 온실가스 배출량은 5,000 톤에서 500만 톤까지 매우 큰 격차를 보인다. 대형 배출원의 상위 7%가 총 배출량의 60%를 차지하는데 비해, 소형 배출원들의 배출량은 총 배출량의 0.14%에 불과하다. 배출권거래제에서 소형 사업장의 제외를 허용한다는 EU의 결정은, 이들의 경우 측정·보고·검증(MRV)에 부담해야할 비용이 배출권거래제에 포함됨으로써 발생하는 편익을 상회한다는 판단에서다.

이월 및 차입*	기간 간 불허	이월: 기간 간 허용 차입: 기간 간 불허	이월: 기간 간 허용 차입: 기간 간 불허
과징금	40유로/t	100유로/t	100유로/t 이상 (인플레이션 반영 예정)
배출권 총량	2,299(백만t/연)	2,087(백만t/연)	2020년 또는 그 이후까지 배출권 총량 매년 1.74% (1억2천-1억3천t) 감소
2005년 대비	100%	93.5%	79%
국가할당	개별 회원국의 국가할당계획(NAPs)	개별 회원국의 국가할당계획(NAPs)	EU 단일 할당(single cap)으로 대체

* 기간 내에는 이월 및 차입 모두 허용.

Ⅲ-2. 에너지세 및 탄소세

최근 EU 회원국들은 모든 에너지원을 대상으로 생산, 수입, 소비에 있어서 공동의 에너지정책 수립을 시도하고 있다. 2006년 EU 집행위원회가 발간한 녹서(2006 Green Paper)[21]에 따르면, EU가 추구하는 에너지정책 조화의 목표는 1) 기후변화 대응, 2) 에너지 안보의 강화, 3) EU 경쟁력의 유지 및 강화의 세 가지다. 2006년 기준으로 OECD 회원국들은 150개의 에너지세와 125개의 자동차세를 운영 중에 있다. 하지만 1,150가지의 예외조항과 수백 개에 달하는 환급제도에 의해 에너지세제의 내용은 국가별로 큰 차이를 보인다.[22] 이는 EU에서도 유사한 것으로 확인되고 있다. 2007년 EU 집행위원회는 이러한 현실을 반영해 에너지세의 조화를 목표로 석탄, 천연가스, 전력 등에 대한 최소세율(minimum tax rates)을 규정한 2003/96/EC 지침을 발표했다.[23] 이 지침의 목적은 '석유류와 다른 에너지원 사이에 존재하는 경쟁력 왜곡요인의 해소를 통해 에너지 시장의 작동을 개선'하는 한편, 예상되는 교토의정서의 발표에 발맞춰 '에너지 수입 의존도를 줄이고 온실가스 배출을 제한하기 위해 보다 효율적인 에너지 이용을 촉진'하는 것이다. 동 지침은 회원국들이 에너지원별 세율을 지침에 제시된 최소세율 이하로 부과할 수 없다는 규정을 담고 있으나, 온실가스 감축에 적극적

21 European Commission (2006): Green paper "A European Strategy for Sustainable, Competitive and Secure Energy."

22 OECD (2006): The Political Economy of Environmentally related taxes.

23 Council Directive 2003/96/EC of 27 October 2003, restructuring the Community framework for the taxation of energy products and electricity.

[표 6] 유럽의 환경세[24]

	오스트리아	벨기에	덴마크	핀란드	프랑스	독일	그리스	아이슬란드	아일랜드	이탈리아	룩셈부르크	네덜란드	노르웨이	포르투갈	스페인	스웨덴	영국
대기/에너지																	
CO_2			▒	▒		▒			■	▒		▒	▒			▒	■
SO_2			▒		▒					▒			■				
NOx					▒					▒						▒	
연료	▒	▒	▒	▒	▒	▒	▒	▒	▒	▒	▒	▒	▒	▒	▒	▒	▒
연료 함유 황		■	▒	■		■						■	▒			▒	■
수 송																	
자동차 판매/이용	▒	▒	▒	▒	▒	▒	▒	▒	▒	▒	▒	▒	▒	▒	▒	▒	▒
연간 자동차세			▒			▒						▒					■
물																	
방류수	▒	▒	▒	▒	▒	▒			▒	▒		▒	▒		▒	▒	
폐기물																	
최종 폐기물	▒	■	▒	▒	▒		▒			▒		▒	▒		■	▒	▒
위해 폐기물			▒	▒		▒		▒									
소 음																	
항공 소음						▒				▒		▒	▒				
제 품																	
타이어	▒		▒	▒								▒					
음료		▒	▒	▒									▒			▒	
포장	▒		▒		■					▒			■				
가방류			▒					▒	■	▒							
농약		▒	▒	▒									▒			▒	
CFCs	▒		▒														
배터리	▒	▒	▒					■		▒						▒	
백열전구			▒														
PVC/프탈레이트			▒														
윤활유				▒						▒			▒		■		
비료		▒	▒													▒	
종이/보드			▒		▒			▒									
솔벤트			▒										▒				
자 원																	
원료		■	▒							■						▒	■

▒ 2000년 현재 시행중 ■ 2004년 현재 추가 시행중

24 European Environment Agency (2006): Using the market for cost-effective environmental policy, EEA Report No 1/2006.

인 기업들에게 세제 혜택을 부여하는 등 다양한 세제 감면과 특례 적용을 허용하고 있다.[25]

다양한 형태의 환경세 가운데 에너지 부문에서 탄소세를 도입하고 있는 나라는 덴마크, 핀란드, 독일, 아일랜드, 이탈리아, 네덜란드, 노르웨이, 스웨덴, 영국, 폴란드, 슬로베니아, 에스토니아 등 총 12개국에 달한다([표 6]). 유럽의 국가들이 세수중립적인 방식으로 탄소세 도입을 추진한 것은 1990년대 초부터이다. 세수중립적인 조세개혁은 탄소세 도입 또는 에너지세 증액으로 늘어난 세수를 근로소득세, 법인세, 사회보장기여금 등의 경감에 사용해 세수 총액은 늘어나지 않도록 하는 방식을 말한다. 세수중립적인 조세개혁의 목표는 낮은 에너지 가격이 초래하는 외부효과를 보정해 에너지 소비를 줄이는 한편, 노동자와 기업의 세부담을 경감함으로서 고용 및 투자 증대를 유인하는 이중배당(double dividend) 효과를 달성하고자 하는 것이다. 2008년 2분기 기준으로 탄소세를 도입한 5개 국가의 유종별 세율은 국가별로 큰 차이를 보이고 있다([표 7]).

유럽에서 세수중립적인 에너지 세제개혁과 그 일환으로 이루어진 탄소세 도입은, 에너지 소비량 감소와 온실가스 감축에 있어서 긍정적인 결과를 가져온 것으로 평가된다. 예컨대 핀란드, 덴마크, 스웨덴, 영국, 독일, 네덜란드 등 6개국에서는 2004년 단행된 유럽의 세제개혁으로 온실가스 배출량이 평균 3.1% 줄어든 것으로 분석되었다. 세율이 높을수록 감축효과가 더 큰 것으로 나타났는데, 세수중립적인 에너지 세제개혁으로 온실가스를 가장 많이 감축한 국가는 핀란드(5.9%)이다.[26] 한편, 세제개혁이 해당 국가의 GDP에 미친 영향은 미미한 것으로 나타났다. 에너지 집약적인 산업에는 부정적인 영향이 있었지만, 다수의 특례조항이 도입됨에 따라 실제 부담은 그다지 크지 않은 것으로 평가되었다. 특히 세수가 고용주가 지불하는 사회보장 기여금의 경감에 사용된 경우에는 기업들의 초과비용이 2%를 넘지 않았다.

1990년 세계 최초로 탄소세를 도입한 핀란드는 화석연료와 전기를 포함한 모든 에너지원을 대상으로 탄소 함량에 따라 세금을 부과하고 있다. 2004년부터는 EU 집행위원회가 2003년 제안한 에너지세 시행지침(Energy Taxation Directive)

25 Institute for Research in Economic and Fiscal Issues (2010): Energy Policy and Energy Taxation in the EU.

26 Andersen, M. S. (2010): Europe's experience with carbonenergy taxation, S.A.P.I.EN.S [Online], 2010. 3. 21.

[표 7] 탄소세 도입 국가들의 세율 비교[27]

(2008년 2분기 기준)

항목 \ 국가		핀란드	스웨덴	덴마크	영국	노르웨이
도입연도		1990	1991	1992	2001	1991
세수 용도		일반재원	일반재원	일반재원	사회보험료 감면	일반재원
유종별 세율	저유황 연료유	103.2원/kg	102.9원/ℓ	63.1원/kg (10%는 환급)	–	109.8원/kℓ
	경질연료유	87.9원/ℓ	489.9원/ℓ	53.2원/kg (산업용·가정용 10% 환급)	–	109.8원/kℓ
	경유	86.9원/ℓ	489.9원/ℓ	52.3원/ℓ	–	–
	휘발유	76.9원/ℓ	367.0원/ℓ	48.2원/ℓ	–	163.8원/kℓ
	천연가스	32.5원/㎥	–	47.4원/㎥ (가정용만)	3.2원/kWh	–
	석탄	79.5원/kg	산업용 : 80.4원/kg 기타 : 321.5원/kg	52.1원/kg (산업용에 대해 50% 환급)	25.2원/kWh	99.9원/kg

인 2003/96/EC[28]와의 조화를 위해 기본세인 에너지세와는 별도로 탄소세를 부가세(surtax) 형태로 운영하고 있다. 이산화탄소 톤당 부과되는 탄소세는 1990년 4.1유로에서 1997년 11.77유로, 2008년에는 18.05유로로 인상되었다.

1991년 스웨덴은 석유, 석탄, 천연가스, LPG, 국내 노선의 항공 연료 등을 대상으로 톤당 약 72유로의 탄소세를 부과했다. 하지만 낮은 세율과 에너지다소비업종에 대한 면세 및 세율 인하 등으로 인해 세제 도입의 효과가 크지 않다는 판단 아래, 1997년부터 환경세위원회(Green Tax Commission)를 구성해 세제구조를

27 환율('08. 7.)은 EUR: 1606.74원, SEK: 169.92원, DKK: 215.38원, PENCE: 20.27원, NOK: 199.71원. 이에 대해서는 김승래 외(2008): 세제의 환경친화적 개편에 관한 연구, 한국조세연구원 참조.

28 이 지침의 정식 명칭은 '유럽공동체 에너지 제품과 전력의 세제 개편을 위한 2003/96/EC 지침의 제안(Proposal for a COUNCIL DIRECTIVE amending Directive 2003/96/EC restructuring the Community framework for the taxation of energy products and electricity)'임.

재검토한 후 2000년부터 본격적인 세제개편을 시작했다.[29] 이후 수차례의 세율 인상을 거쳐 2007년에는 톤당 101유로로 인상한 것으로 알려졌다.[30] 스웨덴의 탄소세는 무엇보다도 지역난방 연료를 석유와 석탄에서 목질계 바이오에너지로 대체하는 데 기여한 것으로 평가된다. 스웨덴은 1990년부터 2006년까지 44%의 경제성장률을 기록해 탄소세 도입이 경제에 미친 영향은 미미한 것으로 나타났다.[31]

영국은 기후변화프로그램(Climate Change Programme)을 도입한 이래 상호 연계된 5가지 정책수단을 혼용하고 있다.

- 기후변화세(Climate Change Levy; CCL): 전기, 가솔린, LPG, 석탄 등 기업이 연료 목적으로 사용하는 에너지에 세금 부과
- 부문별 기후변화 협약(Climate Change Agreements; CCA): 에너지 다소비 업종이 에너지효율 또는 탄소저감목표를 달성할 경우 CCL의 80% 감면
- EU 배출권거래제(EU Emissions Trading Scheme; EU ETS)
- 탄소저감 의무 에너지효율 시책(Carbon Reduction Commitment Energy Efficiency Scheme; CRC): EU-ETS에 포함되지 않은 부문의 에너지 효율개선과 온실가스 감축을 위한 국내 총량제한배출권거래(cap and trade) 시스템
- 환경 소비자 메커니즘(Environmental consumer mechanisms): 재생가능에너지 확대와 저탄소 프로젝트의 재원 마련을 위해 에너지 요금에 부과

영국이 도입한 기후변화세의 개요는 다음과 같다([표 8]).

29 스웨덴의 탄소세 도입과 에너지 세제개편에 대해서는 Brännlund, R. & B. Kriström (1997): Energy and Environmental Taxation in Sweden: Some Experience from the Swedish Green tax Commission과 Harrison G. W. & B. Kriström (1997): Carbon Taxes in Sweden 참조.

30 IEA(2008): Energy Policies of IEA Countries-Sweden 2008 Review.

31 가디언 2008년 4월 29일자 기사 'Sweden's carbon-tax solution to climate change puts it top of the green list' 참조. http://www.guardian.co.uk/environment/2008/apr/29/climatechange.carbonemissions (검색: 2011. 9. 5).

[표 8] 영국의 기후변화세[32]

부과 대상	전체 세액 중 비율	세 율	에너지 단위 환산 세율 (페니/kWh)	탄소가격 (£t/CO_2)
전기	74%	0.470페니/kWh	0.470	8.75
LNG	25%	0.164페니/kWh	0.164	8.86
LPG	0.5%	1.050펜스/kg	0.076	3.55
고체 연료	0.5%	1.281펜스/kg	0.164	4.97

1999년부터 시행된 독일의 생태적 조세개혁(Ecological Tax Reform)은 기후변화 대응과 일자리 창출을 내걸고 자동차 연료, 난방유, 천연가스, 전력 등의 세율을 5단계에 걸쳐 인상한다는 내용을 담고 있다([표 9]).

[표 9] 독일 생태적 조세개혁의 에너지원별 단계적 세액[33]

생태세 도입 이전			1단계	2단계	3단계	4단계	5단계	5단계 보완	총세액	생태세 합계
종류	단위	세액	'99.4.1	'00.1.1	'01.1.1	'02.1.1	'03.1.1	'03.1.1		
가솔린	cent/ℓ	50.1	3.07	3.07	3.07	3.07	3.07	0	65.46	15.35
디젤	cent/ℓ	31.7	3.07	3.07	3.07	3.07	3.07	0	47.05	15.35
등유	cent/ℓ	4.09	2.05	-	-	-	-	0	6.14	2.05
중유	cent/ℓ	1.53	-	0.26	-	-	-	0.71	2.5	0.97
가스	cent/kWh	0.18	0.16	-	-	-	-	0.20	0.54	0.36
전력	cent/kWh	-	1.02	0.26	0.26	0.26	0.26	0	2.06	2.06
생태세 세수	10억 유로	-	4.3	8.8	11.8	14.3	18.6	18.9		
연금보험 비율	%	20.3	19.5	19.3	19.1	19.1	19.5	19.5		

독일의 생태적 조세개혁은 세수 증가분의 약 90%는 연금보험액 인하에, 나머지 10%는 재생가능에너지 확대와 에너지효율 향상에 사용한다는 점에서 전형적인 세수 중립적 조세개혁의 형태를 지닌다. 독일의 생태적 조세개혁은 정치적 타협의 산물이다. 구 동독지역의 경제현실을 고려해 석탄과 갈탄은 생태적 조세개혁의 대상에서 제외했으며, 제조업과 농업에서는 경쟁력 약화에 대한 우려를

32 HM Revenue & Customs (2010): A general guide to Climate Change Levy.

33 Green Budget Germany (2006): Marktwirtschaftliche Instrumente in der Umweltpolitik.

수용해 세율을 인하했다. 뿐만 아니라 재생가능에너지, 소형열병합발전, 철도, 대중교통 등은 기후변화 대응의 주요 수단이라는 점에서 면세 결정을 했다. 생태적 조세개혁은 일정한 성공을 거둔 것으로 평가된다. 독일 경제에 추가된 부담액은 2002년 3억 유로, 2003년 12억 유로였으나, 추가 세수의 대부분은 연금보험액 경감에 사용되어 노동집약적인 서비스업과 가공업은 오히려 순이익이 증가하는 결과를 가져왔기 때문이다. 이산화탄소 감축 효과는 2003년까지 총 2,000만 톤(시행 전 대비 약 2.4%)으로 나타났으며, 2003년 이후부터 2010년까지는 매년 평균 2,400만 톤이 줄어들 것으로 추정되었다. 또한 일자리는 2003년까지 총 250,000만 개가 창출된 것으로 조사되었다.[34]

2011년 4월 13일 EU 집행위원회(EU commission)는 에너지 관련 제품을 대상으로 하는 과세 제도를 재조정하는 에너지세 시행지침(Directive 2003/96/EC)의 개정을 제안했다. 현행 제도가 EU의 에너지정책 기후변화 대응목표에 부합하지 않고 에너지절약과 저탄소 기술의 개발 촉진에 실패했다는 견해가 대두되었기 때문이다. 현행 지침은 전기, 모터연료, 난방연료를 대상으로 양(量)에 관한 최소세율만을 제시하고 있으나, 새로이 제안된 시행지침은 이산화탄소 배출량을 기준으로 하는 에너지세와 생산된 에너지량에 기초한 에너지세로 구분해 부과하도록 규정했다. 이산화탄소 배출의 경우 배출된 이산화탄소 톤당 20유로, 생산된 에너지량 기준 에너지세는 모터연료의 경우 기가줄(gigajoule)당 9.6유로, 난방연료는 기가줄당 0.15유로를 과세할 계획이다.[35]

Ⅳ. 결론 및 시사점

EU의 기후보호정책은 적절한 규제를 통해 기술혁신을 꾀하는 유럽의 전략을 보여주고 있다. 기후변화는 니콜라스 스턴(Nicholas Stern)이 기술한대로 역사상 가장 심각한 시장실패의 결과이다.[36] 시장의 실패를 초래하는 많은 원인들 가

34 Kohlhaas, M. (2005): Gesamtwirtschaftliche Effekte der ökologischen Steuerreform Band I, II.

35 Diemer, R. (2011): Revision of the EU Energy Tax Directive-technical press briefing. http://ec.europa.eu/taxation_customs/resources/documents/taxation/review_of_regulation_en.pdf (검색: 2011. 9. 5).

36 Stern, N. (2006): Stern Review on The Economics of Climate Change (pre-publication edition). Executive Summary. HM Treasury, London.

운데 생산 및 소비활동에 영향을 미칠 수 있는 탄소가격의 부재는 외부화(externalities)에 의한 시장실패의 핵심적인 원인으로 볼 수 있다. 탄소 배출에 비용을 지불하게 하는 정부의 규제가 없다면, 기업과 개인은 자신의 행동을 변화시킬만한 동기의 부족으로 탄소를 제약 없이 배출하게 된다. 기후변화와 관련된 시장의 또 다른 실패는 정부의 개입이 없을 경우 기술혁신의 긍정적인 흘러넘침 효과(spill-over effects)를 기대하기 힘들다는 것이다. 적절한 탄소가격체제가 작동되고 있다 하더라도 기업들은 경쟁기업들이 동일한 기술영역에서 단시간 내에 추격해올 것으로 예상되는 한 저탄소기술 개발을 위한 투자의 강력한 동기를 갖기 힘들다. 따라서 정부의 개입과 재정투자에 의해 저탄소기술 개발비용이 감소하게 된다면, 탄소가격이 낮아지면서 기업의 온실가스 감축비용은 줄어들게 된다. 수요 영역에서도 규제는 긍정적인 효과를 기대할 수 있다. 특히 충분한 정보 공유의 실패, 기업과 소비자의 관계 왜곡, 높은 할인율 등은 정부의 개입이 없을 경우 사회적으로 바람직하지 않은 결과를 빚게 된다.

EU 기후보호정책의 두 번째 특징은 배출권거래제, 에너지세 및 탄소세 도입, 에너지 효율개선을 위한 기술혁신, 재생가능에너지의 과감한 확대 등 다양한 정책수단을 혼용하고 있다는 점이다. 이러한 정책조합(policy-mix)은 개별 정책수단의 장점을 활용하고 단점을 보완하기 위한 것으로서, '오염자 부담의 원칙(polluter pays principle)'에 따라 온실가스 감축은 모든 부문을 포괄해야 한다는 감축노력 분담(effort sharing)의 기본원칙이 반영된 결과이다. 온실가스를 감축하기 위한 정책수단은 그 수가 1,000여 개에 달할 정도로 다양한데, 일반적으로 6개의 범주 및 33개 유형으로 분류될 수 있다([표 10]).[37] 최근에는 온실가스 감축의 핵심 정책수단으로 배출권거래제와 탄소세가 주목을 받고 있으며, 나머지는 두 제도의 보완적인 성격을 띠는 경향을 보인다.

배출권거래제와 탄소세는 시장 원리에 기초한 명시적 탄소가격제도라는 점에서 성격이 유사하며 상호 장단점이 분명한 제도이다. 탄소세는 개인부터 기업까지 모든 경제주체를 대상으로 부과되는 데 반해, 배출권거래제는 일정 규모 이상의 대기업 또는 대형 사업장에 국한해 적용된다. 탄소세는 가격 확실성이

37 Productivity Commission (2011): Carbon Emission Policies in Key Economies, Research Report, Canberra. 호주, 중국, 독일, 인도, 일본, 한국, 뉴질랜드, 영국, 미국 등 9개국의 온실가스 감축수단을 분석한 결과임.

[표 10] 온실가스 감축을 위한 정책수단의 범주 및 유형

범 주	유 형
명시적 탄소가격	배출권거래제-총량제한(cap-and-trade) 방식
	배출권거래제-기준인정(baseline and credit) 방식
	배출권거래제-자발적(voluntary)
	탄소세(carbon tax)
보조금 및 기타 세제	자본보조금(capital subsidy)
	고정가격 구매제도(feed-in tariff)
	세금 환급 및 공제(tax rebate or credit)
	면세(tax exemption)
	특혜/저금리 또는 보증 융자(guaranteed loan)
	다른 보조금 및 공제(other subsidy or grant)
	연료세 또는 자원세(fuel or resource tax)
	기타 세금(other tax)
정부의 직접 지출	정부 조달-일반(general)
	정부 조달-탄소 상쇄(carbon offsets)
	정부 투자-기반시설(infrastructure)
	정부 투자-환경(environment)
규제 방식	재생가능에너지 목표(target)
	재생가능에너지 인증제도(renewable energy certificate scheme)
	전력공급 또는 가격규제(electricity supply or pricing regulation)
	기술 표준(technology standard)
	연료 성분 규제(fuel content mandate)
	에너지효율 규제(energy efficiency regulation)
	의무(mandatory) 평가, 감사(audit) 또는 투자
	종합 온실가스 규제(synthetic greenhouse gas regulation)
	도시계획 또는 교통계획 규제
	기타 규제
연구개발(R&D) 지원	R&D-일반 및 실증
	R&D-적용 및 확산
기 타	정보제공 또는 벤치마킹
	표지 제도(labelling scheme)
	홍보 및 교육
	폭넓은 타깃 또는 정부 간 협약
	자발적 협약

높고 사회적 합의가 이루어지면 즉시 도입할 수 있다는 장점을 지니고 있다. 하지만 온실가스를 얼마나 줄일 수 있을지 예측이 어려운 감축 불확실성과 소득 역진성, 정치적 관철의 어려움, 많은 예외조항 수반 등은 대표적인 한계로 지적된다.

배출권거래제의 가장 큰 단점은 배출권 가격의 변동성이 클 경우 투기에 쉽게 노출될 수 있다는 점이다. 할당에 실패할 경우 시장이 왜곡될 수 있다는 점도 경계해야 할 점으로 꼽히고 있다. 하지만 국가가 배출총량을 정한 후 개별 기업들에게 배출권을 제한적으로 할당하기 때문에 감축 확실성이 높다는 점은 이 제도의 장점이다. 또 소득 역진성의 우려가 없고 기업들에게 추가 감축의 동기를 부여한다는 점도 장점으로 거론되고 있다.

배출권거래제는 배출권 총량의 설정, 배출권 할당방식, 배출시설의 정의, 배출권 거래방식, 신규 진입 및 사업자 폐쇄의 처리, 조기행동 허용 여부 및 범위, 배출권의 이월과 차입 허용 여부, 외부 크레디트의 허용 비율, 배출권 시장 감시 및 감독 시스템 등 많은 쟁점에 대한 세밀한 설계를 필요로 한다. 특히 배출권의 초기할당은 국가경제는 물론 다양한 경제주체에 심각한 영향을 끼치는 매우 중요한 설계변수이다. EU의 경험에 비추어 볼 때 배출권거래제의 성패는 엄격한 감축목표의 설정과 배출권 유상할당 비율의 점진적인 확대에 달려 있다. 감축목표가 느슨할 경우 공급이 수요를 초과해 배출권 가격이 폭락하고 시장이 붕괴될 가능성이 존재한다. 과도한 무상할당은 우발이익 등 시장을 왜곡시킬 우려가 있다. 이를 막기 위해서는 유상할당의 비율을 점진적으로 확대해 기업의 감축여력을 정확하게 파악하고 기업들이 자신의 지불의사를 점검해 가면서 장기적인 사업전략을 수립하도록 유도해야 한다.

우리나라에서 에너지 세제개혁은 1) 에너지 및 전력부문 환경유해보조금의 폐지, 2) 교통에너지환경세 폐지와 연계한 탄소세 도입, 3) 이산화탄소 감축과 일자리 창출을 동시에 추구하는 조세 중립적 세제개혁, 4) 저소득층에 불리한 소득 역진성 개선이라는 4가지 원칙과 방향에서 검토될 필요가 있다. 특히 조세 중립적 세제개혁은 EU의 경험과 지속되는 고유가 및 불합리한 교통에너지환경세에 대한 불만이 팽배한 현실을 고려할 때 반드시 유지해야할 원칙으로 판단된다. 물론 탄소세 신규 도입을 추진하되 정책 수용성과 단기적 경제부담 완화를 위해 낮은 세율로 도입하자는 의견도 있다. 하지만 환경유해보조금과 교통에너지환경세 등 현행 에너지 세제의 문제점을 개선하지 않은 채 추가적인 세 부담 증가를 국민들이 수용할 것인지는 회의적이다. 따라서 2012년 말 예정대로 교통 에너지환경세를 폐지하는 등 기존 불합리한 에너지세제 개편과 탄소세 도입을 연계하는 것이 바람직하다.

EU의 기후보호정책은 배출권거래제, 탄소세, 직접 규제 등의 정책수단들이 배타적이기보다는 상호 보완적일 수 있다는 사실을 말해준다. 우리나라처럼 온실가스 배출량 증가율이 높은 국가에서는 자동차 연비 규제 등 직접규제, 배출권거래제, 탄소세, 재생가능에너지 확대, 에너지효율 향상과 같은 다양한 정책수단이 전방위적으로 추진할 필요가 있다.

저탄소 녹색성장 기본법 등 현행 법·제도가 개별 기후변화 대응 정책들을 효과적으로 뒷받침할 수 있는 조건을 갖추었는지에 대한 검토도 필요하다. 저탄소 녹색성장 기본법은 '녹색(환경)'과 '성장(경제)'의 절충을 시도하고 있지만, 지속가능한 발전의 핵심 요건의 하나인 '사회적 형평성'과 '정의'에 대한 문제의식은 결여하고 있다. 기후변화 대응은 '책임'과 '기회' 배분에 있어서 '형평성' 확보라는 과제와 함께, 이른바 '기후정의(climate justice)'의 문제를 수반하고 있다는 사실을 간과해서는 안 될 것이다.

참고문헌

국내문헌

김승래 외 (2008): 세제의 환경친화적 개편에 관한 연구, 한국조세연구원.

안병옥 (2010): 지난 10년간 독일 환경정책의 평가와 전망, FES-Information-Series 2010-05, 프리드리히-에버트 재단.

외국문헌

Andersen, M. S. (2010): Europe's experience with carbonenergy taxation.

Brännlund, R. & B. Kriström (1997): Energy and Environmental Taxation in Sweden: Some Experience from the Swedish Green tax Commission.

CE Delft (2010): Does the energy intensive industry obtain windfall profits through the EU ETS?.

Commission of the European Communities (2000): Green Paper on greenhouse gas emissions trading within the European Union.

Commission Work Programme 2011, European Strategy and Action plan towards a sustainable bio-based economy by 2020.

Diemer, R. (2011): Revision of the EU Energy Tax Directive - technical press briefing.

European Commission (2006): Green paper "A European Strategy for Sustainable, Competitive and Secure Energy."

______ (2011): A Roadmap for moving to a competitive low carbon economy in 2050.

European Environment Agency (2006): Using the market for cost-effective environmental policy, EEA Report No 1/2006.

______ (2010): Annual European Union greenhouse gas inventory 1990-2008 and inventory report 2010, EEA Technical report No 6/2010.

Green Budget Germany (2006): Marktwirtschaftliche Instrumente in der Umweltpolitik.

Harrison G. W. & B. Kriström (1997): Carbon Taxes in Sweden.

HM Revenue & Customs (2010): A general guide to Climate Change Levy.

IEA (2008): Energy Policies of IEA Countries - Sweden 2008 Review.

Institute for Research in Economic and Fiscal Issues (2010): Energy Policy and Energy

Taxation in the EU.

Kohlhaas, M. (2005): Gesamtwirtschaftliche Effekte der ökologischen Steuerreform Band I, II.

OECD (2006): The Political Economy of Environmentally related taxes.

Point Carbon (2008): EU ETS Phase II-The potential and scale of windfall profits in the power sector.

Productivity Commission (2011): Carbon Emission Policies in Key Economies, Research Report.

Stern, N. (2006): Stern Review on The Economics of Climate Change (pre-publication edition). Executive Summary. HM Treasury, London.

제 6 장 신재생에너지 의무할당제에 관한 쟁점들

- 영국의 "신재생에너지 의무화제도(RO)"를 중심으로 -

황 형 준*

Ⅰ. 서 설

1. 기후변화와 신재생에너지의 중요성

오늘날 기후변화는 대부분의 사람들이 공감하는 당면과제가 되었고, 기후변화의 주요 원인이 화석에너지의 무분별한 사용이었다는 점에서 에너지원의 변화 역시 주요한 정책과제로 제시되고 있다. 이처럼 기후변화에 따른 에너지 문제는 현실적이면서도 긴급한 국가적 현안이 되고 있고, 이러한 상황은 우리에게도 에너지 분야의 정책과 법제도에 대한 패러다임의 전환을 요구하고 있는 것이다.[1] 이러한 에너지정책 패러다임 전환의 핵심에 신재생에너지가 놓여 있다는 점에서, 신재생에너지[2] 관련 제도에 관한 깊이 있는 이해와 검토가 필요하게 된다.

---

* 법무법인 율촌, 변호사.

1 함태성, "녹색성장과 에너지법제의 대응," 법제연구 제36호, 한국법제연구원(2009), 108면.

2 현재 화석연료의 대체적 에너지를 의미하는 용어로서 신재생에너지, 재생에너지, 대체에너지 등 다양한 용어들이 사용되고 있으나, 명확한 개념상의 구별이나 정의는 이루어지지 않고 있다. 현행 신에너지 및 재생에너지 개발 · 이용 · 보급 촉진법은 신에너지 및 재생에너지를 구별하는 전제에서, 양자를 통칭하여 신 · 재생에너지라고 부르고 있으므로, 이하에서는 편의상 "신재생에너지"라는 용어를 주로 사용하기로 한다.

또한, 영어로는 "renewable energy"라고 하므로 엄밀히는 "재생에너지"라는 번역이 정확하나, 영국의 현행 공익설비법(Utilities Act 2000) 제32조 (8)항은 신에너지와 재생에너지를 구별하지 아니하고 우리나라는 1988. 1. 1.부터 대체에너지개발촉진법을 시행하여 대체에너지 개발의 종합적 추진 및 에너지원의 다양화를 도모하고자 한 바 있고, 1997년에는 이를 대체에너지개발및이용·보급촉진법으로 전부 개정하고, 2004년에는 이를 다시 신에너지및재생에너지개발·이용·보급촉진법(이하 "신재생에너지법"이라 한다)으로 전부 개정하여 오늘에 이르고 있다. 특히, 2002년경 개정을 통해 대체에너지에 대한 '발전차액 지원제도'를 도입하여 시행 중인데, 2010. 4. 12. 개정으로 인하여 2012. 1. 1.부터 위 발전차액 지원제도는 이른바 '신재생에너지 의무화제도'로 전환되어 시행 중이다.[3] 이에 따라, 최근 국내에서는 신재생에너지 지원정책으로서 발전차액 지원제도와 의무화제도를 비교·평가하는 논의가 많아지고 있고, 이미 발전차액 지원제도 또는 의무화제도를 시행해 온 각국의 입법례와 시행 경과를 파악하려는 노력도 지속되고 있다.

이러한 상황을 염두에 두고, 이 글에서는 최근 적극적으로 신재생에너지 확대 정책을 시도하고 있는 나라이자, 세계적으로 매우 적극적인 기후변화 정책을 마련하여 시행하고 있다고 평가되는 영국(United Kingdom)의 신재생에너지 법제를 검토하고, 이로부터 우리나라의 신재생에너지 법제에 관한 함의를 찾아보고자 한다.

2. 영국의 신재생에너지 관련 목표 및 현황

과거 영국은 브렌트유(Brent Oil)의 생산국으로서 노르웨이와 함께 EU의 주요 수출국 지위를 누리고 있었으나, 영국의 원유 및 가스 자원이 점차 고갈됨에 따라 대외적인 에너지 의존도가 높아지고 있는 실정이다. 이에 에너지수입선 다변화, 신재생에너지 개발, 에너지효율 향상, 에너지 분야의 국제협력 체계 구축 등이 영국 에너지정책의 주요 과제가 되고 있다.[4] 한편, 영국은 태양광, 바이오에너지 등의 신재생에너지원이 풍부하지는 않지만, 풍력 및 수력에 관하여는 지리적 여건이 좋은 편이었음에도, 2000년대 초까지는 독일, 덴마크 등의 인접 국

"화석연료와 핵연료를 제외한 에너지원"을 통틀어 "renewable sources"로 정의하고 있고, 국내에서도 신에너지와 재생에너지를 특별히 구별하지 않은 채 "신재생에너지"라고 부르는 경우가 많으므로 이하에서는 영국의 "renewable energy" 또는 "renewables"의 경우에도 "신재생에너지"라는 용어를 사용하기로 한다.

3 신재생에너지법 제12조의5 및 부칙 제 1 조 참조.

4 에너지경제연구원, Country Profile: 영국, 에너지경제연구원(2007), 1-2면.

가에 비하여 상당히 낮은 신재생에너지 활용률을 유지하고 있었다.[5]

이에 영국 정부는 보다 적극적인 신재생에너지 확대정책을 시행하기로 결정하였고, 2003년 에너지백서(White Paper on Energy 2003)를 통하여 총 전력공급 중 신재생에너지를 통한 공급 비율을 2010년까지 10%, 2020년까지 20%로 확대하겠다는 정책목표를 설정하기도 하였지만, 2000년대 초반의 보급 부진으로 인하여 2010년의 목표는 달성하지 못한 상황이다. 특히, 일부 국제회계법인은 자체 분석을 통하여 영국의 풍력자원이 독일보다 좋음에도 불구하고 독일이 영국의 5분의 1 가격으로 네 배나 많은 재생에너지를 생산하는 등 발전차액 지원제도를 실시하고 있는 독일이 영국에 비하여 더 낮은 가격에 더 많은 신재생에너지를 공급하고 있다고 보고한 바 있는 등,[6] 영국의 신재생에너지 정책이 성공적이라는 평가를 하기 어려운 상황이 지속되어 왔다.

그런데 영국은 최근 제정된 기후변화법(Climate Change Act 2008)[7] 제 1 조를 통하여 2050년까지 이산화탄소 배출량을 1990년 대비 80% 감축하겠다는 장기 감축목표를 제시하는 등 적극적인 기후변화 대응책을 마련하여 시행하고 있으며, 신재생에너지 관련 법령도 지속적으로 정비함으로써 신재생에너지의 비중을 높이고자 힘쓰고 있다.

그 결과, 최근 발표된 영국 가스전력시장청(Office of Gas and Electricity Market, 이하 "가스전력시장청" 또는 "Ofgem")의 보도자료에 따르면, 2010년도 영국의 신재생에너지 공급의무비율(목표치)은 총 전력수요량의 9.7%로서 이는 3,010만 ROC[8]에 상응하는데 실제로 제출된 ROC는 2,134만 ROC이므로,[9] 이는 총 전력량의 약 7% 수준에 해당하는 목표를 달성한 것으로 평가되고 있다. 한편, 2010년도의 경

5 이처럼 영국에서 신재생에너지 보급정책이 성공하지 못했던 이유로는, 후술하는 신재생에너지 의무화제도가 투자에 필요한 가격 및 시장의 안정성을 확보해 주지 못했다는 점 및 영국의 신재생에너지 정책이 초기에 자주 바뀌었다는 점 등이 제시되고 있다. Judith Lipp, "Lessons for effective renewable electricity policy from Denmark, Germany and the United Kingdom," Energy Policy 35 (2007), pp. 5489−5490 참조.

6 한국법제연구원(연구자: 이준서), 발전차액지원제도(FIT)와 의무할당제도(RPS)의 입법적 검토: 일본 RPS법을 중심으로, 한국법제연구원(2010), 90면.

7 기후변화법(Climate Change Act 2008)은 2008. 11. 26. 공포되어 현재 시행 중이며, 탄소배출 감소에 관하여 법적 구속력 있는 장기계획을 마련한 최초의 입법으로 평가받고 있다.

8 "ROC"란, 후술하는 영국의 '신재생에너지 의무화제도'에 따라 가스전력시장청이 신재생에너지 사업자에게 발급한 '신재생에너지 의무화제도 인증서'(Renewables Obligation Certificate)를 의미한다.

9 http://www.ofgem.gov.uk/Media/PressRel/Documents1/RO%20buy%20out%20fund_10_2010.pdf (2012. 1. 25. 최종접속).

우 신재생에너지를 이용한 발전량은 전년도 대비 23.1%가 증가하였으며, 풍력에너지 발전량은 전년도 대비 36.9%가 증가하였다고 한다.[10] 7-8년 전의 신재생에너지 활용률과 비교할 경우 이는 상당히 빠른 속도의 발전이라고 할 수 있을 것이다.

이러한 노력은 2011. 7.경 발표된 영국의 신재생에너지 로드맵(UK Renewable Energy Roadmap)을 통해 보다 구체화되고 있다.[11] 위 로드맵에 따르면, 영국은 육상풍력, 해상풍력, 해양에너지, 바이오매스 전력, 바이오매스 열 등과 같은 8대 신재생에너지 기술을 통하여 2020년까지 영국 내 에너지 소비의 15%를 신재생에너지로 충당한다는 중기 목표를 달성할 수 있을 것으로 예상되고 있다. 아울러, 이미 상당한 시설이 구축되어 있는 신재생에너지 발전 분야 외에 신재생 열에너지에 대하여도 인센티브를 부여함에 따라 2020년까지 12만 개 이상의 신재생 열에너지 시설을 설치할 수 있을 것으로 기대하고 있다. 또한, 2011년 영국 내 각 지역이 발표한 신재생에너지 투자액 및 일자리 창출효과에 관한 발표를 종합하면, 영국에서만 24.6억 파운드 가량의 투자가 이루어지고, 11,619명 가량의 일자리가 창출될 것으로 예상되고 있다. 이하에서는 이러한 발전의 바탕이 되고 있는 영국 신재생에너지 법제의 내용 및 주요 쟁점을 살펴보기로 한다.

Ⅱ. 영국의 신재생에너지 법제

1. 영국의 신재생에너지 법제 개관

(1) '비화석연료 의무화제도'의 도입 및 시행

영국의 신재생에너지 정책은 전력산업의 구조 개편 과정에서 본격화되었던 것으로 보인다. 1990년경 영국 정부는 전력산업의 구조개선 작업의 하나로서 신재생에너지 확대를 위한 '비화석연료 의무화제도'(Non-Fossil Fuel Obligation, "NFFO")를 도입하였다. '비화석연료 의무화제도'란, 잉글랜드 및 웨일스 지역의 정부가

10 에너지경제연구원, 주간 해외에너지정책 동향(2011. 1. 7.자), 15면.

11 http://www.decc.gov.uk/en/content/cms/meeting_energy/renewable_ener/re_roadmap/re_roadmap.aspx(2012. 1. 25. 최종접속).

핵에너지 및 신재생에너지 사업자들과 지역 전력회사들 간의 집단계약을 주선하여 일정액 이상의 전력가격을 보장하는 조건으로 핵에너지 또는 신재생에너지를 이용하여 생산된 전력이 경쟁입찰 시스템을 통해 공급되도록 함으로써, 전력회사들이 핵에너지 또는 신재생에너지를 통해 생산된 전력을 구입하도록 하고 이에 비례하여 일정한 지원금을 지급하는 제도이다.[12] 위 제도는 구 전력법(Electricity Act 1989)에 따라 1990년경 도입되었으며, 도입 초기에는 핵에너지 분야를 지원하려는 의도가 강했으나 시행 이후 신재생에너지로 중심이 옮겨져 시행되어 왔다.[13]

(2) '신재생에너지 의무화제도'의 도입 및 시행

그런데, 2000년대로 넘어오면서 공익설비법(Utilities Act 2000)이 제정되고 새로운 전력거래제도인 NETA(New Electricity Trading Arrangements)가 도입됨에 따라, 과거의 신재생에너지 촉진제도 역시 새롭게 정비되어야 할 필요성이 강조되었다. 아울러, 당시 기후변화에 대한 국제적 관심이 고조되고, 영국 정부가 적극적인 기후변화 대응책을 수립해 나감에 따라 신재생에너지의 공급을 획기적으로 확대할 필요가 있었던 점 역시 신재생에너지 제도의 개혁을 촉진하는 계기가 되었다.

이에 따라 영국 정부는 2002년경 '신재생에너지 의무화제도'(Renewables Obligation, "RO")를 도입하게 되었다. 위 제도는 전기판매사업자들로 하여금 총발전량 또는 총전력판매량의 일정 비율을 신재생에너지에 의한 발전량으로 충당하도록 의무화한 제도로서,[14] 2002년부터 2027년까지 25년간 시행될 예정으로 되어 있다.

(3) '발전차액 지원제도'의 도입 및 시행

또한, 2008. 11. 26.자로 에너지법(Energy Act 2008)이 개정되면서, 소규모 발전에 관한 '발전차액 지원제도'(Feed-in Tariff, "FIT")에 관한 근거규정이 마련되게

---

12 유사한 제도가 스코틀랜드 및 북아일랜드에서도 각각 '스코틀랜드 신재생에너지 의무화제도'(Scottish Renewables Obligation) 및 '북아일랜드 비화석연료 의무화제도'(Northern Ireland Non-Fossil Fuel Obligation)의 명칭으로 운영되고 있다.

13 '비화석연료 의무화제도'의 지원금은 1990년경 kWh당 평균 7.51펜스에서 1998년경 2.71펜스까지 감소하였으며, 비록 이제는 '신재생에너지 의무화제도'가 영국 정부의 주요정책이 되었지만 '비화석연료 의무화제도' 역시 2018년까지 유지되는 것으로 되어 있다.

14 이는 기본적으로 미국의 '신재생에너지 의무할당제도'(Renewable Portfolio Standards, "RPS")와 유사한 제도로 평가받고 있다.

되었고,[15] 이에 따라 2010. 4. 1.자로 '발전차액 지원제도'가 시행되기에 이르렀다. 현행 발전차액 지원제도는, 일정한 '허가된 전기공급자들'(Licensed Electricity Suppliers, "FIT Licensees")로 하여금 '소규모 저탄소 발전사업자'들이 생산 또는 수출한 전기에 관하여 발전차액(generation tariff)을 지급하도록 하는 제도이다.[16]

(4) 그 밖의 신재생에너지 촉진제도

영국 정부는 신재생에너지 보급을 촉진하기 위하여 기후변화세, 신기회기금, 바이오에너지 보조금제도, 해상풍력보조금 등의 다양한 제도를 마련하고 있다.

기후변화세(Climate Change Levy)는, 에너지효율 향상 및 신재생에너지 부문에 대한 투자의 촉진을 목적으로 2001년경에 도입되었는데, 가스, 석탄을 비롯한 화석연료에 대하여는 기후변화세가 부과되지만, 고품질 열병합발전과 태양광, 풍력과 같은 신재생에너지에 대하여는 기후변화세 부과가 면제된다. 이와 더불어, 정부와 기후변화협정을 체결한 기업 및 에너지다소비 산업, 원예농업 생산자 등에 대하여도 일정한 비율의 감세혜택을 제공한다.[17]

신기회기금(New Opportunities Fund)은 신재생에너지의 기술개발 촉진을 목적으로 해상풍력, 바이오매스, 바이오연료, 태양광 등에 관하여 지원하는 기금이며, 바이오에너지 보조금제도(Bio-energy Capital Grants Scheme)는 바이오매스 에너지원 활용촉진을 위하여 관련 장비의 구입 및 설치에 관하여 해당 비용을 지원하는 형태로 지원하는 보조금제도이고, 해상풍력 보조금제도(Offshore Wind Capital Grants Scheme)는 해상풍력시설을 확대하기 위한 목적으로 설치용량 20MWh 이상의 해상풍력설비 설치비용의 40%까지 보조금을 지원하는 제도이다.[18]

그 밖에도 태양광, 풍력터빈, 바이오에너지, 연료전지 등을 포함하는 마이크로발전기술에 따라 2년간 8,000만 파운드를 지원하는 저탄소 빌딩 프로그램(Low Carbon Building Program)도 운영되었으며, 최근에는 2011년 6월경 시작하여 2015년경까지 진행되는 신재생에너지 난방지원사업인 '신재생 열에너지 인센티브'(Re-

15 에너지법(Energy Act 2008) 제41조 내지 제44조.

16 본 제도는 최대 5MWh 이하 규모의 발전원에 대하여만 적용 가능하다.

17 산업자원부 · 신재생에너지센터 · 국회신재생에너지정책연구회 공편, 신재생에너지 백서 2005, 산업자원부(2006), 110면.

18 조창현, "미국과 영국의 신재생에너지 지원정책 비교와 시사점," 산업경제(2008. 10.), 50면.

newable Heat Incentive) 프로그램을 위해 8억 5,000만 파운드를 지원할 것이라고 발표하기도 하였다.[19]

이처럼, 영국 정부는 신재생에너지의 보급 촉진을 위하여 다양한 정책을 혼합하여 시행하고 있다.[20] 하지만, 그중 가장 핵심적인 수단이자 아직까지 산업계에 가장 큰 영향을 미치고 있는 것은 역시 '신재생에너지 의무화제도'라 할 것이므로, 이하에서는 위 제도의 내용을 좀 더 자세히 살펴보고, 최근 도입되어 중요성을 인정받고 있는 '발전차액 지원제도'에 관하여도 간략히 검토해 보기로 한다.[21]

2. 영국의 '신재생에너지 의무화제도'(RO)

(1) 영국 '신재생에너지 의무화제도'의 개관 및 개정 연혁

'신재생에너지 의무화제도'는, 전력회사들로 하여금 총발전량 또는 총전력판매량의 일정 비율을 신재생에너지에 의한 발전량으로 충당하도록 의무화한 제도이다. 2002년 제정된 '신재생에너지 의무화제도 시행령'(Renewables Obligation Order 2002)[22]은 구 전력법(Electricity Act 1989)에 의하여 허가를 받아 잉글랜드 및 웨일스 지역에 전력을 공급하는 모든 전력공급자들로 하여금 신재생에너지를 이용한 발전량이 일정한 비율을 유지하도록 요구하고 있으며, 위 입증의 증거로서 가스전력시장청이 신재생에너지 사업자에게 발급한 '신재생에너지 의무화제도 인증서'(Renewables Obligation Certificate, 이하 "ROC"[23])를 인정하고 있다.

19 '신재생 열에너지 인센티브'(RHI) 프로그램은, 바이오매스 버너, 태양열 난방기, 지열 펌프를 설치하기 위한 사업을 통해 저탄소에너지를 지원하는 제도로서, 난방으로부터 발생하는 탄소 배출량을 억제하고 건물의 에너지효율을 향상시키는 프로그램이다. 에너지경제연구원, 주간 해외에너지정책 동향(2010. 11. 4.자), 15면.

20 종래 영국의 에너지 정책 주무부서는 통상산업부(Department of Trade & Industry, "DTI")였으나, 2007. 6.경 통상산업부가 폐지되면서 신설된 기업및규제개혁부(Department of Business Enterprises & Regulatory Reform, "DBERR")로 에너지 업무가 모두 이관되었다가, 2008. 10.경 신설된 에너지기후변화부(Department of Energy and Climate Change, "DECC")로 이관된 바 있다. 한편, '신재생에너지 의무화제도'에 관하여는 과거 통상산업부 시절부터 지금까지 가스전력시장청(Office of Gas and Electricity Market)이 계속하여 담당하고 있다.

21 '신재생에너지 의무화제도'를 비롯한 여러 지원제도는 시행 즉시 상당한 효과를 나타내어, 2002년 1.2%에 불과하던 신재생에너지 사용비율은 2005년 4%로 3년 만에 3배 이상 증가하였고, 2010년에는 7%에 이르게 되었다고 한다. 에너지경제연구원, Country Profile: 영국, 에너지경제연구원(2007), 18면 참조.

22 *The Renewables Obligation Order* 2002, S.I. 2002/914.

23 공익설비법(Utilities Act 2000)은 이를 '녹색증서'(Green Certificate)라고 표현하고 있다.

가스전력시장청은 일정한 요건을 충족한 발전시설을 운영하는 신재생에너지 사업자에게 1개월 단위로 발전전력량에 비례하여 1MW당 1ROC를 발급하며, 전력회사를 비롯한 전력공급자들은 매 기준연도(당해 연도 4월 1일부터 다음 연도 3월 31일까지)의 판매전력량에 따라 필요한 ROC를 신재생에너지 발전사업자와의 직접거래를 통하여 취득하거나 ROC 거래시장에서 구입하게 된다.

'신재생에너지 의무화제도'는 국무대신(Secretary of State)이 전력회사들에게 총발전량의 일정 비율을 신재생에너지에 의한 발전량으로 충당하여야 할 의무를 부과할 수 있도록 하는 구 전력법 제32조[24]에 근거를 두고 있다. 위 규정에 따라 제정된 '신재생에너지 의무화제도 시행령'은 2002. 4. 1. 최초로 시행된 이래 지금에 이르기까지 7차례의 크고 작은 개정을 거쳐 왔는데, 위와 같은 제도의 기본구조는 큰 변화 없이 유지되어 왔다. 이제까지의 주요한 개정 연혁을 간략히 살펴보면 다음과 같다.

첫 번째의 전면개정이라고 할 수 있는 2005. 3. 17.자 개정은, 북아일랜드에서의 신재생에너지 의무화제도에 관한 규정 및 영국에서 생산된 전기가 북아일랜드에 공급되었을 경우의 ROC 할당 등에 관한 규정을 신설하였고, 바이아웃 금액의 '지연납입'(late payment) 및 ROC 부족분의 '상호보충'(mutualisation)에 관한 규정을 신설하였다. 두 번째의 전면개정인 2006. 3. 30.자 개정의 경우, 조문의 구조 및 형식을 재편하였으며, 전부 또는 일부가 폐기물에 의하여 발전되는 열병합발전소에서 생산된 전기에 관한 ROC의 산정방식, 신재생에너지 발전소의 '예비인증'(preliminary accreditation) 절차 등에 관한 규정을 신설하였다. 끝으로, 가장 최근의 전면개정인 2009. 3. 24.자 개정의 경우, 전기의 발전방식에 따라 발급되는 ROC의 가치에 차등을 두는 제도인 '유형별 비율차등제'(banding regime)를 도입하였다.

(2) 신재생에너지원으로 될 수 있는 경우

'신재생에너지 의무화제도 시행령'이 인정하고 있는 신재생에너지원은 다음 [표 1]과 같다.

---

24 현행 에너지법(Energy Act 2010) 제37조에 해당한다.

[표 1] 적용 대상 신재생에너지원[25]

에너지원	내 용
바이오매스	- 바이오매스의 열분해를 통해서 생산된 바이오연료 - 바이오매스의 혐기소화(anaerobic digestion), 가스화 또는 열분해를 통해 생산된 바이오가스 - 복합연료(바이오매스와 화석연료) 사용 발전소는 바이오매스 부분만 유효 - 2011년 이후에는 혼소발전(duel-fuel)에 의한 인증서는 인정 않음
수 력	- 대수력: 20MWh 이상의 수력발전(2002. 4. 1.이후 가동된 경우만) - 소수력: 1.25MWh 이상의 수력발전 - 극소수력: 1.25MWh 이하의 수력발전
태 양 광	- 태양광 시스템
조 력	- 조력 시스템
파 력	- 파력 시스템
풍 력	- 해상풍력/육상풍력
폐 기 물	- 폐기물의 열분해로 생산된 바이오연료 - 폐기물의 혐기성소화, 가스화, 열분해로 생산된 바이오가스 - 하수가스, 매립가스

(3) 신재생에너지 의무비율

각 전력공급자들이 준수해야 하는 신재생에너지 공급비율은, 2002년의 3.0%를 시작으로 아래 [표 2]와 같이 매년 증가하여 2015년에는 15.4%까지 증가하게 된다.

[표 2] '신재생에너지 의무화제도'의 신재생에너지 의무비율(%)*

연 도	2002	2003	2004	2005	2006	2007	2008	2009	2010	2011	2012	2013	2014	2015
목 표	3.0	4.3	4.9	5.5	6.7	7.9	9.1	9.7	10.4	11.4	12.4	13.4	14.4	15.4

* 해당연도는, 당해 연도 4월 1일부터 다음 연도 3월 31일까지.

(4) ROC 등록부 및 ROC의 발급 절차

가스전력시장청은 'ROC 등록부'(이하 "등록부")를 개설하여 운영하는데, ROC의 존재 여부 및 권리자는 등록부의 기재에 따라 결정된다. 등록부에는 ROC의

25 한국전기연구원, 신재생에너지 의무할당제(RPS) 국내운영방안 수립, 지식경제부(2009), 142면 참조.

명세사항을 기재하여야 하며, ROC 명세사항이 등록부에 기재된 때에 ROC가 발급된 것으로 간주된다. 등록부에는 각 ROC의 정확한 명세사항 및 등록된 권리자 또는 등록을 신청한 권리자가 기재되어야 한다. 각 ROC별로 등록된 권리자만이 당해 ROC를 증거로 사용할 수 있으며, 모든 ROC는 등록된 권리자 이외의 자에 대한 신재생에너지 사용의무 이행의 증거로 사용될 수 없다.

한편, ROC는 일정한 요건을 충족한 발전소의 운영자에게 발급된다. 위 요건은, ① 당해 발전소가 신재생에너지를 이용하여 발전할 수 있다는 것을 발전소의 운영자에게 사전에 서면으로 인증하고, 이를 철회한 바 없을 것, ② 전기의 생산 연월, 발전소 주소, 발전소 및 신재생에너지원에 대한 설명 등과 같은 ROC의 식별정보를 모두 정확히 제출하였을 것, ③ 소비자에 대하여 전기를 공급하지 않을 것이라고 알고 있거나 그렇게 믿을 만한 사유가 있는 전기공급자에게 전기를 공급하였거나, 자기가 당해 전기를 사용한 결과 소비자에 대하여 전기가 공급되지 못하였다는 등의 사정이 존재하지 않음을 확인할 것, ④ 당해 전기가 영국의 영토가 아닌 지역에서 생산되었을 경우, 영국의 배전망으로 바로 전송되었다는 점을 입증하였을 것, ⑤ 당해 전기 생산에 관하여 이미 ROC가 발급된 바 없을 것, ⑥ 일정한 거부요건에 해당하지 않을 것 등이다.

아울러, 일정한 경우 가스전력시장청은 ROC의 발급을 거부할 수 있는데, ① ROC 발급에 관하여 제출된 정보를 충분히 신뢰할 수 없는 경우, ② 위 세 번째 발급요건(③의 요건)에 관한 정보가 부정확하다고 판단하는 경우, ③ ROC를 신청한 당해 전기가 이미 소비되어 영국 내 소비자에게 전달되지 않았다고 인정할 만한 상당한 이유가 있는 경우, ④ 당해 발전이 이루어진 달에 당해 발전소가 준수해야 할 인증조건을 모두 준수하지 못한 경우 등이 그것이다.

본조에 따라 ROC가 발급될 수 있는 경우, 가스전력시장청은 그 달의 총발전량(gross output)에서 그 달의 사용전력(input electricity)을 차감하여 순발전량(net output)을 산정하고, 다시 순발전량에서 화석연료로 인한 발전량을 차감하여 그 달에 신재생에너지를 이용하여 이루어진 발전량(renewable output)을 결정하며,[26] 그 발전량에서 ROC의 발급 요건을 충족하지 못한 발전량을 차감한 다음 1MWh 이하의 발전량은 반올림하여, 최종적으로 산정된 발전량에 상응하는 ROC를 발급하게 된다.

---

26 단, 당해 발전소의 사용전력이 총발전량의 0.5%를 초과하지 않는 경우에는 사용전력을 차감하지 않은 총발전량을 순발전량으로 보는 특칙이 있다.

(5) ROC의 취소 절차

가스전력시장청은, ① ROC가 기망행위에 의하여 발급된 경우, ② 그 밖에 ROC가 부정확한 경우[27] 등에는 당해 ROC를 취소하여야 하며, ① 당해 ROC가 발급되지 않았어야 한다고 인정하는 경우, ② ROC 발급의 근거가 된 정보의 신뢰성 또는 정확성에 관하여 합리적인 의심이 있는 경우, ③ ROC 또는 ROC 발급의 근거가 된 정보의 정확성을 확인할 수 없는 경우 등에는 당해 ROC를 취소할 수 있다. 기망행위 이외의 사유로 ROC가 취소된 경우에는, 가스전력시장청이 적당하다고 인정하는 바에 따라 '대체 ROC'(replacement ROC)를 발급할 수 있다.

(6) 공급의무비율 미준수의 대안: '바이아웃 가격'의 납입

ROC를 제출하는 대신, 전기공급자는 이른바 '바이아웃 가격'(buy-out price)을 가스전력시장청에 납입함으로써 신재생에너지 공급비율의 준수의무를 이행한 것으로 인정받을 수도 있다. 위 제도가 도입된 2002년도 바이아웃 가격은 MWh당 30파운드로 설정되었고, 이후 소비자물가지수에 연동하여 증가하여 왔는데,[28] 2010년도의 바이아웃 가격은 MWh당 36.99파운드이며, 2011년도의 바이아웃 가격은 MWh당 38.69파운드이다.[29]

바이아웃 제도를 통해 납입된 금액은 이른바 바이아웃 펀드(buy-out fund)를 조성하여 가스전력시장청이 관리하게 되며, 공급의무비율을 준수한 사업자들에게 ROC의 조달량에 비례하여 환원된다(이하 "바이아웃 환원").[30]

만일 신재생에너지 공급비율을 준수하지 못한 공급의무자가 해당 연도의 다음해 10월 1일까지도 바이아웃 가격을 납입하지 않을 경우, 해당 사업자에게는 동법 위반을 이유로 연간 매출액의 10%를 상한으로 하는 과징금이 부과될 수 있다.[31]

---

27 다만, 총발전량 및 사용전력의 증감변동은 위 부정확성의 근거로 고려될 수 없다.

28 참고로, 2004년도의 바이아웃 가격은 MWh당 31.39파운드였고, 2004년도 전력의 도매가격은 MWh당 약 15파운드 정도였다고 한다(산업자원부 · 신재생에너지센터 · 국회신재생에너지정책연구회 공편, 전게서, 110면).

29 http://www.ofgem.gov.uk/Pages/MoreInformation.aspx?file=RO buy-out Info Note 4 Feb.pdf&refer=Media/PressRel 참조(2012. 1. 25. 최종접속).

30 이러한 바이아웃 환원은 공급의무비율 준수의 유인으로 작용하게 된다.

31 이지원 역, "재생가능에너지 구입의무제도(RO)의 실적검증: 영국 — 도입1년째에 따른 RO의 준수상황," 해외전력정보 제27권 제 7 호(통권 제322호), 한국전력공사(2004. 7.), 70면.

(7) ROC의 거래제도 및 전력거래 및 배출권거래와의 관계

신재생에너지 사업자가 발전한 전력은 일반전력과 같이 직접계약 또는 거래소를 통해 불특정사업자에게 판매하는 것이 가능하다. 달성의무를 초과하여 ROC를 조달한 발전사업자는, ① 이를 가스전력시장청에 추가로 제출하거나, ② 다음 해 의무량의 25%를 상한으로 하여 다음 해로 초과한 ROC를 '이월'할 수 있고, ③ ROC 사업자들 간에 ROC를 '거래'할 수도 있으며, ④ 국내 '배출권거래시장'에서 거래할 수도 있으므로, 결국 4가지 방법 중에서 선택이 가능하다.[32]

이 중 가스전력시장청에 추가로 제출하는 경우는 잉여분을 포함한 ROC의 비율에 따라 바이아웃 환원을 받게 된다. 그리고 국내 배출권거래시장에서 매각할 경우에는 1ROC당 0.43톤의 이산화탄소(금액으로 환산하면 7파운드 가량)로 환산되기 때문에 ROC를 국내 배출권거래시장에서 매각할 가능성은 낮다고 한다.[33]

(8) '유형별 비율차등제'의 도입

영국의 신재생에너지 의무화제도의 경우 발전 사업자들 간의 ROC 매매가 허용되므로, 자신의 발전설비가 없거나 발전설비가 있더라도 공급의무비율만큼 발전할 수 없는 전기판매사업자들은 신재생에너지 발전사업자들로부터 전력을 직접 구매하거나, 또는 ROC를 시장에서 구매할 수 있다. 그런데, 영국의 신재생에너지 의무화제도는, 전기판매사업자들이 신재생에너지 발전사업자들로부터 전력을 직접 구매하거나 ROC를 시장에서 구매하는 경우에 관하여 특정한 신재생에너지원으로부터 구입하도록 강제하거나, 계약기간 또는 계약금액의 한계를 정하지 않고 있다. 따라서 전기판매사업자들은 계약에 따라 다양한 가격을 지불하게 될 뿐 아니라, 신재생에너지의 중장기가격에 대한 불확실성으로 인하여 대부분의 계약은 비교적 짧은 기간으로 제한된다. 이처럼 신재생에너지의 발전량과 가격에 대한 불확실성으로 인하여 신재생에너지 사업자의 위험은 증가할 수 있으며, 이것이 영국에서 신재생에너지 보급목표의 달성을 어렵게 하는 주요 요인으로 작용하였다.[34]

---

32 이지원 역, 전게논문, 70면.

33 이지원 역, 전게논문, 70면.

34 한국전기연구원, 전게서, 119-120면. 신재생에너지 의무할당제로 인하여 영국의 신재생에너지는 육상풍력과 일부 바이오매스 등 특정 에너지원에 국한되어 개발되고 있으며, 해상풍력, 태양광, 해양에너지 등 신규기술에 대한 지원이 제대로 이루어지지 않고 있다고 한다.

영국은 이러한 문제점들을 극복하기 위하여, 2009년의 시행령 개정을 통해 이른바 '유형별 비율차등제'(banding regime)를 도입한 바 있다. 이는 신재생에너지를 기술특성별로 몇 가지 유형으로 구분한 다음, 국가적 · 전략적으로 육성하고자 하는 에너지원 그룹 및 고급기술개발을 촉진시킬 수 있는 에너지원 그룹 등에 대하여는 시장에서 상대적으로 높은 가격을 인정받도록 제도적으로 가격을 설정하는 제도이다.[35]

(9) 시행 실적 및 준수 상황

신재생에너지 의무화제도는 첫해인 2003년도(2002. 4. 1.부터 2003. 3. 31.까지)의 공급의무비율을 3.0%로 정하고 있었으며, 이는 약 926만 MWh(926만 ROC)에 해당하는 것이었다. 첫해 가스전력시장청이 발급한 ROC는 약 556만 ROC였으며, 초과달성 사업자의 거래분을 공제하여 계산된 실제 부족분 약 381만 ROC는 가스전력시장청에 바이아웃 금액을 납입하여 RO를 달성할 필요가 있었다. 하지만, 이 중 실제로 납입된 바이아웃 금액은 부족분의 80%에 그쳤고, 의무비율을 달성하지 못한 사업자들 중 7개 사업자는 납입기일(2003. 10. 1.)까지도 바이아웃 금액의 납입을 하지 못해 그 부족금액은 2,424만 파운드에 이르게 되었다.[36]

한편, 첫해에 납입된 바이아웃 금액인 9,052만 파운드는 모두 공급의무비율을 준수했던 42개 사업자에게 ROC 비율에 따라 바이아웃 환원되었다. 일부 사업자의 경영파탄으로 인하여 환원된 바이아웃 금액이 감소하였지만, 만일 이러한 경영파탄이 없었더라면 공급의무비율을 준수한 사업자들은 1ROC당 약 21 파운드의 환원금을 받을 수 있었을 것이라고 한다.[37]

---

35 조창현, 전게논문, 53면.

36 이지원 역, 전게논문, 74-75면. 납입기일까지 바이아웃 금액을 납입하지 못한 사업자들 중 5개 사업자는 추후 지연이자를 포함하여 바이아웃 금액을 납입하였지만, 2개사의 경우는 경영파탄을 이유로 결국 납입을 하지 못하였고, 이는 공익사업법 위반으로써 과징금 부과대상이었으나 가스전력시장청은 경영파탄이라는 이례적인 사정을 감안하여 과징금을 부과하지 않았다고 한다(이지원 역, 전게논문, 79면).

37 이지원 역, 전게논문, 77면.

3. 영국의 '발전차액 지원제도'(FIT)

(1) '발전차액 지원제도'의 도입

2008년 개정된 에너지법(Energy Act 2008)은, 소규모 저탄소 전력에 대한 '발전차액 지원제도(FIT)' 및 바이오메탄 등에 적용되는 '신재생 열에너지 지원제도' 도입에 관한 규정을 마련하였다. 영국 정부는 2010년 4월부터 발전차액 지원제도를, 2011년부터 신재생 열에너지에 대한 지원제도를 시행 중이다.

영국이 최근 도입한 '발전차액 지원제도'는, 면허를 받은 전기판매업자들로 하여금 5MW 이하의 소규모 발전원으로부터 전기를 구입하는 경우에는 전기생산량에 비례하여 발전원별로 정해진 요율에 따라 지원금을 지급하도록 하는 제도이다. 신재생에너지 의무화제도와의 중복 내지 충돌을 피하기 위하여 적용 대상을 5MW 이하의 소규모 발전원으로 제한하였으며, 위 지원요율은 전력요금의 변동 등을 감안하여 매년 조정할 수 있도록 되어 있다. 위 제도는 면허를 받은 전기판매업자들이 소규모 발전사업자에게 직접 보조금을 지급하는 방식으로 운영되며, 가스전력시장청은 발전차액 지원에 관한 중앙장부를 유지하고, 전기판매사업자들이 적절한 지급을 할 수 있도록 감독하는 역할을 맡고 있다.

(2) '발전차액 지원제도'의 시행 경과

2010. 4. 1.부터 시행 중인 영국의 '발전차액 지원제도'는, 풍력발전, 태양열발전, 수력발전 등을 대상으로 하고 있으며, 발전비용 지원(generation tariff), 잉여전력의 판매 허용(export tariff), 에너지 요금 절약(energy bill savings) 등의 경제적 혜택을 제공하고 있다.

한편, 영국 정부는 2011. 10. 31.자로 태양광전지에 관한 자문결과(consultation)를 발표하였는데, 태양광전지의 단가 하락으로 인하여 태양광전지의 설치가 예상량의 두 배를 초과하고 있으므로, 발전차액 지원제도 제도의 파산을 막고 이를 유지하기 위하여 재정적으로 이행가능한 수준까지 태양열발전(solar photovoltaics)에 대한 발전차액 지원을 줄이는 것이 바람직하다는 내용이었다.[38] 이에 따라, 영국 기후변화부는 2011. 12. 12.자 발전부터 적용되는 것으로 기간을 설정하여

38 http://www.decc.gov.uk/en/content/cms/news/pn11_091/pn11_091.aspx(2012. 1. 25. 최종 접속).

지원금 삭감을 즉시 실행하려 하였으나, 태양광 사업자들은 이에 대하여 소송을 제기하였고, 제 1 심에서는 공식적인 청문 기간의 종료 이전에 지원금을 삭감하는 것은 위법이라는 이유로 영국 정부가 패소하여 항소심이 진행 중인 상황이다.

영국 정부는 위 소송에도 불구하고 2012. 1. 19.자로, 2012. 3. 3.자 발전부터 적용되어 2012. 4. 1.부터는 새로운 태양광발전 시설에 대하여 지원금을 최고 50% 가량 삭감하는 내용의 수정안을 의회에 제출한 상황이다.[39] 이처럼, 영국에서도 발전차액 지원제도의 파산 우려 및 적절한 지원금 배분의 어려움으로 인한 문제는 지속적으로 발생하고 있으며, 많은 논란이 제기되고 있는 것으로 보인다.[40]

Ⅲ. 신재생에너지 의무할당제에 관한 쟁점들

1. 신재생에너지 의무할당제와 발전차액 지원제도의 상호보완 가능성

현재 주요 선진국들은 신재생에너지의 촉진을 위하여 각 나라의 실정에 맞는 각종의 지원 정책 또는 의무화 정책을 사용하고 있으며, 이러한 정책들 중 가장 대표적인 것이 신재생에너지 의무할당제(RPS) 및 발전차액 지원제도(FIT)이다. 우리나라는 신재생에너지 산업의 활성화를 위한 주요 정책으로서 2011년까지는 발전차액 지원제도를 적용해 왔으나, 2012년부터는 신재생에너지 의무할당제로 전환됨에 따라, 최근 국내에서도 발전차액 지원제도와 신재생에너지 의무할당제의 장단점 및 정책 전환의 타당성에 관한 논의가 활발하게 이루어지고 있다.

그중 신재생에너지 의무할당제를 지지하는 의견의 경우, ① 발전차액 지원제도는 사업자들 간의 경쟁을 촉발하지 못하여 가장 효율적인 방법으로 에너지를 생산하지 못하기 때문에 결국 소비자가 높은 전력요금을 부담하게 된다는 점, ② 의무할당제는 정부가 도입목표를 설정하고 이를 달성함에 있어 보다 효과적이라는 점, ③ 의무할당제는 정부의 판단이 아닌 시장의 평가에 의하여 생산되어야 할 신재생에너지를 선택하도록 하므로 정부의 간섭을 최소화할 수 있다는 점 등을 근거로 제시하고 있다.

---

39 http://www.decc.gov.uk/en/content/cms/news/WMSCH_FITs/(2012. 1. 25. 최종 접속).

40 위 태양광전지 발전차액 삭감 여부에 관하여는 2,000건 이상의 공식의견이 접수된 것으로 알려졌다.

반면, 발전차액 지원제도를 지지하는 의견의 경우, ① 의무할당제의 경우 지나친 경쟁과 효율 추구로 인하여 대규모 사업자에게만 유리하여 신규 사업진출자나 소규모 사업자의 경우 시장진입 및 사업 유지에 곤란을 겪을 가능성이 높지만, 발전차액 지원제도의 경우 이러한 우려가 거의 없다는 점, ② 의무할당제의 경우 신재생에너지원이 풍부한 일부 지역에 국한하여 신재생에너지가 개발될 가능성이 높지만, 발전차액 지원제도의 경우 일정한 생산가격이 보장되므로 보다 많은 지역에서 개발이 이루어질 수 있다는 점, ③ 발전차액 지원제도의 경우 정부가 기술개발 또는 기술발전 단계에 있는 신재생에너지원의 개발을 지원하고, 환경에 부정적인 외부효과가 발생하는 신재생에너지를 적절히 통제하기에 보다 적절하다는 점 등을 주요한 근거로 제시하고 있다.

우리나라의 경우 상당 기간 동안 발전차액 지원제도를 유지하여 왔지만, 급격하게 증가하는 발전차액 지원금의 부담 등으로 인하여 최근 신재생에너지 의무할당제(RPS)로 기본 정책을 변경하기로 결정한 바 있다. 이러한 정책 변경에 관하여 주무부처인 지식경제부는, ① RPS 시행을 통해 해외 선진국에 비해 매우 낮은 신재생에너지 보급비율이 크게 확대되고 온실가스 저감에도 큰 기여를 할 것으로 기대되고, ② 원(源) 간, 사업자 간 경쟁과 시장원리 도입을 통해 비용절감 및 신기술개발을 유도하여, 신재생에너지 보급의 경제성을 높이고 신재생에너지산업의 경쟁력 강화에도 큰 자극제가 될 것으로 기대되며, ③ RPS를 통한 대규모 신재생에너지시장 창출[41]을 통해 국내업계에 대규모 투자촉진을 유도하고, 산업 육성에도 큰 기여를 할 것으로 보이고, ④ 전기요금에 직접전가를 바탕으로 하는 RPS 제도를 통해 전력산업기반기금을 재원으로 하는 발전차액 지원제도의 과도한 재정부담 문제도 해소될 것으로 예상하고 있다.[42]

하지만, 이러한 신재생에너지 의무할당제 옹호론에 대하여는, 의무할당제는 소규모 발전사업자에게 불리하여 소규모 분산적인 재생가능에너지의 확대가 실현되기 어렵기 때문에 발전차액 지원제도를 계속 유지하여야 한다는 견해도 제시되고 있다.[43] 위 견해는 나아가, 우리나라가 "성장지상주의"를 버리고 생태근대

41 아래 주 42)의 보도참고자료에 따르면, 정부는 신재생에너지 의무할당제의 도입을 통해 2022년까지 총 54조원 규모의 시장이 창출될 것으로 기대하고 있다.

42 지식경제부, "'12년부터 RPS(신재생에너지 공급의무화제도) 도입키로 확정," 지식경제부 보도참고자료(2010. 3. 18.자) 참조.

43 윤순진, "한국의 에너지체제의 지속가능성: 지속불가능성의 지속에 대한 분석을 중심으로," 경제와 사

화적인 관점에서 양적인 성장이 아닌 구조적인 변화의 과정을 고려하여 에너지 사회의 질적 전환을 꾀하고, 소규모 분산적인 신재생에너지 확산을 해야 하며, 그 도구로써 발전차액 지원제도가 이용될 수 있다고 주장한다.

이처럼 양 제도를 둘러싼 논의는 쉽게 결론을 내리기 어려운 정책적 선택의 문제로 보이지만, 어느 제도이건 분명한 장점과 단점을 보유하고 있다는 점을 감안하면 우리나라가 10년 가량 시행된 발전차액 지원제도를 신재생에너지 의무할당제로 전환하는 것이 정책의 일관성만 해치는 비효율적인 전환이 될 위험성이 있는 것은 아닌지, 양 제도를 상호보완적으로 도입하여 사용하는 것은 불가능한 것인지 의문이 제기될 수밖에 없다.

물론 양자는 그 작동 원리가 완전히 다르기 때문에 병행하여 사용할 수가 없고 선택적인 적용만 가능하다는 견해도 제시될 수 있지만, 사견으로는 영국의 경우와 같이 제한적이나마 양자를 상호보완적으로 도입할 수 있으며 이것이 정책적으로도 보다 타당한 선택이 될 수 있다고 생각한다.

특히, 우리나라가 발전차액 지원제도에서 의무할당제로 전환하게 된 주요한 이유가 발전차액 지원금의 성과가 미약했다는 것이라기보다는 발전차액 지원금의 규모가 과대해졌기 때문이라는 점을 고려하면,[44] 기본 방향을 의무할당제로 전환하더라도 일정한 한도에서 소규모 발전사업자 등에 대하여라도 발전차액 지원제도를 유지하는 것이 가능하고 또한 필요할 것으로 생각된다. 아울러 영국의 경우, 역시 초기에는 신재생에너지 의무화제도(RO)를 위주로 신재생에너지 정책을 추진하였으나 보급률 성장이 기대에 못미치고 발전 효율성이 떨어지는 등의 문제가 발생하자 소규모 발전사업자 등을 보호하기 위하여 발전차액 지원제도를 도입하였다는 점에 주목할 필요가 있다.

이러한 관점에서, 발전차액 지원제도에서 의무할당제로 전환하려는 경우에

회 제78호(2008년 여름), 12-56면.

44 에너지관리공단이 운영하는 신재생에너지센터 홈페이지에 따르면, 발전차액지원 대상 전원의 발전량은 2002년부터 2008년까지 약 650%가 성장하는 등 연평균 40% 이상의 신장세를 보여 왔으며, 신재생에너지 산업의 총매출액 역시 2004년 1430억 원에서 2010년 8조 원 이상으로 50배 이상 증가하는 등 국내의 신재생에너지 산업 역시 빠르게 발전하고 있다{http://www.energy.or.kr/knrec/14/KNREC140300.asp 등 참조(2011. 9. 11. 최종 접속)}.

한편, 2006년에 발간된 구 산업자원부의 보고서에 따르면, 2012년부터는 발전차액 지원금은 매년 1조 8,000억 원 이상이 소요되어 전력산업기반기금의 대부분이 소요될 것이며, 이러한 과도한 지원금은 전력 요금의 급격한 상승을 초래할 수 있다고 우려하고 있다{산업자원부, 신재생에너지 발전차액 지원제도 개선 및 RPS 제도와 연계 방안(2006) 참조}.

도, 우선 제도 일몰제를 적용하여 에너지원별 또는 기술별로 경쟁력을 갖추게 되는 일부 에너지원에 대해서 일차적으로 의무할당제를 적용해본 후 점차 그 대상을 확대해 나가는 방안을 고려해 보아야 한다는 의견을 경청할 필요가 있다고 생각한다.[45] 물론, 정부는 2011년 말 이전에 발전차액 지원을 받은 신재생에너지 발전소는 의무할당제가 시행되더라도 적용기간(2015년, 2020년) 만료 시까지는 발전차액을 지원받을 수 있도록 함으로써 점진적인 전환을 시도하고 있지만, 2012년 이후의 소규모 신규진입자의 경우 발전차액의 지원필요성이 현저할 수 있다는 점에서 양 제도의 병행가능성에 대한 추가적인 검토가 이루어지기를 기대해 본다.[46]

2. 신재생에너지 발전비용의 '전가' 가능성

앞서 살펴본 바와 같이 영국의 신재생에너지 의무화제도는 판매사업자에게 신재생에너지 의무비율의 준수의무를 부과하고 있고, 세계적으로도 이처럼 판매사업자에게 의무를 부과하여 비용의 요금 전가를 용이하게 하고 경쟁을 유도하는 것이 일반적이라고 할 수 있다. 그런데, 2012. 1. 1.부터 시행되고 있는 우리나라의 신재생에너지 의무할당제는 판매사업자가 아닌 발전사업자들에게 의무를 부과한다는 특징이 있고, 이로 인하여 '발전사업자가 판매사업자에게 신재생에너지 발전비용을 전가할 수 있는가'라는 문제가 제기된다.

현행 신재생에너지법이 판매사업자가 아닌 발전사업자를 신재생에너지 공급의무자로 설정한 이유는, 우리나라의 경우 판매사업자가 사실상 단일화되어 있으므로 판매사업자들 간의 경쟁 효과를 기대하기 어렵고, 현재 판매사업자의

45 한국법제연구원(연구자: 이준서), 전게서, 89-92면. 위 연구보고서는, 소규모 사업자들에게는 발전차액 지원제도를 적용하고 일정규모 이상의 사업자에게만 의무할당제를 적용하는 방식으로 당분간 두 제도를 병행하는 방안을 예시하고 있다.

참고로, 위 연구보고서에 따르면 세계적으로도 발전차액 지원제도(FIT)와 의무할당제(RPS)는 대체적으로 신재생에너지 발전시장 형성 초기에는 전자를 우선적으로 시행하고, 이후 어느 정도 시장이 정착되었다고 판단되면 의무할당제를 시행하는 추세라고 한다.

46 참고로, 일본은 2004년부터 "전기사업자에 의한 신에너지 등의 이용에 관한 특별조치법"을 제정하여 의무할당제를 시행하고 있지만, 이용목표량이 지나치게 낮고 참여기업들에 대한 인센티브가 부족하여 아직까지는 그리 높은 평가를 받지 못하고 있으며, 2009년 이후 발전차액 지원제도의 강화 및 정부의 보조금제도 부활 이후 태양전지시장이 다시 활기를 띠기 시작하였다고 한다. 한국법제연구원(연구자: 이준서), 전게서, 83-88면.

발전자회사 등을 통하여 시행 중인 '신재생에너지 자발적 공급협약'(RPA)과 연계하여 시행하는 것이 시행초기의 조정기간을 단축하기에 유리하다고 판단하였기 때문인 것으로 알려져 있다.

한편, 신재생에너지법 시행령은 제도의 실효성을 감안하여 적정한 사업규모(50만 KW) 이상의 발전설비를 보유한 사업자 등에게만 신재생에너지 공급의무를 부과하고 있어(시행령 제18조의3 제 1 항), 2012. 1. 1. 발전설비를 기준으로 한국수력원자력 주식회사를 비롯한 13개 발전사업자가 공급의무자로 선정되었다.[47]

이에 따라, 신재생에너지 공급의무를 부담하는 발전사업자들은 전년도 총전력생산량(신재생에너지 발전량은 제외)을 기준으로 당해 연도의 의무이행비율[48]을 곱한 발전량 이상의 공급량을 신재생에너지를 이용하여 공급하여야 하고, 만일 의무이행비율을 직접 준수하기 어려운 경우에는 부족분에 상당하는 '신재생에너지 공급인증서'(REC)를 구매하거나 발급받아 신재생에너지 공급의무를 이행하여야 하며, 그로 인하여 위 발전사업자들은 상당한 이행비용 또는 REC의 구매비용을 부담할 것으로 예상되고 있다.

이에 따라 발전사업자들은 위와 같이 증가되는 의무이행비용의 전부 또는 일부를 판매사업자 또는 정부가 (전력요금의 인상 등을 통하여) 보전해 줄 것을 기대하고 있지만, 신재생에너지법 시행령은 "정부는 위와 같이 공급의무자가 공급의무의 이행을 위하여 부담하게 되는 추가 비용이 전력시장을 통하여 보전될 수 있도록 노력하여야 하고, 전력시장에 참여하는 전기판매사업자가 그 비용을 전기요금에 반영하여 회수할 수 있도록 노력하여야 한다"고 규정하고 있을 뿐(시행령 제18조의 11), 위 추가 비용이 공급의무자와 전기판매사업자 간에 어떻게 배분되어야 하는지, 구체적으로 어떠한 방식에 의하여 보전될 수 있는지에 관하여 명시적으로 규정하지 않아 신재생에너지 발전비용의 전가가능성에 관하여 이견이 발생하고 있다.

이 문제는 기본적으로 판매사업자와 발전사업자 간에 체결되는 전력구매계약(Power Purchase Agreement, 이하 "PPA")의 해석 문제로 볼 수도 있지만, 신재생에너지법상 새로 도입된 의무할당제가 공급의무자의 의무이행비용을 전기판매사업

---

47 2012. 8. 8.자 지식경제부 공고에 따르면, 13개 발전사업자의 2012년도 총 의무공급량은 6,420,279MWh이고, 그중 태양광 별도 의무공급량은 276,000MWh이다(지식경제부 공고 제2012-393호, "2012년도 공급의무자별 의무공급량 재공고").

48 신재생에너지법 시행령 [별표 3]에 따르면, 연도별 의무이행비율은 2012년 2.0%를 시작으로 점증하여 2022년에는 10.0%에 이르게 된다.

자에게 전가하는 방식을 예정하고 있다고 볼 수 있을지 여부와 관련하여 흥미로운 쟁점을 제시하고 있다.

이에 관하여 판매사업자는, 의무할당제의 의무이행비용은 법령상 보장된 한도에서 REC 시장 등을 통해 보상받도록 관련 법령(신재생에너지법)이 정하고 있고, 이러한 보장이 없는 한도에서는 공급의무자가 이를 부담하여야 하는 것이므로, 발전사업자에게 법령상의 일방적 의무부과에 따라 보상받지 못하는 비용이 발생하는 경우를 대비하기 위하여 마련된 PPA의 비용 보전 또는 전가에 관한 조항들은 적용될 수 없다고 주장할 수 있을 것이다.

반대로 공급사업자는, 현행 법령상 REC는 (원칙적으로는 아무런 대가 없이) 이를 정부에 제출하여야 하는 것이므로 그 비용을 시장에 판매하여 보상받는 방안이 아예 마련되어 있지 않고, 의무할당제의 도입 취지상 공급의무자의 의무이행비용은 판매사업자가 보전해 줄 것이 예정되어 있는 것이라는 등의 주장을 제기할 수 있을 것이다.

생각건대, 신재생에너지법의 관련 규정의 내용 및 의무할당제 도입의 취지 등을 감안하면, 신재생에너지법이 공급의무자의 의무이행비용을 전기판매사업자에게 전가하는 방식을 예정하고 있다고 해석하는 것도 가능할 것으로 여겨진다. 즉, 우리나라처럼 공급의무자가 이행의무를 부담하는 방식의 의무할당제에서는, 기본적으로는 발전사업자가 신재생에너지의 발전요금 내지 REC의 구입요금을 REC의 평균거래가격 등을 기준으로 산정하여 도매요금에 전가하면, 한국전력공사와 같은 독점적 전기판매사업자가 이를 소매요금에 전가하여 최종수용가의 부담으로 전환하는 방식이 가능할 것이며, 신재생에너지법 시행령 제18조의11 역시 이러한 비용전가 방안을 염두에 두고 입법된 것으로 생각된다.

의무할당제를 도입하는 신재생에너지법 개정에 관한 국회의 심사보고서 역시, RPS의 도입으로 인한 공급의무자의 과도한 부담을 지적한 다음, RPS는 공급의무자의 설치비용 부담분 등을 전기사용자의 전기요금에 반영하는 정책으로서 RPS 도입과 함께 전기요금 인상이 불가피할 것으로 전망된다고 평가하는 등, (전기판매사업자를 통한) 비용의 전가를 예상하고 있다. 아울러, 만일 판매사업자의 보상이 전제되지 않는다면, 공급사업자들의 신재생발전기 투자유인이 오히려 감소되거나 상실될 우려도 있다. 비교적 영세한 규모의 공급사업자들은 어느 정도의 비용보전이 가능한 경우에야 대규모 시설투자를 고려할 것이고, 만일 보전이 어렵다면 제재의 가능성을 감수하고라도 REC의 구입을 통한 의무이행을 시도할 가능성이 높기 때문이다.

한편, 이 과정에서 최종수용가의 부담을 최소화하기 위하여 정부가 발전사업자 또는 전기판매사업자에게 일정한 보조 내지 지원을 할 수 있으나, 이는 전가할 수 있는 범위를 제한하는 정도의 의미만 있는 것이므로 이로 인하여 신재생에너지법상 추가 비용의 전가 자체가 허용되지 않는다고 할 수도 없을 것이다.

3. 신재생에너지 의무화제도와 배출권거래제도와의 관계 설정

2012년부터 국내에 시행되는 신재생에너지 의무화제도는, 도입 배경 및 목적의 상당한 부분이 기후변화 대응의 관점을 내포하고 있다는 점에서, 기후변화에 대한 경제적 대응방식 중 하나인 배출권거래제도와 상당한 관련성을 가질 수 있는 것으로 평가되고 있다. 특히, 배출권거래제도의 규제와 신재생에너지 의무화제도의 적용을 동시에 받게 되는 전력사업자의 경우, 사실상 동일한 목적을 위해 이중의 규제를 받게 되는 것이라는 불만을 제기할 수 있다.

이러한 문제를 감안하여, 신재생에너지 의무화제도와 배출권거래제도의 효과적인 연계방안이 논의되고 있다.[49] 양 제도의 연계 여부 및 방식에 관한 옵션으로는 크게 ① 비통합 방식, ② 단방향 대체 방식, ③ 양방향 대체 방식 등을 생각할 수 있다.

‘비통합 방식’이란, 배출권거래시장과 REC 시장이 직접적인 연결고리를 갖지 않고 상호 독립적으로 운영되는 방식으로서, REC의 가격이 전력 생산비용과 화력에너지 발전량 등의 영향을 받기 때문에 양자가 간접적으로는 영향을 주고받게 되지만, 배출권과 REC는 별개의 가치를 갖는 것으로 평가되기 때문에 기술한 이중부담의 문제를 해결하기에는 어려움이 있다.

다음으로, REC는 배출권거래시장에서 거래할 수 있으나, 배출권은 REC 시장에서 거래할 수 없도록 하는 ‘단방향 대체 방식’을 생각할 수 있다. 단방향 대체 방식은 다시, REC의 에너지가치는 REC 시장에서 거래하고 REC의 탄소가치는 배출권 시장에서 거래하도록 연계하는 방식, REC의 에너지 및 탄소가치가 각각

49 이하의 연계방안에 관한 논의는, 정경화, 배출권거래제도와 신재생에너지 공급의무화제도 연계방안 연구, 에너지경제연구원(2011), 91-111면을 주로 참조하였다.

의 시장에서 거래되나 탄소가치는 신재생에너지 의무비율을 초과한 경우에만 배출권으로 전환하여 거래할 수 있도록 하는 방식, REC의 에너지가치와 탄소가치를 분리하지 않고 REC 시장이나 배출권거래시장에서 거래하는 방식 등으로 구별할 수도 있다.[50] 이러한 단방향 대체 방식은 RPS의 목적 달성을 확보하면서 사업자에게 유연성을 부여함으로써 의무이행 비용을 낮춰주는 장점이 있지만, REC와 배출권 간의 상대가격 산정의 어려움, 신재생에너지 발전량만큼 CO_2 배출을 허용하는 역진성, 제한적인 모니터링 및 확인 절차에 의하여 인정되는 REC를 배출권으로 인정함에 따라 발생하는 불균형 문제 등이 발생할 수 있는 단점 역시 존재한다.

끝으로, REC 역시 탄소배출 저감목표의 이행을 위하여 사용할 수 있도록 하고, 배출권 역시 신재생에너지 의무비율 목표의 이행을 위하여 사용할 수 있도록 하는 '양방향 대체 방식'을 생각할 수 있다. 이는 REC를 배출권에 준하는 것으로 인정함으로써 상호 상쇄를 인정하고, 그 결과 가장 유연한 의무 이행이 가능하게 된다는 장점이 있다. 하지만, 배출권의 시장가격이 상대적으로 낮은 경우에는 신재생에너지 사용의무를 배출권 구매를 통하여 준수할 수 있도록 허용한다는 점에서 신재생에너지 보급이라는 에너지정책의 목표에 부합하지 않는 문제 역시 존재한다.

영국의 신재생에너지 제도는, 신재생에너지 의무비율 준수를 입증하기 위한 도구로서 가스전력시장청이 신재생에너지 사업자에게 발급한 '신재생에너지 의무화제도 인증서'("ROC")를 제출하도록 하고 있으며, 전력공급자들은 위 인증서를 사업자들 간에 거래할 수 있을 뿐 아니라, 국내 '배출권거래시장'에서 거래할 수 있다는 점에 특징이 있다. 반면, 영국 내 배출권거래시장에서 거래되는 탄소배출권은 신재생에너지 인증서 거래시장에서 ROC에 준하는 가치를 인정받아 거래될 수 없기 때문에, 위와 같은 영국의 시스템은 신재생에너지 의무화제도와 배출권거래제도와의 관계에 관하여 이른바 '단방향 대체'의 일종에 해당하는 것으로 평가되고 있다.

이처럼, 신재생에너지 의무화제도와 배출권거래제도 간의 관계를 설정하는 것은 여러 관점에서의 정책적 고려가 필요한 어려운 문제인 것이 사실이다. RPS의 시행 근거 중 온실가스 감축이라는 측면이 있는 이상, 양 제도를 완전히 단절

50 정경화, 전게서, 93-95면.

시키거나 목표의 초과 달성으로 발생한 REC를 활용하지 못하도록 하는 것은 비효율적인 제도 운영으로 평가받을 소지가 있다. 하지만, 그렇다고 하여 목적과 배경이 상이한 양 제도를 선불리 연계하여 이중계상을 쉽게 허용하거나 사업자가 실제 가치 이상의 이익을 누릴 수 있도록 허용하여서도 안 될 것이다.

따라서, REC와 배출권이 모두 발생하는 신재생에너지 사업 등의 경우에는 신재생에너지 촉진 효과와 온실가스배출 저감 효과를 적절히 평가하여 양자의 대체비율이 합리적으로 변동할 수 있도록 하는 제도를 우선 마련할 필요가 있을 것이다. 특히, 신재생에너지의 온실가스배출 저감 효과는 탄소세 감경 등과 같은 여타의 지원정책을 통하여 어느 정도 반영되었다고 볼 수도 있으므로, 관련 정책에 대한 보다 종합적인 관점의 접근이 필요할 것이다.

Ⅳ. 결 어

이상에서 간략하게 영국의 신재생에너지 관련 법제를 살펴보고, 신재생에너지 의무할당제를 둘러싼 몇 가지 쟁점들에 관하여 살펴보았다. 크게 발전차액 지원제도와 신재생에너지 의무할당제로 대표되는 신재생에너지 보급 정책들 중 어떠한 신재생에너지 정책을 결정하고 어떻게 추진하는가에 따라 신재생에너지의 보급률 및 신재생에너지 산업의 발전이 상당히 달라질 수 있으므로, 신재생에너지 정책에 관하여는 보다 신중한 판단 및 추진이 요구된다고 할 수 있다.

우리나라의 경우 2012. 1. 1.부터는 발전차액 지원제도를 중단 내지 축소하고 신재생에너지 의무할당제를 실시하는 것으로 결정되었지만, 양 제도의 보완가능성 및 의무이행비용의 전가가능성 등 몇 가지 불명확한 점들이 눈에 띈다. 따라서, 정책적 혼선이 발생하지 않도록 지속적으로 제도를 보완하고 정비하는 것이 필요할 것이다.

참고문헌

국내문헌

산업자원부 · 신재생에너지센터 · 국회신재생에너지정책연구회 공편, 신재생에너지 백서 2005, 산업자원부(2006).

에너지경제연구원, 주간 해외에너지정책 동향(2011. 1. 7.자).

______, 주간 해외에너지정책 동향(2010. 11. 4.자).

______, Country Profile: 영국, 에너지경제연구원(2007).

윤순진, "한국의 에너지체제의 지속가능성: 지속불가능성의 지속에 대한 분석을 중심으로," 경제와 사회 제78호(2008년 여름).

이지원 역, "재생가능에너지 구입의무제도(RO)의 실적검증: 영국 — 도입1년째에 따른 RO의 준수상황," 해외전력정보 제27권 제 7 호(통권 제322호), 한국전력공사(2004. 7.).

정경화, 배출권거래제도와 신재생에너지 공급의무화제도 연계방안 연구, 에너지경제연구원(2011).

조창현, "미국과 영국의 신재생에너지 지원정책 비교와 시사점," 산업경제(2008. 10.).

지식경제부, "'12년부터 RPS(신재생에너지 공급의무화제도) 도입키로 확정," 지식경제부 보도참고자료(2010. 3. 18.자).

한국법제연구원(연구자: 이준서), 발전차액지원제도(FIT)와 의무할당제도(RPS)의 입법적 검토: 일본 RPS법을 중심으로, 한국법제연구원(2010).

한국전기연구원, 신재생에너지 의무할당제(RPS) 국내운영방안 수립, 지식경제부(2009).

함태성, "녹색성장과 에너지법제의 대응," 법제연구 제36호, 한국법제연구원(2009).

외국문헌

Judith Lipp, "Lessons for effective renewable electricity policy from Denmark, Germany and the United Kingdom," Energy Policy 35 (2007).

http://www.ofgem.gov.uk/(2012. 1. 25. 최종접속).

http://www.decc.gov.uk/(2012. 1. 25. 최종접속).

제 7 장 독일 친환경적 에너지정책의 법적 수단

김 태 호*

Ⅰ. 개 관

1. 독일 에너지법정책에서 환경 보호적 요소의 도입 배경

에너지 영역의 사회경제적 중요성을 생각할 때 에너지에 대한 공법적 규율의 우선적 목표는 사회적 인프라의 안정적 공급 규제에 있다고 할 수 있고, 이는 독일의 경우도 예외가 아니다. 특히 독일에서는 에너지 시장의 자유화로 공기업이 아닌 사기업에 의해 에너지 공급이 이루어지고 있으므로 사적 주체인 에너지 공급자에게 에너지를 안정적으로 공급하도록 의무지우고 규제하는 제도적 장치가 에너지법제의 핵심을 이룬다고 할 수 있다.

그런데 오늘날 독일의 에너지법정책은 에너지의 안정적 공급이라는 경제 규제적 목표 외에 환경 규제의 목표 또한 핵심적인 규제의 목표로 등장하게 되었다. 단적으로 에너지산업에 대한 기본법이라 할 에너지산업법은 제 1 조에서 에너지정책의 목표는 안전하고 저렴할 뿐만 아니라 '환경친화적인' 에너지 공급을 보장하는 데 있음을 분명히 하고 있다. 이처럼 에너지법에서 환경적 요소가 필수적인 고려요소로 자리 잡게 한 배경은 무엇일까?

원리적으로는 에너지정책 또한 '지속가능한 발전'의 원리에 부합하도록 설계되어야 한다는 인식이 근저에 자리 잡고 있다고 이해할 수 있을 것이다. 여기서

---

* 대법원, 재판연구관.

'지속가능한 에너지정책'은 에너지 생산과 소비를 지속하기 위해서는 환경에 지나친 부담을 주지 않도록 에너지의 생산과 소비를 규율하는 법정책이 수립되어야 한다는 의미이다. 그리고 장기적으로 지속가능한 에너지정책을 수립하는 것은 궁극적으로 에너지의 장기적인 안정적 공급이라는 에너지정책의 전통적 목표를 실현하는 길이기도 하다. 이에 유한한 화석연료에만 의존하는 에너지 생산구조, 온실가스를 과도하게 배출하는 등 환경에 지나친 부담을 주는 에너지 생산·소비구조는 지속가능한 에너지정책이 될 수 없음이 분명하다.

한편 독일의 경우 사회경제적 토양도 친환경적 에너지법정책이 활발하게 전개되는 데 긍정적인 영향을 미친 것이 사실이다. 독일은 신재생에너지 기술이 발달한 산업선진국으로서 이른바 환경 산업의 국제경쟁력을 확보하고 있고, 국내적으로 환경의식의 수준이 높아 환경 친화적 법정책의 수립에 유리한 환경이 조성되어 있기 때문이다.

특히 독일의 경우 원자력(핵) 발전에 대한 강한 사회적 거부감으로 인해 종래 주요 에너지원으로 사용해 오던 원자력(핵) 발전을 통한 에너지 공급정책을 단계적으로 포기하기에 이르렀다. 이는 에너지 공급 차원에서도 시급하게 대체적 에너지원을 개발할 필요성이 커진 것을 의미한다. 독일의 경우 2002년 핵에너지의 종료에 관한 법률을 제정하여 원자력(핵) 발전소를 단계적으로 폐쇄하기로 결정한 바 있음에도 원자력 발전소의 재가동 여지가 전혀 없지는 않았었는데, 2011년의 제13차 원자력법 개정에 의해서 최종적으로 2022년까지 원자력 발전을 종료하기로 결정하였다. 이에 따르면 8개의 원자력발전소 영업허가가 2011년에 종료되었고, 나머지 원자력발전소의 경우 2022년까지 단계적으로 그 가동을 중지하게 되었다.

한편, 유럽연합의 일원인 독일의 에너지정책은 유럽연합의 에너지정책과 완전한 별개로 전개될 수는 없다. 이 점에서 유럽연합의 적극적인 에너지정책 또한 독일이 적극적으로 환경친화적 정책을 펼치는 사실적·규범적 토대가 되고 있다. 유럽연합기능조약은 유럽연합의 에너지정책이 에너지시장의 기능 확보, 에너지의 안정적인 공급 확보, 에너지 효율과 에너지 절약의 장려 및 신재생에너지원의 개발을 추구한다고 함으로써 기능조약의 환경보호조항과 더불어 친환경적 에너지정책에 관한 많은 유럽연합 지침과 명령의 근거가 되고 있는데,[1] 유

1 유럽연합에 대해서는 이 책의 안병옥, "유럽연합(EU)의 기후보호정책과 시사점" 부분을 참조.

럽연합에서 제정된 환경친화적 에너지정책과 관련된 유럽연합 지침들은 독일법으로 전환됨으로써 실질적으로는 독일 법제의 일부가 되었다. 이하에서 살펴볼 독일 에너지관련 법제 또한, 독일 고유의 특징을 살펴보기는 하겠지만, 상당부분 유럽연합 지침의 전환에 따른 것이다. 특히 이상과 같은 환경친화적 에너지정책은 유럽법 및 독일법에서 승인된 지속가능한 발전의 법원리를 통해 정당화된다.

2. 친환경적 에너지법제의 접근 방식과 법적 수단—정책의 혼합

환경문제에 대한 대응, 특히 기후변화에 대한 대응 정책은 각종 정책수단을 복합적으로 사용(Policymix)하여 목표를 달성하지 않을 수 없다. 명령 및 위반 시 제재를 특징으로 하는 전통적인 질서법적인 규제 수단 외에 다양한 경제적 수단을 동원하여 환경오염 행위자의 행위를 경제적인 방식으로 유도할 필요가 있기 때문이다.

환경 친화적 에너지정책 또한 마찬가지다. 이하에서 살펴보는 바와 같이 건물에서 난방이용에 관한 에너지공급법의 규정이나 공해방지법상 에너지 효율성 명령 등이 전통적인 질서법적 규제 수단의 대표적인 예이다. 또 행위유도 및 인센티브 부여를 핵심으로 하는 환경 친화적 에너지정책으로는 보조금 지급, 에너지세, 재생에너지 및 열병합발전에 대한 육성정책 및 온실가스거래제도가 그 예이다.

이러한 다양한 정책적 수단은 에너지원에 따라, 그리고 에너지를 생산하고 소비하는 행태에 따라 각기 달리 적용되지 않을 수 없기 때문에 여러 산재된 법률에서 이를 규율하기 쉽다. 독일에서도 환경친화적 에너지 법제에 관한 단행법은 존재하지 않고 여러 관련 법률에서 이를 각기 나누어 규율하고 있다. 이러한 규율체계는 정책혼합에 따른 부득이한 결과이기는 하나, 종종 규율대상에 대한 중복적 부담을 주는 규제가 발생할 가능성도 배제할 수 없는데, 그 경우 규제에 따른 부담의 합이 과도하지 않은지 여부에 대한 규범적 평가가 뒤따르게 될 것이다.

이하에서는 크게 관련 규율을 에너지의 공급 측면(Ⅱ.)과 에너지의 소비 측면(Ⅲ.)으로 나누어 정책적 수단의 대강을 살펴보기로 한다.

Ⅱ. 에너지 공급의 관리

1. 환경보호 측면에서의 에너지 공급 관리

가. 재생에너지 확대 정책

에너지 공급과 관련하여 핵심을 이루는 친환경정책에는 재생(가능)에너지에 의한 에너지 공급의 확대 정책이 있다. 재생에너지들(Erneuerbare Energien), 즉 독일법에 따르면 파력 에너지, 조석 에너지 및 해류 에너지를 포함하는 수력, 풍력에너지, 태양광 에너지, 지열, 생물가스, 폐기물 가스 및 진흙가스를 포함하는 바이오매스와 가정 폐기물 및 산업폐기물의 생분해 가능 부분으로부터 생산된 에너지[2]를 통한 에너지 생산을 확대하도록 강제·유도·육성하는 정책이 그것이다. 재생에너지에 의한 에너지 생산을 확대하게 되면 기존 환경에 부담을 주는 화석에너지나 원자력 발전에 의한 에너지 공급의 비율을 축소시킬 수 있게 됨으로써 장기적으로 지속가능한 에너지 생산의 구조를 구축할 수 있게 된다.

재생에너지 확대 정책은 이하에서 살펴보는 바와 같이 크게 전력, 난방, 교통 부문으로 나누어서 각각 추진되고 있다. 그중에서도 전력 부문에서는 '전력 부문에서 재생 가능한 에너지의 우선에 관한 법률'이, 난방 부문에서는 '난방 부문에서 재생 가능한 에너지의 촉진에 관한 법률'이 독일법상 중심 법률에 해당한다. 유럽연합의 관련 지침[3]을 국내법으로 전환한 이 법률들은 현재 각각 2020년까지 재생에너지의 비율을 전기부문에서 30%로, 난방부문에서 14%까지 이루는 것으로 목표로 하고 있다. 이하에서 각각의 법률에 대한 주요 내용을 살펴보기로 한다.

나. 전력 공급에서 재생에너지법

(1) 개요 및 연혁

독일법상 대표적인 재생에너지 관련 법령은 '전력 부문에서 재생 가능한 에너지의 우선에 관한 법률'[4](이하 '재생에너지법'이라 한다)이다. 이 법은 재생에너지

---

2 독일의 전력 부문에서 재생 가능한 에너지의 우선에 관한 법률 제 3 조 제 3 호 참조.

3 관련된 유럽연합의 지침 내용에 대해서는 한귀현(2010), 438-445면의 소개를 참조하라.

4 Gesetz für den Vorrang Erneuerbarer Energien im Strombereich (EEG 2009).

와 관련하여 발전시설사업자와 전력망사업자 등 私人 간의 법률관계를 규율함으로써 재생에너지에 의한 에너지 공급을 제도적으로 보장하는 것을 기본적인 아이디어로 삼고 있다. 즉 전력망사업자에게 자신의 지역에서 재생에너지에 의해 생산된 전력을 접속, 송전, 배전할 의무를 부과하고 대신 전력망사업자에게 법률에 의해 고정적으로 정해진 가격을 지불하도록 한다는 구상이다. 이 법에 따라 재생에너지로부터의 전력 공급을 육성하게 되면 결과적으로 화석에너지에 대한 새로운 수요는 제한되게 된다.

거슬러 올라가 볼 때 재생에너지로부터 생산된 전력의 공공계통에의 공급에 관한 법률(1990, 이하 '재생에너지공급법'이라 한다)[5]은 재생에너지의 육성에 관한 본격적인 법적 수단을 도입한 법률로 평가할 수 있다. 이 법률은 주로 풍력발전에 의한 에너지 공급을 가능하도록 하는 데 초점이 맞추어져 있었는데, 풍력발전의 보장을 위한 핵심적인 수단으로서 전력망사업자에게 매입의무를 부과하는 한편 소매가격에 따른 일정비율의 매입가격을 보장하는 규정을 두고 있었다. 이 법을 토대로 하여 풍력발전은 비약적인 발전을 이루게 되었는데, 이후 매입의무의 대상이 되는 재생에너지의 전력원 목록을 점진적으로 확대하고 매입가격을 인상함으로써 재생에너지 육성정책의 기틀이 확립되어 가게 된다.

이상과 같은 재생에너지 육성의 구상을 망라적인 단일법으로 처음 제정한 것은 2000년도의 재생에너지법이며, 2009년의 개정으로 보다 완비된 형태를 갖추게 된다. 2009년 개정 재생에너지법에 따르면, 이 법이 기후보호 및 환경보호의 차원에서 에너지 공급구조의 지속가능성을 보장하기 위한 목적을 갖고 있음을 분명히 하였다.

(2) 재생에너지법의 정책 수단

① 접속, 송전, 배전의무의 부과

전력 공급의무를 부담하는 전력망사업자(전력 공급기업)는 신재생에너지 발전시설[6]로부터 생산된 전력을 즉시 그리고 우선적으로 전력망에 연결하고, 이를 구매하며 송전·배전할 의무를 부담한다(법 제 5 조 제 1 항, 제 8 조 제 1 항). 그 결과

5 Stromeinspeisungsgesetz(StrEG).

6 한편, 재생에너지 발전시설의 허가에 관한 규율은 재생에너지법이 아니라 건축법, 연방공해방지법, 환경영향평가법의 규율대상이다. 가령 에너지시설 허가와 관련하여 연방공해방지법은 에너지 효율성 여부 및 절약가능성 여부를 허가 판단에서의 형량요소로 명문화하고 있다(법 제 5 조 제 1 항 제 4 호 참조).

특히 전력망 공급에 과부하가 있는 경우 신재생에너지로부터 생산된 전기가 전통적 방식으로 생산된 전기에 비해 우선적으로 공급되는 결과를 낳게 된다. 망사업자는 신재생에너지 발전시설이 자신의 망에 직접적으로 연결되어 있는 것이 아니라 제 3 자의 망을 통해 연결되어 있는 경우에도 여전히 이상과 같은 의무를 지며(법 제 8 조 제 2 항), 계약 체결 여부 및 그 내용에 따라 재생에너지법의 의무이행을 달리 할 수도 없다(법 제 4 조 제 1 항). 다만 재생에너지 설비사업자의 경우에는 전력망운영자에게 사전에 통지한 경우 예외적으로 생산한 전기를 제 3 자에게 직접 판매할 수도 있다(법 제17조).

② 고정가격 보장의 의무(발전차액지원제도)

망사업자는 신재생에너지 발전시설의 운영자가 생산한 전력에 대해 재생에너지법이 보장한 가격으로 요금을 지불할 의무를 진다(법 제16조 이하). 이때의 금액은 수력, 폐기물가스, 바이오매스, 지열, 풍력, 태양열 등 에너지원별로, 그리고 시설의 크기 및 시설의 장소에 따라서 달라진다. 이러한 차별적 운영을 통해서 재생에너지별로 상이한 투자비용과 전력 공급운영비용의 원가를 감안한 재생에너지 육성이 가능하게 된다. 가령 태양열에 의한 전기 생산은 수력보다 더 높은 가격에 구매되며, 발전용량이 커질수록 구매금액은 낮아지게 된다. 특정한 혁신기술이나 특정 재료 또는 기술방법에 따라서는 추가적인 보너스가 지급될 수도 있다. 고정가격 설정에 따른 이윤의 보장은 20년 동안 이루어지며, 비용이 해마다 체감할 것이라는 전제하에 고정가격도 법 제20조에 따라 해마다 낮춰지도록 설계되어 있다.

한편 재생에너지법은 전력망사업자 간의 조정에 관한 규정도 두고 있다. 이는 지역별 망사업자마다 재생에너지의 활용 및 구매의무의 정도에 차이가 있을 수 있기 때문이다. 가령 북독일 지역의 경우에는 풍력 발전이 매우 발달해 있으나, 남부 독일의 경우 상대적으로 태양열이나 바이오매스의 비율이 높다. 전력망사업자 간의 균등조정의 결과 재생에너지 활용 증가에 대한 궁극적인 부담을 지는 모든 소비자[7]가 그 부담을 균등하게 나누어지게 된다. 다만 전력을 많이 소비하는 기업이나 철도운영자의 경우에는 균등 조정에 있어서 특칙을 두고 있기도

7 재생에너지에 관한 독일 환경부의 통계에 따르면 전력소비자가 재생에너지 활용에 의해 부담하게 되는 추가비용은 킬로와트당 1.1센트라고 한다.

하다(법 제40조 이하 참조).

③ 전력망의 확대

전력망의 확대 필요성은 반드시 재생에너지의 확대 문제만은 아니다. 독일 전기 및 가스공급에 관한 법률은 전력망공급사업자에게 공급망을 수요에 맞게 최적화해서 확대할 의무를 부과하고 있고(법 제43조 이하 참조), 원활한 망 확대를 위해 망 확대를 위한 절차를 간소화하기 위한 별도의 법률을 마련해 두고 있기도 하다.

이 점에서 재생에너지법이 전력망 건설과 관련한 계획 및 허가의 수단을 별도로 마련하고 있지는 않다. 다만 재생에너지법은 망 확대에 있어서 특히 재생에너지 활용이 가능하도록 망 건설을 확대하는 데 의미 있는 조항을 별도로 두고 있다. 즉 전력망사업자는 자신의 망을, 그것이 경제적으로 불합리한 것이 아니라면 자신의 비용으로 재생에너지로부터의 전력 전달을 위해 기술수준을 고려하여 공급망을 최적화하고 강화하며 확장할 의무를 진다(제 9 조 제 1 항 제 1 문, 제14조)는 규정이 그것이다. 만약 전력망사업자가 이상과 같은 의무를 행하지 않음으로써 재생에너지를 공급할 수 없게 되는 경우 등에는 손해배상을 청구할 수도 있다(법 제10조 제 1 항 제 1 문). 망사업자는 공급망의 확대에 관한 의무를 이행했는지 여부 및 이행의 정도에 대해서 발전시설사업자에게 정보를 제공할 의무를 지기도 하므로(법 제10조 제 2 항), 인과관계 및 손해의 정도를 입증하기는 여전히 어렵지만, 의무위반 여부에 대한 증명책임이 공급사업자에게 전환되는 효과가 발생한다.[8] 그 밖에 일정한 사유로 전략망사업자가 전력 공급을 중단하는 등의 개입을 할 경우 불가피한 사유가 없다면 그로 인한 손해를 발전시설사업자에게 배상할 의무를 진다(법 제12조).

(3) 평 가

① 발전차액지원제도의 장단점

독일의 경우 발전차액지원제도의 법적 수단을 동원함으로써 재생에너지의 사용빈도를 비약적으로 증가시켰다고 평가받고 있다. 발전차액지원제도를 둘 경우 장기적으로 적정한 이윤을 보장하게 됨으로써 안정적 투자유인을 가능하게 하는데, 독일에서는 여기에 더해 특정 재생에너지 기술에 대한 인센티브 및 특

8 Prall/Ewer, Umweltrecht, §9, Rn. 127.

정 정책 목표를 달성하도록 세부적으로 고안된 인센티브를 부여할 수 있도록 함으로써 세부적으로 조율된 재생에너지 정책을 펼 수 있는 제도적 장치를 마련한 것으로 평가받고 있다. 다만 이 경우 지속적인 재정적 부담을 초래할 수 있고 경쟁 메커니즘의 형성에 취약하다는 단점이 있기는 하다.

② 규범적 평가

전력망 공급사업자에게 의무를 부과하는 한편 발전사업자에게 고정가격을 통한 차액을 지원하도록 법적 수단에 대해서는 독일 헌법 및 유럽연합법 위배 여부가 문제된 바 있다.

우선 독일 헌법의 차원에서 재생에너지 사용의 의무부과는 직업의 자유에 대한 침해의 소지가 있다는 주장이 제기되었다. 그러나 연방헌법재판소와 연방통상법원은 재생에너지공급법과 관련하여 그와 같은 의무부과가 직업의 자유를 제한하기는 하나 공익적 근거가 충분하므로 과잉금지원칙에 위배되지 않는다고 보았다.[9] 특히 재생에너지법의 조치들은 국가목표조항으로서의 환경보호조치로서 헌법상 정당화될 수 있기 때문에 망 운영자가 공급자를 고를 선택의 자유를 침해한다고 보기는 더 어렵다. 환경보전의 국가목표를 달성하기 위해 이와 같은 제한은 수인 범위 내에 있다고 볼 수 있기 때문이다. 한편 판례는 망 사업자가 부담하는 재정적 부담은 소비자에게 전가되므로 그 또한 문제가 없다고 판단하였다.

유럽법 차원에서 보더라도 재생에너지법이 경쟁을 저해하는 보조금 지급에 해당한다거나 자유로운 상품 이동의 자유를 침해한다고는 보기 어렵다. 우선 발전차액지원제도는 유럽법에서 금지하고 있는 국가차원에서의 보조금에 해당한다고 보기 어렵고[10] 재생에너지의 확대 조치는 유럽연합의 지침에 따라 요구되는 바이기도 하며 독일에서 생산된 재생에너지만을 우대하는 것이 아니라면 자유로운 상품 이동의 자유를 침해한 것으로도 보기 어렵다.

다. 난방 공급에서 재생에너지법

2009년 제정된 '난방 부문에서 재생 가능한 에너지의 촉진에 관한 법률'[11](이

9 BVerfG, NJW 1997, 573; BGH, RdE 2003, 268.

10 EuGH 13. 3. 2001, Rs. C-379/98(Preussen-Elektra).

11 Gesetz zur Förderung erneuerbarer Energien im Wärmebereich(EEWärmeG).

하 '난방재생에너지법'이라 한다)은 난방 부문에서 재생에너지의 사용을 촉진하기 위한 법적 수단을 마련하였다.

① 신축건물에서 재생에너지 사용 의무

난방재생에너지법의 경우 재생에너지법과 달리 전통적인 질서법적 수단으로서 사용 의무를 부과한 데 큰 특징이 있다. 재생에너지 사용의무를 위반하는 경우에 각 주의 행정청은 과태료를 부과할 수 있다. 즉 난방재생에너지법 제 3 조는 50㎡ 이상의 신축건물 및 각 주법에 따른 일정한 건축물에 대해서는 난방수요의 일부를 재생에너지를 사용하도록 의무지울 수 있도록 근거규정을 두고 있다. 이처럼 신축건물에 한해서 의무를 부과하는 것은 신축건물의 경우 재생에너지를 이용한 난방시설을 갖추도록 하는 것이 간단할 뿐만 아니라 최신 시설을 갖추도록 할 경우 에너지 효율성이 뒷받침되어 투자에 따른 이익을 누릴 가능성도 크며, 최근의 건축물의 경우 처음부터 에너지 효율적으로 건축되고 있기 때문에 신축건물에 대해 그와 같은 의무를 부과하는 것이 비례원칙에 부합하기 때문이라고 한다.[12]

난방 시 재생에너지의 사용 의무란 냉난방발생을 위한 전체 에너지 수요 중에서 지열, 환경열, 태양방사에너지 및 바이오매스를 일정비율 이상 이용하도록 의무지우는 것이다. 의무의 내용은 신축건물이 재생에너지를 사용해야 하는 의무 비율은 재생에너지의 종류에 따라서 달라지는데, 가령 태양열의 경우에는 15% 이상, 바이오매스의 경우 30% 이상, 지열의 경우 50% 이상의 의무비율이다. 그리고 여기서 재생에너지를 사용하는 시설에 대해서는 에너지 효율성 등에 관한 요건이 부여된다. 재생에너지를 사용한 시설의 경우에도 에너지 효율성이 확보되어야 실질적으로 에너지 절약 효과가 발생할 수 있기 때문이다.

한편 이상과 같은 이용의무는 대체적 조치를 통해서 이행될 수도 있다. 가령 열병합발전시설로부터 50% 이상 에너지를 이용하거나 에너지 절약 조치 또는 원격 난방 이용 조치를 할 경우에는 의무를 이행한 것으로 본다(법 제 7 조). 이와 같은 대체조치를 허용하고 있는 것은 그와 같은 대체조치를 통해서도 온실

---

12 Prall/Ewer, Umweltrecht, §9, Rn. 143. 다만 유럽연합지침의 내용에 따르면 기존 건축물에 대해서만 의무를 부과할 경우 지침의 적법한 전환이 될 수 없을 가능성도 있다. 재생에너지에 관한 유럽연합지침의 단계적 전략에 따르면 각국은 입법적 조치로서 향후 공공시설의 대규모 개축의 경우에도 재생에너지 이용의무를 부과하여야 할 여지가 크다.

가스 감축 효과 등을 거둘 수 있기 때문이다.[13]

② 연결 및 이용강제

독일법에서는 이미 기존에 건축법의 규정에 따라 원격난방의 연결을 강제하고 있었는데, 난방재생에너지법 제16조에 따라 기초지방자치단체는 기후보호 및 자원보호의 목적을 위해서도 난방에 관한 망의 연결과 이용을 강제할 수 있게 되었다. 다만 판례에 따르면 그와 같은 강제를 조례를 통해 부여하려면 그것이 '기후보호'의 목적을 갖고 있음이 명확히 되어야 한다고 한다.[14]

③ 시장유도적 조치

기존 건축물의 경우 난방시 재생에너지 사용의무가 강제되지 않기 때문에, 난방재생에너지법은 투자보조금을 줄 수 있는 시장유도적 프로그램을 수립할 법적 근거를 마련함으로써 난방 시 재생에너지의 활용을 유도할 수 있도록 하고 있다(법 제13조 참조). 이에 따르면 2009년부터 2012년까지 5억 유로가 투자보조금으로 지원될 수 있는데, 시장유도적 프로그램에 따르면 태양열발전 시설을 건설하거나 확대하는 경우, 바이오매스의 연소시설을 건축하는 경우, 효율적인 난방펌브를 도입하는 경우, 냉난방과 관련하여 특별히 혁신적인 기술을 사용하는 경우 지원을 받을 수 있다. 신축건물에 대해서는 의무부과에 의해서 재생에너지 사용시설을 갖추는 것이 아니라 자발적으로 추가적인 재생에너지 시설을 갖추는 경우 투자보조금이 고려될 수 있다.

라. 열병합발전에 관한 법률

(1) 개 요

독일법상 열병합발전에 관한 법률[15]은 재생에너지법과 더불어 기후보호 목적을 위한 통합적 에너지정책을 실현하기 위한 법률로 평가되고 있다. 열병합이란 전기에너지의 생산과 그 과정에서의 열 생산을 특정한 시설에서 동시에 발생시키는 것을 가리키는데, 여기서 발생하는 열은 원격 난방이나 산업적 목적으로 이용될 수 있기 때문에 특히 더 효율적이며 온실가스를 감축하는 발전 방식으로

---

13 Prall/Ewer, Umweltrecht, §9, Rn. 146.

14 BverwG NVwZ 2004, 1131 f.

15 Kraft-Wärme-Kopplungsgesetz(KWKG).

평가된다. 법 제 1 조는 2020년까지 전력생산에서 열병합발전의 비율을 25%까지 확대하는 목표를 명시하고 있다.

(2) 법적 수단

① 열병합발전에 의한 전력에 대한 이윤 보장

열병합발전법의 전략은 원칙적으로 재생에너지법의 그것과 동일하다. 다만 현행 열병합발전법은 개정 전 열병합발전법과 달리 열병합발전에 의한 전력의 값을 시설사업자와 망 사업자 간 협의에 의한 가격으로 지불할 수 있도록 하고 이를 토대로 보조금을 지급하도록 한 것이 다른 점이다(법 제 4 조 제 3 항). 이 경우에 보조금 지급은 재생에너지법과 마찬가지로 시간의 경과에 따라 감소하게 되는데, 법 제 5 조에 따른 개별 시설이 속하는 범주와 전력이 공급되는 그 해의 상황에 의해 금액이 결정된다. 즉 우선 2002년 이전에 가동한 시설인지 이후에 가동한 시설인지에 따라 구분한 다음, 전자의 경우는 구 시설, 신 시설, 현대화 시설, 효율화된 현대화시설로 다시 구분을 하고, 후자의 경우 가동기간 외에 시설의 규모와 효율성을 함께 고려하여 보조금액이 결정된다. 가령 2002년부터 2008년 사이에 운영된 2MW 이하의 소규모 발전시설에 대해서는 보조금지급이 용이한 반면, 2009년 이후에 가동된 소규모 시설이나 2MW를 넘는 시설의 경우에는 그 시설이 매우 효율적인 경우에만 보조금 지급이 가능하다. 보조금은 투자비용의 최대 20%까지 지급될 수 있으며 절대적 상한은 5백만 유로이다.

한편 보조금 지급청구의 대전제는 열병합발전시설에 대한 허가가 있어야 한다는 것이다. 그 시설이 열병합발전법 제 5 조에 따른 시설의 범주를 충족하는 경우에는 허가가 부여된다.

(3) 연결 및 송전의무

재생에너지법과 마찬가지로 열병합발전에 의한 전력 공급의 경우에는 망 사업자가 연결 및 송전의무를 지며, 열병합발전에 의한 전력에 대해서 우선순위가 부여된다. 다만 열병합발전에 의한 전력과 재생에너지에 의한 전력의 경우에는 동일한 지위를 갖는다. 만약 전력 공급을 감축할 필요가 있는 경우에는 열병합발전에 의한 전력과 재생에너지 전력은 동일한 조건에서 경쟁을 하게 되며, 법 제11조에서 정한 비율에 따라 망의 안정성을 관리할 수 있는 방식으로 개별적으로 결정되게 된다.

Ⅲ. 에너지 효율성(Energieeffizienz)의 제고

1. 에너지 효율성 제고에 관한 법정책

가. 에너지 효율성 제고의 개념과 목표

에너지 효율성을 제고한다는 것은, 에너지의 생산, 이동, 분배, 이용의 과정에서 발생하는 에너지의 손실을 최소화함으로써 에너지 사용 비용을 감축하는 것을 뜻한다. 즉 최소한의 에너지 비용을 투입하여 에너지를 사용하는 것을 추구하는 것이다. 에너지 수요의 경우 가격탄력성이 낮기 때문에 에너지 효율성이 높아지면 국민경제 차원에서 에너지 절약 효과가 발생할 수 있다. 또한 에너지 효율성이 높아지게 되면 갈수록 높아지는 에너지 가격의 상승을 완화하고 이산화탄소의 배출을 완화시키는 효과가 발생한다. 요컨대 에너지 효율의 제고는 에너지 절약으로 연결되는 것이다.

독일에서는 에너지 효율성 제고 및 에너지 절약과 관련하여 다음과 같은 목표를 수립하고 있다.[16] 1차 에너지의 소비를 2020년까지 20%, 2050년까지 50% 줄이고, 전력소비를 2020년까지 10%, 2050년까지 25% 줄인다는 목표를 설정하고 있다. 구체적으로 가령 건물에서의 에너지 사용과 관련하여서는 난방에너지 사용량을 2020년까지 20% 감축하고, 건물에서의 1차 에너지 사용은 2050년까지 80%까지 감축하는 한편, 기후변화에 중립적인 건물을 늘려나가고 에너지 관련 건축물의 구조 변경 비율을 매년 2%까지 늘려나가기로 하였다. 또한 에너지생산성도 2050년까지 매년 평균 2.1%씩 늘려나갈 계획이라고 한다.[17]

나. 현황과 정책적 수단 개요

에너지 효율에 관한 대표적인 법률은 에너지 절약에 관한 법률(이하 '에너지 절약법'이라 한다) 및 에너지 절약령이 있지만,[18] 에너지 효율성 확보 및 에너지 절

---

16 간략히는 독일환경부의 홈페이지의 에너지 효율성 부분을 참조(http://www.bmu.de/energieeffizienz, 2012. 9.기준). 자세히는 Energiekonzept 2050-Meilensteine und Bewertungen을 참조.

17 이하의 내용에 대한 개요는 위 독일 환경부 홈페이지의 에너지 효율성 관련 소개를 주로 참조하였다.

18 Energieeinspargesetz(EnEG)과 Energieeinsparverordnung(EnEV).

약에 관한 정책적 수단은 개별 에너지 소비 분야별로 다양하다. 이러한 정책적 수단은 대체로 의무부과, 지원, 정보제공 수단을 혼용하는 것으로 유형화해 볼 수 있다. 의무부과 방식이란 에너지 절약령(Energieeinsparverordnung)에 따른 의무부과와 같이 기준을 설정하고 이를 강제하는 방식을 뜻하고,[19] 지원이란 가령 친환경적인 시설을 도입하는 경우 그 도입 비용을 지원하는 것을 예로 들 수 있다. 그 밖에 정보제공 수단은 소비자들에게 제품의 에너지 효율 등급이나 주택 내 방열 정보를 제공하도록 함으로써 소비자들의 경제적 판단에 따라 에너지 효율적인 선택[20]을 하도록 유도하는 것이다.

2. 영역별 에너지 효율성 제고에 관한 법정책

가. 전 력

무엇보다 전력소비에 있어 전력효율성을 향상하는 것이 중요하다. 독일의 경우 전력효율성의 향상으로 1990년 이후 전력소비량이 경제성장에 반드시 연동되지 않는 상황을 맞게 되었다. 그럼에도 오늘날 여전히 전력 부문에서의 절약 가능성이 현재 독일 순 전력사용량의 20%까지 가능하다는 연구결과들이 있다고 한다. 전력효율성 강화와 관련하여서는 2012년 10월 발효되는 유럽연합 에너지 절약에 관한 지침을 전환하는 법률이 제정될 예정이기도 하다.

전력소비와 관련해서는 전력을 사용하는 제품의 에너지 효율 확보가 중요하다. 유럽연합에서는 에너지 효율을 충족시키지 못하는 제품에 대해서는 판매를 금지하도록 하는 지침과 에너지 효율 등급을 표시하도록 하는 지침 및 각국에 직접적 효력을 갖는 명령을 제정해 두고 있다. 독일은 이러한 지침을 전환한 제품의 에너지 효율적 사용에 관한 법률을 제정하였으며,[21] 에너지소비와 관련하여 다음과 같은 두 가지 대표적인 법규명령을 두고 있다. 우선 에너지소비표시령[22]

---

19 신축 건물의 경우 연간 평방미터당 3리터의 기름만을 사용할 수 있도록 규제하는 것이 한 예이다.

20 에너지 효율적인 선택을 하는 경우 유럽에서 소비자는 평균 연간 200~1000유로를 절약할 수 있다고 한다.

21 가령 유럽의 에코디자인 지침을 전환하여 독일은 에너지사용제품법(EBPG)을 제정하였다. 이 법의 경우 구체적 표준을 제시하지 않은 채 유럽 차원에서의 시행조치를 적용할 경우 유의하여야 할 사항에 대해서 규율하고 있을 따름이다.

22 Energieverbrauchskennzeichnungsverordnung.

이다. 에너지소비표시령은 전자제품, 특히 이른바 백색가전에 대해 식별하기 용이한 방식으로 에너지소비에 관한 표시를 의무화한다. 이를 통해 최종소비자에게 충실한 정보를 제공함으로써 소비자가 의식적으로 에너지 절약형 제품 구입을 할 수 있도록 보장할 수 있게 된다. 다음으로 에너지소비한계령[23]이 있다. 이는 최저기준을 넘어서서 에너지를 소비하는 제품의 경우에는 유럽 단위에서 유통 자체를 금지하는 것이다. 에너지소비한계령은 질서법적인 수단을 예정한 것이다.

흥미로운 것은, 최근 유럽 차원에서 최저기준을 넘어서 최선의 기술수준에 따른 에너지 효율 규제의 개념을 도입하려는 논의가 유럽연합의 집행위원회에서 추진되고 있다는 것이다. 이와 같은 규제가 도입될 경우 에너지 효율성이 떨어지는 제품의 경우에는 시장에서 퇴출될 가능성이 매우 높게 된다.

나. 건 물

다음으로 건물에서의 에너지 효율성 확보를 생각해 볼 수 있다. 독일에서 건물이 차지하는 에너지 소비 비율은 약 40%에 이르고 이산화탄소 배출에 있어서도 1/3을 차지한다. 문제는 78%의 건물이 1979년, 즉 최초의 난방 관련 법령이 제정되기 이전에 세워진 건물들이기 때문에 기존의 건물에서 발생하는 에너지 비효율을 어떻게 단계적으로 개선할 것인가가 문제되었다. 이를 위해 연방정부는 점진적으로 건물에서 에너지 효율성에 대한 최저기준을 강화해 가는 한편 장기적인 건물 구조개선계획을 수립하였다. 이는 종래의 질서법적인 규제 수단을 넘어 에너지 효율적인 건물 구조개선 실시에 대한 경제적 유인책을 분명히 하는 것이다. 이를 위해 최근에는 에너지 효율적인 주거용 건물 구조개선 육성에 관한 법률안이 추진되고 있다.

다. 산 업

사회 영역 별로 볼 때 산업과 영업 부문에 있어서 에너지 절약의 잠재성은 40%에 달하는 것으로 평가되고 있다. 이 때문에 독일 환경부는 기후변화프로그램을 활용하여 기업에서의 에너지 절약에 관한 시범프로그램을 운영하고 있다. 에너지관리시스템을 도입함으로써 기업에서 전체 에너지 효율 잠재성을 발견하

23 Energieverbrauchshöchstwerteverordnung.

도록 유도하는 한편, 환경세 범위에서 기업에 대한 세금 감면 조치를 에너지관리 시스템과 결합시키는 것이 예이다. 가정에서도 또한 현재의 전기사용은 독일에서 생산된 전기생산량의 1/4에 달하는 140 TWh이나, 경제적인 에너지 사용을 할 경우 40 TWh를 감축할 수 있다고 한다.

Ⅳ. 전 망

이상에서 환경 친화적 에너지정책을 수립하기 위한 다양한 독일의 법제와 법적 수단을 간략히 살펴보았다. 독일의 경우 이러한 정책적 수단은 궁극적으로 재생에너지 비율의 확대를 통한 지속가능한 에너지 공급 및 소비구조를 지향하는 것이라고 할 수 있다. 독일 연방환경자문위원회의 보고서[24]에 따르면 2050년에 이르러 재생에너지를 이용한 전력 공급비율을 100%까지 확대할 수 있도록 하는 여러 실현가능한 실행 방안을 검토하고 있다. 이를 위해서 보고서는 개인에 대한 전력구좌제도 및 정보공개의 강화, 재생에너지법의 지속적 강화, 원자력 발전소의 가동 중지, 북해 지역에서의 국가 간 협력을 제안하고 있다. 이처럼 에너지 법정책의 친환경화는 강제와 동기부여, 정보제공의 다양한 법정책 수단을 적절히 선택하고 결합함으로써 달성할 수 있는 목표이며, 이 점에서 다양한 법정책 수단을 운영한 독일의 경험은 참고할 가치가 있다.

24 SRU, Wege zur 100% Erneuerbaren Stromversorgung? 2010.

참고문헌

국내문헌

김태호, "독일의 기후변화 대응 법체계," 조홍식 외 편, 기후변화와 법의 지배, 2010.

이종영, "독일 재생에너지보급촉진법," 환경법연구 제26권 제 4 호, 2004.

______, "독일의 재생열 사용촉진제도," 환경법연구 제32권 제 3 호, 2010.

이준서, 녹색성장 구현을 위한 에너지 관련 법제의 정비방안 연구, 한국법제연구원, 2010.

한귀현, "신재생에너지법제의 최근 동향과 그 시사점: 유럽연합과 독일의 경우를 중심으로," 공법학연구 제11권 제 2 호, 2010.

외국문헌

Badura, Umweltschutz und Energiepolitik, in: Rengeling (Hrsg.), Handbuch zum Recht europäischen und deutschen Umweltrecht, 2. Aufl., 2003, Bnad Ⅱ, 1392.

Büdenbender, Umweltschutz in der Novelle des Energiewirtschaftsgesetzes, DVBl. 2005, 1161.

Bundesministerium für Umwelt, Naturschutz und Reaktorsicherheit: http://www.bmu.de/klima_energie/doc/41060.php.

Burgi, Klimaschutz durch weiterentwickelte KWK-Förderung, DVBl. 2008, 1205.

Gesellschaft für Umweltrecht (Hrsg.), Umweltschutz im Energierecht, 2006.

Kahle, Die Elektrizitätsversorgung zwischen Versorgungsicherheit und Umweltverträglichkeit, 2009.

Kloepfer, Umweltenergierecht, in: ders. Umweltrecht, 3. Aufl., 2004.

Oschmann/Sösemann, Erneuerbare Energien im deutschen und europäischen Recht-Ein Überblick, ZUR 2007.

Pielow, Effektives Recht der Energieeffizienz? ZUR 2010, 115.

Prall/Ewer, Energierechtliche Regelungen als Instrumente des Umweltschutzes, in: Koch (Hrsg.), Umweltrecht, 3. Aufl., 2010.

Sachverständigenrat für Umweltfragen, Wege zur 100% erneuerbaren Stromversorgung, 2011.

______, Umweltgutacthen 2012.

Salje, Erneuerbare-Energien-Gesetz 2012: Gesetz fur den Vorrang erneuerbarer Energien (EEG): Kommentar, 6. Aufl., 2012.

Schmauser, Das Kraft-Wärme-Kopplungsgesetz, 2005.

제 8 장 일본의 에너지법정책 고찰

문 상 덕*

Ⅰ. 서 론

현대 국가에 있어서 에너지 내지 에너지자원은 산업활동과 국민생활의 근간을 이루는 것으로서 그 안정적인 확보와 합리적인 이용은 매우 중요한 것이다. 그런데 에너지와 그 자원을 둘러싼 국제 정세는 아시아 등의 신흥개발국의 폭발적 수요 증대 등으로 인해 더욱 냉엄해지고 있는 것이 현실이다.

부존자원이 부족한 일본의 경우, 석탄, 석유, 천연가스, 우라늄 등 거의 대부분의 에너지원을 수입에 의존하여 왔고, 에너지 가격이 국민생활이나 산업 경쟁력에 미치는 영향은 매우 컸다. 그로 인해 일찍부터 에너지원의 안정적인 확보, 에너지 이용의 효율성 제고, 바람직한 시장기능에 기초한 에너지공급체계의 구축 등을 추진하여 왔고, 이를 위하여 국가적 차원에서 각종의 에너지정책을 강구하고 관련 법제를 정비하려는 노력을 기울여왔다.[1]

* 서울시립대 법학전문대학원 교수, 법학박사.

1 1970년대에 있었던 2회에 걸친 석유위기는 에너지자원의 확보와 그 관리에 관한 상징적 사건이라고 할 수 있다. 일본은, 제 1 차 석유위기 시에는 주로 산업용수요를 우선하도록 하는 행정지도를 하였고 전기사업법 제27조(전기의 사용제한), 석유수급적정화법을 제정함으로써 법정책적인 대처를 하였다. 그 후 이른바 省에너지법(에너지 사용의 합리화에 관한 법률, 1979년), 석유대체에너지법(비화석에너지의 개발 및 도입의 촉진에 관한 법률, 1980년), 석유비축법(1975) 등을 제정하여 관련 법제를 완비하고자 하였다(藤原淳一郎, エネルギー法と政策一10年の回顧と展望 ジュリスト No. 1414, 2011. 1. 1.-15, 216쪽).

한편 최근에는 에너지의 이용에 수반하는 환경문제 특히 지구온난화 내지 기후변화의 문제에 대한 적극적 대응이 세계적으로 요구되고 있고, 일본도 이 문제에 대하여 적극적으로 대처, 저탄소사회를 구축하기 위하여 기존의 에너지 자원의 확보 및 관리·이용정책을 바탕으로 기후변화시대를 주도하기 위한 각종의 정책과 법제를 마련하여 왔다. 이러한 대책에는 주로 종래의 석유·석탄 등 화석에너지의 효율적인 사용과 절감, 태양광·풍력 등 신재생에너지의 적극 개발, 원자력에너지의 효과적인 개발과 이용 등이 포함되어 있었다.

그런데 2011. 3.에 발생한 동일본대지진과 쓰나미(津波, 지진해일) 그리고 그로 인한 후쿠시마(福島) 제 1 원자력발전소(이하 '후쿠시마원전'이라 함) 등의 사고와 방사능물질 유출의 문제로 일본 사회에는 전례 없는 일대 혼란이 야기되었다. 그리고 전력공급 위기와 방사능에 대한 두려움으로, 종전에 원자력발전을 중심축의 하나로 보았던 에너지정책은 근본적인 문제 상황에 빠지게 되었다. 원래 고도의 위험성을 내재하는 원자력발전의 정책이나 법제 형성은 기본적으로 원자력발전의 '안전'에 대한 시민들의 사회적 합의를 대전제로 한다고 할 수 있는데,[2] 이번의 상상을 초월한 대재해와 사고로 인하여 종전의 '사회적 합의'에 결정적인 불안정이 야기되었던 것이다. 이로 인해 일본은 원자력을 포함한 에너지법정책 전반에 걸쳐서 새로운 방향을 모색하지 않으면 안 될 중대한 기로에 봉착하게 된 것이다.

이하에서는 현대 일본에 있어서 에너지를 둘러싼 국가차원의 정책과 법제 등을 전반적·분야별로 개관해 보고, 특히 후쿠시마원전 사고 이후에 초래된 긴박하고 복잡한 문제상황과 이에 대응하기 위한 일본사회의 에너지법정책의 동향을 분석해 본 뒤, 일본의 에너지법정책의 전개과정으로부터 우리가 시사 받을 수 있는 점 등을 제시하여 보고자 한다.

---

2 김태호, 원자력발전소의 안전성 담보시스템에 대한 법적 검토, (사)행정법이론실무학회·고려대ICR센터 공동학술대회 발표문, 2011. 7. 2., 2쪽.

Ⅱ. 에너지법 연구와 에너지법제의 형성

1. 초기의 에너지법 연구

일본에 있어서 에너지법에 관한 연구가 시작된 것은 1977년 무렵이다. 그 이전까지는 에너지법에 관한 연구가 거의 이루어지지 않았고, 다만 兼子仁 교수의 논문 "특수법의 개념과 행정법(特殊法の概念と行政法)"에서 —행정법총론 내지 일반행정법의 대응개념으로서의— 특수법의 목록 가운데 "광업 · 에너지법"이 언급되는 정도에 그쳤다.

에너지법에 관하여 가장 이른 시기부터 연구를 시작하여 현재까지도 지속적인 연구를 거듭하고 있는 藤原淳一郎는 그의 1977년의 논문 "일본에 있어서의 에너지법학의 현상 — 에너지법연구서설(日本におけるエネルギー法学の現状—エネルギー法研究序説)"[3]을 발표하여 일본의 에너지법 연구를 개창하였다. 같은 시기에 余田幸雄도 "일본의 에너지정책과 법제도(日本のエネルギー政策と法制度)"[4]을 발표하였는데, 이 글은 당시의 종합에너지정책의 기본방향을 전제로 석유, 석탄, 원자력, 전력, 도시열에너지, 에너지절약의 6개 개별 에너지정책을 다루면서 각 에너지정책과 연계된 실정법을 다루었다. 기타 1980년에 발표된 樋口一清의 "에너지 관계법제의 개요(エネルギー関係法制のあらまし)"[5]는 에너지의 안정공급 확보를 공통과제로 하여, 기본정책과제를 석유대체에너지의 개발·도입의 촉진, 에너지절약정책, 석유안정공급의 확보, 전력·가스정책, 국제에너지정책의 5개 에너지정책과 그와 관련된 실정법을 들고 있다.

한편 1981년에는 전력중앙연구소 내의 연구회를 기초로 발전된 일본에너지법연구소(Japan Energy Law Institute)가 발족되었다. 동 연구소는 에너지에 관한 일본 국내외의 법적 제 문제에 관하여 조사 및 연구, 정보의 수집, 정리, 제공 등을 수행함으로써, 에너지에 관한 법적 제 문제의 해명과 그것에 관한 일반의 이해를 심화시켜가는 것을 목적으로 하고 있다. 발족 이후 2011. 4. 현재 123권의 각

3 法學硏究 50卷 12号, 1977, 361쪽.

4 ジュリスト 628号, 1977, 128쪽.

5 産業と環境 9卷 8号, 1980, 53쪽.

종 연구보고서를 발간한 바 있다.[6]

2. 에너지법제의 형성

일본은 석탄을 제외한 국내 에너지자원이 빈약한 국가이기 때문에 에너지자원을 규제하는 법제가 활발히 형성되지는 못하였지만, 2차 세계대전 이후 고도성장기를 거치면서 점차 가스사업법(1954년), 원자로등규제법(1957년), 석유업법(1962년), 전기사업법(1962년), 열공급사업법(1972년) 등 분야별 법률이 제정되기에 이르렀다.

한편 1973년 제 1 차 석유위기를 계기로 위기관리를 위하여 석유수급적정화법(1973년)이 제정되었는바, 이 법률을 계기로 에너지시장에의 정부관여 등을 포괄하는 에너지행정법 연구가 개시될 여지가 형성되었다. 이후 1978년의 제 2 차 석유위기 후 에너지 사용의 합리화에 관한 법률(1979년, 소위 省エネ法), 석유대체 에너지 개발 및 도입의 촉진에 관한 법률(1980년, 소위 代エネ法) 등이 제정되면서, 일본에 있어서의 에너지법제는 좀 더 체계화되었고, 21세기 초에는 에너지정책기본법(2002년)이 제정되기에 이르렀다.[7]

Ⅲ. 현행 에너지법제의 개관

1. 序

현행 일본 에너지관련 법령의 기본이 되는 것은 에너지정책기본법(エネルギー政策基本法, 2002년)이다. 이 법률을 토대로 하여 에너지절약 및 지구환경관련 법령, 위기관리, 에너지관련 독립법인, 에너지관계의 특별회계, 에너지별 개별법률 등이 제정되어 있다. 이들을 간단하게 정리해보면 다음과 같다.

---

6 일본에너지법연구소 HP http://www.jeli.gr.jp/ 참조.

7 藤原淳一郎, エネルギー法研究 — 政府規制の法と政策を中心として, 日本評論社, 2010. 3, 3쪽 참조.

(1) 기 본 법

- 에너지정책기본법(エネルギー政策基本法, 2002년)

(2) 에너지절약(省エネルギー), 지구환경

- 에너지의 사용의 합리화에 관한 법률(エネルギーの使用の合理化に関する法律, 1979년)
- 비화석에너지의 개발 및 도입의 촉진에 관한 법률(非化石エネルギーの開発及び導入の促進に関する法律, 1980년. 2009년부터 "石油代替エネルギーの開発及び導入の促進に関する法律"에서 改題됨)
- 신에너지 이용 등의 촉진에 관한 특별조치법(新エネルギー利用等の促進に関する特別措置法, 1997년)
- 에너지 공급사업자에 의한 비화석에너지원의 이용 및 화석에너지원료의 유효한 이용의 촉진에 관한 법률(エネルギー供給事業者による非化石エネルギー源の利用及び化石エネルギー原料の有効な利用の促進に関する法律, 2009년)
- 전기사업자에 의한 재생가능에너지전기의 조달에 관한 특별조치법(電気事業者による再生可能エネルギー電気の調達に関する特別措置法, 2011년)

(3) 위기관리

- 석유수급적정화법(石油需給適正化法, 1973년)

(4) 에너지 관계의 독립행정법인

- 독립행정법인 신에너지·산업기술종합개발기구법(独立行政法人新エネルギー·産業技術総合開発機構法, 통칭 NEDO法, 2002년)
- 독립행정법인원자력안전기반기구법(獨立行政法人原子力安全基盤機構法, 2002년)

(5) 에너지관계의 특별회계

- 석유석탄세법(石油石炭税法, 1978년)
- 휘발유세법(揮發油稅法, 1957년)
- 전원개발촉진세법(電源開發促進稅法, 1974년)

(6) 에너지별 개별법률

– 석탄, 석유, 액화가스, 가스, 전기, 열, 원자력 등에 관한 다수의 개별법률

2. 에너지정책기본법의 주요 내용

일본에 있어서도 20세기까지 에너지에 관한 기본법은 존재하지 않았다. 20세기말의 미국 캘리포니아주의 전력위기의 교훈으로부터 전력, 가스의 규제완화·구조개혁을 향후 어떻게 추진해 갈 것인가, 에너지정책과 지구환경문제를 어떻게 조화시킬까 등의 문제의식으로부터, 에너지정책기본법(2002년)이 탄생하기에 이르렀다.

동법은 그 목적조항에서, "에너지가 국민생활의 안정 향상 및 국민경제의 유지·발전에 불가결한 것임과 동시에 그 이용이 지역 및 지구의 환경에 커다란 영향을 미치는 점에 비추어, 에너지 수급(需給)관련 시책의 기본방침을 정함과 동시에 국가와 지방자치단체의 책임 등을 명확히 하고, 에너지 수급관련 시책의 기본적 사항을 정함으로써 에너지 수급시책을 장기적·종합적·계획적으로 추진하고, 나아가 지역 및 지구의 환경의 보전에 기여하면서 일본과 세계 경제사회의 지속적인 발전에 공헌하는 것을 목적으로 하고 있다"(제 1 조)고 선언하고 있다. 이러한 목적 아래 동법은 에너지에 관한 "안정 공급의 확보"(제 2 조), "환경에의 적합"(제 3 조), "시장원리의 활용"(제 4 조)의 3가지 기본방침을 선언하고 있는데, 이를 하나씩 살펴보면 다음과 같다.

(1) 안정 공급의 확보(제 2 조)

에너지의 안정적인 공급에 관해서는 세계의 에너지에 관한 국제정세에 불안정 요소가 있는 점에 비추어, 석유 등의 1차 에너지의 수입에 있어서 특정 지역에의 과도한 의존을 줄임과 동시에, 일본에 중요한 에너지자원의 개발, 에너지 수송체제의 정비, 에너지의 비축 및 에너지의 이용효율화를 추진하고 에너지에 관한 적절한 위기관리를 행함으로써, 에너지공급원의 다양화, 에너지자급률의 향상, 에너지분야에 있어서의 안전보장[8]을 도모함을 기본으로 하여 시책을 강구하

8 에너지 안전보장이란, "자원생산지로부터 국내의 최종소비자에 이르기까지, 안정적으로 에너지가 공

도록 하고, 다른 에너지에 의한 대체 또는 저장이 현저히 곤란한 에너지의 공급에 관하여는 특히 그 신뢰성 및 안정성이 확보될 수 있도록 시책을 강구하여야 한다고 하고 있다.

에너지 자원의 확보를 위하여, 상사(商社), 석유 · 전력 · 가스기업 등에 의한 에너지 자원개발(자원보유국의 에너지자원개발프로젝트에의 참여 및 권익 획득, 자주개발)이나 안정적인 구입 외에, 자원국 인프라 정비에의 협력 등, 전반적인 경제관계를 구축하는 것이 바람직하다고 보고 있고, 이를 위해서 국가 및 정부관련 기관에 의한 프로젝트파이낸스를 포함한 적극적인 자원외교가 불가결하다는 것이 중론이다.

(2) 환경에의 적합(제 3 조)

에너지 수급에 관하여는, 에너지 소비의 효율화를 도모할 것, 태양광, 풍력 등의 화석연료 이외의 에너지의 이용으로의 전환 및 화석연료의 효율적인 이용을 추진할 것 등에 의해, 지구온난화의 방지 및 지역환경의 보전이 도모된 에너지의 수급을 실현하고, 아울러 순환형사회의 형성에 이바지하기 위한 시책을 추진하도록 하고 있다.[9]

(3) 시장원리의 활용(제 4 조)

에너지시장의 자유화 등 에너지의 수급에 관한 경제구조 개혁에 관해서는, 제 2 조의 정책목적을 충분히 고려하면서 사업자의 자주성 및 창조성이 충분히 발휘되고, 에너지 수요자의 이익이 충분히 확보되는 것을 취지로 하는 규제완화 등의 시책이 추진되어야 한다고 하고 있다.

(4) 기타 주요 내용

동법 제11조는 정부로 하여금 매년 국회에 에너지수급시책의 개황보고를 하도록 하고 있는데, 이에 따라 매년 경제산업성 주관으로 에너지에 관한 연차보

급되는 체제를 구축함과 동시에 그것이 위협받는 리스크를 최소화하는 것을 말한다"(일본정부, 에너지기본계획, 2010. 6, 5쪽).

9 1980년에 제정된 "석유대체에너지의 개발 및 도입에 관한 법률"(石油代替エネルギーの開発及び導入の促進に関する法律)이 2009년부터 "비화석에너지의 개발 및 도입의 촉진에 관한 법률"(非化石エネルギーの開発及び導入の促進に関する法律)로 개제(改題)된 점은 지구환경정책을 중시한 상징적인 일이라고 할 수 있다.

고(에너지백서)를 작성하여 국회에 제출하고 있다.[10]

또한 법 제12조는 정부로 하여금, 에너지의 수급에 관한 시책의 장기적 · 종합적 · 계획적인 추진을 도모하기 위하여, 에너지의 수급에 관한 기본적 계획(이하 에너지기본계획)을 정하도록 하고 있다.[11] 경제산업대신은 에너지기본계획(안)을 작성하여 각의 결정을 요청할 시에 사전에 관계 행정기관의 장의 의견을 들음과 동시에, 종합자원에너지조사회의 의견을 듣도록 하고 있다. 에너지기본계획에 대한 각의의 결정이 있는 때에는, 에너지기본계획을 신속하게 국회에 보고함과 동시에 공표하여야 한다. 정부는 에너지를 둘러싼 정세의 변화를 감안하고 에너지에 관한 시책의 효과에 관한 평가를 바탕으로, 적어도 3년마다 에너지기본계획에 검토와 함께 필요한 경우 이를 변경하도록 하고 있다.

Ⅳ. 에너지법정책의 동향 분석

1. 序

일본의 에너지정책은 에너지를 둘러싼 국내외적 정세, 국내외의 정치 · 경제 · 사회상황 등을 배경으로 크게 변화하여 왔다. 에너지자원이 빈곤한 국가였기 때문에 1970년대에 2차례의 석유위기를 경험한 이후에는 무엇보다도 에너지

---

10 2010년 에너지백서(경제산업성, 2010. 6.)의 경우 총 3부로 구성되어 있으며 그 개요는 다음과 같다.
제 1 부 에너지를 둘러싼 과제와 금후의 정책
　제 1 장 각국의 에너지안전보장의 정량평가에 의한 국제비교
　제 2 장 재생가능에너지의 도입방향과 금후의 도입확대를 향한 방책
제 2 부 에너지동향
　서　장 에너지와 국민생활 · 경제활동
　제 1 장 국내 에너지 동향
　제 2 장 국제 에너지 동향
제 3 부 2009년도 에너지 수급에 관하여 강구한 시책상황

11 에너지기본계획은 다음의 사항에 관하여 정하는 것으로 한다.
1. 에너지의 수급에 관한 시책에 관한 기본적인 방침
2. 에너지 수급에 관하여 장기적, 종합적, 계획적으로 강구하여야 할 시책
3. 에너지의 수급에 관한 시책을 장기적, 종합적, 계획적으로 추진하기 위하여 중점적으로 연구개발을 위한 시책을 강구하여야 할 에너지에 관한 기술 및 그 시책
4. 전 3호에 드는 것 외에, 에너지의 수급에 관한 시책을 장기적, 종합적, 계획적으로 추진하기 위하여 필요한 사항

안전보장, 에너지의 안정공급 확보를 최우선과제로 하였다.

또한 에너지 절약과 석유, 전력·가스와 관련된 민영화·규제완화 개혁이 추진되었다. 기후변화조약과 교토의정서 등이 체결되면서는 그에 따른 온실가스 삭감을 위한 지구환경문제를 에너지정책의 새로운 과제로 추가하여 비화석연료의 이용·보급 촉진을 강조하였다.[12]

이렇게 일본의 국가 에너지법정책은, 전체적으로 에너지 공급안정성의 확보,[13] 화석연료에의 의존도 저감, 지구온난화문제에의 대응 등을 통하여 자립적이고 환경조화적인 에너지공급구조를 실현하는 데 초점이 맞춰져 있다. 그리고 그 구체적인 정책수단으로서 해외 에너지자원 개발참여 및 자원 확보,[14] 화석연료의 고도이용(에너지효율 제고), 원자력 발전의 추진, 신재생에너지의 도입 확대 등이 도모되어 왔다.[15]

그리고 각종 법제완비를 통한 규제 정비, 예산, 세제, 금융조치 등의 정책을 총동원하여, 국민 부담을 최소화하면서 최대한의 효과와 전체 최적(最適)이 확보될 수 있는 정책혼합(Policy Mix)을 구축하여 가고자 하고 있다.

2. 에너지절약형 사회의 지향

1980년 전반에는 수입석유의존도 저감을 위하여 원자력과는 별개로 석유대체에너지의 도입과 더불어 에너지 절약에 정책의 중점을 두었다. 1978년 제 2 차 석유위기 후 제정된 에너지 사용의 합리화에 관한 법률(1979년, 소위 省エネ法, 이하 에너지절약법)에 기하여 일본의 에너지절약정책은 매우 효과적으로 전개되었다. 최근 들어 초고유가시대를 맞이하면서 일본의 이러한 에너지절약정책은 새삼 주목받게 된 것으로 보인다.

예컨대 일본 경제의 에너지효율은 전 세계적으로도 가장 높은 수준인 것으로 유명한데, 국제에너지기구(IEA)에 따르면, 일본의 에너지원단위(GDP 1,000달러

12 藤原淳一郎, 앞의 책, 15-16쪽.

13 석유·천연가스의 자주개발자원비율을 2010년 현재 20%에서 2030년 40% 이상으로, 석탄의 자주개발비율을 40%에서 60%로 높이려는 계획을 수립하고 있다(일본정부, 에너지기본계획, 2010. 6. 참조).

14 일본은 오래전부터 석유의 중동의존도를 낮추고 에너지 안전보장 및 공급안정성을 확보하기 위하여, 예컨대 사할린 석유·가스개발 프로젝트, 카자흐스탄·카스피해 유전 지분 매입, 이란 아자데간 유전 투자 등 해외유전 탐사·개발과 에너지자원 확보에 막대한 규모의 투자를 계속하여 왔다.

15 일본정부, 에너지기본계획, 2010. 6., 23쪽 참조.

생산에 필요한 에너지소비량)는 2005년 기준으로 0.11로, OECD회원국 평균(0.20)의 두 배, 우리나라(0.36)의 세 배 이상에 달하고 있다. 또한 에너지절약 등을 통하여 석유의존도 자체를 매우 저감시켰다. 1차 오일쇼크가 발생한 1973년의 일본의 하루 원유수입량은 500만 배럴이었는데 그 후 30여 년이 지난 2006년 기준으로 GDP 5배 증가(117조 엔에서 550조 엔으로 증가)에도 불구하고, 원유 일일수입량은 425만 배럴로 오히려 15% 줄었던 것이다.[16]

건물 및 주택부문의 에너지절약정책도 주목할 만하다. 1980년에 제정된 "주택의 에너지 절약기준(住宅の省エネルギー基準)"은 일본 전국을 난방도일(HDD)에 따라 6개 지역으로 구분하여, 지역마다 단열성, 기밀성, 일사차폐에 관한 기준을 정하고 있다. 이 기준은 이후 1992년, 1999년에 개정·강화되었으며, 2006년에는 공용부분 건축설비에 관한 사항이 추가되었다. 2009년 4월 이후의 신축주택에 대해서는 "주택성에너지라벨링(住宅の省エネラベル)"을 의무화하고 있고,[17] 에너지 절약기준도 강화하였다.[18]

이러한 에너지절약형 경제사회 구축의 결과는, 연이은 오일쇼크 이후 일찍부터 에너지 절약의 필요성을 간파한 일본 정부의 적극적이고 일관된 에너지정책의 추진과 관련 법제의 정비, 기업 및 일반 가정의 전향적인 협력과 호응을 통하여 얻을 수 있었다. 에너지절약을 국민 개인과 시민사회의 책임으로 인식하고, 생산과 일상생활의 모든 분야에서 에너지절약운동을 적극적으로 전개해 온 것이다. 기업에 의한 각종 에너지절약기술 및 절전형 첨단제품의 개발, 고도연비자동차의 생산 등이 성공적으로 이루어져 왔고 개별 가정 차원에서는 불필요한 냉난방 등 에너지소비의 억제, 에너지절약형 신형주택의 건설 등이 추진되기도 하였다. 요컨대 에너지위기시대를 맞이하여 전 국민이 혼연일체가 되어 에너지절약형 경제사회의 구축에 매진하여 옴으로써, 세계 최고수준의 에너지효율성을 달성하게 된 것이다.

16 동 기간 우리나라의 경우 일일 원유수입량이 28만 배럴에서 244만 배럴로 8.7배 증가한 점(GDP는 87조원에서 759조원으로 역시 8.7배 증가함)과 비교하면, 비산유국으로서의 양 국가의 석유정책이 확연히 비교된다.

17 이것은 2009년 4월부터 일본의 국토교통성, 경제산업성이 주관하여 시행한 제도로서, 주택의 에너지 절약기준을 단열성능에 국한하지 않고 냉난방, 급탕, 조명설비 등 다양한 설비의 성능까지 평가대상으로 한 것이다.

18 주 내용으로서는, 대규모 주택/건축물(2,000m^2 이상)의 건축 시 에너지절약계획서 제출 의무화, 부적합 시 수정명령을 도입, 일정한 중소규모 주택/건축물(300m^2~2,000m^2)에 대해서도 건축 시 에너지절약계획서 제출 의무화. 주택을 건축하여 판매하는 사업자에 대하여 주택의 에너지절약성능을 향상시키도록 하는 조치 도입. 주택/건축물의 에너지절약성능표시제도의 추진 등.

3. 에너지시장 자유화정책

일본은 1980년대 후반부터 1990년대에 걸쳐 에너지가격의 안정화 등을 위하여, 석유를 비롯한 전력·가스시장의 자유화정책을 중점적으로 추진하였다.

먼저 석유와 관련하여 종래 석유정제업과 관련하여 석유업법에 의한 석유정제업의 허가, 설비의 신설허가 등의 규제가 이루어져 왔으나 2001년 석유업법이 폐지되었다. 다만 긴급 시 대응을 위한 정제업자 관련 정보의 불가결성 때문에 석유의 비축의 확보 등에 관한 법률에 의해 석유정제업을 신고제로 전환하였다. 그리고 종전부터 있던 비축의무와 휘발유 등의 품질의 확보 등에 관한 법률에 의한 생산석유제품(중간 3품[19] 및 중유)의 품질의 확인 등을 제외하면, 석유정제업의 자유화에 의해 이 분야의 개혁은 일단락되었다고 할 수 있다.[20]

전기 · 가스사업의 경우에도 수차례의 법 개정을 거쳐 규제개혁이 이루어졌으며 현재에는 가정용수용가를 제외하고는 거의 자유화되었다.[21] 2003년의 전기사업법 및 가스사업법 양 법의 3차 개정 이후, 전력과 가스는 2007년 기준으로 전 수용가(需用家)의 약 6할 이상이 공급자를 선택할 수 있게 되었다. 2008년도의 신규참여 공급자도, 전력 37사(145억 kWh), 가스 28사로 공급량 기준으로 자유화시장의 약 12.2%를 점하는 것으로 파악되는 전기 · 가스사업의 자유화가 지속되고 있다.[22]

4. 원자력정책

원자력은 에너지의 공급 안정성의 측면에서 장점이 있고, 지구온난화의 직접 원인인 이산화탄소를 천연가스[23]보다 1/20 이하로 배출한다는 점에서 고유가·저

19 휘발유, 경유, 등유를 말함.

20 다만 에너지 공급사업자에 의한 비화석에너지원의 이용 및 화석에너지원료의 유효한 이용의 촉진에 관한 법률은, 석유정제업을 특정연료제품공급사업자로 분류하고, 대신은 화석에너지원료의 유효한 이용의 목표 · 조치에 관하여 판단기준을 정하여(제 9 조), 정제업자가 기준에 비추어 불충분한 경우에는 권고(제12조 제 1 항), 권고와 관련되는 조치를 취하도록 명할 수 있게 하였다(제 2 조).

21 그 결과 전력 · 가스 양 시장에 있어서 가정용수용가를 포함한 완전자유화가 바람직한가의 여부가 검토과제로 남아있는데, 미국 캘리포니아주의 전력위기, 2008년의 금융위기, 근래의 에너지가격의 불안정에 의한 신규참여자의 타격 등의 영향으로 이전보다는 자유화론이 수그러들고 있다고 한다.

22 신규참여자에게 있어 최대의 과제는, 첫째 충분한 공급량을 확보하는 것, 둘째 소매공급을 위하여 기존사업자의 송배전망, 가스도관(導管)을 비차별적으로 이용할 수 있는 것이다.

23 같은 화석연료이지만, 발전과정에 한하여 볼 때 천연가스는 석유보다 30% 적게 이산화탄소를 배출한다.

탄소시대의 에너지원으로는 상당히 유리한 것이라는 점을 알 수 있다. 원자력의 이러한 장점은 일본에 있어서도 원자력발전을 기간에너지로 중시하여온 배경이 되었다.

2005년도의 원자력위원회 신계획책정회의에서 종합된 「에너지와 원자력발전에 대해서(논점 정리)」에서는 "국가, 민간사업자는 일본에서 앞으로도 원자력발전이 발전전력량의 30~40% 정도라고 하는 현재의 수준 정도나 그 이상의 역할을 담당할 것을 확실히 하기 위한 각각의 대처를 검토"하도록 기본방침을 정리하였다.[24]

그리고 2010년도 일본의 에너지기본계획에서도, "원자력은 공급 안정성과 경제성이 뛰어난 준(準)국산에너지이고, 발전과정에서 CO_2를 배출하지 않은 저탄소전원이다. 이 때문에 공급 안정성, 환경 적합성, 경제 효율성의 3E를 동시에 충족하는 중장기적인 기간에너지로서 '안전의 확보를 대전제'로 국민의 이해·신뢰를 얻어가며 수요동향을 기초로 신증설의 추진, 설비이용률의 향상 등에 의해 원자력발전을 적극적으로 추진한다"고 원자력정책의 기본방침을 천명하였다. 그리고 구체적인 목표로서, 2020년까지 9기의 원자력발전소의 신증설을 추진함과 동시에 설비이용률을 약 85%로 제고하고(당시 가동 중인 54기 중 2008년도 설비이용률은 60%), 나아가 2030년까지는 적어도 14기 이상의 원자력발전소를 신·증설함과 동시에 설비이용률을 약 90%까지 끌어올릴 것을 목표로 정하고 있었다.[25]

한편 원자력과 관련된 정책 내지 법제 개선 동향을 살펴보면, 무엇보다도 원자로 설치의 안전성 심사를 중시하여 소관대신과 원자력위원회·원자력안전위원회가 이중점검하는 체제를 구축하였다. 2001년 1월의 성청개편에 수반하여, 양 위원회의 사무국(원자력위원회 및 원자력안전위원회 설치법)이 구 과학기술청으로부터 내각부로 이전하였고, 구 통상산업성은 경제산업성으로 되어 그 산하의 자원에너지청에 원자력안전 · 보안원을 설치하였다. 그 후 국가사무인 원자력안전규제사무의 일부 및 공익법인에의 위탁실시사무를 이관하기 위하여 독립행정법인 원

---

24 2009년 기준으로 일본의 전력생산량 중 원자력의 비중은 27%였다(석탄화력 28%, LNG 26%, 유류 9%, 수력 8%).

25 일본정부, 에너지기본계획, 2010. 6., 27쪽 참조. 일본의 에너지기본계획에서 명시되고 있는 바와 같이 적극적인 원전정책의 대전제는 '안전의 확보'였다. 즉 위험한 에너지인 원자력의 경우에는 무엇보다도 안전의 확보를 대전제로 하여 모든 정책이 추진될 수 있다는 것이었다. 그런데 이번의 후쿠시마 원전사태를 계기로 이러한 대전제는 통째로 무너지게 되었다고 할 수 있다.

자력안전기반기구법(2002년)에 기하여 원자력안전기반기구가 발족하였다. 동 기구는 검사, 설계의 안전성의 해석 및 평가 등을 업무를 수행한다. 阪神·淡路대지진 이후, 원자력발전소의 내진성(耐震性)에 관심이 높아져, 2001년 원자력안전위원회는 내진안전성심사의 지침 개선작업을 개시, 2006년 9월 19일 "발전용원자로시설에 관한 내진설계심사지침" 등 내진안전성 관련 안전심사지침류가 개정되었다.

하지만 2011년 3월 발생한 동일본대지진과 쓰나미로 인한 후쿠시마원전사고를 기점으로, 일본에서는 원자력발전을 기간에너지로서 계속 의존할 수 있을지가 의문시되어 버렸다. 원자력발전에 대한 안전성과 원자력정책 내지 행정에 대한 국민의 불신과 불안이 매우 고조되고 있고, 정치·경제·사회계 등에서도 이를 둘러싸고 찬반논란이 계속되고 있다.

일본사회의 보수적 주류층는 여전히 당장의 전력부족으로 인한 전력난을 감안할 때 원전에 의존하는 것은 어쩔 수 없다는 입장을 견지하고 있고, 경제계 역시 전력난으로 인한 산업공동화의 우려에 따라 원전재가동을 주장하고 있다.[26] 이에 대하여 전임 칸 나오토(菅 直人)수상은 향후 일본의 에너지기본정책과 관련하여 "탈원전"의 방향을 주장하기도 하였다.

한편, 이러한 논란과는 달리 실제 일본사회가 원전에 의존하지 않고도 일정한 수준 견딜 수 있을 것이라는 예측이 나오기도 한다. 즉 2011년 여름 일본은 원전 54기 중 13기만을 가동해 최대전력수요에 대응함으로써 탈원전사회로 이행할 수 있는 가능성을 보여줬다는 것이다. 그동안 일본 정부는 여름철 전력공급

26 아래에 인용하는 기사 참조(〈유럽 脫 원전 움직임에 日 '그래도 원전'〉 연합뉴스 입력 2011. 06. 14 20 : 38 http://media.daum.net/foreign/view.html?cateid=1038&newsid=20110614203814832&p=yonhap).

카이에다 반리(海江田万里) 경제산업상은 (6월) 14일 오전 내각회의 직후 기자회견에서 최근 이탈리아 국민투표에서 원전 부활안이 94%의 반대로 부결된 것과 관련, "간 나오토(菅直人) 총리도 말했지만, 원자력이 (일본 에너지정책의) 네 가지 기둥 중 하나라는 점에는 변화가 없다"고 밝혔다. 그는 또 "(탈 원전 움직임과) 당장의 전력난 간에 어떻게 균형을 잡을 것인가가 중요하다"고 덧붙였다. 탈(脫) 원전을 요구하는 이들의 심정은 이해하지만 전력 부족을 막으려면 원전을 가동할 수밖에 없다는 의미로 풀이된다. (중략) 보수 야당은 유럽의 움직임에 대해 '집단 히스테리'라는 표현을 쓰기도 했다. 이시하라 노부테루(石原伸晃) 자민당 간사장은 이날 기자회견에서 "저만큼 큰 사고(후쿠시마 원전 사고)가 있었던 만큼 집단 히스테리 상태가 되는 것도 심정적으로는 이해한다"고 말했다. 재계에선 "일본은 유럽과는 사정이 다른 만큼 원전을 하루빨리 재가동해야 한다"는 주장도 나왔다. 하세가와 야스치카(長谷川閑史) 경제동우회 대표간사는 "일본처럼 인접국에서 전력을 구입할 수 없는 국가에서 정부의 선택지는 제한돼있다"며 일본이 조만간 탈 원전 쪽으로 방향을 잡기는 어려울 것이라는 견해를 밝혔다. 하세가와 대표간사는 한 발짝 더 나아가 "(전력이 안정적으로 공급되지 않으면) 산업의 공동화가 더 빨라질지도 모른다"며 "국가가 책임을 지고 원전을 재가동시키지 않으면 안 된다"고 요구했다.

부족에 대응하기 위하여 대대적인 절전운동과 함께 도쿄전력과 도호쿠전력 관내의 대규모 전력 수요자들을 대상으로 2011년 7월부터 '전력사용제한령'을 발령하기도 하였다. 그런데 이러한 제한령은 당초 9월 22일까지 유지할 예정이었으나 기온이 떨어져 냉방수요가 줄어들자 더는 전력 공급에 문제가 없다고 판단하고 일정을 2주 앞당겨 9월 9일로 제한령을 해제하였다. 실제의 최대 전력사용률도 일본 9개 전력회사의 모든 전력 공급지역에서 90%를 약간 넘는 데 그치는 등 전력공급에 여유가 있었고 전력부족으로 인한 별다른 사고도 일어나지 않았다고 한다. 이에 따라 일본은 54기의 원자로 가운데 최대 41기가 멈춰선 가운데도 우려했던 심각한 '전력대란' 없이 2011년의 여름을 넘기게 됐다는 것이다.[27] 이 같은 사실은 일본이 54기의 원자력발전소를 모두 멈춰도 절전생활 및 나머지 화력 · 수력발전 등으로 여름 최대전력소비를 충분히 감당할 수 있는 전력 공급능력을 갖추고 있음을 어느 정도 입증하는 것이었다. 따라서 대규모 재해를 계기로 하여, 쉽지는 않지만 원전 의존도를 낮춘 사회로 갈 수 있는 가능성을 보여주었다는 점에서 시사하는 바가 적지 않다.

결국 대규모자연재해로 촉발된 원전정책과 관련한 복잡한 논란과 다양한 시도를 거쳐 2012년 9월 일본은 '2030년 원전 없는 사회' 즉 원전제로정책을 추진하기에 이른다(혁신적 에너지·환경전략계획). 하지만 이 안은 당초 내각회의에 상정돼 정부 공식방침으로 결정될 예정이었으나 경제계 및 미국 등의 반발을 감안하여 '참고문서'로 논의하는 것으로 방침을 선회하였다고 한다. 그 결과 일본 정부는 최근 시민단체의 반대에도 불구하고 오오모리현 오오마(大間)원전의 건설을

---

27 "일본, 탈원전 가능성 보여줬다" 한겨레 기사등록 : 2011. 08. 30 오후 08 : 58 : 18.

실제 일본 9개 전력회사의 모든 전력 공급지역에서 올여름 최대 전력사용률이 90%를 약간 넘는 데 그치는 등 전력공급은 비교적 여유가 있었다. 전력부족으로 인한 별다른 사고도 일어나지 않았다. 당초 도쿄 등 수도권에 전기를 공급하는 도쿄전력 관내가 전력공급 사정이 가장 나쁠 것으로 예상됐었다. 후쿠시마 제1 · 2원자력 발전소의 원자로 10기가 사고로 모두 가동을 멈췄기 때문이었다. 도쿄전력은 다양한 방법을 통해 '전력 위기'에 대처했다. 우선, 노후화돼 운전을 중단하고 있던 가나가와현 요코스카 화력발전소 1 · 2호기를 재운전하는 한편, 터빈 발전기를 확충해 전력생산을 보충했다. 그래도 공급량이 수요에 맞추기 어렵다고 판단되자 일본 정부가 계약전력 500kW 이상의 대용량 사용자를 대상으로 지난해보다 소비를 15%를 줄이도록 명령했다. 가정이나 소규모 전력사용가에게도 15%의 절전에 협력해달라고 요청했다. 전력사용 제한령으로 지난 7월 도쿄전력 공장 등 관내 대규모 사용자들의 전력 사용량은 지난해 7월에 견줘 10.5% 줄어드는 등 상당한 어려움을 겪은 것으로 나타났다. 하지만 전력사용제한령과 함께 적극적인 절전운동을 벌인 결과 도쿄전력 관내의 전력수급은 매우 원활했다. 올 들어 사용량이 가장 많았던 지난 18일 오후 2시 전력 사용량은 4936만kW로, 전력예비율이 9.6%에 이르렀다. 한국의 경우에도 지난 여름 전력예비율은 10% 안팎이었다.

재개하였고, 추가적으로 2개의 원전공사도 재개하기로 하였다고 한다. 과감하게 추진되었던 원전제로정책은 사실상 포기된 것으로 보인다.

5. 신재생에너지정책

일본은 지구온난화대책, 에너지자급률 향상, 에너지원 다양화, 환경관련 산업 육성 등의 관점에서, 재생가능에너지의 도입을 확대하여 왔다. 앞으로 2020년까지 1차 에너지 공급 중에 재생가능에너지의 비중을 10%까지 달성하고자 한다.[28]

일본은 2003년 4월부터 신재생에너지를 지원하기 위해 "전기사업자에 의한 신에너지 등의 이용에 관한 특별조치법"(電気事業者による新エネルギー等の利用に関する特別措置法. 이하 신에너지법)을 시행하여 왔다. 신에너지법은 의무할당제(RPS: Renewable Portfolio Standard)법이라고도 불렸는데, 이것은 발전회사에 발전량의 일정 비율 이상을 신재생에너지로 충당하라고 의무를 부과하고 이를 어기면 과징금을 부과하는 것으로서, 다양한 신재생에너지 중 무엇을 선택할지를 시장 기능에 맡길 수 있고, 전체 신재생에너지의 비율을 확대할 수 있다는 장점이 있다. 반면, 전력회사가 상대적으로 경제성이 높고 대량발전이 가능한 조력발전을 선택할 경우 대규모 방조제를 건설하게 됨으로써 해양생태환경의 급격한 변화와 갯벌 훼손 등의 새로운 환경 파괴 논란이 생길 수 있고,[29] 가격 경쟁력에서 밀리는 소규모 태양광 사업자들이 사업리스크 증대로 투자를 꺼리게 될 것이기 때문에 전체적으로는 오히려 신재생에너지 시장이 위축될 수 있다는 단점이 제기되고 있다. 또한 의무할당제는 경제성 중심의 전원을 구성하여 특정 신재생에너지로 편중되는 현상을 초래할 가능성도 지적되고 있다.

그런데 최근 일본은 "전기사업자에 의한 재생가능에너지전기의 조달에 관한 특별조치법"을 제정하여 그동안의 의무할당제를 폐지하고 2012년 7월부터는 발전차액지원제도(FIT: Feed-in Tarriff)를 도입, 시행하도록 전격 정책변화를 도모하였다. 의무할당제와 발전차액지원제는 둘 다 초기 경쟁력이 약한 태양광이나 풍력 등 신재생에너지를 지원하기 위한 제도이다. 일본은 발전차액지원제를 통하

28 일본정부, 에너지기본계획, 23쪽.

29 조력발전의 경우 해양환경의 변화로 인한 환경 부담이 불가피한 것으로 지적되고 있다. 이로 인해 많은 선진국들이 조력발전계획을 철회하고 있고 독일의 경우에는 해양에너지를 재생에너지 범주에서 아예 빼버렸다고 한다.

여 전기사업자에 신재생에너지 전기매입을 의무화하였다. 태양광 · (소규모)풍력 · (3만kW 이하)수력 · 지열 · 바이오매스를 이용해 생산된 전기를 경제산업대신이 정하는 일정기간(買取期間) 동안의 일정한 고정가격(買取價格)으로 전기사업자가 매입(조달)해야 하는 의무가 부과되는 것이다. 이를 통해 발전사업자가 신재생에너지 발전설비에 투자를 할 때 비용회수 위험을 줄이고 신규투자 활성화를 유도한다. 그리고 특징적인 것은, 전기 매입에 필요한 비용 충당을 위해 각 전기사업자가 각각의 수용가에 대해 사용전력량에 비례하는 부과금(할증료)을 청구하는 것을 인정하였다는 것이다. 신재생에너지원을 사용해 생산된 전기를 전력회사가 전량 매입하고 이 매입 분으로 인한 전력회사의 손실은 전기요금 인상을 통해 수용가에 부담시켜 보전한다는 것이다. 정부 차원에서는 발전차액을 직접 지원하지 않음으로써 제도 시행으로 인한 국가적 재정 부담을 덜고, 다만 지역 간 할증료 부담에 불균형이 발생하지 않도록 필요한 조치를 강구하도록 함으로써 제도의 안정화를 기하는 데 중점을 두고자 한 것으로 보인다. 발전차액지원제도는 신재생에너지사업의 투자의 불확실성을 줄여 주어 많은 참여자를 확보할 수 있고 비교적 중·소규모의 발전사업도 용이하여 시장의 확대와 함께 고용 창출 효과도 크다는 장점이 있다. 게다가 각 지역의 환경지리적 여건을 살려 이에 부합하는 다양한 에너지원의 개발이 가능하여 에너지 개발의 효과 면에서도 장점이 있을 수 있다. 다만 전체적으로 신재생에너지의 공급 규모를 예측하기 어렵다는 단점은 있다. 그래서 법안은 최소 3년마다 재생가능에너지 도입량과 할증료 부담이 끼치는 영향, 특히 전력 다소비 산업에 미치는 영향을 감안해 제도 재검토를 실시함과 동시에, 2020년도까지 제도의 폐지를 포함하여 개선책을 지속적으로 강구해 나가도록 하고 있다.[30]

30 일본, RPS 폐지하고 발전차액지원제도 전격 도입(전자신문, 입력일시 2011. 08. 22 10 : 52, http://media.daum.net/cplist/view.html?cateid=1008&cpid=82&newsid=20110822105201863&p=etimesi).

Ⅴ. 일본의 에너지법정책으로부터의 시사점

1. 序

에너지 부존자원이 거의 없는 우리나라의 입장에서, 현재의 고유가시대·기후변화시대를 극복하기 위하여 같은 에너지소국(小國)인 일본의 에너지법정책으로부터 시사 받을 수 있는 점들은 적지 않은 것 같다. 일본 경제산업성은 2010년 4월, 요코하마(横浜)시, 토요타(豊田)시, 케이한나학연도시(けいはんな學研都市), 북큐슈(北九州)시를 "차세대에너지·사회시스템 실증지역"으로 선정하여 각종 실증실험을 실시하기 시작했다고 한다.[31] 이른바 각종 에너지정책이 복합된 통합에너지시스템도시를 구축하기 위한 첨단실험인 것으로 보인다. 일본의 에너지법정책이 이제 개별에너지원 내지 분야별 정책을 넘어서서 지역공동체, 국가공동체 전체를 대상으로 하는 통합형 에너지시스템 구축의 방향으로 전개되고 있는 것으로 보인다. 이러한 일본의 에너지법정책의 괄목할 만한 발전에 주목하면서, 위에서 살펴본 바와 같이 주요 에너지법정책의 전개·발전과정을 분석하여 볼 때, 과연 우리가 특히 유의하여 보아야 할 부분은 어떠한 것들일까. 이하 이 글의 결론에 갈음하여 몇 가지의 시사점을 정리·제시하여 본다.

2. 에너지절약형 사회: 인식과 실천

기업들이 생산활동에 소요되는 에너지를 절감하기 위하여 각종의 방책을 강구하거나 다양한 에너지절약기술 및 첨단제품을 개발·생산하고 있는 현상은 바람직한 것으로 평가할 수 있을 것이다.

하지만 에너지절약 내지 합리적 이용을 위한 각종 법제의 구축과 행정목표에도 불구하고, 여전히 우리나라 기업의 에너지효율은 높다고 하기 어려운 편이며, 국민들도 일상생활에 있어서 실제 에너지 사용을 최소화하여야 한다거나 에너지를 절약하는 것이 국민적 책임의 문제라는 인식은 여전히 약한 것으로 생각된다. 에너지절약에 관한 기업부분의 역할 제고도 지속적으로 이루어져야 하겠

31 藤原淳一郎, 앞의 논문, 221쪽.

지만, 무엇보다도 에너지문제에 관한 인식의 전환과 함께 국민운동의 차원에서 일관되고 효과적인 실천적 조치가 뒤따라야 할 것이다. 또한 정부 역시 에너지 누수가 발생하고 있는 부분은 없는지 더욱 면밀히 검토하고 종합적이고 다각적인 정책을 강구하여야 할 것이다. 앞서 살펴본 바와 같이 일본은 일상적 주거공간인 주택/건축물의 에너지절감 등을 위하여 매우 치밀한 정책과 법제를 추진하여 왔지만, 이러한 문제에 대한 우리 정부의 노력은 이렇다 할 정책으로 제시되고 있지 못하다.

한편, 일본이 세계최고 수준의 에너지 효율성을 달성하고 있으면서도 신국가에너지전략 등의 수립을 통해 2030년까지 에너지소비효율을 30% 이상 개선하겠다고 추가목표를 설정하고 있는 것은 주목해야 할 일이다. 에너지위기시대, 지구환경시대를 슬기롭게 대처해 가기 위해서는 무엇보다도 에너지효율을 제고하는 일이 급선무이고, 이것은 향후 국가경쟁력의 확보에 직결되는 일이 될 것이다.

3. 신재생에너지정책: 의무할당제의 당부(當否)

우리나라는 "신에너지 및 재생에너지 개발 · 이용 · 보급 촉진법"을 제정하여 2001년 10월 발전차액지원제를 도입하였고 발전차액은 전력산업기반기금에서 충당했다. 하지만 기금이 모자란다며 2008년부터 지원액을 줄였고, 지난해 3월 18일 법 개정안이 국회 본회의를 통과해 2012년부터 의무할당제로 전환함으로써, 일본과 정반대의 길을 걷게 되었다.

종래 신재생에너지정책과 관련하여, 의무할당제가 일본식이라면 발전차액지원제는 독일식이었다. 독일은 그동안 발전차액지원제를 시행하여, 안정적인 수익으로 수십만 업체를 신재생에너지 발전사업에 참여하도록 함으로써 신재생에너지국가로 발돋움하였다.[32] 그런데 그동안 일본은 의무할당제를 통하여 기존 대

32 이 결과 지난 2008년까지 5.4GW의 태양광 설비를 설치해 연간 70억 유로의 시장과 4만 8,000여명의 고용을 창출했다.

미국의 경우에도 최근에는 발전차액지원제도에 관한 유럽의 사례연구를 통해 이 제도가 의무할당제보다 비용 효과적이고 투자 안정성, 일자리 창출 및 신규 설비 투자 유인효과가 있다는 판단이 늘어나, 캘리포니아를 비롯해 하와이, 일리노이, 미시건 등 15개 이상의 주에서 발전차액지원제도를 도입하는 법을 제정하거나 관련 법제 정비를 서두르고 있다고 한다.

형 발전소들의 전기생산량 가운데 일정 비율을 신재생에너지로 충당키로 했지만 제대로 지켜지지 않았다. 신재생에너지 발전을 하느니 차라리 벌칙금을 내는 경우도 있는 상황이라고 한다. 이러한 제도상의 문제점을 해소하고자 일본도 세계 각국의 신재생에너지 육성정책의 대세인 발전차액지원제로 전환하기로 한 것이다. 당초 일본이 의무할당제를 시행하게 된 것은 관료편의주의 때문으로 분석된다. 기존의 대규모 발전소 몇 개에 할당을 주면 관리하기가 편한데, 발전차액제도는 수만 내지 수십만 발전업자들을 관리해야 하는 어려움이 있었기 때문이다.

이러한 일본에서의 관련 제도의 성패나 도입 경위 등을 고려할 때, 이번에 우리 정부의 발전차액지원제도 폐지정책은 신재생에너지 정책을 후퇴시켜 향후 세계적인 신재생에너지시장에서 국가경쟁력을 약화시키는 결과로 이어질 우려가 있다. 신재생에너지의 중핵인 태양광발전의 경우에도, 의무할당제 도입으로 의무할당량을 받은 발전사들이 신재생에너지원 중 잠재량은 높으나 현재 발전단가가 가장 비싸 경제성이 떨어지는 태양광 발전의 설비 증설을 통해 자신들의 할당량을 채울 가능성은 크지 않기 때문에 그동안 발전차액지원제도를 통해 그나마 성장해온 국내 태양광 산업과 시장이 이 제도의 폐지로 인해 위축될 가능성이 있다. 특히 중소규모의 태양광·풍력사업 등에는 적지 않은 타격이 예상된다. 아직 미성숙한 신재생에너지 발전시장에 시장 효율성을 추구하는 의무할당제를 성급히 도입하게 되면 결과적으로 신재생에너지 산업과 시장을 위축시킬 가능성이 적지 않은 것이다.[33]

또한 대형발전사들이 경제성이 높은 대규모의 조력발전[34]이나 풍력발전 등에 의존하기 쉬워, 발전소 건설로 인한 생태환경의 변화나 갯벌의 파괴,[35] 삼림의 무분별한 훼손 등 환경에 대한 새로운 부담을 야기할 우려가 크다고 본다. 현재 서해안에 건설되거나 계획되어 왔던 세계적 규모의 대형 조력발전소들이 향후 자연갯벌의 유지나 연안 해양생태환경에 어떠한 영향을 미칠지 우려하는 목소리

33 오스트리아의 경우에도 1998년 의무할당제를 도입하였으나 2000년이 되어 재생가능에너지 발전량의 비중이 의무할당제 도입 이전보다 오히려 낮아지게 되자 2002년에 의무할당제를 전격 폐지하고 2003년부터 발전차액지원제도를 다시 도입하였다고 한다.

34 현재 조력발전의 최대 장점은 경제성으로, 관련 에너지원 중 기준가격(원/kWh)이 가장 저렴한 것으로 알려지고 있다(태양광 677원/kWh, 연료전지 283원/kWh, 풍력 107원/kWh, 조력 90.5원/kWh).

35 구체적으로 조력발전을 반대하는 측에서는, 조수 흐름의 차단으로 인한 해류의 변화, 해저 환경의 영향, 갯벌의 유실, 해양 수질의 악화, 회유성 어류의 산란장 파괴, 해양 생태계의 먹이사슬 파괴 등의 악영향을 제기하고 있다.

가 크고 이로 인해 기 완공된 시화조력발전소 외에 인천만, 가로림만, 강화 조력발전소의 건설 계획이 무산 또는 보류되고 있는 것이나, 전국 각지에서 추진되던 대규모 풍력발전단지 건설이 삼림 훼손 등 환경파괴 논란으로 만만치 않은 반대에 부딪치게 된 것도 모두 이러한 이유 때문이다.

요컨대, 신재생에너지는 친환경에너지여야 한다. 신재생에너지 개발의 미명하에 환경을 파괴하거나 부담을 야기하는 것이 용인될 수는 없을 것이다. 화석연료를 사용하지 않고 탄소를 배출하지 않는다고 하여 모두 신재생에너지라고 할 수는 없다. 새로운 시대가 요구하는 신재생에너지는 적어도 환경에 대한 부담이 없거나 그 부작용을 최소화할 수 있는 친환경적 에너지여야 한다는 점이 기본적 전제가 되어야 할 것이다.

2002년 우리나라에 발전차액지원제도가 도입될 당시, 재원 마련과 같은 제도의 중요한 요소들이 면밀한 검토를 거치거나 사회 구성원의 공감 형성과 합의 과정 등을 거치지 않은 채 만들어진 측면이 있다. 이 때문에 재원 부족이나 사회 일반의 인식 미흡 등 일정한 문제점들이 노출된 것도 사실이다. 하지만 그렇다고 하여 제도 자체를 전격 폐지해 버릴 것은 아니었다고 본다. 오히려 앞서 살펴본 일본의 정책실패 사례를 반면교사로 삼아, 적어도 일정한 시기 이상은 현재의 발전차액지원제도를 유지·보완하고, 다른 한편으로 의무할당제는 필요한 경우 일정한 범위나 내용을 설정하여 발전차액지원제도와 이를 병존·보완하는 관계로 활용하는 것이 더욱 바람직하지 않았을까 한다. 향후 신재생에너지를 둘러싼 정책방향에 대한 면밀한 재검토를 요망하는 바이다.

4. 원자력정책의 방향 재고(再考): 탈원전의 문제

일본은 동일본대지진 및 쓰나미와 같은 엄청난 자연재해와 그로 인한 후쿠시마원전사고 및 방사능물질 유출 등을 계기로 하여, 기간(基幹) 에너지원으로서의 원자력발전정책을 전면적으로 재검토하고 있는 것으로 보인다. 원전의 안전성 및 원전운용정책에 대한 국민적 불신으로 인하여 일본 정부로서도 향후 종전과 같은 적극적인 원전정책을 추진하기가 사실상 어려워지고 있는 것 같다. 물론 원전의 재가동이나 원전정책의 기본방향을 둘러싸고 정치·경제·사회계 전반에서 여전히 찬반논란이 가라앉지 않고 있고, 그로 인해서 향후 일본의 원전정책이 어떻게 전개되어 갈 것인가를 구체적으로 속단하기는 어려운 상황이지만, 적어도 기후변화 대응을 명분으로 하더라도 종래와 같이 원전의 확대·강화정책을 공식적·전면적으로 추진하기는 어렵게 된 것 같다는 것이다. 오히려 작년 여름 일본사회 전체가 겪은 초절전의 내핍경험을 바탕으로 하여 장래 탈원전정책으로 나아갈 가능성도 점차 커지고 있는 것 아닌가 한다.

에너지자원 빈국의 입장에서 탈원전정책의 타당성 자체를 예단하기는 아직 쉽지 않은 것 같다. 독일과 프랑스의 정반대의 원전정책이 향후 어떠한 결과로 종착될지는 예측하기 어려운 것도 사실이다. 따라서 에너지자원이 절대 부족하고 고유가시대, 기후변화시대를 극복하여 가야할 우리나라의 현 단계에서는 무작정 '탈원전'만을 강조하기는 쉽지 않다. 하지만 이번의 후쿠시마원전사고의 경험에서도 목도하였듯이, 원전이 내재하고 있는 엄청난 위험성과 사고대처능력 등 원전의 안전성관리를 둘러싼 통제력의 미흡은, 적어도 원자력정책을 전면적으로 강화해 나가고자하는 우리 정부의 정책 추진방향에 대한 우려와 의문을 갖게 한다. 절대적 안전성을 전제로 한 원자력발전은 저비용고효율 에너지원으로서 매우 유혹적인 것이지만 이제 절대적 안전성과 무사고를 확신할 수 없게 된 상황에서는, 매우 신중한 원전정책으로 복귀하지 않을 수 없다고 생각한다. 현재의 우리 원전정책과 같이 급격한 원전증설과 원자력 비중 확대에 중점을 두기보다는, 기 건설·가동 중인 원자력발전소의 구조적·기술적 안전성 확보와 건실한 운영경험의 축적, 원전폐기물의 안전한 처분과 관리, 그리고 이러한 점들을 통제·보완·지원할 수 있는 관련 법제의 정비 등을 통하여 리스크(Risk)의 사전대비와 축소에 오히려 원전정책의 방점을 두어야 한다고 본다. 그리고 원전확대억제로 인한 에너지 부족분은, 전 국가적 에너지절약운동의 전개와 절전시스템의 구축, 생산과 소비에 있어서의 에너지효율성의 제고, 해외자원 개발 및 자원외교의 강화, 친환경적 신재생에너지의 적극적 확대 보급 등을 통하여 다각도로 보완해 가야 한다고 본다.

참고문헌

국내문헌

김상태·박종원, 일본 RPS법의 법정책적 시사점, 漢陽法學 제33집, 2011. 2.

김태호, 원자력발전소의 안전성 담보시스템에 대한 법적 검토, (사)행정법이론실무학회·고려대ICR센터 공동학술대회 발표문, 2011. 7. 2.

서주석, 일본의 에너지 및 기후변화 연계 정책의 시사점, 에너지&기후변화 통권 402호, 2009. 11.

장승찬, 일본의 에너지 기본계획에 대한 검토 관점, 에너지&기후변화 통권 408호, 2010. 5.

한일재단 일본지식정보센터, 일본의 재생가능에너지특별조치법 시행이 주는 시사, 2012.

언론기사

연합뉴스 인터넷기사, 유럽 脫 원전 움직임에 日 '그래도 원전', 2011. 6. 14.자.

전자신문 인터넷기사, 일본, RPS 폐지하고 발전차액지원제도 전격 도입, 2011. 8. 22.자.

한겨레신문 인터넷기사, 일본, 탈원전 가능성 보여줬다, 2011. 8. 30.자.

일본문헌

日本政府, エネルギー基本計劃, 2010. 6.

日本 經濟産業省, 2010年 エネルギー白書, 2010. 6.

藤原淳一郎, 日本におけるエネルギー法学の現状—エネルギー法研究序説, 法學研究 50巻 12号, 1977.

__________, エネルギー法研究 — 政府規制の法と政策を中心として, 日本評論社, 2010. 3.

__________, エネルギー法と政策ー10年の回顧と展望 ジュリスト No.1414, 2011. 1. 1.

余田幸雄, 日本のエネルギー政策と法制度, ジュリスト 628号, 1977.

樋口一清, エネルギー関係法制のあらまし, 産業と環境 9巻 8号, 1980.

제 9 장 도쿄都 배출권거래제의 진행 내용

한 삼 희*

Ⅰ. 국내 배출권거래제 최근 논의의 경과

당초 2013년부터 도입될 것으로 전망됐던 국내 온실가스 배출권거래제는 2년 늦춰진 2015년 1월 1일부터 시행하는 것으로 정리가 됐다. 아울러 배출권 무상할당 비율은 정부가 당초 90%로 하기로 했었으나 95%로 상향조정됐고 온실가스 초과배출에 따른 과징금 수준도 시장가격의 5배 이하에서 3배 이하로, 법률상 각종 의무 위반에 따른 과태료 수준 역시 5,000만원 이하에서 1,000만원 이하로 내려주기로 했다. 이는 경쟁국인 중국, 일본 등이 배출권거래제 도입에 아직 적극적이지 않은 상황에서 우리가 너무 앞서 나갈 경우 산업 경쟁력이 떨어질 것이라는 경제계 우려를 반영한 것이다. 이러한 조정은 배출권거래제의 법적 근거라고 할 수 있는 저탄소 녹색성장 기본법 제46조 조항이 "정부는 (배출권거래제를 실시할 경우) 기후변화 관련 국제협상을 고려하여야 하고 국제경쟁력이 현저하게 약화될 우려가 있는 업체에 대하여는 필요한 조치를 강구할 수 있다"고 돼 있으므로 법 정신에 어긋나는 것은 아니라고 할 수 있다.

이에 따라 2012년부터 2014년까지는 배출권거래제에 앞서 우선 온실가스 배출 목표관리제를 도입해 운영해나가게 됐다. 목표관리제 역시 저탄소 녹색성장 기본법에 규정된 제도다. 저탄소 녹색성장 기본법은 제42조에서 "정부는 대통령령으로 정하는 기준량 이상의 온실가스 배출업체 및 에너지 소비업체별로 측정-보고-검

* 조선일보, 논설위원. 1993년부터 환경분야 기사 집필.

증이 가능한 방식으로 목표를 설정-관리하여야 한다. 이 경우 정부는 관리업체와 미리 협의하여야 하며 온실가스 배출 및 에너지 사용 등의 이력, 기술수준, 국제경쟁력, 국가목표 등을 고려하여야 한다"고 정하고 있다.

저탄소 녹색성장 기본법은 이어서 "관리업체는 목표를 준수하여야 하며, 그 실적을 대통령령으로 정하는 바에 따라 정부에 보고하여야 한다," "정부는 보고받은 실적에 대하여 등록부를 작성하고 체계적으로 관리하여야 한다," "정부는 관리업체의 준수실적이 목표에 미달하는 경우 목표달성을 위하여 필요한 개선을 명할 수 있다. 이 경우 관리업체는 개선명령에 따른 이행계획을 작성하여 이를 성실히 이행하여야 한다," "관리업체는 이행결과를 공신력 있는 외부 전문기관의 검증을 받아 정부에 보고하고 공개하여야 한다"라는 규정을 두고 있다.

이러한 법 규정을 볼 때 목표관리제는 배출권거래제의 시행에 앞서 정부와 산업계가 경험을 축적하기 위한 중간단계의 성격을 갖는 것으로 해석할 수도 있다. 배출권거래제를 영어로는 'cap and trade'로 표기한다. 다시 말해 목표를 정해 총량규제를 하되, 초과달성량에 대해서는 거래를 허용하는 제도다. 목표관리제는 이 두 가지 요소 가운데 총량규제라는 첫 번째 단계의 총량규제만 우선 시행하는 것이라고 볼 수 있다.

그러나 우리가 도입하겠다는 목표관리제에는 이해하기 어려운 부분이 있다. 기업의 온실가스 배출 목표치를 어떻게 정한다는 구체적인 조항이 없다는 점이다. 법 제42조에 "정부는 관리업체와 미리 협의하여야 한다"고 돼 있고, 구체적인 절차를 규정한 저탄소 녹색성장 기본법 시행령 제30조는 "부문별 관장기관(기업 경우는 지식경제부)은 매년 9월 30일까지 관리업체의 다음 연도 온실가스 감축, 에너지 절약 및 에너지 이용효율 목표를 설정하고 이를 관리업체에 통보한다"고만 돼 있다. 다시 말해 2014년까지 시행될 목표관리제 아래서 기업의 배출 목표는 지식경제부의 담당 공무원이 해당 기업과 협의해 결정하는 것으로 돼 있는 것이다.

이런 제도 아래서는 지식경제부 담당 공무원의 재량권이 대단한 것일 수밖에 없다. 제도라는 것은 원칙이 명확해 자의적 해석의 여지를 되도록 줄여야 한다. 만일 공무원이 해석하는 대로 고무줄처럼 늘릴 수도 있고 줄여줄 수도 있는 것이라면 거기에는 부정과 부패가 끼어들 수밖에 없다. 이렇게 공무원에게 과잉재량을 주는 제도가 어떻게 정부 부처 간 협의를 통과하고 국회 논의에서도 걸러지지 않았는지 의문이다.

Ⅱ. 배출권거래제가 안고 있는 근본 문제들

배출권거래제는 원칙으로 볼 때 온실가스 규제의 목표달성을 보다 확실하게, 그리고 보다 효율적으로 달성하고자 도입하는 제도적 수단이다. 국제적으로 논의되고 있는 온실가스 규제방식은 크게 봐서 탄소세가 있고 배출권거래제가 있다. 탄소세는 개념이 명확하고, 단순하며, 행정적 집행이 훨씬 간단하고, 비용에 대한 예측성이 확실해서 기업들이 선호한다는 장점이 있다. 반면 배출권거래제는 거래 대상인 탄소 가격이 가변적이어서 기업들이 경영계획을 세우기가 어렵게 돼 있다. 자칫하면 거래제가 머니 게임으로 전락해 투기의 대상이 돼버릴 수도 있다. 예측 가능성을 중시하는 기업들로선 기피하는 제도일 수밖에 없다. 더구나 제도가 워낙 복잡해서 규제대상이 되는 기업들이 이해하기가 어렵다는 단점도 있다. 배출권거래제를 선호하는 집단은 변호사와 경제학자뿐 아니냐는 말도 있다.

그럼에도 불구하고 배출권거래제는 세계적인 표준으로 자리잡아가는 느낌이다. 무엇보다 정해진 온실가스 배출목표를 달성하기 위한 가장 효율적이고 경제적인 방법을 찾아가기 위해서는 시장거래의 방법을 동원해야 한다는 판단이 대세를 이루고 있다. 만일 우리가 도입하려는 목표관리제처럼 기업들의 배출한도만 정해놓으면 기업들은 온실가스 배출량을 그 한도 이하로 줄일 이유가 없게 된다. 그러나 배출권거래제에선 할당받은 배출한도보다 배출량이 적으면 초과달성분 만큼을 시장에 내다팔 수 있다. 그래서 기업들이 온실가스를 줄이기 위한 기술을 부담없이 개발하도록 이끄는 인센티브가 된다. 반대로 온실가스 배출을 줄이는 데 비용이 너무 많이 드는 기업은 시장에서 배출권을 사들이면 된다. 이렇게 되면 기업들은 자기 형편에 따라 여러 선택권이 주어지게 된다. 배출량을 줄이는 데 많은 비용이 들지 않는 기업은 배출량을 배출한도 이하로 줄인 후 초과달성량을 내다 팔고, 배출량을 줄이는 게 고통스럽고 비용이 많이 드는 기업은 시장에서 배출권을 사들이면 된다. 결과적으로 경제 전체로 보면 적은 비용을 들여 배출목표를 달성할 수 있게 되는 것이다.

배출권거래제는 대상기업을 선별하고, 목표를 할당하고, 배출치를 검증하고, 남는 배출권을 거래하는 과정들을 규율하는 규칙이 복잡해질 수밖에 없다. 그러다 보니 행정비용이 많이 들고, 기업들이 빠져나갈 구멍이 생기고, 이걸 막기 위해 추가적인 단서조항들을 갖다붙여야 하고, 그러다 보니 제도는 더 복잡해지고, 전문가 아니면 뭐가 뭔지 알 수 없는 상황이 돼버릴 수가 있다.

뭐니 뭐니 해도 배출권거래제의 가장 큰 문제는 어떤 기업에게 얼마만큼의 배출한도를 할당하는 것이 옳으냐를 결정하는 데 있어서 누구나 수긍할 수 있는 보편적이고 공평한 규칙을 만들어내기가 마땅치 않다는 점이다. 같은 업종의 기업들에 대해 평균적인 배출량을 산정해 그걸 기본으로 배출한도를 배분하는 '벤치마킹(benchmarking)'이란 방법이 있긴 하다. 업종별 온실가스 배출 원단위를 정하고 기업의 생산량을 감안해 배출량을 배분하는 방식이다. 이렇게 하면 고효율 생산기법을 도입한 기업의 이른바 '조기 행동(early action)'이 그에 걸맞는 보상을 받는다는 점에서 공평하다고 볼 수 있는 제도다. 하지만 세밀한 조건과 환경에서 차이가 있는 기업들을 상대로 표준적인 배출량을 산정해 그것에 대해 대부분의 기업들로부터 동의를 받아내기란 힘들 수밖에 없다.

그래서 보통은 기업들이 산업활동을 통해 배출해온 과거 배출량을 기준으로 할당하는 이른바 '그랜드파더링(grandfathering)'의 방법을 쓰는 경우가 많다. 하지만 이럴 경우 온실가스를 다량 배출하는 과거의 낙후한 생산공정을 쓰고 있는 기업들이 되레 이득을 본다는 문제점이 생긴다. 잘한 기업에 상을 주고 못한 기업을 벌줘야 하는데 그 반대가 돼버리는 것이다. 단순한 행정행위로 기업들에게 재산권이 생긴다는 것도 정상적인 시장경제 상황으로 이해할 수는 없다. 기업들이 일부러 낙후한 공정을 최신 공정으로 교체하지 않는 경우가 생길 수도 있다. 판매활동을 게을리하거나 경영 부실로 기업 생산활동이 위축돼 온실가스 배출량이 줄어들 수도 있는데 이런 기업들이 득을 보게 된다는 것도 문제다. 나태한 것에 대가를 지불하는 제도인 것인데, 시장경제 원리상 맞지 않는다. 성장단계에 있는 업종은 배출량이 늘어나고 쇠퇴단계의 기업은 배출량이 줄어드는 것이 당연하다. 배출권거래제는 성장산업에 불리한 규제를 뒤집어 씌우는 문제도 있다. 이런 종류의 문제점들을 해결하는 방안의 하나가 온실가스를 유상(有償)으로 할당하는 것이다. 그러나 유상할당의 경우엔 기업들에게 과거엔 없던 비용이 갑자기 생기는 것이어서 기업들의 반발에 부딪히게 된다.

이런 경우도 생각해볼 수 있다. 예를 들어 A라는 자동차 제작사가 기존의 휘발유차를 하이브리드차로 대체하려는 계획을 세웠다고 하자. 하이브리드차는 휘발유차보다 훨씬 연비가 좋다. 당연히 온실가스를 덜 배출하는 차종이다. 그런데 하이브리드차는 부품이 휘발유차보다는 많이 들어갈 수밖에 없다. A사가 생산과정에서 배출하는 온실가스는 종전 휘발유차보다 신규생산하는 하이브리드차가 더 많게 되는 것이다. 생산라인을 교체하는 데에도 추가적인 온실가스 배출이 필요하다. A사는 하이브리드차로 생산을 전환함으로써 총체적으로는 지구 온난화를 막는 데 큰 기여를 하게 된다. 그런데도 기존의 배출할당량을 갖고는 하이브리드차를 생산할 수가 없어 시장에서 비싼 값을 주고 배출권을 사들여야 하게 된다.[1]

이 글에서는 일본 도쿄도(都)의 배출권거래제 도입 과정을 정리해보고자 한다. 도쿄도가 어떤 논의과정을 거쳐 어떤 순서로 제도를 도입했고, 배출권거래제가 부딪힐 수밖에 없는 문제점들을 어떤 방식으로 극복하려 했는지를 살펴봄으로써 배출권거래제 도입을 목표로 하고 있는 우리 입장에서의 시사점을 찾아보고자 하는 것이다.

Ⅲ. 도쿄도가 배출권거래제를 도입하기까지 거친 과정

배출권거래제는 시장경제의 행위주체들에게는 굉장히 생소한 제도다. 참여하는 기업과 기관들이 제도의 취지와 내용을 정확하게 이해하는 한편, 부작용이 없도록 세밀한 부분까지 정교하게 제도를 설계하지 않으면 많은 시행착오를 피하기 어렵다. 도쿄도는 2010년 4월부터 온실가스 배출권거래제를 시행했다. 그러나 그 이전에 상당 기간 배출권거래제의 사전 준비단계에 해당하는 과정들을 거치면서 경험을 축적했다. 아래에서 이 과정을 정리해보기로 한다.

일본의 온실가스 국가 배출량은 2008년 현재 12억8,200만t이다. 1990년의 12억6,100만t에 비해 1.6% 증가했다. 1인당 배출량은 2008년 현재 9.51t이다. 원래 일본은 교토의정서를 통해서 2008~2012년의 이행기간 동안 1990년도 대비 6%를 줄인 11억8,600만t까지만 배출하겠다고 약속했었다. 에너지원으로부터의 배출량을 2.2%포인트만큼, 산림흡수원 대책으로 3.8%, 그리고 교토메커니즘으로 1.6% 확보한다는 계획을 밝혔었다.[2]

1 국제연합대학 명예부학장과 도쿄대 명예교수를 지낸 安井至 교수의 홈페이지 '市民のための環境ガイド(http://www.yasuienv.net)' 중에서 '東京都の排出量取引開始迫る(2010년 3월 28일)'와 '排出量取引の復習(2011년 1월 30일)' 참조.

2 이수철, "동경도 배출권거래제도의 특징과 시사점"(2010년 8월 13일 시정개발연구원 발표자료) 4쪽.

부문별 배출량을 보면 산업부문이 가장 많아 34%, 운수 부문 19%, 업무(오피스) 부문 19%, 가정 14% 등이다. 발전부문은 다른 부문과 중복계산되는 간접배출이 27%, 발전과정의 직접배출은 6%이다.

일본 아소 내각은 2009년 6월, 2020년까지 2005년 수준의 15%까지 삭감하겠다는 중기목표를 발표했었다. 하토야마 내각은 그 해 9월 목표를 더 강화시켜 1990년 수준의 25%까지 삭감하겠다고 약속했다.

도쿄도에 앞서 일본은 중앙정부 차원에서 2000년대 들어 시범적인 배출권거래제를 도입했다. 설명에 들어가기 앞서 용어의 차이점을 밝혀둘 필요가 있다. 일본은 우리가 말하는 '배출권(權)거래제'를 '배출량(量)거래제'라고 표기한다. 온실가스는 일종의 오염물질이라고 볼 수가 있는데 이걸 배출하는 것을 '권리'로 인정할 수가 없다는 환경단체들의 주장을 반영한 것으로 보인다.

일본 환경성은 2005년 4월부터 '자주참가형배출량거래제(JVETS-Japanese Voluntary Emmissions Trading Scheme)'라는 걸 시행했다. 기업이 자발적으로 배출량거래제에 참가하는 방식이다. 보통은 정부로부터 보조금을 받으면서 삭감 목표를 정하게 된다. 2006~2010년 사이 매년 38~85개사가 이 제도에 참여했다.[3] 2006년 1기 시행연도엔 38개사가 참여해 26억엔의 설비투자 보조금을 받아 기준배출량에서 37만7,000t의 배출량을 삭감했다. 삭감율이 29%였다. 기업이 부담한 설비투자비는 50억엔이었다. 기업이 3분의 2를 부담하고 정부가 3분의 1을 대주는 방식이다. 만일 약속한 목표치를 달성하지 못할 경우엔 배출권을 구입하거나 보조금을 반환해야 한다. 2006년 배출권거래 건수는 24건이었고, 평균 거래가격은 t당 850~1,250엔, 배출거래량은 8만2,624t이었다. 기업들은 이 제도에 참여함으로써 정부 보조금을 받고, 배출실적 가운데 남는 부분을 배출권으로 매각해 경제적 이득을 취하고, 배출권거래의 경험을 습득하고, 에너지 비용을 절약하고, 동시에 기업 이미지를 개선하는 효과를 거둘 수 있다.

경제산업성이 추진하는 '자주행동계획'이라는 제도도 있었다. 기업이 자율적으로 자신들이 달성하겠다는 총량 또는 원단위의 목표를 선언하는 것이다. 그런 후 모자라는 부분은 중소기업의 배출량 삭감치를 CDM 방식으로 사들이게 된다. 주로 우수한 에너지 절약기술을 보유한 대기업이 에너지 소모량을 줄일 여지가

〈http://www.sdi.re.kr/rept/data/data_viw.jsp?reportId=21556〉(2011년 5월 30일 방문).

3 위 같은 자료 21쪽.

많은 중소기업에 기술을 이전해주고 배출량 인증비용도 부담해주면서 에너지절약 기술을 도입하게 하는 것이다.[4] 중소기업들은 보통 보일러를 바꾸거나 히트펌프 도입, 공조설비와 조명설비 교체 등을 통해 에너지 절약을 실천하게 된다. 그래서 달성한 온실가스 배출량 감축치는 대기업이 크레딧으로 확보한다. 이 때의 배출 크레딧은 일본환경거래기구(JCTX)라는 기구가 검증을 거쳐 인정해준다.

이런 과정을 거친 후 일본 정부는 2010년 3월 '지구온난화대책기본법'을 확정하게 되었다. 이 법의 내용은 세 가지인데 첫째 배출권거래제의 안(案)을 1년 안에 완성시키고, 둘째 지구온난화대책세(탄소세) 도입을 검토하고, 셋째 전력회사들이 재생가능에너지를 일정한 가격에 사주는 고정매입제도를 도입하며, 넷째 원자력발전 시책을 계속 추진한다는 것이다.[5]

한편 도쿄도는 도쿄도대로 나름의 지구온난화 대책을 독자적으로 추진해왔다. 우선 도쿄도의 온실가스 배출량 구성을 살펴보면 배출총량은 2008년 현재 6,330만t이었다. 이 가운데 업무(오피스) 부문이 40.0%, 가정 부문 27.3%, 운송 부문 21.8%, 산업 부문 8.8%, 기타 2.1%을 차지했다. 전국적인 비율로는 산업 부문이 34.5%, 업무 부분이 19.3%인데 도쿄도는 대도시 지역이어서 업무(오피스) 부문의 비중이 훨씬 큰 것이 특징이다. 배출권거래 대상이 되는 대규모 사업소는 약 1,400군데로, 업무 부문이 1,100개소, 산업 부문 300개소 정도에 이른다.[6]

도쿄도는 2000년 '환경확보조례'를 제정했다. 이 조례의 원 명칭은 '도민의 건강과 안전을 확보하기 위한 환경에 관한 조례'이다. 이 조례에 근거해 도입한 것이 '지구온난화대책 계획서'라는 제도다. 대상이 된 사업소는 건물 연면적이 1만㎡를 넘는 1,000여 개 대규모 사업소였다. 조례는 대상 사업소들에게 매년 이산화탄소 배출량 현황과 감축 목표 등을 담은 계획서를 제출하도록 요구했다. 제도 시행에 들어간 것은 2002년부터이다.

도쿄도는 이어 2005년 환경확보조례를 개정해 '지구온난화 계획서' 제도를 강화시켰다. 우선 대상 사업소가 1,300여 개소로 늘었다. 그와 함께 대상 기업들

4 문상덕, "일본의 온실가스 배출권거래제도의 현황과 전망," 조홍식 등, 기후변화와 법의 지배, 박영사(2010).

5 安井至, "東京都の排出量取引開始迫る"(2010년 3월 28일)〈http://www.yasuienv.net/ETradeTokyo.htm〉(2011년 5월 30일 방문).

6 이수철, "동경도 배출권거래제도의 특징과 시사점"(2010년 8월 13일 시정개발연구원 발표자료) 37쪽. 〈http://www.sdi.re.kr/rept/data/data_viw.jsp?reportId=21556〉(2011년 5월 30일 방문).

은 도(都)의 지도-조언-평가를 받도록 했고, 각 사업소의 실천 현황을 일반에 공개하게 되었다. 도는 이런 자료를 토대로 에너지 소비 및 이산화탄소 배출에 관한 상세한 데이터베이스를 만들게 되었다. 이런 결과 2006년 대상 사업소들의 배출실적은 2005년에 비해 3.5% 감소하는 성과를 거뒀다.

도쿄도는 이어 2007년 6월 대규모 사업소들에게 배출총량을 삭감하도록 의무화하는 제도를 도입해야 한다고 제안했다. 그 전까지의 총량삭감은 어디까지나 기업들의 자발적인 참여에 따른 것이었다. 이때부터 본격적인 배출권거래제의 논의가 시작됐다고 할 수 있다. 도쿄도는 2007~2008년 이해당사자들과의 협의와 토론을 거친 후 2008년 6월 다시 한번 환경확보조례를 개정했다.[7] 2010년부터 대형 사업소들을 대상으로 배출권거래 방식을 도입해 총량삭감 의무를 부과한다는 내용이었다. '지구온난화 계획서' 제도가 시작된 2002년 이후 8년 만에 배출권거래제까지 도달하게 된 것이다. 오피스빌딩 등 상업 부문을 포함한 것으론 세계 최초 배출권거래제다.

도쿄도는 2020년까지 2000년 대비 25% 감축하겠다는 목표를 세웠다. 이를 위해 연간 원유 환산으로 1,500kℓ 이상 소비하는 1,300개 사업소를 대상으로 배출량 감축 목표와 방법을 포함한 계획서를 제출하도록 했다. 부문 별로 보면 오피스빌딩이 45%, 백화점 12%, 병원 11%, 호텔 3%, 공장 23%, 기타 6%였다.

2008년 개정 조례는 총량삭감 의무화와 배출권거래제 도입의 원칙을 정했다. 2009년엔 시행규칙을 제정해 대상 사업소의 요건, 대상이 되는 온실가스의 종류, 삭감 의무율, 관련 서류 제출시기와 절차 등을 정했다. 그와 함께 각종 가이드라인을 작성해 배출량 산출방식과 배출 크레딧 인정방법 등에 관한 상세한 규칙도 마련해뒀다. 또 지구온난화대책 지침이라는 것도 만들었다. 여기엔 대상이 되는 사업소가 취해야 할 대책의 방향성과 내용, 그리고 사업소 내에 어떤 방식으로 온난화대책을 추진할 조직을 구성해야 하는지, 온난화대책 계획서는 어떤 식으로 작성해야 하는지 등에 관한 내용이 담겼다. 대상 사업소들이 도에 제출해야 하는 각종 서류 양식(様式)들도 정해뒀다.[8] 도쿄도는 이와 함께 에너지 삭

7 위 자료 38~39쪽.

8 도쿄도 배출권거래제의 세부 내용과 기업들이 밟아야 할 각종 절차, 기업들이 제출해야 할 서류들의 양식, 대상사업소와 공인 검증기관 관련 자료, 해당 조례 등의 자료는 주로 도쿄도 배출권거래 관련 홈페이지〈http://www.kankyo.metro.tokyo.jp/climate/large_scale/cap_and_trade/〉(2011년 5월 30일 방문)를 주로 참고하였다.

감 전문가들을 원하는 사업소들에 보내서 에너지를 줄이는 방안에 관한 자문에 응했다. 그리고 성과를 거둔 업소의 경험담과 노하우 등을 소개하는 세미나도 개최했고, 빌딩 임차인들을 대상으로 우수 성과 사례집도 배포했다.

한편 도쿄도는 2009년 11월엔 중앙정부와 지자체의 역할 분담에 관한 제안을 내놨다. 중앙정부는 법령으로 전국적인 배출허용량과 거래 방식을 정하고, 지방정부는 조례로 전국 기준을 강화시켜 적용할 수 있도록 지자체의 재량을 인정하자는 것이다. 그리고 배출권거래제 대상 사업소로는 산업 부문과 업무 부문 양쪽 모두를 포함시키자는 내용도 있었다. 그래서 중앙정부의 배출권거래제는 발전소-제철소 등 전국 온실가스 배출량의 절반 정도를 차지하는 500여 개소의 대규모 에너지자원 공급 시설을 중점적인 대상으로 삼자는 것이다. 대신 도도부현(都道府縣)의 지방정부는 대규모 오피스빌딩과 공장 등 전국 1만4,000개 사업소를 대상으로 한 배출권거래제를 운영하자는 것이다.

Ⅳ. 지구온난화대책 계획서 제도와 배출권거래제의 차이

도쿄도는 이런 과정을 거쳐 2010년 4월 1,332개 사업소를 대상으로 한 배출권거래제 시행에 들어갔다. 계획서 제도 시절에는 대상 기업들에게 온실가스를 줄이는 대책을 시행해야 한다는 의무만 부과됐다. 말하자면 상징적인 의무 부과였다. 배출권거래제는 총량을 삭감해야 한다는 전제 아래 시행하는 제도다. 기업들에 배출총량을 줄여야 하는 의무가 부과된 것이다.

제출 서류로 보면 계획서 시절엔 대상 사업소들이 지구온난화대책 계획서, 배출상황보고서, 중간보고서, 결과보고서 등을 제출하고 그 내용을 공표해야 했다. 배출권거래제 아래서도 제출해야 하는 서류의 종류는 비슷하다. 결정적으로 다른 점은 '계획서' 시절에 제출 서류를 대상 사업소가 스스로의 책임 아래 작성하는 데 반해, 배출권거래제에선 등록된 검증기관의 검증을 거쳐서 제출해야 한다는 점이다. 공인된 서류와 공인된 실적을 내라는 것이다. 당연히 제출 서류에 기재된 내용을 증빙할 수 있는 자료들을 보관하고 있어야 한다.

계획서 제도에선 또 삭감대책 등에 관한 기술적 조언을 할 기술자문역(technical adviser)를 선임하도록 노력하는 의무가 부과됐다. 노력은 하되 정 안되면 안해도 되는 것이다. 거래제에선 '기술관리자'라는 명칭의 기술자문역을 반드시 선임하도록 의무화했다.

계획서에선 또 일정 규모 이상의 임차 입주 사업자는 빌딩 소유주가 시행하는 온실가스 삭감대책에 협력하도록 노력해야 한다는 의무를 지고 있다. 역시 노력은 해야 하되 뭘 어떻게 해야 한다는 구체적인 의무를 지운 것은 아니다. 거래제에선 여기에 더해 사용 바닥면적 5,000㎡ 이상이거나 연간 사용 전력이 600만㎾ 이상인 이른바 '특정임차업소'에 대해서도 삭감을 위한 계획을 세워야 하도록 의무화했다.

또한 의무삭감 총량을 실천하지 못하는 경우 계획서 시절엔 도가 실행을 권고하고 위반사실을 공표하는 것으로 끝나지만 배출권거래제에선 의무삭감량에서 부족량의 1.3배를 삭감하도록 하는 조치명령을 내리게 돼 있다. 그 명령도 실천하지 못하는 경우엔 위반 사실을 공표하고 지사(知事)가 명령부족분 만큼을 알아서 조달한 후 해당 사업자에게 비싼 비용을 청구하는 한편 벌금도 물릴 수 있게 했다.

Ⅴ. 배출권거래제 적용 기간

도쿄도의 배출권거래제는 매년을 단위로 시행하는 것이 아니다. 5년씩 묶어서 정산(整算)을 하는 시스템이다. 제 1 차 계획기간은 2010년부터 2014년까지 5년간이다. 2차 계획기간은 2015~2019년, 3차는 2020~2024년의 식이다. 이렇게 기간을 구분해놓은 후 1차 계획기간 5년의 실적은 2차 계획기간에 들어간 첫해인 2015년에 평가를 하고 정리한다.[9]

2010~2014년의 기간 동안엔 대상 사업소들은 매해 9월말까지 다음 한 해 동안의 기준배출량을 산정해 도쿄도에 신청하게 된다. 이 때 반드시 도쿄도에 등록된 검증사업자의 검증을 거치게 돼 있다. 그러면 도에서 심사를 거쳐 기준배출량을 확정하게 된다. 그런 다음 업소는 다음해의 온실가스 배출에 관한 지구온난화대책계획서를 작성해 공표하게 된다. 여기엔 삭감목표와 삭감계획과 함께

9 도쿄도의 배출권거래제에 관한 개괄적인 설명은 주로 東京都環境局, "東京都環境確保条例:大規模事業所に対する温室効果ガス排出総量削減義務と排出量取引制度"(2011년 3월 23일 자료) 〈http://www.kankyo.metro.tokyo.jp/climate/large_scale/attachement/C%26T_kankeishiryou110323.pdf〉 (2011년 5월 30일 방문)를 참조하였다.

전년도의 온실가스 배출량과 삭감 의무 이행상황 등이 기재된다. 이 작업이 완료되는 것이 11월까지다. 그러면 도에서는 해당 사업소의 계획 내용을 확인하고 필요할 경우 조언(助言)을 하고 공표하게 된다.

이런 식으로 2010~2014년을 보낸 다음 2015년은 '정리기간'이다. 도에선 1차 계획기간 5년 동안의 총량삭감 의무 이행 내용을 확인하게 된다. 만일 총량삭감을 이행하지 못한 경우엔 배출권거래로 추가 삭감을 해야 한다. 그런 배출권 구입 실적까지 합쳐서 2016년 3월말 시점에서 사업소 단위의 배출량 구좌장부를 통해 최종적으로 삭감의무의 이행여부가 판가름 난다.

Ⅵ. 배출권거래 대상 사업소

총량삭감 의무를 지는 사업소는 연료-열-전기 에너지의 사용량이 원유로 환산해서 연간 1,500kℓ인 경우이다. 그런데 해당 사업소에는 두가지 종류가 있다. 우선 어느 해이건 간에 에너지 사용량이 원유로 1,500kℓ를 넘어서면 '지정(指定) 지구온난화대책사업소'로 편성된다. 만일 그 사업소가 3년을 연속해서 에너지 사용량이 원유 1,500kℓ 이상일 경우 그 업소는 '특정(特定) 지구온난화대책사업소'로 분류된다. 지정사업소의 경우는 온실가스 배출을 줄이기 위해 노력을 해야 하고, 자율적으로 삭감 목표를 설정하고, 관련 자료를 담은 계획서를 제출해야 한다. 또한 온실가스 삭감을 위한 사내 조직을 만들어야 하는데, 예를 들어 온실가스 삭감 업무를 전체적으로 책임지는 총괄관리자와 기술적인 자문을 하는 기술관리자를 선임해야 한다. 그러나 온실가스 삭감을 달성하지 못했다고 해서 무슨 벌칙이 가해지는 것은 아니다.

온실가스 삭감의 법률적 의무는 특정업소에게만 지워진다. 행정적인 의무는 지정업소와 동일하게 지면서 실질적으로 온실가스 배출량을 줄이지 않으면 여러 형태의 벌칙을 감수해야 하는 것이다.

그런데 경우에 따라서는 여러 개의 빌딩을 한 소유자가 소유한 경우가 있을 수 있다. 이럴 때 각 빌딩의 에너지 소비량을 합산해서 하나의 사업소로 간주할 것인가 여부를 정하는 기준으로 '연동성(聯動性)'과 '근린성(近隣性)'이라는 두 가지 개념이 있다. 연동성이란 에너지 공급업자로부터 에너지를 공급받는 지점이 동일하거나 열공급시설 경우 도관으로 연결돼 있는 경우를 말한다. 예를 들어 대학부속병원이 있고 여기에 부속건물로 연구소나 식당들이 있어서 하나의 에너지 공급지점으로부터 전체의 에너지가 공급되는 경우를 들 수가 있다. 이런 경우는 물론 부속병원과 식당과 연구소를 모두 합쳐서 하나의 사업소로 친다.

근린성에는 다시 두 가지 종류의 개념이 있다. 첫 번째는 '인접성(隣接性)'이다. 인접했다고 하는 것은 나란히 서 있는 두 건물 사이에 도로나 수로, 철도선로 등이 없는 경우를 말한다. 이런 경우는 두 건물을 하나로 간주해서 두 건물의 에너지 사용량을 합산해서 연간 1,500kℓ를 넘으면 대상업소에 포함된다. 두 번째는 '근접성(近接性)'의 개념이다. 근접해 있다는 것은 건물이 나란히 서 있기는 하되 두 건물 사이에 도로 같은 것이 있는 경우를 말한다. 이때는 두 건물 모두 연간 에너지 사용량이 1,500kℓ 미만이면 대상업소에서 제외된다. 예를 들어 빌딩 하나의 에너지 사용량이 1,000kℓ이고 다른 한개 빌딩은 700kℓ라고 할 경우, 두 건물 사이에 도로 같은 것이 없으면 인접한 건물이어서 지구온난화대책사업소로 간주된다. 그러나 도로가 사이에 있을 경우는 두 건물 모두 1,500kℓ 미만이므로 대상 사업소에서 제외되는 것이다. 근접 빌딩의 경우 어느 하나가 1,500kℓ 이상일 경우 대상사업소에 포함되면서 두 빌딩을 합쳐서 하나의 사업소로 간주된다. 예를 들어 한 사람이 소유하는 1,700kℓ짜리 빌딩과 500kℓ짜리 빌딩이 도로를 사이에 두고 근접해 있을 경우 두 빌딩을 합쳐서 2,200kℓ의 사업소가 된다.[10]

사업소의 소유권이 바뀌더라도 대상 사업소의 자격은 유지된다. 예를 들어 A라는 사업소의 소유권이 그 해 4월에 바뀌었다고 하자. 새로 소유권자가 된 사람은 소유권이 바뀐 여부와 상관없이 지구온난화대책계획서를 11월까지 도쿄도에 제출해야 한다. 1월부터 4월까지 전 사람이 소유하고 있었을 때의 관련 정보와 실적도 함께 제출해야 한다. 만일 전 소유자로부터 관련 자료를 확보하기 어려울 때엔 도쿄도에 관련자료를 대신 확보해달라고 요구할 수가 있다.

대상 사업소였다가 취소되는 수도 있다. 만일 전년도 에너지 사용량이 원유환산으로 1,000kℓ에 미달되거나, 1,000kℓ를 넘긴 했어도 3년 연속 1,500kℓ 미만이면 그 해 11월까지 대상 사업소에서 제외시켜달라고 신청해야 한다. 또 사업을 하다가 문을 닫은 경우는 30일 이내에 대상 사업소에서 해제시켜달라고 신청해야 한다. 만일 어느 특정 지구온난화대책사업소의 에너지 사용량이 1차 계획기

10 위 자료 12쪽.

간의 세 번째 해인 2012년에 900kℓ밖에 안됐다고 하자. 그렇게 되면 그 업소 소유자는 2012년 11월까지 도쿄도에 대상 사업소에서 제외시켜달라는 신청을 할 수가 있다. 그러나 2010~2011년의 2년간의 의무는 여전히 유지된다. 그 두 해의 온실가스 배출량이 기준배출량을 넘어섰다면 2015년 1차 계획기간에 들어간 다음 배출권거래 등을 통해 의무를 이행해 놓아야 한다.

남의 빌딩에 세를 들어 있는 임차인은 빌딩 소유자가 펴는 온실가스 삭감대책에 협력해야 할 의무가 있다. 물론 임대빌딩의 의무 부여대상은 기본적으로 빌딩 소유주이다. 하지만 임차인 가운데 사용하는 건물 바닥면적이 1만㎡ 이상이거나, 바닥면적과 상관없이 매년 6월 1일 시점에서 연간 전기사용량이 600만kWh인 경우는 '특정 임차사업자'로 분류돼 독자적인 삭감대책 계획서를 제출해야 한다.

2007년 기준으로 도쿄도의 주요 특정 지구온난화대책사업소의 명단은 다음과 같다.[11]

업무(오피스) 부문: 도쿄대 본부캠퍼스, 10만1,216t
JAL, 8만3,021t
선샤인시티 빌딩, 6만810t
롯폰기힐스 모리타워, 5만6,793t
뉴오타니 호텔, 4만8,067t
도쿄돔, 4만7,827t
산업 부문: 롯폰기힐스 에너지센터, 12만9,407t
히다치 아오우메사업소, 10만4,659t
브리지스톤 도쿄공장, 11만8,745t
오쿠다마 나카가와공장, 11만5,759t
도쿄도 하수도국 남부슬러지랜드, 12만5,475t
도쿄도 하수도국 스나마치 물재생센터, 10만6,356t

Ⅶ. 기준배출량 산정과 검증 작업

기준배출량은 2002년부터 2007년 사이 어느 때이든 연속 3년간 배출량의 평균치를 갖고 따진다. 이때 '연속 3년'을 어떤 방식으로 선택하느냐는 해당 사업소

11 이수철 자료 72쪽.

의 재량권에 속한다. 예를 들어 A라는 사업소의 2002년부터 2007년까지 7년간의 배출량이 '1만500t(2002년)/1만t(2003년)/9,500t(2004년)/8,500t(2005년)/9,000t(2006년)/8,000t(2007년)'이라고 하자. 이 사업소의 배출량이 2005년부터 대폭 감소한 것은 에너지를 절약하기 위한 어떤 대형 투자를 했기 때문일 수가 있다. 이 사업소는 당연히 2002, 2003, 2004년의 연속 3개년의 배출량 평균치인 연간 1만t을 자신의 기준배출량으로 인정해달라고 신청할 것이다. 만일 그게 아니라 에너지 절감 투자를 하고 난 이후인 2005, 2006, 2007년의 연속 3개년 평균치인 8,500t을 기준배출량으로 잡게 되면 굉장한 손해를 보는 것이 된다. 이런 식으로 남보다 앞서서 온실가스 배출량 삭감을 위한 노력을 했던 기업에 손해가 가지 않도록 하기 위한 장치를 마련해둔 것이다.

만일 이 A라는 기업의 온실가스 총량삭감 의무율이 8%라고 하자. 이 기업의 연간 기준배출량은 1만t이 되고, 연간 의무삭감량은 800t이다. 9,200t까지 줄여야 하는 의무를 지는 것이다. 그러나 이 기업은 이미 2005~2007년의 기간에 연간 평균 8,500t의 배출실적을 갖고 있다. A기업은 2010~2014년의 1차 계획기간 동안 연간 8,500t씩만 계속 유지해도 매년 700t씩의 배출 여유분을 갖게 된다. 이 기업은 2015년의 2차 계획기간에 들어가서 이 배출 여유분을 판매할 수가 있다.

경우에 따라선 업소의 경영상황에 따라서 사용하는 건물 바닥면적이 증감하거나, 주요 에너지 관련설비가 교체되고, 사업의 용도변경이 이뤄질 수가 있다. 예를 들어 업종을 변경하는 경우도 있고, 사업 규모를 대폭 확장할 경우도 있다. 이럴 때는 관련 사정을 증명하는 등록검증기관의 검증 결과를 첨부해 기준배출량을 바꿔달라는 신청을 해야 한다. 다만 영업시간을 늘리거나 줄였다든지, 같은 업종 같은 사업인데 생산량이 늘거나 줄었다든지, 그 해의 날씨가 유난해서 에너지 사용량이 변화했다는 이유로는 기준배출량을 바꿀 수가 없다.

이때 변경된 기준배출량을 산정할 때는 과거 배출량을 이용해 수치를 뽑을 수도 있고, 배출표준 원단위를 활용할 수도 있고, 변경된 부분에 대한 실측을 해서 새로운 기준배출량을 산정할 수도 있다. 면적이 증가한 경우를 예로 들면 사무소의 면적이 3만m²로 종전 기준배출량이 3,000t이었다고 하자. 그런데 사무소 면적이 3,000m²가 늘었으면 사무소의 배출표준 원단위(아래 표 참조)인 '85kg·CO_2/m²·년'에 '3,000m²'를 곱해서 255t이 증가한 3,255t을 기준배출량으로 삼으면 된다. 종전 배출량보다 8.5%가 늘어난 셈이다. 또는 원래는 사무소 용도로 쓰던 것을 숙박업소로 바꾸었다고 치자. 그 경우 배출표준 원단위는 '85kg · CO_2/㎡ · 년'에서 '150kg · CO_2/㎡ · 년'으로 바뀌게 된다. 그래서 기준배출량은 종전 사무소로 쓸 때의 3,000t에서 65%가 늘어난 4,950t이 된다. 설비가 늘거나 줄었을 때는 해당 설비의 전력 사용량이나 에너지 사용량에 관한 실측치를 활용해 기준배출량을 변경시키면 된다.[12]

등록검증기관에 대해선 도쿄도가 정한 자격기준이 있다. 에너지절감 진단업무, CDM 업무, 배출량거래 등에 관련된 검증 업무를 과거 3년 이내 적어도 10건 이상 행한 경험을 갖추고 있어야 한다. 또한 검증업소는 에너지관리사, 설비설계1급건축사, 건축설비사 또는 기술사, 종합기술감리사 등의 자격을 갖추고 에너지 절감이나 온실가스 진단 업무 등에 3년 이상 종사한 전문가를 보유하고 있어야 한다.

새로 사업에 착수한 신규 사업소가 있을 수가 있다. 예를 들어 2007년에 사업을 시작해 원유 환산 에너지 사용량이 연간 1,500kℓ를 넘긴 경우를 생각해보자. 이 업소가 마음을 나쁘게 먹으면 2010년도부터 배출권거래제 시행에 들어간다는 사실을 알고서 자신의 기준배출량을 일부러 늘리는 행동을 했을 수가 있다. 정상적인 상황보다 훨씬 많은 에너지를 쓰는 것이다. 이런 경우에도 '과거 연속 3년 배출량의 평균치'를 기준배출량으로 인정하게 되면 이 업소는 정당하지 못한 방법으로 이득을 보는 것이 된다. 이런 일을 막기 위해 도쿄도는 신규 사업소에 대해서는 별도로 정한 운영관리기준을 정해서 이 기준의 모든 항목을 만족시키는 경우에만 과거 '3년 연속배출실적'에 기초해서 기준배출량을 정하게 된다. 만일 그렇지 않을 경우에는 해당 사업소와 동종 사업소들의 표준적인 배출 원단위에 기초해서 기준배출량을 정한다. 이때 사용하는 업종별 배출 원단위는 다음과 같다.[13]

[표 1] 업종별 배출 원단위

사무소	바닥면적 당	85 kg · CO_2/㎡ · 년
관공서청사		60 kg · CO_2/㎡ · 년
정보통신		320 kg · CO_2/㎡ · 년

12 東京都環境局, "東京都環境確保条例:大規模事業所に対する温室効果ガス排出総量削減義務と排出量取引制度" (2011년 3월 23일 자료) 24쪽. 〈http://www.kankyo.metro.tokyo.jp/climate/large_scale/attachement/C%26T_kankeishiryou110323.pdf〉 (2011년 5월 30일 방문).

13 위 자료 21쪽.

방송국	215 kg·CO_2/㎡·년
상업	130 kg·CO_2/㎡·년
숙박	150 kg·CO_2/㎡·년
교육	50 kg·CO_2/㎡·년
의료	150 kg·CO_2/㎡·년
문화	75 kg·CO_2/㎡·년
물류	50 kg·CO_2/㎡·년
주차장	20 kg·CO_2/㎡·년

경우에 따라서는 '연속 3개년'이 아니라 '연속 2개년'을 기준배출량을 정하는 기간으로 삼을 수가 있다. 예를 들어 사업소 내 리모델링 때문에 장시간 에너지 사용이 극단적으로 낮아졌다고 하자. 또는 처음 사업을 시작한 후 한동안 사업 실적이 정상궤도에 오르지 못해 에너지 사용량이 아주 적을 수도 있다. 또는 사업장 대상면적이나 핵심설비를 대폭 증설하는 바람에 갑자기 배출량이 늘어났을 수도 있다. 이러한 비정상적인 상황이 있는 경우에까지 '연속 3개년'의 기준을 적용하면 해당업체는 기준배출량을 아주 적게 할당받는 불공평한 상황이 초래될 수 있다.

이런 비정상적인 상황에 놓였던 해의 배출량이 연속한 다른 2개년의 평균치보다 6% 이상 적을 경우엔 도쿄도지사의 승인을 받아 2개년도의 배출량만 따져서 기준배출량을 산정하게 된다. 이 경우 반드시 연속한 2개년의 평균치로 기준배출량을 삼아야 하는 것은 아니다. 예를 들어 어느 사업장이 2004년 설비 개수를 해서 2002~2007년 배출량이 2002년 1만2,000t, 2003년 1만2,000t, 2004년 8,000t, 2005년 1만t, 2006년 1만t, 2007년 9,000t으로 집계됐다고 하자. 이 사업장은 2002~2003년의 연속한 2개년 배출량의 평균치인 1만2,000t을 기준배출량으로 신고할 수도 있고, 또는 형편에 따라선 설비를 개수한 해의 앞뒤 두 해인 2003년과 2005년의 평균치인 1만1,000t으로 기준배출량을 삼을 수도 있다.[14]

사업장별 의무삭감율은 대상 시설이 어떤 종류냐에 따라 달라진다. 제 1 계획기간(2010~2014년)은 의무삭감율이 6%, 또는 8%로 정해진다. 제 2 계획기간(2015~2019년)의 의무삭감율은 17%가 될 것이라는 전망인데, 계획기간이 개시되기 전 결정된다. 제 1 계획기간의 의무삭감율이 6%인가 8%인가 하는 것은 시설의 종류에 따라 아래와 같이 결정된다.

14 위 자료 22쪽.

① 오피스빌딩: 8% 삭감

사무소, 관공서, 백화점, 호텔, 음식점, 학교, 병원, 사회복지시설, 정보통신시설, 미술관, 박물관, 전시장, 집회장, 회의장, 결혼식장, 영화관, 체육관, 경기장, 수영장, 공중목욕탕, 유원지, 동물원, 식물원, 창고, 트럭터미널, 형무소, 주차장 등

② 지역냉난방을 20% 이상 사용하는 오피스 시설: 6% 삭감

③ 공장, 상하수도, 폐기물처리장 등 위의 두 경우를 제외한 사업소: 6% 삭감[15]

Ⅷ. 삭감 대상 온실가스의 종류

대상 사업장들은 온실가스의 연도별 배출량, 기준배출량, 삭감목표 등을 기록한 지구온난화대책계획서를 매년 제출해야 한다. 그런데 온실가스로 분류되는 보고대상 가스엔 이산화탄소(CO_2), 메탄(CH_4), 아산화질소(N_2O), 과불화탄소(PFCs), 수소불화탄소(HFC), 육불화황(SF_6)의 6가지가 있다. 이들 6가지 온실가스는 대상 사업소들이 배출량을 파악하고 보고해야 되는 가스들이다. 이 가운데 총량삭감 의무 대상이 되는 것은 '연료, 열, 전기의 사용에 따라 배출되는 이산화탄소', 다시 말해 에너지 사용으로부터 생기는 이산화탄소이다. 나머지 5가지 온실가스와 에너지 사용으로부터 연유하지 않는 이산화탄소의 경우에도 등록검증업체의 검증 결과를 첨부해서 신청하면 해당 업소의 온실가스 배출량 삭감 실적으로 활용할 수는 있다. 단, 이 경우 배출권거래의 대상으로 삼을 수는 없다.

예를 들면 어느 사업소가 전기, 도시가스, 중유 등을 써서 발생한 에너지 기원의 이산화탄소는 의무적인 삭감의 대상이 된다. 하지만 상수도를 소비하거나 하수를 배출하는 과정에서 발생되는 비(非)에너지 기원의 이산화탄소, 또는 중유 등의 보일러를 연소할 때 부수적으로 발생하는 메탄이나 아산화질소 같은 온실가스는 의무적인 삭감 대상이 아니라 원칙적으론 배출량을 파악해 보고하는 대상으로만 삼는다.

한편 해당 사업소가 자동차류를 운행할 때 발생시키는 에너지 기원의 이산화탄소도 있다. 영업용차나 화물 운송차처럼 자동차를 이용한 운송 과정의 이산화탄소는 원칙적으로 의무적 삭감 대상에 포함되지 않는다. 다만 공장 부지 내에서 운용하는 하역 전용 포크리프트 경우는 배출량 파악·보고 대상이면서 총

15 위 자료 25쪽.

량 삭감의무 대상도 된다.

연료나 전기를 소비하면서 배출되는 이산화탄소의 양은 배출계수를 활용해 계산하게 된다. 예를 들어 전기 1kWh를 썼다면 0.382t의 이산화탄소를 배출한 것으로 계산한다. 이때의 '0.382'라는 배출계수는 1차 계획기간 중에는 변하지 않고 똑같은 수치로 활용되게 된다.

Ⅸ. 그랜드파더링의 문제점을 해결하기 위한 톱레벨 사업소 제도

배출권거래제가 갖고 있는 대표적인 불합리성은 '그랜드파더링(grandfathering)'이다. A라는 사업소는 1990년대에 이미 에너지 삭감을 위한 최신의 기술을 적용해서 온실가스 배출량을 극단적으로 줄였다고 가정하자. 이에 반해 B라는 업소는 온실가스 삭감에 일체의 투자를 하지 않아 에너지 효율이 극히 나쁜 기업이다. 이 경우 2002~2007년의 배출현황 자료를 갖고 A, B 두 업체의 기준배출량을 정하면 B업체의 기준배출량이 A업체보다 훨씬 더 많게 된다. 결국 A업체는 1990년대에 이미 많은 투자를 해서 에너지 효율을 높여놨음에도 배출권거래제의 시행으로 다시 또 더 많은 투자를 하지 않으면 안 되는 상황에 놓이게 된다. 반면 B업체는 에너지 효율 투자를 게을리 한 덕에 A업체보다 훨씬 많은 기준 배출량을 확보하게 됐다. B업체는 조금만 투자를 하더라도 온실가스 배출량을 상당량 줄일 수 있고, 그중 일부는 배출량 삭감치가 모자라는 다른 기업(예를 들면 A)에 돈을 받고 잉여 배출삭감치를 판매해 이득을 볼 수도 있다. 이런 말도 안되는 불합리를 그냥 내버려둘 수는 없다.

도쿄도는 이 불합리를 '톱레벨 사업소' 제도를 통해 해결하려 시도했다. 톱레벨 사업소의 정식 명칭은 '우량(優良) 특정지구온난화대책사업소'라는 것이다. 이런 우량 업소는 앞에서의 A업체처럼 배출권거래제 시행에 앞서 이미 상당한 정도의 투자를 통해 에너지 효율화를 해놓은 업체들이다. 도쿄도는 이런 우량 업소에 대해서는 의무 삭감율을 절반으로 줄여주었다. 예를 들어 기준배출량이 1만t인 경우 8%가 의무삭감 비율이라면 이 업소는 8%가 아니라 4%의 의무삭감 비율을 적용받아 원래는 9,200t까지 줄여야 하지만 9,600t까지만 줄이면 된다. 톱레벨 사업소까지 평가받지는 못하더라도 상당한 노력을 인정할 수 있는 업체는

'준(準) 톱레벨 사업소'라고 해서 의무 삭감율을 4분의 3으로 줄여주었다. 위의 경우라면 6%의 의무 삭감율을 적용받아 9,400t까지만 줄이면 된다. 도쿄도는 톱레벨 사업소, 준 톱레벨 사업소에 해당하는지 여부를 판가름하기 위해 다양한 평가항목을 만들었는데, 이 평가에서 100점 만점에 80점 이상을 받으면 톱레벨 사업소, 70점 이상이면 준 톱레벨 사업소로 인정된다. 평가 지표는 온실가스 삭감을 위한 조직 정비라든지 고효율기기 도입 여부 등에 관한 228개 항목이다.[16]

톱레벨 사업소, 또는 준 톱레벨 사업소로 인정받아 의무 삭감율이 낮아지는 혜택을 받는 것은 해당 계획기간 중에 국한한다. 1차계획기간(2010~2014년)에 톱레벨 사업소로 인정받았다고 해도 2차계획기간(2015~2019년)에 들어가면 그 혜택이 지속되는 것은 아니다.

X. 배출권거래의 방식[17]

계획기간이 만료된 후 의무 삭감율을 초과해 달성한 업체는 남는 배출권을 판매할 수 있다. 반대로 의무 삭감율을 달성하지 못한 업체는 초과달성한 업체로부터 배출권을 사들여 부과된 삭감 의무를 이행해야 한다.

대상 사업소들은 매년 지구온난화대책 계획서를 제출한 후에 의무 삭감율을 초과달성한 경우라면 도쿄도에 크레딧 발행신청을 해야 한다. 우리 업소는 이만큼 목표를 넘겨 실행했으므로 권리를 인정해달라는 것이다. 매년 이 권리를 인정받은 후 계획기간이 만료돼 전체 크레딧의 양이 확정되면 도쿄도에서 오프셋 크레딧 증서를 자동으로 발행해주게 된다.

배출권거래는 원칙적으로 2011년 4월부터 가능하다. 이때부터 각 해당 사업소의 '온실가스 삭감량 구좌장부' 제도가 작동되기 때문이다. 다시 말해 각 사업소의 온실가스 배출 크레딧이 도쿄도에 의해 정식으로 인정되는 것이다. 이때의 거래는 추가 배출권이 필요한 업소와 의무 삭감량을 초과달성해 배출권을 확보한 업소 간의 직접적인 것일 수도 있다. 그런가하면 에너지 삭감 분야의 전문사업자가 거래에 끼어들어 중개할 수도 있다. 도쿄도에서는 각 사업소의 의무삭감

16 위 자료 26~28쪽.

17 도쿄도 배출권거래의 과정에 대해서는 위 자료 31~40쪽을 정리하였음.

이행 사항을 해당 인터넷 사이트에 올려 공개만 하면 된다. 거래 과정에 직접 관여하는 것은 아니다.

부연하자면 A라는 업소가 기준배출량이 1만t인데 1차계획기간의 첫해인 2010년 배출량이 9,500t이었다고 하자. 이 업소의 의무 삭감율이 8%였다면 원래는 9,200t까지 배출량을 줄였어야 한다. 따라서 삭감 의무를 이행하지 못했으므로 A업소에는 배출권이 주어지지 않는다. 그러나 두 번째 해인 2011년의 배출량이 8,500t으로 줄었다고 가정하자. A업소는 2010, 2011년의 두 해의 의무 삭감량은 1,600t인데 실제로는 초과 삭감해서 2,000t의 삭감 실적을 갖게 된다. 그렇다면 초과 삭감량은 400t이 되고 A업소는 2012년부터 이 400t을 배출권거래 시장에 내다 팔 수가 있다.

여기서 한 가지 유의할 점은 기준배출량보다 줄였다고 해서 무조건 그 만큼 판매가 가능한 배출권을 확보하는 것은 아니라는 점이다. 온실가스 배출량이 삭감되는 과정에는 두 가지 종류가 있을 수 있다. 첫 번째는 해당 업소가 에너지 사용량을 줄이기 위해 다양한 설비투자를 해서 온실가스 배출량을 줄이는 경우다. 이때는 당연히 그 노력을 인정해서 해당 업소에 배출권을 부여해야 한다. 하지만 그게 아니라 해당 업종이 불경기를 맞거나 경영자의 부실 경영으로 인해 사업소의 생산활동이 부진해 온실가스 배출량이 급감하는 경우도 상정할 수가 있다. 이 업소는 온실가스 배출량을 줄이기 위한 노력을 통해 배출권을 확보한 것이 아니다. 경우에 따라서는 경영자의 나태와 무능력 때문에 생산활동이 부진해 온실가스 배출량이 줄어든 것일 수가 있다. 이런 업소에 대해 배출권을 인정해준다면 그것은 나태와 무능력을 보상하는 것이 된다. 도쿄도는 이런 말도 안 되는 상황을 막기 위해 한 업소가 배출권거래를 통해 판매할 수 있는 양을 그 업소의 기준배출량의 절반을 넘지 않는 범위로 제한했다. 예를 들어 기준배출량이 1만t인 A라는 업소의 연도별 배출량이 4,000t(2010년), 6,000t(2011년), 7,000t (2012년), 4,500t(2013년), 4,000t(2014년)이었다고 하자. A업소의 1차계획기간 첫해인 2010년의 배출량은 기준배출량 1만t의 40%밖에 안 된다. A업소의 의무 삭감율이 8%라면 이 업소는 9,200t까지는 배출할 권리를 갖는다. 9,200t과 2010년의 실제 배출실적 4,000t과의 차이는 5,000t에 달한다. 하지만 이 업소가 배출권거래 시장에 내다팔 수 있는 배출권리는 '9,200t−5,000t=4,200t'으로 제한된다. 이러한 제한은 매년도마다 적용돼 2013, 2014년의 판매 가능한 배출권리도 역시 4,200t이다. 2011년은 3,200t, 2012년은 2,200t의 배출삭감 초과실적을 판매가능한 배출권리로 인정받을 수 있다.

배출권거래가 시작되는 것은 원칙적으로 2011년 4월부터이다. 이때부터 사업장별 온실가스 삭감량 구좌장부가 효력을 발휘하는 것이다. 특정 지구온난화대책사업소로 지정되는 것은 공장이나 건물 등의 단위 사업장이다. 따라서 배출권거래는 단위 사업장 간의 거래가 이뤄지는 것이다. 그러나 실질적으로는 산하에 여러 사업장을 둔 대기업 그룹이 그룹 전체의 종합적인 삭감 계획을 세워서 여건이 되는 어느 사업장은 더 빨리 온실가스 삭감 계획을 추진하고 온실가스 삭감이 여의치 않은 다른 사업장은 온실가스를 줄이기 보다 같은 기업그룹 내 다른 사업장에서 배출권을 사들이는 방식으로 대응해 나갈 수가 있다. 기업의 유연한 대응이 가능해지는 것이다.

배출권거래의 대상이 되는 것엔 ① 대상 사업소들이 달성한 초과 삭감량 ② 지구온난화대책사업소로 분류되지 않은 도내(都內) 중소기업의 삭감 크레딧 ③ 태양광 등 신재생에너지 크레딧 ④ 도외(都外) 대기업의 오프셋 크레딧의 4가지가 있다.

① 우선 사업소의 초과달성 삭감량은 가장 보편적인 의미의 배출권이다. 그런데 5년으로 정해져 있는 계획기간 안에서는 초과달성 실적을 융통성 있게 다음 연도로 이전시킬 수가 있다. 예를 들어 기준배출량이 1만t인 A사업소의 1차 계획기간 첫해인 2010년의 실제 배출량이 9,100t이었다고 하자. A사업소는 의무삭감율이 8%인 경우다. 그렇다면 초과달성 삭감량이 100t이므로 A사업소는 2011년에 도쿄도로부터 관련 크레딧을 인정받은 후 100t의 배출권을 판매해 수익을 올릴 수가 있다. 또는 100t의 배출권을 판매하지 않고 쌓아둘 수도 있다. 그런데 A기업의 2010년 실 배출량이 9,100t이 아니라 9,500t이었다고 하자. 의무 삭감량은 800t인데 500t밖에 줄이지 못했으므로 A사업소는 배출권을 팔기는커녕 모자라는 300t을 바깥에서 사들여야 하는 입장이다. 그러나 다음해인 2011년엔 열심히 노력해서 배출량을 8,500t으로 줄였다고 하자. A사업소는 두 번째 해에는 의무 삭감량보다 700t을 추가 삭감한 셈이고, 2010년 실적과 종합하면 400t의 배출권을 갖게 된 셈이다. A사업소는 이 400t의 배출권 크레딧을 2012년에 곧바로 다른 기업에 팔 수도 있고 1차계획기간이 끝나는 2014년까지의 실적을 모두 종합한 후 2015년부터 시작되는 2차계획기간에 들어가서 판매할 수도 있다. 거래는 특정 지구온난화대책사업소 간의 직접 거래 방식도 가능하고 에너지 삭감 전문

사업자가 중개한 거래도 가능하다. 해당 사업소들은 도쿄도의 관련 사이트를 통해 어떤 사업소가 매년 어느 정도의 삭감 실적을 올렸는지에 관한 정보를 취득할 수가 있다.

② 판매가능한 두 번째 배출권은 도내 중소규모 사업자들이 자발적으로 에너지 절감에 참여해 이룬 실적을 말하는 '도내 중소 크레딧'이다. 원래 도쿄도 배출권거래제는 온실가스를 일정 규모 이상 배출하는 대규모 사업소들을 대상으로 한 제도다. 하지만 희망하는 중소규모 사업자들의 자발적 참여를 부추기기 위해 이들의 실적도 판매할 수 있는 길을 열어놓았다. 유럽 국가들의 배출권거래제에서 유럽 권역 바깥 저개발국들의 온실가스 삭감량을 CDM 방식으로 사들여 이것을 삭감 실적 대신으로 활용할 수 있게 한 것과 비슷한 방식이다.

온실가스 배출 삭감실적을 돈을 받고 팔기를 원하는 중소규모 사업자의 기준배출량 산정 방식은 지구온난화대책 사업소들과는 약간 다르다. 지구온난화대책 사업소들은 2002~2007년의 배출량 가운데 임의로 선정한 연속 3개년 배출량의 평균치를 갖고 기준배출량으로 삼았다. 중소규모 사업자는 삭감 대책 시행에 들어가기 직전 3개년 가운데 스스로 선택한 1개년의 배출량 실적치를 기준배출량을 삼을 수 있다. 이때 기준배출량 산정이나 삭감 실적을 보고할 때는 당연히 등록검증기관의 검증을 거쳐야 한다.

중소규모 사업자가 실행하는 삭감대책의 사례로는 고효율 열원기기, 고효율 냉각탑, 고효율 공기조절장치, 고효율 조명전기, 고효율 변압기, 고효율 급탕시스템 등의 설비를 들 수가 있다. 지구온난화대책 사업소와 마찬가지로 삭감량 크레딧은 매년 신청해 인정받을 수도 있고, 계획기간이 끝난 후 한꺼번에 정산해 인정받을 수도 있다.

삭감실적을 인정받기 위해서는 관련 설비 공사를 하면서 준공 30일 전까지 '도내 중소 크레딧 사업소 범위 신청서 및 삭감량(예측) 신청서'를 도쿄도에 제출해야 한다. 이 시점에서는 등록검증업체의 검증은 불필요하다. 그런 후 삭감 대책을 다 완료하고 나서 인정 가능 삭감량을 산정해 '도내 중소 크레딧 삭감량 인정 신청서'를 내야 한다. 이때는 정식 검증절차를 밟아야 한다.

③ 세 번째는 '재생가능 크레딧'이다. 일본은 2020년까지 온실가스 배출량을 1990년 수준의 25%를 줄이겠다고 국제사회에 약속했다. 단순히 사업장이나 가정에서의 에너지 소비량을 줄이는 것만으로는 도달하기 힘든 목표다. 그래서 꼭

필요한 것이 재생가능 에너지의 공급이다.

도쿄도는 신재생에너지의 공급 확대를 촉진하기 위해 신재생에너지를 사용하는 사업소에 대해선 사용량에 대해 온실가스 배출권을 인정해줬다. 그런데다가 신재생에너지에 대해선 추가 인센티브를 줬다. 보통은 전력 1kWh을 사용하면 '0.382'라는 배출계수를 곱해 이산화탄소 0.382kg를 배출한 것으로 간주하고 있다. 같은 논리라면 지구온난화대책 사업소가 일반 전기가 아니라 풍력이나 태양광 같은 신재생에너지로 1kWh의 전기를 소비했다면 온실가스 0.382kg에 해당하는 배출권을 확보한 것으로 간주하면 될 것이다. 도쿄도는 그게 아니라 0.382kg에 1.5배를 곱한 0.573kg이라는 배출권을 인정해줬다. 도쿄도는 이에 대해 '환경가치 환산량'이라는 용어를 썼다. 신재생에너지는 그 환경가치를 따질 경우 실제 에너지량의 1.5배 만큼의 가치가 있다는 것이다. 신재생에너지의 잠재력을 발휘하게 만들기 위해서는 실제 시장가치보다 더 비싸게 가치를 쳐줘야 한다는 뜻으로 해석된다.

태양광, 풍력 같은 신재생에너지는 현재 시점에선 시장에서 화력발전, 원자력발전 에너지와 경쟁하기가 힘들다. 태양광이나 풍력 에너지는 아직 소량 생산이기 때문에 화력발전, 원자력발전과 같은 '규모의 경제'를 실현하기가 어렵다. 그런데다가 아직 인프라도 갖춰져 있지 못한 상태여서, 이미 충분한 인프라를 갖고 있고 그 인프라 설비 비용을 이미 뽑아냈다고 할 수 있는 전통적인 에너지들과 가격 경쟁을 하면서 겨루기는 힘들다. 또 화력발전이나 원자력발전의 기술은 이미 완성된 상황이지만 태양광, 풍력, 지열같은 신재생에너지 기술은 개발 초기단계에 머물러 있다. 이런 유아기 기술을 완성단계까지 끌어올리려면 오랜 기간에 걸친 거액의 투자가 필요하다. 단기 이익의 실현이 최대 목표인 기업들이 이런 거대 투자에 선뜻 나서기는 힘들다. 따라서 정부가 인위적으로 재정적 뒷받침을 해서 신재생에너지의 경쟁력을 일정 수준까지 끌어올려야 한다. 도쿄도가 신재생에너지에 '1.5배'라는 인센티브를 준 것엔 이런 뜻도 포함돼 있다고 봐야 할 것이다. 그러나 바이오매스나 대형수력발전에 대해서는 그같은 인센티브를 인정하지 않고 있다.

신재생에너지로서 배출권을 인정받는 경우엔 몇 가지 유형이 있다. 우선은 '재생에너지 크레딧'이라는 것이 있다. 예를 들어 태양광을 설치한 가정집에서 생산해내는 에너지에 대해선 재생에너지 크레딧을 인정한다. 태양광 사업을 하는 발전사업자가 태양광 가정집들로부터 '그린전력 증서'라는 인정서를 모아 대기업에 배출권으로 판매하는 것이다. 또는 도쿄도 같은 관청이 태양광 설치 가정집에 보조금을 주고 가정집의 그린전력 증서를 대신 양도받을 수도 있다. 도쿄도는 이렇게 모은 그린전력 증서를 갖고 배출권거래 시장에서의 가격 조절에 활용한다는 계획이다.

도쿄도의 일반 가정이 3kW 용량의 주택형 태양광 발전을 설치하게 되면 중앙정부로부터 kW당 7만엔(합계 21만엔), 도쿄도로부터 kW당 10만엔(합계 30만엔), 자치구로부터 kW당 10만엔(합계 30만엔)의 보조금을 지원받을 수 있다. 전부 합하면 113만엔의 지원금을 받는 것이다. 여기에 22만엔의 세액 공제 혜택도 주어진다.[18]

풍력발전 사업자도 비슷한 방식으로 그린전력 증서를 발급받을 수가 있다. 또한 발전회사들은 이른바 RPS(renewable portfolio standards) 제도라고 해서 전력 공급량 중 일정 비율은 신재생에너지로 공급하도록 의무화하고 있다. 발전회사들은 이 의무를 이행하기 위해 대단위의 태양광, 풍력 발전단지를 세워 신재생에너지를 생산해낸다. 발전사업자가 RPS에 관련된 의무를 이행하고도 남는 그린전력이 생길 수 있는데, 도쿄도는 이에 대해서도 배출권거래에 쓰일 수 있는 배출권을 인정해준다. 단 이 경우의 RPS 관련 그린전력 증서는 2008년 이후 발행된 것에 한해 권리가 인정된다.

또 한 가지 '나마(生) 그린전력'이라는 것도 있다. 이것은 도쿄도 도외(都外) 지역에서 생산된 신재생에너지에 대해 배출권을 인정하는 것이다. 예를 들어 도쿄역 부근 신마루노우치 빌딩은 일본풍력개발이라는 회사가 도외 지역에서 생산한 풍력전기에 대한 '나마 그린전력'으로서의 배출권을 인정받고 있다. 신마루노우치 빌딩이 도외에 위치한 풍력발전기에 송전선을 연결해 직접 전기를 공급받는 것은 아니다. 일본풍력개발은 생산한 전기를 일반 발전회사의 송전망으로 공급하고, 신마루노우치 빌딩은 일반 발전회사의 송전망으로부터 전기를 공급받는다. 이때 신마루노우치 빌딩은 발전회사가 책정한 전기요금이 아니라 일본풍력개발과 계약한 가격의 전기요금을 내게 된다. 대신 일본풍력개발로부터 공급받은 것으로 간주되는 양의 전력에 대해선 '나마 그린전력' 인정서를 확보해 배출권 거래에 활용할 수 있는 것이다. 이 제도 역시 도외 지역이라도 신재생에너지 발전업체는 특별 대우를 해서 신재생에너지 산업 분야를 보호하고 육성하자는

---

18 이수철, "동경도 배출권거래제도의 특징과 시사점"(2010년 8월 13일 시정개발연구원 발표자료) 65쪽. 〈http://www.sdi.re.kr/rept/data/data_viw.jsp?reportId=21556〉 (2011년 5월 30일 방문).

배려가 있는 것이다.[19]

④ 마지막으로 '都外 크레딧'이라는 것도 있다. 도내 지구온난화대책 사업소가 도외 지역의 대규모 사업장으로부터 에너지 삭감에 따른 배출권을 양도받는 방식이다. 이 제도에 참여할 수 있는 도외 사업자는 연간 에너지 사용량이 1,500 kℓ 이상이되 온실가스 기준배출량은 15만t 이하여야 한다. 또 도외 지역의 사업소는 설비투자를 통해 배출량을 6% 이상 줄였을 경우에만 도쿄도의 지구온난화대책 사업소에 해당 배출권을 판매할 수가 있다.

결국 이 제도는 도내 기업만 아니라 도외 기업도 도쿄도의 배출권거래 네트워크에 참여할 수 있는 길을 열어준 것이다. 다만 도내 기업은 이 방식으로 충당하는 배출권이 전체 삭감 의무량의 3분의 1을 초과해서는 안 된다. 도내 기업에 배출권을 판매하는 도외 기업은 의무 삭감량 만큼만 삭감량으로 인정받을 수 있다. 예를 들어 기준배출량이 1만t이고, 의무 삭감비율은 8%인 도외 기업이라면 아무리 많은 초과 실적을 거뒀더라도 의무 삭감량에 해당하는 800t까지만 도내 기업에 판매할 수가 있다.

XI. 삭감의무량을 이행 못한 사업장에의 벌칙

특정 지구온난화대책 사업소는 계획기간이 종료된 후 1년의 정리기간 내에 삭감 의무를 이행해야 한다. 1차계획기간(2010~2014년) 동안의 삭감 의무량은 2015년 연말까지 배출권거래 방식으로 사들여서라도 맞춰놔야 하는 것이다.

만일 2015년까지 이 의무를 이행하지 못하면 도쿄도는 해당 기업에 부족량의 1.3배에 해당하는 만큼의 삭감 의무를 실현시키라는 조치명령을 내리게 된다. 그것 역시 이행하지 못하면 도쿄도가 스스로 보유하고 있는 그린전력 증서, 또는 다른 지역 배출권거래 시장 등에서 구입한 배출권 등으로 부족량을 조달해 채워넣게 된다. 대신 미이행 사업장에 대해서는 이산화탄소 1t당 1.5만엔 이라는 어마어마한 액수로 따져 구상권을 행사하게 된다. 1t당 1.5만엔이라는 가격은 일반적인 배출권시장에서의 거래 가격의 10배 정도다. 동시에 해당 기업에는 50만엔 상한선의 벌금이 매겨지고 미이행 내용은 일반에 공표된다.

19 위 자료 62쪽.

XII. 도쿄도 배출권거래제도가 주는 시사점

지금까지 도쿄도에서 시행하는 배출권거래제의 기본 골격을 정리해봤다. 여기서 알 수 있듯이 도쿄도라는 한정된 지역에서 시행하는 배출권거래제도 굉장히 복잡하다. 일본사회가 매뉴얼을 중시하는 사회라는 측면도 있겠지만, 도쿄도에서 홈페이지에 띄워놓은 '온실가스 배출총량 삭감의무와 배출량거래제도'라는 설명자료의 분량이 71쪽에 달할 만큼 관련 절차가 매우 복잡하고 상세하다.

이렇게 제도가 복잡해지는 이유는 배출권거래제의 원칙과 절차를 단순하게 정해놓으면 반드시 불공평하다고 느끼는 이행당사자들이 생기기 때문이다. 이에 반해 탄소세 제도는 에너지 공급 단계에서 동일한 비율의 세금을 매겨놓기만 하면 나머지는 저절로 굴러간다. 배출권거래제는 제도가 억지로 강제해서 수요와 공급을 만들어 넣는 인위적 시장이다. 그만큼 자연스럽지가 못하다. 그래서 제도 보완을 위해 유보 조항, 예외 조항, 보강 조항 같은 것을 덧대고 덧대다 보니 제도 자체가 복잡하고 알아듣기 힘들게 된 것이다. 따라서 배출권거래제가 성공하기 위해서는 탄탄한 준비 작업이 필요하고, 이해당사자들에 대한 설득과 설명을 통해 이해와 공감을 이끌어내야 한다. 그러고서도 유럽의 경우 몇년 동안의 혼란과 시행착오를 겪었다.

워낙 복잡한 절차인데다 새로 도입하는 것이어서 배출권거래제가 처음부터 완벽하게 기능하기를 바라기는 힘들다. 무엇보다 온실가스 가격이 적절한 수준으로 유지된다는 보장이 없다. 유럽 온실가스 시장에서도 초기에는 가격이 널뛰기를 했었다. 그러는 바람에 투기세력이 달라붙는 부작용도 생겨났다. 결국 제도가 정상 단계로 안정화되기까지는 상당 기간 동안 정부의 시장 개입이 불가피한 측면도 있다.

도쿄도는 그런 의미에서 보면 상당히 오랫동안 준비작업을 거쳤다고 할 수가 있다. 중앙정부 단위에서도 환경성이나 경제산업성 등에서 기업의 자발적인 참여를 전제로 시범적인 배출권거래제를 시행해왔다. 도쿄도에서도 이미 2002년부터 지구온난화 계획서 제도를 시행해 기업들이 자기들의 배출량을 측정하고 배출량 삭감을 위해 자발적으로 노력하는 환경을 만들어줬다. 도쿄도는 도쿄도대로 이런 과정을 거쳐 도내 사업장들의 온실가스 배출량에 대한 기본 자료를 데이터베이스화 할 수 있었다. 도쿄도는 그런 후 2007~2008년 이해당사자들과의 토론을 통해 제도를 확정한 후 2010년 시행에 들어갔다. 2000년 환경확보조례로부터 따져 10년, 2002년 계획서 제도 도입부터 따지면 8년의 준비기간을 거친 셈이다. 별도의 준비작업 없이 2015년부터 전국적인 배출권거래제를 시행키로 한 우리로선 과연 원활한 제도 도입이 가능할지 우려된다.

도쿄도는 왜 이렇게 앞장서서 배출권거래제를 도입했을까 하는 의문이 생긴다. 일본 정부는 2010년 말 배출권거래제의 도입을 일단 유보키로 했다. 추가적인 비용 부담을 우려한 기업들의 사정을 고려한 것으로 해석된다. 그런데도 도쿄도는 지역 단위의 선도적 배출권거래제를 밀어붙였다. 이에 따라 도쿄도내 사업장들은 점진적으로 온실가스 배출량을 줄여가야 한다. 에너지 비용이 상승할 수밖에 없고 목돈이 드는 설비 비용도 부담해야 하는 경우가 많을 것이다. 결국 기업들은 다른 도시에서 사업을 하는 것보다 더 많은 비용을 부담해야 한다. 이런 상황이 누적되면 도쿄도 기업들의 경쟁력이 떨어지고 일부 기업들은 도쿄도를 떠나 외곽으로 탈출하는 사례도 생겨날 수 있다.

그런데도 도쿄도에서 배출권거래제를 강행한 것은 길게 보면 이렇게 갈 수밖에 없다는 판단이었을 수 있다. 당장은 힘들더라도 매를 미리 맞아두는 것이 기업들의 체질을 강화시키는데 도움이 될 것이라는 생각이다. 과연 그런 효과를 충분히 거둘 수 있을지는 더 지켜봐야 할 것이다.

도쿄도의 배출권거래제 대상 사업소 1,400군데 가운데 업무용 빌딩이 1,100개소, 산업 부문의 공장 등이 300개소다. 공장보다는 빌딩이 주축이라는 점도 배출권거래제 도입을 용이하게 한 부분이다. 공장일 경우 생산 품목이 수시로 바뀐다든지 시장 상황에 따라 생산량이 오르락내리락 할 수가 있다. 이런 업소에 대해 기준배출량을 정하고 삭감 의무를 지운다는 것은 간단한 문제가 아니다. 반면 빌딩들은 에너지 사용량와 소비 패턴이 일정 부분 표준화돼 있어 훨씬 쉽게 배출권거래제 도입에 따른 부작용을 덜 수가 있다.

그러나 아무리 취지가 좋더라도 지역 내의 경제상황, 고용, 에너지 공급 등에 혼란을 불러일으키면 곤란하다. 일체의 부작용을 없앨 수는 없겠지만 지역사회가 감당할 수 없는 수준의 부담을 감수해야 한다면 곤란한 일이다. 도쿄도가 제도를 시행해가면서 이런 문제에 어떻게 대처해 나가는지를 관찰해 보아야 한다.

도쿄도는 그린에너지 증서 등을 확보하는 방법으로 도(都)가 소유권을 가진 배출권을 확보해 온실가스 가격이 과다하게 등락하지 않도록 관리한다는 방침이다. 이런 대응이 원활하게 작동해 사재기나 머니게임이 생겨나지 않을 수 있을지도 지켜볼 문제다.

배출권거래가 본격적으로 이뤄질 2015년부터 실제 어떤 방식의 거래가 이뤄질지도 궁금하다. 유럽의 배출권거래 시장처럼 증권시장을 본뜬 거래소 같은 제도가 생겨날지 아니면 사업소들이 각자 알음알음으로, 또는 중개상을 통해 거래가 이뤄질지 하는 것이다.

도쿄도 배출권거래제도에 참여한 사업장들은 도내 중소기업과 개인 가정, 또는 도외 사업소와 에너지업체들로부터 배출권을 사들여 확보하게 된다. 이 과정이 정착돼 있지 않은 상황에서 브로커들이 생겨나 재생에너지 생산이나 에너지효율 향상이라는 근거가 확실치 않은 배출 크레딧을 찍어내는 부작용은 없을지도 지켜볼 포인트다.

앞에서도 언급했지만, 생산과정에서의 온실가스 배출량은 늘어나지만 궁극적으로는 온실가스 배출억제에 중요한 기여를 하는 사업자들이 있을 수가 있다. 예를 들어 태양광 패널을 만드는 기업이 생산과정에서 1만t의 이산화탄소를 배출했다고 치자. 그 업체가 생산활동을 벌임으로써 배출을 억제시킨 온실가스는 1만t의 몇 배에 달할 것이다. 이런 업소에까지 배출량 억제라는 규제를 가하는 것이 지구온난화를 막는데 도움이 되는 것이냐는 문제가 있다.[20] 그래서 궁극적인 배출삭감 효과에 대한 전과정 평가(life cycle analysis)를 통해 해당 사업장의 공과까지 평가해야 한다는 의견도 있다. 물론 평가 방법이 문제가 될 것이다.

도쿄도가 여러 가지 장치를 두긴 했어도 그랜드파더링 방식을 활용한 기준배출량 산정은 아무래도 문제가 많다. 기업의 에너지절감 노력과는 전혀 상관없는 경기사이클적인 요소나 경영능력의 차이로 인해 배출량이 변화할 수가 있는데 과거 배출량 실적에만 근거해 배출권을 인정한다는 것은 불합리한 것일 수가 있다.

---

20 온실가스 삭감에 기여한 업체에 대한 배려 방법에 대해서는 中央環境審議会地球環境部会・国内排出量取引制度小委員会, "我が国における国内排出量取引制度の在り方について(中間整理)"(2010년 12월 자료)〈http://www.env.go.jp/council/06earth/y060-91/mat01.pdf〉(2011년 5월 30일 방문) 50~53쪽 참조.

참고문헌

국내문헌

이수철, "동경도 배출권거래제도의 특징과 시사점"(2010년 8월 13일 시정개발연구원 발표 자료).

조홍식 등, 기후변화와 법의 지배, 박영사 (2010).

외국문헌

東京都環境局, "東京都環境確保条例:大規模事業所に対する温室効果ガス排出総量削減義務と排出量取引制度"(2011년 3월 23일 자료).

中央環境審議会地球環境部会・国内排出量取引制度小委員会, "我が国における国内排出量取引制度の在り方について(中間整理)"(2010년 12월 자료).

제 3 부

기후변화 대응을 위한 우리나라의 환경·에너지법정책

제10장 기후변화시대의 에너지법[1][2]

허 성 욱*

Ⅰ. 서 설

에너지법은 에너지에 관련된 법규범의 체계라고 할 수 있다.

에너지법이란 독립된 별도의 규범체계가 존재하는지 여부에 관해 논란이 있을 수 있으나, 기후변화의 시대가 도래하면서 에너지자원의 효율적인 관리 및 수급이 대단히 중요해졌고, 이를 위한 체계적인 에너지 관련 법제의 정비 및 집행이 요구되고 있으며, 이미 우리나라에도 에너지기본법으로서 「저탄소 녹색성장 기본법」과 에너지법이 제정되어서 집행되고 있고, 에너지원별, 에너지관리 및 수급단계별로 여러 개별법이 만들어져서 규범적 효력을 발휘하고 있다는 점 등을 고려하면, 독립된 규범체계로서 에너지법의 존재는 실증적으로도 이미 인정되고 있는 것일 뿐만 아니라 규범적으로도 정합성 있게 잘 정리된 에너지법 체계를 구비하는 것이 반드시 필요한 상황이라고 할 수 있겠다.

인류문명의 생성이래로 에너지의 생산 및 수급은 그 문명 자체의 존망을 좌우할 만큼 중요한 문제였다. 석탄, 석유 등 화석연료가 주된 에너지원으로서 역할을 하고 있었던 지난 200여 년간은 화석연료 에너지원을 충분히 확보하고 이

---

* 서울대학교 법학전문대학원 부교수.

1 이 논문의 작성과정에서 서울대학교 대학원 법학과 석사과정에 재학 중인 남구현 사법연수생으로부터 많은 도움을 받았다. 이 자리를 빌어 감사의 마음을 전한다.

2 이 글과 같은 내용의 논문은 에너지포럼에서 발표된 후 경제규제와 법 제4권 제1호, 서울대학교 공익산업법센터(2011)에 게재되었음을 밝혀둔다.

를 잘 활용하는 국가들이 강대국의 지위를 누리게 되었고, 그에 실패하는 국가들은 쇠락의 운명을 겪게 되었다고 볼 수 있다. 그 시기의 주요한 강대국들 간의 세력대결, 석유에너지의 주된 공급원인 중동지역에서의 여러 국가들 사이의 전쟁, 여러 문명들 사이의 대립과 충돌은 어느 면에서 보면 에너지원을 둘러싸고 벌어진 갈등의 표출이라고 이해할 수 있다.

기후변화의 시대가 도래하면서 이러한 에너지 전쟁은 새로운 국면을 맞게 되었다. 인류는 이미 기존 화석연료의 고갈에 대비해야하는 상황이 되었을 뿐만 아니라 화석연료의 사용으로 인해 발생하는 이산화탄소가 기후변화의 주된 원인이라는 공감대가 점차 확대되면서 새로운 에너지원의 개발, 에너지 생산 및 이용방식의 전환이라는 시대적 요구에 직면하게 되었다.

우리나라는 현 정부 들어서 녹색성장이라는 정책목표를 최우선의 목표로 설정하고 에너지정책을 포함한 기후변화정책을 수립하고 이의 달성을 위한 여러 가지 노력을 해왔지만, 그 성과에 대한 평가를 두고는 여러 비판적인 시각도 존재한다.[3] [4]

이 글에서는 이처럼 새롭게 대두되고 있는 기후변화시대에 있어서 문제가 될 수 있는 에너지법의 중요한 쟁점들을 되짚어 보고 앞으로 바람직한 에너지법 정책의 모습은 어떤 것인지에 관한 시사점을 모색해보는 것을 목표로 논의를 진행하기로 한다.

Ⅱ. 에너지법의 특수성

에너지법은 다른 법영역에 비해서 규제의 대상과 내용이 더 빠르게 변화하

3 우리나라가 OECD 국가 중 기후변화적응, 에너지자립도 평가에서 꼴찌를 했다는 환경정책·평가연구원의 발표에 대한 2011. 5. 19.자 기사는 여러 가지 생각을 하게 한다(http://news.donga.com/3/all/20110519/37357789/1).

4 한편, 환경부와 한국환경정책·평가연구원(KEI)가 2009년부터 시작해서 현재 마무리단계에 있는 정부의 한국판 스턴 보고서(Stern Review)인 '우리나라 기후변화의 경제학적 분석' 보고서에 의하면 한반도 온난화로 2100년까지 기온이 4도 상승할 것으로 예측되며 이로 인한 피해액은 2100년까지 연평균 31조 원, 90년간 누적액은 2800조 원에 이르는 것으로 분석되었다. 위 보고서의 수치에 대해서는 앞으로 전문가들 사이에서 뜨거운 논쟁이 있겠지만, 기후변화가 피할 수 없는 추세이고 그로 인해 막대한 경제적 손실이 발생할 것이라는 점은 의심할 여지가 없다(http://news.donga.com/Society/New/3/03/20110519/37358638/1).

는 특성을 가지고 있다. 에너지법이 이러한 가변성을 가지는 이유로는 다음과 같은 원인들을 들 수 있다.[5]

1. 동적인 시장

에너지법의 특수성으로서 가변성에 가장 직접적으로 영향을 미치는 요소는 에너지시장 그 자체의 역동성이다. 에너지시장은 일반적인 상품시장의 경우와는 달리 여러 가지 다양한 정치, 사회, 경제적 요소에 의해 영향을 받는다. 이는 최근 리비아, 이집트 등 중동 국가의 정치적 지형의 변화가 국제유가에 직접적으로 영향을 미치는 사례에서 직접 체험할 수 있었다.

국제에너지시장의 이러한 동적인 변화는 국내 에너지법정책에도 곧바로 영향을 미치게 마련이다. 최근 국제 유가 상승으로 인한 국내 휘발유가격의 지나친 인상이 문제되자 대통령과 지식경제부 장관이 직접 나서서 국내 정유사들로 하여금 휘발유가격을 인하하도록 유도한 바 있다. 또한 보다 장기적인 관점에서 보면, 기후변화 등의 문제와 맞물려서 석탄, 석유 등 종래의 화석에너지로부터 신·재생에너지의 비중을 높이는 방향으로 각 국가의 에너지정책이 바뀌어 가는 것도 에너지시장의 동적인 변화를 유도하고 있고 이것 역시 에너지법의 가변성으로 이어지고 있다.

에너지법은 이처럼 빠른 역동성을 가지고 변화하는 시장의 움직임에 대응하는 에너지정책을 담는 그릇으로서의 역할을 하므로 시장의 흐름에 수반하여 함께 동적인 성격을 가지게 된다.

2. 기술의존성

에너지산업과 같이 빠른 기술발전의 영향을 받는 산업분야에 대한 규제정책 및 법은 그 기술의 발전속도에 맞추어서 빠르게 변화하여야 하는 요구를 받게 된다. 이러한 기술의존성은 규제당국으로 하여금 필요한 시기에 적절하게 대응하지 않으면 현실과 동떨어진 규제를 하게 만드는 요인으로 작용하기도 한다.

---

5 관련 내용은 Joseph T. Kelliher, Maria Farinella, *The Changing Landscape of Federal Energy Law*, 61 Admin. L. Rev. 611 (2009), 613 이하 참조.

미국의 경우 에너지산업규제의 기술의존성이 크게 나타난 분야 중 하나는 경쟁정책분야이다. 전력산업의 경우를 보면, 연방전력산업법(Federal Power Act)에서는 심지어 1935년에도 전력산업분야에서의 상당한 경쟁의 존재를 전제로 하고 있었지만, 1978년까지도 미국 전력생산의 97%는 하나의 수직결합된 업체에 의해 생산되고 있었다. 이는 에너지법으로서 경쟁법이 실질적인 효력을 발휘하지 못하는 형식적인 규범으로만 존재하고 있음을 의미하는 것으로 이해할 수 있다. 전력생산분야에 있어서 경쟁의 구도가 형성된 것은 불과 30여 년 전부터인데, 이는 전력생산에 있어서 필수적인 부품인 가스-터빈(gas-turbine) 제조 기술의 새로운 발전에 따라 1978년 이후부터 새로운 업체들이 전력산업에 뛰어들 수 있게 되면서부터 비로소 가능하게 된 것이었다.[6]

또한, 규제당국에 의한 보다 엄격화된 규제는 산업분야로 하여금 그 규제에 대응할 수 있도록 기술발전을 유도하는 효과를 만들어내기도 한다.

우리나라와 미국 등에서 최근 본격적으로 논의되고 있는 탄소배출권거래제도등 탄소배출저감정책이 도입되기 시작하면 이는 그 제도의 영향을 받는 산업들로 하여금 보다 적은 탄소를 배출하는 기술, 보다 높은 성능의 탄소집적기술(carbon capture and sequestration technology)을 개발하도록 유도하게 될 것이다.

이와 같이 에너지산업분야의 기술의존성은 에너지법과 상호 영향을 미치는 관계를 가지고 있다고 볼 수 있다.

3. 시장융합의 경향

앞에서 본 바와 같이 에너지시장은 정치적, 경제적, 기술적 요인에 의해 동적으로 변화하는 성격을 가지고 있는 동시에 서로 다른 에너지 시장, 그리고 에너지시장과 다른 상품시장이 서로 융합하는 경향을 가지고 있고, 이러한 융합의 경향은 보다 시의적절하고 유효한 에너지법이 만들어지고 집행되는 데 있어 새로운 도전의 요소로 나타나기도 한다.

전력 혹은 천연가스 등과 같은 실물 에너지 상품은 현물 그 자체로 거래되기도 하지만, 선물(future) 등과 같은 금융파생상품의 형태로 거래되기도 하는데, 이러한 현물시장과 파생상품시장은 서로 전혀 별개의 시장으로 작동한다기보다

6 Kelliher & Farinella, *supra*, 616-617.

는 하나의 시장에서의 수요와 공급 및 그에 따른 가격의 결정이 다른 시장에도 영향을 미치는 융합의 모습을 띠게 된다.

또한 탄소배출권거래제도가 시행되고 있는 시장에서는 현물로서의 전력 등 에너지 가격이 배출권거래시장 혹은 배출권을 기본으로 한 파생금융상품시장의 상황에 의해 영향을 받기도 하고 영향을 주기도 하는 모습을 띠게 된다.

이러한 융합의 경향은 규제정책으로서 에너지법의 내용 및 규제행정청의 소관사항의 범위를 정하는 데 있어서 중요한 변수로 작용하게 되고, 에너지시장의 동적인 성격으로 인해 빠르고 다양한 모습을 가지고 변화하는 융합의 경향에 대응해서 적절한 에너지법의 내용을 만들어내고 유효하게 이를 집행하는 것이 중요하게 된다.

Ⅲ. 에너지법 일반이론

일반이론이란 이론의 대상인 주제를 개괄적인 모습으로 조망할 수 있도록 하고 개별 각론을 관통하는 공통된 분모로서의 역할을 하는 이론이라고 할 수 있다.

에너지법을 체계적으로 이해할 수 있도록 도움을 주는 일반이론은 대략 다음과 같이 구성할 수 있다.[7]

1. 에너지 경제학(Energy Economics)

에너지법은 기본적으로 희소한 자원인 에너지의 생산 및 분배의 규칙에 관한 법의 체계와 이론이라고 할 수 있다. 그리고 희소한 자원의 생산 및 분배에 관해 현재로서 가장 정확한 분석과 설명을 할 수 있는 학문적 도구는 경제학이다.

Paul A. Samuelson과 William D. Nordhaus에 따른 경제학의 고전적인 정의는 다음과 같다.[8]

---

7 이러한 일반이론의 구성방식은 Joseph P. Tomain & Hon. Richard D. Cudahy, Energy Law in a Nutshell, West publishing Co. (2004)의 방식을 따른 것이다.

8 Samuelson & Nordhaus, Economics 4 (16th ed. 1998).

> "공동체가 가지고 있는 희소한 자원을 어떻게 사용해서 가치 있는 상품을 생산하고 이를 구성원들 사이에서 어떻게 배분할 것인가에 관한 학문"[9]

이러한 정의에 따르면 보다 바람직한(그것을 '효율적인'으로 이해하건 혹은 '공평한'으로 이해하건) 에너지자원 배분규칙으로서 에너지법을 이해하고 논하기 위해서는 시장에서 에너지가 생산, 소비되고 그 과정에서 에너지 가격이 결정되는 메커니즘으로서 에너지 경제학의 이해가 필수적이다.

경제학에서 규제의 과정에 대한 이해는 크게 다음의 두 단계에 따라 이루어진다.

첫 번째는 시장이 효율적이고 공정하게 작동하는지 여부에 관한 검토의 단계이다.

만약 위 첫 번째 검토의 결과가 긍정적이라면 에너지와 같은 희소한 자원의 생산과 배분은 시장에 의해 이루어지는 것이 가장 바람직하다. 여기서 '바람직'하다는 말은 일반적으로는 가장 적은 비용으로 가장 최대의 효과(효용, 부)를 창출해낼 수 있다는 의미에서 '효율적'이란 의미로 이해된다. 이 경우 자원의 생산과 배분은 시장의 보이지 않는 손의 힘에 의해 가장 효율적인 방법과 결과로 이루어지게 된다.

이러한 상황에서 국가 혹은 정부의 역할은 제한적이어야 하고, 불가피하게 역할을 하는 경우에도 이는 시장이 보다 원활하게 작동할 수 있도록 돕는 역할에 그쳐야 할 것이다. 재산권의 보장, 자유로운 계약의 이행보장, 분쟁해결수단으로서 사법작용의 제공 등이 그에 해당한다.

두 번째는 어떤 사유로 인해서 시장이 실패하는 경우이다. 시장실패의 사유는 여러 가지가 있을 수 있겠으나, 외부효과, 독과점, 공공재, 정보의 불완전성 등이 대표적인 시장실패의 원인이다.

이러한 시장실패가 존재하는 경우에는 정부는 보다 적극적으로 시장에 개입해서 시장실패를 교정할 필요가 있다. 법학에서 일반적으로 논의되고 있는 규제행정법은 정부에 의한 이러한 시장실패의 교정에 관한 법이론이다.

에너지 시장은 어떠한가?

---

9 "The study of how society uses scarce resources to produce valuable commodities and distribute them among different people."

에너지 시장은 시장실패가 발생할 수 있는 대표적인 영역이다. 석유와 같은 에너지자원은 국제적으로는 OPEC과 같은 특정 국가들에 의해 독점적으로 생산되고 있고, 국내적으로는 국가로부터 특허를 부여받는 몇몇의 정유기업에 의해 독점적으로 공급되고 과점의 방식으로 가격이 결정되는 경향을 보인다.

또한 전력산업과 같이 생산을 위해 초기 고정비용의 막대한 투입이 요구되는 분야에 있어서는 시장기능에 맡겨 두어서는 사회가 필요로 하는 충분한 양의 전력생산이 이루어지지 못하는 관계로 한국전력공사와 같은 국영기업에 의한 자연독점적 상태가 초기에는 형성되기 쉽고 이 경우 정부에 의한 가격규제의 문제가 흔히 대두된다.

2. 에너지정책(Energy Policy)

희소한 자원으로서 에너지의 생산과 분배에 관해 효율성의 측면에서는 경제학이 모든 것을 설명해줄 수 있다고 가정하는 경우에도, 실제 에너지법이 만들어지고 집행되는 과정은 경제학 이론처럼 깨끗하게 설명되지 않는다. 현실에서 실제로 에너지정책이 만들어지고 집행되는 과정은 경제학적 논증의 방식에 의해 이루어지는 것이 아니라 의사결정과정에 참여하는 많은 구성원들 사이의 복잡한 정치과정에 의해 이루어지기 때문이다. 이런 관점에서 에너지법 일반이론의 중요한 구성부분으로 에너지정책 혹은 에너지정책학이 자리 잡게 된다.

이러한 대표적인 예로 우리나라와 미국의 배출권거래제도 도입에 관한 논의의 과정을 들 수 있다.

2010년 연말과 2011년 연초 사이에 대한민국을 뜨겁게 달구었던 이슈 중의 하나가 바로 배출권거래제도였다. 저탄소 녹색성장 기본법 제46조[10]에 따라 배출

10 제46조(총량제한 배출권 거래제 등의 도입)

① 정부는 시장기능을 활용하여 효율적으로 국가의 온실가스 감축목표를 달성하기 위하여 온실가스 배출권을 거래하는 제도를 운영할 수 있다.

② 제 1 항의 제도에는 온실가스 배출허용총량을 설정하고 배출권을 거래하는 제도 및 기타 국제적으로 인정되는 거래 제도를 포함한다.

③ 정부는 제 2 항에 따른 제도를 실시할 경우 기후변화 관련 국제협상을 고려하여야 하고, 국제경쟁력이 현저하게 약화될 우려가 있는 제42조 제 5 항의 관리업체에 대하여는 필요한 조치를 강구할 수 있다.

④ 제 2 항에 따른 제도의 실시를 위한 배출허용량의 할당방법, 등록·관리방법 및 거래소 설치·운영 등은 따로 법률로 정한다.

권거래제도 시행을 위한 법안 확정 과정에서 조속한 배출권거래제도의 도입을 추진하는 입장과 그에 반대하는 입장 사이에서 첨예한 의견대립이 있었다.

조속한 제도의 도입을 주장하는 입장에서는 조금이라도 빨리 온실가스저감을 위한 실효적인 정책을 도입하는 것이 대한민국의 국제적 위상이라는 관점에서나 경제적 비용의 관점에서나 더 바람직하다고 주장하였고, 제도의 도입을 반대하거나 늦추자고 주장하는 입장에서는 미국, 중국, 일본 등과 같은 선진국들도 아직 도입하지 않고 있는 제도를 우리가 앞서 나가서 도입하는 것은 국내 기업들의 산업경쟁력의 저하를 가져오게 될 것이라고 주장하였다.

재미있는 것은(당연한 사실이지만) 이러한 논쟁에는 피규제자로서 배출권거래제도의 영향을 받게 되는 산업계뿐만 아니라 규제권한을 놓고 다투는 행정청인 지식경제부, 환경부, 기획재정부, 녹색성장위원회 등도 각 기관의 이익의 관점에서 적극적으로 참가하고 보다 자신의 기관에게 유리한 내용으로 제도가 설계될 수 있도록 최선의 노력을 한다는 점이다.

이러한 사정은 미국의 경우도 다르지 않다.

Cap-and-Trade 방식의 배출권거래제도의 도입을 공약으로 내세우고 대통령에 당선된 오바마 대통령도 막상 집권 후에는 더딘 경제회복, 의료보험 개혁, 공화당의 반대 등으로 인해 제도의 도입을 제대로 추진도 하지 못하고 있는 실정이다. 물론 이러한 제도의 도입을 둘러싼 논의의 배경에는 산업계의 영향력, 개별 정치인들의 정치적 이해관계, 관료 및 행정청의 부처 이기주의 등의 요소가 복합적으로 작용하고 있음은 쉽게 확인할 수 있다.

이처럼 실제 현실에서 만들어지고 집행되고 있는 에너지법의 입체적인 이해를 위해서는 에너지정책이 만들어지는 정치적 과정에 대한 이해가 반드시 수반되어야 한다.

3. 에너지 규제행정(The Administration of Energy Regulation)

이러한 정치의 과정을 통해서 입법의 형식으로 큰 틀에서 결정된 에너지정책은 행정청에 의한 규제행정의 방식으로 구체화되고 집행된다.

우리나라에서 이 부분을 다루는 법영역은 행정법, 구체적으로는 행정법 각론으로서 경제규제행정법 영역이라고 할 수 있다.

에너지산업규제행정법을 논함에 있어서는 각론으로서 규제의 대상으로서 에너지 시장의 특수성에 대한 고찰이 필요할 것이지만, 동시에 의회의 행정청에 대한 권한위임의 법리, 행정청의 재량권 행사의 근거와 범위, 행정작용의 행사방법으로서 행정입법과 행정행위, 행정청의 재량권 행사에 대한 의회에 의한 통제와 사법심사 등 행정법 일반이론의 주요한 주제들도 동시에 문제된다고 할 수 있다.

우리나라에서 에너지법의 해석과 집행을 담당하는 행정청은 녹색성장위원회, 지식경제부, 환경부 등이다. 새롭게 변화하는 에너지법 패러다임의 시대에 각 기관들이 규제의 권한을 놓고 나름의 신경전을 벌이고 있음은 앞에서 지적한 바와 같다.

미국의 경우에도 에너지법의 구체적인 해석과 집행은 미국 특유의 행정청(Administrative Agency)에 의해 이루어진다.

미국에서의 연방행정청은 그 스스로가 입법작용(issue regulations; legislative action), 집행작용(enforce; executive action), 사법작용(adjudicate disputes; judicial action)을 한다는 점에서 대륙법계 국가의 행정청의 역할과 다른 특수성이 있어 보인다. 그러나 연방행정청의 행정작용에 대한 행정법적 논의에서 주로 문제가 되는 것은 권한위임의 법리, 행정재량의 근거와 범위, 행정작용에 대한 사법심사 등 우리나라 행정법학 일반이론에서 논의되고 있는 주제들과 큰 틀에서는 마찬가지의 쟁점들을 논하고 있는 것으로 보인다.

미국에서 에너지법의 집행을 담당하고 있는 행정청은 행정부 산하의 에너지청(Department of Energy; DOE)와 독립된 행정청으로서 연방에너지규제위원회(Federal Energy Regulatory Commission; FERC)이다.

물론 이러한 에너지규제행정청의 행정작용은 일정한 요건 하에 법원에 의한 사법심사의 대상이 된다.

4. 에너지 의사결정(Energy Decision Making)

지금까지 앞에서는 에너지법 일반이론을 구성하는 세 가지 주요한 요소로서, 경제학, 정책, 그리고 규제행정법을 개괄적으로 살펴보았다.

실제로 에너지의 생산과 분배에 관한 의사결정은 이 세 가지 요소가 복합적으로 서로 작용하면서 이루어진다고 볼 수 있다.

어떤 에너지 의사결정에 관한 정책제안, 예를 들어서 우리나라 혹은 미국에서의 배출권거래제도 시행여부 또는 원자력발전의 지속여부에 관한 안건을 예를 들어서 생각해 보자. 물론 그 의사결정의 과정은 대단히 복잡하고 그 과정의 결과가 어떤 것이 될 지에 관한 예측은 몹시 어렵다. 그러나 한 가지 분명한 것은 어떤 에너지 의사결정이건 그것이 최종적으로 유효하기 위해서는 그 정책제안이 정치적으로, 경제적으로, 그리고 법적으로 그 공동체의 구성원들이 보편적으로 공유하고 있는 관념과 기준에 비추어서 받아들여질 수 있는 것이어야 한다는 점이다.[11]

이를 바꾸어서 말하면 특정한 안건에 관한 에너지 의사결정의 결과가 어떤 것인지는 미리 예측하는 것은 쉽지 않지만, 제시된 구체적인 안건이 우리 사회의 정치적, 경제적, 법적 상황에 비추어서 복잡한 에너지 의사결정과정을 통과해서 최종적인 정책으로 채택될 수 있는 것인지에 관한 '평가'는 가능하다는 것이다.[12]

Ⅳ. 에너지법과 환경법

종래 에너지법과 환경법은 서로 전혀 별개의 것으로 생각되어온 경향이 있었다.

에너지법이 안정적이고 효율적인 에너지수급구조를 실현함으로써 경제성장에 기여하는데 보다 중점을 두고 있다면, 환경법은 각종 환경규제를 통해 지속가능한 경제성장을 위한 기반구축 및 환경보호에 중점을 두고 있다고 볼 수 있다. 각 법을 관할하는 규제당국도 우리나라의 경우 전자는 지식경제부, 후자는 환경부로 비교적 명확하게 구분되고 있었다.

이러한 이해는 미국 연방에너지규제위원회 위원(2005-2009)과 위원장(2003-2005, 2009)을 지낸 Joseph T. Kelliher의 다음과 같은 언급에서 분명히 찾아볼 수 있다.

---

11 Joseph P. Tomain & Sidney A. Shapiro, *Analyzing Government Regulation*, 49 Admin. L. Rev. 377 (1997).

12 Tomain & Cudahy, *supra*, 115.

"나는 최근까지 상당한 기간 동안 에너지정책과 환경정책이 서로 별개의 것이라고 생각해왔다는 점을 겸허히 인정한다. 나는 기후변화정책이 환경정책으로서의 성격을 지니고 있는 것 만큼이나 에너지정책으로서의 성격을 가지고 있다는 점을 뒤늦게서야 인식하게 되었다. 나는 에너지정책의 전문가로서 기후변화정책에 관한 논의에 참여하는데 주저하는 모습을 보였으며, 이는 에너지정책 전문가가 환경정책의 문제에 관여하는 것은 나쁜 행동(bad manners)이거나 나쁜 모습의 에너지규제자(bad form for an energy regulator)라고 하는 당시까지의 암묵적인 믿음에 바탕을 둔 것이었다."[13]

그러나 기후변화 패러다임으로 변화되면서 에너지법과 환경법의 이러한 구분은 더 이상 무의미하게 되었다. 기후변화정책은 환경정책인 동시에 에너지정책으로서의 성격을 가지게 되었다.

기후변화정책은 각 국가의 주요 에너지정책과 직접적으로 관련을 가지게 되었다. 기후변화정책의 내용에 따라 각 국가의 주요 에너지정책, 예를 들어서 전력공급량 및 가격, 전력 생산 에너지원의 혼합비율 등이 직접적으로 영향을 받게 된다.

이러한 변화된 패러다임에 맞추어서 우리나라 에너지(기본)법[법률 제10352호 2010. 6. 8.시행] 제 1 조는 "이 법은 안정적이고 효율적이며 환경친화적인 에너지수급구조를 실현하기 위한 에너지정책 및 에너지 관련 계획의 수립·시행에 관한 기본적인 사항을 정함으로써 국민경제의 지속가능한 발전과 국민의 복리향상에 이바지함을 목적으로 한다"라고 정하고 있다.

또한 2010. 6. 8. 법률 제10352호로 일부 개정되기 전 에너지기본법 제 6 조 제 3 항에 따라 2008년 만들어진 제 1 차 국가에너지기본계획(2008-2030)[14]은 ① 국내외 에너지수급의 추이와 전망, ② 에너지의 안정적 확보, 도입, 공급 및 관리를 위한 대책, ③ 신재생에너지 등 환경친화적 에너지의 공급 및 사용에 관한 대책, ④ 에너지이용합리화와 이를 통한 온실가스 배출 감소대책, ⑤ 에너지의 안전관리를 위한 대책, ⑥ 에너지 관련 기술의 개발 보급, ⑦ 에너지 관련 전문인력 양성, ⑧ 에너지정책 및 관련 환경정책의 국제적 조화와 협력, ⑨ 국내 부

13 Kelliher & Farinella, *supra*, 621.

14 저탄소 녹색성장 기본법의 제정에 따라 종래 에너지기본법에 있던 국가에너지기본계획에 관한 내용은 저탄소 녹색성장 기본법 제41조에 규정되었다. 그에 따르면 정부는 에너지정책의 기본원칙에 따라 20년을 계획기간으로 하는 에너지기본계획을 5년마다 수립·시행하여야 한다.

존 에너지자원 개발 및 이용을 그 주요내용으로 하고 있다.

이처럼 우리나라 에너지 법정책 관련 기본법 및 기본계획에서는 이미 에너지법과 환경법의 통합을 염두에 두고 있고, 환경 혹은 기후변화 문제를 함께 고려한 에너지정책을 최우선의 정책목표로 삼고 있다.

Ⅴ. 우리나라의 현행 에너지법의 체계와 에너지정책

1. 우리나라 에너지법 체계

기후변화시대의 요구에 부응하는 바람직한 에너지법의 체계와 내용에 관해서 논하기 위해서는 현재 우리나라가 가지고 있는 에너지법 체계에 관한 전체적인 조망과 검토가 필요하다. 이하에서는 논의의 전개에 필요한 범위에서 우리나라의 현행 에너지법 체계 일반에 관해 간략히 서술하기로 한다.

가. 헌 법

에너지법과 관련하여 의미가 있는 헌법 조항으로는 헌법 제120조, 제119조, 제23조를 고려할 수 있다. 헌법 조항의 내용은 다음과 같다.

헌법 제120조
① 광물 기타 중요한 지하자원·수산자원·수력과 경제상 이용할 수 있는 자연력은 법률이 정하는 바에 의하여 일정한 기간 그 채취·개발 또는 이용을 특허할 수 있다.
② 국토와 자원은 국가의 보호를 받으며, 국가는 그 균형있는 개발과 이용을 위하여 필요한 계획을 수립한다.

헌법 제119조
① 대한민국의 경제질서는 개인과 기업의 경제상의 자유와 창의를 존중함을 기본으로 한다.
② 국가는 균형있는 국민경제의 성장 및 안정과 적정한 소득의 분배를 유지하고, 시장의 지배와 경제력의 남용을 방지하며, 경제주체 간의 조화를 통한 경제의 민주화를 위하여 경제에 관한 규제와 조정을 할 수 있다.

헌법 제23조
① 모든 국민의 재산권은 보장된다. 그 내용과 한계는 법률로 정한다.
② 재산권의 행사는 공공복리에 적합하도록 하여야 한다.
③ 공공필요에 의한 재산권의 수용·사용 또는 제한 및 그에 대한 보상은 법률로써 하되, 정당한 보상을 지급하여야 한다.

에너지자원에 관한 개발 및 이용권, 에너지산업 경영권 등은 헌법상 재산권으로서 보호를 받고, 에너지산업은 자유시장경제에서 자율과 창의를 발휘하여 영업을 할 수 있지만, 국가의 에너지자원 개발 및 이용을 위한 정책에 의해 일정 부분 한계나 제한이 가해질 수 있다. 에너지산업에 대한 규제로서 대표적인 것들은 독점규제, 가격규제, 환경규제, 각종 인허가 등이다.

국가가 안정적이고 효율적인 에너지정책을 수립(Energy Decision Making)함에 있어서는 이해관계자들의 이익을 합리적으로 조정하고, 경제적 효율성과 과학적 합리성에 기초해야 하며, 국제시장에서의 에너지수급을 감안하고, 사유재산권, 자유시장경제체제, 환경권 등의 다른 헌법적 가치를 고려해야 한다. 이로 인해 에너지정책은 정치, 경제, 사회, 기술, 환경, 국제무역 등의 요소가 종합된 복잡한 모습을 띠게 된다.

나. 저탄소 녹색성장 기본법

저탄소 녹색성장 기본법(법률 제9931호, 2010. 1. 13. 제정)은 에너지정책을 포함한 녹색성장 전반에 관하여 정하고 있는 일반법률이다.

저탄소 녹색성장 기본법은 경제와 환경의 조화로운 발전을 위하여 저탄소 녹색성장에 필요한 기반을 조성하고 녹색기술과 녹색산업을 새로운 성장동력으로 활용함으로써 국민경제의 발전을 도모하며 저탄소 사회 구현을 통하여 국민의 삶의 질을 높이고 국제사회에서 책임을 다하는 성숙한 선진 일류국가로 도약하는 데 이바지함을 목적으로 한다(법 제1조).

이 법이 제정되기 전까지는 아래에서 살펴볼 에너지기본법이 에너지법의 일반법으로서 역할을 하고 있었으나 이 법이 제정되면서 에너지기본법의 명칭이 에너지법으로 바뀌었고, 에너지기본법에서 정하고 있던 에너지정책의 기본원칙(제3조), 국가에너지기본계획의 수립(제6조)가 에너지법에서 삭제되었고 해당 내용이 상위규범인 저탄소 녹색성장 기본법에 규정되게 되었다. 나아가 법 제 8 조에서는 ① 저탄소 녹색성장에 관하여는 다른 법률에 우선하여 이 법을 적용한다. ② 저탄소 녹색성장과 관련되는 다른 법률을 제정하거나 개정하는 경우에는 이 법의 목적과 기본원칙에 맞도록 하여야 한다. ③ 국가와 지방자치단체가 다른 법령에 따라 수립하는 행정계획과 정책은 제 3 조에 따른 저탄소 녹색성장 추진의 기본원칙 및 제 9 조에 따른 저탄소 녹색성장 국가전략과 조화를 이루도록 하여야 한다라고 규정하여 에너지정책을 포함한 녹색성장 일반에 관해서는 이 법이 최고의 규범성을 가지는 일반규범임을 분명히 하고 있다.

이 법 제 3 조에서는 저탄소 녹색성장 추진의 기본원칙에 관해서 정하고 있는데, 이는 모두 직간접적으로 결국 에너지법정책과 관련된 내용이라고 볼 수 있으나 그 중 비교적 직접적으로 에너지법정책과 관련된 내용을 정리하면 다음과 같다.

① 정부는 기후변화·에너지·자원 문제의 해결, 성장동력 확충, 기업의 경쟁력 강화, 국토의 효율적 활용 및 쾌적한 환경 조성 등을 포함하는 종합적인 국가발전전략을 추진한다(제 1 호).

② 정부는 시장기능을 최대한 활성화하여 민간이 주도하는 저탄소 녹색성장을 추진한다(제 2 호).

③ 정부는 녹색기술과 녹색산업을 경제성장의 핵심 동력으로 삼고 새로운 일자리를 창출·확대할 수 있는 새로운 경제체제를 구축한다(제 3 호).

④ 정부는 국가의 자원을 효율적으로 사용하기 위하여 성장잠재력과 경쟁력이 높은 녹색기술 및 녹색산업 분야에 대한 중점 투자 및 지원을 강화한다(제 4 호).

⑤ 정부는 사회·경제 활동에서 에너지와 자원 이용의 효율성을 높이고 자원순환을 촉진한다(제 5 호).

⑥ 정부는 환경오염이나 온실가스 배출로 인한 경제적 비용이 재화 또는 서비스의 시장가격에 합리적으로 반영되도록 조세체계와 금융체계를 개편하여 자원을 효율적으로 배분하고 국민의 소비 및 생활 방식이 저탄소 녹색성장에 기여하도록 적극 유도한다. 이 경우 국내산업의 국제경쟁력이 약화되지 않도록 고려하여야 한다(제 7 호).

한편, 법 제 9 조에서는 정부로 하여금 국가의 저탄소 녹색성장을 위한 정책목표·추진전략·중점추진과제 등을 포함하는 저탄소 녹색성장 국가전략을 수립·시행하도록 하고 있는데, 그 주요한 내용으로 기후변화대응 정책, 에너지정책 및 지속가능발전 정책에 관한 사항(제 2 항 제 3 호)을 정하고 있어 에너지정책이 이 법의 규율대상임을 분명히 하고 있다.

다. 에너지(기본)법

저탄소 녹색성장 기본법이 제정되기 이전까지 에너지기본법(법률 제7860호, 2006. 3. 3. 제정)은 우리나라의 에너지정책 전반을 아우르는 일반법률이었다. 이 법이 제정되기 전에 우리나라의 에너지법체계는 에너지정책 전반을 규율하는 일반법률이 없었고 개별 에너지자원법률들로만 이루어져 있었다. 여기서 개별 에너지자원법률을 종합하고 지도하는 에너지정책기본법을 만들고, 헌법과 개별 에너지자원법률 사이에서 교량의 역할을 하는 에너지정책기본법을 만들 필요가 제기되어 왔다. 이러한 입법론에 부응하여 2006년에 만들어진 에너지정책기본법이 에너지기본법이다.

에너지기본법은 안정적이고 효율적이며 환경친화적인 에너지수급구조를 실현하기 위한 에너지정책 및 에너지 관련 계획의 수립·시행에 관한 기본적인 사항을 정함으로써 국민경제의 지속가능한 발전과 국민의 복리향상에 이바지함을 목적으로 제정되었다(법 제 3 조).

앞에서 본 바와 같이 저탄소 녹색성장 기본법의 제정에 따라 에너지기본법은 2010. 1. 13. 에너지법(시행 2010. 4. 14, 법률 제9931호, 2010. 1. 13. 타법개정)으로 개정되었다.

현재 에너지법에서는 에너지법의 목적, 정의, 국가의 책무, 지역에너지계획의 수립, 비상시 에너지계획의 수립, 에너지위원회의 구성, 운영 및 기능, 에너지기술개발계획 등의 내용에 관해 규정하고 있다.

라. 기타 에너지정책일반법

(1) 에너지이용합리화법(법률 제3181호, 1979. 12. 28. 제정)은 에너지의 수급을 안정시키고 에너지의 합리적이고 효율적인 이용을 증진하며 에너지소비로 인한 환경피해를 줄임으로써 국민경제의 건전한 발전 및 국민복지의 증진과 지구온난화의 최소화에 이바지함을 목적으로 제정된 법률이다. 이 법은 에너지이용 합리화를 위해 국가가 계획 및 시책을 수립하게 하고, 에너지이용 합리화사업을 효

율적으로 추진하기 위해 에너지관리공단을 설립, 운영하도록 규정하고 있다.

(2) 집단에너지사업법(법률 제4425호, 1991. 12. 14. 제정)은 집단에너지공급을 확대하고, 집단에너지사업을 합리적으로 운영하며, 집단에너지시설의 설치·운용 및 안전에 관한 사항을 정함으로써 에너지절약 및 국민생활의 편익증진에 이바지함을 목적으로 제정된 법률이다. 동법에 의해 집단에너지사업을 영위하려는 자는 사업허가를 받아야 하며 시설의 실치 및 운용에 있어서 안전기준과 기술기준을 준수하여야 한다. 한편 동법은 주거 및 상업지역등에 대한 집단에너지의 공급을 효율적으로 수행하기 위하여 한국지역난방공사를 설립, 운영하도록 규정하고 있다.

(3) 에너지 및 자원사업 특별회계법(법률 제4752호, 1994. 3. 24. 제정)은 에너지의 수급 및 가격안정(유가완충)과 에너지 및 자원관련사업의 효과적인 추진을 위하여 에너지및자원사업특별회계를 설치하고 그 운용에 관한 사항을 규정하기 위해 제정된 법률이다. 이 법에 의한 특별회계는 지식경제부장관이 운용하고 있다.

(4) 교통·에너지·환경세법(법률 제8138호, 2010. 12. 27. 일부개정)은 도로·도시철도 등 교통시설의 확충 및 대중교통 육성을 위한 사업, 에너지 및 자원 관련 사업, 환경의 보전과 개선을 위한 사업에 필요한 재원을 확보하기 위하여 교통세법을 일부개정하여 만든 법률이다. 동법은 2013. 1. 1.에 폐지될 예정이다.

마. 개별 에너지자원법률

(1) 석유, 가스

현재 우리나라에서는 석유와 가스가 생산되지 않고 있기 때문에 석유와 가스의 생산에 관한 법률은 제정되어 있지 않고, 오직 석유와 가스의 소비 및 분배에 관련된 법률이 제정되어 있다.

석유의 적절한 소비와 분배를 조절하기 위한 법률로는 석유 및 석유대체연료사업법{법률 제7240호, 2004. 10. 22. 석유사업법(법률 제2183호, 1970. 1. 1. 제정) 전부개정으로 제정}이 제정되어 있다.

도시가스의 적정한 소비와 분배를 조절하기 위한 법률로서 도시가스사업법(법률 제3705호, 1983. 12. 31. 가스사업법을 전부개정)이 제정되어 있다.

가스의 폭발가능성으로 인한 안전을 보장하기 위해 고압가스안전관리법(법률 제2494호, 1973. 2. 7. 제정)이 제정되어 있고, 가스의 운반을 위한 액화가스기술이 발전함에 따라 액화석유가스의 안전 및 사업관리법(법률 제3704호, 1983. 12. 31. 제정)이 제정되어 있다.

미국의 경우 석유와 가스가 활발하게 생산되고 있어서 석유와 가스의 탐사, 개발, 생산, 소비, 분배에 관한 법률과 판례가 풍부하게 발달되어 있다. 미국의 에너지법의 발전은 에너지 개발을 위한 토지임대차 규제, 에너지자원에 관한 재산권 인정, 에너지 개발 및 생산을 위한 유인 제공, 독점 규제, 분배의 공평성과 가격의 공정성 규제 등 다방면에 걸쳐서 왕성하게 이루어지고 있다.

(2) 석 탄

우리나라에서는 석탄을 포함한 광물자원을 합리적으로 개발함으로써 국가산업이 발달할 수 있도록 하기 위하여 광업에 관한 기본 제도를 규정함을 목적으로 광업법(법률 제234호, 1951. 12. 23. 제정)이 제정되었다.

한편 석탄산업의 금융을 위한 광업재단저당법{법률 제750호, 1961. 10. 17. 제정, 공장 및 광업재단 저당법(법률 제9520호, 2009. 3. 25. 전부개정)으로 전부개정됨}과 석탄생산활동의 안전을 규제하기 위한 광산보안법(법률 제1292호, 1963. 3. 5. 제정)이 제정되었다.

또한 육상자원 이외에 해저에 있는 석탄 기타 광물자원을 합리적으로 개발함으로써 산업발전에 기여하기 위한 법률로서 해저광물자원개발법(법률 제2184호, 1970. 1. 1. 제정)이 제정되어 있다.

한편 석탄자원의 합리적인 개발과 효율적인 이용을 위하여 석탄산업을 건전하게 육성·발전시키고 석탄 및 석탄가공제품의 수급안정과 유통의 원활을 기하며 탄광지역의 진흥사업을 원활히 추진함으로써 국민경제의 균형발전과 국민생활의 향상에 이바지함을 목적으로 석탄산업법(법률 제10593호, 2011. 4. 14. 일부개정)이 제정되어 있다. 동법은 에너지정책이 석탄에서 석유, 천연가스 중심으로 전환되는 과정에서 폐광지역의 구조변화를 지원하기 위한 법률로서 기능하고 있다.

(3) 원 자 력

원자력의 이용과 안전관리를 규율하는 법률로서 원자력법(법률 제483호, 1958. 3. 11. 제정)이 제정되어 있고, 원자력의 위험으로부터 생명, 신체를 보호하기 위해 원자력으로 인한 손해의 배상을 정하는 원자력손해배상법(법률 제2094호, 1969.

1. 24. 제정)과 원자력손해배상 보상계약에 관한 법률(법률 제2764호, 1975. 4. 7. 제정)이 제정되어 있다.

(4) 전 기

우리나라는 전기를 생산하고 분배하는 사업을 공익적인 측면에서 공기업형태로 영위하는 것이 타당하다고 판단하여 한국전력공사법(법률 제3304호, 1980. 12. 31. 제정)을 제정하여 한국전력공사라는 공기업을 설립하였다. 이에 따라 우리나라에서는 지금까지 한국전력공사에 의해 전기의 생산과 공급이 독점적으로 이루어져 오고 있었다. 그러나 1980년대 말부터 전력수요의 급격한 상승으로 전력수급이 불안정하게 되자, 1993년 대규모 민자발전 및 열병합발전 등 한국전력 이외의 발전설비를 확대하는 계획이 수립되었고, 1999년 발표된 '전력산업 구조개편 기본계획'에 따라 시장경제원리에 의해 신규발전소가 건설될 수 있는 여건이 조성되었다. 이러한 구조개편 계획에 의해 2001년 4월 한국전력공사의 발전부문을 6개(5개의 화력발전사와 1개의 수력, 원자력 발전사)로 분할하고 전력시장을 개설함으로써 발전경쟁시장이 출범하게 되었다.[15] 이러한 발전경쟁시장의 출범에 따라 전기의 공급부문은 다수의 발전사업자에 의한 경쟁시스템이 도입되었으나, 수요부문은 여전히 한국전력의 단일체제가 유지되고 있다.[16]

한편 전기공사를 실시하는 사업의 안전성을 보장해서 전기공사가 안전하고 적절하게 시공되도록 전기공사업법(법률 제1280호, 1963. 2. 26. 제정)이 제정되어 있고, 전기용품의 안전성을 보장해서 전기용품의 소비 과정에서 전기용품의 위험발생을 방지하기 위해 전기용품안전관리법(법률 제2674호, 1974. 1. 4. 제정)이 제정되었다.

한편 농어촌에 전기공급이 불충분한 사정을 감안하여 자가발전시설을 허용함으로써 전기에너지 생산을 지원하기 위해 농어촌전화촉진법{법률 제1737호, 1965. 12. 30. 제정, 농어촌전기공급사업촉진법(법률 제8852호, 2008. 2. 29. 타법개정)으로 개정됨}이 제정되었고, 동일한 취지에서 전원개발에관한특례법(법률 제3131호, 1978. 12. 5. 제정)과 발전소주변지역 지원에 관한 법률(법률 제4134호, 1989. 6. 16. 제정)이 제정되었다. 한편 전기공사업체의 건전한 발전을 위해 사업상 발생하는 위험을

15 도현재, 한국 에너지산업의 현황과 정책방향, 국제거래법 학회, 국제거래법연구(2008), 270-274 관련 내용 참조.

16 도현재, 전게논문, 271.

분담하기 위해 전기공사공제조합법(법률 제3570호, 1982. 11. 29. 제정)이 제정되었다.

(5) 신재생에너지

태양열 기타 대체에너지를 개발하기 위한 법률로서 대체에너지개발촉진법(법률 제3990호, 1987. 12. 4. 제정)은 대체에너지의 기술개발을 종합적으로 추진하기 위하여 필요한 사항을 규정함으로써 에너지원의 다양화를 도모하여 국민경제의 건전한 발전과 국민생활의 안정에 이바지하게 함을 목적으로 제정되었다.

위 법은 대체에너지개발 및 이용 · 보급촉진법(법률 제5446호, 1997. 12. 13. 전부개정)으로 개정된 뒤 현행 신에너지 및 재생에너지 개발·이용·보급 촉진법(법률 제9931호, 2010. 1. 13. 타법개정, 이하 '신재생에너지법')으로 개정되었다. 신재생에너지법은 신에너지 및 재생에너지의 기술개발 및 이용·보급 촉진과 신에너지 및 재생에너지 산업의 활성화를 통하여 에너지원을 다양화하고, 에너지의 안정적인 공급, 에너지 구조의 환경친화적 전환 및 온실가스 배출의 감소를 추진함으로써 환경의 보전, 국가경제의 건전하고 지속적인 발전 및 국민복지의 증진에 이바지함을 목적으로 제정되었다(법 제 1 조).

신재생에너지법은 신재생에너지로서 태양에너지, 바이오에너지, 풍력, 수력, 연료전지, 석탄 및 중질잔사유를 가스화한 에너지, 해양에너지, 폐기물에너지, 지열에너지, 수소에너지 등을 규정하고 있다(법 제 2 조).

지식경제부장관은 관계 중앙행정기관의 장과의 협의 및 신재생에너지정책심의회의 심의를 거쳐서 신재생에너지의 기술개발 및 이용·보급을 촉진하기 위한 기본계획을 수립하고(법 제 5 조), 신재생에너지 종류별로 연차별 실행계획을 수립 및 시행하여야 한다(법 제 6 조).

한편, 2010. 4. 12. 신설되어서 2012. 1. 1.부터 시행예정인 법 제12조의5에서는 "지식경제부장관은 신·재생에너지의 이용·보급을 촉진하고 신·재생에너지산업의 활성화를 위하여 필요하다고 인정하면 전기사업법에 따른 발전사업자 등 공급의무자에게 발전량의 일정량 이상을 의무적으로 신·재생에너지를 이용하여 공급하게 할 수 있다"라고 하여 이른바 신재생에너지 의무할당제(Renewable Portfolio Standard; RPS)의 도입을 예정하고 있다.

2. 우리나라 에너지정책

앞에서 여러 차례 지적된 바와 같이 에너지정책은 몹시 가변적이고 동적인 성격을 가지고 있으므로 우리나라의 현재 시점의 에너지정책이 어떤 것이라고 단언해서 말하기는 어렵지만, 적어도 2011년 현재의 시점에서 우리나라의 에너지정책은 녹색성장정책과 분리해서 논하기 어렵다.

저탄소 녹색성장 기본법 제 3 조에 규정된 저탄소 녹색성장 추진의 기본원칙 중에서 에너지정책과 관련된 내용에 관해서는 앞에서 살펴본 바 있다.

한편, 저탄소 녹색성장 기본법 제39조에서는 다음과 같이 에너지정책 등의 기본원칙에 관해서 정하고 있다.

> 제39조(에너지정책 등의 기본원칙)
> 정부는 저탄소 녹색성장을 추진하기 위하여 에너지정책 및 에너지와 관련된 계획을 다음 각 호의 원칙에 따라 수립·시행하여야 한다.
> 1. 석유·석탄 등 화석연료의 사용을 단계적으로 축소하고 에너지 자립도를 획기적으로 향상시킨다.
> 2. 에너지 가격의 합리화, 에너지의 절약, 에너지 이용효율 제고 등 에너지 수요관리를 강화하여 지구온난화를 예방하고 환경을 보전하며, 에너지 저소비·자원순환형 경제·사회구조로 전환한다.
> 3. 친환경에너지인 태양에너지, 폐기물·바이오에너지, 풍력, 지열, 조력, 연료전지, 수소에너지 등 신·재생에너지의 개발·생산·이용 및 보급을 확대하고 에너지 공급원을 다변화한다.
> 4. 에너지가격 및 에너지산업에 대한 시장경쟁 요소의 도입을 확대하고 공정거래 질서를 확립하며, 국제규범 및 외국의 법제도 등을 고려하여 에너지산업에 대한 규제를 합리적으로 도입·개선하여 새로운 시장을 창출한다.
> 5. 국민이 저탄소 녹색성장의 혜택을 고루 누릴 수 있도록 저소득층에 대한 에너지 이용 혜택을 확대하고 형평성을 제고하는 등 에너지와 관련한 복지를 확대한다.
> 6. 국외 에너지자원 확보, 에너지의 수입 다변화, 에너지 비축 등을 통하여 에너지를 안정적으로 공급함으로써 에너지에 관한 국가안보를 강화한다.

위 기본원칙에 따라 정부는 20년을 계획기간으로 하는 에너지기본계획을 5년마다 수립·시행하여야 한다(법 제41조).

에너지기본계획은 원래 에너지기본법 제 6 조에 따라 국가에너지기본계획의 형식으로 20년을 계획기간으로 하여 5년마다 수립·시행하던 것이었다가 저탄소 녹색성장 기본법이 제정되면서 관련 내용을 법 제41조에서 규정하게 되었고, 에너지기본법 제 6 조는 삭제되었다.

지금 현재는 에너지기본법에 따라 2008년 8월 27일 제 1 차 국가에너지기본계획이 수립되어서 시행되고 있는데, 그 주요한 내용은 다음과 같다(에너지기본법 제 6 조 제 3 항).

- 국내외 에너지수급의 추이와 전망에 관한 사항
- 에너지의 안정적인 확보·도입·공급 및 관리를 위한 대책에 관한 사항
- 신·재생에너지 등 환경친화적 에너지의 공급 및 사용을 위한 대책에 관한 사항
- 에너지 사용의 합리화와 이를 통한 온실가스의 배출감소를 위한 대책에 관한 사항
- 에너지의 안전관리를 위한 대책에 관한 사항
- 에너지 관련 기술의 개발 및 보급을 촉진하기 위한 대책에 관한 사항
- 에너지 관련 전문인력의 양성을 촉진하기 위한 대책에 관한 사항
- 에너지정책 및 에너지 관련 환경정책의 국제적 조화와 협력을 위한 대책에 관한 사항
- 국내 부존 에너지자원의 개발 및 이용을 위한 대책에 관한 사항

Ⅵ. 기후변화시대의 에너지법

현 정부 들어서면서 녹색성장을 최우선의 국정 목표로 설정하면서 우리나라의 에너지법은 이미 기후변화시대의 패러다임에 맞춘 재편이 시작되었다고 볼 수 있다.

이하 이 장에서는 기후변화시대에 성공적으로 대응하기 위한 에너지법의 바람직한 개편방향 등에 관해 몇 가지 점을 지적하고 글을 마치기로 한다.

1. 에너지법 체계 재조정

우선 생각해보아야 할 점은 에너지법의 전반적인 체계 재조정이다.

다른 분야와 마찬가지로 에너지 분야도 변화하는 정치, 경제 상황에 부응하기 위해 시기별로, 에너지원별로 만들어지다보니 전체적인 체계정합성에 있어서 뭔가 어수선한 느낌이 있다.

종래 에너지기본법이 에너지법의 일반법 혹은 상위규범으로서의 지위를 가지고 있었으나, 약 20개의 추상적인 조문으로 구성된 에너지기본법으로서는 실효적인 에너지 최상위 일반규범으로서의 역할을 하는 데 부족함이 많았다. 더구나 에너지기본법은 기후변화에 대한 대응 문제의 심각성이 아직 우리나라에서 본격적으로 인식되기 전에 제정된 법이어서 그것만으로는 명실상부한 기후변화 시대의 에너지기본법으로서 규범력을 가지기 어려웠다. 또한 저탄소 녹색성장 기본법의 제정으로 에너지정책의 기본원칙, 에너지기본계획 등에 관한 내용이 에너지기본법에서 삭제되고 저탄소 녹색성장 기본법으로 옮겨서 규정이 되면서 에너지기본법의 기본법으로서의 위상은 더욱 낮아졌다고 볼 수 있다.

앞에서 검토한 바와 같이 녹색성장, 기후변화대책 등에 관하여 최상위 규범(헌법을 제외하고)으로서의 지위를 갖는 저탄소 녹색성장 기본법에 에너지정책에 관한 내용이 함께 규정이 되기는 하였지만, 여전히 추상적인 기본원칙의 선언, 기본계획의 수립 등에 관한 내용을 선언하고 있는 데 그치고 있어서 저탄소 녹색성장 기본법 자체가 우리나라의 에너지법정책에 관한 포괄적 기본법으로서 역할을 하기에는 무리가 있어 보인다.

이번 기회에 우리나라도 미국의 청정에너지안보법안(American Clean Energy and Security Act of 2009, Waxman-Markey Bill)과 같이 에너지 분야에 관하여 포괄적이고 구체적인 규범력을 갖는 새로운 형태의 에너지기본법을 제정하는 것과 관련된 논의를 시작해보는 것이 좋다고 본다.

참고로 미국의 청정에너지안보법안은 크게 5개의 장으로 구성되어 있는데, 제 1 장 청정에너지, 제 2 장 에너지 효율, 제 3 장 지구온난화 오염 저감, 제 4 장 청정에너지 경제로의 전환, 제 5 장 농업 및 임업 분야의 탄소 상쇄 등으로 구성되어 있다.[17]

법체계 개편과 함께 에너지업무를 관장하는 주무 행정관청에 관해서도 재정

---

17 관련 내용의 자세한 정리는 전의천 & 이상훈, 미국의 기후변화·녹색성장 관련 입법 동향 분석 — American Clean Energy and Security Act[ACESA]를 중심으로 —, 국회입법조사처 연구용역 보고서(2009. 12.) 참조.

비를 할 필요가 있어 보인다.

지금 현재는 기존의 에너지업무를 관장하는 지식경제부와 기후변화 관련 업무를 자신의 소관이라고 주장하는 환경부 사이에 배출권거래제도 등 기후변화 법정책을 놓고 권한다툼이 진행되고 있고, 녹색성장위원회를 통한 원활한 업무 조정도 이루어지지 않고 있는 상황이다.

2010년 연말부터 2011년 연초까지의 배출권거래제도 시행을 둘러싼 기관 간의 갈등 상황에서 보았듯이 변화된 패러다임에 대한 시스템적 준비가 되지 않은 상태에서는 개별 정책결정마다 불필요한 대립과 비용이 발생하게 된다.

에너지법정책의 중요성에 비추어 볼 때 독립된 정부부처로서 에너지부(가칭) 혹은 에너지위원회(가칭)을 설치하는 것을 검토해볼 필요가 있다.

2. 배출권거래제도

탄소저감을 위한 여러 가지 법정책수단이 논의되고 있다.

탄소세의 도입, 배출권거래제도 등을 비롯해서 온실가스목표관리제까지 여러 가지 직간접적인 정책수단이 제안되고 있다.

각 정책의 장단점에 관해서는 보다 심도 깊은 분석이 필요하겠으나 원칙론적인 입장에서 보면 시장기능을 활용하여 탄소배출을 저감할 수 있는 배출권거래제도가 가장 효율적인 방법으로 탄소배출저감이라는 목표를 달성하는 정책수단이라고 본다.

물론 시장이 언제나 완벽하게 잘 작동하는 것은 아니고 제도 시행 초기에 우발이익(windfall profit)의 발생, 산업부문별 경쟁력의 저하 등의 문제가 발생할 수 있겠지만, 이는 제도를 적절히 잘 설계함으로써 풀어나가야 하는 문제이지 그것 자체가 배출권거래제도의 도입 자체를 거부하거나 만연히 미룰 수 있도록 하는 근거는 되지 못한다.

우리나라는 이미 국제 사회에 '녹색성장', '2020년까지 BAU(배출전망치) 대비 30% 감축선언' 등의 약속을 한 바 있고, 이러한 선언을 미래의 새로운 성장동력으로 삼겠다는 방침을 정한 상태이다. 이러한 상황에서 우리나라가 선언의 이행을 위한 별다른 노력도 해보지 않은 상태에서 주저하고 미루기만 하는 것은 어느 면에서 보나 우리나라의 국익을 위해 바람직하지 않다.

이러한 선언을 없던 것으로 하지 않는다면 다음으로 우리가 고려해야 할 문제는 어떤 정책수단이 목표달성에 가장 효율적인가 하는 문제가 될 것인데, 장기적인 관점에서 보면 정부의 직접규제보다는 시장친화적인 배출권거래제도의 도입이 더 나은 정책수단이라고 할 것이다.

정부 검토과정에서 원래 2013년부터 시행예정이던 배출권거래제도가 지식경제부와 산업계의 전방위적 반대와 저항으로 인해 2015년으로 시행시기가 연기된 바 있다.

어차피 시행하게 될 제도라면 더 미룰 것이 아니라 조금이라도 일찍부터 산업계와 시장이 그에 몸을 맞출 수 있도록 했어야 하는 것이 아닌가 하는 아쉬움이 남지만, 국무회의에서 그와 같이 의결된 이상 2015년부터라도 제대로 된 제도가 시행될 수 있도록 만반의 준비를 다하는 것이 필요하다고 본다.

3. 신·재생에너지의 비중확대

꼭 기후변화의 문제가 아니더라도, 석유와 석탄과 같은 화석연료의 시대가 끝나가고 있고 새로운 에너지원의 개발이 절실하다는 것은 주지의 사실이다.

미국의 오바마 대통령은 2011년 1월 의회에서의 연설에서 미국은 2035년까지 전체 전력 생산량의 80%를 '청정(clean)'에너지를 통해서 생산할 것이라고 선언한 바 있다.[18]

물론 여기서 말하는 '청정(clean)'에너지에는 청정 석탄(clean coal), 원자력 등이 포함되는 것이어서 우리나라 신에너지 및 재생에너지 개발·이용·보급 촉진법 제2조 제1호에서 정의하고 있는 "신에너지 및 재생에너지"와는 구별되는 개념이기는 하지만, 어찌되었거나 이러한 선언은 여전히 전세계 에너지 시장에서 패권을 가지고 있는 미국이 기후변화, 에너지정책 등에 있어서 과거에 보여주었던 미온적 태도를 걷어내고 보다 적극적이고 시장을 주도하는 역할을 하겠다는 것으로 해석되는 것이어서 그 의미가 크다고 할 것이다.

우리나라의 경우를 보면 제1차 국가에너지기본계획(2008-2030)이 작성된 2006년을 기준으로 신·재생에너지 보급량은 5,225TOE[19]로 총에너지 사용량의

---

18 http://green.blogs.nytimes.com/2011/05/05/how-clean-is-clean/?ref=climateandenergylegislation

19 Tonnage of Oil Equivalent, 석유환산톤(에너지의 양을 나타내는 단위), 에너지원마다 발열량이 차이

2.24%를 차지하고 있는데,[20] 국가에너지기본계획에서는 풍력, 태양에너지, 바이오에너지 보급 활성화를 통해 2030년 1차 에너지 중 신·재생에너지 비중을 기준안 5.6% 수준에서 목표안 11% 수준(대수력 포함, 대수력 제외시 10.7%)으로 확대하는 것을 목표로 하고 있다.[21]

또한, 앞에서 본 바와 같이 2011년 3월 신에너지 및 재생에너지 개발·이용·보급 촉진법 일부개정 법률안이 국회를 통과함에 따라 우리나라도 2012년부터 신재생에너지 공급의무화제도(Renewable Portfolio Standard; RPS)를 도입하게 되었다(법 제12조의5).

이 제도에서 공급의무자가 의무적으로 신·재생에너지를 이용하여 공급하여야 하는 발전량(의무공급량)의 합계는 총전력생산량의 10% 이내의 범위에서 연도별로 대통령령으로 정하도록 하고 있다(법 제12조의5 제 2 항).

한편, 배출권거래제도가 시행되는 경우 RPS 제도하에 있는 발전산업은 에너지규제로서 RPS 규제에 더하여 기후변화규제로서 배출권거래제도의 규제를 중복해서 받게 될 우려가 있다. 이 경우 발전산업의 이중 부담을 완화시키면서 양 제도의 목적을 달성할 수 있는 연계방안에 관한 심도 깊은 연구 및 논의가 필요하다고 본다.[22]

4. 원자력에너지

원자력은 한때 미래의 에너지 문제를 일거에 해결해줄 수 있는 안전하고, 깨끗하며, 저렴한 에너지원으로 인식된 때도 있었다.

그러나 전세계적으로 몇 건의 원자력 발전소 관련 사고의 경험을 거치면서 원자력에 대한 이러한 이해는 더 이상 유효하지 않게 되었다. 특히 최근의 일본 후쿠시마 원전사고를 겪으면서 원자력 발전소의 안전문제를 둘러싼 논쟁이 우리나라를 포함하여 전세계적으로 진행되고 있다.

가 나기 때문에 서로 다른 에너지원의 소비량 합계를 얻기 위하여 원유 1톤의 발열량을 기준으로 표준화한 단위.

20 제 3 차 국가에너지위원회, 제 1 차 국가에너지기본계획 — 2008~2030 —(2006), 48면.

21 제 1 차 국가에너지기본계획, 49면.

22 관련된 연구로는 정경화, 배출권거래제도와 신재생에너지 공급의무화제도 연계방안 연구, 에너지경제연구원 경제·인문사회연구회 녹색성장 종합연구 총서 10-02-26(2010) 참조.

일본 원전사고 이후 가장 극적인 원자력 정책의 변화를 보여주고 있는 국가는 독일이다. 메르켈 총리는 일본 원전위기가 발생하자 독일 내 17개 원전에 대한 안전점검을 3개월간 실시하고, 결과가 나올 때까지 1980년 이전 건설된 원전 7곳의 가동을 잠정 중단할 것이라고 발표했다. 그렇지만, 원전 영구폐쇄의 시기와 방법, 비용을 둘러싼 논란은 여전히 진행 중이다.[23]

전력생산의 80%를 원자력을 이용하여 생산하고 있는 프랑스의 경우 특히 국민들의 원전재검토에 관한 요구가 거세다. 그렇지만 사르코지 대통령은 기존의 원전정책은 변함없다는 입장을 고수하고 있다.[24]

1979년 3월 28일 펜실베니아주 3mile 원전사고 이후 30여 년 동안 단 한 건도 신규원전 허가를 하지 않았다가, 오바마 정부 출범 후에 화석연료 의존도를 낮추려는 정책의 일환으로 원자력 발전에 관하여 전향적 입장으로 선회했던 미국도 원전건설이 예정대로 추진되어야 한다는 기존의 정책에 변화가 없다는 입장을 분명히 하고 있다. 그러나 일본 원전 사고 이후 원전의 안전성 논란은 여전히 미국 국민들 사이에서 뜨겁다.[25]

우리나라의 경우에도 각계 전문가들 사이에서 원전의 안전성을 둘러싼 논란이 뜨겁게 진행되고 있지만, 이명박 대통령은 최근 현직 대통령으로서는 처음으로 한국원자력안전기술원(KINS)을 방문하면서 원자력발전소 건설을 계속할 것임을 분명히 하고 있다.[26]

이 문제는 현대 행정법에서 크게 문제되고 있는 리스크 법정책의 대표적인 사례이다.

일본 원전사고와 같은 큰 사고를 겪은 직후의 국민들은 정부에 대하여 그와 같은 사고를 사전에 예방할 수 있는 가능한 모든 필요한 조치(예를 들어서 가동중인 모든 원전의 폐쇄 등)를 취할 것을 요구하는 경향이 있다. 그러나 현대 사회의 다방면에 존재하는 모든 리스크에 대해 그와 같은 사전예방적인 조치를 취하

23 관련 내용은 아래 링크 참조.
http://www.yonhapnews.co.kr/bulletin/2011/04/19/0200000000AKR20110419198100082.HTML?did=1195r

24 관련 내용은 아래 링크 참조.
http://news.naver.com/main/read.nhn?mode=LSD&mid=sec&sid1=104&oid=001&aid=0005023205

25 관련 내용은 아래 링크 참조.
http://news.naver.com/main/read.nhn?mode=LSD&mid=sec&sid1=104&oid=001&aid=0005023200

26 관련 내용은 아래 링크 참조.
http://news.naver.com/main/read.nhn?mode=LSD&mid=sec&sid1=100&oid=001&aid=0005067257

는 것은 바람직하지도 않고 가능하지도 않다.

리스크 법정책에 관한 논의를 여기서 다 소개하는 것은 지면상 무리가 있으므로 이 문제에 관해서는 사전예방의 원칙과 비용편익분석의 조화를 통한 바람직한 법정책의 도출이 필요하다는 점을 지적하는 선에서 논의를 마무리하기로 한다.[27]

Ⅶ. 결　　론

이상으로 기후변화시대의 에너지 법정책과 관련된 제반 쟁점을 간략하게나마 살펴보았다.

미래는 우리가 예상하는 것보다 언제나 빨리 도래하고, 변화는 우리가 기대한 것보다 언제나 더 극적인 모습으로 눈 앞에 펼쳐지기 마련이다. 변화를 두려워하거나 필요한 대응을 미루기만 하다가 결국 시간이 지나서 더 큰 비용을 지불하게 되는 경우를 우리는 역사에서 너무나 많이 목격하였다.

기후변화의 문제는 단순한 미래의 일이라기보다는 이미 현재의 일부로 진행되고 있는 현실적인 문제이다. 기후변화시대의 에너지법을 설계하고 집행함에 있어서도 현실을 직시하고 빠르게 변화하고 있는 상황에 대해 조금이라도 빨리 준비하고 그에 필요한 대응을 해나가는 것이 우리나라가 선진국으로 도약하는데 필수적인 조건이라고 할 것이다.

27 보다 자세한 내용에 관해서는 조홍식, 리스크 법, 서울대학교 법학 제43권 4호 통권 125호(2002. 12.), 27-128; 허성욱, 위해식품관리에 있어서 사전예방의 원칙과 비용편익분석, 환경법연구 제29권 3호(2007. 12.); Cass R. Sunstein, Laws of Fear: Beyond the Precautionary Principle, Cambridge University Press (2005) 등 문헌 참조.

참고문헌

국내문헌

[단 행 본]

정경화, 『배출권거래제도와 신재생에너지 공급의무화제도 연계방안 연구』, 에너지경제연구원, 2010.

[논　　문]

김화진, "글로벌 에너지산업과 국제정치," 『경제규제와 법』 제 2 권 제 1 호, 서울대학교 공익산업법센터, 2009.

도현재, "한국 에너지산업의 현황과 정책방향," 『국제거래법 학회』 제17권 제 2 호, 국제거래법연구, 2008.

조홍식, "리스크 법 — 리스크 관리체계로서의 환경법," 『서울대학교 법학』 제43권 제 4 호 서울대학교 법학연구소, 2002.

허성욱, "위해식품관리에 있어서 사전예방의 원칙과 비용편익분석," 『환경법연구』 제29권 제 3호 한국환경법학회, 2007.

[기타 자료]

국무총리실 [외편], "제 1 차 국가에너지기본계획: 2008~2030," 제 3 차 국가에너지위원회 의안번호 제 1 호, 국무총리실, 2008.

전의천/이상훈, 『미국의 기후변화·녹색성장 관련 입법 동향 분석 — American Clean Energy and Security Act[ACESA]를 중심으로 — 』, 국회입법조사처 연구용역 보고서, 2009.

외국문헌

[단 행 본]

SAMUELSON, PAUL A. & NORDHAUS, WILLIAM D., ECONOMICS (16th ed., McGraw-Hill Companies, 1998).

SUNSTEIN, CASS R., LAWS OF FEAR: BEYOND THE PRECAUTIONARY PRINCIPLE (Cambridge University Press, 2005).

TOMAIN, JOSEPH P. & CUDAHY, RICHARD D., ENERGY LAW IN A NUTSHELL (Thomson West, 2004).

[논　　문]

Codiga, Douglas A., *Hawaii Clean Energy Law and Policy*, 13-sep Haw.B.J.4 (2009).

Conlan, James P., *"O. for a Muse of Fire": Energy Law as Federal Ceremony*, 5 Envt'l & Energy L. & Pol'y J. 1 (2010).

Hurlbut, David J., *Multistate Decision Making for Renewable Energy and Transmission: An Overview*, 81 U. Colo. L. Rev. 677 (2010).

Kelliher, Joseph T. & Farinella, Maria., *The Changing Landscape of Federal Energy Law*, 61 Admin. L. Rev. 611 (2009).

Moncrieff, Abigail R., *Reincarnating the "Major Questions" Exceptions to Chevron Deference as a Doctrin of Non Interference (or Why Massachusetts v. EPA got it wrong)*, 60 Admin. L. Rev. 593 (2008).

Tomain, Joseph P. & Shapiro, Sidney A., *Analyzing Government Regulation*, 49 Admin. L. Rev. 377 (1997).

제11장 RPS를 중심으로 한 신·재생에너지법

강 남 훈*

Ⅰ. 에너지 수요현황

에너지서비스는 주로 액체와 가스형태의 연료와 전기로 제공되고 있으며, 기업 활동과 사회생활 영위에 필수적인 요소로 자리매김 하고 있다. 인류의 번영은 다양한 형태의 에너지 공급 또는 사용과 매우 밀접한 관계를 유지하면서 진화되어 왔으며, 현재 원자력을 제외한 대부분의 에너지는 석유와 석탄, 천연가스와 같은 화석에너지로부터 공급되고 있다. 그러나 화석에너지는 부존량이 한정되어 있는 관계로 무한정 사용할 수 없으며, 지금의 사용 속도를 유지한다면 다음 세대에서는 현재 우리가 사용하는 화석에너지의 대부분이 고갈될 위기에 쳐해 있다고 볼 수 있다.[1]

전문가들이 지적하는 에너지수급 구조상의 몇 가지 주목되는 현상 중 하나는 공급제한에도 불구한 석유의 소비증가가 지속되고 있는 부분이다. 이러한 석유소비 증가는 소득증대와 인구증가에 의해 견인되고 있으며 결과적으로 가격의 상승으로 이어지고 있다. 최근의 이러한 고유가 현상은 과거와는 다른 양상을 보인다. 과거에는 OPEC이 결성되어 공급력을 제한하는 역할을 한 결과로 볼 수 있다면, 최근에는 선진국의 대규모 에너지소비와 함께 후발 주자인 개도국의 에너지소비증가가 많은 견인을 하고 있다고 볼 수 있겠다. 미국과 유럽 등 선발

* 대통령실, 지식경제비서관.

1 가채연수: 석유 42년, 천연가스 60년, 석탄 133년{BP Statistical Review of World Energy(2008. 6)}. 가채연수(RP ratio: reserve/production ratio)=가채매장량/연간생산량.

[표 1] 국가별 에너지 순위 (2008년)[2]

구 분	1위	2위	3위	4위	5위	6위	7위	8위	9위	10위
에너지소비 (백만toe)	미국 2,284	중국 2131	러시아 687	인도 621	일본 496	독일 335	캐나다 267	프랑스 267	브라질 249	**한국 227**
석유수입 (MT)	미국 564	일본 199	중국 175	인도 128	**한국 116**	독일 105	이태리 88	프랑스 83	스페인 61	네덜란드 57
석유소비 (백만t)	미국 935	중국 353	일본 232	인도 141	러시아 132	독일 115	브라질 110	캐나다 102	**한국 102**	멕시코 94

공업국의 화석연료 소비는 대규모이지만 비교적 안정적인 반면, 1990년대 이후 중국의 석유소비 증가세가 두드러져 2000년대 이후 중국의 석유소비와 GDP는 세 배로 증가하여 유가상승을 압박하였으며, 중국의 원유 수입량은 지속적으로 늘어날 전망이다.

우리나라는 경우 GDP 규모가 세계 15위인 반면, 세계에서 10번째로 에너지를 많이 사용하며, 석유수입은 세계 5위, 석유소비는 세계 9위로 대표적으로 석유를 많이 수입하고 소비하는 국가에 해당한다.

화석연료의 생산과 소비는 본질적으로 대기오염과 수질오염을 동반하고 있으며, 대규모 투자에 따른 2차적인 환경파괴 또한 필연적이다. 화석연료를 사용함에 따라 반드시 발생하는 이산화탄소를 포함한 온실가스는 지구온난화의 주범으로 인식되고 있으며, 최근 선진국을 중심으로 지구환경보전을 위한 기후변화 대응에 관한 논의가 국제적으로 이슈화되고 있다. 국제사회를 중심으로 한 일부 과학자들은 기후변화에 적절히 대응하지 못한다면 인류는 환경재해, 에너지안보, 경제개발의 3대 위기에 직면하게 될 것이며, 따라서 지금 당장 대응할 필요가 있다고 역설하고 있다.

지금까지 수집된 자료에 근거한 과학자들의 주장에 따르면 지난 100년간 세계평균기온이 0.74℃ 상승하였고 범지구적인 특단의 조치가 취해지지 않는다면 온실가스 배출량의 지속적 증가로 지구평균기온은 2100년에 1990년 대비 6.4℃ 상승할 것으로 예상된다.[3] IEA에 따르면 2007년 29Gt인 CO_2배출량이 2030년에는

2 IEA, 2010 Key World Energy Statistics, Oil information 2009.

3 IPCC 1차 특별보고서 1980, IPCC 2차 특별보고서 1990.

40Gt에 이르고,[4] 2050년에는 57Gt에 이를 것으로 내다보고 있지만, 기술혁신과 정부정책 강화를 전제로 한 BLUE Map시나리오에 의하면 2050년 CO_2배출량을 12Gt으로 획기적으로 줄일 수 있다고 한다.[5] 기준 시나리오와 BLUE Map시나리오의 차이인 43Gt이라는 방대한 양을 줄이기 위해서는 전 세계적인 공동 대응의 노력이 필요하며, 원유가격의 급등과 함께 기후변화에 대한 우려는 여태까지 비용측면에서 경쟁력을 갖추지 못한 비화석 에너지나 신·재생에너지의 이용과 보급을 촉진하는 계기로 작용하게 된다.

Ⅱ. 국내 신·재생에너지정책

국제유가의 불안정은 에너지소비의 96%를 해외에 의존하고 있는 우리경제에 매우 치명적인 악영향을 미치고 불편을 감수하게 한다. 유가상승에 취약한 경제구조를 가지고 있는 우리나라는 근현대사 이후 유가상승이 경제 불안으로 이어지는 악순환을 주기적으로 또 지속적으로 겪어오고 있다. 이런 악순환의 고리를 끊기 위해서 에너지의 공급측면에서는 해외유전개발, 신·재생에너지개발 등과 같은 에너지의 장기적이고 안정적인 공급망을 확보하는 시책 추진이 필요하다.

정부는 신에너지 및 재생에너지의 기술개발 및 이용·보급 촉진과 신에너지 및 재생에너지 산업의 활성화를 통하여 에너지원을 다양화하고, 에너지의 안정적인 공급, 에너지구조의 환경친화적 전환 및 온실가스 배출의 감소를 추진함으로써 환경의 보전, 국가경제의 건전하고 지속적인 발전 및 국민 복지의 증진에 이바지함[6]을 목적으로 하는 “신에너지 및 재생에너지 개발·이용·보급 촉진법”을 제정하고 신·재생에너지의 기술개발 및 이용·보급의 촉진에 관한 다양한 시책을 마련하고 추진하고 있다.

---

4 International Energy Outlook, IEA, 2010.

5 Energy Technology Perspective, IEA, 2010.

6 신에너지 및 재생에너지 개발·이용·보급 촉진법 제 1 조(목적).

[표 2] 국내 신·재생에너지 지원 정책 현황

기 간	주 요 정 책
1980년대	– 태양열, 태양광 등 11개 분야의 신·재생에너지 개발을 추진 – 1987년 12월, "대체에너지기술 촉진법 공포" – 1980년 중반부터 태양열 온수기, 폐기물 소각시설을 중심으로 보급시작
1990년대	– 에너지 기술개발 10년 계획(1997-2006)을 수립 및 추진(1997년 1월) – 1997년 12월, "대체에너지 개발 및 이용, 보급 촉진법"으로 개정 – 태양열, 태양광, 폐기물, 바이오 등 다양한 기술의 보급기반을 구축
2000년대	– 2002년 3월, "대체에너지 개발 및 이용, 보급 촉진법" 개정 : 발전차액지원, 인증제도, 공공의무화 도입 – 2003년 2월, "대체에너지 개발보급센터 설립" : 태양광, 풍력, 수소, 연료전지 등 3대 분야 중점 개발 – 2003년 12월, 제2차 신·재생에너지 기술개발 및 이용, 보급 기본계획 수립 : 총 1차 에너지 기준 공급비중 3%(2006년), 5%(2011년) 목표 – 2004년 12월, "신에너지 및 재생에너지 개발, 이용, 보급 촉진법"으로 개정 : 공공의무화, 발전차액지원 및 전문기업제도 도입, 인력양성 강화 – 2006년 9월, "신에너지 및 재생에너지 개발, 이용, 보급 촉진법" 일부 개정 : 기본계획 수립 시에 온실가스 배출 저감목표 포함 – 2008년 9월, 제3차 신·재생에너지 기술개발 및 이용, 보급 기본계획 수립 – 2010년 4월, "신에너지 및 재생에너지 개발, 이용, 보급 촉진법" 일부 개정 : 1) 국가 및 지방자치단체 등이 건축하는 건축물의 경우 건축물에 사용되는 에너지의 일정 비율 이상이 신·재생에너지를 이용하여 공급되는 에너지를 사용하도록 의무화 2) 발전사업자 등은 발전량의 일정 양을 신·재생에너지를 이용하여 공급하도록 의무화 3) 현행 제도의 운영상 나타난 일부 미비점을 개선·보완 4) 어려운 용어를 쉬운 용어로 바꾸며, 길고 복잡한 문장은 간결 하게함

1987년 "대체에너지개발촉진법"이 제정되면서 신·재생에너지기술개발에 대한 지원을 실시하였으며, 동법이 1997년에 "대체에너지개발 및 이용·보급촉진법"으로 전면 개정되면서 실질적인 기술개발 및 보급에 대한 지원체계가 구축되었다. 2002년에 신·재생에너지 발전과 관련한 사항을 대폭 추가하여 법이 개정·공포되었으며, 이러한 개정으로 기초적인 인프라 구축에 대한 초석을 세웠다.

국가에너지 기본계획에 따르면 우리나라는 2030년까지의 1차 에너지 대비 11%를 신·재생에너지로 공급하는 양적 목표를 제시하고 있다. 한편 2008년 12월 발표된 제3차 신·재생에너지 기본계획에서는 이렇게 정책적으로 주어진 보

[그림 1] 연도별 신·재생에너지 보급률

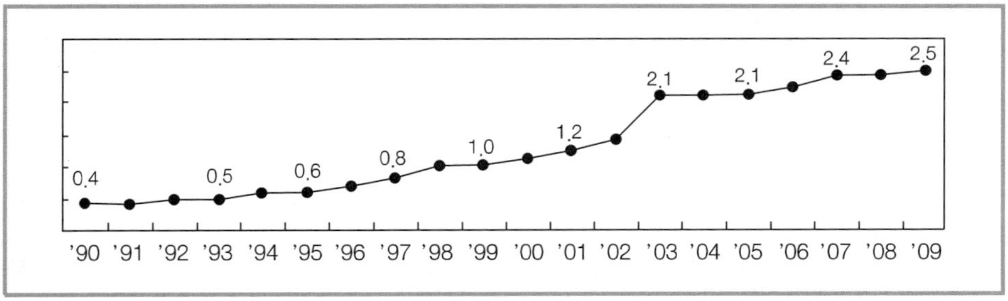

급목표 11%를 달성하기 위한 원별 최적믹스를 제시하고 있으며, 목표달성을 위한 추진전략에 대해서도 구체적이고 실천 가능한 실행계획을 수립하였으며, 목표 달성을 위한 기본적인 추진전략을 포함하고 있다. 기본적인 추진전략의 핵심은 1) 산업화와 연계된 전략적 R&D 추진과, 2) 부품 및 장비 국산화를 통한 산업인프라 확충, 3) 고효율, 저비용 기술개발을 통한 신·재생에너지 경제성 조기 확보로 설정하였다.

신·재생에너지 보급정책으로는 신·재생에너지 시설 생산자 및 이용자를 대상으로 장기 저리 융자지원을 통해 초기투자비 경감 및 사업적 경제성을 확보하여 신·재생에너지 설비 보급 확산 및 관련 산업 육성을 위한 융자 지원 사업, 사무실이나 상가 등 일반건물에 설치하는 신·재생에너지설비의 설치비 일부를 정부가 보조하는 일반보급사업, 지방자치단체에서 추진하는 신·재생에너지 사업을 지원하는 지방보급사업, 신·재생에너지원을 주택에 설치할 경우 설치 기준단가의 일부를 정부가 보조하는 그린홈 100만호 보급사업, 신·재생에너지를 이용하여 전력을 생산하는 경우 기준가격과 계통한계가격(SMP)[7]과의 차이를 정부가 지원하는 발전차액 지원제도 등 다양한 신·재생에너지 보급을 위한 정책을 추진하고 있다.

그러나 이런 다양한 정책 활동에도 불구하고 신·재생에너지 생산량 및 공급비중은 완만하게 증가하여 왔으며, 2009년 기준 2.5%만이 신·재생에너지로 공급하는 데 그치고 있어 2030년 11%의 보급목표 달성 전망을 어둡게 하고 있다.

7 거래시간별로 일반발전기(원자력, 석탄 외의 발전기)의 전력량에 대해 적용하는 전력시장가격(원/kWh)으로서, 전력생산에 참여한 일반발전기 중 변동비가 가장 높은 발전기의 변동비로 결정됨. (지식경제용어사전, 지식경제부, 2010).

[표 3] 세계 각국의 신·재생에너지 공급 비중[8]

구 분	한 국	덴 마 크	프 랑 스	미 국	독 일	일 본
공급률(%)	2.5	20.1	8.1	5.7	10.0	3.4

이는 덴마크, 독일 등 선진국과 비교할 경우 매우 낮은 보급률이다.

정체되어 있는 신·재생에너지의 보급률을 증가시키고 관련 산업을 육성하기 위한 새로운 정책 패러다임과, 신·재생에너지 보급목표(11%, 2030) 달성을 위한 획기적 정책전환 요구에 따라 정부는 2003년부터 각계 전문가들로 하여금 관련 연구를 시작하였으며, 2008년 12월 제3차 신·재생에너지 기술개발 및 이용·보급 기본계획을 수립하면서 공급의무화(RPS) 제도 도입을 천명하기에 이르렀다.

Ⅲ. 외국의 신·재생에너지정책

유럽의 경우 독일, 덴마크, 스페인 등이 신·재생에너지 보급지원의 주된 정책으로 발전차액지원제도(Feed In Tariff)를 운영하고 있는 대표적인 국가이다. 반면 영국, 벨기에, 이탈리아 등은 그동안 발전차액 지원제도 또는 세제지원제도 등을 운영하다가 2000년대에 들어서면서 주된 보급정책을 공급의무화(Renewable Portfolio Standard) 제도로 전환하였다. 물론 대부분의 국가들이 태양광 등 일부에 대하여 보조 수단으로 FIT제도를 병행하고 있지만 보조적인 수단에 한정된다고 볼 수 있겠다. 최근 소식에 따르면 영국, 프랑스, 독일, 이탈리아 등 유럽 선진국들은 태양광 발전에 대하여 지원하는 발전차액을 포함한 정부 보조금을 삭감하고 있는 실정이다.

미국은 RPS제도를 시행하고 있는 대표적인 국가로 1990년대 후반부터 각 주에서 RPS제도를 급속하게 도입하기 시작하여 현재 캘리포니아 등 29개 주와 워싱턴 DC(자치구) 및 푸에트리코(자치령)에서 RPS제도를 운영하고 있다. 그리고 유타주 등 7개 주에서는 자발적인 목표를 부여하고 있어 유사 RPS제도를 운영하고 있다고 볼 수 있겠다.[9] 미국 RPS제도의 특징을 살펴보면 첫 번째로 대상전원,

8 IEA, 2010 자료(폐기물, 대수력 포함).

9 www.dsireusa.org/ (February 2011).

의무이행 수단, 의무이행비용 보전방식, 인증서 가중치, 별도 할당량 등 각 주마다 실정에 맞는 정책을 수립하고 있으며, 두 번째로는 기술 수준 및 특정에너지원에 따라 별도할당 및 인증서 가중치 적용을 통해 에너지원의 다양성을 높이는 방향으로 RPS제도를 설계(태양광 별도할당: 일리노이 등 17개 주, 인증서 가중치: 텍사스 등 3개 주)하고 있는 것을 들 수 있겠다. 최근에는 캘리포니아, 콜로라도, 델라웨어, 뉴저지 등 많은 주에서 RPS목표를 상향 조정하고 있는 추세이다.[10]

한편, 2011년 3월 29일 캘리포니아주 의회는 2020년까지 전력공급의 33%를 신·재생에너지로 충당해야 한다는 RPS법안을 통과했으며, 4월 주지사의 승인을 거쳐 시행되었다. 이 법안은 미국 역사상 가장 강력한 RPS제도로서 2020년까지 약 75TWh의 신·재생 전력 생산을 목표로 하고 있다. 캘리포니아주는 2003년 RPS제도를 도입하였으며, 2006년과 2007년 2차례에 걸쳐 수정을 하였으며, 이전까지의 목표는 2010년 전력공급의 20%를 신·재생에너지로 공급하는 것이었다.

호주와 일본, 그리고 캐나다의 온타리오 주 등에서 RPS제도를 도입하여 운영 중에 있으며, 보조 수단으로 FIT를 병행하고 있다. 기타 국가들로는 대만, 말레이시아, 태국, 에콰도르 등에서 신·재생에너지 보급을 위해 발전차액지원제도 또는 RPS제도를 운영 중이거나 도입을 검토하고 있으며, 인도는 이미 RPS제도가 정착되어 우리나라가 벤치마킹하는 나라이다.

이상에서 보듯이 선진국은 이미 1990년대부터 신·재생에너지의 이용·보급을 위하여 각국의 실정에 맞는 다양한 제도 도입과 많은 노력을 기울이고 있으며 최근에는 개발도상국들도 선진국의 제도를 벤치마킹하여 자국에 도입을 서두르고 있다.

RPS제도와 관련된 각 국가별 입법과정 및 형식 등은 국가/주별로 다른 형태를 보이고 있다. 일반적으로 RPS와 관련된 내용은 독립된 법률의 형태, 또는 다른 법률 내에 일부 RPS내용을 포함하는 경우가 있다. RPS를 시행하고 있는 국가 중 일본, 호주 등이 독립된 법률형태를 가지고 있으며, 영국은 기존 전력법(Electricity Act 1989)에 근거를 두고 있으나, 우리나라의 시행령, 시행규칙에 해당하는 별도 상세 규정을 가지고 있다. 미국은 연방차원에서 다른 내용을 포함한

10 Galen Barbose, State RPS Policies in the United States, LBNL, 2011; Brian McCollough, California's Renewable Energy Policy, CEC, 2011.

[표 4] 주요 국가별 RPS 법체계

구 분	법 체 계	관 련 법(규정)
일 본	· 신규 입법 · 법률/정령/성령/고시로 구성	· 電氣事業者에 의한 新에너지 等의 利用에 관한 特別措置法(RPS법) 2003년
호 주	· 신규 입법 · 상세한 RPS규정은 Order에 규정 : Renewable Energy Regulation 2001	· Renewable Energy (Electricity) Act 2000
영 국	· 기존법에 포함 (Elctricity Act 1989) · England & Wales와 Scotland의 별도 Order	· The Renewable Obligation Order 2006
미 국 (CA)	· 신규입법 : SB1038, SB67 등에 의해 부분 수정 : RPS의 상세규정은 Rule 및 Order에 반영	· SB 1078 (2002/9)
미 국 (TX)	· 기존법(전력산업구조개편 관련 법률)에 포함 : SB20, HB1090법률에 의하여 부분 수정	· Electricity Utility Restructuring Law (SB 7)

포괄적인 RPS에 대해서 규정하는 법안을 심의 중에 있으며, 주 별로는 상기 두 가지 형태의 법규가 혼재되어 있는 실정이다.[11]

Ⅳ. 신·재생에너지 공급의무화(RPS) 제도

신·재생에너지 보급 확대를 위해 추진하고 있는 대표적인 제도로 발전차액지원지원제도(FIT: Feed-in Tariff)와 공급의무화제도(RPS: Renewable Portfolio Standard)를 들 수 있겠다. 발전차액지원제도는 신·재생에너지 설비로부터 생산된 전력을 정부가 정한 기준가격으로 일정기간 동안 의무적으로 구매해주는 제도이고, 공급의무화제도는 일정규모 이상의 설비를 보유한 발전회사(또는 판매회사)들로 하여금 일정비율 이상을 신·재생에너지를 이용하여 전력을 생산하여 공급하도록 의무화한 제도로 영국에서는 RO(Renewable Obligation), 이태리에서는 GC(Green Certificate)라는 용어를 사용하기도 한다.

11 조기선, 신·재생에너지 의무할당제(RPS) 국내 운영방안 수립, 전기연구원, 2009. 6.

두 제도의 가장 큰 차이점은 공급규모와 가격의 결정방식에 있다. 발전차액지원제도는 정부가 기준가격을 결정하고 이에 맞추어 공급량이 결정되는 구조로 기준가격의 높고 낮음에 따라 보급량의 차이가 크게 달라질 수 있다. 이에 반해 공급의무화제도에서는 각 공급의무자에게 의무량을 부과함으로써 보급량이 결정되고 공급가격 결정은 신·재생에너지의 수요공급에 따라 결정된다. 즉 공급인증서 거래시장에서 공급량이 많아지면 가격수준으로 떨어질 것이고, 반대로 공급량이 감소하면 가격수준으로 상승할 것이다.

[표 5]에서 두 제도를 비교분석하였다. 표에서 알 수 있듯이 양 제도의 장·단점이 구별되긴 하지만 궁극적으로 신·재생에너지의 이용 확대로 나타나는 공급비용의 증가는 전기요금의 상승으로 이어져 국민 부담이 증가한다는 데는 공통점을 가지고 있다. 즉, 발전차액지원제도에서는 정부에서 정한 기준가격과

[표 5] FIT와 RPS의 비교

구 분	발전차액지원제도(FIT)	신·재생에너지공급의무화제도(RPS)
메커니즘	·가격조정제도 정부가 가격 책정하면 시장에서 발전량 결정됨	·수요조정제도 의무공급량을 부과하면 시장에서 가격이 결정
보급목표	·공급규모 예측 불확실	·공급규모 예측 용이
가격설정	·정확한 공급비용 산정 어려움 ·사업자의 초과이윤 인센티브	·수급여건에 따른 가격결정 및 변동 ·사업자 간 가격 경쟁 메커니즘 내재
도입국가	·독일, 스페인, 프랑스, 덴마크 등 34개국에서 실시	·미국, 영국, 스웨덴, 캐나다, 일본 등 16개국
장 점	·중장기 가격을 보장하여 투자의 확실성, 단순성 유지 ·안정적 투자유치로 기술개발과 산업성장 가능	·신·재생에너지 사업자 간 경쟁을 촉진시켜 생산비용 절감 가능 ·민간에서 가격이 결정됨으로써 정부의 재정부담 완화 ·인증제도 등 일정한 요건이 충족하는 발전사업자만 진입 가능
단 점	·정부의 막대한 재정부담 초래 ·기업 간의 경쟁이 부족하여 생산가격 낮추기 위한 유인 부족 ·가격이 싸고 질이 낮은 외국산 제품이 시장에 다수 출현	·경제성 위주의 특정 에너지로 편중될 가능성 ·제도 도입을 위한 인프라 구축이 전제되어야 함
공 통 점	두 가지 방법 모두 신·재생에너지 공급비용 증가에 따라 국민 부담이 증가	

SMP의 차액만큼 지원함에 따라 정부예산의 지출이 발생하고, 공급의무화제도에서는 발전사업자들이 의무이행에 따른 투자비를 전기요금에 보전함으로써 결과적으로 국민의 부담으로 이어지는 메커니즘을 가지고 있다. 두 제도를 보급목표의 달성가능, 전원선택의 자유도, 비용저감 인센티브, 시장기능의 활용, 비용효과성, 경쟁촉진 등의 측면에서 비교 검토해 보았을 때 어느 제도가 더 우월하다고 단정적으로 말하기는 곤란한 것도 이러한 이유 때문이다.

1. 발전차액지원(FIT: Feed-In Tariff)

우리나라는 1990년대에 들어서면서 화석에너지의 고갈 및 환경문제에 대한 대안으로 신·재생에너지가 부각되었으나 경제성 부족으로 인하여 신·재생에너지 보급이 활발하게 이루어지지 않는 문제점을 안고 있었다. 이에 정부는 직접보조를 통하여 보급의 가장 큰 장애요인인 경제성 부분을 해소하여 신·재생에너지 보급을 조기에 확대하고, 관련 산업을 활성화하기 위해 2002년 발전차액지원제도를 도입하였다.

발전차액지원제도는 신·재생에너지 발전에 의해 공급한 전력의 거래가격이 정부가 고시한 기준가격보다 낮은 경우, 기준가격과 계통한계가격의 차액을 정부가 일정기간(15-20년)동안 지원하는 제도이다. 정부는 신·재생에너지 원별 기준가격을 고시하고, 발전사업자는 계통한계가격과 관계없이 기준가격으로 생산한 전력을 판매할 수 있는 제도이다. 계통한계가격이 기준가격보다 낮은 경우 정부는 발전차액을 지원하여 발전사업자가 기준가격을 받을 수 있도록 하며, 계통한계가격이 기준가격보다 높을 경우 발전사업자는 계통한계가격으로 전력을 판매하게 된다.

정부는 전기사업법에 근거하여 발전차액지원금을 전력수용가에 전기요금의 일정비율로 부과하는 전력산업기반기금으로 사용할 수 있도록[12] 하였으며, 전기판매사업자가 신·재생에너지를 이용하여 발전한 전력에 대하여 전력시장운영규칙이 정하는 바에 따라 우선적으로 구매할 수 있도록 규정하였다.[13] 또한 계통한

12 전기사업법 제49조(기금의 사용) 기금은 다음 각 호의 사업을 위하여 사용한다.

1. 「신에너지 및 재생에너지 개발·이용·보급 촉진법」 제 2 조 제 1 호에 따른 신·재생에너지를 이용하여 전기를 생산하는 사업자에 대한 지원사업

13 전기사업법 제31조(전력거래) ④ 전기판매사업자는 다음 각 호의 어느 하나에 해당하는 자가 생산한

[표 6] 신·재생에너지 발전차액지원 현황

구 분	2002	2003	2004	2005	2006	2007	2008	2009	2010	2011. 4.	합 계
발전량 (MWh)	159,942	269,771	309,856	390,171	489,936	854,786	1,185,370	1,502,991	2,427,937	892,689	8,483,451
금 액 (백만원)	3,370	5,589	5,037	7,548	9,962	26,612	119,465	262,652	331,800	135,076	907,110
발전소수 (개)	28	8	5	23	57	142	753	291	386	428	2,121
발전용량 (kW)	50,703	18,618	47,140	107,618	20,007	102,183	276,913	229,619	102,036	84,110	1,038,947

계가격(SMP)이 지식경제부 장관이 정한 원별 기준가격보다 낮을 경우 차액지원금을 전력산업기반기금으로 우선지원토록 규정하고 있다.[14]

정부는 2002년부터 2011년 4월말 까지 9,071억의 발전차액을 지원하여 약 8,483GWh의 신·재생에너지를 이용한 발전을 하였다. 현재 발전차액을 지원받고 있는 발전소는 2,121개이며 총 발전시설용량 1,039MW이다.

[표 6]은 연도별 발전차액지원실적과 발전량을 보여주고 있다. 2005년 이후 발전차액 지원금이 대폭 증가하는 현상을 볼 수 있는데, 이는 강원풍력(98MW), 영덕풍력(39.6MW) 등 대규모 풍력단지의 준공과 생산원가 하락 등의 요인으로 태양광발전사업자가 크게 증가한 것에 기인한다. 2008년은 특히 태양광분야의 시설증가로 인하여 신·재생에너지 발전사업의 외형적인 성장을 이룩한 해이다. 신규로 설치한 태양광발전소가 738개로 시설용량이 2007년 대비 8배 증가한 257MW에 달한다. 이러한 태양광발전 시장의 폭발적인 증가로 정부는 2009년 50MW, 2010년 70MW, 2011년 80MW의 연도별 한계용량을 설정하였다.

전력을 제43조에 따른 전력시장운영규칙으로 정하는 바에 따라 우선적으로 구매할 수 있다.

3. 「신에너지 및 재생에너지 개발·이용·보급 촉진법」 제 2 조 제 1 호에 따른 신·재생에너지를 이용하여 전기를 생산하는 발전사업자

14 신에너지 및 재생에너지 개발·이용·보급 촉진법 **제17조(신·재생에너지 발전 기준가격의 고시 및 차액지원)** ① 지식경제부장관은 신·재생에너지 발전에 의하여 공급되는 전기의 기준가격을 발전원별로 정한 경우에는 그 가격을 고시하여야 한다. 이 경우 기준가격의 산정기준은 대통령령으로 정한다.
② 지식경제부장관은 신·재생에너지 발전에 의하여 공급한 전기의 전력거래가격(「전기사업법」 제33조에 따른 전력거래가격을 말한다)이 제 1 항에 따라 고시한 기준가격보다 낮은 경우에는 그 전기를 공급한 신·재생에너지 발전사업자에 대하여 기준가격과 전력거래가격의 차액(이하 "발전차액"이라 한다)을 「전기사업법」 제48조에 따른 전력산업기반기금에서 우선적으로 지원한다.

2012년부터 신·재생에너지 공급의무화제도(RPS)가 시행됨에 따라 발전차액 지원제도를 통한 신규 지원은 2011년 말까지로 종료되나, 기 선정된 발전소는 적용기간인 15년 혹은 20년까지 차액지원금을 계속하여 지원받게 된다. 이를 토대로 예측하면 향후 최장 2031년까지 약 4.7조원의 정부지원금이 지원될 전망이다.

발전차액지원제도는 정부에서 고정된 가격으로 전력을 매수함에 따라 민간 차원에서는 기술개발 등을 통한 기술, 가격 경쟁력 확보 노력이 미흡하였으며, 정부의 재정부담이 가중되는 문제점이 있었지만, 정부에서 고정된 가격으로 생산 전력을 매수함에 따라 투자의 불확실성이 완화되어 신·재생에너지 제조업체가 2005년 50개에서 2009년 146개로 증가하였으며, 신·재생에너지발전량이 2005년 390GWh에서 2009년 1,503GWh로 증가하는 등 신·재생에너지 초기보급에 크게 기여하였다. 2009년 발전차액을 통하여 생산한 전력량은 대수력 발전을 제외한 국내 총 신·재생에너지 발전량의 74.3%에 해당한다.

2. 태양광 RPS 시범사업

신·재생에너지 보급 확대를 위하여 2006년 지식경제부와 한국전력공사, 한국수력원자력(주), 한국남동발전(주), 한국중부발전(주), 한국서부발전(주), 한국남부발전(주), 한국동서발전(주), K-water 및 한국지역난방공사의 9개 대형 에너지공급사가 신·재생에너지 자발적공급협약(Renewable Portfolio Agreement)을 체결하였다. 이 협약에 따라 9개 에너지공급사는 2008년까지 3년간, 총 6,059억원을 신·재생에너지에 투자하여 태양광발전 및 풍력발전 등 발전설비 201MW와 열설비 105Gcal/h를 신규로 건설하였다. 2009년 7월에는 상기 협약당사자가 3년간 약 2조원을 신·재생에너지에 투자할 계획으로 2차 RPA 협약을 체결하였다.

2차 RPA 협약에 따라 한국수력원자력(주), 한국남동발전(주), 한국중부발전(주), 한국서부발전(주), 한국남부발전(주), 한국동서발전(주)의 6개 발전사가 국내 태양광 관련 산업육성, 내수시장 확대, 신·재생에너지공급의무화제도(RPS)로의 안정적인 전환 등을 위하여 태양광 발전설비에 대하여 3년간 총 3,382억원 투자하여 101.3MW의 태양광 발전소를 신규로 건설하려는 '태양광 시장 창출계획'을 수립하였다. 이 계획의 일환으로 3년간 49.8MW를 외부구매를 통하여 조달하기로 하고, 에너지관리공단이 구매를 대행하며, RPS시행에 대비한다는 의미로

'태양광 RPS시범사업'이라고 명명하였다.

이 제도를 통해 대형 발전사업자는 시범사업 물량을 조기이행(Early Action)으로 인정받아 RPS제도시행 초기부담을 경감할 수 있었고, 태양광 사업자는 FIT 시장 외에 추가 시장이 확보되었으며, RPS공급인증기관인 에너지관리공단은 RPS 제도 운영에 대한 노하우를 확보하는 등 1석3조의 성과를 거둔 자발적인 참여 제도였으며, 3년간 50MW의 태양광발전소를 신규로 건설하였다.

3. 신·재생에너지 공급의무화(RPS)

RPS제도는 발전사업자에게 총 발전량의 일정비율을 신·재생에너지로 공급토록 의무화한 제도로서 신·재생에너지의 이용·보급을 촉진하고 신·재생에너지 산업을 활성화하는 데 그 목적을 두고 있다.[15] RPS제도 도입을 위한 법안인 "신에너지 및 재생에너지 개발·이용·보급·촉진법"은 2009년 국회에 계류되어 약 1년 넘는 논의 과정을 거쳐 국회 본회의를 통과하여 2010년 4월 12일 공표되었다. 이에 따라 2012년 RPS를 도입하는 것이 최종 확정되었으며, 시행령 · 시행규칙 역시 2010년 9월에 국무회의를 통과하여 제도시행을 위한 법률정비가 마무리 되었다.

신에너지 및 재생에너지 개발 · 이용 · 보급 · 촉진법상의 RPS시행을 위한 세부 내용을 살펴보면, 첫째로는 공급의무자의 범위이다. 공급의무자는 신·재생에너지 설비를 제외한 전력생산 설비규모가 500MW 이상인 발전사업자 및 K-water, 지역난방공사로 지정된다.[16] 이에 따르면 공급의무자는 한국전력공사의 6개 발전자회사(한국수력원자력, 한국남동발전, 한국중부발전, 한국서부발전, 한국남부발전, 한국동서

15 신에너지 및 재생에너지 개발·이용·보급 촉진법 제12조의5(신 · 재생에너지 공급의무화 등) ① 지식경제부장관은 신·재생에너지의 이용·보급을 촉진하고 신·재생에너지산업의 활성화를 위하여 필요하다고 인정하면 다음 각 호의 어느 하나에 해당하는 자 중 대통령령으로 정하는 자(이하 "공급의무자"라 한다)에게 발전량의 일정량 이상을 의무적으로 신·재생에너지를 이용하여 공급하게 할 수 있다.

16 신에너지 및 재생에너지 개발·이용·보급 촉진법 시행령 제18조의3(신·재생에너지 공급의무자) ① 법 제12조의5 제1항에서 "대통령령으로 정하는 자"란 다음 각 호의 어느 하나에 해당하는 자를 말한다.

1. 법 제12조의5 제1항 제1호 및 제2호에 해당하는 자로서 50만킬로와트 이상의 발전설비(신 · 재생에너지 설비는 제외한다)를 보유하는 자
2. 「한국수자원공사법」에 따른 한국수자원공사
3. 「집단에너지사업법」 제29조에 따른 한국지역난방공사

② 지식경제부장관은 제1항 각 호에 해당하는 자(이하 "공급의무자"라 한다)를 공고하여야 한다.

[표 7] 연도별 공급의무 비율[17]

연 도	2012	2013	2014	2015	2016	2017	2018	2019	2020	2021	2022
의무비율(%)	2.0	2.5	3.0	3.5	4.0	5.0	6.0	7.0	8.0	9.0	10.0

발전), 지역난방공사, K-water, 포스코파워, K-파워, GS-EPS, GS파워, MPC율촌 등 13개 발전사업자이다. 이들 공급의무자들의 전력생산량은 2009년 기준으로 우리나라 총 발전량의 98.7%를 차지한다.

둘째, 연도별 공급의무량에 대해 알아보기로 한다. 각 공급의무자들은 신·재생에너지발전량을 제외한 나머지 발전량에 [표 7]에서 정한 연도별 의무비율을 곱한 양을 매년 신·재생에너지를 이용하여 생산·공급하여야 한다.

의무공급량은 2012년 2.0%를 시작으로 5년간 매년 0.5%씩 증가하다가, 2017년부터는 매년 1.0%씩 증가하여 2022년에는 발전량의 10%를 신·재생에너지로 공급하여야 한다. 초기 5년 동안은 RPS제도 시행 부담을 경감한다는 차원에서 다소 약한 의무량을 부과한 것이다. 이 공급의무비율은 매 3년마다 개별공급의무자의 총 발전량 및 발전원, 신·재생에너지 분야의 기술개발 수준, 보급목표, 운영실적과 그 밖의 변화 등을 고려하여 재검토되어질 것이다.[18]

13개의 공급의무자 중 한국전력공사 6개 발전자회사 발전량이 상대적으로 높고 나머지 7개 회사는 낮다. 따라서 이들을 규모에 따라 분리하여 줄 필요가 있는바, 6개 발전자회사를 Ⅰ그룹, 나머지 발전사들을 Ⅱ그룹으로 분리하였으며, Ⅰ그룹 내에서도 상대적으로 발전량이 커서 의무량이 큰 한국수력원자력의 의무량을 일정부분 삭감하고 이 삭감된 의무량을 나머지 5개 발전자회사들이 균등부과 받는 방법으로 의무량이 산정되었다.[19]

[표 8] 원자력발전량에 대한 연도별 경감률

연 도	2012년	2013년	2014년	2015년	2016년	2017년 이후
경 감 률	5%	15%	25%	35%	45%	50%

17 신에너지 및 재생에너지 개발·이용·보급 촉진법 시행령 별표 3.

18 신에너지 및 재생에너지 개발·이용·보급 촉진법 제18조의4(연도별 의무공급량의 합계 등) ② 지식경제부장관은 3년마다 기술개발 수준, 신·재생에너지의 보급 목표, 운영 실적과 그 밖의 여건 변화를 고려하여 별표 3에 따른 비율을 재검토하여야 한다.

19 신·재생에너지 공급의무화제도 관리 및 운영지침(지식경제부 고시 제2010-244호, 2010. 12. 30) 별표 1.

[표 9] 연도별 태양광 별도 의무량

연 도	2012	2013	2014	2015	2016~
별도 의무량(GWh)	263	552	867	1,209	1,577
환산 누적용량(MW)	200	420	660	920	1,200

한편, 태양광발전은 타 신·재생에너지원에 비하여 전력생산 단가가 월등히 높으며, 제도 시행초기에 관련 산업을 집중 육성한다는 측면에서 별도 의무량을 부과하였다.[20] 2012년에는 총 263GWh의 신규물량을 의무화하였는데 이를 설비용량으로 환산하면 약 200MW에 해당한다. 2010년 국내 태양광모듈 총 생산용량이 1GW를 초과할 것으로 예상되는데 이 중에서 20% 정도는 국내에 설치하고 나머지는 수출산업화 한다는 전략으로 풀이된다. 2013년에는 220MW를 추가로 설치하여 누적하면 420MW가 된다. 이렇게 매년 전년 대비 20MW가 증가한 양을 신규로 설치하여 2016년까지 5년간 1,200MW의 태양광발전소를 건설하도록 설계되어 있다.

2016년 이후 태양광 발전에 대한 별도 의무량이 추가로 부과되지 않는 것은 그 시기 이후에는 태양광과 일반 신·재생에너지와의 경쟁이 가능할 것으로 예측하는 의견이 지배적이기 때문이다. 태양광 산업계에서도 이에 대한 확신이 있었기에 정부에 적극적으로 초기연도에 물량배정을 건의하였고, 이는 태양광에 대한 별도 의무량을 조기에 종료함으로써, 시장원리에 의해 신·재생에너지 발전단가를 낮추자는 RPS제도 본래 취지에 부합하는 것이라 하겠다.

셋째, 의무이행 수단에 대해 알아보겠다. 의무이행 수단은 크게 공급의무자가 자체적으로 신·재생에너지 발전소를 건설하여 조달할 수 있으며, 다음으로는 외부의 신·재생에너지 발전소로부터 생산된 전력을 구매하여 공급할 수 있겠다.

지식경제부장관은 공급인증서 관련 업무를 전문적이고 효율적으로 실시하고 공급인증서의 공정한 거래를 위하여 에너지관리공단 신·재생에너지센터를 공급인증기관으로 지정하였으며,[21] 공급인증기관은 공급인증서의 발급 등 RPS제도에 관한 전반적인 운영을 담당하게 된다.[22] 공급인증기관은 신·재생에너지를

20 신에너지 및 재생에너지 개발·이용·보급 촉진법 시행령 별표 4.

21 지식경제부 공고 제2010-491호(2010. 12. 30).

22 신에너지 및 재생에너지 개발·이용·보급 촉진법 제12조의9(공급인증기관의 업무 등) ① 제12조의8

이용하여 에너지를 공급한 경우 그 사실을 증명하는 인증서를 발급하게 되고, 공급인증서는 공급인증기관이 개설하는 거래시장에서 거래되어 현금화되며, 발급 또는 거래된 공급인증서는 공급의무자가 의무량을 이행하였음을 증명하는 수단으로 정부에 제출하게 될 것이다.

공급의무자가 외부로부터 신·재생에너지 발전량을 구매하는 방법은 공급인증기관이 개설한 거래시장을 통하여 공급인증서를 구매하는 것으로 거래 가격은 수요공급의 법칙에 따라 거래시장에서 형성되게 된다. 한편, 공급의무자가 자체 또는 외부 조달을 통하여 공급의무를 이행한 비용은 전력시장의 전기요금을 통하여 보전할 수 있다.[23]

넷째, 공급의무자가 부과 받은 의무공급량을 자체조달이나 외부구매 등을 통하여 이행을 하여야 함에도 불구하고 일부에 대하여 이행을 하지 못하였을 경우 정부는 미이행에 대한 과징금을 부과하게 된다. 과징금은 공급인증서 평균거래가격의 150%[24] 이내에서 불이행 사유, 불이행 횟수 등을 종합적으로 고려하여 부과하게 되며, 이는 의무이행의 실효성을 확보하기 위한 제도로 풀이할 수 있겠다. 의무이행을 위한 투자비용은 전력시장을 통하여 보전하지만 과징금은 보전하기 않게 되며, 이에 따라 공급의무자가 의무이행량을 이행하지 않을 경우 막대한 재정적인 손해를 볼 수 있으며 사회적 비난을 피할 수 없을 것으로 사료된다.

다섯째, RPS제도는 공급의무자의 부담완화를 위해 유연성 메커니즘을 가지고 있는데, 매년 의무공급량의 20% 범위 내에서 차년도로 유예할 수 있는 제도

에 따라 지정된 공급인증기관은 다음 각 호의 업무를 수행한다.

1. 공급인증서의 발급, 등록, 관리 및 폐기
2. 거래시장의 개설
3. 공급인증서 관련 정보의 제공
4. 그 밖에 공급인증서의 발급 및 거래에 딸린 업무

23 신에너지 및 재생에너지 개발·이용·보급 촉진법 시행령 제18조의11(공급의무자의 의무이행비용 보전) 정부는 공급의무자가 공급의무의 이행에 드는 추가 비용의 적정 수준을 「전기사업법」 제 2 조 제13호에 따른 전력시장을 통하여 보전(補塡)할 수 있도록 노력하여야 하고, 전력시장에 참여하는 같은 법 제 2 조 제10호에 따른 전기판매사업자가 그 비용을 전기요금에 반영하여 회수할 수 있도록 노력하여야 한다.

24 신에너지 및 재생에너지 개발·이용·보급 촉진법 제12조의6(신·재생에너지 공급 불이행에 대한 과징금) ① 지식경제부장관은 공급의무자가 의무공급량에 부족하게 신·재생에너지를 이용하여 에너지를 공급한 경우에는 대통령령으로 정하는 바에 따라 그 부족분에 제12조의7에 따른 신·재생에너지 공급인증서의 해당 연도 평균거래 가격의 100분의 150을 곱한 금액의 범위에서 과징금을 부과할 수 있다.

를 마련하여 과다한 의무량에 따른 의무자들의 부담을 경감시켰다. 특히 제도 시행 초기 3개년은 이를 30%까지 허용하여 공급의무자의 부담을 완화하였다. 한편 공급인증서의 유효기간은 발급일로부터 3년인바, 과다 이행한 공급의무자는 발급 받은 공급인증서 제출을 2년 동안 비축할 수 있겠다.

마지막으로 신·재생에너지원별 공급인증서의 가중치이다. 각 발전원별 가중치는 발전원가, 온실가스 감축효과, 산업육성효과, 환경훼손 최소화, 해당 신·재생에너지의 부존 잠재량 등을 고려하여 2010년 12월 최종 고시하였다.

가중치는 태양광 분야와 비태양광 분야로 구분되며, 태양광 분야는 별도 의무량 부과를 통하여 의무시장을 분리한 데 이어서 가중치 부분도 분리하였다. 태양광 분야의 가중치 적용기준은 건축물 등 기존 시설물 이용여부를 우선적으로 판단한 후, 시설물을 이용하지 않고 설치된 태양광설비에 대하여 해당 설비가 설치된 지목유형에 따라 가중치를 결정한다. 동일한 태양광 설비라 하여도 설치하는 지목에 따라 가중치를 달리 적용한 것은 환경훼손이 적은 건축물 등 기존시설물에 태양광설비 설치를 장려하는 제도로 이해할 수 있겠다. 동일 지목에서도 30kW 이하의 소규모 발전소에 대해서는 대용량 보다 20% 우대하도록

[표 10] 신·재생에너지 원별 가중치[25]

구 분	가중치	대상에너지 및 기준		
		설치유형	지목유형	용량기준
태양광 에너지	0.7	건축물 등 기존시설물을 이용하지 않는 경우	5개 지목(전, 답, 과수원, 목장용지, 임야)	
	1.0		기타 23개 지목	30kW 초과
	1.2			30kW 이하
	1.5	건축물 등 기존 시설물을 이용하는 경우		
기 타 신·재생 에너지	0.25	IGCC, 부생가스		
	0.5	폐기물, 매립지가스		
	1.0	수력, 육상풍력, 바이오에너지, RDF 전소발전, 폐기물 가스화 발전, 조력(방조제 有)		
	1.5	목질계 바이오매스 전소발전, 해상풍력(연계거리 5km 이하)		
	2.0	해상풍력(연계거리 5km 초과), 조력(방조제 無), 연료전지		

25 신·재생에너지 공급의무화제도 관리 및 운영지침(지식경제부 고시 제2010-244호, 2010. 12. 30) 별표 3.

하였으며, 이는 그동안 운영해온 발전차액지원제도와 정책 일관성을 유지하고 있는 것으로 평가된다. 발전차액 지원제도에서도 규모의 경제 원리에 따라 소규모 발전소인 경우에는 대규모에 비해 상대적으로 높은 기준가격을 적용받았다.

태양광을 제외한 다른 신·재생에너지는 원별 구분 없이 동일 시장에서 가중치를 적용받게 되며, 동일 에너지원일지라도 전소발전에 해당하는 발전설비에 대해서는 혼소에 비해 높은 가중치를 부여하였다. 즉, 동일한 바이오 에너지라고 해도 목질계 바이오매스 전소발전인 경우에는 가중치 1.5를 부여하는 반면, 혼소를 하게 되면 1.0의 가중치만 적용받게 된다. 폐기물의 경우에도 RDF를 이용하여 전소발전을 하면 가중치 1.0을 받는 반면 혼소를 하게 되면 그 절반인 0.5를 받게 된다. 조력발전은 방조제가 있는 곳에 설치한 경우와 새로이 방조제를 건설한 경우 가중치를 달리하였으며, 해상풍력도 5km 내외에 따라 가중치를 달리 적용하여 경제성 부분을 가중치를 통하여 보완하였다.

정부는 최근의 에너지 여건변화에 적극 대응하고자 일정규모 이상의 건축물에 대하여 "신·재생에너지 이용 건축물 인증" 제도를 도입하였으며,[26] RPS제도는 상업용 발전시설에만 해당하나 동 제도에 따라 건축물 인증을 받은 건축물의 신·재생에너지 설비에 대하여는 예외적으로 RPS제도를 이용하여 공급인증서를 발급받아 시장에서 거래할 수 있도록 하였다.[27]

향후 RPS제도는 "신에너지 및 재생에너지 개발·이용·보급 촉진법" 제12조의9 제 2 항에 의거한 공급인증서 발급 및 거래시장운영에 관한 규칙 제정과 공급인증서 거래시장 개설 등의 준비를 거쳐 2012년 1월부터 시행하게 된다.

---

26 신에너지 및 재생에너지 개발·이용·보급 촉진법 제12조의2(신·재생에너지 이용 건축물에 대한 인증 등) ① 대통령령으로 정하는 일정 규모 이상의 건축물을 소유한 자는 그 건축물에 대하여 지식경제부장관이 지정하는 기관(이하 "건축물인증기관"이라 한다)으로부터 총에너지사용량의 일정 비율 이상을 신·재생에너지를 이용하여 공급되는 에너지를 사용한다는 신·재생에너지 이용 건축물인증(이하 "건축물인증"이라 한다)을 받을 수 있다.

27 신·재생에너지 공급의무화제도 관리 및 운영지침(지식경제부 고시 제2010-244호, 2010. 12. 30) 제 6 조 제 1 항 제 6 호.

참고문헌

국내문헌

신에너지 및 재생에너지 개발·이용·보급촉진법, 시행령, 시행규칙.

신·재생에너지 공급의무화제도 관리 및 운영지침, 지식경제부 고시 제2010-244호, 2010. 12.

신·재생에너지 해외정보, 신·재생에너지센터, 2011.

2010년 신·재생에너지 백서, 신·재생에너지센터, 2010. 12.

2010년 신·재생에너지보급통계, 신·재생에너지센터, 2009.

전기사업법.

조기선, 신·재생에너지 의무할당제(RPS) 국내 운영방안 수립, 전기연, '09. 6.

외국문헌

BP Statistical Review of World Energy, 2008. 6.

Brian McCollough, California's Renewable Energy Policy, CEC, 2011.

Energy Technology Perspective, IEA, 2010.

Galen Barbose, State RPS Policies in the United States, LBNL, 2011.

IEA, 2010 Key World Energy Statistics, Oil information 2009.

International Energy Outlook, IEA, 2010.

IPCC 1차 특별보고서, 1980.

IPCC 2차 특별보고서, 1990.

제12장 저탄소 녹색성장 시대에서의 에너지와 대기환경정책

윤 종 수*

Ⅰ. 서 론

화석연료는 인류의 문명과 경제의 발달의 중요한 에너지원이었다. 그러나 현대 인류는 화석연료의 고갈에 대한 위기, 화석연료의 연소로 인한 온실가스 및 대기오염물질의 방출 등으로 에너지안보, 지구온난화, 대기환경 문제에 직면해 있다. 과학자들은 이러한 위기를 잘 대처하지 못할 경우 지구 생명체의 멸종 등을 경고하고 있는 실정이다. 대표적인 경제성장과 환경의 갈등을 다룬 비관론으로는 1972년 로마클럽 보고서의 '성장의 한계'를 들 수 있다. 이 보고서에서는 경제학적인 효율 개념은 최소의 자원으로 최대 효과 달성을 의미하는데 2차 세계 대전이후 세계 여러 나라의 환경오염과 자원 고갈에 대한 우려가 높아지면서, 경제성장률을 극적으로 낮추지 않는 한 자원의 고갈과 환경오염으로 인류의 종말을 피할 수 없다고 경고하고 있다. 그러나 이러한 비관론은 1992년 UN 환경개발 회의(UNCED)에서 채택된 '환경과 개발에 관한 리우 선언'을 통하여 '지속가능 발전'의 개념이 발전되면서 새로운 돌파구를 찾게 된다. 즉 지속가능 발전의 원칙을 환경 정책의 기본 틀로 삼고 환경 친화적인 경제성장, 즉 환경과 경제의

* 서울대 영문과졸, 행정고시합격(1982), 환경부 기후대기정책과장, 환경정책실장, 환경부차관(2012. 11월 현재).

상생의 가능성과 구체적인 방법론에 대한 논의가 시작된 것이다.

그러나 IPCC 보고서에서 경고한 지구온난화, 에너지 안보의 취약성, 전통 산업을 통한 발전의 한계에 직면한 21세기는 지속가능 발전이라는 다소 소극적인 의제보다는 당면 문제를 해결 할 수 있는 좀 더 새로운 패러다임을 요구하는 시점이 되었다. 온실가스는 줄이면서 새로운 경제 성장 동력 확보를 동시에 이룰 수 있는 정책이 절실한 것이다. 이러한 문제의식에서 우리나라에서 국가 비전으로 제시하고 제안한 '저탄소 녹색성장'은 획기적인 해결책으로 국제적으로 인정받고 있다. 새로운 경제 성장의 기회를 극대화하고 환경 건전성을 확보하여 기후변화와 대기환경 문제를 해결하고자 하는 전략으로서 그간 양적인 성장을 취하였다면 이제부터는 질적인 성장을 추구하려는 것이다. 경제성장과 환경보호를 상호 보완적인 관계로 발전하도록 화석연료 의존형 경제·사회 구조에서 저탄소형 경제·사회 구조로 전환을 추구하고, 자원순환 산업, 친환경 생산체제로의 전환 전략을 추진하며, 신재생 에너지, 탄소 시장의 새로운 기회 활용을 극대화하기 위한 녹색 기술 개발과 인프라 확보, 시민·기업의 생활, 문화, 경영에서의 녹색혁명을 이루고자 하는 것이다. 또한 국제사회의 기대에 걸맞게 기후변화 대응 의무에 최선을 다하며 저개발 국가의 녹색성장을 위한 지원 확대가 포함된다.

실제 국민의 생활에서는 에너지정책과 대기환경정책이 어떻게 녹아들어 갈 수 있을까? 결론부터 말하면 국민의 실생활 속의 에너지절약은 아주 훌륭한 대기환경정책이 될 수 있으며 따로 떼어 생각할 수 없다. 요즘 각 정부 부처는 그린스타트, 탄소다이어트 등 '저탄소 녹색성장 사회'를 앞당기기 위하여 국민들의 녹색생활 실천을 유도하는 정책을 경쟁적으로 내놓고 있다. 이 중 현재 환경부가 펼치고 있는 '그린스타트' 운동이 좋은 사례가 될 것이다. '그린스타트' 운동의 핵심은 에너지를 적게 사용하여 온실가스 배출을 줄이는 것이다. 냉·난방 줄이기, 대중교통 이용하기, 올바른 운전습관 갖기(에코드라이빙) 등 녹색 생활은 화석연료의 사용을 줄여 온실가스와 대기오염물질을 동시에 줄일 수 있다.

이제까지 환경에 대한 관심은 건강에 대한 관심과 비슷했다. 몸이 아파야 건강의 중요성을 알게 되듯이 환경사고가 한 번 난 후에야 환경문제가 사회적으로 주목을 받을 수 있었다. 그러나 최근 환경정책은 에너지 위기, 기후변화 위기라는 국내·외적인 환경 때문에 국민들이 적극적으로 참여하고 있어, 지속가능한 저탄소 녹색성장 사회를 조기에 실현할 수 있다는 기대를 갖게 한다.

본 논고에서는 그간 에너지, 대기환경의 추이, 정책 변화 및 새로운 경제 환경에서의 전략 등에 대한 분석을 제시하고 일반 시민의 에너지·환경에 대한 관심을 다시 한번 환기시키고자 한다.

Ⅱ. 에너지·대기환경 추이

가. 경제성장과 에너지 소비 변화 추이

우리나라는 1960년대 말 이후 경제성장 정책과 에너지 소비에 의존한 생산집중형 경제 구조로 인해 산업단지 중심으로 각종 환경문제가 발생하였다. 또한 1980년대 이후에는 고도 산업화 사회에서의 산업구조의 변화와 더불어 생활 패턴의 변화가 다양한 환경 문제를 유발하고 있다. 최근 경제성장 추이를 살펴보면 실질 국내총생산(GDP)의 경우 1990년대 초의 400조원에서 2007년 800조원에 이르러 2배 이상 증가하였으며, 이에 따라 에너지 소비도 거의 같은 규모로 증가하였다. 또한 같은 기간 부문별로 에너지 사용량을 살펴보면 전체 에너지 사용량의 50% 이상을 차지하는 산업부문의 경우에는 2.8배, 가정·상업부문은 1.6배, 그리고 수송부문은 2.7배의 증가율을 나타내고 있다. 즉, 우리나라는 에너지에 기반한 경제성장 구조를 유지해 왔음을 알 수 있다.

산업부문의 에너지소비는 1990년~2000년 기간 중 연평균 8.8%의 높은 증가율을 보였으나, 2000년 이후의 에너지소비 증가율은 산업부문의 에너지이용 효율 향상을 위한 정책의 지속추진으로 연평균 2.7% 수준으로 안정적 증가세를 보이고 있다. 수송부문의 경우 같은 기간(1990년~2000년)중 연평균 8.1%의 높은 증가율을 보였으나 2000년 이후의 지속된 고유가 상황 등으로 2007년 소비 증가율은 전년대비 2.9%를 기록했다. 또한, 국토해양부 통계자료[1]에 의하면 자동차 등록대수는 1990년 300만대에서 2007년에는 1,600만대로 무려 5배가 증가하였음에도, 자동차 등록대수 증가와 에너지 소비 증가율에서 2배의 차이를 보이는 것은 그간 자동차 연비 개선 등의 노력에 기인하였다.

---

1 국토해양부(2010), e-나라 지표(www.index.go.kr)에서 추출한 통계자료.

[그림 1] 부문별에너지 소비 및 경제성장 추이 (2010 신재생에너지 백서, 지식경제부, 2010)

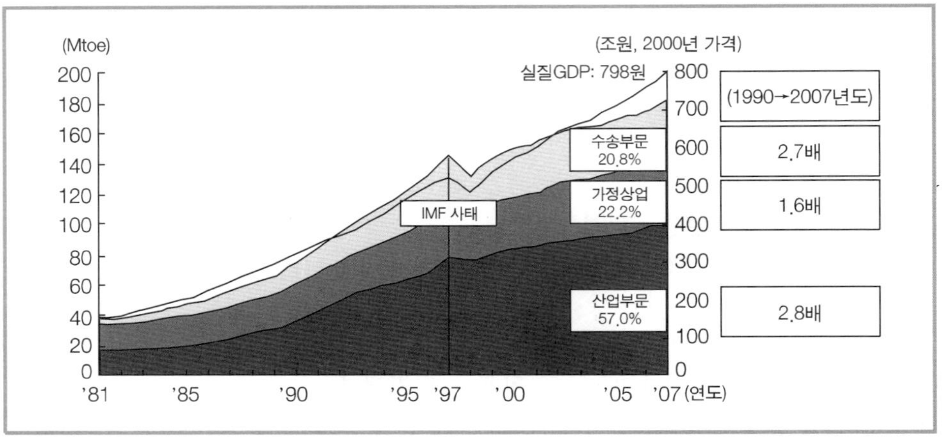

가정·상업부문은 산업 및 수송부문과 달리 상대적으로 낮은 증가율을 기록하였으며, 2000년 이후에도 지속되는 고유가로 에너지가격 상승에 따른 에너지 소비 증가율은 정체 상태를 유지하였다. 에너지원별로는 소득증가, 주거형태 변화 등에 따라 소비구조가 급격한 변화를 반영하는데, 1990년 이전에는 무연탄이 주 에너지원이었으나 1990년 이후에는 석유가 주 에너지원으로 부상했으며 1990년 후반 이후 전력, 도시가스, 열에너지 등 고급에너지로 다변화되었다.

한편 앞으로 예상되는 경제 활동 구조와 에너지 소비의 패턴을 전망하면, 산업부문은 비소재 및 첨단산업 등 에너지 저소비형 고부가가치 산업으로 전환이 예상되어 낮은 에너지 수요 증가율이 예상되며, 수송부문은 자동차의 보급이 포화수준에 근접하여 수요증가세가 둔화될 전망이다. 가정·상업부문에서 서비스업의 상대적인 높은 성장으로 가장 빠른 수요 증가가 예상되고 있다.

에너지원별 소비점유율을 살펴보면, 1970~1980년대에는 중화학공업 육성 등으로 석유의 비중이 급격히 상승하면서 석유가 주요 에너지로 등장하였다. 1990년대 후반에 들어서면서 사용이 편리하고 깨끗한 LNG 및 전기의 소비가 증가하면서 석유의 소비 비중이 축소되기 시작하여 2007년에는 44.6%로 축소되었다. 반면 LNG는 1990년대 연평균 20.1%의 급성장을 하면서 2007년에는 소비비중이 14.7%로 확대되었다. 이와 같이 LNG 소비점유율 증가 등 석유소비의 연료대체 현상은 지속되고 있어 석유의존도는 점차 낮아지고 있는 추세이다. 또한 경제규

[그림 2] 1차 에너지원별 추이 (2010 신재생에너지 백서, 지식경제부, 2010)

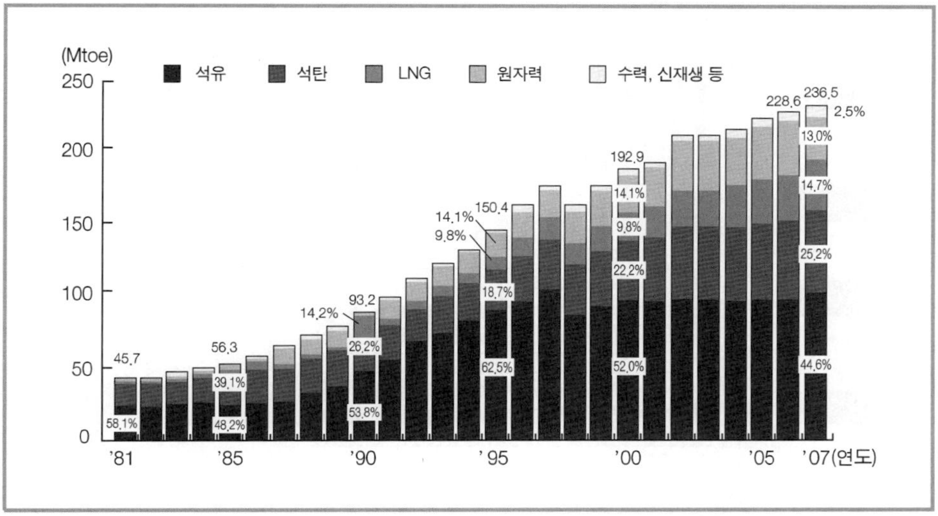

모 성장에 따른 전력수요 증가로 발전 용 유연탄(2007년 22.6%) 및 LNG 등 전력 에너지원의 소비도 점진적으로 증가하고 있다.

나. 대기환경 변화 추이

1990년대 이후 대기 배출량 변화 추이를 살펴보면 황산화물(SOx)의 배출량 감소가 두드러진다. 특히 경유, B-C유 및 유연탄 등을 대상으로 황함유량 최대 허용치를 지정한 저황유 사용 제도(1981년 처음 도입)와 이 제도의 규제 기준이 대폭 강화된 1997년 이후 SOx의 배출량은 급격히 감소한다. 주로 제조업, 비산업 연소 분야에서의 배출이 현저히 줄었으며, 일산화탄소(CO)의 경우는 수송부문에서 급격히 감소하였다. 한편 질소산화물(NOx)의 경우는 에너지 산업 연소, 제조업 특히 수송부문에서의 배출량 증가로 인하여 전체 배출량은 점차 증가하는 추세로 1990년대 초에 비해 2005년에는 그 배출량이 2배로 증가하여 한반도의 2차 오염물질(광화학 옥시단트)의 농도 증가에 크게 기여하였다. 미세먼지(TSP, PM10)의 배출량은 1997년까지 계속 증가하다가 그 이후 증가세가 주춤한 상태이며, 휘발성 유기화합물(VOCs)는 서서히 증가하는 추세를 보이고 있다.

[그림 3] 주요 대기오염물질별 배출량 추이 (국립환경과학원 분석자료, 2010)

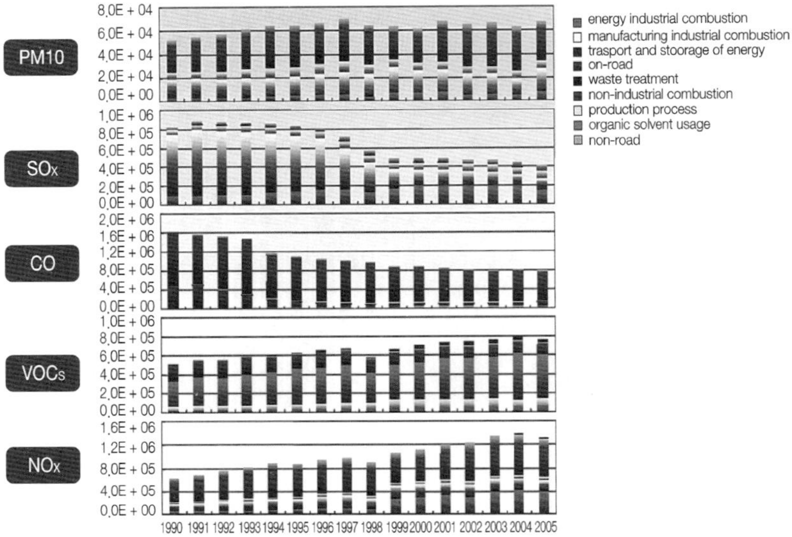

국립환경과학원에서 발표한 2007년도 국가 대기오염물질 배출량 산정결과에 따르면 여전히 SOx(총 402,525톤)는 제조업연소(25.4%)와 에너지산업연소(23.4%)가 주요 배출원이며, PM10(총 98,143톤)은 제조업 연소(54.1%)와 도로이동오염원(23.1%)에서 배출 기여율이 높았다. NOx는 총 1,187,923톤이 배출되었으며 도로이동오염원(41.7%)과 비도로이동오염원(20.0%)이 주요 배출원이었으며, 특히 수도권에서는 도로이동오염원이 49.5%의 높은 배출 기여율을 보였다. 또한 VOCs는 총 874,699톤이 배출되었으며 유기용제 사용으로 인한 배출이 60.7%로 가장 많은 양을 차지하고 있다.

대기 중 오염농도는 배출량 변화에 따른 패턴을 잘 보여 주고 있다. SO_2 경우 1990년대 초 국가 대기환경기준치인 50ppb(1990년), 30ppb(1994년)와 비슷한 대기 중 농도를 보였지만 이후 급격히 감소하여 2000년대 이후에는 대기환경기준치(20ppb, 2000년)보다 2배 이상 낮은 10ppb 이하를 나타내고 있다. CO의 경우는 이미 1990년 대기환경기준치(월평균 8ppm)보다 낮은 농도를 보이고 있으며 특히 2000년대 이후에는 1ppm 이하로 관리되고 있다.

[표 1] 배출원 대분류에 의한 2007년 대기오염물질 배출량 (톤)

배출원 대분류	NOx	SOx	TSP	PM10	CO	VOCs
에너지산업 연소	156,304 (13.2%)	94,317 (23.4%)	4,651 (3.2%)	2,951 (3.0%)	40,360 (5.0%)	5,870 (0.7%)
비산업 연소	82,396 (6.9%)	64,083 (15.9%)	2,583 (1.8%)	2,208 (2.2%)	80,155 (9.9%)	2,910 (0.3%)
제조업 연소	155,053 (13.1%)	102,172 (25.4%)	90,659 (62.7%)	53,144 (54.1%)	15,424 (1.9%)	2,941 (0.3%)
생산공정	48,725 (4.1%)	85,709 (21.3%)	11,324 (7.8%)	6,074 (6.2%)	21,771 (2.7%)	140,357 (16.0%)
에너지수송 및 저장	0 (0.0%)	0 (0.0%)	0 (0.0%)	0 (0.0%)	0 (0.0%)	29,752 (3.4%)
유기용제 사용	0 (0.0%)	0 (0.0%)	0 (0.0%)	0 (0.0%)	0 (0.0%)	531,282 (60.7%)
도로이동오염원	495,084 (41.7%)	856 (0.2%)	22,694 (15.7%)	22,694 (23.1%)	546,493 (67.6%)	95,404 (10.9%)
비도로이동오염원	237,101 (20.0%)	52,814 (13.1%)	11,719 (8.1%)	10,477 (10.7%)	95,559 (11.8%)	25,206 (2.9%)
폐기물처리	13,097 (1.1%)	2,574 (0.6%)	417 (0.3%)	302 (0.3%)	2,231 (0.3%)	40,379 (4.6%)
기타 면오염원	163 (0.0%)	0 (0.0%)	462 (0.3%)	294 (0.3%)	6,870 (0.8%)	597 (0.1%)
배출원대분류 합계	1,187,923	402,525	144,510	98,143	808,862	874,699

* 주: 도로이동오염원의 TSP, PM10 중 자동차 주행으로 인한 비산먼지, 타이어마모 배출량의 제외한 합계임.
** 주: 자연오염원의 산림식생의 VOCs 배출량은 제외됨.

[그림 4] 연평균 대기오염 농도변화 추이 (대기환경연보 2009, 환경부/국립환경과학원, 2010)

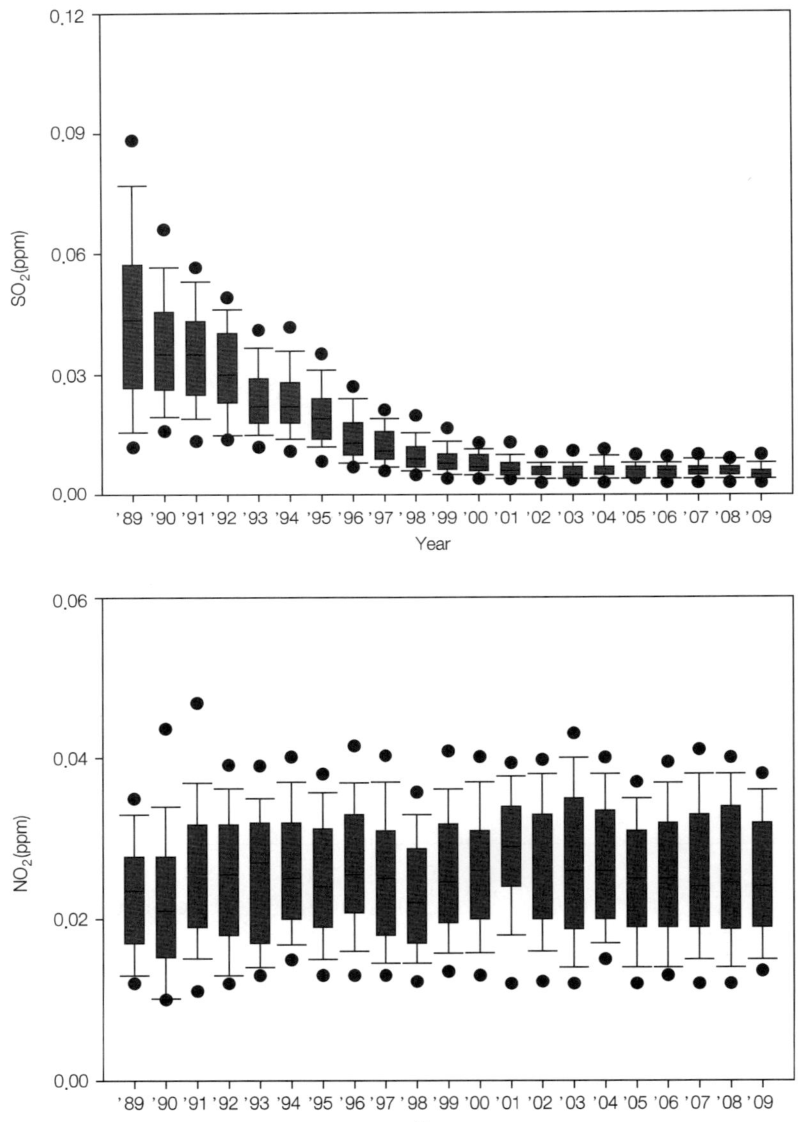

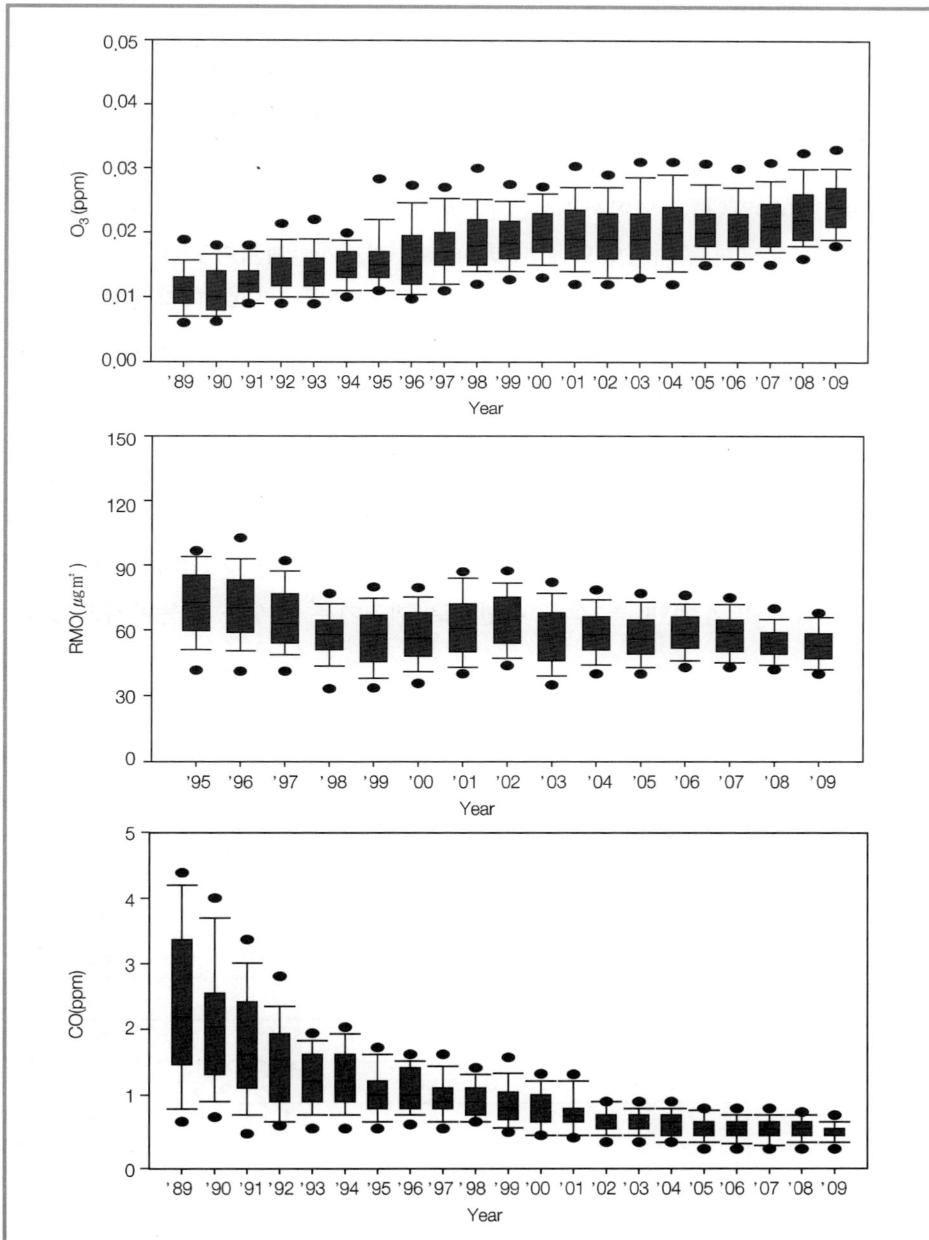
O3 (ppm)
0.05
0.04
0.03
0.02
0.01
0.00
'89 '90 '91 '92 '93 '94 '95 '96 '97 '98 '99 '00 '01 '02 '03 '04 '05 '06 '07 '08 '09
Year
RMO(μg㎥)
150
120
90
60
30
0
'95 '96 '97 '98 '99 '00 '01 '02 '03 '04 '05 '06 '07 '08 '09
Year
CO(ppm)
5
4
3
2
1
0
'89 '90 '91 '92 '93 '94 '95 '96 '97 '98 '99 '00 '01 '02 '03 '04 '05 '06 '07 '08 '09
Year

그러나 NO_2의 경우는 대기 중 농도가 줄어들지 않고 있으며 O_3의 경우는 오히려 농도가 증가하는 경향을 보이고 있다. 이는 경제성장과 인구증가로 인한 수송부문에서 질소산화물(NOx)의 배출량이 크게 늘었으며 이와 더불어 점점 배출량이 많아지고 있는 휘발성유기화합물(VOCs)과의 광화학 과정을 통한 오존 생성이 크게 증가하였기 때문이다. 특히 1985년 100만대이던 자동차 보유대수가 1997년에 1,000만대를 넘어서면서 자동차의 오염물질 배출량도 700만톤에서 1,700만톤으로 크게 증가하였으며, 우리나라는 경제개발협력기구(OECD) 29개 회원국 중 도로 단위길이(㎞)당 자동차 대수가 가장 많은 것으로 나타났다. 미세먼지(PM10)의 경우는 1990년대에는 서서히 감소하는 경향을 보였으나 2000년대 들어 감소율이 낮아지면서 농도가 거의 변하지 않고 있어, 대기환경기준치(연평균 50㎍/㎥)를 상회하는 농도를 보이고 있다.

국립환경과학원에 의해 발표된 최근 4년간(2006~2009년) 대기환경기준이 설정되어 있는 6개 대기오염물질에 대한 대기환경기준의 달성률을 살펴보면, PM10과 NO_2는 저공해차 보급, 경유차 매연여과장치(DPF) 부착 등 '수도권 대기환경 개선에 대한 특별법'에 따른 정책 추진으로 환경기준 달성률이 높아지고 있다.

[표 2] 2009년 오염물질별 환경기준 달성현황

항 목	환경기준		환경기준 달성률(%)	
			'09년	'08년
SO_2	연평균	0.02ppm	100	100
	24시간	0.05ppm	100	99.5
	1시간	0.15ppm	99.6	99.5
NO_2	연평균	0.03ppm	70.9	63.5
	24시간	0.06ppm	63.5	63.9
	1시간	0.1ppm	70.4	69.1
O_3	8시간	0.06ppm	1.7	4.3
	1시간	0.1ppm	48.7	56.5
CO	8시간	9ppm	100	100
	1시간	25ppm	100	100
PM10	연평균	50㎍/㎥	40.2	28.7
	24시간	100㎍/㎥	2.6	1.3

PM10은 2009년도의 경우 2008년에 비해 11.5% 증가한 40.2%의 대기환경기준 달성률을 보였으며, NO_2는 전국의 230개 측정소 중 163개소에서 연평균 환경기준을 달성하여 '08년에 비해 7.4% 증가한 70.9%의 달성률을 보였다. 또한, 이산화황(SO_2) 및 일산화탄소(CO)의 연평균 농도는 '05년 이래 모든 측정소에서 환경기준을 만족하고 있다. 그러나 O_3은 8시간 및 1시간 환경기준 달성률이 2008년에 비해 2009년도에 각각 2.6%, 7.8% 낮아졌으며, 2006년 이후 지속적으로 달성률이 하락하고 있다.

다. 온실가스 배출량 추이

우리나라의 온실가스 배출량은 1990년 이후 철강, 석유화학과 같은 에너지 다소비 업종의 급성장으로 2004~2005년 배출량이 1990년 대비 약 2배 증가하여 세계 9위의 온실가스 배출국이 되었다. 2004년 총배출량은 591백만tCO_2으로 1990년 대비 90.2% 증가하였으나, 증가율은 1999년 이후 감소 추세(증가율: '99년

[표 3] 국내 온실가스 배출 현황 추이[2] (단위: 백만 tCO_2)

구 분	'90	'95	'00	'02	'03	'04	'90-'04		'03-'04
							변화율%	증가율%	증가율%
에너지부문	247.7 (79.8)	372.1 (82.2)	438.5 (83.0)	473.0 (83.1)	481.4 (82.7)	490.2 (83.0)	242.5 (97.9)	5.0	1.8
산업공정	19.9 (6.4)	47.1 (10.4)	58.3 (11.0)	64.5 (11.3)	69.7 (12.0)	69.4 (11.7)	49.5 (248.6)	9.3	-0.5
농 업	17.5 (5.6)	17.8 (3.9)	16.2 (3.1)	15.8 (2.8)	15.5 (2.7)	15.9 (2.7)	-1.6 (-9.0)	-0.7	2.2
폐기물	25.5 (8.2)	15.7 (3.5)	15.6 (3.0)	16.0 (2.8)	15.6 (2.7)	15.1 (2.6)	-10.4 (-40.8)	-3.7	-3.6
총배출량	310.6 (100)	452.8 (146)	528.6 (170)	569.3 (183)	582.3 (187)	590.6 (190)	280.0 (90.2)	4.7	1.4
토지이용/임업	-23.7 (-7.6)	-21.2 (-4.7)	-37.2 (-7.0)	-33.4 (-5.9)	-33.3 (-5.8)	-33.3 (-5.6)	-9.6 (-40.2)	2.4	-1.4
순배출량	286.8 (100)	431.5 (150)	491.4 (171)	535.9 (187)	548.6 (191)	557.3 (194)	270.5 (94.3)	4.9	1.6

2 자료출처: 에너지경제연구원, 기후변화협약 대응을 위한 중장기 정책 및 전략수립에 관한 연구, 2006.

9.3% → '00년 6.3% → '02년 3.8% → '04년 1.4%)를 보이고 있다. 부문별로 온실가스 배출량의 기여도를 살펴보면 에너지 부문이 83%를 차지하고 있으며, 산업공정 11.7%, 농업 2.7%, 폐기물 2.6%을 나타내고 있다.

에너지부문 온실가스 배출량 증가요인으로는 전력 발전량 중 비화석연료 비중이 1990년 56.8%에서 2004년 44.4%로 감소한 반면, 석탄비중이 17.7%에서 36.3%로 급증한 것과, 수송부문에서 자동차 등록대수 급증으로 에너지 소비 절대량 증가, 석유화학산업 생산설비 증설로 비연료유 소비가 '90년 6.9백만TOE에서 '04년 37.3백만TOE로 5.4배 증가 및 시멘트 생산 증가 등을 들 수 있다. 또한 산업공정부문에서의 온실가스는 국내 반도체 산업의 고속성장과 LCD 생산량 증대, 자동차 생산 증대에 따른 소비량 증가에 따른 불소계 온실가스(F-Gas)와 시멘트 생산 증가에 따른 CO_2 증가를 꼽을 수 있다.

Ⅲ. 에너지·대기환경정책

가. 에너지정책

우리나라의 에너지정책은 주로 유가의 변화에 따른 세계 경제 환경 변화와 그 맥을 같이하고 있다. 1970년대 두 번의 석유위기를 겪으면서 에너지 절약 및 효율 향상을 위해 법·제도 정비 및 각종 지원 정책을 통해 경제성장을 저해하지 않게끔 에너지 공급 및 수요 정책을 적절히 활용하였다. 고유가 시대인 1970~1885년에는 1차 석유파동으로 규제 중심의 에너지 소비억제 정책이 중점적으로 추진되었으며, 에너지다소비 사업자를 지정하여 관리하기 시작하였다. 또한 2차 석유파동을 계기로 에너지이용합리화법을 제정(1979. 12)하였으며 산업, 가정·상업 및 수송부문 등 에너지수요 전 부문에 대한 에너지절약 추진과, 석유, 석탄, 가스 등 에너지원의 다변화 정책을 추진하였다.

이어 1986~2001년까지의 저유가 시대에는 소비효율등급제도 등을 도입하여 시장기능에 의한 절약확산을 도모하는 등 '에너지 이용 합리화 기본계획'을 5년 단위로 수립하여 추진하였다. 하지만 국제유가 하락, 경기 회복, 물가안정시책, 에너지가격 인하 및 석유화학, 철강 등 에너지다소비 산업위주의 경제성장 등으

[그림 5] 그간 에너지정책의 변화 (2010 신재생에너지 백서, 지식경제부, 2010)

고유가 시대('73~'85)	**위기대응기반 구축 및 에너지원 다변화**
대내외 환경	ㅇ 국민경제가 성장단계('73년 GDP 137억$), 중화확공업 육성 ㅇ 중동국가 중심으로 OPEC 결성 등 자원민족주의 대두
주요 정책	ㅇ 석유 비축사업 및 석유사업기금 조성 개시 ㅇ 해외자원개발법 제정 및 석유・가스 등 개발 추진 ㅇ 범국민적 에너지절약운동 및 에너지 효율향상정책 시행
성과	ㅇ 고유가 대응을 위한 법적, 제도적 기반 조성 ㅇ 석유의존도를 낮추기 위해 에너지원의 다변화 추진
저유가 시대('86~'01)	**에너지 인프라 확충 및 구조조정**
대내외 환경	ㅇ 환율 등 3저 효과에 따른 고도성장 및 IT 등 에너지 저소비형 산업비중 증가, IMF 외환위기 이후 구조조정 추진 ㅇ '86년 이후 유가 대폭락이후 OPEC 결속력 약화, '00년 유가밴드제 도입으로 영향력 회복
주요 정책	ㅇ 국제유가 하락을 활용하여 석유사업기금 재원을 확충 ㅇ 도시가스, 송유관 등 주요 에너지 공급인프라 구축 ㅇ ESCO, V.A. 등 에너지 효유개선을 위한 제도 도입 ㅇ 석유가격 자율화, 1차 에너지가격개편 등 시행, 전략・가스 등 구조개편 추진
성과	ㅇ 효율적인 에너지 공급시스템 구축 및 경제적인 서비스 공급을 통해 경제성장 및 국민복지에 기여 ㅇ 에너지 절약 및 이용 효율화 정책의 본격적인 추진
新유가 시대('02)	**에너지 저소비형 사회구조로의 전환**
대내외 환경	ㅇ 국민경제 규모의 확대, 경제성과 환경성이 조화된 지속가능발전 추진 ㅇ 산유국들의 정세 불안 및 개도국의 수요 급증 등에 따라 국제유가 불안정
주요 정책	ㅇ 신・재생에너지 기본계획 등 환경 친화적 에너지정책 추진 ㅇ 미래 에너지의 안정적 공급을 위한 수소경제정책 수립 ㅇ 에너지 원단위개선 3개년계획 등 에너지 효율향상정책 강화
성과	ㅇ 새로운 에너지정책 패러다임을 구현할 수 있는 법적기반 마련

로 에너지 소비는 지속적으로 증가하여 정책의 성과는 제한적이었다.

2002년부터 시작된 신고유가 시대를 맞이하여 유가 상승세가 과거 초단기적 현상과는 달리 수요 증가와 공급여력 감소에 의한 구조적인 원인으로 장기간 지속될 것이라는 전망에 따라 지속가능성과 기후변화협약 등을 종합적으로 고려하여 '제 3 차 에너지이용합리화기본계획(2004~2008)'을 수립, 시장 기능 중심의 에너지이용합리화 및 에너지 저소비형 사회를 구축하기 위해 노력하였다. 특히 효율

등급관리제도 강화, 산업체의 자발적 협약 및 에너지절약시설 투자 확대 등 부문별 에너지소비의 최소화를 위한 기반을 강화하였으며 신·재생에너지의 기술개발 및 보급 확대 등으로 석유중심의 에너지공급시스템을 다원화하여 에너지 안보 체계를 확보하기 위해 노력하였다. 뿐만 아니라 청정개발 사업(CDM)시행 등 기후변화협약에 대한 체계적인 대응체제를 구축하였다.

그러나 새 정부 들어 과거의 에너지이용 합리화 대책으로는 현재의 급변하는 에너지환경에 대한 대처와 지속적인 경제발전을 뒷받침할 수는 없다는 판단 아래 정부는 저탄소 녹색성장을 국가 비전으로 제시하였다. 이에 수립된 국가에너지기본계획(2008. 8월)은 환경, 효율, "안보"의 3대 축을 중심으로 저탄소 녹색성장을 에너지부문에서 뒷받침하기 위하여, ① 에너지를 덜 쓰면서 성장을 구현하는 사회, ② 환경오염을 최소화하는 사회, ③ 그린 에너지산업으로 일자리와 성장동력을 창출하는 사회, ④ 위기에도 흔들리지 않는 에너지 자립 및 복지사회 구현을 제시하고 있다.

나. 대기환경정책

대기오염물질이란 매연, 먼지, 가스, 악취 등 대기오염을 유발하는 물질로서 사람의 건강 또는 재산에 피해를 미치거나 동식물의 생육에 나쁜 영향을 주는 물질을 의미한다. 2011년 1월 현재『대기환경보전법』시행규칙에서는 일산화탄소, 질소산화물, 황산화물, 납, 염소 등 61종 물질을 대기오염물질로 지정하고 있다. 전체 대기오염물질과 관리대상 오염물질의 수는 산업의 고도화와 그에 따른 대기오염현상의 변화, 위해성 차원에서의 오염물질관리 필요성 등에 따라 증가되어 왔다.

1970년대 초까지도 경제성장의 요구가 우선이었기에 사회적으로 환경문제의 공론화를 기피하는 분위기였으나, 경제성장을 이루어가면서 공해문제에 대한 사회적 관심도 커져갔고, 이에 1980년 환경청이 설립되면서 대기환경정책도 본격적으로 추진되었다. 1980년대부터 저황유 공급, 청정연료 사용의 확대, 고체연료 사용의 규제, 저공해 자동차 보급 등 에너지와 관련된 대기오염저감정책이 시행되면서 아황산가스, 일산화탄소, 총먼지 등의 농도가 크게 개선되었다. 하지만 2000년대 이후 자동차와 산업활동의 증가에 따라 이산화질소, 오존, 미세먼지 등의 오염도 개선이 여전히 요구되고 있다.

[그림 6] 우리나라 대기오염의 구조적 변화과정

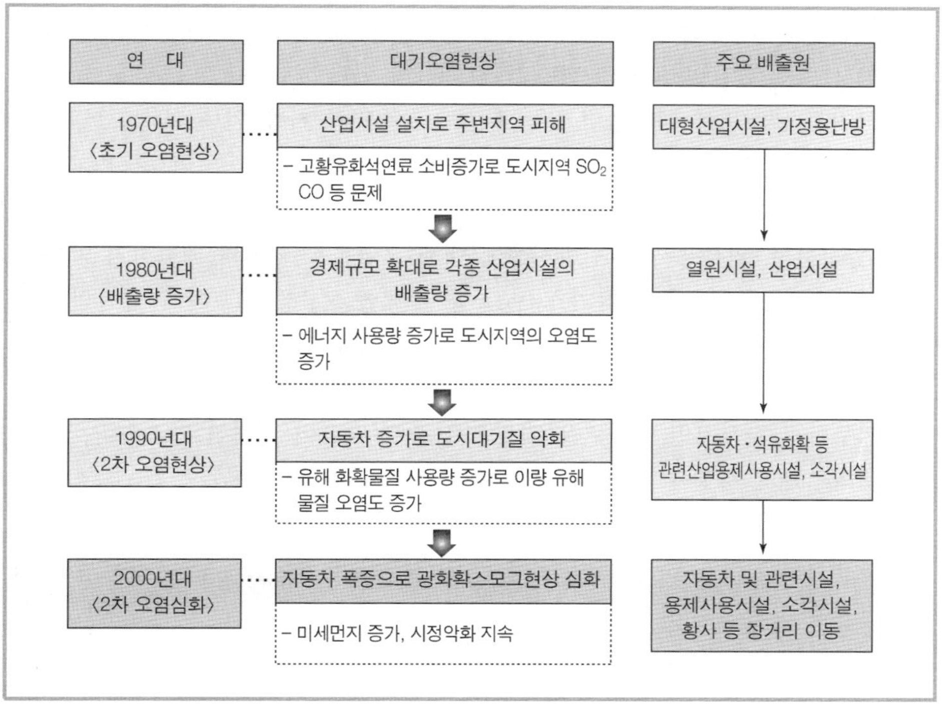

1) 대기 환경규제

저황유 사용 제도의 효과를 살펴보면 저황 중유의 보급 확대에 따라 0.5%, 1.0% 황을 함유한 중유의 사용량이 크게 줄어 2009년도에 이미 0.3% 중유로 완전히 대체되었고, 이러한 변화에 따라 매년 오염물질 배출량이 감소했다. 2010년에는 황산화물 배출량이 약 624만kg, 미세먼지 배출량은 약 13만kg 줄어들었으며 2012년부터 2038년까지는 각각 매년 1,100만kg, 23만kg씩 감축하는 효과가 있을 것으로 보이며, 그로 인한 편익은 2009년부터 30년간 2,000천억원을 넘어설 것으로 예상된다.[3]

또한, 1985년부터는 수도권 및 대도시 등 대기오염이 심각한 지역을 고체연료 사용금지지역으로 지정하고, 석탄류, 코크스류, 땔나무와 숯 등의 고체연료 사용을 규제하는 '고체연료 사용금지제도'를 도입하게 된다. 1984년도 서울시 무

3 위의 글(주 1), pp. 73~84.

연탄 소비량(3,572만 1,831kg)을 기준으로, 무연탄을 B-C유나 보일러등유로 대체하는 두 경우 모두 황산화물 배출량이 약 3,000만kg가 감소하는 것으로 나타났다. 미세먼지는 각각 100만kg, 197만kg가 감소하게 된다.[4]

그리고 1988년에 서울올림픽을 계기로 '청정연료 사용 의무제도'를 도입하게 되었다. 이는 '저황유 사용제도' 및 '고체연료 사용금지제도' 등 연료사용 제한조치에도 불구하고 대기질 개선을 위하여 필요한 경우에 도시지역 내 일정규모 이상의 발전시설, 업무용시설, 난방시설에 대해 오염물질을 거의 배출하지 않는 액화천연가스(LNG) 및 액화석유가스(LPG) 등 기체연료(청정연료) 외의 연료의 사용을 금할 수 있는 제도이다.[5] 청정연료사용이 의무화되면서 LNG 사용 증가율이 제도 미시행 시 예상되었던 LNG 사용 증가율에 비해 높게 나타났으며, 청정연료사용의무화 강화시기인 1997년을 기준으로 중유 사용이 급격히 감소하여 청정연료사용의무화의 시행에 따른 효과가 매우 뚜렷이 나타났다.

2) 자동차 오염배출 규제

우리나라는 1980년에 최초로 자동차 배출허용기준을 제정한 후 1984년,

[표 4] 2000년 이후 휘발유 승용차 배출허용기준

연 식	적용연도	배출가스 보증기간	배출가스(g/km)			비 고
			CO	NOx	HC	
2000. 1 이후	2000. 10~ 2002. 12	5년/8만km	2.11	0.25	0.16	USA Tier I 수준
		10년/16만km	2.61	0.37	0.19	
2002. 7 이후	2003. 1~ 2005. 12	5년/8만km	2.11	0.12	0.047	캘리포니아주 LEV1-LEV와 동등
		10년/16만km	2.61	0.19	0.056	
2006. 1 이후	2006. 1 이후	5년/8만km	1.06	0.031	0.025	캘리포니아주 LEV2-ULEV와 동등
		10년/16만km	1.31	0.044	0.034	
2009. 1 이후	2009. 1 이후	10년/19만km	평균 배출량 관리제도			LEV, ULEV, SULEV, ZEV 허용

4 에너지열량환산기준에 따른 무연탄 대비 각 연료의 사용량 비율을 적용하여 계산된 수치이다.

5 산업경제에 미치는 영향을 고려하여 산업용 보일러와 산업용 열병합 발전시설에는 청정연료 사용의무제도가 적용되지 아니하며 '저탄소 녹색성장' 비전에 따라 『신에너지 및 재생에너지 개발·이용·보급 촉진법』에 따른 신에너지 및 재생에너지를 사용할 수 있도록 관련규정(대기환경보전법 시행령 별표 11의3)을 개정하였다.

1987년, 2000년, 2003년, 2006년 등 5회에 걸쳐 규제기준을 강화하였다. 또한, 2009년 이후의 초저공해 제작자동차 배출허용기준도 예시하여 하이브리드 자동차, 초저공해 자동차 및 연료전지 자동차 등 무공해 자동차(Zero Emission Vehicle)의 개발과 보급에 힘을 쏟고 있다.[6]

자동차의 배출가스 관리는 제작자동차의 배출허용기준 제정과 강화, 배출허용기준에 적합한 자동차의 인증, 자동차 제작과정에서의 배출가스 관리 및 배출가스 보증기간 이내에서 운행하는 자동차의 배출가스를 검사하여 제작차 배출허용기준을 초과할 경우 이를 시정하는 결함확인검사제도 등이 있다.[7]

Ⅳ. 저탄소 녹색성장 시대의 새로운 도전

가. 저탄소 녹색성장 국가 비전

현재 우리는 환경위기와 자원·에너지위기 그리고 글로벌 경제위기를 동시에 경험하고 있다. 2006년 발표된 스턴보고서에 따르면 에너지 다소비체계의 지속 시 기후변화로 인한 경제손실이 매년 세계 GDP의 5~10%에 이를 것으로 전망하고 있다. 이는 경제, 에너지 위기와 기후변화로 대표되는 환경위기를 동시에 극복하기 위한 국제사회의 새로운 생존전략 전략이 필요한 시점임을 시사하고 있다. 또한 한국 경제의 기적을 만든 고성장 경제전략이 위기를 맞는 시점에서 새로운 성장동력과 발전 방식이 절실히 요구되고 있다. 이에, 정부는 2008년 8월 대한민국 건국 60년을 맞아 '저탄소 녹색성장'을 새로운 60년의 국가 비전으로 선언하였다. 에너지 이용의 효율화, 환경오염의 최소화, 그리고 녹색산업·녹색기술의 신성장동력화에서 새로운 국가의 비전을 찾아 추진하는 데 모든 국력을 집중하고 있다.

저탄소 녹색성장은 경제성장과 환경보호를 상호 보완의 관계로 발전시키는 새로운 패러다임이다. 양적인 성장에서 질적인 성장으로, 화석연료 중심의 경제구조에서 저탄소형 구조로 전환을 추구하며 기후변화와 에너지 위기에 대한 대응하는 것을 새로운 성장과 일자리 창출의 핵심동력으로 삼기 위한 녹색 기술

---

6 위의 글, p. 264.

7 위의 글, p. 265.

[그림 7] 녹색성장의 개념

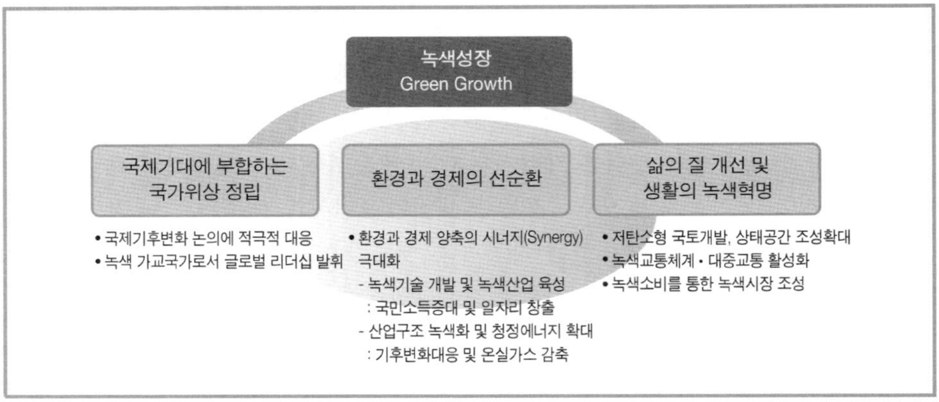

개발에 중점을 둔다. 즉 더 이상 다량의 에너지를 사용하고 다량의 온실가스를 배출하는 중화학공업, 특히 요수 투입에 의존하는 산업구조로는 경쟁력을 확보하기 어렵다는 우려가 반영된 것이다. 또한 기업의 경영 패턴과 시민의 소비와 문화 활동에 대한 녹색혁명을 지향하고 지구촌 공동의 도전에 기여하도록 하는 것이다.

이를 위해 정부는, 지식경제부가 관리하는 국가에너지위원회, 환경부의 지속가능발전위원회, 국무총리실의 기후변화대책위원회를 통합하여 대통령 직속의 단일 조정 기구인 녹색성장위원회를 출범시켰으며, 녹색성장 국가전략 및 5개년 계획(2009~2013)을 수립하여 중장기 녹색성장의 추진 전략과 계획을 분명히 하였다. 녹색성장 국가전략에서는 에너지 자립도를 2020년에 50%, 2050년에 100% 달성, 녹색기술 기술력 제고 및 사업화를 촉진하여 녹색기술 세계시장 점유율을 2020년 10%, 2050년 18% 그리고 자원순환형 경제·산업구조 구축을 위하여 자원순환율를 2020년 17.6%, 2050년 19.8% 달성을 목표로 하였다. 또한 27개 녹색기술을 선정하고 국가 GDP의 2% 이상을 연구개발에 집중하는 전략을 세웠다.

녹색성장 국가전략과 5개년 계획이 성공적으로 추진될 경우, 경제적 효과로는 2009~2013년간 약 182~206조원의 생산유발효과가 예상되는데 이는 연평균 36.3~41.2조원 수준('09년 추정 GDP의 약 3.5~4.0%)으로 추정된다. 또한 2009~2013년간 총 118~147만명 고용유발효과로 연평균 23.6~29.4만명 수준('09년 1/4분기 전체 실업자의 26.0~32.4%)의 일자리 창출 효과가 기대되어, 2020년 녹색성장 세계 7

[그림 8] 녹색성장 국가 전략 및 10대 중점추진 정책

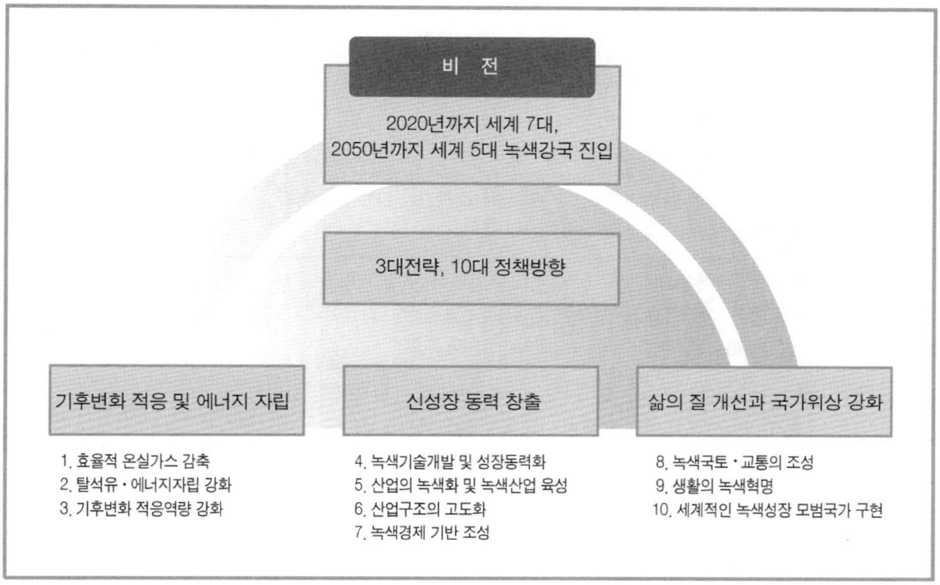

개 선도 국가로서의 위상을 갖게 될 것으로 예상된다.

또한 법적인 뒷받침을 위하여 2009년 저탄소 녹색성장 기본법을 통과시켜 에너지 자립도의 획기적인 제고를 위해 신재생에너지 보급에 대한 중장기 목표를 제시하였으며, 또한 2020년의 온실가스 감축목표를 배출전망치 대비 30%로 설정하였다. 이러한 목표 설정의 배경에는 2010년 G20 의장국으로서 글로벌 녹색성장 리더로 도약, 국제사회에서 국격 향상 등의 국제사회에서의 저탄소 녹색성장 분야의 선진국-개도국 간의 가교 역할을 수행하는 한편 온실가스 감축이라는 당면한 위기를 녹색시장 선점 등의 도전을 통해 기회로 전환하려는 적극적인 의지가 담겨 있다.

저탄소 녹색성장 기본법과 시행령에는 5년 단위의 녹색성장 국가전략 수립, 온실가스 및 에너지 목표관리를 유기적으로 연계한 온실가스감축 국가목표설정, 일정기준량 이상의 온실가스 배출업체 및 에너지 소비업체의 감축목표 관리, 온실가스 정보 및 통계에 관한 검증, 녹색생활 및 지속가능발전의 실현과 관련된 사항과 중앙부처의 소관임무를 정의하고 있다. 또한 국제사회의 금세기 말 지구

[표 5] 주요국가 중기감축목표 및 대책

국 가	주요 내용
EU	■ 2020년까지 1990년대비 20% 감축 ■ 「EU 기후변화 종합법(Directives)」발효('09. 4) ■ 배출권거래제(EU-ETS)('05) 및 자동차 온실가스 배출규제('09) 도입
영 국	■ 세계최초로 기후변화 법안 도입, 감축목표 명시('08.12) ■ 2020년까지 1990년 대비 34% 감축목표
미 국	■ 10년간 신재생에너지 산업 1,500억달러 투자계획('09.1) ■ 2020년까지 2005년 대비 17% 감축을 담은 "청정에너지·안보법안(Waxman-Markey)" ('09. 6, 하원통과)
일 본	■ 저탄소 사회구축을 위해 「Cool Earth 50」 발표('07. 5) ■ 2020년까지 2005년 대비 15% 감축('09. 6)

온도 상승을 2℃ 이내로 억제한다는 글로벌 장기목표를 실현과 국가별로 2020년 자발적인 중기 감축목표 설정 등의 움직임과 100년간 온실가스 누적배출 세계 22위, 온실가스의 주종인 이산화탄소 배출 세계 9위(2007년 기준)인 우리나라 위치를 감안하여, 정부는 유엔기후변화협약(UNFCCC) 산하 기후변화정부간협의체(IPCC)의 최대 권고치인 2020년까지 배출전망치 대비 30% 온실가스 감축을 공표했다. 이러한 감축목표 설정 및 공표는 대외적으로는 자발적으로 감축목표를 설정하여 발표할 것이라는 약속을 국제사회에 이행함은 물론, 국내적으로는 저탄소 녹색성장 국가비전에 보다 실천적 목표를 부가함으로써 기업들에게 투명한 정책목표를 제시하여 조기 대응을 유도하고 녹색기술산업에는 새로 열리는 녹색시장 선점을 통한 성장기회를 제공하기 위한 것이다. 또한 고효율·친환경 건축물 및 교통수단 전환 등 저탄소 사회 구현으로 국민의 삶의 질 개선, 원유 등 에너지 수입비용 감소로 인한 국제수지 개선 등 추가적인 긍정적 효과를 기대할 수 있다.

나. 온실가스 및 대기오염물질의 동시 감축(Co-Benefit)

1) 온실가스와 대기오염물질

IPCC 보고서에 언급된 기후변화 유발 물질(Climate Change Drivers)로는 화학적으로 안정하고 수십년에서 수백년까지 대기 중에 체류하여 기후변화에 영향을

[그림 9] 기후변화 유발물질의 복사강제력[8] (IPCC 제4차보고서, 2007)

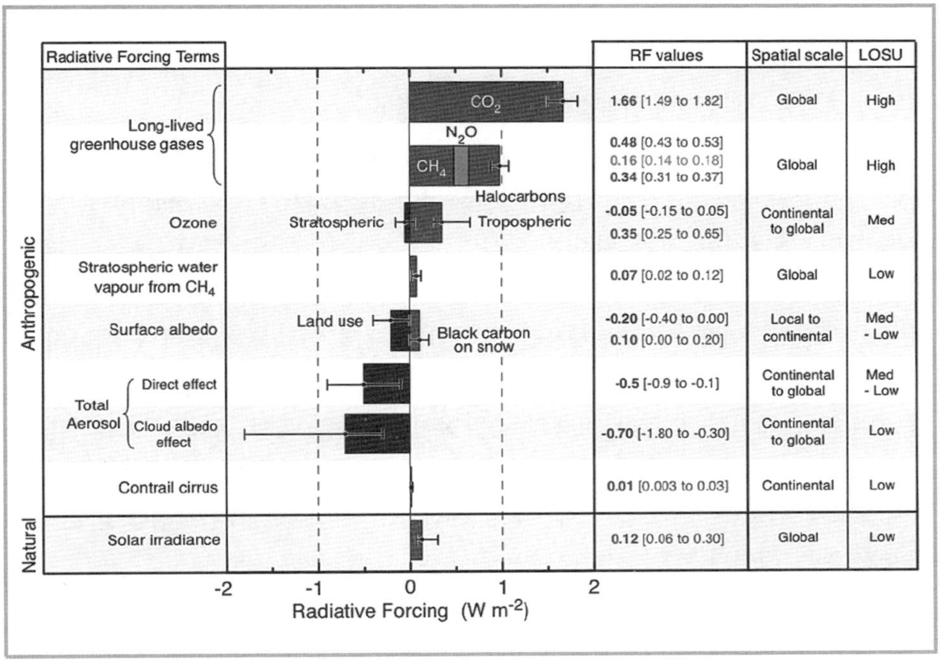

주는 물질인 장기체류 온실가스(Long-Lived greenhouse gases; LLGHGs)로 6종(CO_2, CH_4, N_2O, 불소계 온실가스 3종)과 대기 중 산화 반응 등의 화학적 반응 등으로 인해 생성 및 소멸 기작을 가지며 그 농도의 변동성이 시/공간적으로 매우 크지만 기후변화를 유발시키는 물질인 단기체류 온실가스(Short-Lived greenhouse gases; SLGHGs)(SO_2, CO, O_3 등) 그리고 대기중 입자상 물질로 태양 복사에너지를 흡수 또는 반사함으로 인해 온난화 효과(warming) 또는 냉각 효과(cooling)을 유발하는 물질인 에어로졸(Aerosol)을 들 수 있다. 최근 UNFCCC, IPCC에서 논의되고 있는 전 지구적인 안정화 목표(2℃ 목표) 달성 가능성 등을 논의할 때 온도상승에 기여도를 무시할 수 없는 대기오염물질인 단기체류 온실가스, 에어로졸에 대한 고려가 중요시되고 있다. 특히, 장기체류 온실가스 중 메탄(CH_4), 단기체류 온실가스인 SO_2, CO, O_3, VOCs 등과 에어로졸의 경우는 동시에 대기환경에도 영향을 미

8 복사강제력(Radative Forcing): 정량화된 기후변화 유발 효과로 단위 면적당 기후변화, 특히 온도상승에 기여하는 에너지양을 표시, 단위 Watt/m^2) (IPCC AR4 Technical Report, 2007).

치는 대기오염물질이다. 따라서 기후변화 유발물질은 기후변화 메카니즘에 있어 대기물리·화학·역학적으로 복잡하게 연결되어 있어 온실가스 및 대기 오염물질의 통합 관리가 전 세계적 추세이다.

2) 온실가스와 대기오염물질의 통합 관리 효과

기후변화 대응 및 대기오염 정책은 보건, 생태계 등 사회·경제적 환경에서 서로 상보적인 관계를 같게 되는데 이를 편익 관점에서 Co-benefit이라고 한다. 예를 들면, 에너지를 얻기 위하여 화석연료를 연소할 때에는 동·식물의 건강을 위협하는 기후변화를 가속화하는 온실가스와 대기환경을 악화시키는 대기오염물질이 발생한다. 이때 에너지 사용을 줄이거나 대체 연료를 사용하여 에너지 생산에서 발생하는 온실가스와 대기오염물질을 동시에 줄이고자 하는 것이 통합적인 에너지와 대기환경 관리 정책의 출발점이다. 예를 들면 고효율 보일러를 사용하여 에너지 효율을 향상시키거나 바이오매스를 이용한 청정생산과정을 통해 화석연료의 연소를 줄이고, 이에 따른 온실가스 감축 및 대기오염물질 감소의 효과를 얻는 것이다.[9]

이에 따라 OECD에서는 직접적으로는 기후변화를 완화하기 위한 정책이 다양한 부가적 편익을 발생시킨다고 보고 그 범위와 정도, 그리고 이것이 국가들의 포스트 교토체제에 대한 참여 증가에 경제적 유인으로 작용할 수 있을지에 대한 연구[10]를 진행한 바 있다. 온실가스 감축 정책을 통한 대기질 개선, 건강 증대 효과를 살펴보면, CO_2 1톤을 줄이면 2~196달러(평균 49달러)의 대기질 개선 Co-benefit 발생하며 이는 대기오염도가 높은 곳일수록 Co-benefit이 크게 나타나서, 개발도상국은 27~196달러(평균 81달러), 선진국은 2~128달러(평균 44달러)에 이르는 것으로 조사되었다. 특히 단기적으로 살펴보면, 선진국의 경우에 그 효과가 클 것으로 전망하였는데, 이는 선진국은 온실가스 감축을 위해 대기오염 유발효과가 큰 수송분야에 집중할 것으로 전망되지만, 개도국은 감축비용이 상대적으로 낮은 전기부문에 집중하여 온실가스 감축에는 크게 기여하지만 대기오염분야의 효과는 크지 않기 때문이다.

그러나 장기적인 시뮬레이션의 결과를 살펴보면, 2005년 대비 2050년까지

9 일본 환경성, The Co-benefit Approach for GHG Emission Reduction Projects, 2008. 12.

10 Johannes Bollen, Bruno Guay, Stéphanie Jamet and Jan Corfee-Morlot, Co-benefit of climate change mitigation policies: Literature review and new results, ECO/WKP (2009) 34, OECD.

온실가스 50% 감축 가정 시나리오의 경우, 온실가스 감축과 대기오염물질의 동시감축 효과로 인해 대기오염으로 인한 조기사망자수는 20~40% 감소하고 특히 개발도상국의 Co-benefit도 급격히 증가할 것으로 전망하였다. 이를 경제적 효과[11]로 환산하면 EU의 GDP의 0.7% 그리고 중국은 4.5%에 달하는 것으로 조사되었다. [그림 10]에 나타난 주요 부문과 여타 Co-benefit의 사례를 다음에 정리하였다.

- 건강분야 Co-benefit 효과: Bussolo and O.Connor(2001)[12]의 연구결과에 의하면 2010년 BAU 대비 15% 온실가스 감축 시, CO_2 백만톤 감축 당 인도의 경우 334명, 중국은 210~298명의 추가사망자가 줄어드는 것으로 보고되고 있다. 또한 West *et al.*(2006)[13]은 2030년까지 2010년 대비 전 지구적으로 메탄(CH_4)의 배출량을 20% 감축할 경우 대류권 오존 증가로 인한 사망자 중 총 37만명의 생명을 추가로 구할 수 있을 것으로 추정하였다.
- 농업 및 산림 부문 효과: Reilly *et al.*(2007)[14]의 연구결과에서는 기후변화에 의해 향후 50년 내 고농도 오존현상의 빈도가 급격히 늘어 날것으로 추정됨에 따라 농작물 및 임업 생산성에 부정적인 영향이 심각해 질 것을 경고하고 있다. 구체적으로 살펴보면 온실가스 및 대기오염물질 감축 정책을 시행하지 않을 경우, 2000년 대비 2100년도에 작물 생산량이 40~60% 감소하며, 온실가스 감축 정책만을 시행할 경우에는 20% 감소하는 것으로 예측하였으나, 기후-대기 통합 관리(동시감축) 정책을 시행할 경우에는 오히려 작물 생산량이 20% 증가하는 것으로 나타났다.
- 기후-대기 통합관리의 대기오염물질 감축 회피 비용: Van Harmelen *et al.*(2002)[15]의 모델 시뮬레이션 결과에 의하면 잘 기획된 기후-대기 통합 관리(동시

11 적용된 통계학적 인간 생명가치(VSL)는 100만 US$/인 임.

12 Bussolo, M., and D. O. Connor (2001), Clearing the Air in India: the Economics of Climate Policy with Ancillary Benefits. Responding to Local and Global Environmental Challenges, OECD Development Centre, Paris: 61 pages.

13 West, J.Jason, A.M. Fiore, L.W. Horowitz, and D.L. Mauzerall (2006), "Global Health Benefits of Mitigating Ozone Pollution with Methane Emission Controls," Proceedings of National Academy of Science. Vol. 103, No. 11: 3988-.3993 (www.pnas.org_cgi_doi_10.1073_pnas.0600201103).

14 Reilly, J., S. Paltsev, B. Felzer, X. Wang, D. Kicklighter, J. Melillo, R. Prinn, M. Sarofim, A. Sokolov, and C. Wang (2007), "Global Economic Effects of Changes in Crops, Pasture, and Forests Due to Changing Climate, Carbon Dioxide, and Ozone," Energy Policy, 35:5370-.5383.

15 Van Harmelen, T., J. Bakker, B. de Vries, D. van Vuuren, and M. and P. Mayerhofer (2002), "Long-Term Reductions in Costs of Controlling Regional Air Pollution in Europe Due to Climate Policy," Environmental Science and Policy 5: 349-365.

[그림 10] 온실가스 배출원으로부터 발생되는 대기오염물질과 그 영향

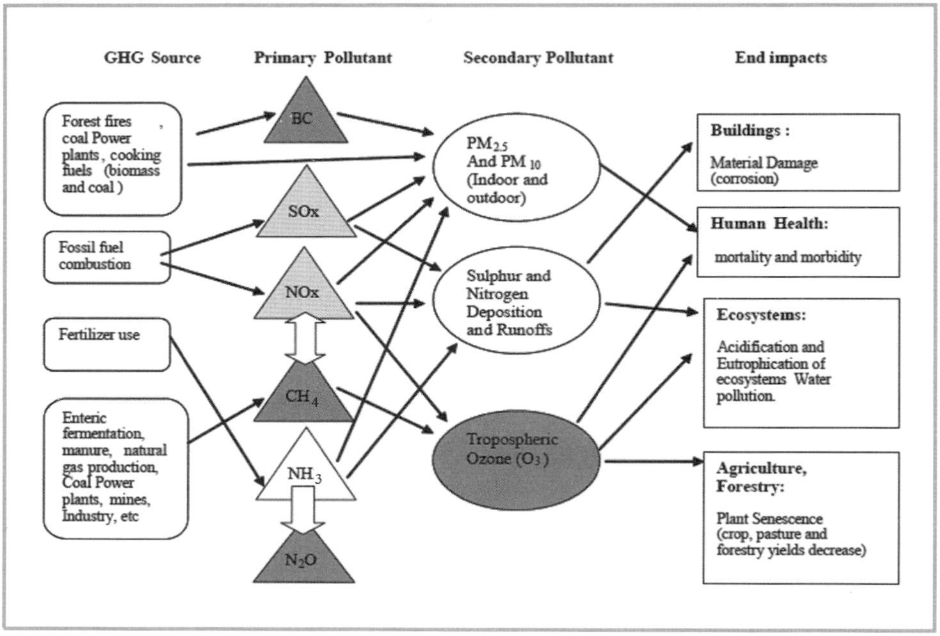

출처: OECD, 2009.

감축) 정책의 경우 그 비용과 대기오염물질만을 감축하는 비용은 거의 비슷함을 밝혔으며, 통합 관리 정책을 통하여 SO_2 감축 비용의 50~70%, NO_2 감축 비용의 50%를 절감할 수 있을 것으로 추정하였다.

국립환경과학원의 연구결과(2010)[16]에 따르면 미래 기후변화 시나리오는 온실가스뿐만 아니라 대기오염물질의 배출도 증가하는 것으로 전망되어 비용·효과적인 감축정책으로 동시감축이 바람직함을 밝혔다. 연구 결과를 구체적으로 살펴보면 인구 증가 등 경제/사회 발전이 화석연료에 계속 의존하는 시나리오인 IPCC A2 시나리오에서 남한 전체의 평균적인 대기질은 악화되어, 하절기(6~8월) 중 남한 지역 전체에 대하여 8시간 평균 일 최고 오존 농도는 2000년대 30ppb에 비해 2020년대 이후 39~42ppb 수준으로 증가하는 것으로 그리고 8시간 평균 일 최고 오존농도가 60ppb를 초과 확률은 2000년대는 2.2%에서 2020년대 8.2%,

16 국립환경과학원 보고서 (2010), 기후 및 대기환경 통합시스템 구축 및 운영(III).

2050년대 16.3%, 2100년대 15.1%로 증가하는 것으로 전망되었다. 또한 SO_2 경우도 2000년대 6ppb에서 2050년대 9ppb, PM2.5는 2000년대 24㎍/㎥에서 2100년대 67㎍/㎥로 증가할 것으로 전망되었다. 그러나 지속가능성을 중시하는 시나리오인 B1 시나리오의 경우, 2020년를 기점으로 대기오염물질 배출량(NOx, VOC)이 점차 감소하여 2050년 이후 고농도 오존 발생 빈도는 오히려 낮아져 대기질이 개선되는 것으로 전망되었다.

미국과 유럽 선진국에서는 이미 기후변화와 대기환경의 상호 연관성에 대해 인지하고, 특히 미국의 경우 기후변화 과학 프로그램(CCSP) 및 기후변화 기술 프로그램(CCTP)을 통해 동시 감축에 대한 기술개발을 선도적으로 추진하고 있으며, 일본과 중국도 이미 2007년 "Statement of Intent on Cooperation on the Co-benefits Approach Addressing Climate Change and Environmental Improvement"를 통해 국가 차원의 협력 및 기술 개발을 추진 중이다.

3) 온실가스와 대기오염물질의 동시 저감 전략

온실가스 저감을 대기질 개선 등 국가적·지역적 발전 우선 목표와 연계하여 실행하려는 노력과 효율적인 온실가스 감축 목표 달성을 위해 부수편익을 극대화하는 방안을 모색하는 것은 매우 중요하다. 먼저, 온실가스 및 대기오염 저감 정책을 통한 건강, 생태 등 각 분야별 사회·경제적 편익을 분석할 수 있는 정책 분석 모형을 통한 Co-benefit 효과의 정량화를 통해 정책의 객관성을 확보해야 한다. 이에 따라 환경부는 미국 EPA와의 통합 환경전략(Integrated Environmental Strategy; IES) 공동연구를 통하여, 1단계(2001~2003)에 온실가스 저감의 부수적 효과, 2단계(2004~2007) 수도권 대기환경개선 대책 효과, 3단계(2008~2010) 국가 기후변화 대책의 기대 편익 등을 산정하기 위한 각종 자료 및 D/B를 구축하고 Co-benefit 효과를 산정하였다. 일례로 수도권 대기질 개선 대책을 통해 약 8%의 온실가스 저감이 가능한 것으로 나타났다. 또한 제 4 차 기후변화 종합대책(2007)의 온실가스 감축 및 대기오염물질 감축 효과를 정량화하였는데, 종합대책에 따른 대기오염물질 저감 효과는 SOx 45천여톤, NOx 46천여톤, PM10 19천여톤에 달하며 온실가스인 CO_2의 경우는 78백만여톤에 달하는 것으로 조사되었다. 또한 온실가스 저감 정책(연료교체, 지역 냉난방 사업, 신재생에너지 보급 확대, 대중교통 수단 활용 장려 정책 등)을 통하여 2006년에 2005년 대비 SOx 11%, NOx 4%, PM10

28%의 저감이 가능함으로 분석되어 대기환경 정책과 연계된 온실가스 감축 정책추진 시 그 효과 및 효율이 매우 큰 것으로 나타났다. 통합 환경전략연구는 2011년부터는 구축된 자료와 모델 등을 활용하여 우리나라에 특화된 통합 환경전략의 효과를 경제적 가치로 연결시키기 위한 연구를 추진할 예정이다.

전 세계적인 에너지-기후-환경 위기는 기존 에너지의 경제성과 환경성을 극대화하기 위한 에너지 효율성 제고와 에너지 공급에 있어서 기존의 화석 연료 의존 방식에서의 탈피를 주문하고 있다. 우리나라의 경우, 2000년대 들어 철강, 석유화학 같은 제조업의 경우 세계적 수준의 에너지 원단위를 기록하는 등 매우 빠르게 개선되고 있음에도 불구하고, 그간 전체 국내 총생산의 28.9%(2005년)을 차지하는 제조업 중심의 수출 지향적인 우리나라의 산업 구조에 따라 에너지 원단위는 선진국에 비해 그 효율이 떨어지는 게 사실이다. 따라서 우리나라의 경우 에너지 효율 제고를 통해 온실가스와 대기오염물질을 동시에 배출하는 화석연료에 대한 의존도를 원천적으로 줄임과 동시에 에너지 효율화 기술에 대한 연구·개발 및 보급과 기업·시민의 자발적인 에너지 절약을 통한 저탄소 운동의 동참 동력을 높이는 정책이 필요하다.

온실가스 및 대기오염물질을 동시에 직접 규제하는 정책의 좋은 사례로 수송부문과 산업부문을 들 수 있다. 자동차는 대기오염물질과 온실가스 및 유해물질을 배출[17]하는 중요한 이동오염원으로 1970년대부터 배출가스 규제기준 설정과 운행차 배출가스 단속 등을 통해 관리되어 왔으며 Co-benefit 차원에서도 주로 다루어지는 정책 대상이다. 우리나라의 경우, 온실가스 총배출량의 13%를 담당하는 수송부문에 대한 관리를 위해 환경부는 배출가스 관리, 연료의 품질관리, 교통수요 관리, 그린카 정책 등을 통해 대기오염과 기후변화를 동시에 해결하고자 노력 중에 있다. 예를 들어, 그린카는 연료에 따라 클린디젤차, 하이브리드

---

17 자동차에서 배출되는 오염물질은 연료에 따라 약간씩 다르나, 휘발유나 가스연료를 사용할 경우에는 이산화탄소(CO_2), 탄화수소(HC), 질소산화물(NOx) 등이 주로 배출되고 경유를 사용할 경우에는 미세먼지(매연)와 질소산화물 등이 주로 배출된다.

2006년 기준으로 우리나라의 전체 자동차에서 나오는 오염물질량은 연간 약 120만톤으로 전체 대기오염물질 배출량의 33%를 점유하고 있다. 오염물질별로는 일산화탄소 74%, 질소산화물 35.3%, 미세먼지 36.9%, 황산화물이 0.2%를 차지하고 있다. 차종별로는 승용차가 전체 자동차 오염물질 배출량의 43.2%(차량대수 66.8%)를 차지하고 있는데 비하여 버스는 16.2%(차량대수 12.6%), 트럭이 40.6%(차량대수 20.6%)로서 경유를 주로 사용하는 버스나 트럭이 차량대수에 비하여 많은 오염물질을 배출하고 있다.

자동차, 천연가스 자동차, 수소연료 전지차 등 여러 종류가 개발되고 있으며, 자동차의 연비의 경우에도 앞으로는 미국수준 이상으로 설정하여, 연비는 17km/L 이상, 온실가스는 140g/km 수준 이하로 기준을 강화할 예정이다. 또한 운행차량에서 발생하는 오염물질을 줄이기 위하여 2004년 시범사업을 시작으로 2006년부터 장치 개조 유도를 통한 운행차 배출가스 저감사업을 통하여 대기오염물질 뿐만 아니라 온실가스 감축을 유도하고 있다.

산업분야는 주요 대기오염물질 배출원이면서 동시에 온실가스 측면에서도 배출량의 절반 이상을 차지하는 분야로 대기오염-온실가스의 동시 저감 정책이 효과적으로 작용할 수 있는 분야이다. 기존의 연료규제, 대기오염물질 배출 저감 및 정화 시설 설치도 Co-benefit로서 온실가스 감축 효과가 있었지만 최근에는 처음부터 대기오염과 온실가스 동시 저감을 목적으로 한 정책을 마련하여 문제해결을 위해 보다 입체적인 노력을 하고 있다. 예를 들어, 탄소 중립화 프로그램을 본격 추진하여 신·재생에너지 공급시설 건립, 중소사업장에는 B-C유와 같은 연료를 LNG 같은 청정연료로 전환, 버너도 저NOx 버너로 교체할 수 있도록 지원하여 대기질 개선과 온실가스 배출감소 효과를 동시에 얻을 수 있다.

기업·시민의 자발적인 에너지 절약을 통한 저탄소 운동의 동참을 통해 에너지 효율화를 극대화 할 수 있다. 이러한 정책의 대표적인 사례로 그린스타트 운동과 에코드라이빙 확산 정책을 들 수 있다. 그린스타트(Green Start)란 녹색생활문화 조기 정착을 위해 민·관 파트너십을 통한 온실가스 줄이기 범국민 생활실천 운동이다. 난방 온도를 낮추고, 안 쓰는 전기 플러그를 뽑고, 대중교통을 이용하는 생활 속 실천을 통해 연료 사용을 줄임으로써 온실가스뿐만 아니라 대기오염물질도 감소시키는 일석이조의 효과를 낼 수 있다. 친환경운전(Eco-Driving) 문화를 확산하기 위하여 환경부는 '친환경운전 10계명' 배포, 공회전 제한장치(Idle Stop & Go) 시범부착사업 등 친환경운전을 전국적으로 확산하기 위한 다양한 노력을 실시하고 있다.

그러나 일반적으로 온실가스 감축 정책에서는 동시 저감 전략이 잘 고려되지 않는 실정이다. 왜냐하면 온실가스 감축 시 비용을 최소화 정책이 선호되고, Co-benifit을 고려하기 보다는 기후적 편익에 더 가치를 두기 때문이며, 분석 방법 및 가정에 따라 Co-benifit 효과 산정의 불확실성이 존재하기 때문이다. 이런 상황을 고려할 때, 기존 대기오염 관리 대책을 중심으로 Co-benifit을 고려하는 전략을 고려할 필요가 있다. 이는 온실가스 감축 정책에 우호적이지 않은 이해관계자 설득 가능하고, 대기질 Co-benefit은 기후변화 정책 효과보다 반응이 빠르고 눈에 보이는 장점 때문에 정책 추진에 탄력을 받을 수 있으며, Co-benefit 효과에 불확실성이 있지만 예상 기대 효과(피해, 비용면)에서 벗어나더라도 대비책 마련이 기후변화 대응 정책에 비해 수월하기 때문이다.

Ⅴ. 결 론

최근 우리나라의 경제성장 규모는 1990년대에 비해 2007년에 이르러 2배 이상으로 커졌으며, 이에 따라 에너지 소비도 거의 같은 규모로 증가하였다. 에너지 사용량은 산업부문의 경우에는 2.8배, 가정·상업부문은 1.6배, 그리고 수송부문은 2.7배 증가하였다. 또한 자동차 등록대수는 2007년에 1,600만대를 기록하여 1990년보다 5배가 증가하였다. 대기환경의 경우, 각종 규제 정책의 효과로 황산화물와 일산화탄소의 배출량은 감소하였지만 자동차 및 에너지 소비 증가로 인하여 질소산화물의 경우에는 배출량이 점차 증가하며 2차 오염물질(광화학 옥시단트)의 농도 역시 크게 증가 하였다. 결국 고도 압축 경제성장과 산업화로 인한 에너지 소비의 증가로 에너지 공급안정성이 매우 취약해 졌으며 또한 환경 건전성이 급격히 약화된 경제·사회 구조를 갖게 되었다.

이에 그간 정부는 유가 변동 상황에 따라 에너지 소비억제 정책, 에너지 이용 합리화 정책, 에너지원 다변화 정책, 신·재생 에너지 등 친환경 에너지 공급 정책 등을 통하여 에너지 분야의 당면 과제를 해결하기 위해 노력해 왔다. 또한 대기환경 관리를 위하여 저황유 공급, 청정연료 사용의 확대, 고체연료 사용의 규제, 저공해 자동차 보급 등 대기오염저감정책을 추진하였다. 배출된 오염물질을 정화하는 것에서부터 생산과 사용 시 덜 배출하는 기술을 개발 또는 에너지 발생 연료 자체를 청정한 것으로 교체하는 방법까지 적극적으로 대기 환경문제 해결에 나섰다. 그럼에도 불구하고 에너지와 환경문제는 여전히 진행형이다.

한편, 세계 경제 환경은 미래 지식기반 기술(IT, BT, NT, ET)과 융합 산업 기반을 통해 글로벌 무한 경쟁이 심화되고 있으며, 이와 더불어 에너지·자원 고갈로 인한 가격 불안정 확대와 기후변화의 현실화 등으로 에너지·환경 문제에 대한 해답을 요구하고 있다. 뿐만 아니라 온실가스 감축, 탄소 배출권 거래, 신·재생 에너지 등 새로운 환경 시장 급성장이라는 기회에도 직면해 있다. 이러한 환경에서 우리 경제가 지속 성장하기 위해서는 우리 경제·사회 구조의 체질을 친환경적으로 바꾸어 에너지·자원 저소비형 구조로 전환하지 않으면 국제사회에서 생존하기 어려운 상황이다.

이러한 국제 사회의 요구와 경제 환경 변화에 부응하기 위해 정부는 저탄소 녹색성장이라는 국가 비전을 공표하고 저탄소형 경제구조와 녹색성장이라는 신성장동력을 극대화하는 새로운 패러다임으로의 전환을 시도하고 있다. 화석연료 중심의 경제구조에서 저탄소형 구조로 전환을 추구하며 기후변화와 에너지 위기에 대해 대응하는 것을 새로운 성장과 일자리 창출의 핵심동력으로 삼기 위한 녹색 기술 개발에 중점을 두어 핵심 정책으로 추진 중이다. 또한 기업의 경영 패턴과 시민의 소비와 문화 활동에 대한 녹색혁명을 지향하고 온실가스 감축이라는 지구촌 공동의 도전에 기여하는 데에도 중점을 두고 있다.

이와 병행하여 현재 당면한 새로운 저탄소 녹색성장 시대는 기후변화 대응 및 대기오염 정책의 통합은 보건, 생태계 등 사회·경제적 환경에서 서로 상보적인 편익, Co-benefit을 창출하기 위한 전략이 요구되는 시점이다. 즉, 온실가스와 대기오염물질을 동시에 줄이는 통합적인 에너지와 대기환경 관리 정책에 대한 관심을 가질 필요가 있다. Co-benefit 접근은 대기오염물질과 온실가스 관리에서 행정력과 비용의 중복 사용을 줄이게 되어 효율성 측면의 효과가 있을 것으로 기대된다. 또한 통합적인 관리 전략을 채택할 경우, 온실가스를 감축하기 위해 개발한 기술이 대기오염물질을 발생시키는 식으로 서로 효과를 상쇄하는 결과를 사전에 고려할 수 있어 개별 정책을 따로 추진 시 정책의 실패 또는 부작용의 가능성을 줄일 수 있을 것으로도 기대된다.

참고문헌

국내문헌

국립환경과학원 보고서, 기후 및 대기환경 통합시스템 구축 및 운영(III) (2010).

에너지경제연구원, 기후변화협약 대응을 위한 중장기 정책 및 전략수립에 관한 연구 (2006).

외국문헌

Bussolo, M., and D. O. Connor (2001), Clearing the Air in India: the Economics of Climate Policy with Ancillary Benefits. Responding to Local and Global Environmental Challenges, OECD Development Centre, Paris.

IPCC AR4 Technical Report (2007).

Johannes Bollen, Bruno Guay, Stéphanie Jamet and Jan Corfee-Morlot, Co-benefit of climate change mitigation policies: Literature review and new results, ECO/WKP(2009)34, OECD.

Reilly, J., S. Paltsev, B. Felzer, X. Wang, D. Kicklighter, J. Melillo, R. Prinn, M. Sarofim, A. Sokolov, and C. Wang (2007), "Global Economic Effects of Changes in Crops, Pasture, and Forests Due to Changing Climate, Carbon Dioxide, and Ozone," Energy Policy, 35 : 5370-.5383.

Van Harmelen, T., J. Bakker, B. de Vries, D. van Vuuren, and M. and P. Mayerhofer (2002), "Long-Term Reductions in Costs of Controlling Regional Air Pollution in Europe Due to Climate Policy," Environmental Science and Policy 5 : 349-365.

West, J. Jason, A. M. Fiore, L. W. Horowitz, and D. L. Mauzerall (2006), "Global Health Benefits of Mitigating Ozone Pollution with Methane Emission Controls," Proceedings of National Academy of Science. Vol. 103, No. 11 : 3988-.3993.

일본 환경성, The Co-benefits Approach for GHG Emission Reduction Projects (2008. 12).

제13장 환경과 기후관련 에너지(연료) 법적 규제

이 규 용*

Ⅰ. 서 언

현대사회에서 에너지는 국민경제 및 일상생활의 필수 불가결한 요소이다. 에너지와 관련된 기술의 발전은 인류문명의 전환을 가져왔으며, 인류문명의 미래도 에너지와 그에 관련된 기술의 발전에 달려있다고 할 것이다. 최근에는 "자원전쟁"이라 불릴 정도로 안정적 에너지 수급(에너지 안보, Energy Security)[1]이 국가의 명운을 좌우하는 요소로까지 등장하고 있다. 한편, 에너지는 혜택만 제공하지 않고 환경오염과 같은 부작용도 초래한다. 즉 에너지 사용에 따른 대기,[2] 수질 오염과 폐기물 처리에 따른 일반적인 환경문제를 비롯하여 최근 전 지구적으로 문제가 되고 있는 기후변화 등이 그 대표적인 예라 하겠다.

과거 국제적인 연료정책은 환경기준 설정, 연료사용제한 등 "직접규제(command and control)"[3]방식에서 최근에는 코즈정리,[4] 피구세[5] 등에 기초한 "시장기반 정책

* 김앤장법률사무소 상임고문, 전 환경부장관.

1 Malcom Wicks MP, "Energy security: A national Challenge in a changing world," 2009, 8, UK Policy report. pp. 1-3.

2 1952년 발생한 런던스모그와 1954년 미국 LA에서 발생한 LA스모그가 대표적 대기오염사고이다. 일반적으로 런던스모그는 1차 오염물질(이산화황, 일산화탄소, 매연 등)에 의한 것으로서 후진국형 스모그의, LA스모그는 2차 오염물질(오존)에 의한 것으로서 선진국형 스모그의 대표적 예로 각각 들어지고 있다.

3 강인수, 『한국경제의 이해』, 2005. 교보문고, p. 408.

4 Ronald Coase가 만든 경제이론, 민간경제의 주체들이 자원의 배분과정에서 아무런 비용을 치르지 않고 협상을 할 수 있다면, 외부효과로 인해 초래되는 비효율성을 그들 스스로 해결할 수 있다는 정리.

5 Pigouvian tax, 산업공해와 같은 부정적 외부효과를 해결하기 위해 발생하는 세금.

(market-based approach)"[6]으로 전환중이다. 우리나라도 연료의 황함량 기준 강화, 고체연료 사용금지, 청정연료사용 의무화, 유연휘발유 사용금지 등 직접 규제에서 최근에는 수도권 대기오염 총량규제 및 배출권 거래[7] 등 시장기반 정책으로 전환중이다.

특히 우리나라는 후진국형 대기오염 현상인 이산화황(SO_2), 일산화탄소(CO), 오염문제 등은 세계적으로 모범적이라는 평가를 받을 정도로 성공적으로 해결하였으나, 질소산화물과 휘발성유기화합물 및 그로 인한 2차 오염 물질인 오존(O_3), 등의 오염 문제는 여전하거나 오히려 나빠지고 있는 현실이다. 그럼에도 에너지(연료)규제, 입지규제, 배출허용기준과 총량규제 등 현 제도 운영상 이중규제적 요소가 있다는 일부의 주장에 대한 고려 및 그 해소 노력도 검토가 필요한 상황이다. 한편, 최근 지구적 차원에서 대두되고 있는 기후변화 문제에 대처하기 위한 온실가스와 대기오염물질의 동시 관리도 최우선적 정책과제로 등장하였다.

본고에서는 에너지원 특히 연료에 대한 환경적 측면에서의 규제정책의 변천사와 추진효과를 분석하고, 향후의 정책방향을 검토해 보고자 한다.

Ⅱ. 규제이론 및 정책 개관

1. 규제정책과 환경규제

공공의 이익을 위해 특정 집단 또는 지역에 대해 작위 또는 부작위의 시행을 요구하는 정책을 규제정책(regulatory policy)이라고 한다. 일반적으로 환경오염과 관련되어 시행되는 환경규제(Environmental regulation)가 규제정책의 대표적인 예 중 하나이며, 독과점 규제나 공공요금 규제 등이 이에 속한다.

전 세계적으로 산업화, 도시화와 인구증가에 따라 초래된 심각한 환경오염 문제를 해결하기 위한 방법의 모색으로 환경 규제가 구체화되기 시작하였다. 우

6 정영덕, 『거버넌스제도의 합리적 선택』, 2002, 대영문화사, p. 58.

7 세계적인 기후변화에 대응하기 위하여 온실가스를 배출하는 업체에 온실가스 배출권을 할당하고 시장을 통해 거래할 수 있는 제도. '온실가스 배출권의 할당 및 거래에 관한 법률,' 2012. 5. 14 공포, 2012. 11. 15 시행.

리의 경우에도 고도압축성장기에 후순위로 밀려 도외시되던 환경문제에 대한 인식이 산업단지와 대도시를 중심으로 환경오염 문제가 심각하게 되면서 1980년 1월 당시 보건사회부의 외청으로 출발하였던 환경청이 1990년 국무위원 겸 장관부서인 환경처로 승격된 후, 1994년 환경부로 확대·개편 되면서 환경규제도 광범하게 다양화되고 강화되면서 오늘에 이르고 있다.

이와 같이 국내외적으로 환경오염문제가 국민의 삶의 질에 심각한 영향을 미치게 되고, 시장의 보이지 않는 손에 의한 자율적 해결이 불가능하다고 판단되게 됨에 따라 이제 환경문제 해결을 위한 정부의 환경정책은 중요한 국가 정책이 되었으며, 그중 환경오염을 직접적으로 신속하게 줄이기 위한 환경규제가 그 핵심적 위치에 서게 되었다.

1980년대 중후반부터 우리나라는 환경규제를 단계적으로 강화하여 왔다. 그 대표적인 예가 대기보전을 위한 에너지(연료)규제정책이 될 것이다. 수질개선 분야나 폐기물 관리 분야는 1990년대 초부터 인프라 형성을 위한 대규모 재정투자도 병행하면서 규제제도를 강화해 왔지만, 대기분야의 경우는 거의 규제정책에 의지하여 문제를 해결해 왔으며 2000년을 넘어서야 천연가스 버스보급 사업을 중심으로 재정투자가 다소 늘어나고 있는 상황이며, 최근에 이르러서야 온실가스감축을 목표로하는 '배출권거래제'가 시장제도와 조화를 이루는 방향으로 그 도입이 진행되고 있다. 그럼에도 대기분야의 환경규제는 매우 효율적이었던 것으로 판단되며, 80~90년대 대기오염문제의 핵심이었던 이산화황, 먼지, 납 등의 오염도를 획기적으로 줄이는데 결정적인 기여를 한 것으로 평가할 수 있을 것이다. 따라서 우리나라 대기분야 에너지(연료)규제정책은 환경규제가 얼마나 효율적이고 신속하게 오염도를 일정수준 이하로 줄이는데 효과적인가 하는 실효성 평가 등 규제관련 이론정리에 있어서 매우 유용한 사례가 될 수 있을 것이다.

일반적으로 환경규제는 경제적 비용/편익 분석만으로는 규제의 필요성이나 타당성을 판단하기 곤란하다. 환경의 가치는 특히 화폐적으로 계량하기 어려워 경제적 비용을 이유로 규제를 반대하는 피규제자에게 화폐적으로 환산된 편익을 제시하며 설득하기가 거의 불가능하기 때문이다.

또한 환경오염은 전형적인 "기업가 정치적(entrepreneurial political)"[8]인 성격을 갖고 있는 것으로서, 환경오염으로 인한 편익은 생산자인 기업에 집중 되나, 비

8 J. Q. Wilsion, "The policy of Regulation," New York, Basic Book, 1980, p. 369.

용의 부담은 사회 구성원 전체 및 미래 세대가 지게 되기 때문에 규제를 통한 사전예방정책이 훨씬 경제적이며 사회정의에 부합한다는 것도 그 이유가 된다. 예를 들어 에너지(연료)의 무분별한 사용으로 인해 환경이 악화되는 경우 고소득층(연료 판매 및 수입업자 포함)은 경제적 편익을 보게 되는 동시에 자기 방어 능력도 어느 정도는 있다고 볼 수 있으나, 일반 국민을 비롯한 저소득층은 환경오염에 무방비로 노출되게 된다. 즉 연료의 규제와 같은 환경규제는 "사회 정의"의 관점도 고려할 필요가 있다.

한편, 환경규제가 환경오염 문제해결에 기여한다는 데에는 어느 정도 공감대가 형성되나, 환경규제강화가 생산성, 시장구조 그리고 수출(수입 진입 장벽)등 우리 경제에 미치는 영향에 대해서는 긍정적 영향을 미친다는 연구와 함께 우리 기업의 성장에 장애가 된다는 연구결과[9]도 있다. 다만 환경규제 강화시 우리 기업의 경쟁력이 강화된다는 데에는 어느 정도 공감대가 있다고 할 수 있다.

2. 에너지(연료)규제정책의 배경

최근 대기분야의 규제 및 환경정책은 그 어떤 분야보다도 급변하는 상황에 직면하고 있다. 대기오염에 가장 큰 비중을 차지하고 있는 에너지의 종류와 사용 추세가 변하고 있으며, 장기적이고 복잡한 문제인 기후변화 문제와 직결되기 때문이다. 기후변화의 문제는 에너지(연료)와 밀접한 관계에 있다. 모든 연료의 기본이 석탄이나 석유와 같은 화석연료에 근간을 두고 있고, 화석연료는 온실가스 발생이 필연적이기 때문이다. 우리나라의 2007년 기준 에너지 소비량은 222 백만toe로서 세계 10위이며, 석유소비량과 전력소비량 모두 10위 규모로, 세계 15위인 경제 규모에 비해 높은 수준이다. 즉 에너지 사용량을 줄이면 대기오염물질의 배출이 줄어들 뿐만 아니라 온실가스 배출도 함께 줄어 기후변화 문제도 해결 할 수 있다는 해법이 나온다.

한편, 대기오염과 관련된 규제는 대부분이 다수의 일반 국민을 보호하기 위한 '보호적 규제정책'에 해당한다. 대기환경정책의 기본목표는 맑고 깨끗한 대기환경을 유지하여 국민의 건강을 보호하고 쾌적한 환경에서 생활하도록 하는 것이며, 대기오염으로 인한 환경상의 위해를 예방하는 것이라 할 수 있다. 이를 위

9 산업연구원, "환경규제준수의 경제적 효과분석 — 생산성, 시장구조, 수출을 중심으로 —," 2011.

하여 「환경정책기본법」에서는 대기질의 관리목표로서 '대기환경기준'을 설정하고 환경여건의 변화에 따라 그 적정성이 유지되도록 하여야 함을 명시하고 있다. 대기환경기준을 달성하기 위하여 환경부에서는 "대기환경개선 10개년 종합계획('06~'15)," "수도권 대기환경관리 기본계획('05. 11)" 등 각종 대책을 마련하여 추진하고 있다.

국내 대기오염규제의 성공사례로서는 에너지 산업의 경우와 수송부분에 있어서 다른 대기오염물질의 배출량이 증가하고 있음에도 불구하고 이산화황의 배출량은 감소하고 있다는 것을 들 수 있고, 이러한 측면에서 연료에 대한 규제가 적절이 이뤄졌다고 평가할 수 있다. 여기에서 좀 더 연료규제가 과거 우리나라의 산업발달의 역사와 함께 어떻게 진행되었는지 살펴볼 필요가 있다.

사업장 등에서 사용하는 연료를 황함유량이 낮은 연료로 전환하게 함으로써 황산화물(SOx)과 미세먼지(PM)[10]의 배출량 감소로 이어지게 되고 이에 따라 건강피해와 산성비를 비롯한 다양한 피해를 감소시킬 수 있다는 것은 널리 알려진 사실이다. '92년 세계보건기구(WHO)와 유엔환경계획(UNEP)이 발간한 세계 20대 도시의 대기질 비교에서 서울은 멕시코시티, 북경과 함께 이산화황(SO_2)과 먼지(TSP)의 농도가 높아 대기환경이 가장 열악한 도시로 분류되었었다.[11] 하지만 '80년대부터 정부의 연료규제정책 등 꾸준한 대기환경보전정책 추진을 통하여 '90년대 초반에 서울의 SO_2 농도는 후진국 수준을 벗어나 상당한 수준으로 개선되기 시작하였다.[12]

1~4차에 이르는 경제개발 5개년계획을 추진하면서 전국 곳곳에 공장과 사업장이 수없이 들어서고, 울산 및 여천공단과 마산수출자유지역 등 해안 도시지역을 중심으로 대규모 임해공업단지가 건설되었다. 이 시기에는 농업보다는 공업을 중시하였고 공업부문 중에서도 경공업보다는 중화학공업 중심으로 수출경쟁력을 키워나가는 데 주력하였다. 철저한 경제성장 위주의 정책기조 아래 공해산업일지라도 수출경쟁력만 있으면 문제가 없다는 기조의 정책이 추진되었다.

10 미세먼지(PM: Particle matters): 일반적으로 10㎛과 2.5㎛로 분류하여 환경기준이 설정됨. 우리나라는 1983년에 최초로 크기에 관계없는 총먼지 기준(TSP)으로 대기환경기준을 시행해오다가 1995년에 10㎛ 이하의 작은 입자의 미세먼지(PM10)로 대기환경기준을 변경하여 현재에 이르고 있음. 우리나라에서 미세먼지라 하면 보통 PM10을 지칭.

11 WHO and UNEP report, 1992.

12 김호석·김종호, 『국내 대기오염규제의 온실가스 저감효과 제고방안』, 경제·인문사회연구회 녹색성장 종합연구총서, 2009.

울산공업센터기공식('62. 2. 3)에서 낭독했던 당시 박정희 국가재건최고회의의장의 치사문[13]이 당시 우리나라의 경제성장 및 환경문제 등에 대한 인식의 수준을 잘 나타내주고 있다. 급속한 산업화를 뒷받침하기 위한 정부의 국토개발계획 또한 공업입지의 확보, 용수공급을 위한 댐 건설, 주택 및 도로건설 등 환경에 대한 고려 없이 오직 경제성장을 뒷받침하기 위한 목적으로 '63년 제정한 「국토건설종합계획법」에 의하여 거점개발방식으로 추진되었다. 이러한 거점개발방식은 수도권과 동남권 일부 지역에 산업화와 함께 인구 집중 현상을 가속화시켜 대도시의 대기오염 악화 등 환경문제가 대두되는 부작용을 가져왔다.

1970년대 후반까지도 국가의 모든 역량은 경제성장에 집중되고 있었으며, 경제성장을 위하여 국력이 분산되는 것을 우려한 나머지 환경문제의 공론화를 기피하였다. 사회적으로 환경의식이 제대로 형성되지 못한 상황에서 환경오염방지에 투자를 해야 할 산업체는 환경대책 마련을 반대하였으며, 환경문제를 논의하는 것은 경제 및 사회발전에 걸림돌이 된다는 인식 때문에 논의 자체가 금기시되는 상황이었다.

1960~1970년대 중화학공업을 중심으로 한 산업육성정책은 우리 경제와 산업을 고도성장의 기반 위에 올려놓는 중요한 계기로 작용하였지만, 다른 한편으로는 에너지다소비형 산업의 발달로 석탄·석유·전기 등의 사용량이 급격하게 증가하였고 이에 따라 황산화물, 질소산화물, 일산화탄소, 먼지 등 대기오염물질을 다량으로 발생시켜 대기오염도가 급격히 악화되었다. 특히 산업이 주로 도심지역을 중심으로 발달하게 되었고, 이러한 산업 활동에서 황성분 함유량이 높은 석탄이나 BC유 및 경유 등을 주로 사용하다 보니 도시지역의 이산화황 농도는 갈수록 높아지고, 환경오염피해가 발생하는 등 사회문제화 되기에 이르렀다.

우리나라가 본격적인 경제성장을 이루게 되면서 공해문제가 사회적 관심사로 부각되자 '80년 1월 환경행정전담기구인 환경청이 발족하게 되었다. 1980년대에 가장 심각한 대기오염물질은 이산화황과 매연이었고, 그 외에 질소산화물과 일산화탄소 등 주로 연료의 연소과정에서 배출되는 오염물질이 주요인이었다.

---

13 "4천년 빈곤의 역사를 씻고 민족 숙원의 부귀를 마련하기 위하여 우리는 이곳 울산을 찾아 여기를 신공업도시로 건설하기로 했습니다. … 중략 … 제 2 차 산업의 우렁찬 수레소리가 동해를 진동하고 산업생산의 검은 연기가 대기 속에 뻗어나가는 그날엔 국가민족의 희망과 발전이 이에 도래하였음을 알 수 있는 것입니다 …."

Ⅲ. 주요 에너지(연료)규제정책의 추진 경과

1. 대기질 개선과 연료규제 변천사

'80년도 서울시의 이산화황 농도는 0.094ppm으로 당시의 환경기준인 0.05ppm[14]을 2배 가까이 초과하였고, 울산지역도 '81년 이산화황 연평균 오염도가 0.057ppm으로 대기환경기준을 초과하는 등 농도규제인 배출허용기준제도만으로는 당시의 환경기준인 이산화황 농도를 유지할 수 없었다. 따라서 이러한 환경오염 문제를 해결하기 위하여 '81년 **"저황유 사용의무화제도"**를 도입하게 되었다. 이산화황의 배출량을 원천적으로 감소시키기 위하여 경유 및 BC유를 대상으로 지역별 황함유량의 최대 허용치를 설정하고, 정유사로 하여금 지역별 허용범위 내에서 제품을 생산하여 해당지역에 공급하도록 한 것이다.[15]

'73년 제 1 차, '78년 제 2 차 오일쇼크 발생으로 유류가격이 상승하자, 에너지원 다변화의 일환으로 석탄사용이 적극 권장되었다. 이에 따라 수도권 등 대도시 지역에서 석탄 사용량이 증가하게 되고 이로 인한 대기오염 문제가 심각하게 되었다. 황함유량이 적은 BC유를 사용하도록 하는 "저황유 사용의무화 제도" 하나만으로는 도시지역의 이산화황 및 미세먼지(PM) 오염도를 적정수준으로 개선하는 것에 한계가 있었다. 따라서 '85년도부터 수도권 및 대도시 등 대기오염 우심지역을 고체연료 사용금지지역으로 지정하고, 석탄류, 코크스류, 땔나무와 숯 등의 고체연료 사용을 규제하는 "고체연료 사용금지제도"를 도입하게 되었다.[16]

"저황유 사용의무화제도"와 "고체연료 사용금지제도"의 시행으로 도시지역의 이산화황 및 먼지오염도를 상당히 개선할 수 있었지만, 경제성장과 더불어 계속 증가하는 에너지 사용량으로 인하여 1980년대 후반부터는 이들 두 가지 제도만으로는 대기환경기준을 만족하는 수준으로 대기오염도를 개선할 수 없었다. 더불어 도시지역에 BC유를 주로 사용하는 중앙난방방식의 아파트 단지가 대단위

14 1978년 처음으로 이산화황의 환경기준을 연평균 0.05ppm, 일평균 0.15ppm으로 설정. 환경부, 『환경30년사』, 2010. p. 96.

15 환경부, 『연료사용규제의 보완 발전방안 연구』, 2003.

16 환경부, 『고체연료 사용에 대한 합리적인 개선방안 마련』, 2008.

로 들어서게 되고, 도시 인접지역에 발전시설 및 지역난방시설 등 에너지를 대규모로 소비하는 시설이 위치하게 되면서 또다시 도시지역의 대기오염도는 심각한 수준에 이르게 되었다.

또한, '88년 서울 올림픽을 앞두고 서울시의 대기질을 개선해야 하는 것이 당면과제로 대두되어 보다 근원적으로 오염물질을 줄여야 할 필요성이 생겼다. 이에 따라 도시지역의 대기오염물질 중 특히 이산화황 및 먼지오염도를 개선하기 위하여 '88년 "청정연료 사용 의무제도"를 도입하게 되었다. 이는 "저황유 사용의무화제도" 및 "고체연료 사용금지제도" 등 연료사용에 대한 제한조치에도 불구하고 대기질 개선을 위하여 필요한 경우에는 도시지역 내 일정규모 이상의 발전시설, 업무용시설, 난방시설에 대해 오염물질이 거의 배출되지 아니하는 액화천연가스 및 액화석유가스 등 기체연료(이하 "청정연료"라 한다)이외의 연료에 대한 사용금지를 명할 수 있는 제도이다.[17] 이로써 대기오염문제를 직접적으로 해결하기 위한 일련의 규제제도가 도입되게 된 것이다.

2. 저황유 사용의무화

"저황유 사용의무화제도"는 '81년 최초로 서울시부터 적용되었는데 당시 황함유기준은 경유 0.4%, 중유 1.6%였다.[18] 중유는 '93년부터 황함유기준을 더욱 강화함으로써 정유사에서 탈황 및 분해시설을 집중적으로 설치하여 지역별로 1.0%와 1.6%를 적용하게 된다. '97년 7월부터는 지역별로 0.5%와 1.0%를 적용하는 것으로 더욱더 강화되었고, '01년부터는 0.3%, 0.5%, 1.0%로 강화하여 지역별로 차등 적용되도록 하였다. 경유는 '91년 0.4%에서 '93년 0.2%, '97년 7월부터는 전국적으로 0.1%의 황함유기준이 적용되었다([표 1], [표 2]).

하지만 "저황유 사용의무화" 적용 지역에서도 ① 부생가스 및 폐열을 사용하는 시설, ② 최적의 방지시설을 설치하여 부과금을 면제받은 시설, 그리고 ③ 저황유 외의 연료를 사용하여 배출되는 황산화물이 해당 시설에서 저황유를 사용할 때 적용되는 배출허용기준 이하로 배출되는 시설로서 배출시설의 설치허가 또는 변경허가를 받거나 신고 또는 변경신고를 한 시설은 저황유외의 연료를 사

17 대기환경보전법 시행령 제43조.

18 환경부, 『저황유 보급·확대에 따른 환경·경제성 분석』, 2007.

[표 1] 연료의 황함유 기준 강화현황

구 분			황함유기준별 시행시기			
			'97.6.30까지	'97.7.1부터 '01.6.30까지	'01.7이후	'07.11이후
유류	중 유 (벙커-A, 벙커-B, 벙커-C)		1.0% 이하	0.5% 이하 1.0% 이하	0.3% 이하 0.5% 이하 1.0% 이하	0.3% 이하 0.5% 이하 1.0% 이하
	경유, 등유1호 (보일러등유)		0.1% 이하			
	저황왁스유 (LSWR)		0.3% 이하			
	부생연료유	1호 (등유형)				0.1% 이하
		2호 (중유형)			0.2% 이하	
석탄	유 연 탄		0.7% 이하	0.5% 이하	0.3% 이하	0.3% 이하
	무 연 탄		0.7% 이하	0.5% 이하	0.5% 이하	0.5% 이하

[표 2] 저황연료 공급지역확대 현황

구분	'91	'93	'95	'97	'99	'01	'02 이후	'09.1.1 이후	'10.7.1 이후	'12.1.1 이후
중유	34개 시·군 (1.6%)	18개 시·군 (1.6%)	19개 시·군 (1.6%)	37개 시·군 (1.0%)	76개 시·군 (1.0%)	나머지 시·군 (1.0%)	나머지 시·군 (1.0%)	101개 시·군 (1.0%)	63개 시·군 (1.0%)	
		20개 시·군 (1.0%)	22개 시·군 (1.0%)	24개 시·군 (0.5%)	56개 시·군 (0.5%)	49개 시·군 (0.5%)	44개 시·군 (0.5%)	21개 시·군 (0.5%)	44개 시·군 (0.5%)	104개 시·군 (0.5%)
						7개 시·군 (0.3%)	20개 시·군 (0.3%)	43개 시·군 (0.3%)	58개 시·군 (0.3%)	61개 시·군 (0.3%)
경유	34개 시·군 (0.4%)	38개 시·군 (0.2%)	41개 시·군 (0.2%)	전국 (0.1%)	전국 (0.1%)	전국 (0.1%)	전국 (0.1%)	전국 (0.1%)	전국 (0.1%)	전국 (0.1%)

용할 수 있도록 예외를 허용하고 있다.[19]

또한, '09년 1월 1일부터 서울, 부산 등 6개 광역시, 수원 등 13개 시 등 총 43개 시·군에 대하여는 0.3% 이하의 중유를, 양주·파주 등 21개 시·군에 대해서는 0.5% 이하의 중유를 공급·사용하도록 하고, 0.3% 및 0.5% 이하 중유 공

19 대기환경보전법 시행령 제41조.

급·사용지역을 제외한 전국에서는 1.0% 이하 중유를 공급·사용하도록 하고 있다. '12년 1월 1일 이후에는 추가적으로 저황유 공급·사용지역이 확대되어 전국적으로 황함유량 0.3%와 0.5%의 중유만을 사용하게 되었다.[20]

3. 고체연료 사용금지제도

'85년도부터 수도권 및 대도시 등 대기오염이 심각한 지역에 대하여 고체연료인 "석탄류, 코크스, 땔나무와 숯" 등의 사용을 규제하는 "고체연료 사용금지제도"를 도입하게 되었다. 이것은 석탄 등 고체연료가 상대적으로 이산화황이나 일산화탄소, 먼지 등의 오염물질을 많이 배출하기 때문이며, 환경기준을 초과하거나 초과할 우려가 있는 지역의 시간당 총증발량이 0.2톤 이상인 보일러시설에 대하여 고체연료의 사용이 금지되었다.[21] 그러나 고체연료 사용금지 지역이라 하더라도 ① 제조공정의 연료 용해과정에서 광물성 고체연료가 사용되어야 하는 주물공장·제철공장 등의 용해로 시설, ② 연소과정에서 발생하는 오염물질이 제품 제조공정 중에 흡수·흡착 등의 방법으로 제거되어 오염물질이 현저하게 감소되는 시멘트·석회석 등의 소성로 등의 시설, ③ 폐기물관리법 제 2 조에 따른 폐기물처리시설(폐기물 에너지를 이용하는 시설을 포함한다), ④ 고체연료를 사용하더라도 해당시설에서 배출되는 오염물질이 배출허용기준 이하로 배출되는 시설로서 시·도지사에게 고체연료의 사용을 승인받은 시설[22]에서는 고체연료를 사용할 수 있도록 하였으며 고체연료 사용시설의 설치기준은 다음과 같다([표 3]).

현재 고체연료 사용금지지역으로 지정된 지역은 서울특별시, 부산광역시, 인천광역시, 대구광역시, 광주광역시, 대전광역시, 울산광역시, 경기도의 수원시, 부천시, 과천시, 성남시, 광명시, 안양시, 의정부시, 안산시, 의왕시, 군포시, 시흥시, 구리시, 남양주시이다([표 4]).[23]

---

20 "환경부 저황유 공급으로 대기환경개선," 환경부 보도자료, '07년 11월 28일자.

21 환경부, 『고체연료 사용에 대한 합리적인 개선방안 마련』, 2008.

22 대기환경보전법 시행령 제42조 제 2 항.

23 대기환경보전법 시행령 별표 11의2.

[표 3] 고체연료 사용시설 설치기준[24]

구 분	고체연료 사용시설 설치기준
석탄 사용시설	가. 배출시설의 굴뚝높이는 100m 이상으로 하되, 굴뚝상부 안지름, 배출가스 온도 및 속도 등을 고려한 유효굴뚝높이(굴뚝의 실제 높이에 배출가스의 상승고도를 합산한 높이를 말한다. 이하 같다)가 440m 이상인 경우에는 굴뚝높이를 60m 이상 100m 미만으로 할 수 있다. 이 경우 유효굴뚝높이 및 굴뚝높이 산정방법 등에 관하여는 국립환경과학원장이 정하여 고시한다. 나. 석탄의 수송은 밀폐 이송시설 또는 밀폐통을 이용하여야 한다. 다. 석탄저장은 옥내저장시설(밀폐형 저장시설 포함) 또는 지하저장시설에 저장하여야 한다. 라. 석탄연소재는 밀폐통을 이용하여 운반하여야 한다. 마. 굴뚝에서 배출되는 이산화황(SO_2), 질소산화물(NO_X), 먼지 등의 농도를 확인할 수 있는 기기를 설치하여야 한다.
기타 고체연료 사용시설	가. 배출시설의 굴뚝높이는 20m 이상이어야 한다. 나. 연료와 그 연소재의 수송은 덮개가 있는 차량을 이용하여야 한다. 다. 연료는 옥내에 저장하여야 한다. 라. 굴뚝에서 배출되는 매연을 측정할 수 있는 기기를 설치하여야 한다.

[표 4] 고체연료 사용금지 지역 확대 추이

연도	'85	'86	'90	'96	'99
대상 지역	서울, 부산, 대구, 대전, 광주, 인천, 수원, 부천, 시흥, 성남, 광명, 안양, 의정부시, 남양주군 14개 시·군	과천, 안산, 구리시 17개 시·군	의왕, 군포, 미금, 울산시, 울주군 22개 시·군	울주군 제외 21개 시·군	미금시 및 남양주시⇒ 남양주 20개 시·군

4. 청정연료 사용의무제도

“저황유 사용의무화제도” 및 “고체연료 사용금지제도” 등 연료사용에 대한 제한조치에도 불구하고 서울 등 대도시의 대기오염개선에 한계가 보이게 되자 '88년부터 대기질 개선을 위하여 필요한 경우에는 도시지역 내 일정규모 이상의 발전시설, 업무용시설, 난방시설에 대해 오염물질이 거의 배출되지 아니하는 액화천연가스 및 액화석유가스 등 청정연료이외의 연료에 대한 사용금지를 명할

24 대기환경보전법 시행규칙 제56조 및 별표 12.

[표 5] 청정연료를 사용하여야 하는 대상 시설의 범위

가. 「건축법 시행령」 제 3 조의4에 따른 공동주택으로서 동일한 보일러를 이용하여 하나의 단지 또는 여러 개의 단지가 공동으로 열을 이용하는 중앙집중 난방방식(지역냉난방방식을 포함한다)으로 열을 공급받고, 단지 내의 모든 세대의 평균 전용면적이 40.0㎡를 초과하는 공동주택

나. 「집단에너지사업법 시행령」 제 2 조 제 1 호에 따른 지역냉난방사업을 위한 시설

다. 전체 보일러의 시간당 총 증발량이 0.2톤 이상인 업무용보일러(영업용 및 공공용보일러를 포함하되, 산업용보일러는 제외한다)

라. 발전시설. 다만, 산업용 열병합 발전시설은 제외한다.

비고: 가목부터 라목까지의 시설 중 「신에너지 및 재생에너지 개발·이용·보급 촉진법」 제 2 조에 따른 신에너지 및 재생에너지를 사용하는 시설은 제외한다.

수 있는 "청정연료 사용의무제도"를 도입하였다([표 5]).[25]

구체적으로 살펴 보면 '88년부터 서울시내 보일러 용량이 2톤 이상인 업무용, 영업용, 공공용 빌딩에 대하여 청정연료 사용을 의무화하였으며, '91년에는 서울시내 보일러 용량 0.5톤 이상 빌딩 및 전용면적 30평 이상 중앙난방방식 아파트, 수도권지역 14개 시의 보일러 용량 2톤 이상 및 평균전용면적 35평 이상의 중앙난방식 아파트로 적용대상 및 시설을 확대하였다.[26]

'93년 9월부터는 수도권지역의 평균전용면적 25평 이상의 중앙난방방식 아파트와 부산, 대구의 보일러 용량 0.5톤 이상의 빌딩에 대하여도 청정연료를 사용하도록 하였다.

또한, '96년 9월부터는 부산, 대구의 0.2톤 이상의 보일러와 평균전용면적 25평 이상의 아파트에 대해서도 청정연료 사용을 의무화 하였다. '97년 9월부터 서울시내 기존 12.1평을 초과하는 중앙집중난방방식 공동주택으로 적용을 확대하였다. 그리고 기존 시설 이외에도 신규로 사업승인을 받게 되는 중앙집중난방방식 공동주택에 대하여는 사업승인시기와 시설의 규모를 구분하여 완공시점부터 청정연료를 사용하도록 하였다([표 6]).

25 대기환경보전법 시행령 제43조.

26 환경부, 『친환경에너지 정책의 추진효과 분석 및 개선방안 마련』, 2009.

[표 6] 사업승인 시기별 청정연료 사용대상 시설 및 지역현황

대상 및 규모		사업승인시기	대상지역
25평 이상	아파트	'90. 1. 24 이후	서울
		'91. 1. 1 이후	인천, 수원, 부천, 과천, 성남, 광명, 안양, 의정부, 안산, 의왕, 군포, 시흥, 구리, 고양
	연립주택	'91. 4. 11 이후	서울, 수원, 부천, 과천, 성남, 광명, 안양, 의정부, 안산, 의왕, 군포, 시흥, 구리, 고양
25평 미만 14평 이상	아파트	'90. 1. 24 이후	서울
		'91. 1. 1 이후	수원, 부천, 과천, 성남, 광명, 안양, 의정부, 안산, 의왕, 군포, 시흥, 구리, 고양
	연립주택	'91. 4. 11 이후	서울, 수원, 부천, 과천, 성남, 광명, 안양, 의정부, 안산, 의왕, 군포, 시흥, 구리, 고양
14평 미만 12.1평 초과		'94. 5. 1 이후	서울, 수원, 부천, 과천, 성남, 광명, 안양, 의정부, 안산, 의왕, 군포, 시흥, 구리, 고양
12.1평 초과		'94. 5. 1 이후	부산, 대구
		'97. 1. 1 이후	평택, 오산, 용인, 양산, 진해, 마산, 창원, 울산, 구미, 포항, 광주, 여천, 광양, 여수, 전주, 군산, 익산, 대전, 청주, 계룡

하지만 산업 경쟁력에 미치는 영향을 고려하여 산업용 보일러와 산업용 열병합 발전시설은 청정연료 사용의무제도 적용대상에서 제외하고 있다. 한편, 최근 기후변화에 대응하기 위하여 정부가 "기후변화대응 종합기본계획(국무총리실 기후변화대책기획단)"에서 '07년 국내에너지 총 공급량(237백만TOE) 대비 신재생에너지 보급비율을 2.37%에서 2030년 11% 이상으로 확대하는 것으로 목표를 설정하였다. 이에 따라 신재생에너지의 보급을 활성화하기 위하여 기존에는 청정연료만을 사용하여야하는 시설인 지역난방, 업무용 보일러, 발전시설에서 「신에너지 및 재생에너지 개발·이용·보급 촉진법」에 따른 신에너지 및 재생에너지를 사용할 수 있도록 관련규정을 개정('08. 12. 31)하였다.[27]

연료사용에 관한 규제정책을 운영해 온 관련 근거를 살펴보면, 청정연료 사용정책에 따라 기존의 "연료사용규제고시"를 '96년에 "청정연료 등의 사용에 관한 고시"로 전면 개정하여 청정연료 사용대상 지역 및 시설을 고시하여 '08년도

27 대기환경보전법 시행령 별표 11의 3개정(2008. 12. 31).

까지 운영하였다. 그러나 연료사용 규제제도는 국민의 연료 선택에 대한 권리를 제한하는 사항으로 상위법령에서 규정하는 것이 타당하다는 지적이 많아 고시 내용을 전면 상향조정하여 대기환경보전법 시행령으로 규정('08. 12. 31), 운영하고 있다.

5. 무연휘발유의 사용

1988년 서울 올림픽을 계기로 대기중 납 농도를 크게 낮추는 등 늘어나는 자동차의 배출가스로 인한 대기오염물질을 획기적으로 감소시키기 위하여 휘발유 승용차에 삼원촉매장치를 의무적으로 부착하게 하고, 동시에 1988년 1월부터 납함량 0.013g/L 이하인 무연휘발유를 공급하기 시작하였다. 이로 인해 옥탄가향상제인 기존 납화합물을 사용할 수 없게 되었다. 이에 따라 대기 중 납 농도는 획기적으로 감소되었으며, 자동차의 폭발적 증가에도 불구하고 대도시의 대기오염을 개선시켜 올 수 있었던 것은 이 조치에 힘입은 바 크며 세계적인 성공사례로서 벤치마킹되고 있다. 하지만 납대신 방향족화합물을 무제한 사용하게 됨에 따른 부작용도 감안하여 1991년 2월 공포된 대기환경보전법상의 「자동차연료 또는 첨가제의 제조기준」을 개정하여 1993년 1월부터 휘발유 제조기준을 크게 강화하고 첨가제에 제한을 두었다. 또한 이때부터 유연휘발유의 생산을 금지시키고 무연휘발유를 전면적으로 사용하도록 하였다.

Ⅳ. 에너지(연료)규제정책 추진효과

앞에서도 언급한 것처럼 에너지(연료)규제의 가장 큰 성공사례중 하나는 대기오염물질중 인체위해성이 가장 높은 편이고 산성비의 제일 큰 원인물질인 이산화황 배출량의 획기적 감소이다. '80년 서울지역의 이산화황 농도는 0.094ppm으로 당시 대기환경기준치인 연평균 0.05ppm의 2배에 가까운 수준이었다. '81년부터 사업장에서 사용하는 에너지(연료)에 대한 황함유량을 규제하는 "저황유 사용의무화제도"와 이후 연이어 시행된 "고체연료 사용금지제도," "청정연료 사용의무제도" 등 대기질 개선을 위한 규제정책이 추진되면서 도시의 이산화황 농도

[그림 1] 대도시 SO_2와 CO오염도 개선 변화 추이

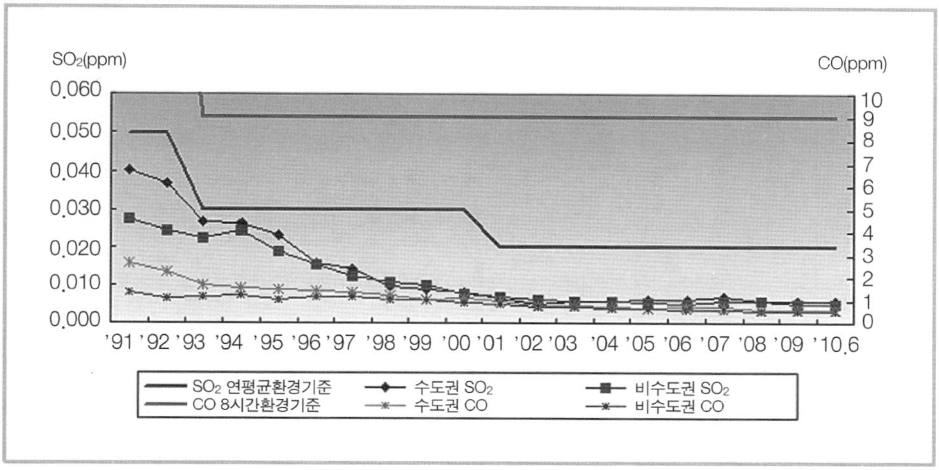

가 점차 감소하기 시작하였다.

서울의 이산화황 농도는 '80년대를 정점으로 1988년 0.062ppm, '94년 0.19ppm으로 감소한데 이어 '97년 모든 도시가 세계보건기구(WHO) 설정 권고 기준과 장·단기 대기환경기준을 만족하였고, '02년부터는 서울의 이산화황 농도가 0.05ppm까지 감소하는 등 이산화황의 오염도는 세계적으로 유례가 없을 정도의 단기간 내에 획기적으로 개선되었다. 이산화황(SO_2)는 지난 30년간 전국 7대 도시에서 전반적으로 꾸준히 감소하여 '08년에는 연평균 농도가 0.004~0.008ppm의 범위로 양호한 대기환경질을 달성하고 있다. 에너지 사용량이 증가하고 자동차 대수가 크게 늘어나면서도 이산화황의 농도가 감소한 것은 저황유와 청정연료의 공급확대 등 연료규제 정책의 적절한 추진효과라 할 수 있다([그림 1]).

하지만 아직도 대도시의 이산화질소(NO_2), 미세먼지(PM) 및 오존농도는 세계 주요 도시의 경우보다 높은 편이며 국가 환경기준을 초과하므로 다양하고 지속적인 대기규제정책추진이 필요한 상황이다. 먼지는 대기중의 이산화황과 복합적으로 작용하여 호흡기질환을 유발하며, 빛의 흡수 및 산란을 유발시켜 시정을 감소시키는 것으로 알려져 있다. 총먼지(TSP)는 서울의 경우 1985년 216$\mu g/m^3$으로 최고 농도수준, '90년 150$\mu g/m^3$ 등 높은 수준이었으나 이후 각종 정책의 시행에 따라 지속적으로 개선되어 '00년에는 99$\mu g/m^3$으로 개선되었다. '95년도부터 측정

[그림 2] 미세먼지(PM10)와 NO_2의 변화추이(연간농도)

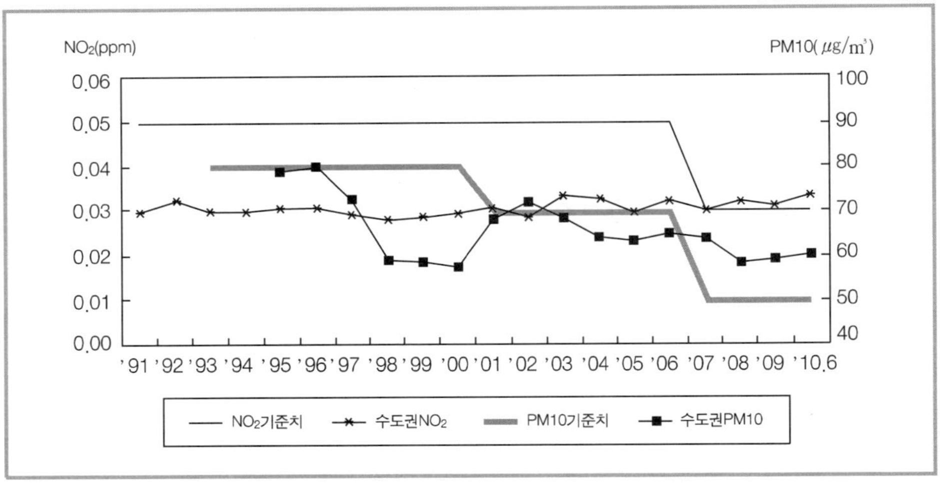

을 시작한 미세먼지(PM10) 농도도 '95년 서울에서 78㎍/㎥이었다가 '00년에는 65㎍/㎥으로 '08년에는 55㎍/㎥로 점차 개선이 되고 있으나 여전히 대기환경기준(50㎍/㎥)을 초과하고 있는 실정이다. 주요 대도시의 '08년 연평균 PM10은 인천시, 대구시가 57㎍/㎥으로 가장 높았고, 그 다음이 서울(55㎍/㎥)과 울산(54㎍/㎥)이었으며, 대전이 45㎍/㎥으로 가장 낮았다. '07년과 비교해 보면 대구시, 울산시를 제외한 서울시, 부산시, 인천시, 광주시, 대전시는 어느 정도 감소한 것으로 조사되었다.

이산화질소(NO_2)는 급속히 증가하는 자동차와 더불어 증가추세에 있거나 개선효과가 뚜렷이 나타나고 있지 않는 상황이다. 이산화질소는 자동차배출가스에 포함되어 있기도 하고 연료의 고온연소 시 공기 중 질소와 산소가 결합하여 생성되기도 하는데, 코와 목을 자극하며 호흡기에 나쁜 영향을 미치는 한편, 탄화수소와 함께 2차 오염물질로 오존을 발생시켜 광화학스모그를 일으키는 원인이 되기도 한다. 우리나라 총 자동차의 50% 가까이 등록되어 있고, 산업활동이 집중되고 있는 서울을 비롯한 수도권에서 오염도가 높게 나타나고 있다. 서울지역의 경우 '90년에서 '08년 사이에 0.030~0.038ppm 수준으로 개선되지 않고 있다([그림 2]).

[그림 3] 선진국 주요도시와 대기오염도 비교

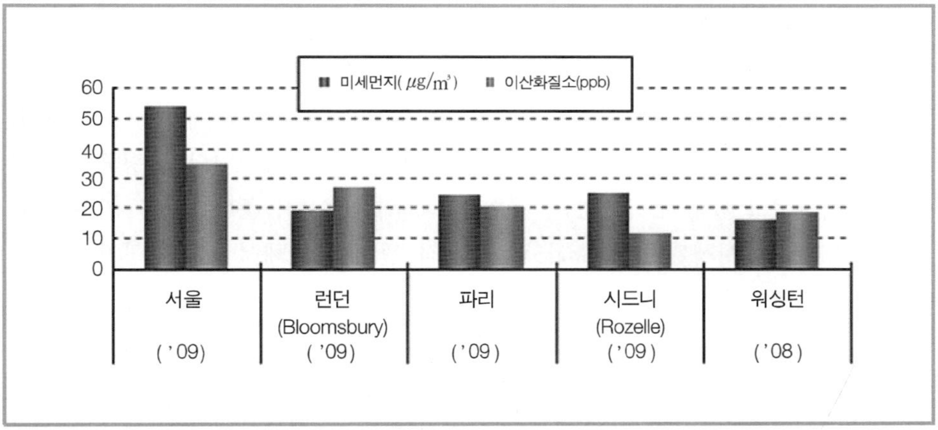

PM10은 런던이나 파리의 2배 이상의 수준으로 높은 농도를 보여주고 있을 뿐만 아니라 국내의 대기환경기준인 50㎍/㎥을 충족하지 못하고 있어 지속적으로 개선이 필요한 상황이다([그림 3]).

Ⅴ. 향후 정책 방향

1. 위해성 중심 정책으로의 전환

과거 대부분의 환경정책 및 규제는 대기, 수질, 토양 등 오염매체를 중심으로 기준이 설정되고 관리가 이루어졌다. 매체에 관한 직접규제를 통해 환경에 대한 관리가 가능하다고 판단하였기 때문이다. 또한, 이러한 환경기준을 설정함에 있어서 실질적 위해성 평가에 기반하지 않고 손쉬운 방법인 외국기준 준용에 주로 의존하여 국내의 현실적 적용에 있어서 신뢰도 및 공감대 형성이 다소 미흡하다는 평가를 받아왔다. 하지만 최근에는 다양한 환경매체의 최종 수용체인 인체의 위해성을 중심으로 한 통합적 접근의 중요성이 커짐에 따라, 주요 환경정책이 위해성을 중심으로 한 관리정책으로 전환하고 있다.

대기환경에 영향을 주는 여러 가지 요소들도 마찬가지로 위해성 중심 관점으로 변화되고 있는 것을 알 수 있다. 대표적인 요소가 바로 미세먼지(PM)이다. 미세먼지(PM)는 노약자와 청소년을 대상으로 호흡기 질환을 일으키는 중요한 인자로서 도시의 환경규제정책을 체감할 수 있는 가장 중요한 척도이기 때문이다.

최근 국내의 미세먼지 환경기준 또한 기존의 PM10기준 외에 PM2.5 대기 환경기준이 추가로 신설되었다. PM2.5 대기환경기준은 입방미터당 일평균 기준값이 50마이크로그램(㎍/㎥), 연평균 기준값은 25㎍/㎥이며, 준비기간을 거쳐 2015년 1월 1일부터 시행된다.[28] PM2.5의 체계적 관리를 위해서 대기환경기준이 적용되는 2015년까지 연차적으로 대기오염측정소를 현재 4개소에서 36개소로 확충하여 기준달성 여부를 판정하고, 수도권 중심의 미세먼지 저감대책을 광역시와 인구 50만 이상 도시 등 전국으로 확대 추진할 계획이라고 한다.[29]

PM2.5 대기환경기준 신설은 미세먼지에 대한 우리나라의 환경정책이 선진국처럼 환경성 질환을 예방하는 건강 중심 체계로 전환한다는 면에서 중요한 의미를 가진다고 하겠다. 비단 미세먼지뿐 아니라 이산화질소(NO_2) 등 다른 대기환경기준 물질들도 이러한 방향에서 향후 지속적으로 검토되고 개선될 필요가 있다. 또한, PM2.5를 2차적으로 만드는 휘발성유기화합물(VOC) 등 원인물질에 대한 배출허용기준과 자동차의 온실가스 및 연비 규제도 단계적으로 강화함과 아울러 숯가마, 화목난로 등은 홍보나 계도 등을 통해 개선되도록 하고, 장기적으로 목재연소 등의 생활 배출 시설도 선진국의 사례를 분석하여 체계적으로 관리하는 방안을 검토하여야 한다.

한편으로 수도권지역 이산화질소(NO_2) 농도 개선을 위하여 중소산업단지 청정연료(LNG) 전환 및 저NOx버너 보급, 운행경유차 PM·NOx 동시 저감장치 부착 등 NOx 저감대책등도 더욱 강력하게 추진되어야 할 것이다. 그리고, 자동차의 미세먼지와 오염물질 저감을 위하여 오염물질 삭감 실적이 우수한 운행경유차 저공해화 프로그램 등은 지속 추진하고, 전기차 보급, 건설기계 배출가스 저감사업 등 신규 사업의 추가 시행이 필요하다.

최근 이러한 사항들을 반영한 '수도권 대기 환경관리 기본계획 변경계획('05~'14)'[30]이 발표되었다. 기본계획의 변경 배경은 기후변화와 연관된 온실가스

28 PM2.5 대기환경기준을 신설한 환경정책기본법 시행령 개정령은 2011. 3. 29 공포됨.

29 "인체 위해성이 높은 초미세먼지 관리 본격화," 환경부 보도자료, 2011년 4월 6일자.

30 환경부, 수도권 대기환경관리 추가·보완대책 발표, 2010년 12월 29일자.

와 대기오염물질의 병행 저감을 고려한 대기환경 개선대책을 추진함으로써 정책의 효율성을 높이고, 정책·사업별 온실가스 배출저감 효과를 분석하여 동시저감(Co-benefit) 효과가 큰 사업을 우선적으로 추진해야할 필요성이 대두되었기 때문이다. 또한 앞에서도 언급한 PM2.5, HAPs(유해대기오염물질)의 위해성 안전관리 강화 등 인체 위해성 중심의 2단계 기본계획('15~'24년)의 정책 방향 제시도 필요하였기 때문이다. 한편, 본 기본계획에는 그린카 개발·보급 확대 등 최근 기술 여건 변화 및 예산투자 효율성 등을 고려하여 운행경유차 저감사업 위주의 투자 계획을 제작자동차 저공해화, 비산먼지 저감사업 등으로 다변화 하는 내용등도 포함되어 있다.

2. 연료규제와 배출허용기준규제의 연계 강화

앞에서 살펴 본바와 같이 압축성장 과정에서 발생한 대기오염문제를 사전예방적으로, 또 가장 비용효과적이고 신속하게 해결해 올 수 있었던 것은 80년대부터 시행된 에너지(연료)규제제도에 힘입은 바 크다. 그러나 현재 일부에서는 청정연료나 저황유의 사용에 따르는 비용 상승을 이유로 연료규제제도의 폐지나 완화를 주장하며 배출허용기준에 의한 규제만으로도 충분한 효과를 거둘 수 있을 것이라고 주장한다. 이러한 주장대로 지난 20여 년간 유지해온 연료규제 정책을 폐지하거나 후퇴시킬 경우에는 그동안 어렵게 개선시키고 유지해 온 대도시의 대기환경에 악영향을 주게 될 가능성이 매우 높다. 배출허용기준제도의 경우 TMS(굴뚝자동감시장치) 설치를 의무화 하고 있는 1~3종 사업장의 경우만 정부의 감시·감독이 가능한 과학적 체계가 구축되어 있으며, 4~5종 사업장에 대하여는 관리체계가 구축되어 있지 않아 제도의 철저한 집행 및 기준 준수가 담보되지 못하는 문제점을 안고 있다. 따라서 연료규제제도의 폐지 및 배출허용기준제도로의 일원화 논의는 연료규제제도의 목적과 취지가 달성이 되었다고 판단되는 시점, 즉 향후 대도시의 대기환경이 국가 대기환경기준을 만족하는 쾌적한 수준이 된 이후에 사회적 합의를 거쳐 검토되어야 할 것이다.

아울러 앞에서도 지적했던 것처럼 이산화황 외에 미세먼지, 이산화질소 및 오존의 오염도는 여전히 대기환경기준을 초과하는 실정이다. 그동안 지속적인 기준 강화로 현재 우리의 배출허용기준은 부문별로 차이가 있지만 대체로 거의 세계 최고수준에 근접해 있어 추가적인 배출허용기준 강화도 쉽지 않은 현실이다. 또한 배출허용기준의 강화는 재정여건이 열악한 영세기업이나 소형시설에는 적용하기가 매우 어려운 것이 사실이다. 실제로 현재의 기준들도 소형시설에 대해서는 상당히 완화되어 있다.

연료사용규제는 원천적으로 오염물질 배출량이 적은 연료를 사용하게 함으로써 모든 배출시설마다 방지시설을 설치하여 기준을 준수하도록 하는 배출허용기준규제 보다 매우 비용효과적인 제도이다. 실제로 최근에 실시한 연료규제제도의 시행에 따른 비용/편익 분석 결과, 고체연료 사용금지제도의 B/C는 "76"('85-'07간 비용 950억원, 편익 71조937억원),[31] 청정연료 사용의무제도의 B/C는 "28"('88-'07간 비용 6조9,323억원, 편익 195조8,526억원)[32]으로 나타났다.

특히, 연료규제제도는 배출허용기준을 강화하기 어려운 유해대기오염물질(납, 수은 등)의 배출을 원천적으로 줄일 수 있는 현실적인 유일한 방법으로 국민의 건강과 생활 보호라는 환경법의 취지에 부합하는 효과적인 "보호적 규제 정책"이므로 지속적으로 유지될 필요가 있다. 배출허용기준을 만족할 경우에는 현행제도 안에서도 일정한 조건하에 고체연료나 고황유의 사용이 가능하도록 허용하고 있기 때문에 논의의 큰 실익도 없다고 할 수 있다.

따라서 현재와 같이 에너지(연료)규제제도와 배출허용기준제도를 서로의 장점을 극대화하여 조화롭게 활용하고 연계함으로써 대기환경을 개선해 나가야 할 것이다. 다만, 향후에도 지속적으로 에너지(연료)규제제도의 효과와 각 시설별, 오염물질별 특성을 좀 더 과학적으로 분석하여 연료규제로서 해결해야 할 사항과 배출허용기준으로 규제해야 할 사항을 보다 합리적으로 구분하고 TMS의 확대와 신뢰도 제고를 통하여 기준규제의 폭을 넓힘으로써 기업의 선택권을 강화하는 방향으로의 노력은 계속해 나가야 할 것이다.

3. 에너지(연료)세제의 환경친화적 요소 및 온실가스 감축 기능 강화

이상에서 본 바와 같이, 연료규제제도는 오염물질 배출량을 원천적으로 감축시키는 아주 유용한 수단이 되고, 집행관리 비용이 적게 든다는 장점을 가지

31 환경부, 『고체연료 사용에 대한 합리적인 개선방안 마련』, 2008.

32 환경부, 『환경에너지 정책의 추진효과 분석 및 개선방안 마련』, 2009.

는 반면, 경우에 따라서는 사업자의 연료선택권을 어느 정도 제약하는 문제를 유발할 수 있다. 한편, 피규제자 입장에서 보면, 대기오염이나 온실가스의 발생에 따른 사회적 비용이 에너지(연료)가격에 내재화 되지 않아 청정연료인 LNG 보다 오히려 오염부하가 큰 BC유, 석탄 등이 상대적으로 저렴하여 연료규제에 불구하고 항상 그 사용에 매력을 느끼게 된다.

우리나라의 에너지가격과 조세체계는 아직까지 환경오염 및 기후변화에 따른 사회적 피해 비용을 시장가격에 제대로 전달하고 반영하는 구조가 미약한 상황이다. 그동안 우리나라는 부존 에너지자원이 열악하고 대부분의 에너지를 해외 수입에 의존하고 있었기 때문에 에너지의 안정적인 공급이 에너지정책의 최우선 과제로 취급되어 왔다.

우리나라의 현행 에너지 관련 가격구조 및 조세체계는 본연의 조세정책적 목표로서 에너지 효율성 촉진과 환경적 외부성의 내부화 기능이 미흡하다는 근본적인 문제를 내포하고 있다. 환경오염(에너지소비)에 따른 일차적인 사회비용을 시장가격체계에 적절하게 반영하지 못하여 환경세로서의 대국민 의식이 미약한 실정이다. 적정한 사회적 비용이 내재화 되지 못할 경우 에너지원 간 소비패턴 및 투자구조의 왜곡을 초래하여 자원배분의 효율성을 저해시킬 뿐만 아니라 중장기적 투자방향을 환경친화적 또는 기후변화대응 방향으로 유도하지 못하는 결과를 초래할 수 있다.

LNG는 BC유와 석탄에 비하여 매우 친환경적임에도 불구하고 산업용 에너지에 대한 우대 정책 때문에 가격경쟁에서 불리한 입장에 있다. 에너지의 소비는 필연적으로 대기오염의 사회적 비용을 초래하지만 시장에는 오염자부담원칙에 의하여 에너지 소비자에게 이러한 사회적 비용을 부과할 수 있는 기능이 존재하지 않는다.

1990년대 이후 화석연료 사용으로 인한 CO_2 발생으로 지구온난화 문제를 비롯하여 오존층 파괴, 산성비 문제, 사막화 현상 등 지구환경 문제가 날로 심각해지면서 세계 각국은 기후변화에 대응한 온실가스의 감축과 대기오염 방지 측면에서 각종 환경관련 세제를 강화하고 있다. 특히 OECD 국가들은 환경규제와 환경보전에 대한 관심이 증대되면서 환경오염 저감을 위하여 환경관련 조세 및 재정지원 정책을 적극적으로 활용해 왔다. 우리나라도 기후변화를 포함한 환경오염의 피해비용에 따라 에너지원 간 세율정책을 합리화 하고, 세제의 환경친화적 기능을 강화해야 할 필요성이 있다.

현재 에너지(연료)가격체계가 대기오염에 대한 사회적 비용을 충분히 반영하지 못하고 있지만, 연료가격이 대기오염에 대한 사회적 비용을 충분히 반영함과 동시에 환경기술이 충분히 발달되어서 배출허용기준 제도만으로도 대기보전정책의 목표를 달성할 수 있는 상황이 온다면, 연료선택권을 제한하는 청정연료사용 의무화 등 직접적 에너지(연료)규제제도는 구태여 억지로 유지할 필요는 없을 것이며 그러한 날이 신속히 오기를 희망한다.

참고문헌

국내문헌

강인수, 2005, 『한국경제의 이해』, 교보문고.

김병기, 2009, 『신성장동력 녹색성장산업을 잡아라』, 코리아웨이 2.

김승래·박상원·김형준, 2008, 『세제의 환경친화적 개편에 관한 연구』, 한국조세연구원.

김호석·김종호 2009, 『국내 대기오염규제의 온실가스 저감효과 제고방안』, 경제·인문사회연구회 녹색성장 종합연구총서.

정영덕, 2002, 『거버넌스제도의 합리적 선택, 대영문화사』.

환경부, 2003, 『연료사용규제의 보완 발전방안 연구』.

______, 2007, 『저황유 보급·확대에 따른 환경·경제성 분석』.

______, 2008, 『고체연료 사용에 대한 합리적인 개선방안 마련』.

______, 2009, 『대기오염물질 배출량 2007』.

______, 2009, 『대기환경연보 2008』.

______, 2009, 『연료별 배출특성을 고려하여는 효율적인 연료관리 방안 연구』.

______, 2009, 『친환경에너지 정책의 추진효과 분석 및 개선방안 마련』.

______, 2009, 『환경백서』.

______, 2010, 『환경30년사』.

외국문헌

Malcom Wicks MP, 2009, 8, “Energy security: A national Challenge in a changing world,” UK Policy report.

J. Q. Wilson, 1980, “The policy of Regulation,” New Work, Basic Book.

제 4 부

기후변화 대응을 위한 배출권거래제와 녹색 에너지세제

제14장 배출권거래제의 쟁점 및 향후 과제*

박 천 규**

Ⅰ. 서 언

정부는 2011. 4. 15. 「온실가스 배출권의 할당 및 거래에 관한 법률안」을 국회에 제출하였다. 이는 2010. 11월 배출권거래제법안을 입법예고한 이래 산업계를 중심으로 제기된 많은 논란[1]을 어느 정도 해결 내지는 타협하고, 이제 국회에서 관련 논의를 진행할 준비가 된 것으로 볼 수 있다. 그간 산업계가 제기한 배출권거래제의 경제적 효과, 일본·미국 등이 배출권거래제를 시행하지 않은 상태에서 우리나라만 시행했을 경우의 국제 경쟁력 문제, 배출권거래제 개별 설계요소 중 할당 대상업체의 범위 및 방법, 그리고 벌칙, 계획기간 간의 이월문제 등에 대해 논란이 상당 부분 해소된 것으로 볼 수 있다. 물론 국회 논의과정에서 쟁점의 일부가 다시 논란이 될 수도 있다.

사실 배출권거래제법안의 논란은 2009년 11월 확정한 국가 중기 온실가스 감축목표(이른바 BAU 대비 30% 감축), 2010년 4월 시행된 "저탄소 녹색성장 기본법"과 연결되어 있다. 이에 따라 배출권거래제와 관련된 논란의 핵심을 파악하기

---

* 본고는 필자 개인의 소견으로서 정부의 공식입장과 다를 수 있습니다.

** 환경부, 기후대기정책관.

1 녹색성장위원회에서 입법예고한 결과 관계부처뿐만 아니라 산업계, 시민단체 등에서 의견을 제출하였는데, 시민단체의 경우 배출권거래제 보다는 목표관리제와 같은 직접 규제(command and control approach)의 엄격한 시행을 선호하였다.

위해서는 배출권거래제 설계 및 운영과 관련된 문제뿐만 아니라 배출권거래제가 나오게 된 배경 및 맥락도 같이 검토해야 한다. 국가 중기 온실가스 감축목표를 달성하기 위한 구체적 추진내용 및 다양한 수단과의 관계를 함께 검토해야 한다. 특히 배출권거래제 도입의 근거이자 논리적 배경인 저탄소 녹색성장 기본법이 온실가스 감축 문제뿐만 아니라 에너지 사용 통제도 함께 규율하고 있고, 녹색성장을 달성하기 위한 다양한 정책과 규제수단을 포괄적으로 또는 추상적으로 규정[2]하고 있어 이를 구체화하기 위한 추가적인 입법이 필요한 것이다. 저탄소 녹색성장 기본법에 의한 이른바 '목표관리제'라는 온실가스 감축 규제제도와, 앞으로 도입될 배출권거래제가 중복 내지는 상충될 가능성이 있기 때문에 양자의 관계를 어떻게 조율하고 있는지를 이해하는 것이 필요한 것이다.

아울러 온실가스 배출권거래제가 EU, 뉴질랜드, 미국의 동부 10개주 및 캘리포니아주 등에서만 시행하고 있거나 예정으로 있어 시행경험 및 참고자료가 많지 않고, 복잡하고 다양한 의사결정 체계를 예상해야 하며, 경제적 이득 또는 손실을 수반하기 때문에 배출권거래제가 온실가스 감축에 미치는 효과부터 동 제도 시행시 산업계에 미치는 영향, 나아가 국내총생산(GDP), 고용 및 수출에 미치는 효과에 이르기까지 다양한 시각과 분석이 존재한 것도 사실이다. 물론 이러한 배출권거래제의 경제적 효과에 대한 연구결과를 검토함에 있어서는 이를 분석하기 위한 모형에 내재적인 한계가 있어서 미래의 특정시점에 미칠 경제적 영향을 정밀하게 분석하기 어려운 점도 감안해야 한다.

한편 배출권거래제는 배출권의 정의 등 법적 측면,[3] 할당의 방법 및 절차, 이월·차입·상쇄 등 유연성 수단, 거래 참여자 결정 등 다양한 설계 요소뿐만 아니라 실제 할당 및 보고·검증 등에 있어서 기술적 측면이 많아 법안에 모든 경우를 규정하기가 어려운 측면이 있다.[4] 이에 따라 배출권거래제법안(정부안)도 모든 상황을 가정하여 상세하게 명시하기 곤란하여 구체적이고 세부적인 사항은

2 조홍식외 편저, 「기후변화와 법의 지배」, 박영사, 2010, pp. 8-17.

3 배출권을 자유권적 기본권으로 볼 것인지, 재산권으로 볼 것인지 등 법적 성격은 정부안 입안과정에서도 논의의 쟁점('배출권'이라는 표현 부터가 문제가 되었음)이었으며, 아직 국내 학계에서도 이에 대한 명확한 학설이 정립되어 있지 않고 국제적으로도 다양한 사례가 있음을 감안하여 정부안에서는 "온실가스 배출허용량"이라는 표현을 사용하고 있다. 배출권의 법적 측면은 상게서(조홍식외 편저, 「기후변화와 법의 지배」)를 참조할 수 있다.

4 현재 배출권거래제를 시행 중인 EU의 경우도 EU의 지침(Directive) 및 개별국가(독일, 프랑스, 스페인)의 배출권거래제법은 상당히 추상적·원론적으로 규정하고 있다.

대통령령에서 규정하도록 하고 있다.

본고에서는 배출권거래제의 이론적 연구결과 및 EU 등의 사례[5] 보다는 정부가 국회에 제출한 법안의 형성과정에서 나타난 쟁점을 분석하고, 주요 쟁점에 대해 입법안 마련의 취지를 살펴보며, 앞으로 배출권거래제 운영시 나타날 수 있는 문제를 해결하기 위한 향후 과제에 대해 살펴보고자 한다.

Ⅱ. 온실가스배출권할당및거래에관한법률안(정부안)의 주요 내용

1. 정부안에 나타난 우리나라 배출권거래제의 기본 방향

온실가스배출권할당및거래에관한법률안(정부안)은 저탄소 녹색성장 기본법 제46조(총량제한 배출권거래제 등의 도입)에 근거를 두고 있다. 즉 "정부는 시장기능을 활용하여 효율적으로 국가의 온실가스 감축목표를 달성하기 위하여 온실가스 배출권을 거래하는 제도를 운영할 수 있으며, 배출허용량의 할당 방법, 등록·관리방법 및 거래소 설치·운영 등은 따로 법률로 정한다"라고 하고 있다. 동 조항에서 주목해야 할 사항은 첫째, 배출권거래제는 '국가 온실가스 감축 목표를 효율적으로 달성'하기 위한 수단임을 분명히 하고 있으며, 둘째, 배출권거래제의 자세한 사항은 별도의 법률로 규율하도록 하고 있다는 점이다.

배출권거래제의 근거 법률이 녹색성장 전반을 포괄하고, 세부적인 규제 내용 보다는 정책방향 등을 정하는 이른바 '기본법' 성격을 갖고 있기 때문에 별도의 법률을 필요로 하는 것은 당연하다고 할 수 있으나, 저탄소 녹색성장 기본법은 제42조 제5항에 이른바 '온실가스·에너지 목표관리제'라는 배출권거래제와 유사한 제도를 도입·시행토록 하고 있어 양 제도의 관계를 어떻게 규율할 것인지가 우선적으로 해결해야 할 과제로 나타난다.

다음으로 배출권거래제를 도입하려는 목적이 '국가 온실가스 감축 목표의 효율적 달성'이라는 불가피성에 동의하더라도 개별업체에 부과되는 부담을 어떻

5 배출권거래제의 이론적 연구 연혁 및 성과 등은 「Robert W. Hahn·Robert N. Starvins, "The Effect of Allowance Allocations on Cap-And-Trade System Performance," Resources for the Future, March 2010」을 참조.

게 합리적·효율적으로 배분할 것인지가 과제가 된다. 또한 배출권거래제가 EU 등에서 시행되고 있음을 감안하여 미래에 우리나라 단독의 시장이 아닌 국제탄소시장과 연계시 시장규모의 확대에 따른 장점뿐만 아니라 온실가스 감축의 비용 효율성도 제고할 수 있음을 함께 고려해야 한다. 이러한 근원적인 과제가 정부안 형성 및 논의 과정 전반에 녹아 있으며, 이를 요약하면 아래와 같다:

1) 목표관리제와의 관계 설정;
2) 국제 탄소시장과의 연계 고려;
3) 단계적·점증적으로 제도 강화.

먼저 목표관리제와의 관계를 살펴보면 기본적으로 배출권거래제 보다 먼저 시행될 목표관리제의 설계 및 인프라, 경험을 효율적으로 활용하되, 규제대상 업체가 양 제도를 동시에 적용받는 문제, 즉 이중규제는 회피[6]해야 한다는 점이다. 목표관리제와 배출권거래제의 규율 대상이 기본적으로 동일하고, 할당(또는 목표설정)이나 측정·보고·검증(이른바 MRV) 등 양 제도의 골격에는 큰 차이가 없는 점을 감안하여 배출권거래제법안을 마련해야 한다는 것이다. 이에 따라 목표관리제를 배출권거래제도로 연착륙[7]시키는 것이 첫 번째 기본방향으로 볼 수 있다.

다음으로 국제 탄소시장과의 연계로서 2013년 이후의 국제 기후변화 체제(post-2012 또는 post-Kyoto 체제) 협상이 진행 중이나, 현재 탄소시장을 운영하고 있는 EU의 경우 협상결과에 관계없이 탄소시장을 계속 운영하겠다는 의지를 수차례 밝힌 바 있고, 향후 탄소시장이 급속히 성장[8]할 것이라는 점을 감안할 때 우리나라 배출권거래제도도 이러한 국제 탄소시장과의 연계를 고려해야 한다는 것이다. 아울러 우리나라의 기후변화협상 측면과 국내적 필요[9]에 의해 2009년 15

6 현준원, "온실가스 배출권 거래제도 관련 소송사례와 시사점", 환경법연구 제32권 3호, p. 376.

7 2010년 정부 초안 마련과정에서 일부 부처는 목표관리제가 국제사례가 없는 엄격한 '직접 규제방식' 임을 이유(또한 일반적으로 기본법에 규제내용을 규정하지 않음도 제시)로 들어 배출권거래제의 본격도입 시 "저탄소 녹색성장 기본법"의 목표관리제는 폐지해야 함을 주장한 바 있다.

8 세계은행은 2010년 탄소시장 규모가 1,500억불이 되어 세계 반도체 시장의 절반 정도로 성장할 것으로 예측한 바 있다.

9 우리나라는 역사적 책임이 선진국과 다르기 때문에 국제적 구속없이 자발적으로 온실가스를 줄이겠다는 것이 기후변화협상에 임하는 기본 자세이며, 환경 보호(온실가스 등 감축)및 경제발전(녹색기술·산업 육성)을 동시에 추구하는 '녹색성장' 주창국으로서의 입장을 감안하여 국제 사회와의 접촉

차 기후변화당사국 총회(코펜하겐총회)에서 발표한 우리나라의 국가 중기 온실가스 감축 목표에 대한 국제적 신뢰도 유지 측면도 고려되어야 한다.

마지막으로 배출권거래제는 할당 방식 및 할당량에 따라 대상 업체에 큰 부담으로 작용할 수 있고, EU의 경우를 보더라도 탄소가격의 급등락 등 여러 문제가 발생한 사례를 감안하여 단계적·점증적으로 규제 수준을 강화해야 한다는 점이다. 특히 목표관리제를 먼저 시행한 다음에 배출권거래제가 도입되므로 같은 대상 업체가 제도가 달라짐에 따라 부담 수준에서 급격한 차이가 나지 않도록 연착륙시키는 방안을 고려해야 한다. 물론 에너지 집약적 산업 구조를 갖고 있고, 국제 무역에 의존도가 높은 우리나라 사정도 적절히 감안할 필요가 있다.

이러한 기본방향을 고려하여 녹색성장위원회는 2010년 3건의 연구 용역을 거쳐 배출권거래제법 초안을 마련하고, 입법예고, 관계부처 협의, 규제개혁위원회 심사 등 정부안 입법 절차를 진행하였다.

2. 목표관리제와의 관계 및 비교

배출권거래제의 운영 과정을 크게 배출허용량의 설정 및 배분(할당과정), 배출량에 대한 측정·보고·검증, 할당된 배출허용량과 실제 배출량과의 차이의 처리(거래, 이월·차입, 상쇄)로 나누어 보면, 이 중 핵심적 요소인 '할당' 및 '측정·보고·검증' 요소는 목표관리제와 유사성을 갖는다. 특히 배출권거래제 및 목표관리제 모두 국가 온실가스 감축 목표를 달성하기 위한 수단으로서 국가 감축목표와의 정합성 차원에서 할당 대상업체(목표관리제의 '관리업체')에 할당이 이뤄지기 때문에 개별 업체에 부여되는 할당량에 있어서는 큰 차이가 없다고 할 수 있다. 또한 측정·보고·검증의 경우 배출권거래제 정부 제출법안 제24조에서는 저탄소 녹색성장 기본법을 준용토록 하여 목표관리제와 동일함을 명시하고 있다. 그러나 세부 내용을 살펴보면 양 제도 간에는 차이가 많다. [표 1]은 이러한 배출권거래제와 목표관리제를 비교하고 있다.

및 교섭을 진행하고 있다.

[표 1] 배출권거래제와 목표관리제 비교

구 분	배출권거래제	목표관리제
성 격	시장메커니즘	직접규제
목표설정 (할당)	· 총량단위로 설정(유/무상할당) * 목표에 대한 이의신청 및 변경신청 가능	· 총량단위로 설정 * 정부와 업체 간 사전협의
운영방식	· 배출권거래로 온실가스 한계 저감비용 균등화 → 정태적 유연성 확보 · 계획기간(5년 이내)내에서 초과 감축량의 이월, 부족 배출량의 차입 가능 → 동태적 유연성 확보 · 상쇄(offset) 가능	· 매년 목표를 설정(할당)하고, 달성여부는 다음 연도 초에 평가 → 초과 감축량의 매각·이월 곤란/부족 배출량의 매입·차입 곤란
측정·보고	· 목표관리제의 측정·보고체계 활용(다만, 배출량에 대한 '인증' 절차 추가)	· 계산법과 측정법을 활용하여 배출량 측정·보고
벌 칙	· 초과배출량에 비례하여 과징금(배출권 평균가격의 3배 이내) 부과	· 감축목표 미달성시 과태료(1회 미달성 300, 2회 600, 3회 1천만원) 부과
해외사례	EU(27개국), 뉴질랜드 등	해외사례 없음

양 제도의 차이를 구체적으로 살펴보면 운영방식에서 가장 크게 대비된다. 배출권거래제는 계획기간 개념을 도입하여 복수년도(정부안에서는 5년 이내)를 기본 이행기간으로 정하고 있는 반면 목표관리제는 매년 목표설정(할당) 및 이행여부 점검이 이뤄진다. 이에 따라 이월, 차입 등 유연성 측면에서 양 제도는 차이가 있으며, 이를 요약하면 배출권거래제는 시장 메커니즘, 목표관리제는 직접 규제방식이라 할 수 있다. 즉, 배출권거래제는 계획기간이라는 다년간의 틀 안에서 온실가스 감축목표를 달성하도록 설계하기 때문에 단년도 목표 이행여부 보다는 다년간(계획기간) 전체의 목표 달성여부[10]가 중요해진다.

10 정부 제출 법안 제12조 및 제13조는 "계획기간의 배출권 총 신청수량 및 이행연도별 배출권 신청수량," 제27조에는 "이행연도 종료 후 6개월 이내에 배출량에 상응하는 배출권을 정부에 제출"하도록 하고 있어 단년도 할당 및 점검방식도 혼재되어 있는 것처럼 보이나, 배출권 제출시 제28조(이월 및 차입), 제29조(상쇄) 등의 규정에 의해 유연성을 보장받으며, 필요시에는 거래를 통해 실제 배출량과 할당받은 배출권을 동일하게 맞출 수 있기 때문에 계획기간 종료 후의 배출권 제출을 제외하고는 이행연도별 배출권 제출은 벌칙과 연결되지 않을 가능성이 높다. 다만 매년 배출권을 제출토록 한 것은 매년 목표달성여부를 점검하겠다는 것보다는 시장안정화 차원에서 거래 실적 관리(이른바 최소 또는 최대 보유한도 설정과 관련되어 있다) 및 과도한 이월·차입 방지 등의 목적이 내재되어 있다고 할

이러한 차이와 함께 '거래'의 유무가 양 제도의 근본적 차이를 보인다. 또한 배출권거래제는 상쇄(offset)[11]활동을 통해 할당 대상업체의 조직 경계 밖에서의 감축활동도 가능해진다. 반면 목표관리제는 개별 업체에 매년 목표를 부과하는 방식이므로 유연성을 보장받기가 어렵다. 즉 이론적으로 목표관리제는 개별 업체(또는 사업장)에 감축의무를 부과하고 매년 그 이행실적을 평가하기 때문에 다른 이행연도로 초과실적을 넘기거나 부족분을 빌려 올 수 없으며, 조직 경계 밖(다른 사업장 또는 업체)으로부터 상쇄 실적을 해당 업체의 실적으로 넘겨받기도 곤란하다.

한편 배출권거래제는 할당 대상업체 간 또는 제3자와의 '거래'를 허용함으로써 불법 또는 부당한 손해를 보거나 불합리한 이익을 얻게 되는 경우가 발생할 수 있다. 이에 따라 거래의 안정성 및 신뢰성을 담보하기 위해서는 배출량의 '인증', 배출권으로 전환할 수 있는 행위(상쇄)의 인증을 필요로 하며, 거래시장의 안정성 유지도 중요한 책무가 된다.

이와 관련 일각에서는 배출권거래제는 '거래'라는 요소가 있기 때문에 목표관리제 보다 엄격한 측정·보고·검증이 필요함을 주장하기도 한다. 그러나 이는 목표관리제와 배출권거래제의 관계, 국제협상에서 우리나라의 기본 입장을 고려할 때 타당하지 않다고 할 수 있다. 즉 앞 절에서 살펴본 것처럼 목표관리제나 배출권거래제 모두 국가 감축목표 달성의 수단으로 작용하며, 목표관리제가 배출권거래제로 연착륙하도록 설계되어 있기 때문에 목표관리제의 측정·보고·검증은 배출권거래제에서도 동등한 수준이 되어야 하고, 국제 사회에서도 인정받을 수 있는 정도가 되어야 한다. 또한 우리나라는 국제사회에 우리의 자발적인 국가 온실가스 감축 목표의 진정성을 나타내기 위해 엄격한 국제수준의 측정·보고·검증 체계를 도입하겠다는 것을 수차례 표명한 바 있다.

물론 목표관리제에 비해 배출권거래제의 벌칙[12]은 강화되어 있다. 이러한 배

수 있다.

11 할당(목표관리) 대상업체(또는 사업장)가 해당 업체(사업장)의 영역이 아닌 조직경계(boundary) 밖에서 할당 대상업체의 자금과 기술을 지원하여 감축활동을 하고, 이에 따른 감축실적을 할당 대상업체의 실적으로 가져갈 수 있는 제도를 말한다. 정부 제출 배출권거래제법안 제29조 내지 제31조에 규정되어 있다.

12 정부 제출안에서는 톤당 시장가격의 3배 이내의 과징금을 부과하도록 되어있다. 사실 과징금을 시장가격보다 높게 해야 자체 감축활동, 거래, 상쇄 등 감축행위가 활성화될 수 있다. EU는 톤당 100유로라는 확정된 금액을 벌칙으로 활용하고 있다. 탄소시장에서 배출권의 가격이 확정된 벌칙 금액보다

출권거래제의 엄격한 벌칙은 효율성·공정성 및 오염자 부담원칙 등 여러 측면[13]에서 타당성이 더욱 높다고 할 수 있다. 사실 배출권거래제의 도입 목적은 비용효율적으로 온실가스를 감축하고, 이를 위해 우수한 감축기술의 개발을 촉진하며, 나아가 국제 탄소시장과의 연계를 통해 보다 더 비용효율적으로 온실가스를 감축하려는 데 있다. 이러한 측면에서 볼 때 기술개발의 성과가 수치적으로 나타날 수 있도록 부족분 1톤당 벌칙을 부과할 경우 기술개발의 동기가 더욱 명확해진다고 할 수 있다. 더욱이 부족(미이행)한 양과 상관없이 미이행 행위 자체에 대해 일정한 금액(과태료)을 부과하는 목표관리제의 벌칙은 과태료의 금액이 너무 적다는 점 외에도 과태료 부과기준이 실질적 부족량과 비례하지 않아, 일단 부족하다고 판단되면 1톤이라도 더 감축할 필요가 적어져 온실가스 감축이라는 목표관리제 도입 목적의 달성에 지장을 초래할 수 있다.

3. 정부 제출 법안의 주요 내용

2010. 11월 입법예고된 배출권거래제법안은 정부내 협의, 규제개혁위원회의 심사(2회)를 거쳐 2011. 3월 초 법안 초안의 주요 내용의 변경에 따른 재입법예고를 거쳤고, 4. 12 국무회의를 통과하여 국회에 제출되었다. 이 과정에서 가장 논란이 된 것은 시행시기[14]이었으며, 나머지 사항은 외국의 입법례와 국내 현실을 종합적으로 고려하여 합의되었다. 배출권거래제 주요 요소별로 정부 제출법안의 주요 내용을 살펴보면 아래와 같다.

(1) 할당 측면

배출권거래제의 핵심인 할당은 먼저 "국가 할당계획"의 수립부터 시작된다. 매 계획기간 시작 6개월 전까지 국가 할당계획이 수립되어야 하며, 동 계획에는 배출권의 총수량, 이행연도별 배출권의 할당 기준 및 할당량에 관한 사항, 할당

높을 경우도 있을 수 있기 때문에 우리나라는 확정된 금액 대신 시장가격의 3배를 벌칙으로 삼았다.

13 양 제도가 근거한 법률의 '성격' 차이도 하나의 설명이 될 수 있다. 즉, 목표관리제가 근거한 저탄소 녹색성장 기본법은 '기본법'이기 때문에 입법기술상 과징금 또는 초과배출부과금 등 엄격한 벌칙을 도입하기가 곤란하다.

14 최초 입법예고시에는 2013. 1. 1부터, 최종 정부안에서는 2015. 1. 1부터 1차 계획기간이 시작하도록 규정되어 있다. 사실 정부내 협의 중에는 「1차 계획기간을 2013~2015년 중 대통령령으로 정하는 시기에 시작한다」라는 대안을 검토한 바 있다.

부문 및 업종뿐만 아니라 개별 할당 대상업체에 대한 배출권의 할당기준 및 할당방식을 포함하여 사실상 할당의 핵심적인 사항을 포함하도록 하고 있다. 이러한 국가 할당계획은 기획재정부 장관을 위원장으로 하는 "배출권 할당위원회"[15]에서 수립하도록 하고 있다.

여기서 주목할 점은 국가 할당계획에서 배출권거래제 적용 부문 및 업종을 정하며, 이때 해당 업종에 대한 배출권거래제 적용여건 및 국제 경쟁력에 대한 영향을 고려해야 한다는 것이다. 바꿔 말하면 국제경쟁력의 저하가 우려되는 일부 업종의 경우 국가 할당계획에 포함되지 않을 수 있으며 이에 따라 배출권거래제가 적용되지 않는다는 것으로서, 일정한 요건을 갖춘 업체(목표관리업체) 중에서도 일부 업체의 경우 배출권거래제 적용을 받지 않을 수 있다는 점이다.[16]

다음으로 매 계획기간 시작 5개월 전까지 할당 대상업체가 지정·고시되는데 할당 대상업체는 대통령령으로 정하는 기준량 이상의 '관리업체'[17]는 의무적으로, 기준량 미만의 업체 중 자발적으로 배출권거래제에 참여하고자 하는 '관리업체'는 신청에 의해 대상이 된다. 물론 할당 대상업체는 국가할당계획에서 정하는 부문 및 업종에 해당되어야 한다. 그간 정부는 배출권거래제 공청회 및 각종 토론회 등을 통해서 사업장 기준 25,000 CO_2톤 이상의 업체는 의무적으로, 25,000 CO_2톤 미만 15,000 CO_2톤 이상의 업체 중 배출권거래제에 참가하고자 하는 업체는 신청에 의해 배출권거래제 대상으로 고려하고 있다고 밝힌 바 있다. 이는 국제사례에서도 대부분 25,000 CO_2톤 이상의 배출업체를 배출권거래제 대상으로 삼고 있고, 우리나라의 경우도 25,000 CO_2톤 미만에는 중소업체가 다수 포함될 수 있어 해당 업체의 기술·재정여건이나 행정비용 측면에서 배출권거래제 적용

15 정부제출 배출권거래제법안의 경우 많은 조항에서 부처간 주도권 다툼을 피하기 위해 "주무관청" 또는 "정부"로 표현하고 있으나, 배출권 할당위원회 위원장은 배출권거래제가 산업 및 국가경제 전반에 영향을 미침을 고려하여 기획재정부장관을 위원장으로 명시하고 있다. 다만, 차관급 위원 중 1인이 간사위원이 되며 간사위원은 할당계획의 수립 준비 등의 업무를 처리하게 되어 있어 할당위원회 실무는 간사위원(실질적으로는 간사위원이 속한 부처)이 담당하게 된다.

16 할당계획에서 배출권거래제 제외 업종을 결정하는 것은 예외적 경우이겠지만 일정 배출량 이상을 배출하는 업체 중에서도 일부는 배출권거래제 대신 목표관리제를 계속 적용받게 되어 형평성 이슈가 제기될 수 있다. 또한 규제 포함 또는 비포함 대상을 법률에 명확히 규정하는 것이 바람직하다는 측면에서도 문제가 제기될 수 있다. EU는 EU소재 기업의 국제경쟁력이 우려될 경우 「적용 배제」 대신 「무상할당」을 하도록 하고 있다.

17 저탄소 녹색성장 기본법의 규정상 '관리업체'는 2011. 12. 31까지 사업장 기준 25,000 CO_2톤, 2012. 1. 1부터 2013. 12. 31까지는 20,000 CO_2톤, 2014. 1. 1부터는 15,000 CO_2톤 이상의 온실가스를 배출하는 업체가 대상이 된다.

[표 2] 목표관리제 대상 업체 현황(2011. 5월) (단위 : 개수, 천CO_2톤)

구 분	관리업체 수		대상 사업장 수		온실가스 배출량	
		비율(%)		비율(%)		비율(%)
농업·축산	27	5.7	68	4.2	2,238	0.5
산업	345	73.2	838	51.8	240,733	54.3
발전	33	7.0	133	8.2	186,372	42.0
폐기물	21	4.5	332	20.5	7,562	1.7
건물·교통	45	9.6	246	15.2	6,368	1.4
합 계	471	100.0	1,617	100.0	443,274	100.0

* 전력사용에 따른 온실가스 배출량(에너지 사용량)의 중복 산정량 포함.

이 바람직하지 않는 결과를 가져올 수 있기 때문이다. 물론 정부안 제10조에서는 할당 대상업체로 지정될 경우 목표관리제 적용이 배제되도록 하여 이중규제를 방지하고 있다. 2011. 5월 기준 목표관리제 대상은 471개 업체로 그 현황은 [표 2]와 같다.

할당시 유무상의 비율도 관심의 대상이 된다. 정부 제출 법률안 부칙 제 2 조 제 2 항에서는 1차 계획기간의 무상할당 비율을 95% 이상으로 하고 있다. 바꿔 말하면 1차 계획기간의 유상할당 비율은 이론적으로 5% 미만에서 0%까지 가능하다. 물론 실제 할당이 이뤄져야 정확한 비율을 알 수 있겠지만, 정부제출 법안에 할당시 무역집약도·탄소집약도 등 국제경쟁력을 고려토록 하고 있고, EU의 경우 1~2차 계획기간 중 실제 유상할당 비율이 매우 낮았던 점[18]을 감안하면 우리나라의 경우에도 초기 단계에서는 법률상 규정보다 유상할당의 비율이 매우 낮을 것으로 전망된다.

(2) 거래 및 탄소시장 측면

배출권을 거래하기 위해서는 배출권 거래계정에 등록해야 한다. 할당 대상업체는 당연히 거래당사자가 될 수 있으나, 외국 법인 또는 개인의 경우 대통령령으로 정하는 자에 한하여 거래당사자가 될 수 있다. 원칙적으로 배출권 거래시장은 할당 대상업체 외의 법인 또는 개인에게도 문호가 열려 있는 것이 바람

18 EU의 경우 법률상 1차 계획기간(2005~2007) 중 5%의 유상할당에도 불구하고 실제 유상할당 비율은 0.12%였으며, 2차 계획기간 중에는 법률상 10%, 실제적으로는 3.07%였다.

직하다. 왜냐하면 할당 대상업체 외의 법인 및 개인이 거래당사자가 되어야 시장에서 배출권의 수요 및 공급[19]이 확대되어 적정한 시장가격이 형성될 수 있으며, 이를 통한 기술개발 유인이 커지게 된다. 또한 할당 대상업체만 거래당사자가 될 경우 다량 배출자가 시장지배적 지위를 갖고 있어 시장가격의 형성에 왜곡을 가져올 수 있다. EU의 경우도 모든 개인 및 법인을 거래당사자로 인정하고 있다.

다만 배출권 거래시장의 초기 형성기에 문호를 대폭 개방할 경우 탄소시장의 안정에 지장을 초래할 가능성이 있어 정부 제출법안 부칙 제3조에서는 2015년부터 3년의 범위 내에서 대통령령으로 정하는 자 외의 법인 및 개인에게는 배출권 거래 계정의 등록을 신청할 수 없도록 하고 있다.[20]

배출권 거래소의 지정 또는 설치, 세부 업무 등은 대통령령으로 정하도록 하고 있으며, 국제 탄소시장과의 연계와 관련 EU처럼 우리나라와 해당 국가와의 양자 간 합의서에 기초할 때만 연계하도록 하고 있다. 국제탄소시장 연계의 핵심은 측정·보고·검증 업무의 상호신뢰성 확보 여부이다.

(3) 유연성 제도

배출권의 이월(banking)은 주무관청의 승인이 있을 경우 계획기간 내의 다음 이행연도 또는 다른 계획기간으로 이월할 수 있다. 다만 부칙 제4조의 규정에 의거 1차 계획기간에서 2차 계획기간으로의 이월은 금지된다(이 조항은 국회최종심의시 삭제되었다). 그 이유는 1차 계획기간의 할당은 직전의 목표관리제에 의한 목표설정의 연장선상에서 이뤄지기 때문에 기본적으로 느슨할 수밖에 없고, 이런 상황에서 2차 계획기간으로의 이월을 허용할 경우 2차 계획기간 중 배출권의 과다 보유로 인해 국가 전체의 온실가스 감축에 지장을 받을 가능성이 있기 때문이다. 반면 차입(borrowing)의 경우 계획기간 내의 다른 이행연도 사이에는 허용되나, 다른 계획기간으로부터의 차입은 금지된다. 또한 차입할 수 있는 양은 제한된다.

19 국내외 상쇄활동(offset)을 촉진하기 위해서는 할당 대상업체 외의 법인 및 개인의 참여가 필요하다.

20 정부안 최초 입법예고안에는 모든 개인 및 법인도 거래의 당사자가 될 수 있도록 했으나, 배출권 거래시장에 초기부터 문호를 대폭 개방할 경우 투기 세력에게 기회를 제공할 수 있다는 일각의 우려를 반영하여 1차 할당계획 시작 후 3년 이내에는 문호를 제한할 수 있도록 하였다. 그렇다고 모든 할당 대상업체 외 법인의 시장 참여를 제한하려는 것은 아니고 1차적으로 공공 성격이 강한 법인의 경우(대통령령으로 정할 예정)는 계정을 등록할 수 있도록 할 계획이다.

상쇄활동은 일정한 요건을 갖출 경우 국내외 온실가스 감축활동을 포함한다. 상쇄로 인정받기 위해서는 국제적 수준의 측정·보고·검증이 가능한 방식으로 온실가스 감축활동이 이뤄져야 한다. 또한 청정개발체제(CDM) 등 교토의정서 등에 의한 감축사업도 상쇄활동으로 인정받을 수 있다. 다만 상쇄 배출권의 국가 온실가스 감축목표에 미치는 영향과 배출권 거래가격에 미치는 영향 등을 고려, 상쇄배출권의 제출한도[21] 및 유효기간이 제한될 수 있다.

Ⅲ. 배출권거래제법안(정부안)의 주요 쟁점 검토

배출권거래제법안 입법예고 이후 배출권거래제 도입시 우리나라 기업에 미치는 영향, 국내총생산(GDP), 수출, 고용 등 거시 경제지표에 미치는 영향, 거래제 설계요소 중 할당 방식 등에 대하여 많은 논란이 있었다. 아래에서는 위의 쟁점에 대하여 집중적으로 살펴보고자 한다.

1. 배출권거래제의 경제적 영향

배출권거래제가 도입될 경우 온실가스 감축의무를 지는 할당 대상업체의 경우 분명히 경제적 부담이 있다. 그러나 1968년 Dales에 의해 배출권거래제 개념이 소개되고 1972년 Montgomery에 의해 이론적 타당성이 입증된 후 배출권거래제는 다양한 사례를 통해 정부의 간섭을 최소화하고 불필요한 직접 규제를 지양하는 가운데 기업들이 가장 비용효율적으로 환경오염물질(또는 온실가스)을 줄이는 제도로 광범위하게 인식되고 있다.[22] 나아가 사회 전체적으로 가장 비용 효과적인 감축수단이 되는 것으로 인정받고 있다. 즉 배출권거래제는 기업 간 한계

21 상쇄배출권의 제출한도 제한은 보유자의 재산권을 침해한다고 볼 수 있어 엄격한 제한 기준을 대통령령으로 명시할 필요가 있다. 당초 입법안에는 상쇄의 요건으로 “다른 감축사업과 비교하여 감축비용이 현저히 적지 않을 것” 등을 제시하여 형평성을 고려토록 한 바 있으나, 감축비용의 차이를 전제로 배출권거래제가 설계되어야 한다는 당위성차원에서 적절치 못한 기준이 될 수 있다. 상쇄의 기준은 일반적으로 청정개발체제(CDM)의 사업 평가방식이 준용될 가능성이 높다.

22 녹색성장위원회, “배출권 거래제의 경제적 파급효과에 관한 문헌연구,” 2011. 동 보고서에서는 국내외 모든 문헌을 수집·분석하고, 배출권 거래제와 탄소세와의 비교, 연산가능일반균형모형(CGE 모형)을 이용하여 거시 경제지표에 미치는 영향에 관한 국내 연구문헌을 종합적으로 분석하였다.

저감비용이 모두 일치하는 수준까지 오염물질이 감축(이른바 "거래에 의한 비용 감축〈cost savings by trading〉")되는 '정태적 효율성(static efficiency)'뿐만 아니라 기술개발에 대한 유인을 제공하여 미래세대를 포함한 사회 전체의 후생을 증가시키는 '동태적 효율성(dynamic efficiency)'을 달성할 수 있는 것으로 평가받고 있다.

우리나라도 교토의정서 합의 이후 배출권거래제가 본격 연구되고 있다. 또한 온실가스는 아니지만 대기오염물질에 대해 배출권거래제가 운영되고 있다.[23] 수도권대기환경개선에관한특별법에 의한 황산화물 및 질소산화물에 대해 수도권 지역에서 배출권거래제가 시행되고 있는 것이 그 예다. 이러한 배출권거래제 연구는 경제학적 분석뿐만 아니라 독일 등 EU 사례를 중심으로 한 법적 쟁점 분석 등으로 나눌 수 있다. 특히 배출권거래제법안 입법예고 이후에는 "연산가능 일반균형모형(CGE 모형)"을 활용한 경제적 파급효과 분석이 이뤄졌고, 동 연구결과가 공청회, 토론회 등을 통해 발표되어 배출권거래제 도입여부에 대한 논란을 제공하였다.[24]

다양한 거시경제모형을 활용한 경제적 파급효과 분석은 정책(제도)의 도입에 앞서 예상 비용 및 GDP 등에 미치는 부정적 영향을 예측하고 보완점을 마련하는데 유익할 수 있지만, 미래를 예측한다는 기본적 한계뿐만 아니라 예측모형(연산가능 일반균형모형 등)의 내재적 한계 및 자료의 한계 등을 명시하지 않을 경우 일반 국민의 오해를 불러일으켜 판단의 오류를 범할 수 있다. 구체적으로 살펴보면 배출권거래제 도입에 따른 비용 관련 산업계의 인용 자료는 공통적으로 기본 전제에 있어서 최악의 상황을 가정하여 비용을 과다 추정하고 있는 측면이 있다. 예를 들어 목표관리제하에서도 동일하게 발생하는 온실가스 감축비용을 배출권거래제 도입에 따른 비용이라고 하여 오해를 불러일으킬 여지를 제공하며, EU 등 해외사례와 달리 배출권의 100% 유상할당을 전제하여 배출권 구매비용을 과다 산정하고 있다. 물론 원활한 분석을 위해서나, 모형의 한계[25] 때문에 기본 가정을 단순화할 필요가 있으나, 결과물의 수치를 지나치게 강조하기 보다

23 김민철·이동건·김지영, "배출권 거래제 도입에 있어 법적 측면과 법경제적 측면에서의 분석," 환경법연구 제32권 2호, 2010.

24 공청회, 토론회 등에서 발표된 연구결과에 대한 분석은 녹색성장위원회 보도 참고자료(2011. 2. 7)를 참조하거나, 주 22) 녹색성장위원회 발간 자료 참조.

25 CGE 모형에는 각 업종별 감축량을 차등적으로 적용하는 등 실현 가능한 수치를 적용하기 곤란한 한계가 있다. 자세한 사항은 주 22) 자료 참조.

는 추세 혹은 방향을 제시하려 한다고 언급하는 것이 바람직하다.

기존의 연구결과를 종합하면 배출권거래제 도입시 목표관리제 보다 분명 GDP에 미치는 부정적 영향을 감소시켜 준다. 산업부문에서 같은 양을 감축할 경우 배출권거래제가 목표관리제보다 44%~68%까지 비용을 줄일 수 있는 것으로 나타났다. 특히 경매에 의한 유상할당의 경우 목표관리제나 무상할당의 경우보다 GDP 등에 미치는 부정적 영향이 적으며, 해외에서의 감축활동(상쇄)을 도입할 경우 부정적 영향은 더욱 감소된다. 그 이유는 거래에 따른 감축비용 절감 및 경매 수입 등 유상 수익의 환원(소득세, 근로세, 부가가치세 경감 또는 환급) 및 연구개발(R&D) 확대, 투자증가로 규제에 따른 GDP 감소분을 축소시키거나, 오히려 GDP를 증가시킬 수도 있기 때문이다. 물론 기술개발 유인 제공 등 배출권거래제의 장점에 의한 긍정적 효과는 직접적으로 산출하기 곤란한 측면이 있기 때문에 CGE 모형에서는 이를 충실히 반영할 수 없으며, 이를 감안할 때 경제적 영향 분석은 어찌보면 가장 부정적 영향을 나타낸다고 할 수 있다.

이와 같이 국가 전체의 입장에서 볼 때 배출권거래제가 목표관리제 보다 분명 많은 장점이 있으나, 개별 업체의 입장에서는 배출권거래제의 벌칙이 목표관리제 보다 강하고 유상할당시 이를 구매해야 함으로써 비용측면에서 부담이 될 수 있다. 그러나 EU의 경우처럼 실제 유상할당의 비율이 법률 규정보다 매우 낮을 가능성이 높으며, 배출권거래제 초기 할당시 목표관리제와 연계하여 할당이 이뤄질 예정이므로 어느 제도이든 실질적으로 개별 기업에 부과되는 감축비용은 큰 차이가 없을 것이다. 오히려 배출권거래제에서는 거래, 상쇄 등 유연성 수단으로 인해 감축 비용[26]이 줄어들고, 미래 감축계획, 상쇄활동 계획 등을 수립할 수 있어 중·장기적 경영전략을 수립하는데 도움을 줄 수 있다. 즉 미래에 대한 '불확실성'을 완화시켜 준다고 할 수 있다.

---

26 개별 기업의 전체비용을 분석하면 감축비용이 대부분의 비용을 차지할 것으로 보이는바, 거래·상쇄 등에 따른 감축 비용 절감분(편익)과 유상할당 구입 비용을 비교해보면 배출권거래제를 도입하는 것이 개별 기업 입장에서도 편익이 많다고 할 수 있다. 더욱이 목표관리제의 벌칙(과태료 1천만원 이내)이 너무 낮아 비난이 있으며, 정부와 협의하여 설정한 감축 목표를 달성하지 못할 경우 개별 업체의 브랜드 가치 하락 등 정량적으로 평가하기 곤란한 손해가 발생할 수 있어 개별 업체도 감축목표를 달성하기 위해 총력을 기울여야 한다는 점에서 볼 때 배출권거래제를 도입하는 것이 보다 유리하다고 할 수 있다. 물론 감축목표를 달성하지 않겠다고 하는 극단적인 경우는 목표관리제가 유리하다고 할 수 있다.

2. 할당(감축량 부여)의 체계 및 방법

배출권거래제에 의한 할당 체계 및 방법의 상당부분은 대통령령이 정해져야 확정되지만 이를 예측하고 이해하기 위해서는 먼저 목표관리제에 의한 할당(목표설정)과정을 검토해야 한다. 앞의 기본방향에서 살펴 보았듯이 목표관리제는 배출권거래제로 가는 징검다리 역할을 하기 때문이다.

기본적으로 배출권거래제와 목표관리제에 의한 할당 모두 국가 감축목표와의 정합성 차원에서 검토되어야 한다. 즉 목표관리제에 의한 감축량 구성은 일부 연도별 조정이 있겠지만 2020년까지의 감축경로(reduction pathways)에 따라 이뤄지며, 이는 자연스럽게 배출권거래제에 의한 할당과 연계된다.

2009년 국가 감축목표 설정시 상향식 방식(bottom-up)으로 부문별·업종별 예상 배출량(BAU) 및 감축잠재량 분석이 있었으며, 2010년 및 2011년 초까지는 추가적으로 감축잠재량에 대한 분석[27]이 이뤄졌다. 이러한 과정에서 각 업종별로 적용될 기술, 보일러 등 각 업종에 골고루 영향을 미치는 공통기술 또는 공통기기가 분석되었고, 이러한 기술 및 기기 활용시의 감축정도 및 비용을 나타내는 기술 데이터베이스(MARKAL DB 등)가 축적되었다.

이를 통해 부문별·업종별 예상배출량 및 감축량이 마련되고 동 분석은 관계부처 협의를 거쳐 2011년의 경우 6월 말까지 정부초안이 마련되었다. 이후 업종별 단체 및 업체와의 협의, 시민단체와의 협의 등 사회적 합의를 거쳐, 경제정책조정회의 및 녹색성장위원회 심의를 거쳐 최종적으로 부문별·업종별 감축량이 결정되었다. 이러한 업종별 감축량의 범위 내에서 각 관장기관[28]은 매년 9월 말까지 개별 목표관리업체에게 연도별 감축량(목표설정)을 정하게 된다. 개별업체에 대한 할당은 기본적으로 과거 3년간의 배출량을 기준연도 배출량[29]으로 하고, 업종별 배출허용량(업종별 감축량)을 업종내 개별 관리업체의 배출량의 합으로 나눈 값인 조정계수(compliance factor)[30]를 곱하여 이뤄진다. 이른바 과거실

27 이러한 분석은 저탄소 녹색성장 기본법 시행령 제36조의 규정에 의한 '온실가스 종합정보센터'에서 담당해오고 있다.

28 저탄소 녹색성장 기본법 시행령 제26조 제3항의 규정에 의하면 농업·축산분야는 농림수산식품부, 산업·발전분야는 지식경제부, 폐기물분야는 환경부, 건물·교통분야는 국토해양부가 관장기관이 된다.

29 환경부고시 제2011-29호, "온실가스·에너지 목표관리 운영 등에 관한 지침," 2011. 3. 16.

30 적응계수, 순응계수라고도 번역되며, 독일의 경우 이러한 조정계수 적용에 따른 비례배분적 삭감의 타당성에 관하여 법적 분쟁이 다수 발생하였다. 「한상운, "배출권 할당의 적정성 — EU의 법적분쟁

적 기반 목표설정(grandfathering)방식으로 이뤄진다고 할 수 있다. 물론 향후에는 grandfathering 방식 외에 벤치마크 방식을 도입하려는 계획도 포함되어 있다.

이상의 목표설정(할당) 절차를 요약하면 하향식(Top-down)으로 감축량이 할당된다고 할 수 있다. 국가 감축목표 → 부문별·업종별 감축 목표 → 개별 관리업체에 대한 목표설정(할당)이 바로 그것이다. 이를 통해 우리는 배출권거래제든 목표관리제든 감축량은 기본적으로 동일하거나 비슷할 수밖에 없다는 것을 알 수 있다. 즉, 연도별 감축량에는 차이가 있지만 기본적으로 2020년 국가 감축목표를 달성하기 위한 감축경로(reduction pathways)에 따라 감축 목표량이 할당되기 때문이다. 이는 우리나라가 국제사회에 약속한 국가 중기 감축목표를 달성하겠다는 우리의 의지에 대해 신뢰성을 부여해야 하는 점을 반영한 것이라 할 수 있다.

3. 할당 방식(유무상 비율, 생산량 증감 등 반영 여부)

배출권을 무상 또는 유상으로 배분할 것인지와 그 비율은 초기할당 방식[31]에서 매우 중요하다. 무상 배분방식으로 '과거실적 기반 목표설정 방식(grandfathering)' 및 이의 한 형태로 '벤치마크 방식,' '실적조정방식(updating)'으로 나누거나, 또는 updating 방식 대신에 '벤치마크 방식'을 제시[32]하기도 한다. 유상배분 방식으로는 규제당국이 일정한 가격으로 배출권을 판매하는 '직접 판매방식'과 '경매(auction)'를 통해 할당하는 방식[33]이 있다.

이론적으로 auction 방식이 오염자 부담 원칙, 공정성 측면, 가격신호의 작동 측면, 경매 수익의 환원(재원 활용) 등에서 무상배분 방식보다 우수하다고 할 수 있다. 특히 무상배분 방식의 경우 EU의 사례에서나 이론적으로도 온실가스 다량 배출업체가 이익(또는 한계기업이 더 존속)을 보는 "횡재이윤(windfall profit)"

사례를 중심으로 —," 환경법연구 제32권 3호」를 참조할 수 있다.

31 초기 할당방식에 관하여 다수의 연구결과가 있다. 이러한 선행 연구결과를 종합 비교하고 대안을 제시한 보고서는 「김용건·전지영, "온실가스 배출권 초기할당방식에 관한 연구," 한국환경정책평가연구원, 연구보고서 2010-18」을 참조할 수 있다.

32 김인숙·이해춘, "유럽연합 사업장 탄소배출권 할당 사례연구," POSRI경영연구 제10권 제 1 호, 2010. 유럽연합의 경우 updating을 금지시키고 대신 벤치마크 방식을 채택하고 있어 무상할당 방식으로 grandfathering 및 benchmark 방식을 제시하고 있는 것으로 보인다.

33 조홍식외 편저 (주 2)), p. 345 참조.

등의 문제가 있다.[34] 다만, 유상경매를 실시할 경우 할당 대상업체가 이를 구매해야 하므로 경제적 부담이 너무 커서 초기 할당시 유상 경매의 비중이 높은 사례는 드물다고 할 수 있다. 이른바 '피규제기관의 수용성'을 고려한 것이라고 할 수 있다.

이러한 점을 감안하여 우리나라도 1차 계획기간에 95% 이상의 무상할당을 규정(부칙 제 2 조 제 2 항)하고 있다. 2차 계획기간 이후의 유무상 할당비율은 대통령령으로 정하는데 국내 산업의 국제경쟁력에 미치는 영향, 국제적 동향, 물가 등 국민경제에 미치는 영향 및 직전 계획기간에 대한 평가 등을 고려토록 하고 있다. 당초안에는 1차 계획기간에는 90% 이상 무상할당, 3차 계획기간(2021년 이후) 100% 유상할당이었으나, 가혹한 비용부담이라는 업계의 입장을 감안하여 무상비율을 확대한 것이다.

배출권거래제법안에 의한 무상할당방식을 유추하기 위해서는 목표관리제의 할당방식을 참조해야 하는데 목표관리제 할당의 경우 초기에는 grandfathering 방식을 적용하다 2013년 이후 벤치마크 방식이 될 가능성이 높다. 물론 벤치마크 방식을 적용하기 위해서는 관련 계수의 개발이 필수적이며, 이를 위한 준비노력(데이타의 축적 등)이 필요하다.

정부제출 법안 중 특기할 만한 사항은 '실적조정 무상할당(updating)'[35]도 가능하도록 규정(제16조 제 2 호)하고 있다는 점이다. 즉 국내외 경제상황의 급격한 변화, 기술발전 등으로 국가 할당계획이 변경되거나 특히 개별 업체의 신증설, 사업계획의 변경 등으로 신청이 있을 경우 추가 할당하거나 이행연도별 배출권을 조정할 수 있도록 하고 있다. 이는 EU의 사례와 다른 경우로서 아래에서는 이러한 updating 방식을 포함하여 향후 과제에 대해 살펴보고자 한다.

---

34 김용건·전지영, 전게 논문, p. 59.

35 updating 방식은 실적에 따라 할당량을 조정하는 방식으로서 경제상황의 변동 등의 경우에 적용성을 제고하는 측면에서 효과가 있으며, 원단위 혹은 배출집약도(emission intensity)방식과 유사하다고 할 수 있다. 즉, 배출 원단위 개선이라는 유인을 제공한다는 장점이 있으나, 기준 설정이 복잡하고 이른바 "산출 보조금 효과"(output subsidy: 산출물〈생산량〉을 늘려 배출권을 더 확보할 수 있음으로써 총량적으로 배출량 증가를 가져오게 됨) 등의 단점이 있음. 상세사항은 「김용건·전지영, 전게논문, p. 9, pp. 15-16」 참조.

Ⅳ. 향후 과제

1. 할당 방식

(1) 부문별 할당에서의 과제

앞서 초기 할당시에는 국가 감축목표와의 정합성을 유지하면서 목표관리제처럼 부문별·업종별 배출허용량(감축량)을 먼저 설정하고 동 감축량의 범위 내에서 개별 할당 대상업체에게 할당이 이뤄짐을 살펴보았다. 여기서 중요한 역할을 하는 것은 감축잠재량을 보여주는 기술데이터베이스이다. 할당을 하는 정부가 기술별 감축잠재량, 개별 업체의 역량, 기술개발 완료시기 등에 대한 충실한 정보를 갖고 있으면 무상할당시에도 경제적 효율성뿐만 아니라 할당 대상업체 간 형평성, 국가 감축목표의 달성 등을 이룩할 수 있다.

그러나 현실은 이와 다르다. 이른바 '정보의 비대칭성 문제'가 제기된다. 정부는 결코 개별 기업의 생산계획, 기술도입 및 개발 계획, 리스크에 대한 인식수준 등을 완벽하게 파악할 수 없다. 이에 따라 정부할당에 있어서 중요한 역할을 하는 기술데이터베이스(DB)의 포괄성 및 정확성이 문제가 된다. 또한 기술의 적용 비율에 관하여 정부와 업계 간 줄다리기가 지속될 것이다. 더욱이 업계의 영업정보 또는 경영상의 이유로 기술DB 구축에 비협조적인 업종의 경우에는 오히려 감축잠재량이 낮게 나타나 의도하지 않은 혜택을 볼 수도 있다. 물론 규제기관이 언론 등에 나타난 업계의 동향과 외국의 기술DB와의 협조 등을 통해 광범위하게 자료를 축적할 경우 이러한 문제점을 어느 정도 해소할 수 있으나, 외국도 기술DB는 다른 나라와 쉽게 협조하지 않을 가능성이 높기 때문에 업종 간 형평성 문제를 쉽게 해결하기는 어려울 것 같다. 이러한 사유로 정부의 행정조치에 의한 무상할당보다는 경매가 바람직하다고 하는 이유가 된다.

이러한 '정보의 비대칭성 문제'를 해결하기 위한 방안은 크게 두 가지로 나눌 수 있다. 첫째는 지속적으로 기술DB를 최적화·현실화(upgrading & updating)하는 것이다. 현재 "저탄소 녹색성장 기본법"에 의거 "관리업체"의 경우 매년 온실가스 명세서를 정부에 제출해야 한다. 이러한 명세서의 내용을 세밀하게 분석하고 관련 자료를 축적하며, 필요시 다양한 연구용역사업을 통해 기술DB의 최적화를 지속적으로 추진하고, 이를 부처 간에 공유해야 한다. 두 번째로는 관련 기술이 보고되도록 대통령령 등에서 제도적 장치를 마련하는 것이다. 할당 대상업체로 하여금 보고 목록에 온실가스 배출량뿐만 아니라 제품 생산량, 각 기기별 에너지 효율화 정도, 향후 에너지 효율화를 위한 기술개발·시설설치 계획을 명시하여 보고하도록 하는 것이 그 예다. 나아가 동종업종의 '최적 가용기술(BAT: Best Available Technique)'을 보고토록 해야 한다. 물론 이러한 개별 업체의 보고내용은 철저하게 정보보호를 해주어야 한다. 특히 선의의 성실 신고자에게는 적정한 인센티브를 제공하는 방안도 함께 강구함으로써 기술DB의 신뢰성과 정확성을 제고해야 한다.

(2) 벤치마크

벤치마크 방식은 과거 배출량을 기준으로 할당하는 grandfathering 방식과 달리 투입열량이나 산출물 당 에너지 소비량 또는 배출량을 기준(지표)로 삼아 배출권을 할당하는 방식이다. EU는 2008~2012년간의 2단계에서 신규시설을 중심으로 벤치마크 방식을 도입하였으며, 2013년 이후의 3단계에서는 신규 및 기존 시설에 대한 EU 단일의 할당방안으로 벤치마크 방식을 도입할 예정이다.[36] 이를 위해 2009.4월 이후 각 회원국, 전문가 등이 관련 연구를 진행하여 2010. 12월 총 52개의 제품단위 벤치마크 계수를 개발하였으며, 이 수치는 EU 배출권거래제 대상 배출량의 75%[37]를 차지한다.

벤치마크 방식에 따라 할당을 실시하기 위해서는 공정단위의 산출물(또는 투입량) 당 배출량 지표인 '벤치마크 할당계수'를 개발해야 하는데, 업종 및 업체 간 일률적인 기준 마련이 어려운 단점이 있다. 즉 할당기준(지표), 동일 할당기준을 적용하는 그룹의 분류기준 및 방법, 기준 값의 유형 등에 따라 매우 복잡하고 다양한 방법이 설계될 수 있다. 그리고 동일기준(지표)이 적용되는 배출시설 그룹을 분류하는 과정에서도 산출물의 동질성 여부, 시설의 종류, 투입에너지/원료, 시설연한 등 다양한 방법이 존재한다.

---

36 Directive 2009/29/EC of the European Parliament and of the Council of 23 April 2009, amending Directive 2003/87/EC so as to improve and extend the greenhouse gas emission allowance trading scheme of the Community.

37 Draft Commission Decision of determining transitional Union-wide rules for the harmonized free allocation of emission allowance pursuant to Article 10a of Directive 2003/87/EC Annex I, 2010. 12. 15.

앞서 언급하였듯이 목표관리제에서도 벤치마크방식을 채택할 수 있도록 하고 있다.[38] 즉 총괄기관(환경부)과 각 관장기관이 공동으로 최적가용기술(BAT)을 고려하여 같은 시설 그룹에서 상위 10%에 해당하는 기준 값(지표)을 벤치마크 할당계수로 2012. 9월까지 개발하도록 규정하고 있으나, 국내업체 수가 많지 않은 등의 문제가 있어 좀 더 많은 기일이 필요한 것으로 보인다. 물론 이를 위해서는 상당한 시간과 행정비용이 필요할 것이다. 그러나 벤치마크방식의 배출권 할당시 형평성을 확보할 수 있고, 조기행동에 대해 적절한 보상이 이뤄질 수 있으며, 특히 피규제자의 기술개발 유도가 가능한 점 등 많은 장점이 있기 때문에 2015. 1월 배출권거래제 시행 전까지 벤치마크 할당 계수 개발을 위한 행정적 노력이 지속되어야 할 필요성이 크다 하겠다.

(3) 실적조정 무상할당(updating)

앞서 정부 제출법안은 '실적조정 무상할당(updating)'도 가능하도록 하고 있음을 살펴보았다. 이렇게 될 경우 개별 업체의 신증설 및 사업계획 변경시에 해당 업체의 신청이 있고 이를 규제기관이 받아줄 경우 배출권 총 수량에 변경을 가져오는 할당량 조정이 있을 수 있게 된다.

계획기간 시작 전의 할당행위가 계획기간 전체의 경제 상황을 정확히 예측하기 어렵고, 다양한 온실가스 감축 노력을 했음에도 경제 상황에 따라 생산량 증가가 이뤄진 경우 이를 반영해야 될 필요성이 있는 것도 인정된다. 그러나 앞서 "산출 보조금 효과"에서 살펴보았듯이 updating을 인정할 경우 총량적으로 국가 전체의 온실가스 배출량이 증가하는 문제를 안고 있다. 또한 개별 업체 간 형평성 차원에서도 문제가 될 수 있다. 예를 들어 A 업종은 '최적 가용기술'을 적용하여 온실가스 감축에 최선을 다하고 있는 반면, B 업종은 '최적 가용기술'을 적용하지 않고 있으나 국내외 경제상황상 생산량 증대가 불가피하여 배출권 조정(추가 할당)을 받았다면 A, B 업종 간 형평성 문제가 발생한다. 이러한 사유로 EU는 사후조정 방식인 updating을 금지하고 있다.

이러한 점을 감안할 때 향후 대통령령 제정시 updating의 요건을 명확히 할 필요가 있다. 우리나라가 국제사회에 약속한 국가 감축목표 달성을 위해서는 일정한 감축경로를 준수할 필요성이 크기 때문이다. 따라서 개별 업체가 updating

38 전게 환경부고시 제2011-29호, 제31조 및 제32조, 별표 7.

신청시 생산량 증대의 불가피성을 명확하게 제시해야 될 뿐만 아니라 현재 적용중인 감축기술의 최적성도 함께 제시토록 해야 한다. 즉 현재 적용중인 감축기술 및 노력의 수준(예를 들어 폐열의 재이용, 최신의 보일러 사용 여부 등)을 명시함으로써 타 업종과의 형평성 문제를 검토할 수 있도록 해야 한다. 나아가 해당 사업장에서 감축이 아닌 다른 방안, 추가적인 상쇄활동 계획 등 다른 대안이 없는지도 검토해야 한다.

2. 국제경쟁력의 기준

EU 등 배출권거래제를 시행하고 있거나 논의하고 있는 국가의 경우 자국 산업의 보호를 위해 국제경쟁력이 우려되는 업종(업체)에 대해서는 무상할당을 하도록 하고 있다. 이른바 탄소누출(carbon leakage)[39]이 우려되는 업종의 기준을 정하고 동 기준에 해당되는 업종에 대해서는 무상할당 등 국제경쟁력을 보장해 주고 있다. EU의 탄소누출 기준은 다음과 같다.[40]

첫째, 배출권 거래지침을 적용함에 따라서 추가적으로 소요되는 비용 증가 비율이 5% 이상이고, 무역집약도가 10% 이상일 때이다.

둘째, 위의 조건이 단독으로 적용될 때에는 배출권거래제의 직/간접 비용이 총 매출액에서 차지하는 비율이 30% 이상일 때이다.

셋째, 해당 업종의 무역집약도가 30%를 넘어설 때이다.

미국의 왁스만-마키법안의 탄소누출 업종 선정 기준은 아래와 같다.[41]

첫째, 에너지 집약도 또는 온실가스 집약도가 5% 이상이고, 무역집약도 15% 이상
둘째, 에너지 집약도가 20% 이상
셋째, 무역집약도가 20% 이상

39 배출권거래제 등 온실가스 규제로 인해 사업장을 규제를 받지 않는 지역으로 이전하는 것을 "탄소누출"이라고 한다. 이와 관련하여 아직까지 이론적으로 탄소누출의 정의를 명확히 내리지 못하고 있는데 그 이유는 국제경쟁력에 미치는 변수가 다양하기 때문이다. EU는 현재까지 "탄소누출의 실증적 증거가 없다(No empirical evidence of carbon leakage)"라고 하고 있다(환경부-주한EU대표부 공동주관 워크샵 자료, 2011. 3. 25. 서울).

40 김인숙·이해춘, 전게논문, p. 105.

41 김용건·전지영, 전게논문, pp. 28-34.

이상의 기준을 국내 업종에 적용하기 위한 연구결과에 의하면 전체 업종의 약 60%에 해당하는 업종이 탄소누출 업종으로 분류된다는 것이다.

이렇게 EU-ETS 및 왁스만-마키법안의 탄소누출 기준을 우리나라의 국제경쟁력 고려기준으로 삼을 경우 온실가스 다배출 업종에 혜택을 주어 다른 부문 또는 업종의 감축 부담이 커질 수 있고, 국가 온실가스 감축 목표 달성을 위한 전체의 비용이 크게 증가될 수 있다. 또한 우리나라 전체 부문 및 업종의 감축비용, 감축잠재량 등이 EU 및 미국과 다를 수 있기 때문에 EU 및 미국의 기준을 그대로 적용할 필요가 있는지에 대해서도 검토가 필요하다. 따라서 우리나라 업체의 국제경쟁력에 우려가 있어서는 안된다는 기본 전제와 더불어 전체 부문 및 업종의 감축 비용, 국가 온실가스 감축에 미치는 영향 등을 종합적으로 검토하여 우리나라에 적합한 국제경쟁력 판단 기준을 마련할 필요성이 크다 하겠다.

3. 경매 방안 및 그 수익의 환원 방안

경매 방안 및 경매로 인한 수익의 활용방안은 경매가 2015년 이후 시행되고, 그 규모도 정확히 예측하기 어려운 상태이기 때문에 이를 논의하기는 조금 이른 감이 있다. 물론 이에 따라 국내에 관련 연구도 많지 않다. 경매 방안에는 단일 가격결정방식 또는 복수 가격결정방식,[42] 한 번의 경매로 할 것인지 혹은 주기적 경매를 할 것인지, 경매 참여자를 할당 대상업체로 할 것인지 혹은 브로커나 일반인도 참여시킬 것인지 등 다양한 방식이 있을 수 있는데, 각국의 경제사정, 온실가스 감축기술 및 감축필요성 등을 종합적으로 고려하여 결정하게 된다. 현재 경매할당을 시행하고 있는 EU도 경험이 축적되고 있는 단계라 할 수 있다. 따라서 우리나라의 경우 외국의 사례를 지속적으로 점검함과 동시에 다양한 경매방안의 장단점 등에 대하여 종합적인 연구가 필요하다 하겠다.

한편 경매 수익의 환원방안에 대해서는 앞서 배출권거래제의 경제적 영향에서 살펴본 것처럼 이론적·모형적 연구가 진행되고 있다. CGE 모형을 활용하여 배출권거래제가 거시 경제지표에 미치는 영향,[43] 탄소세 도입 및 그 영향에 관한

42 이에 관하여는 「김효선·유상희, "탄소배출권 경매할당의 방법론에 대한 효율성 비교," 자원·환경경제연구 제19권 제 1 호, 2010」 참조.

43 CGE 모형에서는 경제주체 간 상호 행위를 통해 일반 균형이 달성되도록 하기 위해 특정 경제부문(가계 등)의 감축행위가 이뤄지도록 일정 금액의 탄소세가 도입되고, 이러한 탄소세를 활용하여 가계

연구 등이 그 예이다. 이러한 연구결과는 사용되는 가정과 방식에 따라 근로소득세 감면 또는 부가가치세 감면 중 어느 세제로 환원될 경우 상대적으로 더욱 더 국가 경제에 긍정적 영향을 미치는지를 보여 주고 있다.

그러나 이러한 연구는 국가 경제 전체에 미치는 영향을 분석한 것으로 배출권거래제에 당장 적용하기는 어려운 측면이 있다. 즉 현실적으로 2020년까지는 경매할당의 비율이 높지 않을 가능성이 많으므로 경매수익 자체가 크지 않아 근로소득세 등의 감면에 사용하기 곤란할 것으로 생각된다. 대신 할당 대상업체의 연구개발(R&D) 지원 등에 사용될 가능성이 높다. 연구지원 범위 등에 대한 자세한 사항은 국가 할당계획에서 정해지겠지만 사전에 원칙을 정하여 대통령령 등에 기본방향을 명시하는 것이 바람직할 것으로 보인다. 예상되는 주요 이슈를 살펴보면, 첫째, 연구개발 지원 대상을 할당 대상업체로 할지 아니면 공통기술(예를 들어 '탄소포집 및 저장〈CCS〉기술')도 지원 대상으로 할 것인지를 결정해야 한다. 둘째, 공정성 또는 형평성 이슈로서 유상할당의 대상은 기본적으로 무역집약도 등이 낮아 국제경쟁력 우려 대상이 아닐 것이며, 유상할당의 비용을 소비자에게 전가할 가능성이 높은데 재정지원을 할 경우 이중 혜택 이슈가 제기될 수 있다. 이러한 점을 감안할 때 경매수익의 예상 금액을 범위로 정해놓고 일정 범위 내에서는 할당 대상업체에 우선 지원, 이후 공통기술에 지원, 궁극적으로는 차등적 법인세 감면 등을 통해 감축활동을 촉진토록 하는 방안을 구상할 수 있으며, 이에 대한 지속적 연구가 필요하다.

4. 등가성 이슈

배출권의 거래시 배출권 가치의 동등성에 대한 논란이 있을 수 있다. 특히 현재 정부안에서는 직접 배출뿐만 아니라 간접배출(전력 소비)까지 포함하고 있고, 6대 온실가스를 모두 포함하고 있어 배출권 형성을 위해 소요되는 비용의 상대적 차이인 '등가성' 이슈가 제기될 수 있다. 더욱이 6대 온실가스의 "지구 온난화지수(GWP: Global Warming Potential)"에서 차이가 많이 나고, 상대적으로 지구온난화지수가 높은 N_2O 및 HFC를 감축한 청정개발사업(CDM)에 대하여 국제사회

부문 등의 소득세 감면에 활용된다는 가정을 사용하고 있다. 또한 경매로 인한 수익을 근로소득세, 법인세 등에 활용할 경우 GDP 등 거시경제지표에 미치는 영향을 분석한다.

의 비판이 높아지고 있는 상황을 감안할 때 더욱 그렇다. 특히 업종별 온실가스 감축 비용에 있어서 편차가 심한 상황 속에서 거래를 허용할 경우 특혜를 받는 업종이 등장할 가능성이 있다는 우려도 있다. 이른바 거래의 기본단위인 '이산화탄소 환산치(CO_2 equivalent)'의 가치를 어떻게 정할 것인지가 이슈가 된다.

이와 관련 지구온난화 지수에 대한 국제사회의 논의 및 EU 등의 부정적 입장, 일부 업종의 경우 상대적으로 저렴한 비용으로 온실가스를 감축하여 단기간에 이익을 볼 수 있다는 주장도 일응 일리가 있다고 할 수 있다. 그러나 배출권거래제의 기본적 특징인 '정태적 효율성' 측면에서 볼 때 감축 한계비용의 차이는 당연하며, 이러한 차이를 허용함으로써 경쟁을 통해 과학기술의 획기적 발전을 유인하여 '동태적 효율성'이 달성될 수 있다고 생각된다. 즉 초기에는 업종별, 업체별(할당 대상업체 간 및 할당 업체와 비할당 대상업체 간)로 온실가스 감축 비용에 있어서 차이가 있으나, 시간이 갈수록 온실가스 감축에 유리한 부문 및 업체가 줄어들게 되고 나중에는 큰 차이가 없는 상황이 되어 결국은 한계비용이 균등화되는 '정태적 효율성'을 달성하게 된다. 이러한 상황이 지속될 경우 좀 더 발전된 과학기술을 요구하여 국가 전체적으로 후생이 증가하는 '동태적 효율성'에 도달하게 된다.

다만, 감축비용이 충분히 고려되지 않는 할당이 이뤄질 경우, 할당량 및 감축량 간의 큰 차이가 나고 이에 따른 불공정한 경쟁이 나타날 가능성이 있다. 이러한 문제점을 완화시키기 위해서는 목표관리제를 통한 자료 축적 및 외국 사례를 충실히 분석하여 초기 할당시 감축비용의 차이 및 기술적 감축잠재량을 토대로 적절한 할당이 이뤄지도록 해야 한다.

5. 기타: 검증기관의 관리 및 취소, 상쇄의 관리

배출권거래제 정부제출 법안은 저탄소 녹색성장 기본법상의 목표관리업체에 대한 "측정·보고·검증"체계(MRV)를 준용하도록 하고 있다. 이에 따라 목표관리제의 성공적 운영, 특히 검증분야의 경험과 지식 축적[44]이 중요하게 된다. 이

44 2011년 초 시작된 "검증심사원"양성을 위한 교육에 사회적 관심이 많았으며, 교육신청자가 많아 교육생을 추첨하여 교육기수에 배정하는 상황도 발생했다. 그리고 검증심사원 교육의 질적 향상을 위하여 외국에서 수년간 검증 업무를 담당한 전문가를 강사로 초빙하여 교육하고, 문제은행 형식으로 교육생의 역량을 평가하였다. 그 결과 초기에는 극히 저조한 합격률이 발생하였으며, 특히 다년간 청정

러한 점은 국제사회에서도 충분히 중요성이 인식되고 있는바, 향후 국제탄소시장의 연계를 위해서는 엄격하고 정확한 "측정·보고·검증"이 필수적이라는데 공감대가 형성되고 있다. 이러한 MRV 업무에 있어서 검증기관의 역할은 더욱 중요해지게 되며, 검증기관이 제대로 역할을 수행하는지에 대한 관리·감독 체계도 마련되어야 한다. 즉 검증기관이 수행한 검증 업무에 대하여 부적절하거나 잘못된 부분이 있는지를 단시간내에 찾아내고, 지속적으로 검증기관 관리를 할 수 있도록 공공기관에서 역량과 인력을 갖춘 조직을 구성해야 한다. 이를 위해서는 과거 기구축한 다양한 데이터베이스를 충분히 활용하고, 공공부문에서 검증업무를 담당해본 인력을 적극 활용하는 등의 노력을 배가하여야 한다. 물론 이러한 역할을 수행하는 공공기관은 당연히 검증기관이 되어서는 안 된다.

검증업무와 관련 배출권거래제법 시행령 제정과정에서 포함해야 될 사항 중 하나는 배출권거래제법안에서 준용한 저탄소 녹색성장 기본법 및 그 시행령 규정에 '검증기관의 취소'가 명확하게 규정되어 있지 않고 포괄적으로만 규정되어 있다는 점[45]이다. 따라서 향후 배출권거래제법 대통령령 제정시 검증기관의 취소 또는 제재 근거 규정을 명시하는 것이 바람직하다고 하겠다.

상쇄(offset)는 배출권거래제의 장점이지만 너무 많이 허용할 경우 부작용이 나타날 수 있어 외국의 입법례에서도 일정 부분 상쇄의 제한 규정을 두고 있다. 또한 상쇄시장을 별도로 운영할 것인지 여부도 논의의 대상이 된다. 기본적으로 국내외에서 상쇄활동이 허용되므로 공공부문은 이러한 상쇄활동의 적절성 및 그 효과성에 대해 인증 체계를 갖추어 관리를 하는데 그치는 것이 바람직하다고 하겠다. 또한 상쇄시장을 별도로 구성할 실익이 있는지도 면밀히 검토할 필요가 있다. 즉 상쇄시장을 포함한 이른바 "자발적 시장"은 의무적 배출권거래제가 도입되기 전에 경험 습득 및 운영 노하우를 갖추기 위해 필요한 것이지만 의무적 탄소시장이 형성되면 상쇄활동 등은 탄소시장의 한 요소로 작용하는 것이 바람직하다고 판단되기 때문이다.

개발사업(CDM) 및 정부 지원사업을 담당해 온 교육생 다수도 불합격하는 사례가 나타났다. 앞으로도 이러한 검증심사원의 역량을 유지해야 하며, 검증심사원이 과다하게 양성될 경우 검증기관과 할당대상업체 간 유착 문제가 나타날 수 있음을 유념해야 한다.

45 저탄소 녹색성장 기본법 시행령 제32조 제 3 항에는 "검증기관의 지정기준·절차, 관리업체의 검증기관 선정 등"으로 포괄적으로 규정하고 있다. 이에 따라 전개한 환경부 고시에는 "검증기관 취소" 요건 등이 규정되어 있다.

Ⅴ. 결 어

우리에게 온실가스 배출권거래제는 분명 도전적 대상이다. 제도가 복잡하고, 다양한 이해관계자를 두고 있어 신중하고 치밀한 설계가 필요하다. 그러나 이러한 배출권거래제를 논의함에 있어서 기본적으로 염두에 두어야 할 것은 배출권거래제가 등장하게 된 배경인 “기후변화 현상”뿐만 아니라 “국가 온실가스 감축목표”도 분명 도전적 대상이라는 점이다. 만약 기후변화 및 국가 온실감축목표에 완전히 동의한다면, 다음 단계는 이를 효율적으로 달성하기 위한 수단이 무엇인지에 대해 검토하는 단계로 접어들어야 한다. 국가 온실가스 감축목표에 동의한다고 하면서 이러한 목표달성에 지장을 초래하는 방안을 제시하는 것은 앞뒤가 맞는다고 볼 수 없다.

우리에게 분명히 다가오는 것은 시간이 갈수록 기후변화 현상이 더욱 뚜렷해지고 있으며, 기후변화는 인간의 화석연료 연소에 의해 발생하고, 앞으로 인류가 합심하여 기후변화에 대응하지 않을 경우 우리 및 후손에 심각한 영향을 미칠 것이라는 점이다. 이에 따라 우리나라도 국제사회의 노력에 적극 동참한다는 차원에서 2009년 국가 온실가스 감축목표를 발표하고 현재는 이의 효과적 달성 방안을 강구하게 된 것이다. 이제는 과연 어떤 수단과 정책을 동원하여 온실가스를 효율적으로 감축할 것인지에 대해 고민해야 한다.

앞서 살펴 본 것처럼 배출권거래제는 제도 설계를 충실히 하고 목표관리제로부터 연착륙을 시킨다면 분명 목표관리제 보다 경제적으로 긍정적 영향을 가져오는 제도이다. 국가 전체적으로나 또는 개별 업체 입장에서도 비용효과적인 제도인 것이다. 배출권거래제에 대한 수많은 국내외 이론적 연구, 결코 적지않은 외국의 사례 등을 놓고 볼 때 우리나라에서 배출권거래제를 점진적·단계적으로 추진한다면, 분명 국가 온실가스 감축목표를 비용효과적으로 달성할 수 있다. 이는 목표관리제가 징검다리 역할을 하면서 배출권거래제로 연착륙될 때 자연스럽게 할당 및 측정·보고·검증에 있어서 양 제도가 연계되고, 이에 따라 배출권거래제가 점진적·단계적으로 추진되는 결과를 낳게 될 것이다.

그럼에도 표현내용과 형식은 달라도 배출권거래제에 대해 아직까지 우려가 사라지고 있지 않는 것은 유/무상 할당, 배출권의 거래라는 형식, 벌칙 등 새로운 제도에 대해 “막연한 불안감”이 있기 때문일 것이다. 또는 국가 온실가스 감축에 동의하지 않거나 해당 업종만 온실가스 감축에서 제외되기를 희망하는 마음이 내재되어 있다고 해석할 수 있다.

이제는 배출권거래제의 경제적 영향 등 거시적 논의 보다는 배출권거래제의 개별 요소에 대해 합리적인 방안을 강구하는 것이 필요하다. 앞서 향후 과제에서 살펴 보았듯이 앞으로 연구·검토할 과제가 많이 있다. 국회에서 정부 제출 배출권거래제법안에 대하여 합리적이고 시의적절하게 심사를 마치게 되면, 좀 더 구체적이고 직접적인 사항을 시행령에 포함하여야 한다. 또한 배출권거래제 개별 요소에 대한 좀 더 치밀한 분석과 더불어 합리적 대안이 무엇인지 찾아야 한다. 다양한 이해관계자들이 큰 틀에서 동의한 가운데 세부사항에 대해 합리적 방안을 모색하면 분명 부작용이 적으면서도 우수한 결과를 가져오는 배출권거래제를 설계할 수 있다. 이제는 원론적 사항이 아닌 세부 사항을 논의할 때다.

참고문헌

국내문헌

김민철·이동건·김지영, "배출권 거래제 도입에 있어 법적 측면과 법경제적 측면에서의 분석," 환경법연구 제32권 2호 (2010).

김용건·전지영, "온실가스 배출권 초기할당방식에 관한 연구," 한국환경정책평가연구원, 연구보고서 (2010-18).

김인숙·이해춘, "유럽연합 사업장 탄소배출권 할당 사례연구," POSRI경영연구 제10권 제 1 호 (2010).

김효선·유상희, "탄소배출권 경매할당의 방법론에 대한 효율성 비교," 자원·환경경제연구 제19권 제 1 호 (2010).

조홍식외 편저, 「기후변화와 법의 지배」, 박영사 (2010).

한상운, "배출권 할당의 적정성 — EU의 법적분쟁 사례를 중심으로 —," 환경법연구 제32권 3호.

현준원, "온실가스 배출권 거래제도 관련 소송사례와 시사점," 환경법연구 제32권 3호.

환경부-주한EU대표부 공동 주관 워크샵 자료 (2011. 3. 25. 서울).

외국문헌

Robert W. Hahn·Robert N. Starvins, "The Effect of Allowance Allocations on Cap-And-Trade System Performance," Resources for the Future (March 2010).

제15장 배출권거래제도와 동태적 현안

유 승 직*

Ⅰ. 서 론

2008년 8월 15일에 '저탄소 녹색성장'이 향후 60년간의 대한민국 국가비전으로 제시된 이후 우리나라 정부는 2020년 국가온실가스 감축목표 설정을 위한 작업반을 구성하였다. 2009년 11월 17일에는 'BAU(business as usual)하의 전망 배출량 대비 30% 감축'이라는 중기 온실가스 감축목표를 발표하였다. 이러한 국가 온실가스 감축목표는 저탄소 녹색성장에 대한 정량적인 목표치를 제시한 것으로서 의미가 있다.

우리나라 중기 온실가스 감축목표는 자발적인 감축목표이지만 온실가스 감축목표 이행을 위하여 최선을 다하겠다는 적극적인 정책의지를 내포하고 있다. 저탄소 녹색성장을 적극적으로 실천하고 2020년의 배출전망치 대비 30% 감축이라는 목표를 달성하기 위하여 정부는 2009년 말에 '저탄소 녹색성장 기본법'을 제정하였다. 그리고 2010년 4월에는 '저탄소 녹색성장 기본법 시행령'을 공표하여 발효시켰다.

저탄소 녹색성장 기본법 제38조는 저탄소 사회의 구현을 위하여 국가온실가스 중장기 감축을 효율적, 체계적으로 추진하고 이를 위하여 가격기능과 시장원리에 기반을 둔 비용 효과적 방식의 합리적 규제체제를 도입할 것을 명시하고 있다. 동 조항에서는 온실가스 배출에 따른 권리와 의무를 명확히 하고 이에 대

* 온실가스종합정보센터, 센터장.

한 시장거래를 허용함으로써 다양한 감축수단을 자율적으로 선택할 수 있도록 하고 국내 탄소시장을 활성화하여 국제 탄소시장에 적극 대비할 것도 명시하고 있다. 즉, 저탄소 녹색성장 기본법은 2020년의 국가온실가스 감축목표를 달성하기 위한 정책과 계획의 원칙으로 주요 배출원인 관리업체가 비용효과적으로 온실가스 감축목표를 이행할 수 있도록 배출권거래제의 도입을 허용하고 있다.

정부는 이에 따라 2011년 상반기에 '배출권의 할당 및 거래에 관한 법률안'(이하 배출권거래법안)을 국무회의 의결을 거친 후 국회에 제출하여 2012년 5월 국회의 입법을 마치고 2012년 11월 15일 동법의 시행령을 공표하여 시행을 하였다. 배출권거래법안의 주요 내용을 살펴보면, 10년 마다 배출권거래제의 중장기 정책 목표와 기본방향을 정하는 배출권거래기본계획을 수립하여 이를 녹색성장위원회와 국무회의의 심의를 거치도록 되어 있다. 특히 3년부터 5년까지의 범위에서 대통령령이 정하는 계획기간별로 배출권의 총 수량, 할당 대상 부문 및 업종, 부문별업종별이행연도별 할당 기준 및 할당량 등의 사항을 포함한 국가 배출권 할당계획을 수립하도록 되어 있다.

2015년에 본격적으로 배출권거래제를 도입하기에 앞서 2012년부터 관리대상업체에게 온실가스 감축목표를 할당하여 실질적인 온실가스 감축을 이행하도록 하고 있는 온실가스·에너지 목표관리제에서는 관리대상업체의 목표 설정 방식을 정의하고 있다. 온실가스·에너지 목표관리제의 관리대상업체에 대한 목표는 우선적으로 과거 온실가스 배출량과 에너지 사용량의 이력을 적절하게 반영하고 동시에 관리업체의 기술 수준, 감축 잠재량 및 경제적 비용 등을 함께 고려하도록 되어 있다. 구체적으로 '온실가스·에너지목표관리 운영 등에 관한 지침' 제30조와 제31조는 과거실적 기반의 목표 설정방법과 벤치마크 기반의 목표 설정방법을 명시하고 있다. 2010년 12월 31일 이전 정상 가동한 기존 배출시설에 대한 과거실적 기반의 온실가스 배출 목표는 최초로 지정된 연도의 직전 3년간의 온실가스 배출량을 기존 배출량으로 하여 배출시설의 대상연도 예상성장률을 고려하여 설정하도록 되어 있다.

벤치마크 기반의 목표 설정방법은 가용한 최적의 기술(BAT, Best Available Technology)을 기준으로 목표를 설정하는 방식이다. 2011년 12월 31일 이전 정상 가동한 기존 시설의 경우 과거실적 기반의 목표 설정 시 추가적으로 해당 배출시설의 벤치마크 할당계수를 고려해야 한다. 벤치마크 할당계수는 최적가용기술을 배출시설에 적용하였을 경우 단위활동자료 당 온실가스 배출량을 고려하여 설정한다. 이상에서 살펴본 바와 같이 배출권거래제 혹은 온실가스·에너지 목표관리제는 목표 설정 시 배출시설에 대한 온실가스 감축목표 또는 배출허용량을 해당 제도의 시행 이전에 사전적으로 설정하여 대상 배출원(건물, 공정, 공장, 사업장 등)이 자체적으로 온실가스를 감축하거나 외부로부터 배출량을 구입 또는 확보하도록 하고 있다.

배출권거래제 또는 온실가스·에너지목표관리제에서는 정책 당국이 온실가스 감축목표 또는 배출허용량을 사전적으로 정할 때 과거 배출량, 미래의 기술개발, 그리고 유사 기술 중 최신 기술들을 고려하도록 되어 있다. 이러한 온실가스 감축목표 설정 또는 배출권 할당방식은 관리대상업체에 대한 경제적 충격을 최소화한다. 정책 당국이 온실가스 감축비용에 대한 충분한 정보를 갖고 있지 못한 상황에서 온실가스 감축에 따른 비용상승 효과를 최소화하는 긍정적인 측면이 있다. 반면에 과거의 온실가스 배출량에 근거한 온실가스 감축목표, 배출권 할당 방식은 온실가스 배출원의 온실가스 감축에 대한 잠재력을 과소평가하거나 감축비용을 과대평가할 가능성도 존재한다.

과거배출량을 기준으로 온실가스 감축목표를 설정하거나 배출권을 할당하는 제도 도입 초기에는 제도 시행 이전에 관찰된 배출량이 배출원의 최적 선택을 반영한 것이라는 보장이 없다. 과거배출량에 근거하여 목표를 설정하거나 온실가스 배출 허용량을 결정할 것이라는 정보를 갖고 있는 온실가스 감축 대상 배출원은 온실가스 감축목표 설정의 기준이 되는 기준연도의 배출량을 증가시키려는 동기를 갖는다.

다른 한편으로는 온실가스 감축 이행 이전에 배출하는 온실가스 양을 증가시키려는 동기가 없는 경우에도 과거 배출량에 근거한 온실가스 감축목표 설정 또는 배출권 배분은 배출원들로 하여금 계획기간 이전에 온실가스 감축을 이행하도록 하는, 즉 조기감축을 유도하는 동기부여에 있어서도 제한적이다. 유럽연합의 배출권거래제도 도입 초기에는 과거의 온실가스 배출량에 근거한 할당 방식을 적용하였다. 2012년 이후부터 시행될 예정인 온실가스 배출량 할당 방식은 기본적으로 경매에 의한 할당방식이다. 경매에 의한 할당방식은 과거 배출량에 근거한 할당량 배분 방식의 문제점을 해결하기 위한 대안이다.

배출권거래제도가 배출설비, 또는 연료규제와 같은 직접규제(command and

control) 방식에 비하여 선호되는 이유는 배출권 총량을 사전적으로 설정함으로써 온실가스 감축목표 달성에 관한 불확실성을 최소화할 수 있는 이점뿐만 아니라 온실가스 신기술의 개발, 채택을 촉진시키는 장점이 있기 때문이다. 배출권 거래시장에서 배출권의 거래 가격이 형성되면 자체적으로 온실가스 감축기술을 개발 또는 적용하여 온실가스를 감축하는 (평균)비용이 배출권 거래가격보다 낮은 경우 신기술을 개발하거나 적용한 기업은 경제적인 이득을 취할 수 있게 된다.

앞에서 언급한 바와 같이 온실가스 감축목표를 설정하는 기준이 과거의 배출량을 중심으로 이루어진다면 제 1 차 온실가스 감축목표 계획기간 동안에 온실가스 감축기술 또는 설비에 대한 투자를 통하여 목표를 초과감축한 배출원은 추가적인 온실가스 감축량을 배출권 거래시장에서 판매하여 수입을 얻게 된다. 이 경우 배출권 거래가격이 감축비용보다 높은 경우 배출원은 초과 이익을 확보할 수 있다. 제 2 차 온실가스 감축목표 계획기간 동안에도 과거의 온실가스 배출량에 근거하여 온실가스 감축목표가 설정된다면 제 2 차 계획기간에 설정되는 감축목표치는 만약 해당 배출원이 할당된 온실가스 감축목표치에 추가적으로 온실가스 감축을 하지 않았을 경우에 비하여 높은 수준으로 설정될 것이다.

제 1 차 온실가스 감축목표를 초과로 이행한 배출원은 제 1 차 온실가스 감축목표 초과이행으로 인한 경제적 이득과 제 2 차 온실가스 감축계획기간 동안에 설정되는 온실가스 감축목표 상승으로 인한 추가 감축 비용을 종합적으로 고려하여 추가적 온실가스 감축을 위한 기술 도입 또는 설비에 대한 투자 여부에 대한 의사 결정을 할 것이다. 이처럼 배출권거래제를 도입할 경우 단기간 혹은 온실가스 감축목표 계획기간내에 배출원에게 주는 동기와 장기간 혹은 계획기간 간에 배출원에게 주는 동기가 상이하여 배출원의 단기의사 결정과 장기의사 결정 결과가 다르게 나타날 수 있다.

효과적인 온실가스 감축목표 달성을 위해 도입하는 다양한 온실가스 감축정책이 소기의 목적을 달성하기 위해서는 정책 시행에 따른 대상 배출원들의 합리적인 대응전략도 고려해야 할 것이다. 본 글에서는 그동안 온실가스 감축목표의 실질적이고 비용효과적인 달성 정책으로 논의되어온 배출권거래제의 정책적 고려사항을 동태적 측면에서 살펴보도록 하겠다. 특히 배출권거래제 도입의 동태적 편익인 온실가스 감축 신기술의 개발과 보급 측면에서 배출권거래제도 도입시 고려해야 하는 현안을 살펴보도록 하겠다.

다음 장에서는 불확실성이 존재하는 상황에서 배출권거래제도의 장점을 우선적으로 살펴보도록 하겠다. 온실가스 감축목표 설정과 정책의 동태적 비일관성(dynamic inconsistency)의 문제에 대한 이론적 배경을 살펴보고 현재 논의되고 있는 배출권거래제 관련 몇 가지 현안을 검토하겠다.

Ⅱ. 배출권거래제도와 동태적 일관성

1. 배출권거래제도의 장점과 보완 장치

온실가스 감축목표 달성에 있어서 배출권거래제도와 같은 시장제도를 활용한 정책이 직접명령(command and control) 방식의 정책에 비하여 효율성 측면에서 우위를 가진다는 것은 널리 알려져 있다. 상황에 따라 배출권거래제는 탄소세와 비교하여도 더 나은 정책 대안이 될 수 있다. 탄소세에 비하여 배출권거래제는 사전적으로 국가 또는 부문별 온실가스 배출 한도를 설정하는 것이므로 목표달성의 확실성을 보장한다. 물론 정책당국이 배출원의 기술적 특성, 가격탄력성 등에 대한 완전한 정보를 보유하고 있는 경우에는 적정 수준의 탄소세 수준을 결정하여 배출권거래제도와 동일한 온실가스 감축목표를 달성할 수 있다.

정책 시행측면에서 무상배분의 비중을 높이고 점진적으로 배출상한을 낮추는 경우 배출원들의 수용성도 높일 수 있다. 탄소세는 일반적으로 새로운 세금 도입으로 인식되기 때문에 정책에 대한 거부감이 강하게 나타날 수 있다. 앞에서 언급한 바와 같이 정책 당국이 탄소세와 같은 가격 정책의 온실가스 감축 효과를 정확히 판단하지 못한 경우에는 사후적으로 탄소세율을 조정해야 한다. 우리나라와 같이 조세법률주의를 채택하고 있는 국가에서는 부과 종목과 세율 결정을 위하여 법률을 제정하고 이를 개정해야 하는 번거로움이 존재한다.[1] 즉 탄소세 자체는 유연한 정책 수단이지만 탄소세율을 변경하는 데 있어서는 상당히

1 1987년 개정된 현행 헌법 제38조에서는 "모든 국민은 법률이 정하는 바에 의하여 납세의 의무를 진다"고 규정하고 있으며 국회의 권한에 관한 제 3 장 제 1 절 제59조에서는 "조세의 종목과 세율은 법률로 정한다"고 규정하고 있다[오윤(2010), p. 122에서 인용].

경직적일 수 있다.

배출권거래제가 직접규제 또는 탄소세와 비교하여 공통적으로 갖는 장점은 온실가스 감축기술의 개발과 적용을 촉진시키는 기능이 뛰어나다는 것이다. 직접규제 방식에서는 온실가스 감축설비를 설치하거나 기술을 적용하는 것, 그리고 할당된 온실가스 감축(배출)목표량 만큼만 감축하는 것 이외에 추가적인 감축에 대한 동기가 부여되지 않는다. 탄소세 부과를 통하여 추가적인 온실가스 감축분에 대해서는 탄소세를 부담하지 않게 되므로 새로운 기술 또는 설비를 도입할 동기가 존재한다. 하지만 이러한 동기부여의 효과는 탄소세와 배출권거래제도에 있어서 다르게 발생할 수 있다.

대부분의 배출권을 무상으로 배분한 경우에는 그 차이가 크다. 탄소세 부과 시 배출원이 자체적으로 온실가스 감축설비에 투자하여 감축을 한다면 탄소세와 온실가스 감축 (한계)비용의 차이만큼의 비용 절감효과가 발생한다. 반면에 배출권거래제도하에서 감축목표를 초과한 감축에 대해서는 배출권의 시장가격과 온실가스 감축 (한계)비용의 차이가 배출원의 추가 이득이 된다. 따라서 배출권거래제도하에서 보다 강한 온실가스 감축기술의 개발과 적용 동기가 존재하는 것이다.

다른 한편으로는 탄소세가 배출권거래제도에 비하여 안정적인 온실가스 가격 신호(price signal)을 제시한다. 유럽연합의 배출권 거래시장에서 경험한 바와 같이 배출권 거래가격은 배출권의 수요와 공급에 영향을 미치는 요인, 즉 날씨, 유가 변화, 경기 변동 등과 같은 요인에 의해서 변동을 한다. 배출원의 온실가스 감축기술에 대한 투자 비용은 단기간에 발생하지만 투자의 편익은 장기간에 걸쳐 발생하는 특징을 갖는다. 따라서 장기적으로 배출권 가격 불확실성으로 인하여 발생하는 투자 편익의 불확실성은 온실가스 감축기술 개발 혹은 적용을 위한 투자의 위험요인(risk)으로 작용한다.

일반적으로 투자의사결정 시 고려해야 하는 요인은 투자의 이익과 투자 위험요인이 동시에 고려된다. 투자 위험 측면에서는 거래가격의 변동이 크게 나타날 위험이 있는 배출권거래제도 보다는 탄소세가 보다 낮은 투자 위험을 보이므로 위험 회피(risk averse)성향이 있는 배출원은 온실가스 감축기술에 대한 투자에 소극적이다. 배출권거래제도에서 온실가스 감축기술 개발과 적용을 활성화시키기 위해서는 배출권 거래가격의 안정성(stability)을 확보할 수 있는 제도적 장치를 마련해야 한다. 배출권 거래가격의 안정성을 확보하는 방안은 안전장치(safety valve) 등으로 불리는 제도를 마련하는 것이다. 배출권 거래가격의 상한(ceiling)과 하한(floor)을 설정하거나 단기간 배출권 거래가격의 변동폭을 사전적으로 설정하고 이를 초과하는 경우 배출권의 수급을 조정함으로써 배출권 거래가격의 변동을 일정한 수준내에서 유지하는 방안이 있다.

배출권거래제도 도입 초기 혹은 우리나라처럼 외부경제 상황변화의 영향이 큰 경우에는 배출권거래제도를 도입하는 경우 목표이행 여부를 매년 판단하는 것보다는 수년에 걸쳐서 하는 것이 바람직하다. 즉, 배출권거래제에서 할당되는 온실가스 배출허용량을 수년에 걸쳐 총량적으로 설정하거나 연도별로 설정하는 경우에는 계획 기간내에 이월과 차입을 허용한다면 경기 호황 혹은 다른 요인으로 인한 일시적인 온실가스 수요 변화를 다년에 걸쳐 흡수하여 일시적인 배출권 거래가격의 변동을 줄일 수 있다.

전반적인 경기가 호황 또는 불황 시에도 업종별로는 각기 다른 경제상황에 직면하게 될 것이다. 즉, 국가 경제가 경기변동 요인에 의해서 혹은 국제 금융위기와 같은 외부 충격에 의해서 전반적으로 불황기에 있다고 하여도 일부 업종의 생산은 증가하고 그 결과 온실가스 배출량은 예상한 것보다 혹은 할당된 배출량을 초과할 수 있을 것이다. 업종 간 경기변동 영향의 차이가 존재할 때 배출권 거래제를 허용한다면 온실가스 감축이 국민경제에 미치는 부정적인 영향을 줄일 수 있을 뿐만 아니라 오히려 업종 간 소득을 이전시켜 업종 간 생산변화에 따른 충격의 차이를 완화시킬 수 있을 것이다.

불황기임에도 불구하고 생산이 지속적으로 증가하여 온실가스 배출량이 목표허용량을 초과한 경우 이러한 업종에 속한 배출원은 불황기의 영향을 심하게 받고 있는 업종으로부터 배출권을 구입하고 반대급부로 소득을 이전시키는 효과가 있다. 배출권거래제도 도입 시 배출권 목표이행여부를 다년단위로 판단하도록 하여 배출원에 대한 배출권 거래가격의 안정성을 확보할 수 있으며 업종 또는 부문 간에도 배출권 수요변동에 따른 위험 요인을 조정할 수 있게 된다.

이상에서 배출권거래제도 도입 시 외부의 충격, 특히 동태적인 경기변동의 위험성을 배출권거래제도 계획기간 혹은 업종 간에 완충작용을 할 수 있는 장치를 함께 고려하는 경우 배출원에게 온실가스 감축에 따른 추가적 비용을 일부 혹은 전부 상쇄할 수 있는 긍정적인 측면이 있음을 살펴보았다. 이러한 배출권거래제의 순기능을 최대한 확보할 수 있는 방안도 적극적으로 고려되어야 하는 것이다. 다음 절에서는 배출권거래제도 시행에서 있어서 직면할 수 있는 동태적 일관성(dynamic consistency)의 문제를 살펴보도록 하겠다.

2. 동태적 일관성과 배출권거래제

게임이론, 거시경제정책과 관련된 경제학에서 연구되고 있는 동태적 비일관성의 문제는 정책결정자의 의사결정 사항이 시간이 달라짐에 따라 변화하는 상황을 의미한다. 다시 말해서 동태적 비일관성(dynamic inconsistency)은 현재 시점의 정책결정자의 최적 정책에 대한 의사결정 혹은 선택이 미래의 특정 시점의 정책결정자의 최적 정책에 대한 의사결정 혹은 선택과 다르게 나타나는 것을 의미한다. 동태적 비일관성이 존재하는 경우 현재시점의 정책 결정은 비록 정책결정 시점에서는 최적의 선택이었지만 이러한 정책이 실행되어 소기의 성과를 거둔 미래의 시점에서 다시 의사 결정을 하면 초기 선택한 최적의 선택이 더 이상 최적의 선택이 아니라는 점이다. 동태적 비일관성의 문제가 존재하는 경우 정책의 순기능 혹은 정책 추진을 통하여 사회적 후생을 극대화하고자 한 본래의 목적을 달성할 수 없는 상황이 발생할 수 있는 것이다.

[그림 1]을 중심으로 배출권거래제도 도입 시 상이한 시점에서 사회적 후생을 극대화하고자 하는 정책 목표를 가진 정책 결정자의 선택, 그리고 이와 관련한 배출원의 합리적인 선택에 대하여 살펴보도록 하겠다. [그림 1]은 시점 1(OLD)과 시점 2(NEW)에서의 온실가스 감축의 한계비용곡선과 온실가스 감축의 한계편익곡선을 표시하고 있다. 온실가스 감축에 따른 사회적 편익은 온실가스 감축량이 증가함에 따라 서서히 감소하는 형태를 취하는 것으로 가정하고 있다. 본 글에서는 논의의 편의를 위하여 온실가스 감축의 한계편익곡선은 시점과 상관없이 동일한 것으로 가정하였다.

한계편익곡선과는 달리 한계감축비용곡선은 시점 1과 시점 2가 각각 상이하다. 물론 온실가스 감축량이 증가함에 따라 추가적으로 온실가스 1단위를 감축을 하는 비용은 상승하고 있다. [그림 1]에서 시점 1(OLD)의 온실가스 감축비용곡선 감축비용$_{OLD}$는 시점 2(NEW)의 온실가스 감축비용곡선 감축비용$_{NEW}$보다 아래에 위치하고 있다. 이처럼 시점 2의 온실가스 감축비용곡선 감축비용$_{NEW}$이 감

[그림 1] 시간에 걸친 정책 결정자의 최적 온실가스 감축목표 설정

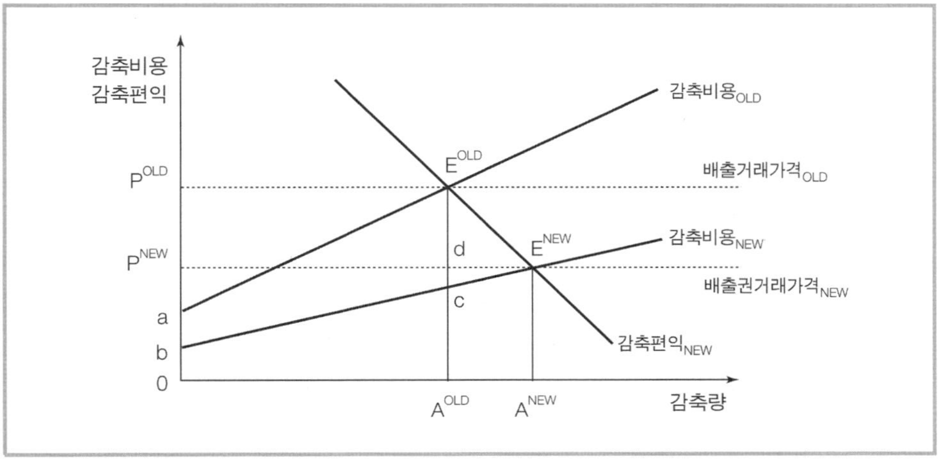

축비용$_{OLD}$보다 아래에 위치하고 있다는 것은 시점 1과 비교하여 시점 2의 감축비용이 낮다는 것을 의미한다. 온실가스 감축비용의 하락은 온실가스를 감축할 수 있는 신기술이 개발되거나 기존의 온실가스 감축기술도 학습과정(Learning by doing) 또는 대량 적용을 통한 규모의 경제(Economies of scale) 실현으로 비용이 낮아진다는 것을 의미한다.

온실가스 감축에 따른 사회적 후생은 온실가스 감축의 한계편익과 한계비용이 일치하는 점, 즉 한계비용곡선(감축비용$_{OLD\ or\ NEW}$)와 한계편익곡선(감축편익)이 만나는 점에서 극대화된다. 감축에 따른 추가적인 비용과 편익을 비교하여 비용과 편익이 동일한 수준까지 감축량을 증대시킴으로서 감축의 총편익에서 총비용을 차감한 사회적 후생은 극대화되는 것이다. [그림 1]에서는 시점 1(OLD)의 최적 온실가스 감축량은 감축비용$_{OLD}$와 감축편익이 만나는 점 E^{OLD}에서 결정된다. 즉 시점 1에서 사회적 후생을 극대화하는 감축량은 A^{OLD}이다.

한편, 온실가스 감축비용의 하향 이동이 발생한 시점 2에서의 온실가스 감축에 따른 사회적 후생을 극대화하는 온실가스 감축량은 감축비용$_{NEW}$와 감축편익이 만나는 점 E^{NEW}에서 결정된다. 온실가스 감축비용이 하락함에 따라 사회적 후생을 극대화하는 온실가스 감축수준은 A^{OLD}에서 A^{NEW}로 증가해야 하는 것이다. 온실가스 감축목표를 설정하는 초기단계, 즉 시점 1에서 정책결정자가 온실

가스 감축비용이 신기술개발 등으로 인하여 감축비용$_{NEW}$로 하향 조정될 것을 사전적으로 인지 못하고 A^{OLD}를 온실가스 감축목표로 설정하였다고 하자. 하지만 온실가스 감축이 본격적으로 이행되는 시기에 실현된 온실가스 감축비용은 감축비용$_{NEW}$라고 하자.

온실가스 감축을 통하여 사회적 후생을 극대화하고자 하는 정책 결정자의 의사결정은 E^{OLD}가 아니라 E^{NEW}가 되어야 한다. 온실가스 감축목표를 A^{NEW}가 아니라 A^{OLD}로 설정하면 사회적 후생은 □ $abE^{NEW}E^{OLD}$ 만큼 낮아지게 된다. 이처럼 온실가스 감축기술의 진보로 감축비용이 낮아진다면 사회적 후생을 극대화하는 정책결정자의 온실가스 감축목표설정은 시점 1과 시점 2에 불일치가 발생하게 된다. 사회적 후생을 극대화하기 위해서는 시점 2에 정책 결정자는 온실가스 감축목표를 A^{OLD}에서 A^{NEW}로 수정해야 한다. 즉, 동태적인 면을 고려할 때 정책결정자의 온실가스 감축목표에 관한 의사결정은 일관성을 갖지 못하게 된다. 물론 온실가스 감축목표를 설정하는 시점 1에 정책결정자가 온실가스 감축비용이 감축비용$_{NEW}$로 하향 조정될 것을 인지하고 감축목표를 A^{NEW}로 설정하였다면 이와 같은 동태적 비일관성의 문제를 피할 수 있다. 하지만 정책결정자가 시점 1에 온실가스 감축목표를 A^{OLD}로 설정하였다는 것은 시점 1에서는 가용한 모든 정보와 예상을 반영한 결과가 A^{OLD}라는 것을 의미한다.

배출권거래제는 온실가스 감축 신기술을 보유하거나 개발하여 적용할 능력이 있는 배출원에게 새로운 온실가스 감축기술을 개발할 동기를 부여하는 장점이 있다. 온실가스 감축의무가 부여된 배출원은 감축 신기술을 개발, 적용하여 주어진 감축목표를 초과하여 감축을 이행한 후 초과감축분을 배출권 거래시장에서 거래하여 초과이윤을 획득할 수 있는 기회를 갖는다. 초과이윤 획득의 기회는 배출권거래제가 온실가스 감축기술의 개발과 보급을 활성화시키는 순기능을 갖는 원인이다.

[그림 1]에서 사회적 후생을 극대화하는 배출권 거래시장의 배출권의 가격은 P^{OLD}에서 형성된다. 논의의 편의를 위하여 사회적 후생을 극대화하는 온실가스 감축목표가 주어지고 이에 상응하는 온실가스 감축목표가 배출원에게 주어졌다고 하자.[2] 이제 [그림 1]에서 온실가스 감축량은 배출원이 자신에게 할당된 온실

2 본 글에서는 사회적 온실가스 감축목표와 배출원의 온실가스 추가 감축을 [그림 1]을 사용하여 동시에 설명하고 있으므로 사회적 감축목표와 배출원의 추가 감축 논의를 고려하여 [그림 1]을 참고해야 한다.

가스 감축목표를 초과하여 감축하는 양을 나타낸다고 가정하자. 온실가스 감축목표를 할당받은 배출원이 추가적으로 온실가스를 A^{OLD}만큼 감축한 경우 배출원의 이득은 $\triangle aP^{OLD}E^{OLD}$이다. 배출원이 A^{OLD}만큼의 추가적인 온실가스 감축을 이행한 경우 배출원의 온실가스 추가감축비용은 $\square 0aA^{OLD}E^{OLD}$이고 이를 배출권 거래시장에 판매한 경우의 온실가스 판매수입은 $\square 0P^{OLD}E^{OLD}A^{OLD}$이다. 따라서 A^{OLD}만큼 추가 감축을 한 배출원의 이득은 $\triangle aP^{OLD}E^{OLD}$이다.

배출원이 획득한 이득 $\triangle aP^{OLD}E^{OLD}$은 시점 1의 온실가스 감축목표 할당시 정책결정자가 인지하고 있는 감축비용을 반영한 것이다. 온실가스 감축목표를 초과하여 추가적으로 A^{OLD}만큼 감축하는 것은 해당 배출원의 감축비용이 다른 배출원에 비하여 감축비용이 낮은 것을 나타내는 것이다. 온실가스 배출원이 온실가스 감축목표 계획기간 동안에 자체적인 기술 개발 혹은 적용을 통하여 온실가스 감축비용을 감축비용$_{NEW}$로 낮춘다면 이 배출원은 추가적으로 이득을 향유할 수 있을 것이다.

배출원의 온실가스 감축비용이 감축비용$_{NEW}$로 낮아진 상황에서 추가감축량을 A^{OLD}로 유지한다면 이러한 배출원의 경제적 이득은 $\square bcE^{OLD}P^{OLD}$로 증가한다. 다시 말해서 새로운 온실가스 감축비용을 반영하여 동일한 양의 추가감축을 하는 경우 해당 배출원은 추가적으로 $\square abcE^{OLD}$의 이득을 확보할 수 있다. 배출권거래제가 갖는 장점은 이와 같은 추가적인 이익 확보의 기회를 제공함으로써 새로운 온실가스 감축기술의 개발과 보급을 촉진시켜 지속적으로 온실가스 감축비용을 낮춤으로써 배출원에 대한 온실가스 감축 부담을 완화시키고 동시에 온실가스 감축목표를 달성할 수 있는 것이다.

앞에서 살펴본 바와 같이 온실가스 감축비용이 낮아진 것을 정책결정자가 인지하고 사회전체의 온실가스 감축목표를 A^{NEW}로 설정하는 경우 배출권의 균형가격은 P^{OLD}대신 P^{NEW}에서 형성될 것이다. 시점 2에 정책결정자가 낮아진 온실가스 감축내용을 반영하여 온실가스 감축목표를 재조정하여 배출권 거래가격이 낮아진다면 배출원이 새로운 기술을 개발 또는 보급할 동기는 현저히 낮아진다. 배출권 거래가격이 P^{OLD}에서 P^{NEW}로 낮아진 상황에서 A^{OLD}만큼 추가적으로 온실가스를 감축한 배출원이 획득하는 추가이윤은 $\square bcE^{OLD}P^{OLD}$에서 $\square bcdP^{NEW}$로 줄어들게 된다. 사회적 후생을 극대화하고자 하는 정책결정자 의사결정의 내재적인 동태적 비일관성으로 인하여 배출권거래제도하에서 배출원이 신기술을 개발,

적용하려는 동기가 □ $dE^{OLD}P^{OLD}P^{NEW}$만큼 줄어든다.

또한 온실가스 감축비용이 낮아진 상태에서 사회적으로 최적의 온실가스 감축 수준인 A^{NEW}만큼의 온실가스 감축이 이루어진다면 배출원들이 획득하는 온실가스 감축의 이득은 $\triangle bP^{NEW}E^{NEW}$이다. 새로운 이득의 크기가 온실가스 감축비용 하락이전에 사회적으로 최적인 수준, A^{OLD}으로 온실가스 감축을 했을 때 배출원들이 획득하는 감축의 이득, $\triangle aP^{OLD}E^{OLD}$보다 크다는 보장이 없으므로 사회 전체적으로 배출원들이 온실가스 감축 신기술 투자를 통하여 온실가스 감축비용을 낮추려는 동기가 약할 수 있다.

3. 기술혁신과 동태적 일관성

배출권거래제는 배출원의 감축기술이 불변인 상태에서 감축의 사회적 비용을 최소화할 수 있는 정태적 효율성을 달성할 수 있는 것으로 알려졌다. 앞에서 살펴본 바와 같이 동태적 효율성은 주어진 온실가스 감축목표 달성에 있어서의 사회적 비용의 크기뿐만 아니라 이러한 정책이 배출원의 온실가스 감축기술에 대한 투자동기를 부여할 수 있는지의 여부도 고려해야 한다.

Nicklisch(2005)는 배출권 가격과 온실가스 감축기술 투자 동기에 관한 동태적인 분석을 하였다. Nicklisch(2005)는 실험분석을 통하여 장기적으로 배출권거래제가 온실가스 감축기술 개발과 투자에 주는 동기가 낮아지는 전략적 상충관계(strategic tradeoff)가 존재할 수 있음을 보이고 있다. 배출권거래제하에서 배출원이 온실가스 감축기술에 대한 투자를 하는 경우 해당 배출원의 배출권에 대한 수요는 감소하게 되며 그 결과 배출권 거래시장에서 배출권의 가격이 하락할 수 있다. 이처럼 배출권 가격의 하락은 해당 배출원뿐만 아니라 다른 기업의 감축기술에 대한 투자 동기도 약화시킬 수 있다.

지속적으로 온실가스 감축기술에 대한 투자가 이루어져 배출권 가격이 하락하는 경우 초기에는 온실가스 감축기술에 대한 투자를 통하여 추가적인 이윤을 획득할 수 있는 기회가 유지되지만 점점 추가적인 이윤의 크기가 감소하게 되어 기업으로 하여금 온실가스 감축기술에 대한 투자가 감소하게 된다. 즉, 온실가스 감축기술에 대한 투자와 배출권 거래가격 간에 상호 영향을 미치는 동태적 경제하에서는 온실가스 감축기술에 대한 투자 동기가 점차 약화될 수 있는 것이다.

다만, 온실가스 감축기술에 대한 투자 경험 등이 축적되어 감축기술 개발의 추가 비용(온실가스 감축기술 개발의 한계비용)이 점진적으로 감소하는 경우에는 온실가스 감축기술 개발 및 적용에 대한 동기가 지속적으로 유지될 수 있을 것이다.

배출권거래제와 탄소세가 동태적 측면에서 온실가스 감축기술 개발과 적용에 미치는 영향을 비교해 보도록 하겠다. Kolstad(2010)는 정부의 온실가스 감축목표가 동태적 일관성을 유지하는 경우, 즉 새로운 온실가스 감축기술이 개발된 이후에도 종전의 온실가스 감축목표를 유지한다는 전제하에서 배출권거래제도와 탄소세 간의 온실가스 감축기술 혁신에 대한 동기를 비교 분석하였다. 이 경우 정부는 온실가스 감축과 기술개발에 대한 정책 수단으로 사용할 수 있는 것은 배출권거래제와 같은 양적 수단, 그리고 탄소세와 같은 가격 정책 수단이 있다. 배출원이 기업인 경우를 상정하면 온실가스 감축기술을 개발하는 기업과 온실가스 감축목표를 이행하는 기업은 각각 온실가스 감축기술의 개발, 그리고 개발된 기술의 채택에 있어서 합리적인 선택을 할 것이다.

양적인 규제 수단이 배출권거래제도하에서는 온실가스 감축목표를 이행해야 하는 기업은 새로운 온실가스 감축기술을 개발한 개발기업이 부과하는 사용료를 지불하고 이를 이용하여 온실가스를 감축한다. 만약 온실가스 감축기술을 개발한 기업이 온실가스 감축기술 시장에서 독점적 위치를 유지한다면 온실가스 감축기술 개발기업은 온실가스 감축대상 기업에게 부과할 수 있는 최대의 사용료를 부과할 것이다. 이 경우 온실가스 감축목표가 강화될수록 온실가스 감축기술 혁신으로 인한 이득이 증가하므로 감축기술 혁신에 대한 동기도 강해진다.

반면에 질적인 감축정책 수단인 탄소세는 가격이라는 간접 방식을 통하여 배출원의 온실가스 감축을 유도하는 것이다. 불확실성이 존재하지 않는 경우에는 사회적 후생극대화의 관점에서 배출권거래제와 탄소세 모두 최선의 온실가스 감축기술 혁신과 감축목표를 달성할 수 있다. 하지만 탄소세와 같은 질적인 규제를 하는 경우 온실가스 감축기술 개발자에 대한 기술개발 동기는 배출권거래제와 같은 수량 규제를 하는 경우보다 낮을 수 있다. 왜냐하면 탄소세 부과 시 온실가스 감축기술 개발자가 수취하는 온실가스 감축기술 사용료를 높이는 경우 신기술 적용을 통한 온실가스 감축량이 감소하게 되어 온실가스 감축기술 개발자의 수입은 감소할 수 있다. 그 결과 기술혁신에 따른 이득을 온실가스 감축기술 개발자가 독점하지 못하고 일부분 온실가스 감축기업과 나누게 된다. 결과적으로 Kolstad(2010)는 온실가스 감축기술을 개발한 개발자는 배출권거래제에서 자신의 신기술 개발로 인한 지대(rent)를 최대한 확보할 수 있기 때문에 배출권거래제가 탄소세에 비하여 더 높은 혁신에 대한 동기를 부여하는 것을 설명한 것이다.[3]

Denicolo(1999)는 동태적 일관성의 문제를 반영하여 탄소세와 배출권거래제의 온실가스 감축기술 개발과 적용에 대한 효과를 비교 분석하였다. 감축기술을 개발하는 경우 새로운 온실가스 감축기술의 사용료를 감축기술 개발자가 수익으로 확보할 수 있다. 정책 당국이 온실가스 감축목표를 설정하고 비록 새로운 온실가스 감축기술이 개발되어도 초기 설정한 감축목표를 수정하지 않는 경우, 즉 정책 당국이 온실가스 감축목표 설정에 있어서 동태적 일관성(dynamic consistency)을 유지하는 경우에는 배출권거래제나 탄소세 모두 온실가스 감축기술 혁신을 유도하는 데 있어서 동일한 효과를 나타낸다고 하였다. 하지만 정책당국이 온실가스 감축목표 설정 이후 새로운 온실가스 감축기술 개발을 반영하여 온실가스 감축목표를 재설정한다면, 즉 정책 당국의 온실가스 감축목표 정책이 동태적 비일관성(dynamic inconsistency)를 가진다면 두 정책은 온실가스 감축기술 혁신을 유도하는 데 있어서 다른 효과를 나타낸다. 다만 배출권거래제와 탄소세가 온실가스 감축기술 개발 동기를 부여하는 효과 측면에서 항상 한 정책수단이 다른 정책수단보다 우월한 결과를 보이는 것은 아니다.

Milliman and Prince(1989)는 정책 당국이 온실가스 감축목표를 사회적 후생을 극대화하는 수준에서 일정기간 고정시킨다면 온실가스 감축기술 혁신에 대한 동기는 탄소세를 이용한 감축정책이 배출권거래제보다 높을 수 있음을 보이고 있다. 탄소세가 배출권거래제보다 더 큰 온실가스 감축기술 개발동기를 부여하는 주요한 이유는 온실가스 감축량의 차이에서 발생한다. 즉, 온실가스 감축량이 사전적으로 고정된 배출권거래제보다 탄소세하에서 더 크게 나타날 수 있기 때문이다. 온실가스 감축기술 개발과 적용은 온실가스 감축비용을 하락시키므로 탄소세하에서 보다 많은 양의 온실가스 감축이 이루어지기 때문이다. 배출권거래제도에서는 온실가스 배출(감축)량이 사전적으로 결정되어 있기 때문에 온실가스 감축기술의 개발과 적용이 가능한 경우에도 추가적인 온실가스 감축이 발생

3 Scotchmer(2010)의 분석에서는 혁신에 대한 수익률(returns to innovation)의 관점에서 탄소세가 배출권거래제보다 더 많은 동기를 부여하고 있는 것을 설명하고 있다.

하지 않는다.

배출권거래제보다 탄소세가 온실가스 감축동기 부여가 큰 또 다른 이유는 온실가스 감축기술 혁신이 배출권 거래가격에 미치는 영향이다. 온실가스 감축기술 혁신이 이루어져 배출권 거래가격이 낮아지는 경우 온실가스 감축목표를 이행하는 배출원에게는 온실가스 감축기술 개발 이전에 비하여 배출권 구매비용이 감소한다. 그 결과 배출원이 할당된 배출량보다 많이 배출한 온실가스를 상쇄하기 위하여 확보해야 하는 배출권 구매비용은 감소한다. 다만, 배출권확보에 대한 지출비용 저감효과는 배출권을 경매로 구매하는 경우에는 그 효과가 크게 나타날 수 있다. 이 경우 배출권을 경매에 의해서 배분하는 배출권거래제가 탄소세보다 온실가스 감축기술 개발 동기가 높을 수 있다.

하지만 Fischer 등(1998)은 완전경쟁시장에서 온실가스 감축기술 개발자가 온실가스 감축기술 사용료를 결정할 수 있는 경우에는 추가적 감축기술을 사용하는 배출원의 비용저감효과가 낮아 경매에 의한 배출권 할당의 경우에도 기술혁신에 대한 동기부여가 그리 크게 나타나지 않을 수 있다고 주장하였다. Fischer 등(1998)의 분석에서는 온실가스 감축정책이 온실가스 감축기술 개발에 미치는 상대적 영향의 크기는 온실가스 감축기술을 채택하는 배출원의 신기술 모방(imitation) 능력, 기술 개발 비용, 환경편익곡선의 형태, 온실가스 배출원의 수에 의해서 결정됨을 보이고 있다.

만약 온실가스 감축기술 개발자가 감축비용 저감효과의 상당부분을 취득할 수 있을 경우 감축기술 개발 동기는 탄소세의 경우가 배출권거래제보다 크게 나타난다. 반대로 온실가스 감축기술에 대한 모방이 상대적으로 용이하여 온실가스 감축기술 개발자가 배출원의 온실가스 감축비용 인하효과를 거의 확보하지 못할 수 있다. 이 경우에는 배출권을 경매에 의해서 배분하는 경우가 다른 감축정책보다 높은 수준의 온실가스 감축동기를 부여할 수 있게 된다. 이러한 정책 간 온실가스 감축기술 혁신에 대한 동기부여 차이는 온실가스 감축기술 혁신으로 인한 감축비용의 하락이 상대적으로 크게 나타날 때 발생하는 것이다.

온실가스 감축 정책이 온실가스 감축기술 개발과 적용에 미치는 차등적인 효과는 온실가스 감축목표 수준, 그리고 정책으로 인한 온실가스 감축비용의 변화 크기가 클 때 발생한다. 동태적 일관성의 관점에서 정책 간에 온실가스 감축기술 개발동기 부여에 있어서의 차이는 온실가스 감축목표가 시간이 지남에도 불구하고 사전적으로 정해진 수준으로 고정된 경우 크게 나타난다. 만약 온실가스 감축목표가 일정한 간격으로 조정되는 경우 온실가스 감축기술 혁신의 효과가 시간이 흐름에 따라 낮아지므로 정책 간 온실가스 감축기술 혁신에 대한 동기부여의 차이는 무의미하게 된다.

앞에서 우리는 배출권거래제도에 내재된 배출원에 대한 온실가스 감축 신기술 개발과 보급 동기를 부여하는 장점은 사회적 후생을 극대화하고자 하는 정책결정자의 최적 감축목표 설정 재조정과 양립하지 못할 수 있다는 것을 살펴보았다. 배출권거래제도를 도입하여 한편으로는 저비용으로 온실가스 감축을 추진하려는 정책 방향과 다른 한편으로는 사회적 후생 극대화 실현시키기 위한 감축목표 재조정이라는 정책 방향을 조화시킬 수 있도록 배출권거래제도를 정비하는 것이 필요하다.

우리나라 온실가스 감축목표는 앞에서 언급한 바와 같이 2020년을 기준으로 배출량 전망치 대비 30%를 감축하는 것이다. 현재 입법화된 배출권거래제도에 관한 법에서는 2015년부터 배출권거래제도를 도입하는 것으로 되어 있다. 또한 배출권거래제도에서 온실가스 감축목표는 1년 단위로 설정되는 것이 아니라 3~5년 단위로 설정된다. 다만, 설정된 온실가스 감축목표의 이행은 매년 점검하도록 되어 있다. 2015년 배출권거래제도가 본격적으로 시행되기 이전인 2014년까지는 온실가스·에너지 목표관리제를 시행하여 배출권의 거래는 불가능하지만 배출원에 대하여 온실가스 감축목표를 부여하고 있다.

이 기간 동안 주요 배출원들은 주어진 온실가스 감축목표를 내부적인 감축수단을 통하여 달성하고자 할 것이다. 주요 배출원에게 부여되는 온실가스 감축목표는 기술적 감축잠재량과 감축비용, 그리고 과거의 배출량 등을 종합적으로 고려하여 설정된 것이며 배출원들은 자체적으로 내부의 온실가스 감축여력 또는 신기술 개발과 적용에 의한 온실가스 감축 대안을 모색할 것이다. 3년 동안의 온실가스 감축목표 설정과 이행을 경험한 이후 배출권거래제가 도입되므로 정책당국, 그리고 배출원은 일정 수준의 경험과 지식을 보유하게 될 것이다.

2015년에 도입되는 배출권거래제는 배출원에 대하여 온실가스 감축 신기술의 개발과 적용을 가속화시킬 수 있도록 설계·운영되어야 할 것이다. 앞에서 언급한 바와 같이 정책 당국의 온실가스 감축목표에 대한 의사결정에서 동태적 비일관성의 가능성이 높을수록 배출원들의 온실가스 감축기술 개발과 적용에 관한 동기는 약화될 것이다. 배출권거래제도 도입 이전에 온실가스 목표관리제를 시행하였으므로 연도별 온실가스 감축목표 설정에 있어서의 경험이 축적되었으므로 과소 혹은 과대 목표 설정의 위험은 상당히 감소하였을 것이다. 따라서 사전적으로 설정된 온실가스 감축목표 설정의 재조정보다는 온실가스 감축목표 달성을 위한 신기술 개발과 적용을 촉진시킬 수 있도록 제도적 장치를 마련하는 것이 필요하다.

3~5년 단위의 목표를 부여하고 매년 이행 실적 점검결과에 따라 계획기간 내의 온실가스 감축목표를 조정하지 않는다면 온실가스 감축 신기술의 개발 또는 채택을 통하여 감축목표를 초과하여 감축을 한 후 이를 배출권 거래시장에 판매하여 초과 이득을 얻을 수 있다. 따라서 3~5년 계획기간 동안에는 배출원들은 초과 이득의 기회가 존재하므로 적극적으로 온실가스 감축 신기술을 개발, 적용할 동기가 존재한다. 다만, 많은 배출원들이 초과 이득 획득을 위하여 적극적으로 온실가스 감축 신기술을 개발, 적용한다면 배출권 거래가격이 신기술 개발 혹은 적용 시 기준으로 설정한 가격보다 낮아질 수 있을 것이다. 배출원별 온실가스 감축목표가 설정된 상황에서 목표를 초과한 온실가스 감축량이 많으면 많을수록 배출권 거래시장에 대한 공급량이 증가하게 되므로 배출권 거래가격은 하락하게 된다. 국가 전체적으로는 보다 낮은 비용으로 온실가스를 감축할 수 있지만 추가적인 온실가스 감축에 대한 동기는 점차로 낮아진다.

3~5년 계획기간 내에 온실가스 감축 동기를 유지할 수는 있지만 차기 온실가스 감축 기간의 온실가스 감축목표 할당 시에는 배출원의 온실가스 감축에 대한 투자결과를 반영한 온실가스 배출량, 감축비용, 추가적 감축여력 등을 고려해야 할 것이다. 앞에서 언급한 바와 같이 온실가스 감축기술 개발과 적용을 통하여 추가적인 온실가스 감축을 한 배출원은 상대적으로 낮은 수준의 배출허용량을 할당 받게 된다. 배출권거래제도에 참여하는 배출원들이 차기의 온실가스 배출량 혹은 배출허용량에 주는 영향까지를 고려하여 온실가스 감축 신기술에 대한 투자를 결정한다면 정책 당국은 동태적 비일관성의 문제가 존재함에도 불구하고 사후적인 온실가스 감축목표의 수정보다는 간접적인 방식으로 온실가스 추가 감축여력에 따른 초과이득을 조절하는 방식을 채택하는 것이 필요하다.

추가적 온실가스 감축에 따른 초과이익에 대한 간접적인 방식으로 고려할 수 있는 것은 온실가스 거래에 대하여 (특히 판매자에게) 거래세 등을 도입하여 판매자의 초과이익 중 일부를 세수로 확보하는 것이다. 이와 같은 방식으로 확보된 세수는 다른 용도로 사용하지 않고 온실가스 감축기술 개발에 대한 투자로 활용하도록 하는 것이다. 추가적인 세수를 온실가스 감축기술 개발과 보급에 활용하면 추가적인 온실가스 감축비용의 인하와 감축활성화가 이루어지고 배출권거래가 활성화되는 선순환의 구조로 가져갈 수 있다. 물론 거래세의 크기에 따라 이러한 선순환의 실현 정도가 차이가 날 것이다.

동태적인 측면에서 온실가스 감축기술의 개발과 보급, 그리고 정책당국의 온실가스 감축목표 설정의 문제를 접근할 때 정책 당국은 중장기 온실가스 감축목표를 설정, 제시하고 이러한 목표를 사후적 조정 사유 발생 시 즉각적인 조정보다는 완만한 조정, 그리고 거래세와 같은 간접적인 방법을 통하여 조정하는 것이 필요하다. 물론 배출권의 초기 할당을 경매 방식에 의해서 하는 경우에는 모든 탄소배출권에 대하여 가격이 책정되는 것이므로 온실가스 감축기술 개발에 대한 동기는 상대적으로 높을 것이며, 정책 당국은 경매 수입을 지속적인 온실가스 감축기술 개발과 적용에 활용할 수 있으므로 정책당국이 사유 발생 시 감축목표를 조정하여도 온실가스 감축기술 개발 동기는 일정 수준을 유지할 것이다.

4. 배출권 거래가격의 동태적 분석

배출권 거래시장는 현물시장과 선물시장의 형태를 취한다. 일반적으로 현물거래와 선물거래가 활성화된 상품(commodity)은 금속, 에너지 자원, 곡물 등이다. 배출권에서 거래되는 이산화탄소도 생산과정에 투입되는 생산요소의 일종으로 간주될 수 있다. 그러므로 배출권거래의 현물과 선물거래에 대한 이론적인 또는 경험적인 결과는 생산요소가 주로 거래되는 상품시장의 현물, 선물거래에서 유추할 수 있다. 상품시장의 가격변화에 대한 일반적인 이론은 편의수율(convenience yield) 이론으로 상품의 가격은 평균값으로 회귀하는 특징을 갖는다.

배출권 거래시장은 다음과 같은 점에서 일반적인 상품시장에 비하여 차이를 보인다. 첫째로 배출권거래제도에서는 계획기간이 연속적으로 연결되어 있어 단일기간을 가정하고 분석하는 편의수율(convenience yield)의 이론을 그대로 적용하는 데 한계가 존재한다. 배출권 거래시장의 거래 상품인 배출권이 생산과정의 투입요소로 간주될 수 있을지라도 배출권은 저장가능한 투자대상 자산이다. 배출권은 계획기간 동안에 저장이 가능하고 온실가스 감축의무를 이행하기 위한 배출권에 대한 수요는 실질적으로 계획기간의 끝무렵에 집중적으로 발생한다. 따라서 저장이 가능한 상품에 대한 현물상품시장에서 관찰되는 시간 간의 선택문제는 실질적으로는 발생하지 않는다. 다만, 계획기간 끝무렵에 개별 배출원들이 온실가스 감축목표 이행여부를 판단하여 배출권 보유수준을 결정해야 하기 때문에 이는 상품거래시장에서 옵션만기일에 옵션(option)의 행사여부를 결정하는 것과 유사한 특징을 가질 수 있다.

Hitzemann(2011) 등은 온실가스 감축목표 관리대상 배출원이 온실가스 감축에 대한 의사결정을 자율적으로 하고 배출권에 수요의 불확실성이 존재하는 경우 이러한 외생적인 충격에 대응하기 위해서 배출권 거래옵션(option)은 내재적 가치를 갖는다고 한다. 불확실성이 존재하는 상황에서는 이러한 가치가 존재하므로 현물가격과 선물가격 간에 관계도 존재할 수 있다. 불확실성하에서의 배출권 거래, 그리고 가격에 대한 이론적 설명은 온실가스 배출원들이 비용 최소화의 원칙하에서 자체적 감축과 배출권 구매 등에 대한 최적의 선택을 한다는 가정에서 출발한다. 이러한 배출원들의 최적 전략 선택과정에서 배출권 거래가격이 결정된다.

Hitzemann(2011) 등은 옵션(option)의 가치, 감축기술에 대한 투자 의사결정, 위험요소(risk)관리는 확률적인 상품가격의 행태에 의해서 결정된다는 가정하에 배출권 거래가격의 결정과 행태를 분석하고 있다. 이러한 분석을 위하여 배출권 거래의 계획기간이 상호 연속적으로 연계되어 있고 계획기간 간 차입은 불가능하지만 이월은 가능한 경우를 가정하였다. 이러한 가정은 계획기간 동안 배출할 수 있는 양을 사전에 설정하고 계획기간 말에 배출한 양에 해당하는 배출권을 확보하지 못하는 경우 차기에서 이를 추가적으로 감축해야 한는 것을 의미한다. 반대로 계획기간 말에 보유한 배출권이 배출량보다 많은 경우에는 배출권을 차기로 이월할 수 있게 된다.

어느 특정 한 시점의 배출원의 온실가스 배출의무(감축의무) 이행여부는 전기의 온실가스 순배출량, 당기의 온실가스 순배출량, 그리고 해당 계획기간까지의 순배출량의 누적합에 의해서 결정된다. 배출원의 배출권에 대한 수요는 자체적인 감축비용, 배출권 순구매비용, 그리고 벌과금의 크기에 의해서 결정된다.

Hitzemann 등(2011)은 현물시장의 배출권 거래가격은 현재, 그리고 미래의 벌칙이 강화될수록, 미래의 배출량이 많아질수록, 그리고 감축비용이 상승할수록 높아지는 것을 보이고 있다. 반대로 배출권의 현물시장 가격은 배출권의 할당량이 많아지거나 할인율(discount rate)이 높아질수록 낮아진다. 한편 배출권의 가격은 계획기간 내에 배출권의 평균가격으로 회귀하는 성향을 보일 가능성은 낮음을 보이고 있다. 이는 배출권 가격이 계획기간의 평균값을 중심으로 수렴하는 형태를 보이기 보다는 평균가격과 상관없이 불규칙적인 가격이 형성될 가능성이 높은 것을 의미한다.

이런 배출권 가격의 움직임은 배출권이 금융상품으로서의 거래이득을 획득할 가능성이 있음을 의미한다. 배출권 거래가격의 변동은 보수적으로 온실가스 저감기술에 대한 투자의사 결정을 하는 배출원에게는 투자의 불확실성을 높이는 결과를 가져오므로 감축기술에 대한 투자가 위축될 수 있는 것이다. 동태적 배출권 거래가격 변화의 특징을 고려할 때 배출권 거래가격의 안정화를 위한 추가적 조치도 온실가스 감축기술에 대한 투자활성화 측면에서 필요하다. 배출권 가격이 배출권 거래가격의 상한 또는 하한에 근접해 있는 경우 추가적인 온실가스 감축이 배출권 거래가격에 미치는 영향은 미비한 것으로 나타났다.

이상에서 살펴본 연구 결과가 의미하는 것은 배출량이 매우 낮거나 매우 높은 경우 자체적인 감축이 배출권의 가격에 별다른 영향을 주지 못한다는 것이다. 만약 배출권의 배분량이 필요 이상으로 많은 경우, 즉 배출권이 과잉 배분된 경우에는 배출원들이 자체적으로 온실가스를 감축하여도 온실가스 가격이 더 이상 하락하지 않게 됨을 의미한다. 반대로 온실가스 초기 배출허용량이 과소하게 할당된 경우 배출원들의 배출량은 상대적으로 과대함을 의미하므로 배출권의 가격은 상한에 근접하게 되고 추가적인 감축을 하는 경우에도 배출권 거래가격이 추가적으로 하락하지 않는다는 것을 의미한다.

앞에서 언급한 바와 같이 잉여배출권이 다음 계획기간으로 이월이 가능한 경우 배출권의 현재 거래가격 변동성은 작아진다. 즉, 배출원은 배출권을 계획기간 간에 재배분할 수 있으므로 특정 계획기간에 발생한 사후적 외부 충격의 영향을 해당 계획기간 내의 배출권 거래가격에 모두 반영하지 않아도 되기 때문이다. 예를 들어 2008년에 국제 금융위기의 영향으로 배출권에 대한 수요가 감소한 경우에도 차기의 계획기간에 잉여배출권 잉여분을 사용할 수 있는 경우 배출권 거래가격이 폭락하지 않을 수 있다. 결과적으로 배출권 거래가격의 안정성을 위해서는 배출권의 과잉 또는 과소 (순)공급량을 다음기에 이전시킬 수 있도록 하는 장치가 필요한 것이다.

배출권의 현물시장 가격과 선물거래의 가치 차이를 살펴보면 특정 계획기간에 보유한 배출권은 당기간의 온실가스 감축이행에 쓰여지는 기능과 다음 기간으로 이월되어 다음 기의 감축이행을 위하여 사용될 수 있으므로 다음기에 만기가 실현되는 배출권 선물거래보다 가치가 높게 된다. 따라서 당기의 배출권이 당 계획기간에 부족할 가능성이 존재한다면 차기의 배출권 선물거래의 가격은 당기의 현물거래가격보다 낮을 것이다.

2009년을 기준으로 유럽 배출권거래시장에서 거래된 900억유로 상당의 배출권 거래에서 3/4 이상이 선물거래의 형태를 취한다. 대부분의 거래는 계획기간내에 옵션(option) 만기가 도래하는 거래를 취하고 있지만 다음 계획기간에 만기가 도래하는 거래도 존재한다. 예를 들어 전력회사가 2013년도의 전력판매에 대한 선물거래의 위험을 분산(hedge)시키기 위하여 2013년 12월 만기 선물거래도 이루어지고 있다.

5. 배출권 할당과 소득 재분배 효과

일반적으로 배출권을 할당하는 방식은 '경매', '과거 배출량기준', 그리고 '성과 기준(performance standard)'으로 구분할 수 있다. 성과기준에 의한 배출권 할당의 예를 발전부문에서 찾아보면 발전원별 구성에 따라 배출권을 할당하는 경우가 이에 해당한다. 일반적으로 배출권 할당방식은 사회적 후생을 극대화하고 동시에 온실가스 감축비용을 최소화하고자 도입된 배출권거래제도의 효율성 확보에는 차이가 없다. 하지만 배출권 초기배분은 부의 재분배 측면에서 다른 결과를 가져올 수 있다. Butraw(2001)는 미국의 발전부문에 대하여 배출권 할당방식이 전기요금과 발전회사의 자산가치에 미치는 영향을 비교 분석하였다. 경매에 의한 배출권 할당방식을 도입한 경우 온실가스 감축목표 이행에 소요되는 비용은 다른 배출권 할당방식보다 50% 정도 낮은 것으로 계산되었다. 이러한 비용은 소비자 잉여와 생산자 잉여(생산자 이윤)를 합한 것이다.

소비자 잉여 변화는 전기요금 변화에 의해서 측정할 수 있다. Burtraws(2001)

의 분석에 의하면 경매에 의한 배출권 할당 방식은 다른 할당 방식보다 전기요금을 가장 큰 폭으로 상승시키지만 천연가스 가격 인상효과는 가장 낮다. 경매방식에 의한 배출권 할당은 다른 온실가스 할당방식보다 높은 수준의 전기요금 상승을 가져올 수 있지만 전기 수요 감소로 인하여 감축해야 하는 온실가스의 양도 줄어들어 온실가스 감축비용에 대한 부담은 낮아진다. 반면에 성과기준에 의한 배출권 할당 방식은 전기요금 인상효과가 가장 낮게 나타나고 반면에 천연가스 가격은 가장 높게 상승한다. 성과기준으로 배출권을 할당하는 경우 발전회사는 발전량을 증가시킬 수 있으므로 전기요금이 상승하는 것을 억제할 수 있지만 다른 한편으로는 더 많은 양의 온실가스를 감소시켜야 하므로 온실가스 감축의 사회적 비용은 상승하게 된다.

경매방식 배출권 할당의 경제적 효과는 경매 수입을 어떻게 활용하는 가에 따라 다르게 나타난다. 경매에 의한 온실가스 배분은 정부 재정수입의 증가를 가져오는데 이러한 추가적 재정수입은 가계부문에 소득 이전형태로 재분배 할 수 있다. 반면에 배출권거래제도에 관한 많은 연구에서는 추가적 재정수입을 법인세 또는 소득세 인하, 혹은 연구개발에 대한 투자로 활용하는 경우 이중배당(double dividends)효과가 더욱 크게 나타나는 결과를 산출하고 있다. 경매에 의해서 배출권을 할당하는 경우 감축비용과 다른 방식에 의한 배출권 할당 시의 감축비용과의 차이, 즉 비용 효과성은 온실가스 감축목표 수준이 높으면 높을수록 크게 나타나고 있다.

온실가스 배분 방식이 발전회사의 가치에 미치는 영향을 비교한 연구에서는 과거배출량을 기준으로 배출권을 할당하는 방식은 발전회사의 자산가치를 오히려 증가시키는 것으로 나타났다. 반면에 무상으로 배출권을 할당하는 경우 소비자 잉여는 큰 폭으로 감소한다. 그 이유는 무상할당방식으로 배출권을 배분하는 것은 상당한 수준의 소득을 발전회사로 이전시키는 것이기 때문이다. 무상으로 배출권을 발전회사에게 할당하는 것은 배출권 거래가격에 무상으로 할당된 배출권을 곱한 가치만큼 발전회사에게 자산을 추가적으로 제공한 효과를 의미하기 때문이다. 무상으로 배출권을 배분한 경우 온실가스 감축에 따른 비용 상승과 수요 감소로 인한 이윤의 감소폭이 소득이전보다 크지 않는 경우 오히려 발전회사의 가치는 상승하게 되는 것이다.

Burtraw(2001)의 분석에 의하면 경매와 성과기준에 의한 배출권 배분의 경우에도 일반적으로 기업의 가치는 상승하는 것으로 파악되었다. 하지만 경매에 의한 배출권 할당 시 발전회사의 가치가 성과기준에 의한 배출권 할당방식보다 더 상승하는 것으로 나타났다. 이는 성과기준에 의한 배출권 할당의 경우 전력가격 하락 폭이 다른 배분 방식과 비교하여 가장 크게 나타나므로 발전회사의 이윤을 감소시키는 효과도 동시에 존재하여 자산의 가치를 하락시키는 효과가 상대적으로 크게 나타나기 때문이다. 반면에 경매에 의한 배출권 할당은 다른 배출권 할당방식에 비하여 소비자가 부담하는 전기요금을 더욱 높은 수준으로 상승시키지만 경매 수입을 소비자에게 소득이전을 통하여 보상하고 있으므로 소비자 잉여의 감소는 가장 작게 나타난다.

Ⅲ. 맺 음 말

교토의정서에서 규정한 온실가스 감축목표는 2012년까지의 부속서 I 국가의 온실가스 감축목표를 설정하고 있다. 현재 2012년 이후의 지구적인, 그리고 국가별 온실가스 감축목표 설정을 위한 협상이 진행되고 있다. 아직까지 국가별 온실가스 감축목표에 대한 합의를 도출하지는 못했지만 범지구적으로 대기중의 온실가스 농도를 450ppm 수준으로 안정화시키자는 목표에 대해서는 공감대가 형성되었다. 대기중 온실가스의 농도를 450ppm 수준에서 안정화시키기 위해서는 연간 1인당 온실가스 배출량을 2톤CO_2e/년 이하의 수준으로 낮추어야 한다. 우리나라의 경우 2005년 이미 1인당 온실가스 배출량이 12tCO_2e/년을 초과하였다. 2009년 발표한 국가온실가스 배출량 전망에 의하면 앞으로도 지속적인 소득상승이 예상되어 현재와 같은 온실가스 배출 증가가 유지될 경우 2020년에는 1인당 온실가스 배출량이 16톤CO_2e/년을 초과할 것으로 전망하고 있다.

범지구적인 장기 온실가스 감축목표를 달성하는 데 있어서 혁신적인 온실가스 감축기술 개발은 필수적인 요소이다. 온실가스 감축기술 개발 없이 1인당 온실가스 배출량을 2톤CO_2e/년 이하로 낮추는 것은 거의 불가능하다. 지속적이고 혁신적인 온실가스 감축기술의 개발과 보급 확대만이 기후변화로 인한 피해를 줄일 수 있는 유일한 방법이다. 저탄소 녹색성장의 국가비전은 온실가스 감축 신기술에 대한 시장을 선점하거나 확대함으로써 우리나라의 새로운 경제성장 동력을 확보하겠다는 것을 의미한다. 그러므로 2020년까지 온실가스 배출량 전망치 대비 30%를 감축하겠다는 국가온실가스 감축목표를 달성하고 동시에 저탄소 녹색성장의 국가비전을 추구하기 위해서도 온실가스 감축정책은 온실가스 감축기술의 개발을 촉진하고 보급을 확대시킬 수 있어야 한다.

온실가스 감축기술 개발은 단기적으로 발생할 수 있는 온실가스 감축에 대한 여러 이해관계자들의 저항 특히, 국제경쟁력, 이윤 감소 등으로 부정적인 경제적 영향을 받을 수 있는 배출원들의 반대를 완화시킬 수 있는 대안이기도 하다. 비록 온실가스가 사회적으로 부정적인 외부효과(negative externality)를 발생시키는 경우에도 정치적으로 온실가스 감축이 경제에 미치는 부정적 영향 때문에 온실가스 감축을 적극적으로 이행하지 못할 수도 있다. 이러한 상황에서 경제에 대한 부담을 최소화하면서 온실가스를 감축할 수 있는 새로운 온실가스 감축기술을 적극적으로 개발하여 이를 보급하는 것은 매우 중요하다.

온실가스 감축기술 개발은 단기적으로 이루어지는 것이라기보다는 지속적으로 온실가스 감축기술에 대한 수요를 창출을 통하여 이룰 수 있다. 지속적인 온실가스 감축 신기술에 대한 학습효과(learning by doing)를 통하여 보다 낮은 비용으로 더 많은 양의 온실가스를 감축하는 신기술 개발이 촉진될 것이다. 따라서 정책당국은 온실가스 감축정책을 개발하여 도입할 때 온실가스 감축목표 이행뿐만 아니라 온실가스 감축기술 혁신을 촉진하는 측면도 고려해야 한다.

이상에서 살펴본 바와 같이 정부의 규제는 온실가스 감축기술의 혁신과 보급을 가속화시킬 수 있는 기능도 함께 고려되어야 한다. 경제이론적인 측면에서 온실가스 배출에 대하여 가격을 부과하는 것이 가장 효과적인 온실가스 감축기술 개발에 대한 동기부여가 될 수 있다. 하지만 앞에서 살펴본 바와 같이 다기간에 걸친 효과를 살펴보는 동태적 측면에서는 배출권거래제의 구체적 내용에 따라 온실가스 감축기술의 개발과 적용에 대한 동기부여의 정도가 다르게 나타날 수 있다. 결론적으로 배출권거래제가 중장기적으로 온실가스 감축기술 개발과 적용을 촉진시키기 위해서는 온실가스 감축목표를 사전적으로 명확히 하여 새로운 기술 개발의 시장규모와 수익을 예측할 수 있어야 새로운 기술개발의 불확실성을 줄여 기술 개발이 촉진될 것이다. 동태적으로 온실가스 감축기술 개발의 촉진을 위해서는 온실가스 감축 신기술이 개발·적용되어도 일정기간 새로운 감축기술의 개발자에게 기술개발을 유인할 수 있을 정도의 초과 이윤(excess profit)을 보장해야 한다.

정책당국에 의한 기술개발자의 초과이윤 환수도 직접적인 방법보다는 간접적인 방법을 사용하는 것이 바람직하다. 정책당국은 환수된 초과이윤을 다른 용도로 사용하지 않고 온실가스 감축기술 개발에 직접적으로 투입함으로써 온실가스 감축의 선순환 구조를 유지해야 할 것이다. 다시 말해서 정책당국은 온실가스 감축 규제 방식별로 온실가스 감축기술의 혁신과 그로 인한 감축 효과의 차이를 정태적 효율성(static efficiency)뿐만 아니라 동태적 효율성(dynamic efficiency)도 고려하여 모든 국민에게 안전하고 후생(welfare)을 극대화시키기 위하여 설정된 온실가스 감축목표를 가장 저렴한 비용으로 달성할 수 있도록 하여야 한다.

참고문헌

국내문헌

오윤(2010), 한국과 일본의 조세법률주의 비교연구, 법학논총 제26집 제 4 호.

외국문헌

Butzengeiger, Sonja, Regina Betz, Sven Bode(2001), "Making GHG Emissions Trading Work-Crucial Issues inDesigning Naional and International Emissions Trading Systems," HWWA Discussion Paper 154, Hamburg Institute of International Economics.

Burtraw, Dallas(2001), "Carbon Emission Trading Costs and Allowance Allocations: Evaluating the Options," in Issue Paper 145, Resources for the Future.

Denicolo, Vincenzo(1999), "Pollution-Reducing Innovations under Taxes or Permits," Oxford Economic Papers, Oxford University Press, vol. 51(1), pages 184-99, January.

Fischer, Carolyn, Ian Parry, William Pizer(1998), "Instrument Choice for Environmental Protection When Technological Innovation is Endogenous," Discussion Paper 99-04, Resources for the Future.

Hitzermann, Steffen, Marliese Uhrig-Homburg(2011), "Understanding thePrice Dynamics of Emission Permits: A Modle for Multiple Trading Periods, Mimeo, Karlsruhe Institutte of Technology.

Kolstad, Charles(2010), "Regulatory Choice with Pollution and Innovation," NBER Working Paper 16303.

Milliman, S. R., & Prince, R.(1989), "Firm incentives to promote technological change in pollution control," Journal of Environmental Economics and Management, 17(3), 247-65.

Nicklisch, Andreas, Leon Zucchini(2005), Dynamic Efficiency of Emission Trading Markets: An Experimental Study, Max-Planck-Institut für Ökonomik.

Sctochmer, Suzanne(2010), "Cap and Trade, Emissions Taxes, and Innovation," Working Paper, Department of Economics, Univeristy of California, Berkeley.

Thompson, Dale(2001), Book Review of Global Emissions Trading: Key Issues For Industrialized Countries edited by Suzi Kerr(Northampton, MA: Edward Elgar Publishing, Inc. 2001).

第16장 녹색성장을 위한 에너지·환경세제 개편방향

김 승 래*

Ⅰ. 서 론

지구온난화를 유발하는 온실가스는 산업혁명 이래 석탄, 석유 등 화석 연료의 연소, 산림 파괴 등 인간의 여러 가지 경제활동에 기인하여 크게 증가하여 왔고, 근래 20세기 이후의 증가 속도는 전례가 없을 정도로 빠르다. 이에 따라 각종 환경문제에 대한 국민적 관심이 고조되고 있어 이러한 환경오염 저감을 위한 효과적인 세제개편의 필요성이 점증하고 있다.

우리나라는 2000년 이후 1, 2차 에너지 세제개편에 따라 수송용 연료에 국한하여 연료 간 상대가격 조정을 통한 경유 등에 대한 세부담을 강화한 것 이외에는, 아직까지 교토의정서 체제와 온실가스 저감 차원의 근본적인 에너지 세제개편 논의는 매우 미약한 상황이다.

반면, 1990년대 초반 이후 북구 중심의 OECD 주요 선진국에서는 이미 온실가스 감축을 위하여 탄소세를 도입하고 에너지 관련 세제를 강화하는 등 시장기반의 정책수단을 적극적으로 도입·활용하고 있다. 또한 EU 주요 국가들은 일반세제와의 세수중립적인 입장에서 에너지관련 세제를 강화하고 이를 통하여 법인세, 소득세, 사회보장세 등을 인하하여 전반적인 조세왜곡을 최소화하고 근로유

---

* 한림대학교 경제학과 교수.

본 원고는 서울대학교 법과대학 환경에너지법정책센터 주최 2011월 2월 25일 에너지법정책 포럼을 위하여 준비되었으며, 주요 내용은 김승래(2010), 김승래 외(2010) 등을 참조하였다.

인을 제고하는 세제개편도 활발하게 시도하고 있다. 나아가 에너지 관련 세수입은 에너지절약을 위한 투자, 신재생에너지 개발 및 도입을 위한 보조금 등을 위한 자금으로 환원되어 사용되기도 한다.

국제적으로 환경에 대한 중요성이 부각됨에 따라 세계경제는 '지속가능발전'이란 명제하에 기후변화협약, 교토의정서 등 환경규제를 강화하고 있다. 또한 기후변화협약이 발효되는 등 환경문제가 대두되면서 각국은 대내적으로 에너지절약 및 대기오염방지 측면에서 각종 환경 관련 세제를 강화하고 있다. 우리나라도 이제 에너지·환경관련 각종 세제의 정비를 국가전반적 차원의 조세 및 예산시스템의 개혁 방안과 연계하여 저탄소 녹색성장을 위한 정책수단으로 활용해야 할 필요가 커지고 있다.

이에 본고에서는 서론에 이어 제Ⅱ장에서 녹색성장의 정책적 수단과 관련하여 세제 현황과 문제점, 세제개편의 필요성 및 정책목표, 그리고 제Ⅲ장에서 세제개편의 이론, 기본요소 및 쟁점을 살펴본다. 그리고 제Ⅳ장에서는 녹색성장을 위한 향후 세제개편의 추진방향을 알아본다. 마지막으로 제Ⅴ장은 결론 및 정책시사점이다.

Ⅱ. 세제 현황 및 문제점

우리나라는 그동안 부존 에너지자원이 열악하고 대부분의 에너지를 해외 수입에 의존하고 있기 때문에 에너지의 안정적인 공급이 에너지정책의 최우선 과제로 취급되어 왔다. 하지만 1990년대 이후 화석연료 사용으로 인한 지구온난화 문제를 비롯하여 오존층 파괴, 산성비문제, 사막화현상 등 지구환경문제가 날로 심각해지면서 화석연료의 사용억제와 신재생에너지보급 확대가 에너지정책의 커다란 이슈로 자리 잡게 되었다.

우리나라는 유류 제품에 대해서 교통세(교통에너지환경세) 및 개별소비세를 포함하여 교육세, 지방주행세, 부가가치세 및 관세 그리고 조세 이외의 수입·판매부과금, 안전관리부담금 및 품질검사수수료를 부과한다. 이 중에서 관세는 기본관세율, 잠정관세율, 탄력관세율로 구분되며 탄력관세율은 정책목적에 따라 다른 세율을 잠정적으로 적용하는 세율로 할당관세가 이에 해당한다.

휘발유와 경유에 부과되던 특별소비세는 교통세로 전환되어 1994~2006년까지 한시적으로 운용되어 왔으나, 2007년 교통에너지환경세로 명칭을 변경하여 일몰시한을 2009년까지로 3년 연장하였고, 최근 다시 2012년까지 3년이 연장되었다. 이렇게 징수한 세수는 교통에너지환경세법에 의거하여 도로, 철도, 공항 및 항만의 원활한 확충과 효율적 관리·운영을 위해 대부분이 교통시설특별회계에 편입되어 도로>철도>항만>공항 순으로 그 재원이 배분된다.[1]

여기서 교육세는 휘발유, 경유, LPG부탄, 등유 및 중유에 개별소비세 및 교통에너지환경세의 15%가 부과되고 있으며, 이는 지방교육교부금에 편입되어 교육관련 사업에 지출한다. 지방재정의 확충을 위해 2000년 1월에 신설된 지방주행세는 교통세의 26.5%로 부과되었으나, 지방세법의 개정으로 2007년 7월부터 교통에너지환경세의 32.5%로 인상되었다. 지방주행세는 화물자동차와 버스·택시업계에 유가인상 보조금의 재원마련이나 기타 목적으로 교통에너지환경세의 부가세(sur tax)로 꾸준히 인상되었다.

또한 조세 이외의 부과되는 수입·판매부과금은 석유및석유대체연료사업법 제18조에 의거하여 석유의 수급 및 가격안정을 목적으로 2001년 3월에 도입되어 유종별로 각기 다른 수입부과금이 부과되고 있다.

우리나라 현행 에너지 관련 조세체계의 근본적 문제점은 환경오염(에너지소비)에 따른 일차적인 사회적 비용을 시장가격체계에 적절하게 반영하지 못하여 환경세로서의 대국민 의식이 미약하다는 것이다. 우리나라 유류 가격은 세전가격은 수입 현물시장의 가격 구조를 반영하고 있어 휘발유, 경우, LPG 등 수송용 에너지 간 상대가격은 공장도가격에선 큰 차이가 없으나 소비자가격에서는 세금부담액의 차이 때문에 차이를 보인다. 과세체계가 복잡한데다 명확한 근거 없이 각종 에너지원별로 조세부담이 큰 차이를 보이고 있다.

이러한 각종 세금체계에 소비자가격의 차이에 적정한 사회적 비용이 내재화되지 못할 경우 에너지원 간 소비패턴 및 투자구조의 왜곡을 초래하여 자원배분의 효율성을 저해시킬 뿐만 아니라 환경질도 악화시킨다. 가령 휘발유대비 경유의 세금 부담 차이는 경유를 사용하는 산업계를 지원하고 경유를 이용하는 버스 등 대중교통 수단의 요금 인상 억제를 유도하여 관련 산업계의 경쟁력 제고를

1 이러한 세수는 교통시설특별회계로 80%(종전 85.8%), 나머지는 일반회계로 편입되어 그 편입분 중에서 3%는 에너지 및 자원 특별회계로 15%는 환경개선특별회계로 운용되고 있다.

[표 1] 에너지원별 과세현황 (2010. 1)

구 분		휘발유 (원/ℓ)	등유 (원/ℓ)	경유 (원/ℓ)	중유 (원/ℓ)	LPG(원/kg)		LNG[1] (원/㎥)
						프로판	부 탄	
관세[2]	기본	5%				3%		3%
	할당	3%				2%		2%
개별 소비세	기본	–	90	–	17	20	252	48
	탄력	–	–	–	–	–	275 (161원/ℓ)	–
교통 에너지 환경세	기본	475	–	340	–	–	–	–
	탄력	529	–	375	–	–	–	–
교 육 세[3]		79	14	56	3	–	41 (24원/ℓ)	–
지방주행세[4]		138	–	98	–	–	–	–
부가가치세		10%						
수입부과금		16				–		19.58
품질검사수수료		0.430				0.027		–
안전관리부담금		–	–	–	–	4.5		3.9
판매부과금		36 (고급)	–	–	–	–	62.283 (36.42원/ℓ)	–
세금합계[5]	금액	897	198	661	87	184	527 (308원/ℓ)	120
	가격 점유율	54%	19%	46%	12%	10%	32%	15%
소비자 가격		1,661	1,040	1,450	744	1,808	1,636 (957원/ℓ)	783

주: 1) 2010. 1월 평균 가격 기준.
2) 휘발유, 등유, 경유의 관세는 제품수입관세임. 그러나 우리나라는 일반적으로 원유를 수입하여 정제해 사용하며 원유의 관세는 기본 3%.
3) 개별소비세 및 교통·에너지·환경세의 15%. 단 프로판 및 LNG는 제외.
4) 교통·에너지·환경세의 30%.
5) 개별소비세(교통에너지환경세) + 교육세 + 주행세 + 부가가치세 + 판매부과금.
자료: 김승래 외(2010).

위한 정책적 목적에 의한 것이라 할 수 있다. 과거 이와 같은 경유가격의 상대적 저가 유지정책은 어느 정도 국민경제에 기여한 측면도 있지만, 에너지이용 목적에 따른 과세 구분의 모호함과 이용주체에 따른 차등과세의 누적된 모순이 심화되어 왔다는 점 때문에 차등과세가 오히려 국민경제의 효율성을 저해하고 환경성과에 어려움을 주고 있는 측면도 존재한다.

또한 현행 우리나라 에너지과세는 각종 감면으로 에너지관련 조세체계가 복잡하고 교통에너지환경세는 선진국 대비 낮지 않은 과세수준에도 불구하고 경직적인 목적세로 운영되어 재정운용의 비효율성을 초래하고 있다. 최근 OECD 국가의 에너지원 과세체계는 주로 에너지 소비절약 및 환경오염 저감을 목표로 소비세와 환경세 중심으로 단순화되고 있고, 환경관련 세금은 대체로 일반회계에 편입되는 보통세로서 재정운영이 탄력적이고 효율적이다.

이러한 에너지과세의 불균형 및 목적세로서 교통에너지환경세 운용의 경직성(도로재원 확대)은 에너지소비절약 보다는 개인 승용자동차 이용의 과다한 확대를 유발하여 수송부문의 환경효율성을 오히려 악화시키는 측면이 있다.

1996년 이후 급변하는 국제원유가격에 따른 관련세수의 안정적 확보 및 예측가능성 제고 목적으로, 유류관련 세금이 모두 종량세 체계로 개편되었다. 이러한 종량세 체계하에서 유류세수는 세율과 관련없이 국제유가, 환율, 국내소비량 규모에 주로 의존하며 따라서 세금자체의 증가에 따른 요인이 아니라 환율이나, 국내소비량 증가에 따른 요인이 세수의 규모를 결정하는 더욱 중요한 요인이 된다.

우리나라는 1996년 이후 유류특소세, 교통에너지환경세(2006년까지 교통세)는 모두 종량세 체계로 유지되고 있고 주행세, 교육세가 추가되며 이는 유류세 합계의 약 70%를 차지하고 있다. 1997~1998년과 1998~1999년은 교통세 부담이 계속 상승하였지만, 세부담 증가요인은 각기 다르다. 전자의 경우에는 외환위기로 인한 세수 감소를 보전하고자 휘발유와 경유에 대한 교통세율을 인상하였다. 1998년에는 세 차례(1월, 5월, 9월)에 걸쳐 휘발유와 경유에 대한 세율을 1리터당 각각 414원→454원→591원→691원과 48원→85원→110원→160원으로 인상하였다. 또한 후자의 경우, 환율안정에 따른 유가하락에도 불구하고 소비가 크게 증가하였기 때문이다. 1998년에는 환율도 크게 치솟아 세율 인상 이외에도 유가 상승요인이 많아 소비량이 감소하였다. 휘발유와 경유의 가격인상률이 소비감소율을 크게 초과하였기 때문에 소비지출액은 오히려 크게 증가하였다.

이와 같이 이러한 세수의 변동은 우리나라의 유류세가 종량세 체계로 되어 있어 유류 관련 세수는 국제유가의 변동보다는 주로 국내소비량의 변화에 크게 의존한다. 그리고 지금까지 이러한 유류 관련 종량세율에 대한 물가조정이 없어, 시간이 지나면서 오히려 그 실효세율은 하락하는 경향을 보여주고 있다. 이러한 경우 종량세율 수준이 에너지사용에 따른 외부불경제의 외부비용을 반영한다고 한다면, 물가상승 시 적정세율보다 세부담이 전반적으로 과소해질 수 있다.

Ⅲ. 세제개편의 기본요소 및 쟁점

탄소세가 오염저감을 위한 여타 경제적 수단들과 비교하여 현실적으로 채택될 가능성은 여러 가지 정책목표나 경쟁적 요인에 의존한다. 가령 경제적 효율비용, 행정비용, 정보나 불확실성, 정치적·도덕적 요인, 사회적 형평성 및 재분배효과 등 여러 요인들의 우선순위에 따라 오염저감을 위한 특정의 정책수단이 가지는 장단점이 여타 수단에 비하여 커질 수도 있고 작아질 수도 있다.

여기서 먼저 탄소세를 배출권거래제, 강제와 규제(Command & Control), 코어스 해법 등 기타 경제적 수단을 동일한 감축효과를 가질 경우 경제적 효과 측면에서 비교한다. 탄소세를 제외하고는 노동, 자본, 기타 상품 등 여타 시장으로부터 정액세(lump-sum taxes)로 정부의 재원조달이 이루어진다고 가정할 경우, 우리는 오염에 대한 시장을 여타 시장과 분리하여 부분균형적 관점에서 다룰 수 있게 된다.

다음 [그림 1]은 전형적인 오염시장의 시장실패와 관련 외부성의 내부화에 관련된 각종 경제적 수단들의 경제적 효과를 이론적으로 비교한 것이다. 여기서 오염재 수요에 따른 한계편익(MB)은 오염재의 수요곡선을, 오염재의 사적 한계비용(PMC)은 정부의 적절한 개입이 없을 경우에 발생하는 오염재의 공급곡선을 의미한다. 그러나 오염발생에 따른 사회적 추가비용을 고려하는 오염재의 사회적 한계비용(SMC)는 사적 한계비용(PMC)보다 높게 되므로, 정부는 현행 오염 배출수준 Z^0에서 사회적으로 바람직한 수준 Z'로 그 크기를 줄여야 한다. 이러한 경우 탄소세, (무상배분) 배출권거래제, 강제와 규제, 코어스 접근 등 여러 가지의

[그림 1] 오염저감의 정책수단별 경제적 효과 비교

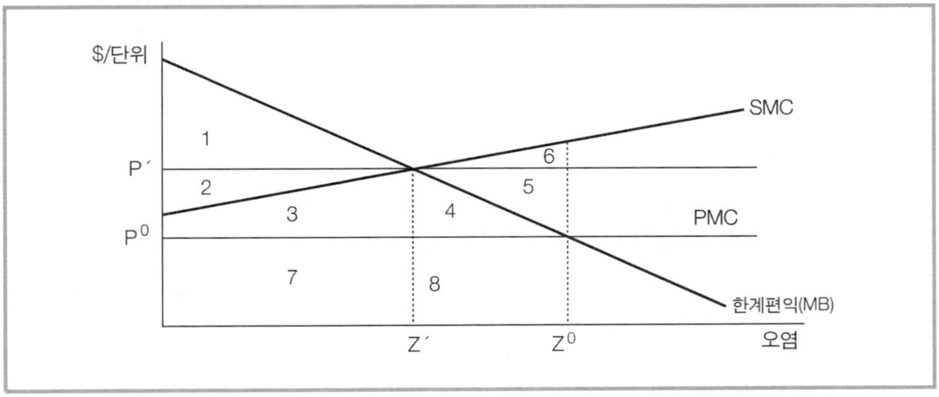

경제적 수단	그룹별 편익의 변화 효과				순효과
	소비자	기업이윤	정부세수	피해자	(행합)
1. 피구비안 과세					
a. 탄소세	−(2+3+4)	0	2+3	4+5+6	5+6
b. 감축보조금	−(2+3+4)	2+3+4+5	−(4+5)	4+5+6	5+6
2. 배출권거래제					
a. 무상배분	−(2+3+4)	2+3	0	4+5+6	5+6
b. 경매	−(2+3+4)	0	2+3	4+5+6	5+6
3. 강제와 규제					
a. 수량규제	−(2+3+4)	2+3	0	4+5+6	5+6
b. 수량과 가격	−4	0	0	4+5+6	5+6
4. 코어스 접근					
a. 피해자 권한	−(2+3+4)	2+3−B	0	4+5+6+B	5+6
b. 오염자 권한	−(2+3+4)	2+3+C	0	4+5+6−C	5+6

자료: Fullerton(2001); 김승래 외(2008) 재인용.

환경정책적 정책수단별로 특정의 환경목표의 달성과정에서 모두 동일한 사회적인 순편익(효율기준)의 증가분 5+6을 가져온다고 할지라도 소비자, 기업, 정부, 피해자 등 경제주체별로 그 정책의 분배효과와 고통분담은 다소 상이하게 나타날 수 있다. 가령, 여기서 탄소세와 배출권경매 방식(auctioned permit)의 경우는 정부의 세수확보 측면에서는 기타 경제적 수단들과 비교하여 우위에 있으며, 이러한 환경세수로 확보된 재원은 기타 감세 재원, 정부이전지출, 공공투자 등 다양한 정부재정지출의 용도와 병행하여 사용할 수 있다는 장점이 있다.

온실가스 저감을 위한 에너지과세의 경우 탄소배출의 사회적 비용은 기존 에너지세제를 강화하거나 별도로 탄소세를 도입하는 두 가지 방식이 있다. 여기서 기존의 에너지세제와는 별도로 “명시적인” 탄소세 도입의 장단점은 다음과 같다. 에너지원별 탄소배출량에 따른 사회적 비용을 가격체계에 반영하기 위하여 기존 조세체계와는 별도로 탄소세와 같이 명시적으로 신규 세목을 신설할 경우, 기존 과세베이스의 조정없이 별도로 에너지원별 탄소배출량에 따라 충실하게 과세할 수 있다. 즉, 신규 세목을 신설할 경우, 기존 조세체계에 구애받지 않고 과세표준을 달리 설정할 수 있다.

특히 별도의 탄소세 신설은 초기 도입 이후 탄소저감을 위한 정책목표의 변화 및 달성 여부에 따라 추가적인 세율체계의 조정 및 정비가 용이하다. 탄소저감을 위한 조세부과의 가격신호기능을 부각시키기 위하여 신규 세목(탄소세)으로 부과하는 것이 오히려 타당하며, 그렇지 않다면 기타 요인에 의한 기존 에너지세제의 세율조정에 의해 탄소세 부과의 본래 취지가 상쇄되어버릴 수 있다. 기존의 에너지세제와는 별도로 신규 세목을 신설하여 부과할 경우 징수된 신규 세수를 탄소저감사업에 특정하여 세수의 효율적 운용이 가능하다. 또한 이 방식은 저탄소 녹색성장의 구현과 기후변화협약의 대비라는 세목의 도입 취지를 특정화하여 부각시킴으로써 정치적 수용성을 높일 수 있다.

반면 신규 세목을 신설하여 부과할 경우 오히려 조세체계가 다소 복잡해질 수 있으므로 이는 세제의 단순화 측면에서 약점이 있다. 그러나 우리나라의 에너지 세제는 그동안 과세 체계가 복잡하고, 목적세 중심으로 운용되어 온 경향이 있으나 최근 교통에너지환경세, 교육세 등 기존의 각종 목적세의 정비가 계획되고 있다. 이러한 상황에서 온실가스로 인한 지구온난화 방지를 위한 에너지 세제의 환경세적 성격을 대폭 강화하는 차원에서 명시적인 탄소세를 신설하는 것도 하나의 대안이 될 수 있다.

1. 과세표준의 개편

우리나라는 아직까지 수송부문 이외에 산업, 발전부분 등 기타 부문에서는 에너지가격의 현실화가 매우 부족할 뿐만 아니라 각종 에너지관련 보조금 지급 및 비과세·감면 조치가 이루어지고 있다.[2] 우리나라의 보조금 지출은 농수산업, 에너지·전력, 교통, 철강 및 조선 등 다양한 경제부문에서 이루어지고 있으며 현재 국제통상 관계에서 많은 논란 대상이 되고 있다. 특히 환경유해보조금은 최근 OECD와 G20에서 환경문제 대응 차원에서 논의되고 있어, 향후 환경친화적이면서 동시에 경제적 부작용을 최소화시키는 방향으로 점진적 폐지의 필요성이 커질 수 있다.

환경에 피해를 주는 투입요소의 보조금 감축 혹은 제거는 경제적 효율성 제고와 환경적 편익을 동시에 가져온다. 여기에서 경제적 효율성은 투입요소의 사용량 감소로 인해서 나타날 것이며 또한 환경유해보조금을 제거함으로써 나타나는 투입요소의 사용량 감소는 환경적 피해를 감소시켜 사회 전체적으로 편익을 가져다 준다. 또한 국내 환경질의 개선과 친환경적 산업구조로의 전환을 촉진하기 위해 환경에 유익한 보조금을 적극적으로 도입하여 운용해야 할 것이다.

더욱이 고유가 시대에 높은 화석연료 의존도를 가지고 있는 우리나라는 향후 기후변화협약의 준수 의무화에 따른 이산화탄소 배출량 저감정책 추진 및 에너지의 안정적 공급 등의 정책 목표 달성을 위해 신재생에너지를 보급·확대시키고 저탄소형 산업구조로의 전환을 위해 환경친화적 보조금을 확대하는 정책이 필요하다.

이에 따라 우리나라에서도 단계적인 환경유해보조금 감축을 통해 추가적인 재정수입을 환경에 유익한 보조금 지급에 재사용하는 방안을 고려해 볼 필요가 있다. 환경분야의 경우 실익적 기능이 부족하면서도 많은 부담금이 도입된 이유는 부담금적 성격보다는 조세나 행정벌적 성격의 부담금도 있는 등 새로운 부담금이 도입될 때 기존부담과의 연계성을 적절히 검토하지 않았기 때문이다.

따라서 현행 환경관련 부담금은 이러한 구조적 문제뿐만 아니라 개별 부담금별 세부 부과체계와 부담금의 재정운영측면 등에 있어서도 문제점들이 있기 때문에 개편될 필요가 있다.

---

2 이러한 과거의 물가안정, 산업지원 등을 위한 저에너지가격정책으로 인하여, 에너지소비절감 노력이나 경제구조의 환경 및 에너지효율성(에너지원단위)의 개선에 대한 경제적 인센티브는 주요 선진국과 비교하여 매우 낮은 실정이다.

2. 세율체계의 개편

우리나라의 국내 에너지 및 전력부문의 사회적 비용 규모는 큰 편이다. 우리나라의 에너지부문 사회적 비용은 2004년 기준으로 이산화탄소와 대기오염의 환경비용 추정치가 68.4조원(GDP 대비 8.73% 수준)이므로, 현재 징수되고 있는 환경관련 세부담의 수준은 이에 비해 매우 미비한 수준에 불과하다.

이러한 국내 에너지 및 전력부문의 사회적 비용은 그동안 에너지 부문의 다양한 비과세·감면 및 보조금의 제공 및 적절한 가격정책의 실패, 적정 과세정책의 결여 등으로 인해 외부 불경제가 여전히 발생하고 있음을 보여준다. 또한 조세체계가 에너지소비절약이나 환경부하 경감보다는 교통부문 지원, 일부 산업지원 및 지역균형발전 지원 등을 위해 매우 복잡하게 운영되고 있기 때문에 이러한 사회적 비용은 충분히 경제활동에 내부화되지 못하고 있다.

환경관련 세수는 보통세나 환경관련 목적세로서 정부에 세수를 제공한다. 개도국의 경우 비록 환경관련 세수가 총 세수와 비교할 때 여전히 미미한 것이 사실이지만 절대 무시할 만한 수준이 아니다. 또한 환경세 및 탄소세 등의 세수를 전망하여 본다면 환경관련 세수는 상당히 기대할 만한 수준이 될 것이다. 환경세의 세율은 환경목적이 달성될 수 있도록 부과 되어야 하는데 이는 오염물질의 한계저감비용이 정확하게 계산될 수 있어야 한다는 것을 의미한다. 이와 관련하여 여러 가지 사례를 연구했을지라도 수많은 불확실성과 통계자료의 부족 문제가 여전히 남아 있다. 또한 실효세율이 너무 높아서 현실적으로 받아들일 수 없거나 이행하기 힘든 경우도 있다. 이에 따른 해결책 중 하나는 산업계의 적응 속도와 투자 계획 등을 고려하여 예정된 계획에 따라 에너지 관련 세율을 순차적으로 증가시키는 것이다.

최근 국제적 환경규제와 환경보전에 대한 관심이 증대되면서 세계 각국은 생산기술 구조와 국민 소비패턴의 친환경화 등 경제의 체질개선을 주요 목표로 정책을 추진하고 있으며, 특히 에너지세제의 적정화를 통하여 청정에너지, 신재생에너지의 개발 보급촉진을 위한 인센티브 제공과 기술개발 촉진(induced innovation)을 지속적으로 유도해 나가고 있다.

그동안의 에너지세제 개편은 경유 승용차 보급에 따라 수송에너지원 간 상대적 세부담을 조정한 것이며, 전반적인 에너지 관련 세부담의 증가로 이해하기

[표 2] 에너지 및 전력부문의 사회적 비용 규모(2004년 기준)

(단위: 억원)

부 문	대기오염물질 배출로 인한 사회적비용(연간)	이산화탄소 배출로 인한 사회적 비용(연간)	합계(연간)
에너지부문	34조 1,426	15조 6,153	49조 7,579
전력부문	12조 8,496	4조 8,775	17조 7,271

주: 대기오염물질은 CO_2, NO_x, SO_x, PM, VOC 기준.
자료: 환경정책평가연구원(2007. 11) 추정치.

에는 무리가 있다. 지금까지 종량세율에 대한 물가조정을 하지 않아, 시간이 지나면서 실효세율이 하락하였다. 따라서 현재 종량세율 수준이 외부불경제 등으로 인한 외부비용을 반영한 것이라면 물가·가격 상승 시 적정세율보다 세부담이 과소해지는 문제가 있다. 미국, 일본 등은 우리나라처럼 물가연동을 하고 있지 않지만, 유럽 국가들은 일부를 제외하고는 세율의 수시조정을 통해 암묵적으로 물가연동을 하고 있다. 최근까지도 영국, 노르웨이, 스웨덴, 포르투갈, 뉴질랜드(휘발유)에서는 세율을 수시로 상향조정하곤 하였다.

그리고, 국제유가 급등과 같은 일시적 외부환경 변화에 대처하여 에너지 관련 세금을 한시적으로 조정·인하하는 경우, 기본 세율(세법)이 아닌 탄력세율(시행령)을 조정하는 방법을 활용하여 향후 재조정이 가능하도록 해야 한다. 그러나 이러한 유류세율의 일시적 완화 조치에 의한 궁극적 혜택의 귀착이나 정책 실효성에 대한 검증은 불확실하므로, 오히려 취약계층 보호와 사회적 형평성 제고를 위한 세출부문의 효과적 지원대책(저소득층을 위한 에너지복지 프로그램 확대)이 더욱 중요할 수 있다.

가령, 고유가 대책의 일환으로 2008년 3월에 단행된 한시적 수송용 유류세 인하 조치의 경우는 세부담 지원 규모에 비교하여 그 실효성이 미미한 것으로 평가되고 있다. 이러한 유류세의 탄력세율 인하로 인한 지원 규모는 약 1.3조원 수준이며, 이에 따른 세율인하가 100% 가격에 반영되었을 경우에도 유류세 인하는 2006년 기준으로 최저소득계층 1분위(하위 10%)에서 가구당 평균 8천원 정도 혜택이, 최고소득계층 10분위(상위10%)에서 평균 5.1만원 이상의 세부담 경감 혜택이 돌아가는 것으로 나타났다. 이 때 유류세 인하의 혜택은 1분위 저소득층을 제외하고는 소득 대비 세부담 혜택의 비중이 대체로 비례적으로 나타나고 있다.

[그림 2] 유류세율 변화의 소득 계층별 귀착 효과 (2008년 10% 인하)

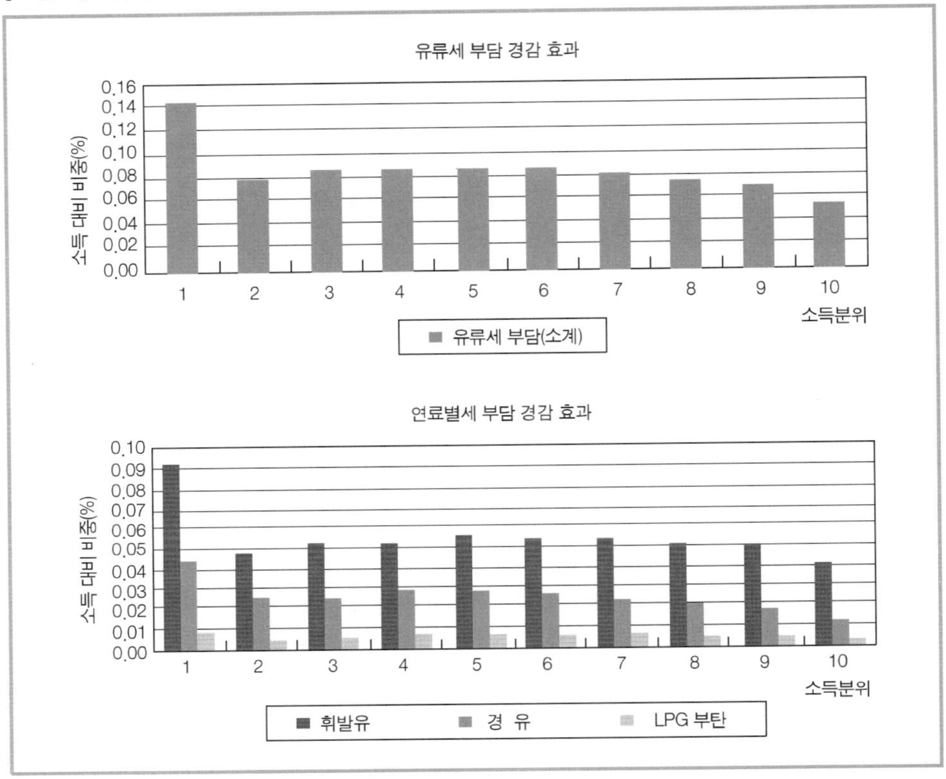

또한, 유류세 인하에 따른 소득불평등도를 나타내는 Gini계수는 유류세 변화 전(0.351320)에서 변화 후(0.351259)로 0.000016만큼 개선되는 것으로 나타나 미약한 수준에 머무르고 있다.

한편, 외국의 사례를 살펴보면 국제원유가격 잦은 변동에 따라 에너지세금의 절대수준을 낮추는 나라는 매우 드물다. 단지 세금은 국가에너지정책이나 환경정책에 따라 일관성 있게 추진하되, 저소득층이나 대중교통 지원 등 단기적 특정 목표를 위해서 세금은 그대로 두고 다른 부분으로 세출측면에서 조정, 환급, 공제내지 보조금을 지급하는 경우가 많다.

따라서 원칙적으로 국제유가변동에 따른 단기적 경기부양이나 기타 특정 요인들에 의거하여 에너지나 교통관련 세제를 일정기간 완화하는 것은 일시적 미봉책에 불과하며, 근본적으로는 전 세계적 추세에 발맞추어 시장기능과 외부성 교정기능에 충실하게 조세정책을 일관되게 추진하여 우리경제 내 생산기술구조 및 소비패턴의 친환경화를 유도함이 바람직하다고 판단된다.

앞에서 지적하였듯이 우리나라의 에너지관련 과세체계는 매우 복잡한데다 명확한 근거 없이 각종 에너지원별로 조세부담이 큰 차이를 보이고 있어 소비자 선택의 왜곡을 유발시키고 있으므로 이에 대한 조정의 필요성이 점점 커질 것으로 보인다. 이산화탄소, SO_2 및 NOx 등 환경오염 물질에 대한 비용이 아직 정확하게 과세표준에 반영되어 있지 않다. 적정한 사회적 비용이 내재화되지 못한 상태에서 에너지원별 조세부담 차이는 에너지원 간 소비패턴 및 투자구조의 왜곡을 초래하고 환경도 악화시킨다. 또한 산업부문, 가정상업부문, 에너지전환부문 등 각종 비과세·감면이 존재한다.

중장기적으로는 기후변화협약 대비 및 저탄소 녹색성장 촉진을 위해 에너지의 기본세율은 점진적으로 인상하여 환경세 기능을 강화해 나갈 필요가 있다. 교통·에너지·환경세와 기타 유류소비세는 종량세이므로 물가를 반영한 조정도 고려해 볼 필요가 있다. 물가연동은 생산자물가지수, 소비자물가지수, GDP 디플레이터, 경상성장률, 1인당 GNP 증가율 등 매우 다양한 기준이 존재하지만, 실효과세율의 현상 유지 또는 소비억제를 도모하기 위해 종량세율을 물가지수 또는 경상성장률+α%에 연동하는 것이 바람직하다.

또한 기후변화협약과 저탄소 녹색성장에 대비하여 우리나라의 에너지세제는 탄소세 도입 등 환경세적 기능을 보다 명시적으로 강화할 필요가 있다. 이러한 경우 유럽의 국가들이 탄소세 도입 당시 세수비중에서 소득관련 세수가 상당히 높았던 반면, 현재 우리나라는 유럽국가들과 비교해서 직접세의 비중이 높은 편이 아님을 감안할 필요가 있다. 우리나라의 현재 여건은 높은 직접세의 감세와 함께 환경세 강화를 추진한 일부 유럽국가들의 세수중립적인 세제개편 방식과는 다소 다르다. 이러한 우리나라의 현실적 재정여건과 최근 글로벌 금융위기 이후 재정압박 등을 감안한다면, 일단 도입 초기에는 직접세 인하와는 별도로 탄소세 도입을 추진할 필요가 있다. 기후변화협약 대비 녹색성장 재원을 마련하기 위해서, 일본의 환경세 도입의 구체안과 유사하게 기존의 세제 위에 신규 세목을 도입하는 방식이 우리에게 더 적합한 것으로 사료된다. 그러나 환경관련 기능을 강화하기 위해서는 탄소세 도입 이후 중장기적으로 세율의 점진적 강화

(또는 최소한 인플레이션에 연동)가 필요할 경우, 유럽의 사례에서와 같이 개인소득세, 법인세 등 소득관련세 인하나 사회보장기여금 완화와 적극 연계하는 전반적 세제개편 차원의 방안도 검토할 필요가 있다.[3]

이와 같이 탄소세 등 신규세목을 도입하는 것은 정치적 부담이 따르나, 비수송부문을 포괄하는 광범위한 에너지사용에 대하여 신규 과세함으로서 저탄소 녹색성장 구현, 온실가스 감축이라는 세제개혁의 명분을 확보하고, 또한 추가세수를 기후변화 대책, 녹색산업 지원 재원으로 활용가능하다는 장점이 있다. 반면, 기존의 유류세 체계를 유지하면서 과세기반이 협소한 기존 세율만 조정하는 경우의 개편 작업은 상대적으로 용이하나, 유가보조금이 존재하는 상황에서 온실가스 감축과 세수증대 효과는 상대적으로 미약할 것으로 예상된다. 우리나라의 에너지부문 내에 존재하는 각종 세제지원이나 유해보조금 등의 제도는 취약계층 지원 등 사회적 형평성 고려와 지역경제 보호, 에너지안보, 기타 특정 정책적 목표 등 여러 가지 차원에서 고려하여 존재하는 것이다. 그러나 에너지 생산이나 수요 관련 특정부문에 대한 차별적 세제혜택이나 각종 보조금을 두는 것은 기존의 조세체계를 왜곡하여 막대한 효율비용을 유발할 수 있다.

Ⅳ. 세제개편의 추진방향

가. 비과세·감면 축소

지금까지 우리나라의 에너지 가격체계는 에너지소비절약이나 환경부하경감보다는 물가안정, 산업지원 등을 위한 에너지정책에 그 기본을 두고 있었다. 특히 에너지에 대한 각종 세금차이로 인해 수송용 유류는 상대적으로 높은 세율, 산업 및 기타 부문의 중유나 LNG 등은 매우 낮은 세율로 과세되고 있다.

왜냐하면 그동안 에너지세제는 본연의 환경개선의 상위목표 보다는 지역균형발전 등 지방에 대한 재원이전의 목적이나 SOC 구축 또는 교육지출을 위한 특별회계의 설치 등으로 사용되어 본연의 “환경세적 기능”을 충분히 발휘하지 못하고 있기 때문이다. 그러나 에너지가격은 수요량에 영향을 주기 때문에 이러한

3 이에 대한 보다 자세한 논의는 김승래 외(2009) 참조.

[표 3] 에너지 관련 환경유해보조금 폐지의 귀착 효과 (2007년 기준, 연간)

시나리오		농어업용 면세유	석탄 VAT	연탄 보조금	석탄광 생산지원	유가 보조금	전력 보조금	전 체
세수(십억원)		2104.2	73.9	100.4	86.7	2500.1	1965.2	6830.5
물가(%)		0.1465	0.0212	0.0220	0.0857	0.6298	0.4452	1.3503
추가 부담 (천원)	1분위	12.4	0.9	0.5	5.5	27.1	30.2	82.6
	2분위	22.2	2.4	1.4	10.9	64.6	57.4	166.3
	3분위	26.3	3.3	3.0	13.9	92.3	71.2	214.6
	4분위	35.8	4.1	3.1	18.2	118.5	97.2	285.5
	5분위	37.5	5.1	5.4	20.4	143.7	107.6	323.1
	6분위	43.2	5.6	4.9	23.9	163.6	126.5	373.0
	7분위	40.6	6.3	7.3	24.6	183.3	127.7	387.1
	8분위	45.0	7.3	8.2	28.4	217.2	144.2	444.4
	9분위	50.4	8.4	9.4	33.1	259.4	168.8	519.9
	10분위	75.2	12.9	16.3	48.5	401.1	250.3	785.7
	평균	38.9	5.6	5.8	22.7	167.1	118.1	358.2
Gini계수변화 (%, 소득기준)		0.0362	0.0012	0.0038	0.0112	0.0102	0.0638	0.15488

주: 1) 여기서 '비중(%)'은 세수 대비 비중, 그리고 소득계층별 '추가부담'은 동등변화(equivalent variation, EV)로 측정한 보조금 폐지의 Hicksian 후생 변화를 의미.
2) Gini계수는 소득불평등도(income inequality)를 측정하는 지표로서 0과 1사이의 값을 가지며 수치가 커질수록 소득불평등도가 심화됨을 의미.

자료: 김승래·강만옥(2009).

각종 비과세·감면을 축소하여 탄소배출비용을 에너지가격에 내재화시킨다면 에너지 수요량 감소와 관련 기술개발의 촉진에 기여할 것으로 보인다. 아직까지 우리나라는 산업, 발전부분 등 여러 부문에서 에너지가격의 현실화가 매우 부족할 뿐만 아니라 각종 보조금 지급 및 비과세조치가 이루어지고 있다. 이러한 실정을 감안하여 Shoven-Whalley형 일반균형모형을 이용한 김승래·강만옥(2009)의 분석을 통해 에너지 및 전력부문에 존재하는 현행 환경유해보조금의 개편의 효과를 살펴보면 [표 3]과 같다.

에너지부문 내에 존재하는 각종 세제지원이나 유해보조금 등의 제도는 취약계층 지원 등 사회적 형평성 고려와 지역경제 보호, 에너지안보, 기타 특정 정책적 목표 등 여러 가지 차원에서 고려하여 존재하는 것이다. 그러나 특정부문에 대한 차별적 세제혜택이나 각종 보조금을 두는 것은 기존의 조세체계를 왜곡하여 막대한 효율비용을 유발할 수 있으므로, 이에 따르면 현행 환경유해보조금의 축소는 867억원~2조5천억원의 세수증가 이외에도 보조금 지급에 따른 왜곡된 시장가치를 줄이게 되어 경제전반의 효율증가를 가져온다. 현행 에너지보조금이나 지원의 제거는 관련 에너지가격 상승으로 인한 소비자 물가가 작게는 연탄보조금의 경우 0.02%에서 유가보조금의 경우 0.63% 증가하여 소득계층별로 추가적인 부담을 유발할 수 있다. 이에 따르면 농어업용 면세와 전력보조금의 폐지는 소득불평등도에 미치는 효과가 상대적으로 크게 나타나, 이는 현행 보조금 제도가 농산물 및 에너지의 소비자가격 안정을 통하여 취약계층 역진성 완화에 일정 정도 기여를 하고 있음을 알 수 있다. 반면, 석탄 관련 보조금들은 상대적으로 지원규모가 크지 않고 물가나 소득불평등도에 미치는 부정적 효과가 그다지 유의적이지 않은 것으로 보여, 석탄가격 지원이 온실가스나 환경오염에 미치는 부정적 효과를 감안한다면, 관련 산업의 지역경제나 취약계층에 대한 직접지원이 보다 효과적일 수 있음을 암시한다. 다만, 에너지관련 부문의 환경유해보조금의 제거 내지 폐지는 여러 가지 정책목표 간의 우선순위와 지원의 실효성을 감안하여 점진적으로 축소해 나갈 필요가 있을 것으로 보인다.

나. 세율인상

우리나라는 2000년 이후 환경개선의 목적에서 크게 2차례에 걸쳐 에너지 세제개편을 단행하였다. 먼저, 2000년 7월 정부의 제 1 차 에너지 세제개편은 에너지원 간의 가격구조 왜곡을 일부 개선한다는 측면에서는 긍정적으로 평가될 수 있지만 환경오염 감소라는 관점에서는 보완이 필요한 조치였다. 제 1 차 에너지 가격개편은 비록 세율 조정을 통해 에너지 간 가격차이가 많이 줄어들었으나 오염유발제품에 대한 세금은 낮은 편이었다. 특히 수송부문의 휘발유와 경유의 상대가격은 2005년 경유승용차의 허용 등을 감안하면 여전히 낮은 수준이었으며, 이로 인해 제 2 차 에너지 세제개편안을 통해 경유의 상대가격을 다소 조정하게 된 것이다.

그러나 2차 에너지 세제개편은 수송용 에너지 가격개편에 한정되어 있어 향후 가정용, 상업용 및 산업용 등에 대한 에너지의 환경친화적 개편이 필요하다.

향후에는 수송 및 비수송부문 전반에 걸쳐 대기오염물질에 대한 사회적 비용의 반영 및 기후변화협약에 대응하여 이산화탄소 배출량 억제를 고려하는 방향으로의 세제개편이 이루어져야 한다. 또한 우리나라의 에너지관련 과세체계가 각종 비과세·감면조치로 인해 매우 복잡할 뿐만 아니라, 관련세수의 운용에 있어서도 교통세가 목적세로 경직적으로 운영되어 재정운영의 비효율성을 초래하고 있다. 반면, OECD 국가의 에너지원 과세체계는 주로 에너지 소비절약 및 환경오염 저감을 목표로 소비세와 환경세 중심으로 단순화되어 있고, 환경관련 세금은 대체로 일반회계에 편입되는 보통세로서 재정운영이 탄력적이고 효율적이다. 특히, 교통세수 운용의 경직성은 에너지소비절약 보다는 개인 승용차의 과다한 확대와 더불어 수송부문의 환경효율성을 오히려 악화시키는 측면이 있다.

더욱이 우리나라의 현행 에너지 관련 가격구조 및 조세체계는 본연의 조세정책적 목표로서 에너지효율성 촉진과 환경적 외부성의 내부화 기능이 미흡하다는 근본적인 문제를 내포하고 있다. 앞에서 살펴본 바와 같이 우리나라의 국내에너지 및 전력부문의 사회적 비용 규모는 GDP 대비 약 8.73%로 매우 큰 편이

[표 4] CO_2 배출의 사회적 비용을 반영한 탄소세 도입 규모

에너지원별	단위당 탄소세율(원)	2007년 평균 에너지가격 (원)	에너지가격 상승율 (%/100)	2007년 에너지사용량 (천kℓ ,백만m³, 천톤)	예상세수 (억원/연)
휘발유(원/ℓ)	67.5	1525.9	0.0442	9,608	6,483
경유(원/ℓ)	82.4	1272.7	0.0648	17,248	14,218
등유(원/ℓ)	77.7	936.5	0.0829	4,161	3,232
B-C유(원/ℓ)	95.5	491.3	0.1944	14,155	13,515
부탄(원/ℓ)	53.2	773.8	0.0687	7,552	4,014
프로판(원/kg)	92.0	1330.6	0.0691	3,160	2,907
LNG(원/m³)	71.0	637.4	0.1114	18,183	12,906
무연탄(원/kg)	58.9	89.2	0.6600	9,696	5,709
유연탄(원/kg)	33.7	73.8	0.4565	84,430	28,458

주: 탄소세 부과의 기본세율은 영국의 Cambridge Econometrics의 CO_2배출권의 가격(톤당 25EUR)을 적용하여 31,828원/t-CO_2로 가정(2007년 평균 1유로=1,273.12원).

자료: 김승래 외(2008, 2009).

다. 이러한 큰 규모의 사회적비용은 다양한 비과세·감면 및 보조금의 제공 및 적절한 가격정책의 실패, 그리고 적정 과세정책의 결여 등으로 인해 외부 불경제가 여전히 발생하고 있음을 보여주는 사례이다.

먼저 우리나라는 최근 온실가스 중기감축 목표를 설정하고 녹색성장을 새로운 국정과제로 추진하고 있으므로, 이를 위하여 에너지 사용에 따라 유발되는 온실가스 저감을 위한 유인체계를 적정한 환경세제를 통하여 조정할 필요가 있다. 가령 이때 부과되는 환경세제로서 적정한 탄소세의 크기는 김승래 외(2008, 2009)에 따르면 일차적으로 CO_2 배출에 대한 사회적비용으로 2008~2012년 유럽 배출권시장의 평균 이산화탄소 배출권의 가격을 톤당 25유로(31,828원, 2007년 기준)인 것으로 가정하여 CO_2 배출비용을 산정하면 예상되는 탄소세수는 GDP의 약 1%이내에 상응한다.

이러한 사회적 비용을 반영하는 탄소세를 부과할 경우, 저소득층이 고소득층에 비하여 에너지소비가 소득에서 차지하는 비중이 대체로 높으므로 다소 역진적인 성향을 보이게 된다. 가령, Fullerton(1995), Wier et al.(2005)의 일반균형방법을 이용하여 분석한 김승래 외(2010)에 따르면 CO_2 배출 1톤당 저세율의 탄소세(세수규모 1조원)가 우리나라의 소득계층 10분위별 세부담에 미치는 일반균형 파급효과는 다음과 같다. 이는 탄소세 도입으로 인하여 발생하는 가계의 에너지소비 직접부담액과 비에너지상품 가격상승에 따른 간접부담액을 모두 합계한 총부담액을 의미한다. 그러나, 탄소세 도입의 저세율(가령 세수 1조원 규모)의 경우, 국제경쟁력 및 소득분배 악화효과는 각각 0.12% 및 0.04%로 매우 미미할 것으로 예상된다. 이에 따르면 탄소세 도입에 따라 2007년 연평균 기준으로 소득1분위는 1만9천원, 소득2분위는 2만3천원, 소득5분위는 3만6천원, 소득9분위는 5만2천원, 소득10분위는 7만1천원, 그리고 가계전체 평균은 3만9천원 정도의 추가부담이 발생하여 그다지 크지 않다. 이러한 소비자의 세부담 변화의 귀착효과를 소득분포에 관한 불평등계수인 Gini계수로 평가해보면 세전 0.3408에서 세후 0.3410로 0.040% 정도로 거의 변화가 없을 정도로 매우 미약하게 악화된다.[4]

소득분위별 총소비지출에서 차지하는 에너지총소비, 석탄제품, 가스, 전기의 소비 비중과는 달리, 수송연료인 석유제품에 대한 소비 비중의 경우는 고소득층

4 여기서 Gini계수는 소득이 어느정도 불균등하게 분배되고 있는가를 나타내는 수치로, 0과 1사이의 값을 가지는데, 값이 1에 가까울수록 소득불평등의 정도가 높음을 의미한다.

[표 5] 탄소세 부과의 소득계층별 귀착 효과: 저세율 시나리오 (2007년 기준, 천원)

소득계층	1분위	2분위	3분위	4분위	5분위	6분위	7분위	8분위	9분위	10분위	평균
비에너지 부담(A)	8.04	10.04	12.05	13.98	15.54	17.64	19.41	20.69	24.04	34.69	17.68
에너지 부담(B)	10.69	13.20	17.65	19.16	20.80	22.74	24.08	26.79	28.45	35.82	22.24
석탄제품	0.87	0.60	0.41	0.65	0.40	0.55	0.33	0.19	0.33	0.20	0.47
석유제품	4.46	5.95	8.86	10.15	11.75	13.08	14.28	16.12	17.38	23.13	12.67
도시가스	3.31	4.29	5.68	5.74	5.87	6.26	6.61	7.33	7.40	8.48	6.18
전기	2.05	2.35	2.69	2.61	2.78	2.85	2.87	3.16	3.34	4.02	2.92
총부담 (A+B)	18.73	23.24	29.69	33.14	36.34	40.38	43.49	47.48	52.48	70.52	39.92

주: 저세율 시나리오는 탄소세 규모 1조원을 가정하였으며, 탄소세 부과에 따른 소비자의 총 부담 변화를 지니계수로 살펴보면, 소득(경상소득) 대비 지니계수는 세전 0.3408에서 세후 0.3410으로 0.0403% 증가.
자료: 김승래 외(2010).

으로 갈수록 오히려 크게 높아지는 성향을 보여주고 있어, 이 부분이 탄소세 도입 등 에너지세제 강화의 역진성을 다소나마 완화하고 있는 것으로 평가된다.

이와 같이 저소득층에 대한 보전이나 역진성 완화에서 세율조정이나 특정 세금의 감면 및 완화를 통한 조세지출의 역할이 다소 제한적이라면, 탄소세 도입이나 환경유해보조금 축소 등 세입측면에서의 전반적 에너지세제의 강화를 점진적으로 추진하되, 취약계층 보호를 위해서는 오히려 세출측면에서 에너지복지 등 기초에너지사용권 보장의 예산 확대를 효과적으로 결합함이 더욱 중요하다고 판단된다.[5]

Ⅴ. 결론 및 정책시사점

일반적으로 환경세 부과를 통한 에너지가격체계 개편 및 관련 녹색재정의

5 가령 최근 Callan et al.(2009)가 아일랜드에 대한 탄소세의 활용방식과 재분배 효과를 살펴본 결과, 탄소세는 약간 역진적이나, 그 탄소세의 세수 일부가 저소득층 및 취약계층의 사회복지 지출 증가나 세금감면 등에 효과적으로 사용될 경우 소득재분배가 오히려 개선될 수 있음을 보였다.

추진은 일반적으로 온실가스 감축의 여러 가지 방안들 중에서 경제전반적으로 비용-효율적인 정책수단으로 평가되고 있다.

이에 우리나라는 고유가의 지속과 기후변화협약 등 국제적인 환경규제 강화의 추세에 대비하고 환경, 경제와 사회 통합을 통한 국가적 지속가능발전을 달성하기 위하여, 향후 에너지·환경 세제의 운용 방향을 다음과 같은 방향에서 단순화하여 일관되게 추진할 필요가 있다.

에너지 관련 세제의 환경세적 기능을 강화하여 효율성 향상 및 녹색성장 구현을 위한 정책수단으로 위상을 강화하고, 저소득층 및 에너지 취약계층에 대한 형평성 제고는 직접 재정지원 강화나 환급 등의 세출측면에서의 보조적 수단을 적극 활용하는 것을 검토할 필요가 있다. 우리나라의 기존 에너지세제는 아직까지 환경세적 기능이 미비한 상황이여서 환경친화적·기후친화적 기능을 강화할 필요성이 대두되고 있어, 향후 에너지원별 단위당 CO_2 배출량에 따른 사회적 비용을 탄소세의 형태로 가격 체계에 반영하여, 탄소배출 억제와 녹색성장 투자재원 마련 차원에서 점진적으로 에너지세제의 광범위한 개편을 추진할 필요성이 크다.

에너지 관련 세제 이외에도 환경친화적 자동차의 기술개발 및 산업육성을 위한 세제혜택이나 보조금지원 강화 등의 조치가 있다. 가령 한시적으로 그린카 등 에너지효율적 차량에 취·등록세 감면이나 면세·보조금 등 세제혜택을 부여하는 것이다. 나아가 외부비용을 자동차 소비행위에 보다 엄격하게 반영하기 위해 중장기적으로 비승용차 부문으로 과세대상을 확대하고 과세방법의 다양화를 고려하고, 근본적으로 자동차관련 세제를 현행 배기량이 아닌 CO_2 배출량 등급 및 연비 등에 기초하여 세제개편을 추진하는 방안도 고려할 필요가 있다.

환경관련 부담금의 구조는 원래의 원인자(또는 수익자) 부담원칙에 충실하게 재조정해야 하며, 환경적으로 유해한 보조금(화석연료보조금)이나 면제조항을 점진적으로 철폐하고, 기타 전기 및 가스시장 등 가격규제를 현실화하는 방안을 검토해 나가야 한다.

또한 개인소득세나 기업관련세 등 직접세 분야에서 친환경 소비자의 소득창출 행위, 친환경 기업의 오염저감 활동에 대하여 소득공제·세액공제나 세율경감 등 세제혜택을 부여하고, 반대로 환경부담 행위에 대해서는 과세를 강화하여 경제전반에 걸친 친환경적 가격체계를 구축할 수 있다.

이상의 우리나라의 에너지·환경세 부문의 세제개편에서 무엇보다도 시급한 것은 기후변화협약 대비와 녹색성장 재원을 마련하는 차원에서 기존 에너지 세제의 탄소저감적 역할을 제고하고 세제의 기후친화적 기능을 강화해야 나가는 것이다. 기존 에너지세제의 운용에 있어 환경세적 관점을 강화할 경우, OECD국가들과 같이 에너지원 간 세율책정을 기후변화를 포함한 환경오염의 피해비용에 따라 더욱 합리화하고, 기후변화대책 재원마련을 위하여 별도로 탄소세를 일부 도입하는 방안도 강구해야 한다. 또한 관련 세수를 기후변화 재원 마련을 위한 재정 지원이나 저에너지소비형·환경친화적 산업구조 구축을 위한 세제 인센티브로 적극 활용해야 할 것이다. 그리고 각종 배출부과금 등을 보다 기후변화 대응적으로 보완·개편하고, 부문별 산업 및 환경정책적 목표에 따라 탄소배출권거래제, 자발적 협약이나 각종 배출 및 효율 기준의 강화 등과 같은 비세제적인 정책수단을 조세체계의 개편과 적절하게 병행해야 할 것이다. 화석연료에 대한 의존도가 높은 우리나라는 향후 기후변화협약의 준수 의무에 따른 CO_2 배출량 저감정책 추진 및 에너지의 안정적 공급 등의 정책 목표를 달성하기 위해 신재생에너지를 보급·확대시키고 저탄소형 산업구조로의 전환을 위해 환경친화적 보조금을 확대하는 정책이 필요하다.

새 정부 출범이후 성장동력 확충을 위하여 소득세·법인세 인하 등이 이미 추진되고 있는 점을 감안할 때, 향후 신규 환경세(탄소세) 도입 시 유럽의 조세중립적 차원의 직접세에 대한 추가적 인하에 대해서는 신중할 필요가 있다. 일부 유럽국가들은 과거 직접세 인하와 환경세 강화라는 조세전반적 세제개편을 추진한 반면, 우리나라의 기후변화협약 대비 환경세 도입은 직접세 인하와 별도로 추진되는 점을 감안해야 한다. 유럽국가들이 탄소세 도입 당시의 세수비중에서 소득관련 세수가 높았던 반면, 우리나라는 유럽국가들과 비교해서 직접세 비중이 높은 편이 아니다. 세부담이 높았던 소득세 감세와 함께 신규 환경세 강화를 추진한 일부 유럽국가들의 조세중립적인 세제개편 방식과는 다소 다른 우리나라의 현실적 여건을 감안한다면, 일단 초기단계에서는 직접세 인하와는 별도로 환경세 도입을 추진할 필요가 있다. 그리고 중장기적으로 에너지관련 세제는 환경세로 통합·개편하면서 탄소세적 기능도 점진적으로 강화해 나가는 것이 바람직하며, 이러한 과정에서는 법인세, 사회보장기여금 등 기타 소득관련 세제의 부담완화를 적극 연계하는 방안도 검토해야 한다.

특히 신규 탄소세의 도입시기는 기존의 각종 환경유해보조금 제거, 최근 실시 예정된 가스 및 전력부문의 에너지가격 원가연동제(현실화), 업종별 온실가스(에너지) 목표관리제, 그리고 배출권거래제 시범사업 등 각종 비세제적인 정책수단의 실행시기와 적절하게 맞추어 시행함이 바람직하다. 또한 녹색성장기본법에 근거하여 세법개정을 위한 입법을 조기 추진·완료하고, 2012년 말에 일몰도래하는 교통에너지환경세 등 목적세 정비와도 종합적으로 연계하여 검토하여야 한다. 국가적으로 시의적절한 경제 전반의 탄소세제 도입은 각종 비세제적 정책수단들의 실효성 제고를 위한 핵심 수단으로 작용하여 시너지 및 신호(synergy and signalling) 효과를 가질 수 있으며(탄소세 도입국가는 대부분 병행실시), 미래의 탄소저감을 위한 비용을 시간별로 분담하여 사회적 비용을 획기적으로 축소할 수 있다.

이와 같이 온실가스 중기 감축목표 달성, 녹색성장 지원 재원 및 국가적 재정건전성 확보를 위해 탄소세와 배출권거래제, 목표관리제는 동시 추진이 요구된다. 우리나라도 선진국의 경우에서처럼 환경세와 배출권거래제·목표관리제를 적절히 혼합하는 것이 바람직하다. 낮은 세율로 광범위한 영역에서 점진적이고 단계적인 탄소세 도입을 검토하되, 대규모 배출업체/사업장 등 더욱 적극적인 관리가 필요한 발전·산업 부문에 대해서는 총량제한 배출권거래제 및 온실가스

[표 6] 탄소세와 기타 수단의 정책조합

	적용부문	비 고
탄 소 세	전 부문	- 세율: 초기에는 1~3조원 규모 - 과세대상: 기존 에너지세 과세대상(7개 유종)에 유연탄 추가
배출권거래제, 목표관리제	집중적 관리가 필요한 산업·발전부문	- 초기는 대체로 무상배분 예상 - 일정부문 유상배분 실시 고려 - 탄소세 세율수준에 따른 규제의 강도(목표치 및 유무상할당 비율) 조정 - 온실가스(에너지) 목표관리제(NA)의 이행 성과에 따른 세부담 경감조치 강구 ※ 가령, 감축목표의 초과달성 시 탄소세 또는 에너지세의 50~80% 경감

자료: 김승래 외(2010).

(에너지) 목표관리제를 병행·연계 실시할 필요가 있다.

그리고 이러한 정책혼합에서 산업 및 발전부문의 기업부담 완화를 위하여 목표관리제(자발적 협약) 이행실적에 따른 인센티브로서 탄소세나 에너지세의 경감·환급조치(50~80%)를 강구할 수 있다.[6] 또한 배출권거래제 시범실시(초기 무상할당)에 병행하여 탄소저감 노력을 촉진하기 위하여 기업의 노력을 촉진하고, 향후 유상할당으로 이행시 기업의 추가부담 완화를 위하여 탄소세 면제를 검토할 필요가 있다.

우리나라는 자발적 온실가스 감축목표 달성시한(2020년)이 8년밖에 남지 않아 구체적인 감축수단을 조기에 실행하여 중장기적으로 경제적 부담을 최소화할 필요가 있다. 특히 에너지세제의 강화 시기는 늦어질수록 감축목표 달성을 위해 나중에 세율을 크게 인상해야 하므로 경제적 충격이 보다 커질 수 있다.

2010년 G20 정상회의 의장국 및 녹색성장 선도국으로서 탄소세 도입 및 배출권거래제 구축은 상징적으로도 국격 향상 및 선제적 미래대응 이미지로서 부각 가능하며, 온실가스 감축을 위한 국제사회의 책임있는 노력을 유발할 수 있다.

이와 같이 탄소세 도입 등 친환경 에너지세제 강화는 국내의 에너지소비 효율화, 친환경기술 개발·보급 및 녹색금융의 시장여건 조성을 촉진하고, 급팽창하는 국제적 녹색경쟁의 시대에서 우리나라의 시장 선점을 유도하는 핵심적 정책수단으로 작용할 것으로 예상된다.

---

6 가령, 영국은 정부와 온실가스 감축협약을 체결한 기업이 감축목표 달성시 기후변화세(climate change levy)를 80% 감면하고 있다.

참고문헌

국내문헌

국무총리 국무조정실, 「새로운 전환—기후변화 4차 정부종합대책(5개년 계획, 2008~2012)」, 2007.

김승래, 「녹색성장을 위한 탄소세 도입방안」, 『재정포럼』 5월호, 한국조세연구원, 2009.

______, 「녹색성장과 조세」, 『한국경제연구』 제28권 1호, 한국경제연구학회, 2010.

______, 「에너지·환경세」, 『경제위기 이후의 세수입 기반 확충을 위한 조세정책 방향』, 한국조세연구원, 2010.

김승래·강만옥, 『기후변화협약 대비 환경친화적 에너지세제 운용방안 연구』, 한국조세연구원, 2008.

김승래 외, 『세제의 환경친화적 개편에 관한 연구』, 한국조세연구원, 2008.

김승래 외, 『저탄소·환경친화적 산업을 위한 재정정책 방향』, 한국조세연구원, 2009.

김승래 외, 『녹색성장 세제의 설계와 경제적 효과』, 한국조세연구원, 2010.

녹색성장위원회, 「녹색성장 국가전략 및 5개년 계획(2009~2013)」," 2009.

______, 「배출권거래제 요소별 운영·관리체계 및 기본계획 수립 연구」, 2010.

에너지경제연구원, 「기후변화협약대응을 위한 중장기 정책 및 전략 수립에 관한 연구」, 2006.

외국문헌

Bovenberg, A. R. and L. H. Goulder, "Optimal Environmental taxation in the presence of other taxes: General Equilibrium Analyses," American Economic Review 86, 985-1000, 1996.

Callan T. et al., "The Distributional Implications of a Carbon Tax in Ireland," Energy Policy 37(2), 407-412, 2009.

Fullerton, D. and S.-R. Kim, 2008, "Environmental Investment and Policy with Distortionary Taxes and Endogenous Growth," Journal of Environmental Economics and Management 56(2), 141-154.

Hasset K., A. Mathur, and G. Metcalf, "The Incidence of a U.S. Carbon Tax," NBER Working Paper 13554, Cambridge, MA, 2007.

HM Treasury, "Building a low-carbon economy: implementing the Climate Change Act 2008," 2009. 4.

Kim, S.-R., "Optimal Environmental Regulation in the Presence of Other Taxes," Contributions to Economic Analysis & Policy, Vol. 1: No. 1, Article 4, 1-25, 2002.

Nordhaus, W. D. and J. Boyer, Warming the World: Economic Models of Global Warming, MIT Press, Cambridge, MA, 2000.

Pigou, A.C., A Study in Public Finance, Macmillan, London, 1947.

Stern N., "The Economics of Climate Change," American Economic Review 98(2), 1-37, 2008.

Wier M. et al., "Are CO_2 Taxes Regressive? Evidence from the Danish Experience," Ecological Economics 52, 239-251, 2005.

제 5 부

에너지법정책의 설계와 산업경쟁력

제17장 에너지 메가트렌드와 비즈니스 솔루션

황 진 택*

Ⅰ. 에너지 Overview

(1) 에너지 무엇이 문제인가?

에너지는 그 단어 자체로 화두가 되었다. 경제활동을 뒷받침하는 기본 요소이자, 기후변화와 환경오염을 수반하는 공공의 적으로서의 얼굴을 가진 에너지에 요즘 들어 새로운 성장동력이라는 또 하나의 역할이 부여되고 있기 때문이다.

에너지의 역할과 중요성이 21세기에 더 커질 것을 의심하는 사람은 없다. 그런 에너지가 최근 격동의 한 중앙에 서 있다. 허리케인 등 자연재해에 의한 굴착·정유시설의 마비, 2011년 3월 일본 지진해일로 인한 원전 가동중단과 방사능공포의 확산, 멕시코 만 해저유전 사고 등 에너지 안보는 예측을 불허하는 양상을 보이고 있다. 이에 더해 중동지역(Middle East-North Africa)의 정정불안에 따른 고유가로 세계경제는 심각한 영향에 직면하고 있다. 과거에 비해 에너지부문의 불안정성은 급격하게 늘어나고 있다. 또한 경제구조의 변화와 함께 에너지의 사용패턴도 급격하게 달라지고 있다. 그간 세계의 에너지 소비를 주도해왔던 미국과 유럽의 정치·경제적 파워는 BRICs, 중동, 아시아의 개도국이 성장해 가면서 힘의 균형이 이동하는 중이다. 잠자던 지역의 개발에 따라 에너지 수요는 유

* 고려대학교 그린스쿨대학원 교수.

례없는 증가세를 보일 수밖에 없다. 현재까지의 기술적 분석에 의하면, 화석연료는 금세기에도 에너지 공급의 주종을 이루고, 이는 급격한 온실가스의 증가로 이어질 전망이다.[1] 이러한 추세는 온실가스 농도의 안정화, 에너지 사용구조의 저탄소화, 에너지 효율과 신재생에너지의 기술혁신이 필요하다는 것을 의미한다. 이는 지구촌의 지속가능성을 위해서는 피할 수 없는 선택이 되고 있다. 이처럼 안보, 환경, 성장의 모든 축에서 중요성이 증대되는 에너지의 미래 모습은 그 에너지를 둘러싼 정책과 규제, 기술, 시장을 지원하는 법정책의 수립과 그 효율적 운영에 상당부분 달려있다.

본고에서는 중요성이 더해 가는 에너지 문제를 보는 다양한 시각을 정리해 보고자 하였다. 무엇보다도 글로벌 에너지 트렌드는 무엇이고, 기후변화 시대에 에너지정책의 큰 줄기는 어떤 모습을 가져야 하는지를 살펴볼 것이다. 이어서 전력, 산업, 수송, 건물, 소비자 등 에너지 5대 분야의 핵심이슈와 시장여건 등을 조망할 예정이다. 에너지 기후변화 시대를 이끌어 갈 법정책이 성공하려면 에너지 그 자체에 대한 분석, 에너지정책의 Mega-Frame에 대한 확실한 설정, 분야별 시장의 여건과 전망에 대한 깊이 있는 연구가 기본이다. 시장여건과 글로벌 Framework에 어긋나는 정책추진은 그 실효성을 담보할 수 없고 국가와 산업에 심각한 경쟁력 문제를 안겨줄 수밖에 없다. 마지막으로 그동안 법정책의 하위부분으로 또는 별도의 영역으로 간주했던 기술관련 정책과 시장의 문제를 짚어봄으로서 혁신을 통해 미래로 나가야 할 에너지 기술정책 분야의 주요 이슈들을 살펴보고자 한다.

(2) 변화의 방향

기후변화와 에너지 위기에 대응하기 위해 전문기관에서 주장하는 궁극적 해법 중의 하나는 저탄소 에너지 기술에 혁명적 변화가 이루어져야 한다는 것이다. 이는 한 나라나 몇 개의 새로운 정책으로 해결될 수 있는 문제는 아니다. 글로벌 시장이 변해야 하고, 거대 연구개발과 투자자가 참여해야 이루어질 수 있는 변화이다. 국제에너지기구(IEA)의 전망보고서인 'Energy Technology Perspectives 2010'(ETP 2010)에서는 2050년 세계의 온실가스 총배출이 14기가탄소톤(GtC)에서

1 IEA, ETP 2010(Energy Technology Perspectives 2010, 2010년 에너지기술전망)에 의하면 BAU 기본 시나리오로 전망 시 2050년에 에너지관련 이산화탄소 배출량은 2007년 대비 두 배, 발전부문의 화석연료는 2/3, 건물부문은 두 배, 산업부문은 50%의 온실가스 증가를 예상.

안정화되는 것이 지구적 온실가스 관리의 핵심이라고 보고 있다.[2] 이 경우 지구적인 기후시스템의 파국을 막을 수 있는 마지노線인 550ppm의 이산화탄소 농도를 유지할 수 있을 것으로 파악하고 있다. 이산화탄소를 감축하는 활동과 경제성장은 서로 trade-off 관계에 있고, 양자 간의 탈동조화 소위 decoupling을 모색하는 것이 녹색성장으로 가는 열쇠가 되고 있다. 온실가스 배출을 안정화시키면서 성장동력으로서 역할을 기대한다면 전력, 산업, 수송, 빌딩, 소비부문의 5대 영역에서 기술과 시장의 획기적인 변화가 필요하다.

현 추세가 바뀌지 않는다면 2010년 약 30GtC에서 2050년에는 약 57GtC의 온실가스가 방출될 걸로 IEA 시나리오는 전망하고 있다. 전력부문은 안전하고 충분한 저탄소 전력이, 수송은 고효율 수송수단과 새로운 연료기술이 주요 과제다. 급속한 도시화에 따른 빌딩의 에너지 소비증가, 2050년 90억 인류의 소비를 지탱할 산업부문의 에너지 과제, 20년 후 지금의 3배로 증가하는 중산층[3]의 급격한 에너지 소비증가에 대응하는 일은 에너지정책에 피할 수 없는 과제를 던져주고 있다. 에너지 부문의 메가트렌드에 대응하는 근본적인 대혁신이 요구되는 이유이다. 이는 바로 에너지 관련 법정책이 긴 호흡으로 풀어가야 할 가장 중요한 과제임을 말하고 있다.

(3) 에너지정책의 한계

기후변화와 에너지의 변화의 방향을 인식한다고 해서 에너지 문제가 풀리는 것은 아니다. 에너지정책의 지형을 바꾸기 위해서는 에너지정책이 안고 갈 수밖에 없는 근본 문제에 대한 이해가 선행되어야 하기 때문이다. 저탄소 기술의 연구개발과 확산을 위한 투자가 일어나려면 비즈니스 차원의 수익성이 전제되어야 한다. 에너지 관련 투자는 수요도 규제도 안정적이어야 일어난다. 저탄소 기술 또는 에너지 관련 기술의 혁신은 여타 다른 부문에 비하면 경제적인 인센티브가 약할 수밖에 없는 태생적인 문제가 있다. 그중 몇 가지를 보면, 먼저 저탄소기술은 기존의 경제성만을 기준으로 하는 기술들에 비해 고비용일 수밖에 없다. 특

---

2 IEA, ETP 2010(Energy Technology Perspectives 2010, 2010년 에너지기술전망)은 2050 Blue Map에서 베이스라인배출량이 57Gtc에 이르러 이를 14GtC로 줄이기 위해서는 43GtC의 감축이 에너지효율, CCS, 원자력, 신재생 등의 도입을 통해 일어나야 하고 30%는 OECD, 70%는 비OECD 국에서 이루어져야 한다는 전제를 하고 있다.

3 World bank, Global Economic Prospects, 2007 구매력지수 기준 소득수준이 연 4,000불~17,000불 사이의 소득계층으로 2005년 4억에서 2050년 12억으로 증가.

히 탄소에 가격이 설정되어 있지 않은 경우나 화석연료에 보조금이 주어지는 경우에는 더욱 그러하다. 다음으로 에너지 부문의 혁신은 제품 차별화를 위한 혁신과는 차원이 다르다. 결과적으로 전력과 같은 동일한 제품을 만들어 내는 upstream 과정에 대한 투자이기 때문에 대규모일 수밖에 없다. 따라서 개별기업이 도전하기에는 많은 무리가 따른다. 또 다른 심각한 문제는 저탄소 기술이 상업적으로 성숙하려면 많은 시간이 소요될 수밖에 없고 또 이미 널리 퍼져 최적화된 기존의 경제성 있는 기술들과 경쟁을 해야 된다는 점이다. 물론 기업 간 경쟁을 촉발하거나 시장메커니즘을 이용하는 경우 어느 정도 성과를 기대할 수도 있다. 그러나 기후변화 완화가 긴박하게 요구되거나 에너지 시장의 속성상 일정 규모의 혁신을 촉진하려면 공공정책이 나서야 한다. 결국 더 큰 보상과 인센티브가 없이는 기술과 시장에서의 혁신은 한계가 있을 수밖에 없는 것이다. 일시적으로 정부의 보조금에 의해 부양되는 시장이 안정적인 시장으로 연결되지 못하는 사례는 주변에 넘친다. 휴대폰과 같은 일반 제품의 차별화에 따른 시장형성과 저탄소 기술시장의 차이에 대한 명확한 이해가 에너지정책 수립의 전제조건인 것이다.

(4) 우리나라의 에너지 현황

나라별로 처한 에너지 상황은 그 숫자만큼이나 상이하다. 부존자원, 산업구조, 소비패턴이 나라마다 다르기 때문에 그에 대응하는 에너지정책도 다를 수밖에 없다. 우리의 에너지 수급여건이 매우 취약한 현실임은 여러 통계에서 이미 확인되고 있다. 에너지가격이 상대적으로 안정된 시기에 산업화에 성공한 우리나라는 이미 고 에너지소비형 산업구조를 가지고 있어, 글로벌 에너지 시장의 상황에 직접적인 영향을 받는 구조적인 취약점을 안고 있다.

우리의 에너지 소비는 연간 약 261백만TOE(2010년),[4] 세계 10위 규모로 전세계 에너지의 1.8%를 소비하는 에너지 다소비국이다. 국민총생산당 에너지소비를 나타내는 원단위도 OECD 평균인 0.18을 훨씬 초과한 0.31 수준에 머물러 있다. 이는 GDP 중 제조업과 에너지다소비업종의 비중이 여타 선진국 대비 월등히 높기 때문이다.[5] 에너지 수입액은 전체수입액의 32.5%에 달하고, 무엇보다 수

4 지식경제부, '에너지정책 집행경과 및 결과', 국회보고자료, 2011. 5.

5 주요국 에너지 원단위(TOE/천불): 한국(0.314), 미국(0.198), 일본(0.095), OECD평균(0.179) GDP 중 에너지 다소비산업비중('06년, %): 한국(10) 미국(6), 일본(6), 독일(8), 지식경제부 에너지정책전문위

입의존도가 96%를 상회하고 석유가스의 자주개발률은 5.7%로 선진국 중 최하위에 랭크되어 있는 현실이 우리의 상황을 단적으로 대변하고 있다. 원유의존도를 낮추어 안정적인 에너지 믹스를 갖추기 위한 그간의 노력으로 1차 에너지 중 석유비중은 '80년 61%에서 '08년 42%로 감소했고, 비 에너지유 그리고 석유류 수출분을 감안하면 실질 석유의존도는 OECD 평균대비 낮은 수준으로 관리되고 있다. 이는 70년대부터 80년대에 걸쳐 원자력, 유연탄, 가스의 비중이 높아진 상대율의 조정이지 절대소비량의 증가는 여전히 OECD 최상위권이다.

2010~11년 겨울 한파 시에 경험한 전력수요 피크치 갱신은 우리의 취약한 에너지 현실을 말해준다. 2005년부터 2007년까지 석유를 100으로 했을 때 우리의 전력가격은 84, OECD 평균은 178 수준으로 절반에 못 미치는 심한 왜곡현상을 보이고 있다. 이러한 상대가격의 왜곡이 산업, 가정 부문의 전력소비를 높여 과소비를 부추긴 주범임은 익히 알려진 상황이다.[6]

에너지 부문의 가장 큰 메가트렌드인 고유가 구조에서 한국의 에너지정책은 가장 극단적인 상황을 맞고 있어, 역설적으로 에너지정책을 개발하고 적용할 여건은 세계에서 제일 좋은 국가라고 볼 수도 있다. 고유가에 대비하여 에너지 소비구조를 개혁하는 문제, 국가의 온실가스 감축목표 달성과 에너지목표관리제와 배출권거래제의 도입에 따른 관리체제의 구축, 에너지 R&D 전략의 강화와 에너지 산업의 신성장 동력화 등은 에너지의 안정적 수급과 더불어 우리가 풀어가야 할 우리 에너지정책의 주요 과제가 되고 있다.

Ⅱ. 에너지 부문에 주어진 메가 정책과제

현재의 에너지 구조를 저탄소형으로 바꾸어 가자면 분야별, 지역별 접근도 필요하지만 보다 넓은 관점에서 정책과 프로그램이 효율적으로 조화되어야 한다. 현재 실행되고 있는 수많은 에너지 관련 법과 정책이 국제적인 차원에서 일관성 있는 체계를 잡아가는 것이 중요하다. 예컨대 탄소시장이 EU에서만 존재한

원회 회의자료, 2010. 12.

6 전력소비증가율은 90년대 평균 7.7%였고, 미국은 2.6%, 일본 3.4%, 영국 1.8%, 프랑스 2.9%, 지식경제부 에너지정책전문위원회 회의자료, 2010. 12.

다면 시장으로서의 효과는 제한적일 수밖에 없다. 글로벌 탄소시장으로 확대되어야 지역별 시장도 활성화되고 일관된 가격신호를 전 세계 참여자에게 보낼 수 있다.

지역별로 다른 에너지정책 체계는 지역의 역사, 경제, 기술적 상황이 반영된 결과이다. 그러나 지역별로 다른 정책이 전체와 조화를 이루려는 노력은 반드시 필요하다. 한정된 부존자원인 화석연료나 기후변화에 대응하는 정책은 지구촌 전체가 공통의 문제로 인식하고 조화로운 해결책을 도출해야 하기 때문이다. 각 나라별로 시도하고 있는 에너지정책에 준거점이 필요한 이유가 여기에 있다. 도량형의 원본 같은 준거점이 없으면 그때그때 아무 기준을 끌어다 정책을 생성하는 혼선과 비효율로 당해 시장의 실패를 넘어 지구적 규모의 실패를 가져올 수도 있기 때문이다.

미래의 지속가능한 에너지정책 구조를 만들어 가자면 반드시 갖추어야 할 필수적인 요건이 있다. 이는 개별적인 정책들이 혁신을 추구하며 진화하는 과정에서 언제나 대조하여야 할 기본이고 국제사회가 공통으로 풀어가야 할 현재와 미래의 핵심과제이다.

첫째, 수량적으로 나타낼 수 있는 30~50년을 내다보는 장기 에너지/온실가스 시나리오가 각국이나 에너지정책을 펼치는 단위에서 만들어져야 한다. 이러한 장기전망(long-term pathway)이 제대로 존재하고 활용될 수 있어야 비로소 국가별 법정책, 기술개발과 확산(RD&D), 산업계의 참여가 기준을 가지게 된다. 장기전망은 최근의 연구, 기후변화의 영향, 국가나 지역성을 반영하는 사회경제적인 수단들도 주요 변수로 활용해야 하겠지만, 무엇보다 믿을만한 과학적인 백그라운드를 가져야 한다. 이 전망은 정기적인 평가를 통해 점검되어야 하고, 장기전망의 기초가 되는 어떠한 변수의 변동도 감안해 가는 지극히 과학적인 분석이 필요하다.

현재 각 에너지정책단위에서는 중장기 계획을 수립하고 있다. 그러나 5개년, 10개년 계획은 실제 추진되는 정책과는 독립된 경우가 대부분이다. 장기전망은 국가계획뿐만 아니라, 산업분야 같은 부문별 프로그램, 개발이 필요하거나 특수한 관리가 필요한 특정 지역의 지속가능발전전략 등을 수립하는 기본 출발점이 되어야 한다. 각국이 이러한 장기전망을 하기 위해서는 온실가스의 효과적인 관리 메커니즘에 국제사회가 합의를 이루어야 함은 물론이다.

둘째, 탄소시장과 탄소가격의 존재이다. 저탄소경제로의 전환은 시간이 소요되는 장기 프로세스이다. 이 프로세스의 존재 기반은 경제적 보상 즉, 탄소에 가격이 존재해야 하고, 거래되는 시장이 존재하여야 한다. EU의 배출권거래시장은 EU 참여 각국의 에너지/온실가스 정책과 산업계의 투자 등 경영방식의 전환에 큰 역할을 해왔다. 하지만 아직까지 시장의 규모나 운영체계의 불안정성으로 기술개발의 큰 전환을 유도하거나, 발전소나 제철소 등의 투자 시 주요 고려사항이 되거나, 소비자의 선택을 변화시키는 충분한 유인은 되지 못하였다. 이는 탄소시장과 가격이 아직 제 모습을 갖추지 못하고 있다는 충분한 증거다.

탄소시장은 모든 정책주체가 정책개발과 프로그램을 추진할 때 기본을 삼아야 할 중심인 동시에 모든 정책이 제대로 존재해야만 설 수 있는 성격을 가지고 있다.

셋째, 신재생으로 대표되는 저탄소 에너지원의 경제성 확보와 기존 에너지원의 효율성을 제고하는 것이다. 2050년 90억의 인류가 필요로 하는 전력을 안정적으로 그것도 환경친화적으로 공급해야 한다면 화석연료를 대체할 에너지원의 경제성 확보 그를 위한 기술개발은 필수사항일 수밖에 없다. 이와 더불어 수송, 건물, 산업부문에서의 에너지 소비의 효율성 확보는 에너지정책의 핵심이 된다. 전문기관의 예측에 따르면 2030년 에너지 효율개선으로 얻어질 에너지 절감량이 현재의 석유에너지 소비를 초과하는 것으로 전망하고 있기도 하다.[7]

넷째, 지구적인 온실가스 감축목표를 달성하기 위해서 현재의 각 부문 기술개발 노력 이외에 기가톤(Giga-ton)급 변화를 가져오는 수퍼기술의 필요성이다. 현재 탄소포집저장(CCS)과 4~5세대 원자력기술 등에 저탄소 미래의 희망을 걸고 있지만, 이 기술이 촉망받는 진정한 주자가 되기 위해서는 안전성, 경제성과 더불어 기술한계, 지적재산권 등의 장벽을 극복해야 하는 과제가 있다. 제기되고 있는 제반 문제점에도 불구하고 인류 공동의 과제이고, 탄소시장, 신재생 등 여타 메가정책 과제가 풀 수 없는 지구환경적 해법을 도출하기 위해서는 필수적인 과제이다. 한계돌파형 첨단기술을 개발하기 위해서는 소위 죽음의 계곡이라고 일컬어지는 장기투자의 리스크를 어떻게 극복할 것인지, 이를 지원하기 위한 지

7 2030년까지 에너지효율부문에서 얻을 수 있는 이득은 전체 에너지수요 증가의 65%를 차지할 수 있다. 이 효율부문의 증진은 2030년 석유나 석탄 등 어느 에너지원의 전체 소비보다도 큰 양이다. Exxon Mobil Corp., 'Outlook for Energy, A View to 2030', p. 16, 2009, www.exxonmobil.com.

구적 차원의 금융, 기술 협력시스템이 필요한지도 검토되어야 한다. 자칫 무리한 일개 국가차원의 한계기술 돌파시도는 국가의 경쟁력에도 커다란 영향을 미칠 수 있다.

마지막으로는 소비자 행동양식의 변화 같은 수요측면의 혁신은 메가에너지 정책의 중요한 한 축이 된다. 그간 우리를 포함한 각국의 에너지정책 중 수요와 소비는 공급이 지탱해주어야 할 대상이지 그 자체가 혁신의 대상은 아니었다. 공급부문의 안정성이 삶의 질의 지표처럼 인식되었기 때문에 소비부문의 진정한 혁신은 존재하지 못했다. 기존 에너지원, 제품과 서비스 생산부문의 영역지키기의 가장 큰 명분이 바로 소비와 삶의 질의 동일시였다. 그렇지만 저탄소사회로의 전환을 위해서는 소비분야의 일대 전환이 불가피하다. 거대기술과 시장의 동력은 기후변화 그 자체 보다는 기후변화와 에너지를 소비자 측면에서 어떻게 인식하고 있느냐에 더 영향을 받을 것이기 때문이다. 단순한 절약캠페인과 인센티브 발굴 차원을 넘어 소비자의 인식(perception) 변화에 기초한 수요관리의 혁신이 바로 메가 정책과제가 되어야 한다. 이는 에너지정책의 기본 틀에 대한 근본적인 개혁이 전제될 때라야 가능하다.

에너지정책은 포괄하는 영역이 광범위하고 정책의 종류도 다양하기 때문에 미시적인 수단에 매몰되기 쉽고 또한 부문별 저항과 경제상황에 영향을 받을 수밖에 없는 원초적인 문제를 안고 있다. 때문에 조그만 성과에 만족하기도 하고 구세주와 같은 거대기술의 지진한 행보나 국제메커니즘의 탓을 하기 쉽다. 어떤 경우든 정책의 실패를 호도할 명분은 많다. 하지만 현재 그리고 앞으로 풀어가야 할 도전은 이러한 논리로는 본질에 접근하기 어렵다. 위에서 제시한 5가지의 메가 정책과제는 언제든 대조하고 평가해야 할 에너지정책의 원전(原典)으로 활용해야 할 것이다. 그런 관점에서 에너지/온실가스의 장기전망, 탄소시장과 가격, 신재생과 에너지 효율, 한계돌파형 기술의 개발·확산, 소비부문 혁신의 5대 메가 정책과제는 기후변화시대 에너지정책의 도량형과 같은 역할을 해야 한다.

Ⅲ. 에너지 분야별 메가트렌드와 시장

에너지 분야의 메가트렌드를 에너지·전력의 공급, 산업, 수송, 건물, 소비자의 5대 분야로 나누어 분야별 시장여건과 정책과제를 살펴보자.

1. 에너지·전력 부문의 메가트렌드와 시장

(1) 미래의 도전과 과제

2050년경에는 전체 에너지 소비는 현재보다 2배 정도 늘어나지만 전력분야의 수요는 3배 정도 증가할 것으로 추산되고 있다. 개도국의 경제가 성장하고 삶의 질이 향상될수록 전력수요는 더 빠른 속도로 늘어나게 되기 때문이다. 그러나 전력생산 방법은 현재와 같을 수 없고 탄소배출은 현재보다 1/4 수준에서 이루어져야 한다고 보고 있다.[8] 따라서 전력의 탄소집약도를 현저하게 낮춰야 하는 심각한 도전에 직면하고 있다. 전력은 가정 및 상업용 에너지 캐리어로서 가장 선호되는 수단이기 때문에 미래 低탄소 경제로의 전환에 핵심적인 역할을 담당할 것은 의심의 여지가 없다. 최종에너지에서의 전력비중은 지금까지 빠른 속도로 늘어났고 앞으로도 그런 추세는 지속될 전망이다. 전기를 공급하는 방식이 개선되고, 업무용 빌딩이나 제조업, 그리고 수송부문에서까지도 응용분야가 계속 늘어나고 있기 때문이다. 전력의 공급과 소비부문에 변화가 일어나려면 막대한 투자가 소요된다. 탄소 무배출 또는 저배출 에너지원 발굴, 온실가스 배출을 직, 간접적으로 관리하는 분야, 발전기술에서의 효율, 최종 전기소비제품에서 에너지 효율 같은 분야에서의 투자가 그것이다.

전력 인프라 문제는 세계 각국이 가장 신경을 쓰는 분야다. 충분한 전력을 생산하면서도 온실가스를 감축해야 하는 이율배반적인 목적을 달성하기 위해서는 3가지 분야에서의 기술혁신이 중심적인 역할을 해야 할 것으로 기대되고 있다. 3가지 분야는 신재생에너지, 원자력, 그리고 탄소포집저장을 포함하는 청정석탄기술을 말한다. 에너지 인프라의 전환은 투자의 틀을 바꾸어야 하고, 정책이 이행되는 다양한 메커니즘도 만들어야 하기 때문에 단기간에 이루어지기 어렵다. 이러한 메커니즘으로는 전통적인 전원개발정책 외에도 기후변화협약과 함께 진화하는 다양한 법정책수단이 동원될 것으로 기대하고 있다. 예를 들어 탄소세, 배출 부과금, 배출권거래제, R&D 지원, 재정지원, 배출제한 또는 목표 등을 들

8 World Business Council for Sustainable Development, 'Vision 2050' Energy and Electricity, 2010, www.wbcsd.org.

수 있다. 또한 신재생에너지 의무비율 부과(RPS 등), 그린전력의 구입 등 에너지 믹스의 수준을 결정해야 한다. 이와 같은 정책수단들이 각기 얼마나 강력한 온실가스 저감효과를 가지는지에 대한 상당한 수준의 분석이 상시로 진행되고, 조정하는 작업은 정책의 신뢰성 차원에서 항상 필요한 과제이다.

전력 인프라에서도 신재생은 특히 복잡하다. 소규모 분산형 신재생에너지의 비중이 높아지면 현재의 계통(grid)보다 훨씬 유연하게 접속할 수 있는 시스템이 필요하다. 원자력 등 중후장대한 원거리 집약형 전원을 중심으로 계획된 계통으로는 소규모 분산형 전원을 감당하기 어렵기 때문이다. 또한 태양광, 풍력 등은 중앙 급전시스템에 의해 가동되는 것이 아니기 때문에 계통시스템 관리기술이 훨씬 정교해야 한다. 전체 시스템에서의 신재생 비중이 높아질수록 시스템의 안정성을 위협하는 도전은 커진다.

(2) 시장변화와 비즈니스 대응전략

발전설비는 한번 건설하면 보통 수명이 40~60년 정도 가동하는 매우 수명이 긴 자산이다. 일본의 후쿠시마 원전이나 우리의 고리1호기처럼 연장 운영하는 경우가 보통이다. 따라서 정책시계(policy horizon)가 매우 길며 장기적인 시각을 가지고 투자를 해야 하는 특성이 있다. 개도국의 경제발전에 따라, 발전설비는 대폭 증설되고 있다. 뿐만 아니라 2차 세계대전 이후 설치된 선진국 노후 발전소의 대체 압력이 날로 커지고 있다. 많은 투자가 필요하지만 동시에 低탄소 기술로 전환할 수 있는 좋은 기회이기도 하다. 저탄소발전 분야는 앞으로 상당기간 커다란 투자시장을 예상할 수 있다. 발전설비는 방대한 규모의 투자가 필요하고, 저탄소형으로 바꾸려면 더욱 많은 투자가 소요된다. 국제에너지기구(IEA)의 추산에 따르면 2050년까지 전 세계 에너지 인프라에 270조 달러 이상의 투자가 필요할 것으로 보고 있다.[9]

전력은 에너지 분야의 새로운 도전 가운데 중요한 의미를 갖는다. 에너지 부문 온실가스의 40%가 전력 부문에서 발생한다. 저탄소 발전기술은 현재 빠른 속도로 개발되고 있고, 성공적인 상업화 가능성도 높아지고 있다. 현재와 같은 고유가 시대가 지속되면 경제성도 앞당겨질 것이다.

미래 전력시장이 지속가능하면서 안정적이 되기 위해서는 기본적으로 넘어

9 IEA, Energy Technology Perspectives 2010, 2030년까지 인프라 투자 중 2/3가 전력분야 투자.

야 할 몇 가지 과제가 있다. 투자, 에너지 복지, 수요관리, 저탄소 고효율은 알려진 과제이자 새 시장이다.

먼저 적절한 투자수익(ROI)을 보장하면서도 에너지 안보, 공급 안정성, 공급 가능성의 가치가 유지되도록 할 수 있는 정책의 안정성이 투자재원 확보의 대전제가 된다. 간헐성이 높고 분산화된 전원인 신재생에너지 전원의 비중이 높아지면 계통의 신뢰도를 높이고 송전손실을 줄이기 위한 막대한 투자 역시 위에서 언급한 바와 같다. 이러한 투자수요와 전력가격의 인상문제는 물가안정과의 조화 또는 조세제도의 개혁을 통해 조만간 타협의 실마리를 찾아야 한다.

다음으로, 에너지는 복지의 큰 영역이다. 따라서 수요자에게 전력을 저렴하게 그리고 원활하게 필요한 전력을 공급하는 것은 경제정책이자 사회정책이다. 저소득 계층의 에너지 빈곤문제는 선진사회로 가는 여정에서 반드시 넘어야 할 과제이다.[10] 충분성과 경제성은 현재 저탄소와 Trade-off 관계이다.

전력의 수요관리가 만들어 갈 시장변화는 아직 정확한 크기를 가늠하기 어렵다. 하지만 이론적으로 에너지의 소비 측면에서 사용을 줄이는 방법은 매우 다양하며 실효성도 큰 것으로 알려져 있다. 정부정책이 국민의 에너지 소비패턴을 개선하도록 인센티브를 제공하는 방식은 지금보다 훨씬 정교하면서도 강하고 지속적인 형태가 요구된다. 제품과 서비스 변화를 통한 시장규모는 아직껏 상상하기 어려운 큰 규모가 될 수도 있다. 이렇게 할 때 소비절약이나 효율개선도 생산 이상의 역할을 할 수 있다.

발전부문의 혁신적인 변화를 가져올 것으로 기대되는 저탄소 고효율 유망한 기술이 개발되어 상용화되기까지 넘어야 할 많은 영역에서 공공부문의 재정지원 등 public-private partnership이 핵심이기 때문에 기존의 R&D 정책의 혁신적인 변화는 시장의 전제조건이다.

미래의 전력을 어떤 방식으로 발전할 것이며, 관련된 정책을 어떻게 설계할지가 장기 에너지정책의 핵심부분이다. 미래의 전원정책에서 하나의 방식이 승자가 되어 모든 시장을 장악할 것으로 전망하기는 어렵다. 오히려 여러 가지 다양한 방식의 전원이 서로 경합적으로 기술개발과 상업적인 운전을 거듭하면서 시장상황에 맞는 방식으로 진화하게 될 것이다. 다만 전원선택에서 친환경 요소

10 현재 약 15억의 인구가 전력공급을 받지 못하고 있다. Exxon Mobil Corp., 'Outlook for Energy, A View to 2030', p. 16, 2009, www.exxonmobil.com.

는 매우 중요한 가치가 될 것은 분명하다.

모든 국가는 전원 정책방향을 올바로 수립해 나가기 위해서 기술개발 투자와 객관적인 평가를 하고 있다. 다만 각 국가별로 부존하는 에너지와 전력수요의 패턴에 따라 현재까지의 최선의 정보(best knowledge)를 통한 개략적인 발전방향이나 기술개발에 치중하고 있는 것이다.[11]

미래 에너지 기술개발의 주체는 민간부문이 되겠지만 공공부문의 지원이나 산업부문 간 협조는 매우 중요하다. 청정석탄발전기술이나 탄소포집저장, 차세대 원자력 등은 기술개발과 상업적 적용에 드는 투자비를 민간기업이 부담하기에는 위험이 너무 크다. 발전기술, 인프라의 연구개발은 그간 정부와 공기업의 영역에 맡겨져 왔다. 민간부문과의 활발한 공동 연구나 정책개발 노력이 제한된 영역이었다. 가장 큰 분야가 관의 영역에서 외부의 검증을 피해온 영역이었다는 문제가 있다. 시장의 글로벌화에 따라 전력부문도 해외시장에서의 경쟁이 많아지고 있다. 연구개발된 기술이 시범적이지만 시장에 적용되고, 국내 경험을 바탕으로 수출산업의 역할을 하고, 탄소배출저감 등 환경목표를 달성할 수 있도록 하는 정책의 전개는 민영화, 녹색화되는 전력시장의 기본적 흐름이다. 이 산업에 자본이 잘 돌아가도록 하고 온실가스를 감축하는 기술에 자본이 투여되도록 하는 시장의 조건을 만들어 나가는 것을 의미한다. 발전부문의 녹색투자를 촉진하는 시장기반 정책은 다음과 같다.

- 녹색전기요금제
- 세금공제 및 감가상각률 조정 등 인센티브
- 공공재정을 통한 보조
- 재생에너지 인증제도
- cap-and-trade 시스템 등을 통한 온실가스 배출권거래제
- 정부조달부문에 온실가스 감축을 우대하는 방법

이러한 정책이 시장에서 성공하려면 자본의 원활한 투입과 정책의 안정성이 우선적으로 필요하다. 이를 위해서는 정책의 목표에 부합하는 방향으로 필요한

11 예를 들면 영국에서는 원자력 에너지와 바닷가의 풍력발전을 미래 에너지 대안으로 생각하고 있고, 일본에서는 원자력과 천연가스의 비중을 늘림으로써 전원믹스에서 탈탄소화(decarbonization) 방향을 모색하고 있다. 또한 미국, 호주, 중국, 인도와 브라질 등에서는 원자력 에너지에 대한 관심이 증가하고 있는 현상이 관찰되고 있다.

분야에 자연스럽게 민간자본이 참여하는 시장 메커니즘이 형성되어야 한다. 발전설비는 장기투자이기 때문에 이를 유도하는 메커니즘이 설비수명을 커버할 만큼 충분히 길어야 안정적인 투자가 가능하다. 투자자 입장에서는 프로젝트의 수명동안 정책과 시장 메커니즘이 작동할 것이라는 믿음이 없다면 투자는 이루어질 수 없기 때문이다.

2. 산업 부문의 메가트렌드와 시장

(1) 미래의 도전과 과제

산업부문은 인구증가와 지속적인 세계경제성장으로 더 많은 에너지를 소비할 것으로 예상되고 있다. 저탄소사회로 가기 위해서는 산업생산에 필요한 에너지 소비효율을 상당 수준으로 개선해야 하고 저탄소 연료로의 전환도 요구되고 있다.

현재 산업과 제조업 부문은 정유, 자동차, 시멘트, 화학, 철강을 포함하는 다양한 사업영역을 포함한다. 오늘날 우리나라는 전체 에너지 소비의 59%를 차지하고 있고, 세계 평균 약 32%와 비교하면 에너지 소비의 산업부문 집중도가 상당히 높은 편이다.[12] 산업부문 에너지소비의 대부분은 선진국의 산업, 제조기반에서 소비되었지만 중국의 세계공장화로 지칭되는 BRICs 국가와 개도국에서의 생산시설 확장이 주요 도전과제가 되고 있다. 세계경제의 글로벌화에 따른 생산기지 이전 등 제품 생산과 에너지 수요가 증가함에 따라 상당규모의 온실가스 저감을 이루어야 한다는 중요한 과제가 개도국의 성장문제와 함께하고 있다. 발전부문에 비해 훨씬 다양한 에너지 소비패턴을 가진 산업부문에 요구되는 기술적인 진보는 다음과 같이 요약될 수 있다:

- 지속적인 에너지효율 개선과 화석연료 의존도를 경감하려는 노력
- 자본집약적 산업부문에의 장기투자 시 저탄소 생산방식을 위한 획기적 RD&D[13]의 추진
- 개도국에서 필요한 최신 온실가스 감축기술을 이전, 전파시키는 문제

12 지식경제부, '에너지정책의 집행경과 및 결과', 국회보고자료, p. 3, 2011. 5.

13 Research, Development and Deployment의 약어로 최근 R&D보다 기술의 시장 확산을 강조하며 많이 쓰이고 있다.

산업부문의 에너지효율 증대와 온실가스 배출량 감축을 위해 다양한 정책들이 시행되어 왔다. 이 중에서도 EU에서 실행중인 배출권거래제도가 있고, 그 외에 최첨단 기술기준, 에너지효율 벤치마킹, 정부와의 자발적 협약, 특정 프로젝트에 대한 세금감면 등이 있었지만 획기적인 변화를 추구하는 공동의 기술개발과 정책개발 노력은 미미하였다.

(2) 시장변화와 비즈니스 대응전략

에너지와 기후변화 문제를 다루기 위한 실질적인 논의구조의 부재는 탄소저감을 위한 국가차원의 대응에 어려움을 증폭시키고 있다. 글로벌 기업들은 전세계적으로 서로 다른 국가별 규제기준, 산업별 기준, 자발적/의무적 목표 등 거미줄처럼 복잡한 상황에 직면해있다. 이런 요인들 때문에 환경적, 경제적 비효율, 투자의 불확실성, 국제시장 경쟁력 왜곡 등의 문제가 생길 수 있고, 국가 간 산업이 이동하는 누출(leakage)이라는 문제[14]를 야기하기도 한다. Carbon Leakage는 온실가스 저감이라기 보다는 지역 간 이동이다. 이러한 문제는 상품이 차별화되지 않고 표준화된 산업이 가격경쟁을 하는 글로벌 시장에서 흔히 나타날 수 있는 현상이다. 이 문제는 동종 산업별로 부문별 접근방법을 개발하여 해당부문에서의 온실가스 감축방식을 해당지역, 국가 그리고 국제적 차원에서 동일하게 설정, 적용함으로써 문제 해결의 실마리를 찾을 수 있다. 부문별 접근 방법에는 고려해야 할 많은 이슈들이 있다. 목표는 부문별로 합의된 우선순위에 근거하여, 감축 절대량, 효율 목표, 첨단기술 성과기준에 따라 구성하거나, 이산화탄소의 직접적 배출감축과 같은 방안들로 수립할 수도 있을 것이다. 의무적인 감축 요구나 벌과금 부과가 없는 자발적 행동, 또는 혁신적 기술을 적용하는 것이 중요한 경우 연구개발과 확산(RD&D) 지원 등과 연계된 형태가 될 수도 있다.

산업부문의 노력을 국가 정책 프로그램이나 국제적 논의구조에 맞게 통합하는 것도 중요하다. 그간 산업부문은 기업이 가장 효율적인 생산방식을 알아서 채택하리라는, 또 그것이 외부의 표준이나 규제보다 더 경제적으로 효율적이라는 전제하에서 정책이 조정되어 왔다. 우리의 경우 산업별로 접근하는 공동의 기술개발 노력보다는 자발적 협약, 에너지 진단, 에너지절약투자지원, 에너지절약전문기업(ESCO) 등 세부적인 기업중심의 정책 성격이 강했다. 산업별로 공통

14 규제가 강한 국가에서의 생산비용 부담을 회피하기 위해 규제가 상대적으로 느슨한 국가로 생산기지를 이동시키는 현상.

의 에너지 기술개발을 통해 산업내 확산을 극대화하는 부문별 통합전략이 부재하였다. 최근 들어 에너지목표관리제, 배출권거래제도 등 본격적인 산업에너지 정책에 산업계의 반발이 거센 것도 산업별 공동의 정책 대응과 경험이 없는 것도 일부 이유가 될 수 있다. 향후 산업에너지 부문의 주요 과제는 부문별 접근을 통한 산업별 표준화의 확산이 될 것이고, 이러한 방향이 저항을 최소화하여 수용성을 높이는 정책이 될 것이다.

3. 수송부문의 메가트렌드와 시장

(1) 미래의 도전과 과제

미래의 수송부문의 변화는 여타 분야보다 훨씬 역동적일 것으로 전망되고 있다. 2050년이면 전 세계의 자동차 대수는 20억 대 이상으로 증가하고, 수송거리 역시 같은 비율로 증가할 것으로 전망된다. 특히 개도국 경제성장이 지속됨에 따라 자동차 수는 급속히 증가할 것으로 예상된다. 수송에너지에는 높은 세금과 지속적인 탄소규제가 존재하고 있고, 수송수단과 교통체계의 기술발전 속도도 타 분야를 압도한다.

2025년경 북미와 EU에서는 연료전지 자동차가 4백만 대 이상의 출현할 것이고, 하이브리드나 최신 디젤기술을 장착한 자동차, 바이오연료를 사용하는 자동차 역시 전 세계적으로 보급이 확대될 것으로 예상되고 있다.

2050년에는 전력생산과 연료의 직접연소로 전 세계에서 약 14Gt의 온실가스가 방출될 것이지만,[15] 수송부문의 방출량은 2002년과 비교하여 10% 정도 떨어질 것으로 보인다. 특히 육상수송부문에서의 성과는 이보다 훨씬 클 것으로 예상되는데, 이는 전기차와 연비, 연료부문의 혁신 그리고 철도수송과 바이오 연료로의 전환이 주된 역할을 할 것으로 예상된다.

수송 내부의 과제는 항공부문에 있다. 항공은 도로와 비교하였을 때 자본회전이 느리고, 기존의 화석연료를 대체하는 대규모의 가능한 대안이 없기 때문이다. 게다가 지속적으로 증가하는 수요로 인해 이 기간 동안 항공부문의 온실가스 배출은 3배가 될 것으로 전망되고 있다.

대중교통수단의 확대는 대부분 나라에서 수송에너지정책의 핵심이 되고 있

15 IEA, EPT 2010. 'Blue Map scenario'.

다. 철도수송은 업무용 경차에 비해 7배까지 효율적일 수 있다. 많은 나라에서 철도수송을 개별수송에 맞서는 효율적이고 매력적인 대안으로 만들기 위해 상당한 투자가 진행되고 있다.

수송부문의 에너지 문제를 풀기 위한 정책 과제는 다음과 같이 요약할 수 있다.

- 온실가스 배출을 최소화하는 운송수단의 선택, 최적관리에 대한 정보를 알리고 소비자 행동변화를 유도하는 정책 발굴
- 수송연료 기술개발을 지원하고, 필요에 따라 세금 및 각종부담금을 차별화함으로써 육상운송 부문의 연료공급을 다양화하는 문제
- 연료 사용에 대한 규제, 주유세와 탄소세 등 부과금을 기반으로 CO_2 인증제를 도입하여 친환경연료의 개발 및 사용을 촉진하고 고효율 운송수단의 조기도입 촉진
- 항공, 해운 등 선단식 운용을 하는 운송부문에 첨단 기술과 대체연료를 도입하고 온실가스 관리 프로그램의 적용 등

(2) 시장변화와 비즈니스 대응전략

우리나라의 경우 수송부문 전체소비 중 97%에 달하는 거의 전량이 석유임에서 볼 수 있듯이 수송부문은 1차 에너지원인 석유제품에 전적으로 의존한다.[16] 이러한 이유와 함께 수송수요의 증가로 CO_2 배출은 세계 모든 지역에서 증가 추세에 있다. 자동차 대수의 증가, 매년 늘어나는 자동차당 이동거리 그리고 안전성과 편의설비를 위한 차량 중량의 증가, 여러 나라에서 관측되고 있는 SUV에 대한 소비자 선호 등의 요인은 지속적인 고효율 운송수단의 개발과 수송연료 부문의 개선에서 이루어지는 성과를 압도하고 있는 것이 사실이다.

수송부문은 산업이나 발전부문과는 달리 소비자가 온실가스 배출 수준에 충분한 영향을 끼칠 수 있고 중추적인 역할을 할 여지가 많다. 운송수단의 선택(차종의 선택, 개인 이동수단과 대중교통 수단 간의 선택)은 종종 소비자가 추구하는 라이프스타일의 표현이기도 하다. 고연비 자동차의 선택, 교통수단의 선택과 대안에 대한 고려는 소비자의 역할이 큰 수송부문에서의 온실가스 저감에 정책부문이 공헌 할 수 있는 영역이다. 아직껏 수송부문에서는 적극적인 온실가스 저감

16 에너지관리공단, 2010 에너지·기후 편람, 2010. 7.

정책의 경험이 없는 것이 우리의 현실이다.

온실가스 감축을 유도하기 위한 가장 효과적인 정책방안으로는 이를 통해 기술개발과 자본투자가 이루어지도록 유도하는 것이다. 수송부문의 배출권거래제도는 타 부문에 비해 효과를 기대할 수 있는 부문이다. 수송부문의 배출권거래제는 개인 육상운송부문과 선단식 운송부문으로 구분해 볼 필요가 있다. 개인 육상운송부문보다 선단식 운송업부문의 경우에는 이 제도의 장점을 살리기 위한 노력이 효과를 기대할 수 있다. 항공부문의 경우 배출권거래제도가 더 적합하다. 항공의 경우 운송업자가 항공일정 조정, 경로에 따른 비행기종의 선택, 그리고 지상 운영의 권한을 갖는 공항 관계자와의 협력을 통해 조업방식을 조절할 수 있다. 선단식 운송업 부문은 배출권거래제, CO_2 인센티브나 세금 등의 다양한 옵션을 사용할 수 있지만, 규제의 목표가 온실가스 배출에 대해 직접 책임을 질 수 있고, 또 이는 탄소가격의 신호에 대해 반응할 수 있는 분야에서만 가능하다.

새로운 자동차 기술의 개발과 보급을 촉진시키기 위해 많은 옵션이 존재하지만 결국 소비자의 선택은 무엇보다 중요한 요소가 된다. 소비자는 운송수단의 품질, 이용가능성, 편리함과 다른 대체 이동수단들의 비용을 비교해 선택한다. 자주 이용가능하며 품질 좋은 대중교통체계는 개인이 이동수단을 선택하는데 매우 큰 영향을 주게 되고, 결국 전반적으로 승객 주행거리당 CO_2 배출량이 개선된다.

오늘날 수많은 도시 교통계획들이 있지만 많은 대도시는 항상 교통 혼잡과 배출가스 문제로 고민하고 있어, 경쟁적으로 대중교통 체계를 개선하려하고 있다. 그러나 급속히 발전하는 중·소도시들은 통합된 이동수단 네트워크를 구축하기보다는 개인이동수단이 증가하는 수송수요를 채우고 있다. 이들 도시 중에는 수십년 내에 대규모 도시가 될 곳들도 있지만, 지속가능한 수송부문 체계를 개발할 수 있는 기회를 저버리고 있는 것이다. 전 세계적으로 수송부문의 정책은 대도시뿐만 아니라 아직 변화를 상대적으로 쉽게 적용할 수 있는 소도시나 중국과 같이 신도시 개발이 활발한 지역이 경제적으로 효율적일 수 있다.[17] 향후 진

17 중국의 자동차 보유는 현재 1,000명당 27대이고, 미국은 780대이다. 향후 중국의 빠른 경제성장으로 중국 등 개도국의 light-duty vehicle 수요는 급증할 수밖에 없다. Exxon Mobil Corp., 2009, 'Outlook for Energy, A View to 2030', p. 21, www.exxonmobil.com.

전될 도시화와 고령화는 수송시장의 주요 도전과제이기 때문이다.

4. 건물부문의 메가트렌드와 시장

(1) 미래의 도전과 과제

급속한 도시화의 진전과 개인의 삶의 질 향상 욕구에 따라 건물부문의 에너지 소비는 급격하게 증가할 것으로 전망된다. 미래 건물 내부의 가전기기나 냉난방, 그리고 이 밖의 다양한 용도로 에너지 사용이 늘어날 것이기 때문에 온실가스 배출을 줄여야 하는 압력과 효율개선을 달성해야 하는 도전에 직면하게 될 것이다.[18]

2050년경 건물부문의 에너지 사용은 질과 양의 측면에서 전혀 다른 형태를 가질 것으로 전망된다. 우선 에너지 사용량이 크게 늘어날 것이다. 그 이유는 첫 번째는 전기기기의 종류와 양이 크게 늘어날 것이기 때문에 전기에너지 소비증가가 가속화될 것이다. 특히 정보화의 진전에 따른 정보기기 및 인프라에 소요되는 전기의 소비가 증가한다. 두 번째는 경제가 성장하면서 서비스 부문의 비중이 점차 커지고 이에 따라 상업용 빌딩의 수가 크게 늘어난다. 세 번째는 중국과 인도와 같은 개도국을 중심으로 농촌에서 도시로 이주가 빠른 속도로 전환되는 것도 주요 증가 요인으로 꼽히고 있다.

건물은 다량의 에너지를 소비하기 때문에 온실가스 배출 문제에서 중요하게 다루어야 할 대상이다. 건물부문에서 에너지 효율을 개선하고 탄소집약도를 낮추기 위해 할 수 있는 법정책 영역은 매우 넓다. 특히 빌딩을 신축할 때 低에너지, 低탄소 설계를 적용하는 것이 보다 효과적이기 때문에 설계나 인허가 단계에서부터 이러한 변화가 시작되어야 한다. 에너지 관련 신기술이 등장해도 기존 건물에 그 신기술을 적용하기는 쉽지 않다. 에너지 소비의 원가비중이 높은 발전소나 공장의 경우에도 경제성이 없는 경우가 대부분이다. 따라서 급속한 도시화와 개발이 일어나는 시점에서 가능한 빨리 변화가 일어나야 중장기 관점에서 온실가스 저감과 에너지 절약을 위한 대응비용이 낮아질 수 있다. 법정책 운용

18 "건물부문의 에너지 소비가 현재 속도로 계속 증가할 경우 2050년경에 이르면 건물부문의 에너지 소모가 산업부문과 수송부문의 에너지 사용을 합한 수준에 이를 것으로 전망된다. 이를 기술개발과 적극적인 응용으로 방지하는 일이 매우 필요하다." WBCSD, Energy Efficiency in Buildings(2006). "A world where buildings consume zero net energy."

시 세심한 분석을 통한 법적용의 강도와 시점이 중요한 영역이 바로 건물에너지 부문이다.

(2) 시장변화와 비즈니스 대응전략

미래의 건물부문 에너지 소비증가에 대응하기 위한 주요 정책적 영역을 살펴보면,

- 건물의 전기설비와 조명에 적용되는 에너지효율 표시, 표준
- 건물에너지 부문의 혁신을 유도하는 인센티브 프로그램, 시장원리에 기초한 에너지관리시스템(Energy Management System)의 개발
- 건축과정 또는 에너지 소비패턴에 변화를 촉진하기 위한 교육 프로그램
- 온실가스 저배출형 건축자재의 사용을 촉진하기 위한 정책 등을 들 수 있다.

건물의 설계 및 자재부문의 혁신은 우선순위가 높은 과제다. 건물은 수십년 동안 에너지 수요와 탄소 배출에 영향을 미치기 때문이다. 건축 결정은 한번 내리면 미래 에너지 환경이 급변하더라도 바꾸기가 어렵거나 막대한 비용을 감수해야 한다. 따라서 초기의 인허가 정책이 중요한 역할을 하게 된다. 정책의 방향은 건설사가 에너지 효율적인 건물을 시공할 수밖에 없는 환경의 설정이다. 건물의 가이드라인, 효율성 성과지표, 다양한 기준설정을 통하여 빌딩부문을 혁신할 수 있도록 지원하는 것이다. 이러한 의무나 지원이 없다면 건축주가 자발적으로 에너지 절약 설비를 하기는 어렵다. 예컨대 최첨단의 설계기술을 적용하면 기존 빌딩을 보수하는 경우 약 50%, 신규 건물의 경우 약 80%까지 에너지를 절감할 수 있는 기술이 개발되는 등 건물에너지 기술은 급속히 발전하고 있다. 또한 라이프 사이클 기법을 활용하여 수송에너지를 감안, 건축자재를 가능한 현지에서 생산되는 재료로 조달하고, 목재 등 인증된 자재를 사용하면 이산화탄소를 감축하고 자원절약에도 기여할 여지가 있는 등 정책적인 다양한 옵션이 산업분야나 발전분야보다 충분한 영역이기도 하다.

건물의 이용단계에서 사용자 즉 관리자와 입주자를 교육하고 의식을 높이는 일도 매우 중요하다. 이들의 에너지 소비패턴을 변화시키는 것이야말로 에너지 절약에 기여할 수 있기 때문이다. 사소하지만 직접적인 행위에 영향을 줄 수 있도록 올바른 정보를 신속하게 제공하는 시스템을 갖추는 것이 중요하다. 건축주

의 비전문성과 투자회수의 조급성 때문에 신축단계에서 고효율 투자가 일어나지 못하고, 어느 정도 알고 있지만 중장기적인 경제성분석의 미비로 투자가 이루어지지 못하는 경우가 대부분인 점을 감안하면 고효율 건물을 위한 정책의 영역이 나올 수 있다.

빌딩의 냉난방 시스템을 전환함으로써 상당한 수준으로 에너지 효율을 개선할 수도 있고 온실가스 배출도 줄일 수 있다. 그러기 위해서는 빌딩 코드, 성과측정을 위한 표준, 승인절차와 실제 건물의 설계가 하나의 통일된 일관성을 유지할 수 있도록 조정하는 일이 필요하다. 조명부문 역시 건물부문 에너지 소비에서 중요한 위치를 차지한다. 효율적인 지능형 조명시스템과 고효율 조명기구로 교환함으로써 에너지 소모를 기존조명 대비 획기적으로 줄이는 기술이 등장하고 있다. 초기 설치비용과 기기 수명까지 고려한 비용분석을 통해 규제와 인센티브를 설계하는 일은 가능하다. 발전분야뿐 아니라 건물에서도 신재생에너지 확대는 중요 영역이다. 세제우대, 신재생인증과 재생에너지 기준가격구매제도 (Feed-in tariff) 등 인센티브의 효율 즉 정책의 효과를 높이는 전략이 큰 관심을 모으고 있다. 체계적이고 꾸준한 정책관리시스템이 어느 부문보다 중요한 곳이 건물분야일 것이다.

정책의 가지 수에서 타 분야를 압도하는 다양한 건물에너지 정책의 존재가 시장을 즉각적으로 활성화시킬 수 있는 것은 아니다. 사려깊지 못한 단기적 건물에너지 정책과 일관성 없는 인센티브가 커다란 건물에너지 시장의 형성을 저해한 측면도 다수 존재했다. 본질적으로 전기가격을 포함한 체계적이고 일관성 있게 건물에너지 정책을 재정비하는 일은 향후 건설시장과 건물에너지 관련 기술의 확산에 중요한 모멘텀을 만드는 일이 될 것이다.

5. 소비자의 선택: 지속가능한 소비

(1) 미래의 도전과 과제

에너지와 온실가스에 대한 정부나 기업의 관심은 이미 전 세계적으로 확산되었다. 관련 규제와 새로운 비즈니스가 끊임없이 시장에 등장하기 때문이다. 문제해결의 주체가 정부나 기업에만 국한되지는 않을 것이다. 경제 3대 주체의 하나인 소비자, 즉 에너지의 최종 소비부문에서 정책의 역할을 찾는 것이 복잡한 에너지문제에서 보다 근원적인 해결책이 될 수 있다.

기후변화, 에너지에 대한 소비자 인식과 이해수준을 현재보다 높일 수 있다면 에너지 이용과 소비패턴에 커다란 변화를 기대할 수 있다. 에너지소비가 일어나는 모든 단계에서 보다 나은 에너지 효율을 추구하는 수요가 늘어날 것이기 때문이다. 소비과정에서 매순간 결정하는 선택이 온실가스 배출과 직접 연관되어 있다는 인식이 지속가능한 소비의 출발점이다. 지속가능한 에너지 소비부문의 정책과제는 크게 3가지 영역으로 나누어 볼 수 있다.

첫째, 가전제품의 에너지 효율기준 등 Supplier 대상의 다양한 프로그램 도입
둘째, 저탄소 제품과 서비스의 시장경쟁력을 제고시키고, 수요를 지속적으로 확산하는 프로그램, 인센티브 등의 도입
셋째, 소비자의 인식과 소비행태를 변화시키기 위한 교육과 온실가스 감축이 갖는 가치에 대한 사회적 이해증진이 그것이다.

소비자는 교통수단, 제품과 서비스, 가계(家計)운영, 생활방식 등에서 모든 행동과 선택이 에너지 소비와 직결되어 있다. 소비자 선택은 에너지 효율성 제고와 온실가스 배출 감축에 최종적이면서 가장 중요한 작용을 하게 되므로 결과적으로 온실가스 배출에 큰 영향을 미친다. 그러므로 정책은 지속가능한 소비로의 변화를 핵심목표로 추진되어야 한다. 이 같은 변화를 만들어 가기 위해서는 소비자, 정부, 산업계 간 협력이 필요하다. 이를 위해 다양한 경제적 인센티브가 도입되어야 소비패턴이 저탄소 생활방식으로 변화할 수 있을 것이다. 정책의 저항을 최소화하려면 사전에 소비자의 인식을 바꾸는 교육 등의 노력 역시 인센티브의 발굴만큼 중요하다.

잘사는 나라에서 소비를 지속가능하게 전환한다면 전 세계에 미치는 영향은 못사는 나라에서의 그것보다 영향력이 크다. 특히 개도국의 중상류 소비층이 과거 선진국의 지속가능하지 않은 소비패턴을 따르지 않도록 기회를 포착하는 것이 중요하다. 따라서 앞으로의 소비관련 정책을 개발할 때에는 이 부분에 정책의 목표를 맞추는 것이 효과적일 것이다. 라벨이나 등급표시 같은 소비 구매 시 제품의 수명이나 에너지 소비에 미치는 영향 등을 쉽게 이해할 수 있게 하는 프로그램은 우선 과제다. 이를 위해 소비심리에 영향을 미치는 다양한 인센티브가

개발되고 실용성을 검증 받아야 한다. 그러나 많은 부분에서 소비의 변화는 기존제품의 시장축소로 해석되는 측면이 강하기 때문에 공급부문의 강력한 로비에 희생되어온 것이 그간의 경험이다. 소비변화를 위한 다양한 인센티브를 개발하는 전문기관, 평가기관의 필요성이 제기되어 왔지만 관련 새로운 시장을 창출할 정도의 의미있는 변화는 이루지 못하고 있다. 미래의 새로운 시장 창출은 소비의 혁신에서 그 출발점이 되어야 한다. 소비부문 혁신을 위한 수많은 도전이 21세기 에너지 법정책의 과제임도 마찬가지일 것이다.

(2) 시장변화와 비즈니스 대응전략

글로벌 소비패턴의 변화는 에너지 및 자원 소비가 적은 방향으로의 전환이다. 가격, 품질, 디자인에 이어 소위 녹색소비에서 경쟁과 혁신이 이루어지고 있다. 고효율/低탄소 제품 및 서비스에 대한 수요 증가는 소비시장 내부의 동력뿐 아니라 각종 정책 인센티브에 의해서도 지속적으로 확대되고 있다.

지금까지 활용되어 왔지만 앞으로 확대 적용될 정책분야는 아래와 같이 정리할 수 있다.

- 소비 정보 제공: 우수 사례, 효율등급표시, 제품 전 과정 정보 제공 등
- 공공기관 등의 녹색구매 확산
- 제품별 성과표준 제도(예; 자동차 1km당 CO_2배출량 등)
- 개도국 등 부품 생산자(또는 협력회사)의 대응능력 배양 및 프로그램 지원
- 에너지 절약, 저탄소 추구형 교통 정책
- 세제 및 인센티브 정책
- 혁신적인 제품 및 서비스에 대한 지원제도
- 지속가능하지 않은 소비패턴을 유도하는 보조금의 폐지 등

소비자는 제품 및 서비스의 에너지 효율이나 온실가스 배출에 대한 과학적 이해와 경제적 지식이 부족하기 때문에 합리적인 구매 결정을 내리지 못하는 경우가 많다. 이러한 정보의 비대칭성을 극복하여 친환경적인 소비를 유도하려면 소비자 단체, 기업, 정부의 이 부문에 대한 정책개발과 협력이 필요하다. 소비자의 선택 폭을 확대하고 지속가능하지 않은 소비를 유발하는 불합리한 제도의 폐지 등 제도적인 변화로 이룰 수 있는 효과가 큰 영역이 소비부문이다. 일례로, 정부는 에너지 고소비 제품관련 보조금을 제거하고 탄소저감이 갖는 명료한 사

회적 가치를 경제적 인센티브로 부여하여 소비의 전 Value Chain 내에서 가격신호(price signal)를 파악할 수 있도록 하는 것 등을 들 수 있다. 고효율 새로운 제품과 서비스가 기존제품과의 경쟁을 통해 녹색소비시장을 만들어 가기 위해서는 정책과 프로그램의 개발도 중요하지만 정책의 방향성과 일관성 그리고 소비자 인식변화를 위한 지속적인 교육과 홍보의 진정성이 더 중요한 정책의 목표가 될 수 있다.

Ⅳ. 기술개발과 확산

규제나 가격정책만으로 기후변화와 에너지 문제에 온전하게 대응할 수는 없다. 가격과 규제가 자발적인 기술개발을 일부 촉진할 수는 있지만, 첨단이나 거대기술 개발은 정부의 지원이 없이 이루어지기는 힘들다. 정부규제, 에너지와 탄소의 가격, 신기술의 3가지는 어느 하나 소홀히 할 수 없는 저탄소 녹색성장을 위한 기본과목이다. 저탄소 사회로 가는 지금껏 경험하지 못한 여정에서 기술이 갖는 의미는 막중하다. 규제나 시장의 영향에 의해 만들어지는 영역[19]과 기술이 선도하여 이끌어 가는 영역[20]은 그 생성 프로세스도 다르고 실제 운영에서도 많은 차이를 보인다. 이러한 기술개발과 확산의 과정에서 정책설계자가 항상 기준으로 삼아야 할 근본적인 화두가 존재한다.

첫째, 극복하지 못한 큰 기술 영역에서의 한계돌파형 신기술이 개발되고 시장에서 상업화되어야 한다.

둘째, 기존에 존재하지만 여러 이유로 확산되지 못하는 저탄소, 고효율 기술이 보다 넓게 확산되어야 하고, 시장 정책수단으로 도입이 가능한 신기술[21]이 실질적으로 적용되어야 한다.

---

19 시장수요 증가가 기업의 innovation에 대한 투자기회를 만들 수 있다. 이 기회들이 innovation의 성공적 리턴을 만들고, 새로운 저탄소기술의 비용을 저감하는 선순환의 고리를 만들어 갈 수 있다. 그러나, 지식기반이나 기술수용 역량이 없는 market-pull 정책은 공공자원의 효율적 이행을 어렵게 할 수 있고, 최적 기술의 선택을 못하게 할 수도 있다.

20 과학적 이해수준이 높아지면 기초연구와 Demonstration Program에 대한 innovation과 정부지원의 방향과 수준이 결정된다. 이러한 발전이 한계돌파형 기술이나 공정으로 연결될 수도 있다. 그러나, 시장실패 요인 때문에 성과없는 혁신에 끝날 가능성도 존재한다.

21 개발되어 실증은 거쳤지만 아직 시장에서 확산되지 않은 신기술.

셋째, 에너지 효율에 있어 획기적인 진보는 필수적이다. 전력생산, 수송, 제조, 건물 부문의 획기적인 효율개선이 없이 에너지, 온실가스 문제의 해결은 불가능하다.[22]

넷째, 에너지 및 온실가스에 대한 소비자의 인식과 이해가 증진되어야 모든 수준에서 기술개발에 대한 수요가 확대될 수 있다.

(1) 기술시장의 여건

이미 에너지나 온실가스 의존도가 높아진 세계 경제의 방향을 그 반대로 돌리려면, 신재생 에너지, 차세대 원자력, 석탄청정화, 탄소포집저장(CCS), 수송부문 등에서 거대 기술의 한계돌파에 기댈 수밖에 없다. 한계돌파형 기술의 개발과 확산은 정부와 민간의 협력시스템이 효과적으로 작동할 때라야 가능하다. 기술에 따라서는 다국 간의 기술연합이 필요할 수도 있다. 먼저 개발단계를 보면 개발에 드는 비용은 민간부문이 독자적으로 부담하기에는 너무 큰 경우가 대부분이다. 이 경우, 기술이 시장에 들어갈 수도, 상용화되기도, 현실적으로 불가능하다. 따라서 신기술의 연구, 개발, 실증, 보급, 확산의 전 단계에서 생길 수 있는 '죽음의 계곡'을 극복하기 위하여 각국 정부에서는 오래전부터 과학기술의 R&D 지원체계를 가동하고 있다. 하지만 각국의 과학기술정책은 나름의 역사적인 배경과 경제적 상황에 영향을 받는 종속변수의 위치를 벗어나지 못했던 그간의 상황이다. 최근들어 기후변화, 에너지 문제에 대응하기 위한 기술개발은 기존과는 다른 새로운 협력과 독립적인 지원체계를 요구하고 있다.

기술은 기술별로 상이하기 때문에 상용화하려면 각각 다른 정책 수단이 필요할 수 있다. 이미 비용절감효과가 입증된 기술의 경우, 정책은 투자장벽이나 시장진입 장애 요인을 중점적으로 해결해야 한다. 빨리 확산시켜야 할 긴급한 기술의 경우는 보조금, 세금혜택, 금융지원, 감가상각률 개선, 인증, 관세와 같은 경제적 인센티브의 조정이 필요한 경우가 많다. 지리적 특수한 상황을 고려하여, 풍력이나 수력 등을 집중 지원하려는 정부라면 기술의 개발과 확산에 관한 전 분야에 대하여 종합적인 지원정책을 고려해야 할 경우도 있다. 석탄청정화 기술이나 차세대 원자력 기술처럼 장기간의 한계돌파가 필요한 것은 전 과정 즉 기

22 한계돌파형 거대신기술이 아닌 기존부문의 이용효율에 혁신적인 개선을 가져오는 기술적 진보를 의미한다. 2050년 에너지 효율부문의 온실가스 감축잠재력이 현재의 석유소비에서 나오는 온실가스를 능가하는 양으로 평가되고 있다.

초연구, 개발, 시범도입, 확산, 상용화 등 전체 과정을 통해 종합적인 지원 로드맵이 필요할 것이다. 기업과 파트너로 산관협력을 하는 것도 좋고, 국가 간 협력체제가 효과적인 경우도 있을 것이다. 기술의 확산을 촉진하기 위해서는 시장과 소비자의 행동을 변화시키기 위한 적절한 정책이 필요하다. 예컨대, 대부분의 저탄소 무탄소 배출기술은 탄소시장의 거래가격이 적정하지 못하거나 정부의 직접 지원이 없으면 사업이 성공하기 어렵고, 처음부터 투자의 대상조차 되지 못하는 경우도 많다. 보험, 정부보증이나 장기간의 금융지원 등으로 기술개발 value-chain에 존재하는 소위 '죽음의 계곡'을 넘어가는 지원이 필요한 것이다.

(2) 개발된 기술이 사업화로 연결되려면

민간부문은 그들의 비즈니스 모델을 수립하기 위해 기업가적 혁신을 끊임없이 추구한다. 미래의 먹거리를 찾기 위한 신사업의 발굴은 기업의 역사이다. 최근 전 세계 많은 국가와 기업이 온실가스를 감축하기 위한 기술개발에 집중하는 것도 그것이다. 하지만 새로운 비즈니스의 실제적인 진척은 여전히 답보 상태에 머물러 있다. 기술개발에서 사업화에 이르는 길이 그만큼 지난하기 때문이다. 기업은 투자하기 전에 미래를 가늠해 본다. 정부가 정책을 통해 에너지 효율이나 저탄소 투자가 기업이나 사회에 가치를 가져올 수 있다는 신호를 보내지 못한다면, 기업은 비즈니스 모델을 바꾸어 투자하려 하지 않을 것이다. 그러므로 기술개발의 초기 단계에서는 공공부문의 투자나 기술개발과 확산을 유도하는 정책이 기업참여를 유도하는 핵심 요소가 될 수밖에 없다. 정부는 기술개발 투자의 불확실성을 줄여줘야 한다. 온실가스 배출을 저감하는 시스템은 장기간 고비용이 수반될 수밖에 없기 때문이다. 투자의 장애요인과 불확실성을 제거하고, 시장이 효율적으로 작동하게 하여 기술혁신과 투자가 맞물려 일어나게 하는 곳에 정부지원이 집중되어야 하는 것은 세계의 공통적 흐름이다.

사업화를 성공시키기 위하여 제도적인 지원이나 정부의 역할이 필요한 영역을 살펴보자.

수많은 분야에서의 노력이 필요하지만 중심이 되는 영역을 추려보면 국제적인 프레임워크, 기술개발 프로젝트, 다양한 정책수단(가격정책 포함), 금융지원, 교육과 홍보의 다섯 가지 영역이 기본이 될 것이다. 기업 입장에서도 투자 리스크를 회피하고 시장 변화에 능동적으로 적응하기 위해서는 이러한 영역에서 정부나 국제적인 지원 여부, 정책수단과 기업의 능력과 한계를 정확히 파악하는 분석능력이 필요하다. 지원체계와 속도를 맞추지 못한다면 상업화는 그만큼 더딜 수밖에 없다.

국제 Governance와 국내의 법제도가 산업부문의 장기투자 흐름과 보조를 맞추어야 탄소를 저감하는 기술개발투자도 상업적으로 성공한다. 부실한 법제도는 혁신적인 기술개발의 사업화 가능성을 떨어뜨리기 때문이다. 에너지 기술관련 프로젝트들은 RD&D, 위기관리, 시범사업 같은 부문에서 정부정책의 도움이 절대적으로 필요하다. 실증과 확산단계에서 상업성이 보일 수 없기 때문이다. 위에서 언급한 바와 같이 혁신적인 제품이나 기술디자인을 끌어내기 위해서는 시장정책수단이 다수 개발되고 이용되어야 할 것이다. 온실가스 배출을 저감하는 정책이 확실하고 장기적이라고 평가되면 투자시장은 그에 상응하는 반응을 할 수밖에 없다. 또한 거대 기술의 금융지원에 대한 국내외 협력체제가 존재한다면 한계돌파형 기술개발의 불확실성을 저감하는 안전판 역할을 하게 될 것이다. 그러므로 협약과 같은 외형적인 지원체계는 에너지와 기술시장의 금융지원, 기술적인 지원과 함께 나가야 하는 중요한 요소가 된다.

Ⅴ. 국제 프레임워크의 역할

에너지와 기후변화 문제는 하나의 국가에 국한되는 것이 아니라 전 지구적인 차원에서 상호 깊숙하게 연결되어 있는 문제이기 때문에 글로벌 에너지정책이 어떤 체계를 가지는가 하는 점이 매우 중요하다. 전 세계적인 에너지정책의 골격은 결국 각 나라의 개별적인 정책이 어떠한가에 달려있다. 각 나라는 경제발전 전략, 에너지 안보, 그리고 환경문제의 도전을 해결하기 위한 에너지정책을 펴고 있고, 각 나라의 정책이 모여 국제적인 대응방안의 전체 골격이 이루어진다고 할 수 있다. 기후변화에 대응하는 국제 프레임워크는 에너지정책이 나라별로 독립적으로 이루어진다는 특성을 이해하는 데서 출발한다. 프레임워크의 틀을 구성하는 내용도 명확해야 하겠지만 어떤 배경하에서 그런 정책이 결정되었는지에 대하여 국제사회에 설득력을 확보해야 한다. 또한 온실가스 배출 관리를 최적화하기 위한 공통의 도구가 무엇인지를 결정해 주어야 하고, 탄소배출이 적거나 아예 없는 새로운 기술을 지원할 수 있는 투자 환경 역시 갖추어야 한다.

현재 전 세계는 교토의정서라는 국제 프레임워크를 가지고 있다. 출범도 쉽지 않았지만 출범 이후 현재까지의 운행과정에 많은 어려움과 문제점이 노정되어 왔다. 이는 국제 프레임워크가 갖는 본질적인 한계이다. 각국의 당시 상황에 맞는 정치 경제적인 논리가 그대로 투영될 수밖에 없기 때문이다. 2012년 말까지 교토의정서를 잇는 다음 단계의 프레임워크를 만들어야 하는 커다란 지구적 과제가 존재하고 있다. 이 역시 국제협상의 역사가 그랬던 것처럼 정치·경제 단위 간 세력다툼이 반영될 것이다. 앞으로도 지속적으로 국제 프레임워크는 개정판을 내놓을 것으로 전망된다. 개별국가나 집단 또는 특정 자원이나 기술에 의한 변화는 있겠지만 국제 프레임워크가 나아가야 할 길은 대체로 명확하다.

온실가스를 감축하기 위하여 국제 에너지정책의 프레임워크는 어떤 형태를 가져야 할 것인가에 대한 중심 개념을 살펴보자.

첫째, 전 세계 온실가스 배출을 관리하기 위해서는 정량적인 온실가스 감축 비전이 수립되고, 책임있는 에너지정책 단위에서 관리되어야 할 것이다. 이 비전은 50년 정도 장기간을 대상으로 설정되어야 하며 사회 전 부문의 적극적인 참여를 유도하는 방안을 포함해야 한다. 현재처럼 2℃ 또는 450~550ppm으로 목표를 설정할 것인지 아니면 보다 강력한 온실가스의 총량을 대상으로 할 것인지에 대해 조만간 답을 내놓거나 답을 찾아가는 프로세스를 가동해야 할 것이다. 국제 프레임워크가 흔들리는 원인의 하나가 바로 과학인지, 경제인지, 삶의 질인지 궁극적 목표의 대상에 대한 혼란이라고 보여진다. 논점을 명료하게 좁히지 못하면 글로벌 프레임워크가 각국의 에너지정책의 표준으로 등장할 수는 없다.

둘째, 기존의 교토메커니즘에 내재된 문제점을 해결하는 기술과 시장을 활성화하는 국제 프레임워크가 나와야 한다. 문제해결의 주체들 간에 파트너십을 활성화하고 경제적 인센티브를 통해 최첨단 기술을 개발하고 국제적인 시장리스크를 완화하여 시장을 통해 대규모 低탄소 新기술 프로젝트를 진작할 수 있는 새로운 메커니즘이 등장하여야 한다. 이를 위해서는 지난 14년간의 교토메커니즘 속에서 국제적으로, 지역적으로, 또한 국내적으로 경험하였던 다양한 교훈이 고려되어야 한다.

셋째, 국제 프레임워크가 국가 또는 개별 프레임과 조화를 이루어야 하고 궁극적으로는 민간의 참여를 통해 발전해야 한다. 새로운 변화에 맞게 지역별,

국가별, 산업부문별 프로그램이 더욱 혁신적으로 작동할 수 있도록 단순 명료하면서도 유연한 성격을 가져야 할 것이다. 현재처럼 관료주의적 성격의 경직된 CDM이나 기술적으로 복잡해진 배출권거래제는 국제 프레임의 모범으로서의 역할을 수행하기 어려운 상황이다. 아울러 자본과 기술의 주역인 산업계의 참여는 국제 프레임의 기본 중의 기본이 되어야 한다. 탄소시장과 가격 형성을 국가가 주도하는 프레임이 계속 지속하리라고 판단하기는 어렵다. 지금까지 각국 정부, 시민단체, 국제기구의 노력이 돋보였다면 앞으로는 산업계가 그 바톤을 이어 받아야 된다. 산업부문에서 국내 혹은 국제적인 프로젝트나 기술 플랫폼에 직접 참여하고 필요한 서비스를 제공할 수 있도록 온실가스 프로젝트의 추진 절차를 개선해야 한다. 이러한 국제 프레임과 조화되는 국내의 프레임이 개발되어야 함은 당연하다.

에너지, 환경과 관련한 기존의 국제적인 프레임워크인 교토의정서는 기본적으로 top-down 방식을 채택하고 있다. 전 세계적인 차원에서 지구온난화 문제를 바라보고 있으며 해법 또한 위에서 내려다보고 접근하는 방식이다. 그러나 에너지의 생산과 소비의 패턴은 지방별로, 국가별로, 혹은 더 넓은 지역별로 bottom-up 방식의 국가정책과 관련되어 있고, 에너지의 확보나 안보와도 밀접하게 연결되어 있다. 새로운 국제 기후변화 프레임워크의 구축문제는 에너지 시스템의 혁명적인 변화를 수반하는 문제이다. 시스템의 변화란 에너지 시스템에서 대규모이면서 넓은 범위에서의 혁신적인 변화를 의미한다. 정부, 과학기술부문, 산업계, 시민사회가 공동으로 이러한 온실가스 전략을 공동으로 수립하는 데 참여해야 현재의 국제 프레임워크의 불확실성을 줄일 수 있을 것이다. 이 접근이 국가 에너지 및 기후정책의 평가기준이 될 수 있으며, 온실가스 관리에 대한 소비자 의식도 제고하는 데 기여할 것이다.

Ⅵ. 맺 음 말

에너지 관련 정책은 모든 나라에서 가장 활발하게 논의되고 있지만 과거 어느 때보다 불확실성이 최대로 커지고 있는 최근의 상황이다. 이러한 가운데 항상 주고받는 두 개의 질문이 있다.

지속가능한 미래에 도달하려면 어떻게 하여야 하는가?[23]

그렇다면, 목표한 시점에 이러한 변혁을 달성하려면 어떤 정책과 거버넌스가 필요한가?

쉽게 답을 할 수 없는 지난한 질문이자, 본고에서 부분적으로 답하고자 세워둔 중심 질문이었다.

본고에서는 에너지정책을 글로벌 시각에서 조망하려고 시도하였다. 세세한 정책 이슈에 대한 분석과 평가보다는 에너지와 관련된 근본적인 문제는 무엇이고, 앞으로의 변화 방향은 무엇인지, 그리고 기존의 에너지정책이 가진 한계는 어떤 것들이고 이로 인해 우리나라가 안고 있는 상황은 무엇인지에 개괄적인 조망을 해 보았다. 이어서 에너지정책의 발전 과정에서 항상 대조해야 할 도량형의 원본과 같은 5대 메가 정책과제를 제시하였다. 에너지 온실가스에 대한 장기전망, 탄소시장과 가격의 존재, 신재생에너지의 경제성 확보와 에너지 효율, 수퍼 에너지기술의 필요성, 소비자·수요측면의 혁신의 다섯 가지가 그것이다. 이어서 에너지의 5대 분야 별로 도전요소와 비즈니스 대응전략, 정책과제를 일별하였는바, 에너지·전력, 산업, 수송, 건물, 소비자 선택의 5대 영역이 앞으로도 오랜 기간 지속될 비즈니스의 핵심 영역으로 보았기 때문이다. 또한, 에너지 기술의 연구개발과 확산이 저탄소 사회로의 전환에 핵심요소임을 강조하기 위해 기술개발과 확산과 관련한 정책과제도 부분적이나마 제시하였다. 마지막으로 교토의정서와 메커니즘으로 알려져 있는 국제적 프레임워크와 국내 프레임과의 관계설정에 대한 짧은 소견으로 구성하였다.

각국 에너지, 탄소정책의 원본이 되는 교토의정서에 대한 평가는 다양하다. 1997년에 탄생하여 그 당시에는 썩 괜찮은 아이디어로 받아들여졌던 국제 프레임이었다. 결국 미국이 비준하지 않고, 다른 주요 참여국도 배출감축에 대한 Kyoto Target을 달성하기 어려워지자 교토의정서의 매력은 급격하게 시들어 가고 있는 중이다. 교토메커니즘의 핵심으로 등장했던 배출권거래제도에 대해서도 선진국의 은신처론 또는 환경파괴행위에 대한 '벌금이냐 요금이냐'의 논쟁, 지구적 윤리와 공동의 책임감 약화문제 등에 답해야 하는 도덕적인 문제[24]도 역시 남

---

23 WBCSD, Executive member update, March, 2011.

24 Michel J. Sandel, Public philosophy: Essays on Morality in Politics, Harvard Univ. Press, 2010 by the Korean Economic Daily.

은 과제가 되고 있다.

하지만 지난 14년간 전 세계가 학습한 탄소배출과 관련한 정책시도[25]는 대단한 가치를 지닌 경험이었다. 이는 2012년 말까지의 COP협상 또는 그 뒤의 새로운 기후협약체제에 교훈으로 남게 될 것이다.

앞으로 우리나라의 에너지정책도 포스트 교토체제로 변화하는 흐름 속에서 새로운 프레임을 잡아가야 되는 과제를 안고 있다. 그것은 교토체제라는 동전의 뒷면을 살펴보는 데서 출발해야 될 것이다. 이를테면 top-down 접근대신 bottom-up에 더 중심을 두어야 하고, 다국 간 공동의 실행도 중요하지만 국가별 내부정책의 건강성에 좀 더 집중할 필요가 있다거나, 기술협력이나 녹색금융을 통한 개도국 지원 문제도 새로운 체제에서는 우선적으로 깊이 고려할 사항이 되었다. 무엇보다 국가중심의 정책전개가 갖는 한계를 민간부문의 역할 확대로 전환해야 하고 나라별로도 보다 강력한 측정·보고·검증 시스템이 시장과 가격의 전제조건이 된다는 것 등이 아마도 지난 기간 교토의정서에서 얻은 큰 교훈이라 할 것이다.

우리의 에너지정책은 큰 전환기에 서 있다. 후쿠시마 원전사고로 촉발된 불안감이 에너지정책의 근본적 수정을 요구하고 있는 것이다. 장기에너지믹스에서 원전비중을 수정해가야 하고 그에 따른 온실가스 배출시나리오도 큰 폭의 조정이 불가피한 상황이다. 그동안 수요관리와 에너지 효율개선 목표에 대한 진지한 연구성과가 부족한 것도 정책조정에 커다란 장애요소가 될 전망이다. 정부가 2차 국가에너지기본계획을 수립해놓고도 아직껏 국민들의 수용성의 벽을 넘지 못하는 것이 이를 반증한다. 신재생의 비중을 어느 정도로 가져가는 것이 합리적인지, 한계돌파형 수퍼에너지기술의 정책변수를 어떻게 설정할 것인지, 원전비중은 어느 수준이 적정한지, 에너지효율개선의 목표설정과 관련하여 어떤 정책변수를 고려할 것인지, 가장 중요하면서도 아직도 주요정책변수로 대접받지 못하고 있는 수요관리를 앞으로 어떻게 할 것인지 등이 본고 앞에서 제기한 바와 같이 우리의 에너지정책이 풀어 나가야 할 핵심 과제이다.

---

25 탄소의 회계시스템, 배출권거래제, 관련 금융산업의 성장 등.

참고문헌

국내문헌

김규판, 이형근, 김은지, 이동은, '일본 대지진의 경제적 영향과 시사점', 오늘의 세계경제, Vol. 11, No .7, 대외경제정책연구원, 2011.

허인, 안지연, 양다영, 강은정, '일본의 지진사태로 본 자연재해와 거시경제', 오늘의 세계경제, Vol. 11, No. 8, 대외경제정책연구원, 2011.

황진택 외, 기후변화가 비즈니스를 바꾼다, 삼성지구환경연구소, 2009.

에너지관리공단, 2010 에너지 · 기후 편람, 2010. 7.

지식경제부, '에너지정책 집행경과 및 결과', 국회보고자료, 2011. 5.

__________, 에너지정책전문위원회 회의자료, 2010. 12.

외국문헌

Aimee McKane, building sustainability into energy efficiency, Lawrence berkeley National Lab, Nov. 2010.

Bjorn Stigson, Executive member update, World Business Council for Sustainable Development, Jan. 2008-May. 2011, www.wbcsd.org.

Exxon Mobil Corp., 'Outlook for Energy, A View to 2030', 2009, www.exxonmobil.com.

Hochrainer, S., "Assessing the Macroeconomic Impacts of Natural Disasters-Are there Any?," World Bank Policy Research Working Paper 4968, Washington, DC, United States: The World Bank, 2009.

ISO 50001-Energy Management systems.

Michael J. Sandel, Public philosophy: Essays on Morality in Politics, Harvard Univ, Press, 2010 by the Korean Economic Daily.

WBCSD, Energy Efficiency in Buildings, "A world where buildings consume zero net energy," 2006.

______, Innovating Green Growth, 2010, www.wbcsd.org.

World bank, Global Economic Prospects, 2007, www.worldbank.org.

World Business Council for Sustainable Development, 'Vision 2050' Energy and Electricity, 2010, www.wbcsd.org.

第18장 탄소정책과 주력산업의 지속가능 녹색 경쟁력[1]

이 경 훈*

Ⅰ. 저탄소 녹색경제 체제의 확산 배경

환경문제는 환경계로 배출된 오염물질이 지구의 자정능력을 초과하여 지구의 생태적 기능이 훼손됨에 따른 현상이다. 환경문제의 주요 요인으로 산업화 및 도시화 과정에서 자연·자원을 무절제하게 사용하여 자원·에너지 부족과 환경오염의 악순환을 낳고 있는 인간의 활동, 특히 경제활동에 주목하고 있다.

이에 환경오염을 최소화하기 위하여 다양한 노력이 전개되고 있다. 그런데 아직까지는 환경오염 해결을 위한 주요 기술과 경영활동은 대량생산·대량소비에 근거하여 사후적으로 환경오염을 완화하려는 수준에 머물러 있다. 이는 단기적으로는 도움이 될 수 있으나, 미래 핵심 경쟁력 잣대인 지속가능한 녹색경쟁력 강화에는 한계를 보일 수밖에 없다.

저탄소 녹색경제는 우리 경제 활동의 원동력인 자원을 공급하고 생활 터전을 제공하고 있는 자연생태계까지 포함하는 광의의 경제계를 전제로 하고 있다. 환경오염을 줄이면서 경제성장을 지속하는 저탄소 녹색성장 모형이 시장의 룰이 될 것이라는 인식의 대전환을 요구하고 있다. 이렇게 할 때, 지구의 자정능력을 확대할 수 있고 인류의 지속 가능한 성장을 이룰 수 있는 혁신적인 녹색기술 개

* 포스코에너지, 부사장.

1 2011. 3. 에너지법경제포럼에 기고한 글.

발이 가능하다.

1. 왜 저탄소 녹색성장인가?

저탄소 녹색성장 모형 또는 녹색경제로의 전환이 일어난 실질적인 배경으로는 우선, 에너지 및 자원 공급 부족 또는 화석연료 고갈과 이에 따른 에너지·자원 가격의 급등, 둘째, 기후변화에 따른 지구온난화 가속화, 셋째, 2008년 말 이후 본격화 된 미국발 금융위기이다. 이 같은 글로벌 경영여건 변화는 대량생산 및 대량소비에 바탕을 둔 현 경제체제는 인류에게 새로운 성장 동력을 제공할 수 없다는 인식을 빠르게 확산시키게 되었다.

[그림 1] 저탄소 녹색경제 체제 확산의 실질적 배경

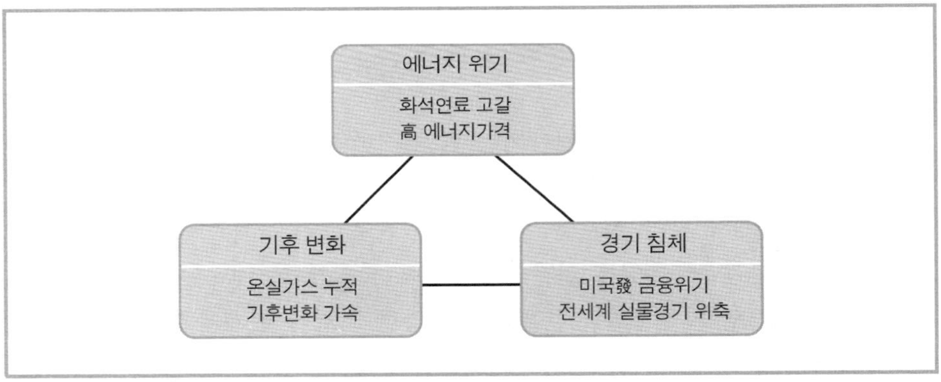

자료: POSRI(2009).[2]

1.1 에너지·자원의 공급 부족 심화

생산과 소비 중심의 경제관을 갖고 있는 경제학자들은 환경계로부터 천연자원이 무한히 공급될 것으로 기대하였다. 그러나 환경계는 에너지 및 자원을 인간이 필요로 하는 양만큼 충분히 공급할 수 없는 상황에 직면하게 되었다. 특히, 환경오염으로 인한 자원의 재활용이 제한되면서 자원 부족 현상은 더욱 심각해지고 있다. 그리고 산업혁명 이후 경제성장의 주춧돌 역할을 하여 온 에너지·자

2 POSRI 내부발표자료.

원의 가채·가용연도가 기술진보로 계속 확장될 것이라는 기대가 최근 급속히 약화되고 있다. 이로 인하여 미래는 자원 확보를 목적으로 '자원민족주의', '자원패권주의', '자원전쟁' 시대가 될 전망이다.

이 같은 에너지·자원 매장량 또는 가채량의 한계는 에너지·자원 가격의 폭등을 야기하였고, 이는 성장을 제약하는 요인이 되고 있다. 또한, 환경 및 지구온난화 가속화로 화석연료 사용에 대한 규제가 계속 강화됨에 따라 화석연료에 기반을 둔 전통적 경제체제는 더 이상 지속될 수 없다는 인식이 점차 확산되어 왔다. 이에 각국은 질적 성장을 의미하는 지속가능발전 모형을 서둘러 받아들이고 있다.

최근에는 기상이변 및 환경문제 확산에 따라 범지구적 차원의 새로운 저탄소 녹색경제체제 또는 녹색성장 모형의 필요성에 대한 논의가 진행되어 왔다. 그리고 선진국을 비롯한 대부분의 국가가 자원순환형 사회구조로의 전환을 촉진하는 정책 및 법규 제정에도 노력하고 있다. 10·5규획(2002)에서 과학적 발전관으로 대표되는 지속가능발전(三同步·三統一) 성장모형을 선언하였던 중국은 11·5규획(2007)에서는 질적 성장체제로 전환하겠다는 의미에서 청정생산 및 자원순환촉진정책을 중심으로 구체적인 원칙과 법규를 제시하였다. 그리고 12·5규획(2011)에서는 에너지효율개선, 전기자동차, 신·재생에너지 등 녹색산업을 중심으로 하는 질적성장 방향을 제시하였다. EU는 Energy Package, 캐나다는 Turning the Corner, 일본은 저탄소 사회 등을 정책방향을 제시하였다.

저탄소 녹색경제 체제는 기본적으로 에너지·자원의 사용 효율성을 극대화하기 위하여 자원 순환경제 체제를 지향하고 있다. 이 과정에서 에너지·자원의 사용 효율성을 향상 시킬 수 있는 기술개발 또는 경영 방식으로 전환이 요구되고 있다. 특히, 지구온난화의 주요 요인으로 인식되고 있는 화석연료를 대체할 수 있는 재생에너지를 근간으로 하는 경제·사회 체제가 절실히 요구되고 있다. 그런데 자원순환형 경제라고 하더라도 기본적으로 재활용 불가능 자원 등 자원의 고갈은 피할 수 없다. 이 같은 자원의 공급부족 현상이 새로운 저탄소 녹색경제 체제로의 전환을 촉진하는 배경이다.

1.2 환경오염 및 기상이변

산업화와 도시화에 따른 수질 및 대기질 악화 그리고 폐기물 발생 등 환경

[표 1] 지구환경문제와 주요 영향

지구환경문제	주요 원인	영 향	관련 국제협약 (채택연도)
해양오염 (Marine Pollution)	유류 유출, 폐기물 투기, 유해물질 유입 등	• 해양생태계 파괴 • 해양자원 감소	런던협약(1972)
산성비 (Acid Rain)	산업계, 난방, 자동차 등의 배기가스 (주로 SO_x, NO_x)	• 삼림황폐 • 시설부식 • 생태계 파괴	헬싱키협약(1975) 제네바협약(1979)
오존층파괴 (Ozone Depletion)	CFC, Halon, HCFC 등의 대기 배출	• 자외선 증가로 피부암, 백내장 유발 • 생태계 교란	비엔나협약(1985) 몬트리올 의정서(1987)
열대림감소 (Deforestation)	열대림 개발 및 채취	• 대기 자정능력 감소 • 기후조절 능력 저하 • 사막화 가속	ITTA(1983)
사막화 (Desertification)	과도한 경작, 방목, 채취 등	• 기온상승 • 거주 및 경작지 감소	사막화방지협약(1994)
기상이변 (Extreme Climate Change)	온실가스(CO_2, CH_4 등 6종)에 의한 지구온도 상승	• 이상기온 • 해수면 상승에 따른 해안지대 침수	기후변화협약(1994) 교토의정서(2005)
생물종 감소 (Species Decimation)	사냥(의료용, 피혁 등) 및 열대림 감소	• 생태계 균형 파괴 • 생물자원의 감소	CITES(1973)

자료: 이병욱(2005).[3]

문제는 자연환경 및 생태계의 파괴를 낳아 새로운 경제·사회체제로 전환을 요구하고 있다. 특히, 이러한 환경문제가 특정 지역에 국한되지 않고 범지구적 차원의 문제로 확산되면서 새로운 경제·사회체제에 대한 니즈는 점점 커지고 있다.

해양오염, 산성비, 오존층 파괴, 열대림감소, 사막화, 생물종 감소 등과 같은 환경오염과 기상이변 등도 저탄소 녹색경제 체제로의 전환을 촉진하고 있다. 다양한 형태의 범지구적 차원의 환경오염과 기상이변 등으로 새로운 경제·경영활동 원칙들이 적용되고 있기 때문이다. 경제활동 산출물이 제품에서 오염물질까지 확대되면서, 오염자부담원칙(PPP: Pollutant to Pay)과 제품통합정책(IPP:

3 이병욱, 「환경경영론」, 2005.

Integrated Product Policy) 등은 생산자의 책임을 강조하고 있으며, 또한 생산공정 및 제품 방법 원칙(PPM: Production and Product Method)에 준하여 제품 무관련 활동도 교역 규제의 원인이 되고 있다. 특히, 생산자책임확대(EPR: Extended Producer Responsibility) 또는 전과정 책임주의 원칙을 적용하여 생산공정 이전 및 제품의 폐기단계까지 이르는 전과정에 걸친 환경적 책임을 생산자에게 적용하는 방향으로 전개되고 있다.

특히, 최근 2012년 이후 온실가스 감축체제는 탄소에 대한 수요·공급을 바탕으로 가격 시그널에 의한 경제적 유인수단을 적용하려는 방향으로 전개되고 있다. 또한, 저탄소 녹색경영 성과에 대한 측정, 보고, 검증(MRV: Measurable, Reportable, Verifiable)을 바탕으로 녹색금융을 육성하여 저탄소 녹색혁신기술 및 경영을 촉진하고자 한다.

1992년 이후 본격화된 경제, 환경, 사회 등 비재무적 활동에 대한 검증활동과 연계된다면 저탄소 녹색경제 체제는 보다 빠르게 확산될 것이다.[4]

1.3 새로운 신성장동력 니즈 증대

미국에서 2008년 말 이후 본격화된 금융위기는 새로운 성장동력에 대한 탐색을 본격화시키는 계기가 되었다. 금융위기는 실물경제의 급격한 침체 원인이 되었다. 그러나 생산공정 및 활동 그리고 제품에 대한 글로벌 차원의 환경·탄소규제는 주력산업의 녹색화, 환경산업 및 신·재생에너지 산업 육성 등 새로운 녹색성장동력에 관심을 집중시키는 계기가 되었다. 또한, 지금까지 경제 성장을 견인하였던 금융산업 역시 환경 및 탄소 가치를 포함한 환경친화적·저탄소형 경쟁체제 또는 산업구조로의 전환이라는 시대적 흐름에 발맞추어, 환경친화적 산업·기업에 대한 투자 활성화에 초점을 두게 된다.

G20 중심으로 2012년까지 예산 가운데 13.6%인 4,320억 달러를 그린뉴딜에 투자하겠다는 계획이 글로벌 차원의 노력을 반증하고 있다. 영국의 기후변화 적응 전략과 관련 산업 육성, 덴마크 및 아이슬란드의 에너지 자립 노력, 미국과 프랑스 등의 태양광 투자, 독일의 친환경 에너지 발전 육성, 중국의 에너지 협력 다원화 전략 등이 있다.

---

4 2010년 6월 현재, 누적으로 17,400개 기업이 환경, 사회, 또는 지속가능경영보고서를 발간하였고, 상당한 기업이 제 3 자의 검증을 받았음.

[그림 2] 녹색성장을 위한 주요국 추진 전략

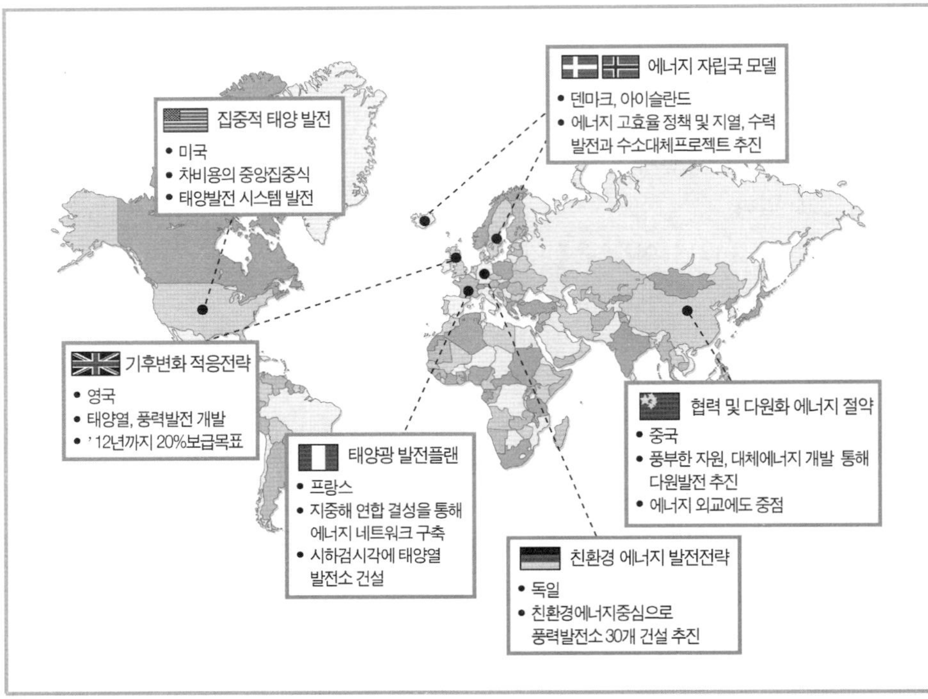

자료: 녹색성장위원회.[5]

Ⅱ. 저탄소 녹색성장과 에코·경제효율

1. 저탄소 녹색성장 출현 배경

산업혁명은 증기기관이라는 혁신 기술에 바탕을 두고 있다. 그러나 대량생산 및 대량소비 체제를 근간으로 하는 산업혁명은 자원의 남용과 고갈, 그리고 중대한 환경오염 문제를 유발시켰다. 1960~1970년대에는 환경오염이 인류의 생존을 위협할 수 있다는 경고를 낳았다. 특히, 세계 석학들의 모임인 로마클럽(The Rome of Club)은 자원고갈 및 환경오염으로 인한 "성장의 한계(the Limit of Growth)"라는 비관적인 성장론을 주장하기도 하였다.

5 녹색성장위원회, 「녹색성장5개년계획」, 2009. 7.

[그림 3] Sustainable Development 확산 과정

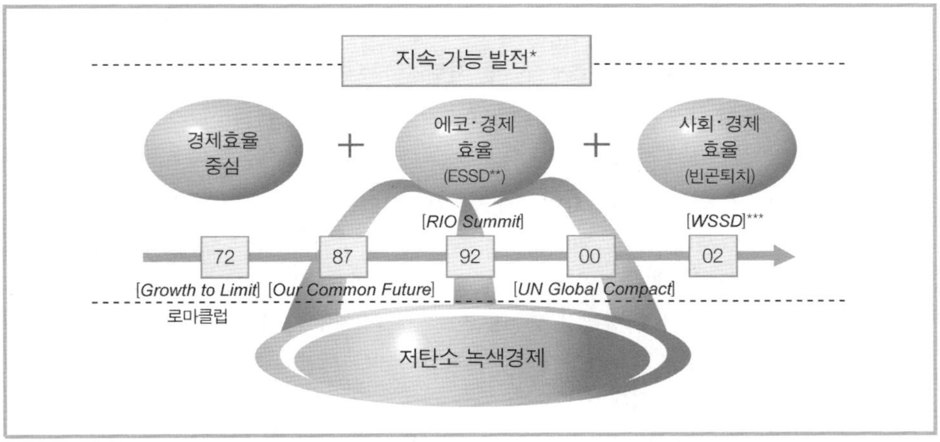

* 미래세대의 역량을 감축하지 않으면서 현 세대의 욕구를 충족시킬 수 있는 인류의 새로운 지속가능발전·성장 비전.

** ESSD: Environmental Sound & Sustainable Development.

*** WSSD: World Summit on Sustainable Development.

자료: POSRI(2010).[6]

한편, 환경문제에 대한 범지구적 차원의 해결책을 모색하기 위해서 국제연합(UN)은 1972년에 국제연합환경계획(UNEP: United Nation Environmental Program)을 설립하였다. UNEP은 범지구적 차원에서 환경문제에 대응한다면, "성장의 한계(The Limits to Growth)" 모형은 환경과 성장의 상생을 강조하는 지속가능발전(sustainable development)[7]이라는 낙관적 모형이 인류의 성장을 가능하게 할 수 있다고 주장한다. 지속가능발전은 원가에 부담만을 주는 것으로 인식되었던 환경, 사회적 요인을 경제 활동에 고려하고, 효율적인 자원의 사용과 혁신적인 녹색혁신 기술개발이 지속된다면 질적 성장이 계속될 수 있다는 새로운 성장 패러다임이다.

[그림 3]은 지속가능발전과 저탄소 녹색경제 또는 녹색성장 개념의 출현과정을 보여주고 있다. 1972년, 1987년, 1992년, 2000년, 2002년이 Sustainable

6 POSRI 내부발표자료.

7 미래 세대의 욕구를 충족시킬 수 있는 역량을 저해하지 않으면서 현 세대의 욕구를 충족시킬 수 있는 성장(Our Common Future 또는 브룬틀란트 보고서).
- 기술개발, 특히 자원 및 에너지 소비 등 전반적인 생활 모습이 미래 세대의 환경을 고려하여 활동할 때, 지속 가능한 성장이 가능함을 강조.
- 이를 위해서, 지배구조, 현금흐름의 투명성 등 비 재무적 경제활동의 중요성과 책임 있는 경영활동 및 지역사회 파트너십 등 사회적 책임 활동도 강조.

Development 개념 형성 과정에서 중요한 시점이다. 그리고 저탄소 녹색성장과 관련해서는 1972년과 1992년을 주목해야 한다. 1992년에 UN이 선언한 '환경적으로 건전하고 지속가능한 발전(ESSD)'이 저탄소 녹색성장의 이념적 토대가 되고 있다.

- [1972, UN 및 로마클럽] **자원고갈 및 환경오염에 의한 성장의 한계(The Limit of Growth) 주장**: 세계 석학들의 비관적 성장모형에 국제사회는 새로운 성장모형 이념 개발에 착수함. 자원고갈 및 환경오염을 극복하면서 지속적으로 성장할 수 있다는 이념 개발을 통해서 대량생산 및 대량소비 체제에서 제기되었던 환경오염에 의한 성장의 한계 모형을 극복하고자 함. 이러한 논의 및 인식 확산을 위해서 UN은 UN 환경계획(UNEP)을 창설함.
- [1987, UNEP 산하 WCED] **새로운 이념으로 지속 가능한 발전 모형 제시**: 환경오염에 의한 성장의 한계를 극복하고, 18세기 산업혁명 이후 대량생산 및 대량소비로 대표되는 양적 성장 경제체제에서 원가 또는 비용 증대 요소로 인식되었던 비재무적 경제요소, 환경, 사회 등을 고려한 질적 성장모형으로 지속가능발전 이념을 개발하고 확산을 시도함.
- [1992, UN Rio 세계정상회의] **'환경적으로 건전하고 지속 가능한 발전'과 실천과제에 관한 의제 21(Agenda 21) 선언**: 1992년 기점으로 환경적 지속가능성에 대한 논의가 본격화되는 등 범지구적 차원의 저탄소 녹색경제 체제로 전환이 촉발된 시점임. 환경적 지속가능성이 주요한 국가 및 산업경쟁력의 잣대로 등장하면서, 정부 및 지자체 그리고 산업계 순으로 환경적 지속가능발전 비전 및 전략 수립이 본격화됨.
- [2000, UN 글로벌컴팩트(Global Compact)] **인권, 노동기준, 환경보호, 부패금지 관련 10대 원칙 천명**: 인류의 지속가능성을 목적으로 UN이 산업계의 경제활동 방식의 변화를 요구한 것으로 지속가능발전의 경제, 환경, 사회 전략 추진 활동의 원칙으로 활용되고 있음. 특히, UN Global Compact은 지속가능발전을 위한 전략 활동의 이행 계획 및 성과에 대한 확인을 강조하고 있음. 이를 위해서 GRI 제 3 차 지속가능성보고서 작성 지침에 준하여 지속가능발전 관련 활동을 2년 마다 작성하게 하고, 제 3 자 검증을 요구하는 COP(Communication On Progress) 기준도 제시하고 있음. 이는 제 3 자 검증을 전제로 하는 지속가능경영, 환경경영, 사회적 책임 활동 및 관련 보고서의 빠른 확산을 촉진시켰고, 특히, 2012년 이후 온실가스 감축체제의 주요 수단으로 논의되고 있는 측정, 보고, 검증(MRV: Measurable, Reportable, Verifiable) 체계는 제 3 자 적합성 평가의 필요성을 강화시켰음.

- **[2002, Rio+10(World Summit on Sustainable Development)] '빈곤퇴치' 등 사회적 이슈 해결이 지속 가능한 발전에 중요함을 선언**: 1992년에는 환경적 이슈가 지속가능성을 좌우하는 결정적 요인이었다면, 2002년에는 '빈곤퇴치' 등 사회적 요소 지속가능성을 좌우함. 2002년을 계기로 1987년 제시되었던 지속가능발전 개념이 경제·환경·사회(Triple Bottom Lines)의 조화에 준한 지속적인 성장으로 정립됨.

2. 저탄소 녹색성장 개념과 자원순환형 경제

2.1 저탄소 녹색성장 개념

'저탄소 녹색성장'은 환경오염 물질 및 온실가스의 배출을 줄이면서 경제성장을 지속하자는 것이다. 환경오염 및 온실가스 배출과 경제성장의 탈동조화(decoupling)가 일어나는 영역으로, [그림 4]에서 동그란 점선 부분이다. 경제성장은 지속되는 반면 오염물질은 감축되는 현상을 보인다. 〈저탄소 녹색성장 기본법〉에서는 에너지와 자원을 절약하고 효율적으로 사용하여 기후변화와 환경훼손을 줄이고, 청정에너지와 녹색기술의 연구개발을 통하여 새로운 성장동력을 확보하며, 새로운 일자리를 창출해 나가는, 경제와 환경이 조화를 이루는 성장 등을 녹색성장으로 정의하고 있다.[8]

경제학자 쿠즈네츠(Simon Smith Kuznets)는 이러한 현상을 유럽 중심의 선진국에서, 먼지, 황산화물, 질소산화물, 납 등을 대상으로 분석한 결과에서 확인하였다. 그리고 경제성장 과정에서 깨끗한 환경이 삶의 질에 포함되면서, 합리적인 환경정책과 혁신녹색기술에 의해서 실현되고 있음을 실증한 바 있다.

쿠즈네츠는 또한 1인당 GNP 8,000$ 이상에서 경제성장과 환경영향의 탈동조화 현상이 나타남을 확인하였다. 그리고 이러한 현상은 경제성장 과정에서는 자연스러운 현상이 아니라 삶의 질에 경제적 요소와 함께 환경적 건전성이 내재화되었고, 환경오염의 지속적인 개선, 환경 R&D 투자 증대, 그리고 합리적인 환경 정책이 있었기에 삶의 질 향상이 가능하였다고 밝힌다.

쿠즈네츠의 실증분석 결과는 녹색성장의 가능성을 확인하였다는 사실도 중요하지만, 모든 국민의 인식개선과 합리적 정책, 그리고 기술개발 노력이 어울려

---

8 내생성장모형 급부상: 지식, 교육, 기술 습득 등의 인적자본 및 기술혁신이 생산, 소비 등 물적 자본의 증가율 보다 장기적으로 앞서 성장한다는 모형임. 저탄소 녹색성장은 혁신적인 환경 및 녹색기술 발전 등 내생성장모형 측면에서 이해하려는 시도가 있음.

[그림 4] 쿠츠네츠 환경 가설과 녹색성장

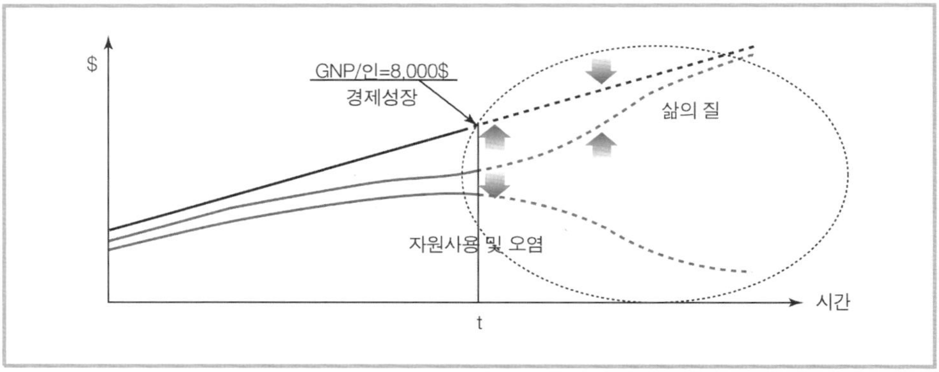

자료: POSRI(2009).

졌을 때 가능하다는 사실을 보여 주었다는 점에서 의미가 있다고 할 수 있다.

2.2 자원순환형 경제

저탄소 녹색성장은 생산과 소비라는 두 가지 기본 요소로 구성되는 경제계에 자원과 자연을 포함하는 광의의 경제관을 전제로 경제활동 및 환경문제를 해결하겠다는 인식의 대전환을 요구하고 있다. 자연환경 및 자원이 유한하다는 인식을 기초로 경제활동을 하고 있지만, 실제 경제활동은 자연환경은 자정역량에 의해서 항상 깨끗할 것이고, 자원은 무한히 공급될 수 있다는 인식하에 이루어지고 있다. 그 결과, 지구의 성장은 환경문제로 둔화될 것이라는 주장이 확산되고 있을 뿐만 아니라, 환경오염은 인류의 삶을 위협할 정도로 악화되고 있으며, 자원, 특히 에너지 자원 부족현상은 가속화되고 있다. 이 같은 환경오염 문제를 해결하고, 특히 성장의 동력으로 활용하기 위해선 경제계와 환경계는 상호 영향을 주고 있는 불가분의 관계에 있다는 사실을 인식해야 할 것이다. 그리고 환경계까지 포함하는 광의의 시장이 형성되어야 한다.

그 이유는 첫째, 환경이 경제에 영향을 미치고 있기 때문이다. 생산과 소비활동에 필요한 자원과 에너지를 공급하는 동시에 경제활동을 일부 제약한다는 것이다. 둘째, 환경은 경제활동의 결과 발생된 잔여물을 일정 한도 내에서 흡수하여 정화하는 역할을 수행하고 있다. 셋째, 환경은 자연경관, 깨끗한 공기와 물 등을 통해 사람들에게 직접적인 만족을 제공하고 있다. 한편, 생산자, 소비자, 정부 등 모든 경제주체는 경제활동 결과 필연적으로 발생하는 잔여물을 환경계로 방출하고 있다.

이처럼, 환경과 경제는 서로 영향을 주고받으면서 양자 간에 순환하는 구조를 갖고 있다. 따라서 경제활동에 공급되는 자연자원은 가급적 효율적으로 사용되어야 할 것이고, 배출되는 잔여물이 재생 또는 재활용 가능을 강화한 자원 순환형 경제구조를 요구하고 있다.[9]

예를 들면, 경제활동을 위해 사용된 화석연료는 사용 가능한 총량이 감소될 뿐만 아니라 대기 중으로 아황산가스와 같은 오염물질을 배출한다. 대기의 자정능력을 초과한 오염물질이 발생되면 대기질이 악화되고 또한 산성비와 같은 환경문제가 발생한다. 산성비는 장기적으로 산림을 황폐화시키고 이로 인해 산림의 홍수 조절기능은 약화된다. 홍수 조절기능이 약화된 산림은 홍수가 실제로 발생했을 경우 다시 농업 및 인명 피해 등을 가져옴으로써 결과적으로 경제활동에 악영향을 미치게 되는 것이다.

따라서, 현재 주류 경제학들의 환경관, 예를 들어 우수한 환경관리는 원가에 부담을 줄 뿐이고, 환경관리를 하지 않으면 다양한 이해관계자로부터 비판을 받을 수 있으니 적절한 수준에서 환경오염 물질을 관리하는 등, 경제계 내의 생산 및 소비행위 중심의 경제관에서 벗어나야 할 것이다. 즉, 자원과 에너지를 공급받고, 생산 및 소비 활동 결과 필연적으로 발생하는 잔여물을 배출하는 환경계를 경제계에 포괄해야 한다. 생산 활동에 따른 산출물(output)에 제품과 함께 오염물질을 포함한 잔여물도 포함시켜야 한다.

환경과 경제의 상호 관련성을 체계적으로 설명해 주는 대표적인 모형이 바로 물질균형모형이다. 기존의 경제학이 경제 내의 생산 및 소비행위에만 초점을 맞추었던 것에 반해 물질균형모형에서는 환경과 경제를 포괄하는 구조를 물질의 흐름이란 차원에서 접근하고자 하였다. 물질균형모형에 대한 설명은 첨부에 「환경경제학: 이론과 실제」(김승우 외, 박영사, 2005)을 인용하였다(첨부 1 참조).

---

9 자연자원은 크게 수산자원이나 산림자원처럼 생물학 과정에 따라 시간이 흐르면서 스톡(stock)이 증가하는 재생 가능한 자원(renewable resources)과 석유, 석탄, 광물 등과 같이 일단 한번 사용함에 따라 사용가능한 총량은 감소되는 재생 불가능한 자원(non-renewable resources)으로 구분됨.

[그림 5] 자원순환형 녹색 신성장 모형

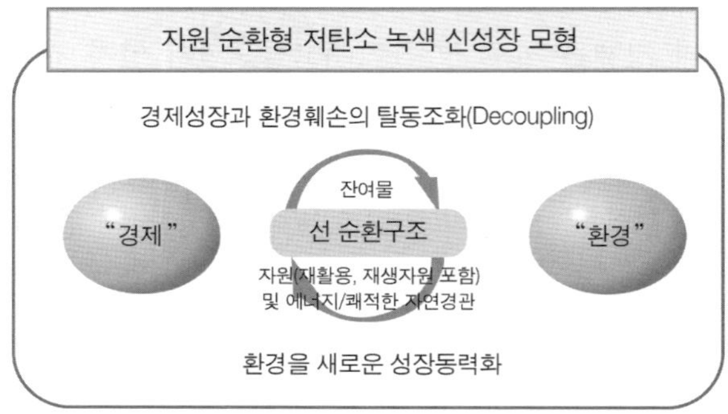

자료: 환경부(2010).[10]

3. 에코·경제효율(Eco-Efficiency) 개념 및 원칙

1987년 새로운 지속가능발전 개념이 제기되고, 1992년 환경적 건전성이 지속가능발전전략의 핵심으로 부상하면서, 슈미드하이니(Schumidheiny)는 *Changing Course* (1992)라는 저서에서 Eco-Efficiency 개념을 소개하였다. 1980년대 학계에서 논의되는 Factor X 개념, 즉 자원 하나를 투입하여 산출물을 X배 증대하자는 개념을 정리하여, 환경영향은 줄여 가면서 산출물은 증대시키는 Eco-Efficiency 개념을 정립하였다.

Eco-Efficiency는 지속가능경영 및 환경경영 분야에서 글로벌 우량 기업의 CEO 모임인 WBCSD(World Business Council on Sustainable Development)[11]에서 채택함으로써 전 세계에 저탄소 녹색경영의 KPI로 적용되고 있다. 다음은 Eco-Efficiency의 개념 및 의미이다.

- 에코·경제효율 개념: 경제적 가치/환경영향으로 원료, 에너지, 유해화학물질, 재활용, 재생자원 사용 강화, 내구성, 서비스 원단위 등 7가지로 정의
- ECO는 Ecology와 Economy의 합성어로 환경영향을 줄이면서 경제적 가치 또는 생산량을 증대시키는 것을 의미

10 환경부, 「중등교사를 위한 저탄소 녹색성장 바로 알기」, 2010. 3.

11 WBCSD는 1995년에 발족한 기구로 약 200여 개 글로벌 우량기업의 CEO가 참석하고 있음. 국내에서는 삼성전자, GS그룹, 포스코 등이 참석하고 있음.

그런데, 기업의 새로운 평가 기준으로 에코·경제효율에 준하여 지속가능한 녹색경영 전략 및 활동 그리고 성과에 대한 평가가 확산되고 있다.

첫째, Sustainability 관점에서 기업 신뢰도를 평가하고 투자를 결정하는 펀드가 확산되고 있다.

- **Sustainability 관점의 기업평가 기준 설정:** Project Financing을 위해 금융기간이 적용하는 Earth Equator, SAM(Sustainability Asset Management) DJSI, EIRIS, ISVA(Innovest Strategic Value Advisor), 다보스 포럼 100대 기업, 골드만삭스 SUSTAIN 44, 유럽 중심의 215 SRI 펀드의 CDP 50(Carbon Disclosure Project) 등
- **SR(Sustainable & Responsible Investment) 펀드규모('05년):** 미국 2조 2,900억 달러, 유럽 1조 33억 유로, 일본 60억 달러

둘째, M&A 시 기업평가의 주요 요소로 대두되고 있다. M&A 과정에서 에코·경제 효율성을 감안하여 기업의 자산을 재평가하고 있는 환경실사(Environmental Due Diligence)가 1990년대 중반 이후 보편적인 경영활동으로 자리 잡아 가고 있다. 1997년 환란 시 우리 기업도 환경 Due Diligence에 근거한 자산 재평가를 실제 경험하였다.

그리고 저탄소 녹색성장 및 에코·경제효율을 제고시키기 위해서는 기업의 환경경영 및 혁신환경기술 개발을 촉진할 수 있는 다양한 시책이 필요하다. 이러한 시책은 이해관계자 고려, 전과정 책임주의, 오염자 부담원칙, 공정 및 생산 방법, 전사 차원의 품질·환경경영, 시장경제적 접근, 상대적 관점 등의 원칙이 기반이 되어야 할 것이다.[12]

- **이해관계자(Stakeholders):** 전통적 기업경영에서의 이해관계자는 기업활동과 직접적으로 관련이 있는 주주, 종업원, 고객, 거래업체 및 금융기관 등을 지칭해 왔음. 그러나 환경경영에서 고려해야 할 이해관계자는 일반대중, 지역사회, 환경단체, 언론, 학계 등 보다 확대된 개념임. 특히, 자원 및 자연생태계가 핵심 이해관계자로 부상하고 있음. 이렇게 할 때 생산 활동의 결과인 산출물에 제품과 함께 오염물질도 포함됨.
- **전과정 책임주의(Life Cycle Stewardship):** 제품 생산의 전과정에 걸친 환경문제를 효과적으로 관리하기 위해서는 모든 기업활동의 단계별 의미와 내용을 환경적 관

12 이병욱, 전게서, 2005.

점에서 구체적으로 검토해야 함. 이를 위한 방법론은 '전과정 분석(life cycle analysis)' 또는 '전과정평가(life cycle assessment)'임.

- **오염자 부담원칙(PPP: Polluter Pays Principle)**: '제품이나 서비스로부터 야기되는 모든 환경비용은 그 오염자(공급자)가 부담해야 한다'는 것으로, 최근 각국의 환경법규도 동 원칙에 따라 환경비용의 내재화를 통한 가격경쟁력의 차별화를 유도하는 방향으로 전개되고 있음. 그리고 환경경영에서 지향하는 경제성과 환경성의 조화를 촉진하는 제도적 근거를 제공함.
- **공정 및 생산방법(PPMs: Processes and Production Methods)**: 원료의 취득에서부터 제품이 생산되어 출하될 때까지의 모든 활동을 의미하며, 생산단계에서 발생하는 환경오염의 규제방법에 관한 논의에서 주로 사용되는 개념임. 동 원칙에 근거하여 제품뿐만 아니라 제품 무관련, 예를 들면 공정도 규제의 대상이 되고 있음.
- **전사적 품질환경경영(TQEM: Total Quality and Environmental Management)**: 기존의 전사적 품질경영(TQM: Total Quality Management)에 환경성을 총체적 품질이라는 개념으로 재정의하여 통합한 개념임. 진정한 TQEM은 모든 조직구성원들이 품질과 환경의 중요성과 상호연계성을 충분히 인식하고, 제품 및 서비스의 품질이나 환경성을 지속적으로 향상시키기 위한 활동에 동참함으로써 실현되며, 그 결과는 궁극적으로 기업의 환경적 우수성과 이윤극대화로 구현됨.
- **시장경제적 접근**: 환경경영을 단순히 환경문제에 대한 기업의 사회적 책임 차원에서 접근하기 보다는, 수요 및 공급에 의한 가격 시그널이라는 시장경제 원리에 입각한 경쟁규범의 재편이라는 관점에서 접근하는 방식임.
- **상대적 기준을 고려한 종합적 관점**: 환경오염 및 온실가스의 절대적 감축과 함께 상대적 관점에 준한 감축노력도 적극 고려함. 특히, 환경계를 포함한 광의의 경제계에서 환경오염의 완전한 감축도 중요하지만 환경과 생산을 고려한 최적의 환경오염 감축을 강조함.

Ⅲ. 산업정책 및 주력산업의 녹색화 추진방향

1. 산업정책의 중요성 및 추진방향

1.1 산업정책의 중요성

국가 및 산업경쟁력은 합리적인 정책을 기반으로 정부의 강력한 리더십이 큰 영향을 미친다. 인구는 많고 자원이 부족하면서 후발주자인 우리나라가 현재 세계 최고의 산업경쟁력을 갖게 된 배경으로 1964년의 중화학공업 육성정책, 2002년 이후 정보·서비스 산업 육성시책이 주요했다고 할 수 있다.

이 같은 합리적인 시책과 정부의 강력한 추진력 덕분에 철강, 반도체, 해양구조물, 토목 등은 세계 최고의 수준을 유지하고 있고, 기계의 경우 세계 8위의 수출실적을 기록하고 있다. 또한 IT 인프라 및 관련 벤처들은 세계 수준과 비교하여 결코 뒤떨어지지 않은 위상을 갖게 되었다.

최근 OECD에서 발표한 The Invention and Transfer of Environmental Technologies 보고서에서 정부의 합리적인 정책이 국가·산업 경쟁력을 견인할 수 있다는 사

[그림 6] 에코-기술혁신 동향

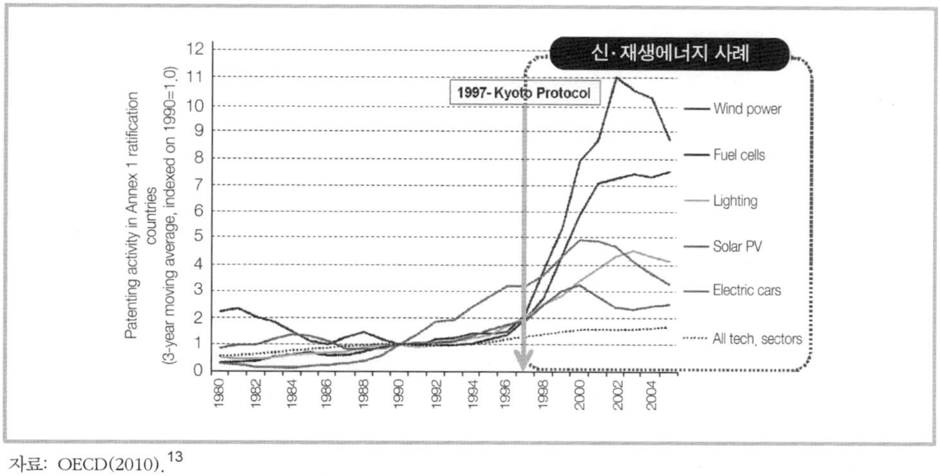

자료: OECD(2010).[13]

13 OECD, The Invention and Transfer of Environmental Technologies, 2010.

[그림 7] 비합리적 환경정책의 영향: 예, 온실가스

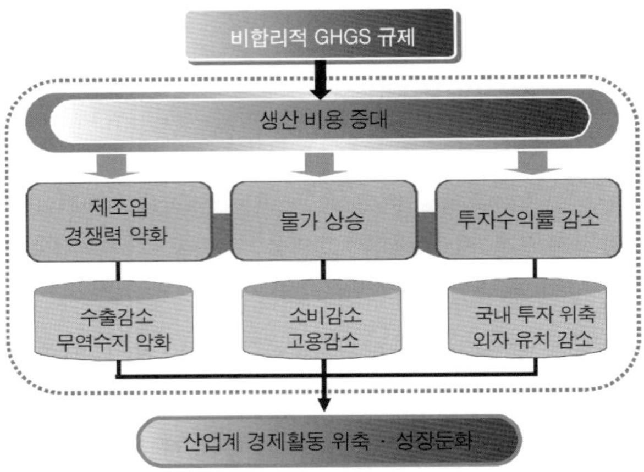

자료: 한국경제연구원(2009).[14]

실을 확인할 수 있었다. 저탄소 녹색경제 체제 핵심 산업이라 할 수 있는 풍력, 연료전지, 태양광 등 신·재생에너지 분야와 자동차 산업에서 혁신적인 녹색기술이 1997년 이후 급격히 개발되고 있다는 사실이 이를 반증하고 있다. 여기서 1997년은 2008년부터 2012년까지 적용될 기후변화협약에 관한 규제를 담고 있는 교토의정서가 발효된 해이다.

한편 [그림 7]은 비합리적인 정책이 낳을 수 있는 역기능을 보여 주고 있다. 화석 에너지 사용량과 직접 연관이 매우 높다. 이러한 상황에 우리의 여건을 고려하지 않은 합리적이지 않은 온실가스 감축 시책은 석유, 석탄, LNG 등 생산활동이 근간이 되고 있는 화석 연료 또는 에너지 비용의 상승을 빚는다. 이는 생산 원가 부담으로 연결되고, 산업 특히 에너지 다소비 산업의 생산 활동과 경쟁력 약화로 직결될 수 있다. 그 결과는 연관 산업의 교역 감소로 이어질 수 있다. 특히 저개발 및 개발도상국에서 생산되는 저가 제품의 공급 축소로 이 국가들의 경제 활동을 위축시킴은 물론, 이러한 상품에 의존하는 선진국의 물가와 경제활동에도 악영향을 미친다. 또한 생산 원가 상승은 물가 상승으로 이어져

14 한국경제연구원.

소비와 고용의 감소를 낳을 수 있다. 그 결과 산업계의 투자 수익률 저조가 국내외 투자와 외자 유치 감소로 이어지는 악순환을 겪게 된다. 궁극적으로 비합리적인 시책에 의한 온실가스 감축은 생산의 둔화와 소비 감소로 이어져 경제침체로 나타날 수 있다.

1.2 산업계의 에코·경제효율 전략 촉진을 위한 정책방향

중화학공업 및 정보·서비스 산업 육성 정책이 우리 산업의 경쟁력을 견인하는 주요 요인임을 확인하였다. 저탄소 녹색경제 시대를 맞이하여 〈저탄소 녹색성장 기본법〉 및 시행령의 주요 시책도 우리나라의 녹색산업 경쟁력을 견인할 수 있을 것이다.

단, 간과하지 말아야 할 것은 적합성, 효율성 및 효과성, 글로벌 동향 등과 부합할 때 정책의 합목적성이 달성될 수 있다는 것이다. 중화학공업 정책은 대량생산 및 대량소비에 근거한 전통적 경제체제를 근간으로 지적 역량이 뛰어나고 근면한 우리 인력의 역량 제고에 초점을 두었다. 정보·서비스 육성 시책 역시 중화학공업 육성 과정에서 확보한 정보화 역량과 함께 우수한 인재를 갖고 있었기 때문에 가능했다고 할 수 있다. 이들 정책의 성공은 새로운 글로벌 경영 여건에 대한 충분한 이해와 우리의 여건을 적절하게 활용하는 합리적인 시책을 강구했기 때문이라고 할 수 있다.

범지구적 차원에서 1990년대 초반 이후 확산하기 시작한 저탄소 녹색경제 체제가 2005년 중반 이후 본격적으로 확산되고 있다. 이러한 시대적 변화에 사전적으로 대응하고 새로운 저탄소 녹색경제 체제에서 선진국으로 도약하기 위한 〈저탄소 녹색성장기본법〉 및 시행령은 중요 정책이라 할 수 있다. 그러나 저탄소 녹색경제 체제에서 지속가능경쟁력을 확보하기 위한 온실가스·에너지목표관리제, 배출권거래제, MRV 제도 등은 인구는 많고 자원의 부족한 상태에서 선택한 수출지향형 제조업 중심의 산업구조를 충분히 감안하여 중장기 경쟁력 강화를 목적으로 단계적 또는 체계적으로 추진하는 등 세부시책의 적용은 보다 심도 있는 고찰이 있어야 할 것이다.

특히, 저탄소 녹색성장과 동일한 의미로 이해되는 에코·경제효율 지표를 근거로 녹색경영 전략이 합리적으로 추진되어야 중장기 로드맵은 성공적으로 실천 가능하다는 사실이다. 그리고 이는 산업계와 정부가 유기적인 관계를 형성할 때

[그림 8] 정부와 산업계 협력을 근거로 한 녹색성장 모형

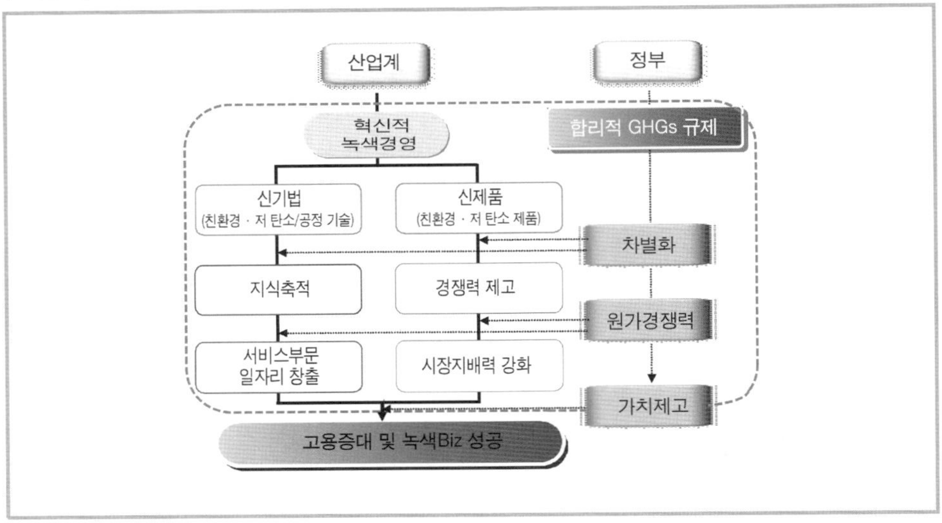

자료: POSRI(2009).

가능할 것이다. 산업계는 혁신적인 환경·녹색기술 개발을 통한 에코·경제 효율을 지속적으로 개선하도록 노력하고, 이 과정에서 정부는 합리적인 정책으로 산업계에서 개발한 신기법 및 신제품의 경쟁국가 및 기업과 차별화될 수 있도록 하고, 나아가 원가경쟁력을 가질 수 있도록 해야 할 것이다. 그러나 무엇보다 중요한 것은 혁신적인 환경·녹색기술을 개발하고 경영을 하는 기업이 지속 가능한 성장을 할 수 있는 시장을 창출해야 할 것이다. 이렇게 할 때, 산업계의 경쟁력뿐만 아니라 관련 서비스 산업의 육성 등의 효과가 일자리 창출이 지속적으로 이루어 질 수 있을 것이다(참조 [그림 8]).

- 기 업: 환경오염 개선 또는 녹색화를 위해서 경영이념에 이에 대한 노력을 담아야 하고(내부화), 환경·녹색 경영을 전략 방향으로 명확히 설정해야 할 것임. 이러한 전략체계하에 역량제고를 통하여 경쟁기업과 차별화될 수 있고 원가경쟁력을 가질 수 있는 혁신적인 환경·녹색 기술에 박차를 가해야 할 것이고, 신 시장 진출 또는 신 성장 동력으로 육성시켜야 할 것임.
- 정 부: 산업계의 혁신적인 환경·녹색경영 및 기술개발 노력이 효율적이고 효과적으로 진척될 수 있도록 합리적인 제도를 마련해야 할 것임. 특히, 글로벌 시대임을 감안할 때, 우리 기업의 해외 진출 등을 감안한 종합적인 정책 수립이 필요함.

쿠츠네츠의 연구는 산업계의 혁신적 녹색경영과 정부의 합리적인 정책이 어우러진다면 녹색성장도 가능할 수 있다는 실증사례라 할 수 있다.

2. 주력 산업의 녹색화 추진방향

우리나라 산업부문은 온실가스 총배출량 가운데 약 37% 비중이다. 산업부문 사용 전력까지 포함할 경우 2007년 기준으로 50% 이상이다. 특히, 주력 산업의 경우, 제조업에서 차지하는 생산량 및 고용 비중이 2008년 기준으로 각각 43.2%와 49.4%이다. 이는 저탄소 녹색성장을 위해서 정부와 산업계의 협력이 절대적으로 필요한 이유라고 할 수 있다.

2.1 저탄소 녹색성장 추진방향

경제계와 환경계의 통합 즉 자원순환형 경제체제를 전제로 하는 저탄소 녹색성장은 자연자원의 녹색화, 주력산업, 환경산업, 신·재생에너지 산업 등 산업의 녹색화, 그리고 생활의 녹색화 등 선순환 구조를 지향한다.

- **자연자원의 녹색화**: 재생 가능한 자원의 공급 역량 제고와 친환경적인 생태 환경의 조성으로 경제계로의 안정적인 자원공급과 함께 잔여물을 자정하는 역량을 제고함은 물론 쾌적한 환경을 조성함.
- **산업의 녹색화**: 혁신적인 녹색기술을 바탕으로 환경산업을 육성함은 물론, 제조업 등 주력산업에 혁신 녹색기술을 효과적으로 접목하여 주력산업의 녹색화도 추진함. 또한, 화석연료를 대체할 수 있는 신·재생에너지의 개발에도 노력하고, 또한 전 세계적인 신·재생에너지 개발에 따른 시장 확대에 주력산업에서 확보한 부품 및 소재 관련 기술 및 노하우와 녹색혁신기술을 접목하여 신·재생에너지 부품·소재시장, 그리고 발전시장에 진출할 수 있어야 할 것임.
- **생활의 녹색화**: 자연자원의 녹색화와 함께 진정한 녹색강국이 되기 위해선 생활의 녹색화가 가장 기본적인 요소라 할 수 있음. 모든 국민이, 지속 가능한 친환경적 소비활동을 하고, 에너지 사용 감축, 교통체계의 녹색화 등이 전제되어야 할 것임.

[그림 9] 저탄소 녹색성장 추진방향

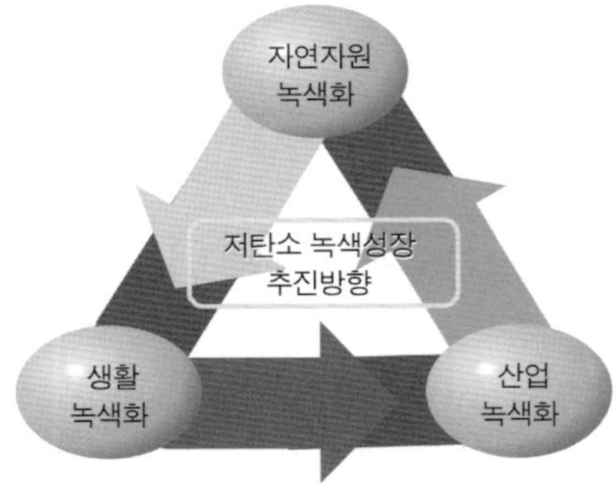

자료: POSRI·환경부(2010).

2.2 산업의 녹색경쟁력 강화 방향

녹색성장 시대에서 산업발전 패러다임은 지식·기술 집약형 신성장동력을 창출하여 저탄소형 산업구조로 전환함과 동시에, 산업발전과 환경문제해결의 선순환 구조를 정착시키고 지속가능한 성장잠재력 확충을 모색하는 것이다. 이를 위해서는 지금까지의 요소투입 전략에서 탈피하여 고부가가치 녹색제품 및 공정 그리고 서비스 부문에서 경쟁력을 가질 수 있도록 지식 주도형 혁신창조형 전략으로 전환해야 할 것이다. 특히, 온실가스 및 환경오염 배출을 감축할 수 있는 대응 혁신녹색기술을 전제로 에코·경제효율을 지속적으로 개선해야 할 것이다.

에코·경제효율의 지속적인 개선은, ① 지금까지 우리나라의 고도성장을 주도하였던 화학, 정유, 제철 등 주력 산업의 공정에서 에너지효율개선 및 환경오염물질 배출을 지속적으로 감축시키는 녹색화 노력을 기본으로 하고 있다. 그리고 ② 주력산업의 녹색화를 위해서 환경·CO_2 혁신기술 육성을 바탕으로 환경산업의 경쟁력 강화에 노력해야 할 것이다. 또한, ③ 공급량 부족 현상이 심화되고, CO_2 배출과 직결되는 화석연료의 사용을 줄이고 궁극적으로 이를 대체할 수 있도록 신·재생에너지 개발과 신·재생에너지 산업의 지속적인 발전에 필수적으로 필요한 관련 부품 및 소재 개발에 노력해야 할 것이다. 이렇게 할 때, 우리나라 전체의 에코·경제효율은 지속적으로 개선될 것이다. 특히, 상대적으로 우수

[그림 10] 저탄소 녹색경제 시대의 산업발전 전략

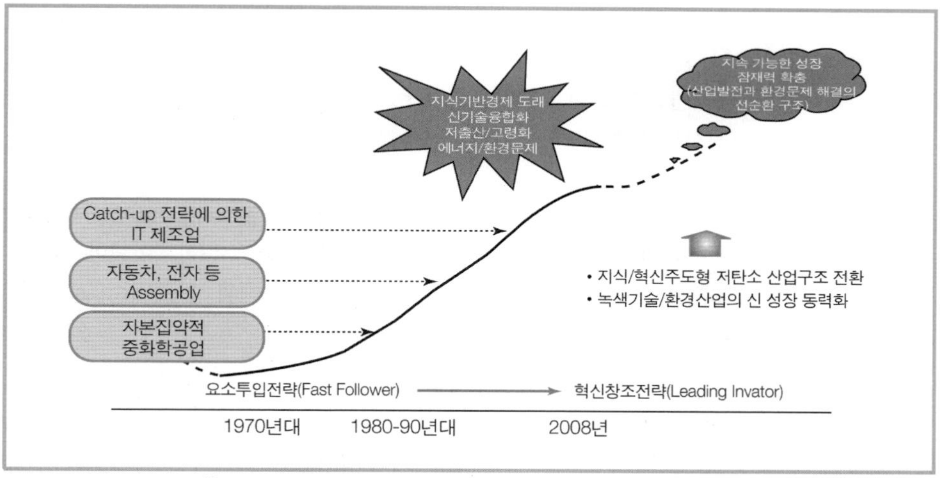

자료: 산업연구원(2009).[15]

한 부품 및 IT 기술, 그러나 인도 및 중국 보다 상대적으로 부족한 요소자원을 감안할 때, 세 분야의 유기적이고 종합적인 고려를 바탕으로 한 중장기 로드맵을 전제로 체계적으로 추진되어야 할 것이다.

[그림 11] 산업발전 패러다임을 통한 저탄소 녹색성장

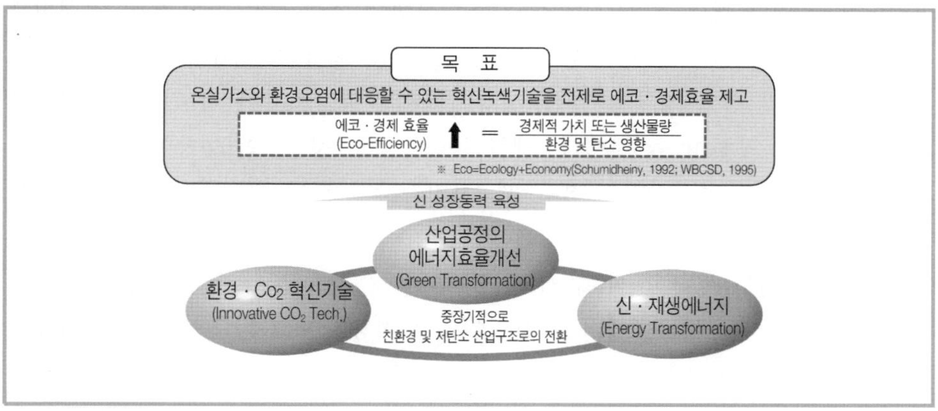

자료: POSRI(2009).

15 산업연구원.

- **제조업을 포함한 주력산업의 친환경성 강화 및 녹색화**: 반도체, 자동차, 철강, 기계, 조선 등 주요 주력산업은 세계 최고의 경쟁력을 갖고 있음. 또한, 압축성장 과정의 경험 등은 우리 산업의 녹색화라는 새로운 도전 극복에 주요 자산이 될 것임.
- **환경설비 등 환경산업의 육성**: 주력산업의 녹색화는 환경산업의 기반 없이는 불가능함. 또한 환경산업은 주력 산업의 해외진출에 기본이 될 것이며, 또한 그 자체로 수출산업으로 의미가 있을 것임.
- **청정에너지 등 신·재생에너지 발전 및 관련 산업 육성**: 저탄소화를 위해서 에너지원을 청정 또는 신·재생에너지로 전환은 중장기적으로 반드시 이루어져야 함. 또한, 주력산업 및 소재·부품의 우수한 기술력을 바탕으로 해외 수출산업으로 육성은 의미 있다고 판단됨.

한편, 주력산업을 포함한 환경산업 및 신·재생에너지 산업의 효과적인 육성을 위해선 소위 그린 IT의 접목이 매우 중요하다고 할 수 있다.[16]

2.3 환경·신재생산업과 연계한 주력산업의 녹색화

저탄소 녹색경제 시대에 있어 국가경쟁력의 핵심이라 할 수 있는 신·재생에너지는 발전뿐만 아니라 원료, 소재, 부품 측면에서 커다란 잠재력을 갖고 있는 시장이라 할 수 있다. 생산공정 개선을 통한 자원과 에너지효율 향상, 자원순환형 산업 체제 구축, 에너지 저소비형 신제품 개발 등에 집중할 필요가 있다. 이러한 사실을 고려해 볼 때, 반도체 분야 경쟁력 세계 1위, 철강 분야 경쟁력 1위, 조선 경쟁력 1위, 기계 분야 8위 등 주요 제조업에서 세계 최상의 경쟁력을 갖고 있는 우리 산업 경쟁력은 신·재생에너지 부품, 소재 산업 진출 및 경쟁력 확보에 커다란 자산이 될 것이다. 예를 들어, 중국, 몽골, 인도 등에서 5백만 대의 풍력 발전기를 설치한다고 했을 때, 고기능강재 분야에서 상대적으로 우수한 경쟁력을 갖고 있는 우리 제철산업은 저탄소 녹색성장 시대에서도 신성장동력으로서 가치가 매우 높다고 할 수 있을 것이다.

주력산업의 녹색화는 에너지·환경이슈를 이용하여 기존 사업영역의 지속가능 경쟁우위를 확보하는 동시에 환경문제 해결 역량을 기반으로 신사업영역을 창출하는 것이다. 에너지·환경시장의 빠른 확대로 인해 경쟁력 없는 기업이 녹

16 "기업 운영과 공급자 관리 과정에서 지속가능성을 위해 상품, 서비스, 자원 라이프 사이클에 걸쳐 최적 IT를 사용하는 것"으로 정의되며, 일반적으로는 '그린 IT'는 IT 분야의 에너지 절감과 이산화탄소 감축 활동 등을 포괄하는 용어로 사용됨.

[그림 12] 주력 또는 기존 산업과 신·재생에너지 연관성

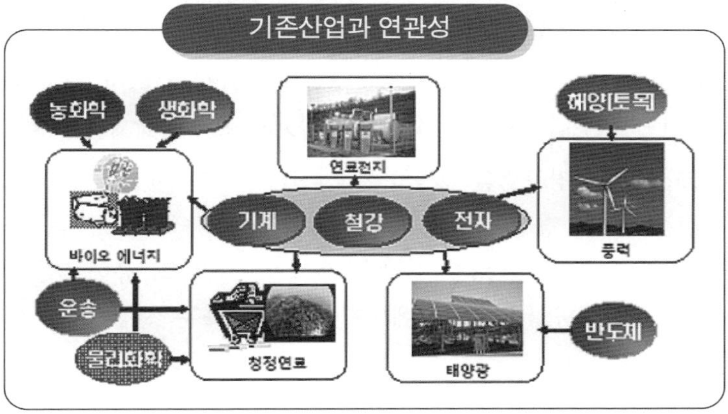

자료: POSRI(2009).

색산업에 진출하여 자원배분의 왜곡을 초래하고 경쟁력 저하 및 버블을 초래할 것이 우려된다. 그러나 파이낸셜타이즈 조사결과 세계 500대 기업의 82%가 "기후변화는 위기이자 새로운 기회를 제공한다"라고 답변하는 등 산업의 녹색화가 지속가능경쟁력의 핵심이라고 이해하고 있다.

한편, 우리나라 9대 주력산업별로 녹색성장을 위한 비전과 발전전략의 격차가 존재한다. 자동차·철강 등 기후변화에 직접 노출된 산업은 산업현장과 협력하여 녹색성장을 위한 체계적 발전전략을 수립·이행하고 있는 반면, 기타산업은 친환경기술개발 등 단편적 대응 수준으로 녹색성장으로 패러다임 전환을 위한 체계적 전략이 취약한 상태이다.

단기간에 세계 녹색성장시장의 선두주자로 부상하기 위해 철강·석유화학·섬유산업 등 주력 제조업의 기후변화 대응기술 개발 및 친환경 공정혁신, 친환경소재 공급 등을 바탕으로 신환경 시장 창출을 모색할 수 있다. CO_2 및 오염물질 저감, 에너지 효율 향상 등 혁신공정을 통해 장치산업에서 생산원가를 절감하여 경쟁력을 확보하고, 신·재생에너지, 수송기기 산업에 경량화 소재 및 친환경·고효율 소재를 공급하는 등 신사업영역 창출도 가능하다. 자동차·조선·기계산업은 수송으로 인한 CO_2 문제해결, 녹색기술 선도투자를 통해 녹색산업에 대

한 유발투자를 극대화할 수 있다. 운행과정상에서 최고 수준의 에너지 효율을 달성하고 CO_2 감축, 하이브리드형 동력 개발을 통해 지속 가능한 수출산업화를 이룩하고, 연료전지, 해양 CCS(Carbon Capture Storage), 신·재생에너지 플랜트 등 전후방 산업 연관효과를 극대화하여 부품·소재 협력업체와의 동반성장을 달성할 수 있다. 반도체·Display·가전산업은 기술경쟁력을 대체에너지 등 신산업 창출로 연계하고 국제환경규범을 선도하여 선진국 친환경시장을 공략할 수 있다. 세계 최고 수준의 기술경쟁력을 활용하여 태양광전지(Solar Cell) 등 비교우위 분야에 선택과 집중을 통해 글로벌 시장을 선도할 수 있고, 유해물질 환경규제에 대응하기 위한 친환경공급망 구축, 에너지효율 국제표준 선점 등도 경쟁우위 전략으로 활용 할 수 있다.

Ⅳ. 국내외 기업의 대응 노력

새로운 지속가능발전 및 저탄소 녹색경제 체제의 확산에 따라 환경·녹색경영은 선택이 아닌 기업 생존과 직결되고 있다. 에코·경제효율 전략하에 에너지·환경·CO_2 경제효율의 지속적인 개선을 바탕으로 신 성장동력으로 부상하고 있는 신·재생에너지 및 환경산업에 대한 전향적인 자세가 요구되고 있다. 특히, 산업계는 사회적 책임 또는 상생·동반성장 측면에서 중소기업과 함께하는 녹색성장을 적극 고려해 볼 필요가 있다.

이에 국내외 선진기업은 환경정책 선도, 녹색공정 및 제품 개발, 녹색비즈니스, 그리고 이해관계자와 적극적인 커뮤니케이션 등의 전략을 바탕으로 시장선점에 앞장서고 있다. Dupont, 바이엘, GE, Alcan, Duke Energy, Vestas 등 해외기업과 삼성, LG, SK, POSCO 등 국내기업이 시장의 여건과 자체 역량을 고려하여 적극적인 환경경영을 추진하고 있다. 특히, 한계에 도달한 기존 산업에서 탈피하여 새로운 그린오션 산업에 적극적인 관심을 보이고 있다.

그런데, 산업 또는 기업의 특성에 따라 저탄소 녹색성장 전략은 상이하게 나타날 수 있다. 정책에 대한 대응으로 시장 지배력을 강화하거나, 제품 또는 공정의 녹색화 등에 집중하고 있다. 전기·전자, 자동차 산업 등은 제품의 녹색화에 집중하고 있고, 에너지 다소비 업종(예, 철강산업)은 공정의 녹색혁신에 초점을 두고 있다.

1. 환경정책에 대한 선제적 대응: SC 존슨

"새로운 규제는 시장의 힘과 결부되어 산업 내 또는 산업 간 구조조정을 낳고 있다. 세제 관련 새로운 규제가 EU의회를 통과했을 때, '그린리스트(Greenlist)' 덕분에 새로운 환경법규에 사전규제에 대응할 수 있었다. 즉 신 규제에 부합하는 계면활성제를 사용하도록 제품 성상을 바꾸어 두었다. 그 결과 새로운 환경법의 영향을 최소화 할 수 있었을 뿐만 아니라 시장확대를 갖는 계기가 되었다" 라고 SC 존슨의 환경담당 임원 Dave Long은 인터뷰에서 밝혔다.

또한 SC 존슨은 화학 회사들에게 수조 달러에 달하는 원가부담을 줄 수 있는 EU의 REACH(화학물질 등록·평가) 법에 대해서도 "우리는 REACH에 대하여 충분히 대응할 수 있다. 왜냐하면 독성에 대한 요건들은 이미 우리 회사의 원료에서 이미 제거했기 때문이다"라고 주장하고 있다. 그리고 환경규제가 더 이상 SC 존슨에 더 이상 무서운 것이 아니라고 역설하면서 오히려 시장지배력을 강화할 수 있는 기회가 되고 있다고 강조하고 있다.

이는 SC 존슨이 Windex, Drano, Pledge, 그리고 Ziploc 같은 시장 선도형 제품들에 함유된 일부 화학물질을 연구개발을 통하여 사전에 제거하거나 법규에서 허용하는 이하 수준으로 제품성상 변경에 성공하였기 때문이다. 특히 지속적이고 생체에 축적되는 유독성 물질인 PBT를 제거한 것은 SC 존슨 제품의 시장 지배력을 더욱 강화할 수 있는 계기가 되었다.

그리고 SC 존슨은 모든 제품들에 대해서 '그린리스트'라는 내부 프로세스의 평가를 받는 제도를 운영하게 되었다. 동 프로세스는 각 제품들에 독성과 생분해성 같은 환경적 측면에 기초하여 점수를 부여하는데, SC 존슨은 3,000종류가 넘는 원료를 평가하고 있다. 그린리스트 프로그램을 몇 년 동안 관리한 SC 존슨의 Dave Long은 중요한 것은 "회사가 선도적 대응으로 새로운 규제에 경쟁 기업들보다 부정적인 영향을 덜 받는다"고 강조하고 있다.

2. 혁신녹색제품 기술 선도: 도요타의 가치혁명, 하이브리드카 프리우스

1993년 도요타는 21세기를 위한 자동차를 디자인하겠다고 선언한다. 그리고 “천연 자원”과 “환경”이라는 2대 경영화두에 초점을 두었다.

당시 기존의 자동차들이 크기나 속도에 중점을 두어왔던 것과는 달리 환경적 측면에 중점을 두고 신차개발을 시도한다. 이러한 도요타의 전략은 당시 매우 위험하였다. 시장의 니즈를 고려하면 도요타의 환경 친화적 전략과 세부 목표는 거의 실현 불가능할 뿐만 아니라 시장의 반응은 거의 없을 것으로 전망되었기 때문이다.

당시 도요타의 최고 경영자들은 도요타가 생산하는 모든 차들의 연료 효율을 두 배로 끌어올리겠다는 목표를 세웠다. 이러한 목표 달성을 위한 유일한 방법은 전기자동차와 같은 차세대 자동차였다. 당시 많은 전문가들은 순수한 전기만을 이용한 자동차는 거의 비현실적인 것으로 주장하였다.

그러나 도요타는 세상의 우려를 보기 좋게 극복하였다. 천연자원과 환경을 고려한 부단한 R&D 투자는 연료-전기를 같이하는 하이브리드 자동차를 탄생시켰던 것이다. 하이브리드 자동차의 배터리는 전원을 꽂을 필요가 없이 제동을 하면서 낭비되었던 에너지들을 이용한다. 10년에 걸친 신기술 개발을 추진한 결과로, 도요타의 프리우스(Prius)는 대단한 성공을 거두었다. 특히, 하이브리드 자동차는 기존의 자동차에서 완전히 벗어난 새로운 영역을 창출하였다.

도요타와 같이 최종재를 생산하는 회사는 친환경적 제품의 선제적 투자로 시장지배력을 강화할 수 있다.

3. 혁신 에너지 및 환경 효율 공정: POSCO

포스코는 CEO의 강력한 의지를 바탕으로 ‘친환경 클린 제철소’ 이미지를 확립하기 위한 다양한 활동을 펼치고 있다. 가장 무게중심을 두고 추진하는 친환경 정책은 환경오염물질 절감공정 개발. 철을 생산할 때 일산화탄소 대신 수소를 매개체로 이용해 부산물로 이산화탄소가 아닌 물이 나오도록 하는 ‘수소 환원 신제철법’이 그것. 현재 수소를 상업성 있게 생산하는 방법은 원자력연구소와 포스코 산하의 RIST(옛 포항산업과학연구원)가 개발하고 있으며 포스코는 수소를 제철에 도입하는 과정을 장기 프로젝트로 추진하고 있다.

포스코의 한 관계자는 "일산화탄소 대신 수소를 사용하면 원천적으로 이산화탄소 발생을 막을 수 있다"며 "수소를 저렴한 가격에 생산할 수 있는 기술과 수소를 제철 과정에 도입하는 공정을 개발한다면 인류의 제철 역사를 송두리째 바꿀 수 있을 것"이라고 설명했다.

포스코는 환경오염물질 감소를 위한 노력의 일환으로 신일본제철과 공동으로 지난해 포항제철소에 회전로상식환원로(RHF: Rotary Hearth Furnace) 공장을 착공했다. RHF 사업은 포스코와 신일본제철이 70대30의 비율로 지분을 투자했으며 포항공장은 내년 9월, 광양공장은 12월에 준공될 예정이다. (중략)

친환경 클린 제철소를 향한 포스코의 노력은 여기에서 그치지 않는다. 기존 철강산업과 연계해 신재생에너지·미래소재사업 등에 진출해 녹색산업을 미래 성장동력으로 육성하고 있는 것. 포스코의 계열사인 포스코파워는 발전용 연료전지 사업에 진출했다. 연료전지는 석탄 등 화학에너지를 열에너지·운동에너지·전기에너지로 순차적으로 변환시키는 기존 화력발전과 달리 수소와 공기 중의 산소를 전기화학 반응시켜 직접 전기에너지로 만드는 친환경 에너지 발전기술이다. (중략)

포스코의 한 관계자는 "포스코는 현재까지 전체 설비투자금액의 8.7%가량을 환경개선에 투자해왔을 정도로 친환경적인 제철소 건설에 관심을 갖고 있다"며 "최근에는 임직원들에게 자전거 사용과 금연을 권장하는 등 기업문화 변신도 추진하고 있다"고 말했다.

(서울경제, 2009. 6. 4 기사 일부 발췌)

철강산업은 석탄 등을 환원제로 사용하는 생산공정의 특성으로 대기오염, 수질오염, 폐기물 등이 중요한 환경이슈이다. 또한 에너지를 다소비하고 있어 최근 이슈화되고 있는 온실가스 배출도 중요 관심 대상이 되고 있다.

- 철강생산 공정에서 슬래그, 슬러지, 분진, 폐유 등 다양한 폐기물이 배출
- 일관제철의 경우 제선공정에서 온실가스 배출은 공정 특성상 불가피: 철광석의 환원제로 원료탄(석탄)이 사용되어 이산화탄소(CO_2) 발생: Fe_2O_3, Fe_3O_4 + 탄소 환원제(cokes, coal) → Fe + CO_2

그러나 이 같은 여건이 새로운 저탄소 경제시대에서 장애가 됨은 부정할 수 없다. 따라서 청정생산 기술 도입, 폐기물 감량화 및 재활용, 에너지 효율 제고 등에 힘쓰는 한편 온실가스 감축 혁신 기술 개발에 주력해 왔다. 특히, 오염물질 배출허용기준 이상에 오염물질 총량을 관리하기 위해서 지속적인 환경투자를 해 왔다. 2007년 기준으로, 대기오염물질(먼지, 황산화물, 질소산화물 등)과 수질오염물질{(COD(화학적 산소요구량), SS(부유물질)}의 배출 수준을 배출허용기준의 7~25% 이하에서 관리하고 있다. 다음은 공정의 청정화 또는 녹색화 관련 주요 활동을 정리한 것이다.

- **대기오염물질 관리**: 시내보다 깨끗한 제철소 대기환경 구현이라는 목표하에 제철소 내 매연과 먼지, 원료 야드와 도로의 비산먼지, 냄새오염 등을 저감시키기 위한 다양한 활동을 추진 중임. 특히, 법 시행 이전에 굴뚝자동측정기기를 도입하는 등 국내 최대 규모의 24시간 환경감시시스템 구축으로 '07년 Clean Sys 최우수 사업장 선정되었음. 포항제철소는 소결기 활성탄 흡착설비를 설치하였고, 광양제철소는 소결공장에 중탄산나트륨 투입 및 선택적 촉매환원법 설비를 도입하여 황산화물·질소산화물·다이옥신 등 대폭 저감하였음. 2010년에 다이옥신 배출량을 2001년 대비 81% 이상 절감하였음.
- **용수 재활용**: 제철공정에서 사용한 용수는 1차 처리한 후 98% 이상을 재활용하고 있음. 또한 재활용되지 않은 용수도 배수종말처리(2차 처리)를 통해 도로청소, 먼지 억제 살포수로 재활용하고, 나머지는 인근 해역에 최종 방류함.
- **부산물 자원화**: 부산물 자원화율은 1994년 81.3%에서 2008년 98.8%로 확대되었음. 나머지는 소각·매립을 통해 안전하게 처리하고 있음.
- **온실가스 감축 혁신기술 개발**: 철강공정에 특화된 3대 혁신기술 Route를 정의하여 중장기 기술개발 추진 중. 첫째, CO_2가 적게 발생되는 철강공정 개발(예: 저탄소 파이넥스 공정기술), 둘째, 철강공정 특성을 고려한 CO_2분리 및 저장기술 개발(예: 암모니아수 이용 CO_2흡수분리기술), 셋째, 수소환원에 의한 철강제조 기술임. 한편 혁신기술력을 바탕으로 2010년 2월 3일, 2020년 BAU 대비 CO_2 원단위 대비 9% 온실가스 감축목표를 발표하였음. 총 온실가스감축량은 2,300 CO_2만 톤에 달함. 이러한 결과는 지속적인 에너지 사용 및 온실가스 감축 노력에 의한 것임. 그 결과 에너지 회수 설비 도입률이 97%로 세계 최고 수준을 유지함.

또한, 환경규제에 따라 비용상승 요인을 최소화하면서 대응역량을 제고함은 물론 환경규제를 새로운 성장의 기회로 인식하고, 계속된 투자 노력으로 '06년 이후 전체 제품의 76% 이상이 환경친화형 제품으로 정비되었다. 이는 철강제품을 소재로 하고 사용하고 있는 자동차, 조선, 가전 등의 업종의 친환경성을 강화시키는 등 사회적 온실가스 감축에 크게 기여하고 있다.

Ⅴ. 지속가능 녹색경쟁력 강화를 위한 탄소정책 방향

'환경적 건전성'에 따른 전통적 대량생산 및 대량소비 기업 경영 활동에 대한 규제가 본격화 되고 있다. 우선, 오염자 부담 원칙 및 생산책임의 확대(Extended Producer Responsibility)에 준한 자원재활용 정책, 환경오염 및 유해화학물질에 준한 공정 및 제품 규제(예, 냉장고 및 자동차 냉매로 사용되는 프레온가스 사용 및 생산 규제), 전과정 분석에 기초한 환경 라벨링 정책 등으로 제품의 차별화 및 친환경 제품 소비 촉진 정책 등이 확산되고 있다. 그리고 국내외 환경규제가 생산 이후 사후적 규제에서 설계 및 공정 등에 대한 사전적 규제, 배출농도에 의한 직접규제에서 경제적 유인수단(배출권거래제, 환경친화적조세 등) 등으로 전환되고 있다. 실제 2008년부터 2012년까지 적용될 온실가스 감축체제인 교토의정서가 발효되었고, 또한 2005년 말부터 2012년 이후 온실가스 감축규제 논의가 본격화 되는 등 온실가스 감축이 산업에 직접적인 영향을 미치지 시작하였다.

G20을 중심으로 저탄소 녹색경제 체제로의 전환을 위한 시책들이 속속 준비되고 있고, 녹색시장 선점을 위하여 2012년까지 그린 투자에 적극적이다. 우리나라도 이에 뒤지지 않기 위하여, 저탄소 녹색산업으로 전환과 지속적인 녹색성장을 위하여 2010년 4월 〈저탄소 녹색성장 기본법〉 및 시행령을 발효하였다.

동법은 2020년 온실가스 감축목표를 설정하여 우리 경제 및 산업이 나아가야 할 방향을 제시하고 있다. 또한 제3자 적합성평가(MRV)를 중심으로 온실가스·에너지목표관리제, 자동차 연비규제, 배출권거래제, 친환경세제(특히, 탄소세) 등이 적용되고 있거나, 논의되고 있다.

향후 100년 후의 먹거리를 위한 〈저탄소 녹색성장 기본법〉 및 시행령이 주력산업의 녹색화를 비롯하여 경쟁력을 갖춘 녹색산업을 육성시키기 위해선 다음과 같은 이해가 있어야 가능할 것이다.

[그림 13] 저탄소 녹색성장 기본법의 체계

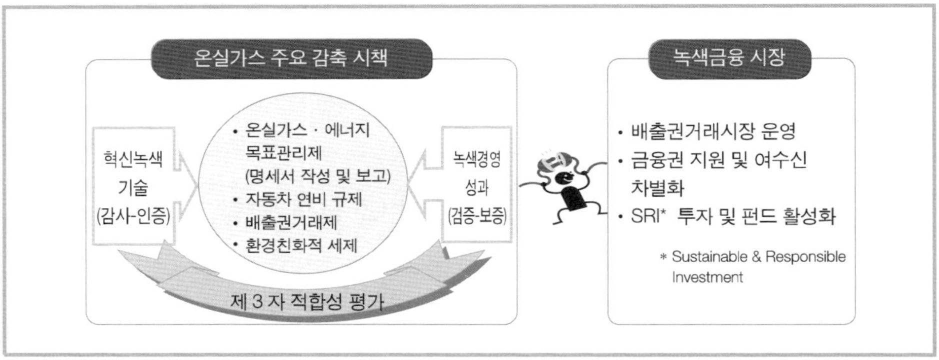

자료: POSRI(2010).

- 저탄소 및 친환경성 경제체제로의 전환에 대한 국민 공감대가 필요함. 그 이유는 저탄소 및 친환경성 경제체제의 당위성에 대해서 모두 공감하지만, 석탄, 석유, LNG 등 화석경제체제에 있어서 원가부담, 생산감축, 소비감축 등 전반적으로 경제규모의 위축을 갖고 오기 때문임. 또한, 친환경적 소비, 근검 절약 등 소비 및 생활행태의 커다란 변화를 요구하고 있기 때문임.
- 생산소비 중심의 경제계에서 자연생태계까지 포함하는 광의의 경제관으로 전환해야 함. 즉, 자원순환형 경제체제를 전제로 수요와 공급에 의한 가격시그널을 바탕으로 하는 시장을 창출해야 함. 그리고 친환경 녹색시장을 선점하기 위하여 친환경 및 저탄소 기술 관련 우리의 강·약점에 대한 조사와 분석이 있어야 하고, 관련기술의 경제성 및 환경성 분석에 준하여 우선순위를 확립해야 함. 그리고 녹색 혁신 기술의 체계적 개발을 위하여 녹색기술 및 정책 로드맵이 확립되어야 함.
- 합리적인 정책 및 규제가 적용되어야 할 것임. 어떤 형태의 제도이든 기업가 정신을 촉진하여, 혁신적인 친환경 기술 개발을 할 수 있어야 할 것임. 이명박 대통령도 8.15 경축사에서 '혁신적 녹색기술과 청정에너지 이용'을 저탄소 녹색성장의 핵심으로 강조했음. 다행스럽게도 각 부문에서 세계 최고 자리에 올라 있는 우리 제조업의 에너지효율과 환경 기술은 전반적으로 우수한 편임. 이런 역량을 잘 활용할 수 있는 협상 전략과 정책을 준비해야 할 것임. 특히, 정책은 주력산업의 부품 및 소재 관련 핵심기술과 환경산업 및 신·재생에너지 산업과 연계할 수 있는 융합산업 육성을 위한 지원정책도 적극 고려할 필요가 있음.
- 새로운 저탄소 녹색경제로 성공적인 전환을 위해서는 간과하지 말아야 할 것이 '상대성'의 원칙임. 특히 명분론 입장 또는 전통적 시장경제학자들이 보았을 때 환경 또는 녹색은 규제적 성격으로 성장과는 어울리기 어려운 용어임. 그러나 '상대

성'의 원칙을 감안하고 본다면 전혀 어울리지 않는 표현도 아님. 즉, 과거 특정 시점 또는 경쟁국이나 경쟁기업 대비 등 비교 기준에 준하여 환경 또는 녹색을 감안한다면 전년 대비 또는 경쟁기업 대비 환경오염이나 온실가스 배출이 줄었다면 녹색화로 인식할 수 있음. 그리고 경제성과 함께 본 에코·경제효율이 개선되었다면 녹색성장을 위한 필요조건을 갖추었다고 할 수 있음. 즉, '환경에 영향을 적게 주면서 더 많은 가치를 창출하는' 형태의 에코·경제효율 지표가 상대성을 나타내는 대표적인 지표라 할 수 있음. 이는 지난 40여 년간 압축성장을 주도하였던 제조업의 역량을 충분히 활용하는 길이기도 하며, 제조업 자체를 환경 친화 산업으로 연착륙 시킬 수 있을 것이며, 결국, 안정적인 일자리 창출과 부의 격차를 감소하는데 기여하게 될 것임. 또한, 녹색 또는 청정이라는 용어를 사용할 때, Green 또는 Clean 보다 Greener 또는 Cleaner를 사용하는 것이 상대성 원칙을 보다 잘 반영하고 있다고 할 수 있음. 글로벌 차원에서 후자가 보다 범용적으로 사용되고 있음.

- 우리 현실을 반영한 정책 및 녹색성장에 관한 중장기적인 로드맵이 설정되어야 함. 자원부족, 환경오염 등을 극복하고 인류의 영속성을 확보하기 위해서 저탄소 녹색경제 체제는 반드시 가야할 것 길임에 분명함. 그러나 저탄소 녹색경제 체제에 필요한 기술이 하루, 이틀 사이에 개발될 수 없고, 특히 인구는 많고 자원이 없는 수출 지향형 제조업 중심의 산업구조를 가진 우리나라 입장을 고려할 때, 저탄소 및 환경친화적 산업구조로의 전환을 중장기적으로 검토해야 할 것임. 즉, 절대량 감축보다는 특정 기준 시점이나 경쟁 기업과 비교한 상대적 감축 목표에 중심을 두고 중장기적인 산업구조 전환을 위한 로드맵이 필요함.
- 산업계는 지속적인 에코·경제효율을 개선을 위한 혁신적인 환경/녹색경영 전략을 수립해야 할 것임. 즉, 모든 경영활동이 환경영향은 최소화하면서 경제적 가치는 극대화할 수 있어야 할 것임. 이를 위해서, 녹색성장을 경영비전에 반영하여, 기업활동 전과정에서 에코·경제효율을 개선할 수 있는 전략적 경영체제를 구축해야 할 것임. 이 과정에서 쉽게 모방하거나 대체할 수 없는 독보적인 기술을 개발하여 원가경쟁력을 확보하고, 제품 차별화를 통해 시장 지배력도 강화해가야 할 것임.

첨부 1 물질균형모형[17]

물질균형모형에 있어서 가장 중요한 명제는 환경계로부터 경제계로 유입되는 에너지 및 자원의 총량은 경제계로부터 환경계로 유출되는 잔여물의 총량과

17 김승우 외, 「환경경제학: 이론과 실제」, 박영사, 2005.

궁극적으로 일치한다는 것이다. 이는 자연과학에서 말하는 열역학 제 1 법칙(The First Law of Thermodynamics)에 의해 설명된다. 열역학 제 1 법칙에 의하면 에너지나 물질은 창조되거나 파괴되지 않고 단지 다른 형태로 전환될 뿐이다. 따라서 경제활동을 위해 사용된 천연자원은 궁극적으로 잔여물이라는 다른 형태로 전환되어 환경계로 배출되는 것으로 이해할 수 있다. 예를 들어 석탄의 총 사용량은 석탄의 채굴과정에서부터 소비에 이르기까지 발생된 가스와 타고 남은 고체의 양과 동일하다. 어떠한 자연자원이든 일정기간 경제계 내에 축적되어 있을 수는 있으나 궁극적으로 잔여물화되어 환경계로 유출된다.

이러한 사실은 우리에게 두 가지 중요한 시사점을 제공해준다. 첫째, 환경계로부터 유입되는 자연자원의 양이 많으면 많을수록 다시 환경계로 유출되는 잔여물의 양도 궁극적으로 많아진다는 점이다. 잔여물의 양이 많아진다는 것은 그만큼 환경의 자정능력을 초과하는 수준의 잔여물이 발생될 가능성이 높아진다는 것이고 이는 곧 환경계의 오염과 피해로 나타나게 된다. 결국 잔여물의 감소를 위해서는 경제계로 유입되는 자연자원의 양을 제어해야 함을 강하게 시사하고 있다. 다시 말해 잔여물의 감소를 위해서는 생산량의 감소가 수반되어야 한다는 것이다.

둘째, 생산 및 소비과정에서 발생되는 잔여물을 재활용할 경우 그만큼 잔여물의 배출량을 감소시키는 결과를 가져온다는 점이다. 재활용을 통해 생산과정에 소요되는 자연자원의 양을 감소시킴으로써 환경에 배출되는 잔여물의 양을 감소시키는 것이다. 자원이용 및 환경보전에 있어 재활용이 갖는 큰 중요성이 여기에 있다. 재활용은 잔여물의 발생을 감소시키는 매우 효과적인 방법으로 사용될 수 있는 것이다. 그러나 재활용 역시 잔여물의 발생량을 억제하는 궁극적인 해결책은 될 수 없다. 왜냐하면 기술적 제약에 따른 재활용의 한계가 존재하고 재활용을 위해서는 추가적인 자연자원의 사용이 요구될 뿐만 아니라 재활용과정에서 잔여물이 발생하기 때문이다. 결국 재활용은 잔여물이 환경계로 배출되는 속도를 늦출 뿐, 궁극적으로 사용된 자연자원은 모두 잔여물로 전환된다.

왜 모든 잔여물이 재활용되지 않는가? 엔트로피 법칙이라고도 불리는 열역학 제 2 법칙(The Second Law of Thermodynamics)에 따르면 자연자원의 사용과정에서 이용할 수 없는 에너지나 물질의 양은 점차 증가하게 된다. 소위 엔트로피, 즉 무질서의 정도가 증가하는 것이다. 따라서 배출된 잔여물의 재활용과정에서 일부만이 실제로 재활용가능 자원으로 활용되는 것이고 나머지는 잔여물로서 환경으로 배출된다. 이러한 예는 무수히 많이 발견할 수 있다. 유연 휘발유에 포함되어 있는 납 성분은 자동차 운행과정에서 대기 중으로 배출되나 이를 다시 재활용하여 생산과정에 재투입시킬 수는 없다. 에너지의 경우 연소 시 발생되는 이산화탄소를 저장시키는 기술은 존재하나 이를 가지고 또 다른 에너지원을 만들어 낼 수는 없다.

이렇게 보았을 때 물질균형모형은 환경계와 경제계가 상호 작용하는 관계를 에너지 및 자원, 그리고 잔여물의 흐름을 통해 설명하였다는 점에서 큰 의의가 있다고 할 것이다. 자연자원의 사용은 필연적으로 잔여물의 발생을 유발하고 잔여물은 궁극적으로 다시 자연자원으로 환원될 수 없다는 측면에서 경제는 닫힌 체계(Closed System)내에서 일정한 한계성(Boundary)을 가지게 됨을 지적할 수 있다. 이상의 논의를 [그림 14]를 통해 정리해 보도록 하자.

여기서 R(resources)은 자연자원, P(production)는 생산, C(consumption)는 소비, U(utility)는 효용, W(waste)는 잔여물, A(assimilative capacity)는 자정능력, 그리고 r(recycling)은 재활용을 각각 가리킨다. 그리고 실선은 자연자원의 흐름을, 그리고 점선은 효용의 흐름을 나타낸다. 환경으로부터 추출한 자연자원(R)은 생산(P)과 소비(C)과정을 거쳐 사람들에게 효용(U)을 제공해 준다. 이 과정에서 잔여물(W)이 발생하게 된다. 이때 투입된 자연자원의 총량과 발생된 잔여물의 총량은 열역학 제 1 법칙에 의해 궁극적으로 일치한다. 잔여물의 일부는 재활용(recycling)과

[그림 14] 물질균형모형

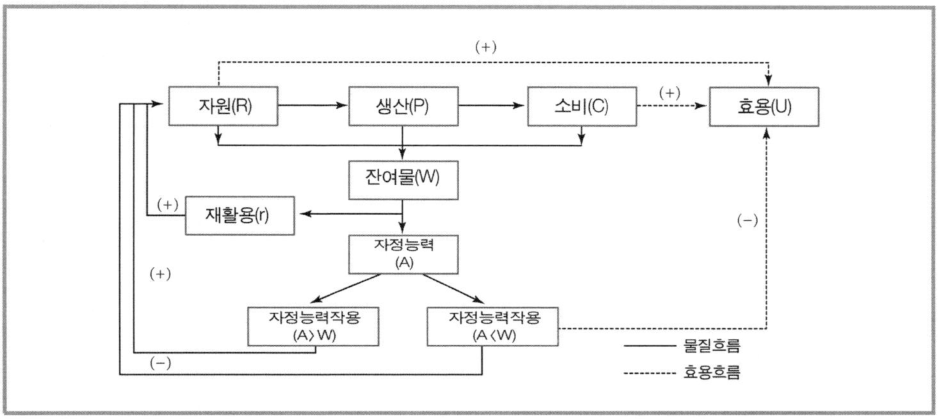

정을 거쳐 다시 생산과정에 투입된다.

반면 열역학 제 2 법칙에 의해 재활용되지 않은 일정량의 잔여물은 환경으로 배출된다. 잔여물의 총량이 환경의 자정능력을 초과하는 수준에서 발생되었다면 이는 자연자원의 공급량을 감소시킬 뿐만 아니라 사람들이 환경에 대해 누리는 효용수준을 떨어뜨리는 결과를 초래할 것이다. 예를 들어 자정능력을 초과하는 산성비는 산림을 황폐화시킴으로써 산림자원의 감소를 가져오고 동시에 산림경관을 해치게 된다.

앞의 그림에 나타난 바와 같이 환경과 경제는 자연자원과 잔여물의 유출·입을 통해 끊임없이 순환하는 체계를 지니고 있다. 환경과 경제가 선순환적인 관계를 지속할 것인가, 아니면 악순환적인 관계를 유지할 것인가는 물질균형모형이 시사하는 바와 같이 잔여물의 발생을 감소시키기 위한 모든 경제주체들의 노력에 의존한다고 할 것이다.

참고문헌

국내문헌

김승우 외, 「환경경제학: 이론과 실제」, 박영사(2005).

녹색성장위원회, 「녹색성장5개년계획」(2009. 7).

이병욱, 「환경경영론」(2005).

환경부, 「중등교사를 위한 저탄소 녹색성장 바로 알기」(2010. 3).

외국문헌

OECD, The Invention and Transfer of Environmental Technologies (2010).

제19장 수송용 연료의 미래와 기후변화 대처

- 클린디젤을 중심으로 한 장기 수송용 연료 Roadmap 수립 -

신 승 국*

Ⅰ. 서문: 왜 수송용 연료 정책인가?

IPCC(Intergovernmental Panel on Climate Change)[1]는 1992년 채택된 유엔기후변화협약 및 1997년 교토의정서 이행 여부를 점검하기 위해 5~6년마다 기후변화 평가보고서를 발간하고 있다. 1990년 1차 보고서를 시작으로 2007년 4차 보고서가 발간되었으며, 현재 2014년 마감을 목표로 제 5 차 평가보고서가 준비되고 있는 중이다. 2007년 발간된 IPCC 4차 평가보고서에서는 약 6년간 130여 개국의 과학자가 참여하여 온실가스 배출경향, 부문별 중·단기 완화 방안, 장기 완화 방안, 지속가능한 개발과 기후변화 완화 방안 등을 논의하고 있다. 이 평가보고서에서 특이할 만한 내용 중 하나는, 과연 어느 부문에서 온실가스 배출물질이 가장 많이 배출되는지, 다시 말하면 전 세계적으로 기후변화에 대처하기 위해 어느 부문이 더 관리가 필요한 것인지에 관한 부분이다. 이 평가보고서는 교토의정서[2]에

* (주)SK에너지, CR전략실장.

1 1988년 11월 유엔 산하 세계기상기구(WMO)와 유엔환경계획(UNEP)이 기후변화와 관련된 전 지구적인 환경 문제에 대처하기 위해 각국의 기상학자, 해양학자, 빙하 전문가, 경제학자 등 3천여 명의 전문가로 구성한 유엔 산하 국제기후변화협의체(출처: IPCC).

2 지구온난화 규제 및 방지의 국제협약인 기후변화협약의 구체적 이행 방안으로, 선진국의 온실가스 감축 목표치를 규정하였다. 1997년 12월 일본 교토에서 개최된 기후변화협약 제 3 차 당사국총회에서 채택되었다(출처: doopedia).

서 정의한 6종의 온실가스(CO_2, CH_4, N_2O, HFCs, PFCs, SF_6)의 배출량 추이를 조명하고 있는데, 이 6종의 온실가스의 배출량은 지난 35년(1970~2004년)간 약 70% 증가해왔다. 특히, 그중 수송 분야는 에너지공급분야 다음으로 가장 높은 증가세를 보이고 있다.[3]

본 원고에서 본격적으로 다루어질 수송용 연료는 다른 종류의 에너지보다 상대적으로 소비자에게 가장 밀접한 에너지이기도 하다. 우리 대부분은 아침에 출근하며 주유소에 들러 자동차에 휘발유를 주유하거나, 혹은 경유나 CNG를 사용하는 대형시내버스를 타고 출근하기도 하며, 밤늦은 시간에는 LPG택시를 타고 집에 귀가하기도 한다. 이처럼 우리의 일상생활 속에서 수송용 에너지가 차지하는 비중이 굉장히 크기 때문에 이 수송용 에너지를 효율적으로 합리적으로 사용하여 기후변화에 대처하는 점이 국가적 차원에서 강조되고 있지만, 역설적으로 에너지를 소비하는 최종 소비자들의 입장에서는 자발적으로 수송용 에너지 사용과 대기오염 개선 및 기후변화 대처를 연계시키려는 경향이 그리 높지 않다. 2011년 연초부터 확산된 고유가 이슈와 관련하여 주유소에 판매되는 휘발유 및 경유 가격이 상승하자 실제 길거리에서 주행 중인 자동차 수가 감소하고, 국내외적으로 연비가 높은 차량이 예전에 대비해 큰 인기를 얻고 있다는 사실은 그 점을 반증하고 있다.[4]

요약하자면 수송용 에너지는 기후변화 대처 측면에서 가장 중요한 분야의 하나이지만, 정작 그 에너지를 사용하는 소비자에게 더욱 중요한 것은 온실가스 저감이나 환경보호와 같은 키워드가 아니라 바로 가격으로 귀결된다는 것이다. 바로 이러한 현실이 정부로 하여금 현재 에너지 수급 현황 및 향후 기후대처 방안을 합리적으로 반영한 수송용 연료 정책을 수립해야 할 당위성으로 이어진다. 기후변화 대응에 밀접하게 연관되어 있는 수송용 연료 정책을 통해, 수송용 연료가 환경적으로 위해하지 않은 방향으로 올바르게 사용될 수 있도록 범국가적인 관점에서 정책을 수립·추진해나가는 것이 필요하다. 동시에 수송용 연료는 자동차 산업 등 다른 분야의 산업과 밀접하게 연계되어 있어 산업 파급력이 크기 때문에, 올바른 방향성을 갖고 장기적으로 로드맵을 설정해야 하는 필요성이

3 에너지공급(145%), 수송(120%), 산업(65%), 토지 이용(40%), 농업(27%), 건축(26%)(출처: IPCC 제 4차 평가보고서, 2007).

4 "美 자동차 업계, 연비 중시 체제로 변신," 연합뉴스, 2011. 1. 8.

강조되지 않을 수 없다.

정부 역시 이러한 수송용 연료 정책의 중요성을 인식하고 보다 환경적인 수송용 연료가 보급될 수 있도록 정책을 추진해오고 있는바, 정부 당국의 수송용 연료정책은 크게 세제, 차량보급, 연료정책으로 분류될 수 있다. 2001년 및 2005년, 두 번에 걸쳐 시행된 에너지세제개편은 LPG와 같은 가스연료에 더 낮은 세율이 부과되는 방향으로 세제정책을 개정하였고, 이는 지난 10년간 LPG택시 등 가스차량이 비약적으로 확산될 수 있었던 결정적 계기가 되었다. 또한, 현재 서울시에서는 전체 시내버스의 97% 이상이 모두 CNG버스로 대체되었고 향후 전기자동차 역시 단계적으로 도입할 예정인 반면에, 정부는 과거 검은 매연으로 배출오염물질의 악명이 높았던 경유 화물차의 경우 해당 차주가 이를 LNG혼소트럭으로 변환할 경우에만 개조 보조금을 지급하고 있다.

그러나 정부의 수송용 연료 정책은 그동안 비약적으로 발전한 수송용 연료 및 차량기술을 반영하지 못한 채 여전히 10년 전 정책의 연장선상에 머무르고 있다. 수송용 연료정책을 설정하고 추진하는 방향에 있어 가장 중요한 것은 장기적인 관점에서 판단하였을 때 어느 수송용 연료가 보급되는 것이 가장 합리적인가 하는 여부이다. 정책의 합리성을 판단하기 위해서는 기후변화 대처 및 대기오염개선 등 환경적인 측면과 함께 효율적인 정부 조세 사용, 타 산업으로의 긍정적 파급 효과 등 경제적인 측면이 함께 검토되어야 한다. 이와 함께 세계적인 수송용 연료 정책 경향을 종합적으로 고려하였을 때, 중장기적으로 클린디젤(Clean Diesel)[5]차량이 보급될 수 있도록 수송용 연료정책이 개편되어야만 하며, 이를 바탕으로 연료 정책과 차량 보급 정책을 연계하여 궁극적으로는 연료-차량 산업 간 시너지 효과 극대화 및 에너지 안보가 극대화될 수 있도록 하는 정책이 필요하다.

5 클린디젤(Clean Diesel)차량은 이산화탄소(CO_2), 질소산화물(NOx), 미세먼지(PM) 등 오염물질 배출 수준을 과거에 대비하여 획기적으로 개선한 차량을 의미하며, 일반적으로 Euro5 기준을 만족하고 있다[Euro 기준에 대해서는 주 1 참조].

Ⅱ. 국내 수송용 연료 및 정부정책 현황

(1) 국내 수송용 연료 현황

2000년 이후 국내의 수송용 연료 소비 패턴을 살펴보면, 다른 연료에 비해 경유의 소비량이 월등히 높았고 이러한 추세는 2008년 국제유가 상승으로 인한 국내 경유 판매가격이 최고가를 기록할 때까지 이어졌다.[6] 2008년 7월 전국 주유소 평균 경유 판매가격은 1,950원/ℓ에 육박하였고,[7] 2005년부터 추진되었던 바이오디젤 시범 보급 사업이 조금씩 활성화되기 시작하여 경유에 배합하는 바이오디젤 혼합비율이 2009년 1.5%, 2010년 2.0%로 상향되어, 2011년, 2012년까지 2.0%를 유지하고 있다. 그 결과 2011년에는 전체 수송용 경유 소비량의 약 2.0%에 해당하는 40만kℓ의 바이오디젤이 수입되었다. 이러한 일련의 경향은 2007년과 2008년을 기점으로 경유 소비량의 감소를 야기한 반면, CNG버스, LPG승용차의 보급 확대 등 가스연료를 에너지원으로 하는 차량의 비약적인 증가에 따라 LPG, CNG 등 가스연료의 수요는 지속적으로 증가해왔다.

[그림 1] 수송용 연료 국내소비량 (천배럴)

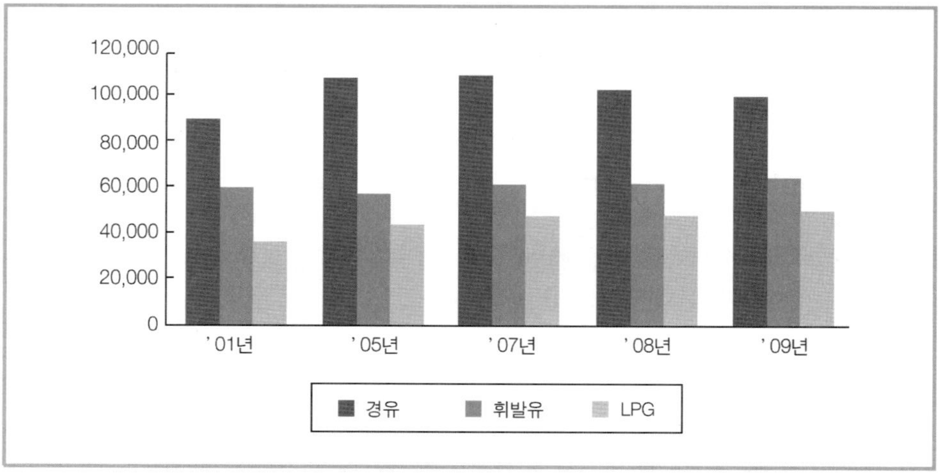

6 수송용 연료별 국내소비현황(2001~2009년, 출처: 석유공사).

7 Opinet 주유소 제품별 평균판매가격(VAT 포함).

2001년부터 2009년까지의 수송용 연료 국내 소비량을 살펴보면 경유 소비량은 2007년 이후 감소하기 시작하여 2008년에는 전년 대비 △6%, 2009년에는 △2% 감소하는 경향을 보였다. 반면 LPG의 경우 절대 소비량의 경우 경유 소비량의 절반에도 이르지 않지만, 2001년부터 2009년까지 연 평균 6% 증가하는 등 가파른 증가세를 보였다. 결론적으로 국내 수송용 연료 소비 경향을 요약하면, 국내 경유 수요는 정부의 연료수급 다변화 정책에 따른 가스연료 대형차량 보급 및 바이오디젤 보급사업 등으로 인해 '07년 이후 지속적으로 감소 중이며, 반면 LPG 등 가스연료 사용은 늘어나는 등 수송용 연료수요에 있어 변화가 나타나고 있다.

(2-1) 정부 정책 현황: 친환경자동차 보급정책

이러한 수송용 연료 수요 패턴의 변화는 환경성이 우수한 연료 및 차량 보급을 통해 대기오염 저감 및 기후변화 대응을 추진하고 있는 정부정책의 현 주소와 맥을 같이하고 있다. 정부정책은 크게 친환경자동차 보급정책, 친환경 연료정책, 그리고 이를 뒷받침하기 위한 친환경세제정책으로 요약된다. 정부는 지난 2004년 「환경친화적 자동차의 개발 및 보급 촉진에 관한 법률」을 제정하였는데 동 법률에서 정의하는 환경친화적 자동차는 전기자동차, 태양광자동차, 하이브리드자동차, 연료전지자동차, 천연가스 자동차 또는 클린디젤자동차를 의미한다.[8] 그리고 위에 열거된 환경친화적 자동차를 지속적으로 확대 보급하기 위해 매 5년 주기로 환경친화적 자동차 보급시행계획을 수립하여 추진해왔다. 이러한 환경자동차 확대 보급 정책의 대표적인 결과물이 현재 전국적으로 운행 중인 CNG[9]버스다. 지난 2000년부터 환경부와 서울시는 2002년 한·일 월드컵 개최를 앞두고, 대기오염개선을 이유로 전국적으로 CNG버스를 대대적으로 보급하기 시작했다.

> "지방자치단체 청소차와 공공기관의 중·대형 버스, 백화점 셔틀버스 등이 2003년부터 단계적으로 천연가스(CNG) 차량으로 교체될 전망이다. 환경부는 대기오염의 획기적 개선을 위해 월드컵 대회가 열리는 내년까지 시(市)단위 이상 지역에 5천대

---

8 환경친화적자동차의 개발 및 보급 촉진에 관한 법률 제 2 조(정의) 제 8 항.

9 CNG(Compressed Natural Gas)는 압축천연가스로 CO_2 등 오염물질 배출이 적은 것으로 알려져 있다.

[표 1] 천연가스자동차 보급현황

구 분	시내버스 대수	CNG버스 대수('10. 12월 기준)	보 급 률
합 계	28,750	24,445	85.6
서울특별시	8,598	8,383	97.4
부산광역시	1,944	1,606	82.6
대구광역시	1,658	1,546	93.2
인천광역시	2,342	2,310	98.6
광주광역시	1,012	992	98.0

자료: 서울시 및 주요 광역시, 환경부, 2010. 12.

의 천연가스 버스를 배치한 뒤 단계적으로 공공기관 버스와 트럭 등도 천연가스 차량으로 바꿔나갈 계획이라고 밝혔다."[10]

상기 언론보도와 같이 환경부는 대회가 개최되는 10개 월드컵 개최 도시에 모두 5천여 대를 운영할 계획을 세우고 지속적으로 그 대차 수량을 늘려왔는데, 그 결과 현재는 전국 시내버스 중 CNG버스 비중이 약 86%에 이른다. 가장 적극적으로 CNG버스 보급에 앞장섰던 서울시의 경우 CNG버스 비중이 97%를 상회하여 서울 시내에 운행되는 버스 중 거의 모든 버스가 천연가스를 연료로 사용하고 있다.

또한 하이브리드 차량도 보급 확대를 추진 중이다. 현실적으로 국내에 출시된 하이브리드 차량은 LPG 하이브리드 차량이 유일하기 때문에, 역시 LPG 연료의 확대 보급의 연장선상에 있다. LPG 하이브리드 차량을 구입 시 취득세 및 등록세 감면에 따라 대당 최대 310만원까지 세금 감면 효과가 있다.[11] 또 다른 가스연료인 LNG 역시 최근 지속적으로 회자되고 있는 중이다. 국토해양부가 시범 보급 사업을 거쳐 지난 2008년부터 정식으로 시작한 「LNG 화물자동차 전환 사업」은, 기존 경유 화물차에 천연가스 연료장치를 장착하고 경유와 LNG를 함께 사용할 수 있도록 지원하는 사업이다. 영업용 화물자동차를 소유한 사람은 누구든 신청할 수 있는데, 대당 전환비용 2,000만원을 지원받게 된다.[12] 반면 환경부

10 "천연가스 차량 보급 대폭 확대," 연합뉴스, 2001. 2. 28.

11 2011년도 환경친화적자동차 보급시행계획, 환경부 고시 제2009-281호, 2010. 12. 29.

12 물류정책기본법 제60조 환경친화적 운송수단으로의 전환 촉진.

를 대표로 하는 정부의 친환경자동차에 대한 노력은 가스연료에 국한되는 것은 아니다. 바로 전기자동차에 대한 관심이다. 지난 2010년 9월, 청와대에서 열린 국산 고속전기자동차 블루온의 시승식에 많은 사람들의 이목이 집중되었다. 시승식 당시 대통령은 "전기자동차 시대가 굉장히 빨리 올 것이며, 한국이 전기자동차 시장을 주도해야 한다"라고 발언하기도 하였는데, 현재 지식경제부, 환경부 등 범정부적으로 전기자동차 보급 확산은 큰 화두이다. 대통령 직속 녹색성장위원회가 저탄소 녹색성장 기본법을 바탕으로 지난 2009년 7월 발표한 「녹색성장 국가전략 및 5개년 계획」, 2010년 12월 발표한 「그린카 발전 로드맵」은 기본적으로 친환경자동차의 확대·보급을 주요 내용으로 포함하고 있으며 전기자동차 관련 기술 발전 및 차량 보급 등을 중점적으로 추진할 예정이다.[13]

(2-2) 정부 정책 현황: 친환경연료 정책

앞서 살펴보았듯이 정부가 최근 추진하고 있는 일련의 친환경자동차 보급정책이 시사하고 있는 점은 무엇일까? 2000년대 이후 급속히 높아진 환경보호 및 기후변화 대처와 관련하여 수송용 차량을 최대한 친환경적으로 변화시키려는 정책 이면에는 기존의 휘발유, 경유, LPG 등의 일반적인 수송용 연료의 범주에 CNG, LNG 등의 가스연료와 전기를 포함하여 수송용 연료의 범위를 확대시키려는 생각이 자리 잡고 있다. 즉 정부가 의욕적으로 추진하는 친환경자동차 보급정책은 친환경연료 정책이 반드시 뒷받침되어야 하는데, 어떤 연료가 친환경적인가에 대한 정의가 조금씩 변화했고 그 결과 수송용 연료의 범위가 가스 및 전기에 이르기까지 넓어졌던 것이다. 이러한 정책 변화는 놀랍도록 강력하게 추진되었다는 점에서 고무적이지만, 전 세계적인 수송용 연료 Mix와는 일부 괴리감이 존재하고 있다.

(2-3) 정부 정책 현황: 친환경세제 정책

한편 이러한 정부의 친환경자동차 보급정책 및 친환경연료 정책을 뒷받침하기 위해 반드시 필요한 것이 친환경세제 정책이다. 먼저 큰 관점에서 대한민국

---

13 소형전기차(2011년), 중형전기차(2014년) 양산 체계 구축 및 배터리 교체용 전기차 개발(2012년) 추진 등.

[그림 2] 수송용 연료별 상대가격비

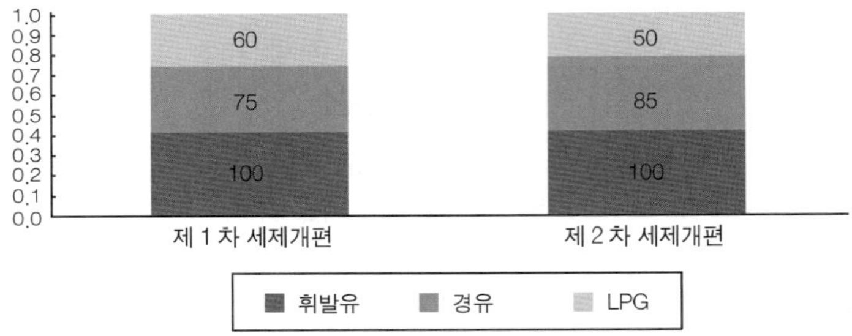

에너지세제 정책의 현실을 돌아보자. 정부는 지난 10년간 두 번의 대규모 에너지세제개편을 통해 수송용 연료 에너지 Mix 정책을 시행해왔다. 제 1 차 에너지세제개편은 LPG 수요 증가를 억제하기 위해 2001년 7월을 기점으로 약 6년간 진행되었고, 휘발유 : 경유 : LPG의 상대 에너지 가격비가 100 : 75 : 60으로 설정되었다. 2005년 초 경유 승용차의 국내 시판에 따라 환경부와 환경단체는 여전히 오염물질 배출 수준이 높은 경유 사용의 확대를 우려한바, 2005년 7월부터 약 3년간 진행된 제 2 차 에너지세제 개편 결과 휘발유 : 경유 : LPG의 상대 가격비는 100 : 85 : 50으로 조정되었는데, 경유에 대한 세율은 인상되었고 LPG는 제 1 차 에너지세제개편보다도 훨씬 세율이 낮아지게 되었다. 두 번의 에너지세제개편 결과 경유의 세금은 약 180%[14] 가까이 증가하게 되었는데 유가보조금을 지급받지 않는 경유 화물차 이외의 경유 차량의 실질 부담은 증가하게 되었고, 정부의 LPG차량 보급정책은 보다 탄력을 받게 되었다.

최근 논의되고 있는 제 3 차 에너지세제개편은 보다 친환경적인 방향으로 논의될 것을 요구받고 있으며, 정부는 탄소세 도입을 추진하고 있다. 또한 기존 수송용 연료 간의 Mix 문제가 아닌 1차 및 2차 에너지 간의 문제로 확대되어야 한다는 움직임이 일어나고 있다.[15] 정부는 탄소세 도입 방법으로 연구용역을 통해

---

14 2001년 7월 대비 2010년 6월 경유 세금 비교 결과.

15 "그동안 수송용 연료의 구분은 휘발유, 경유, LPG에 국한됐는데 앞으로 차량이 전기, 하이브리드, 바이오디젤, H-CNG 등 다양한 연소방식 혹은 에너지이용방식이 채택될 전망이라는 점에서 근본적으로 수송용 세제 변동은 향후 발생할 수송부문의 기술적 변화를 감안해야 할 것," "에너지세제개편, 상대가격 조정이 초점 아니다," 이투뉴스, 2011. 4. 22.

각 수송용 연료별로 발생하는 CO_2 배출량에 따라 이를 탄소세의 형태로 기존 세목에 반영한다는 안을 도출하였는데 연비 등 연료 효율을 고려하지 않은 채 연료별 절대 CO_2 배출량만을 고려한 탄소세 도입은 결국 제1, 2차 에너지세제개편에 이어 경유의 세율을 추가 인상하는 결과를 야기하게 될 것으로 전망된다.

수송용 연료뿐만 아니라 차량에 부과되는 세금 역시 경유 연료에 불리한 방향으로 설정되어 있다. 대표적인 것이 경유 차량에만 부과되는 「환경개선부담금」이다. 1992년 도입된 환경개선부담금 제도는 한마디로 수송용 연료 중 경유가 공해를 더 야기하기 때문에 그 책임으로 오염 복구비용을 납부해야 한다는 논리에서 시작되었다. 모든 수송용 연료가 환경오염에 기여한 부분을 무시한 채 오직 경유 차량에만 일괄적으로 부과되는 환경개선부담금은 비록 2009년 9월 이후 등록된 신차 중 Euro5 배출기준을 만족하는 차량에 한해 면제되고 있지만,[16] 가스연료에 비교하여 경유에 상대적으로 불합리하게 부과되어왔던 친환경세제 정책 중 하나이다. 이와 더불어 2010년 추진되기 시작한 자동차세 개편 논의 역시 보다 친환경성을 강조하고 있다. 현재 배기량 기준으로 일괄적으로 부과되는 자동차세 및 지방교육세를 향후 자동차 운행 단계의 CO_2 배출량을 기준으로 부과되는 개편안이 논의되어왔다. 그러나 앞서 제 3 차 에너지세제개편 때 논의되고 있는 탄소세와 같이, 연비 등 연료 효율을 감안하지 않고 절대 CO_2 배출량만을 기준으로 자동차세를 부과하는 방안과 연비까지 감안하여 개편하자는 입장으로 나뉘고 있는데, 연비를 배제하고 CO_2 배출량만을 고려할 경우 가스연료차량에 보다 유리한 방향으로 자동차세가 부과될 것은 자명하다.

뿐만 아니라 국가 및 지자체에서 지원하는 보조금 및 면세 정책 역시 친환경세제 정책의 일환으로 추진되고 있다. 대표적인 것이 가스연료에 지원되고 있는 각종 보조금 및 면세 혜택이다. 과거 CNG버스가 처음 도입될 때, 비록 CNG 버스가 환경성은 우월했으나 차량 가격이 높았기 때문에 기존 경유 버스와의 가격 차이를 보전하기 위해 구입 보조금을 지원하기 시작했는데 현재 CNG버스는 구입 보조금 1,850만원,[17] 구입 시 VAT 면세, 취득세 및 등록세 면세, 경유와의 가격 차이를 유지하기 위한 연료비 지원, CNG 연료에 대한 개별소비세 면제 등 동급의 클린디젤버스에 비하여 상대적으로 높은 수준의 보조금 및 면세 혜택을

16 환경개선부담금 면제대상 자동차 등에 대한 규정, 환경부 고시 제2009-95호.

17 대형버스 기준, 국가 50%, 지자체 50% 공동 부담.

받고 있다.[18] 앞서 살펴보았듯 LNG화물차 전환 시 대당 2,000여 만원의 전환 비용을 보조받고, 현재 전국 택시의 99%를 차지하는 LPG택시의 경우 약 221원/ℓ의 유류보조금을 지원받고 있다. 이렇듯 연료 및 차량에 이르기까지 모든 세제 및 보조금 정책이 친환경을 강화하는 명목으로 가스연료에 유리한 방향으로 개편되어왔고, 그 결과 가스연료차량 보급 확대 및 이러한 차량 이용 시 보다 환경적이라는 인식이 확산되게 되었다.

Ⅲ. 국내 수송용 연료 정책 문제점

(1) 친환경성만 고려한 편향된 정책 방향

국내 수송용 연료 정책의 문제점을 언급하기 전에, 해당 정책이 전반적으로 옳은 방향인지 혹은 다소 개편의 여지가 있는 것인지 구분하기 위해 판단 기준이 필요하다.

첫 번째 판단 기준은 정책의 합리성이다. 어떤 정책이 합리적이라는 말은 정책 추진 시 한 면만을 고려하는 것이 아니라 다양한 면을 고루 반영해야 한다는 점이다. 국내 수송용 연료 정책이 합리적이기 위해서는 환경성 못지않게 경제성의 논리도 반영되어야 한다. 경제적이라는 것은 수송용 연료 정책의 환경성을 강화할 때 정부 조세 및 국민 수요 측면에서 경제적으로 불합리하거나 낭비되는 측면이 없어야 함을 의미한다. 그러나 이 기준에 비추어 보았을 때 현재 정부 정책은 다소 환경성만을 강조하는 경향이 짙다. 가스연료가 상대적으로 가장 환경적이라는 판단이 가스연료차량을 보급하는 정책으로 이어졌고, 이를 지원하기 위해 각종 세제와 보조금을 가스연료에 유리한 방향으로 정책 방향이 설정되었으며 그 대표적인 사례가 현재 서울시내버스의 97% 이상을 차지하고 있는 CNG버스다.

서울시가 2000년 CNG버스를 보급하며 내세웠던 근거는 CNG가 경유에 비해 환경적이며 CO_2 등 대기오염물질을 덜 배출한다는 점이었다. 분명 10년 전 서울시의 논리는 타당했다. 당시 차량 오염물질 배출 정도의 척도가 되는 Euro

18 근거 법령: 2011년도 환경친화적자동차 보급시행계획 및 대기환경보전법 제58조.

기준[19]은 Euro3 기준이 적용되고 있었는데, 2000년대 초 기준으로 경유의 오염물질 배출 수준은 CNG 등 가스연료에 비해 높은 수준이었다. 동시에 이제 막 도입되기 시작한 CNG버스의 높은 차량 가격 및 충전소 인프라 구축비용 등의 문제점 때문에 다양한 명목의 보조금 및 면세 혜택이 CNG버스에 부여되었는데, 그 명목은 CNG의 환경적 우수성에 따른 보급 확대를 위해 경유 버스와 차별화를 하기 위함이었다. 그러나 시간이 지나면서 경유엔진기술이 비약적으로 발전하기 시작하였고 2009년 9월 이후 적용된 Euro5 기준 이후의 클린디젤부터는 기존 가스연료에 비교하여도 오염물질이 동등한 수준으로 배출되어, 과거에 비교하여 크게 환경성 차이가 줄어들었다. 최근 국내·외적으로 진행되었던 디젤 및 CNG의 환경성 평가는 그 변화된 양상을 반영하고 있다. 국립환경과학원(NIER)에서 2009년 시행한 경유 버스와 CNG버스의 배출가스 비교시험 결과, 경유 버스는 CNG버스에 비해 NO_x 등이 상대적으로 많이 배출되고 있으나, 과거와 대비해서 그 차이는 현저하게 줄어들었다. 이뿐 아니라 각종 연구 결과, Euro5 기준이 적용된 클린디젤버스는 서울시와 환경부의 논리와는 반대로 CNG버스에 비교하여도 전혀 손색없이 친환경적임을 증명하고 있다. 더불어, 아래의 표에서 확인할 수 있듯이, 중요한 것은 어느 연료가 다른 연료에 비해 CO가 0.01 더 나오고 덜 나오느냐로 환경적이냐 아니냐를 판단할 수는 없다는 것이다. 보다 중요한 것은 CNG와 클린디젤이 서로 경쟁할 수준으로 환경성이 동등해졌음을 확인할 수 있다는 점일 것이다.

[표 2] 경유 버스와 CNG버스의 배출가스 시험결과 비교 (NIER, 2009)

오염물질 (g/km) / 연료	THC	CO	NO_x	CO_2(1/1000)	연비(km/ℓ)
CNG버스	2.121	0.053	1.832	0.417	4.736
경유버스(DPF장착)	0.013	0.088	3.325	0.515	4.926

또한 이렇게 대기오염물질이 실질적으로 환경오염에 기여하는 수준을 금액으로 환산한 환경비용 역시 클린디젤버스가 결코 CNG버스에 비해 열위한 것이

19 Euro 기준은 유럽연합(EU)에서 채택하여 자동차에 부과하는 배기가스 규제의 명칭이며 국내에도 동일하게 적용되고 있다. EU는 1992년부터 Euro1 기준을 시작으로 3~5년 주기로 Euro 기준을 강화하고 있다. 현재 적용 중인 Euro5는 2009년 9월부터 적용되었으며, 차기 Euro6 기준은 2014년 중반부터 적용될 전망이다. CNG버스가 도입된 2000년~2001년에는 Euro3 기준이 적용되었다.

[표 3] 수송부문 연료 및 차량의 공정경쟁성 비교 국민경제적 파급효과 방안 연구

(한국기계연구원, 2011)

원/연	THC	CO	NO_x	CO_2	합 계
CNG버스	1,900,332	35,355	1,779,105	1,535,955	5,250,747
경유버스	11,647	58,707	3,229,314	1,896,901	5,196,569

아님을 증명하고 있다. 오염물질별 대기오염의 사회적 한계비용을 추정하여 이를 각 배출오염물질에 반영하여 계산한 환경비용 추정 결과, 클린디젤버스의 환경비용은 CNG버스가 야기하는 환경비용과 동등한 수준으로 조사되었다.

요약하자면 환경부와 서울시가 추진한 CNG버스 확대 보급의 근거였던 CNG의 친환경성은 Euro 기준의 강화로 클린디젤 역시 CNG와 동등한 환경성을 갖추게 됨에 따라 무의미해졌다는 것이다. 그러나 문제는 여전히 10년 전의 논리를 바탕으로 CNG버스에 각종 보조금과 면세 혜택을 부과하며 막대한 세원을 지출하고 있다는 점이다. CNG와 클린디젤 중 어느 연료와 차량을 보급할 때 환경성과 경제성 모두를 만족시킬 수 있는지를 검토할 경우, 환경성이 동등하다면 당연히 정부 세수 지출이 적은 차량을 지원하는 것이 더 경제적이고 합리적인 정책이 될 것이다. 그러나 차량 구입 보조금에서 시작하여 연료비 지원, 취득세 및 등록세 면제에 이르기까지 "동등한 환경효과를 얻기 위해 클린디젤버스를 보급한다면 추가적으로 지출하지 않아도 될 경제적 낭비 금액"이 발생하고 있는 점은, 분명 정책의 경제성이 결여되어 있는 것이며 해당 수송용 연료 정책 자체의 합리성을 상실하게 되는 근거가 된다. 최소한 현재 발생되는 CNG버스와 디젤버스의 사회적 편익비용 수준만큼만 CNG버스에 지원한다면, 정책의 합리성은 보다 강화될 것이다. 여기에 더하여 CNG버스는 그 충전 인프라를 지속적으로 확충해야 하고, 디젤버스에 대비하여 연비가 낮기 때문에 연료를 보다 자주 충전해야 한다는 점은 정부와 사용자 모두에게 경제적으로 불합리하게 되는 또 다른 장애요인이 된다.[20]

이런 사례는 비단 CNG버스만의 사례는 아니다. 정부는 LPG택시에 약 221원/ℓ의 유류비를 보조금 및 면세 명목으로 지원하고 있고, LPG하이브리드 차량

20 "CNG버스 폭발사고 후 '대안론' 급부상," 연합뉴스, 2010. 8. 11.

구매 시에도 최대 약 310만원의 보조금을 지원하고 있다. 결론적으로 과거 가스 연료가 경유에 비해 환경적이었다는 사실 하나만으로, 시간이 지나면서 발생한 기술변화를 무시하고 친환경성만을 정책 지속 추진의 근거로 여기는 점은 경제적 논리를 무시하여 결국 수송용 연료 정책 방향성에 대해 의문을 던지게 하고 있다.

(2) 자동차 산업과 연계성 저하

현재 수송용 연료 정책의 문제점을 진단하기 위한 두 번째 판단 근거는 산업 파급력 여부다. 다시 말하면 어느 수송용 연료와 차량을 보급하였을 때 타 산업에 긍정적인 파급 효과가 있을 수 있는지 따져보아야 한다는 점이다. 이를 판단하기 위해 먼저 전 세계적으로 수송용 연료 중 어느 에너지원이 향후에도 지속적으로 성장 동력이 될 수 있을지를 검토해 볼 필요가 있다. 결론적으로는 미래 Global Car Market에서 환경성과 경제성을 모두 고려했을 때, 가스연료 및 전기가 아니라 디젤과 가솔린의 기술 경쟁이 향후 시장을 선도할 것으로 전망되고 있다.[21] Euro 기준 강화에 따라 과거 낙후되었던 휘발유 및 경유의 환경성이 크게 강화되었고, 따라서 모든 수송용 연료가 동일 선상에서 경쟁한다면 가스, 하이브리드, 그리고 전기와 같은 차세대 연료로 전망되는 수송용 연료가 아니라 슈퍼클린디젤 등 기존 내연기관의 기술 발전이 더욱 주목받고 있는 것이다.

이러한 전망은 전 세계적으로 자동차 수출량이 많은 국내 자동차 산업과 무관하지 않다. 디젤 차량 수요가 높은 유럽과, 휘발유 차량 수요가 여전히 높은 미국을 대상으로 자동차 수출을 진흥하기 위해서는 관련 연료에 대한 지원과 기술 개발이 집중적으로 선행되어야 하는데, 국내에서는 전 세계 Trend와는 다소 거리가 있는 CNG, LPG, LNG 등 가스연료차량 보급 정책과 수송용 연료, 세제정책을 연계시키고 있는 것이다. 즉 가스연료에 집중된 현재의 수송용 연료 정책은 자동차 제조업자로 하여금 수출 가능성이 더욱 높은 디젤 및 휘발유 차량 대신 가스연료 차량을 생산하게 하여, 그만큼 자동차 수출 경쟁력이 약화되는 문제점을 야기하고 있는 것이다. 만약 전 세계적으로 가스연료 차량 확대 보급이 압도적인 Trend라면 현재의 정책 기조는 타당하다고 판명될 수 있지만, 현재의

21 BOSCH Automotive Technology Report, 2009.

[그림 3] Global Car Market Outlook

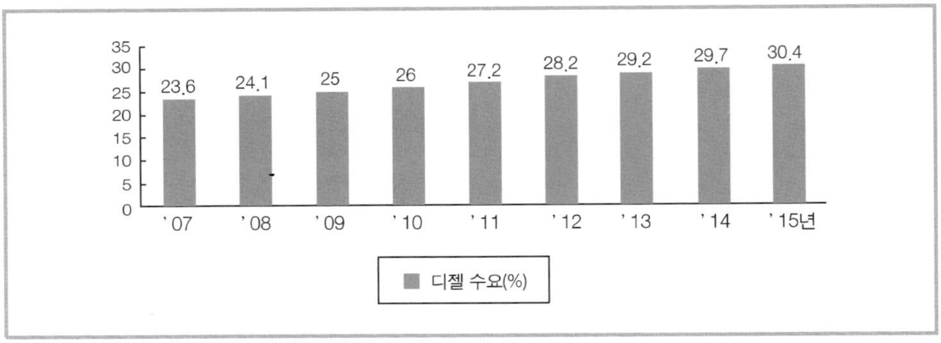

출처: Knibb Gormezano & Partners.

전 세계 자동차 소비 현황 및 향후 수송용 연료 수요 전망에 의하면 그럴 가능성은 높아 보이지 않는다. 따라서 합리적이지 않은 수송용 연료 정책은 연료와 차량 산업의 연계성이 저하되는 결과를 낳았고, 결국 자동차 수출 산업에 부정적인 영향을 미치고 있다.

이러한 문제점은 이미 언론을 통해 조금씩 제기되어 왔다. 유럽연합(EU)은 2009년 9월 처음 Euro5 기준을 적용한 이후, 2011년부터 전면 의무화할 예정이다. 그러나 문제는 한-EU FTA가 2011년 7월 1일부로 발효 예정인데, 유럽의 이러한 Euro5 전면 의무화가 국내에는 오히려 악재로 작용할 가능성이 높다는 점이다. 전문가들은 현재 국내 자동차 중 Euro5를 완전히 만족하는 경유 차량은 4종뿐이기 때문에, EU와의 FTA가 발효될 경우 디젤 수요가 높은 유럽 시장에서 국내의 자동차 수출 경쟁력이 약화될 수도 있다고 지적한다.[22] 즉 경유 자동차 수출과 연계되지 못한 국내 수송용 연료 정책이 경쟁력 있는 국산 경유차의 부족으로 이어졌고 결국 국제 시장에서 자동차 산업 경쟁력이 약화되는 결과를 초래할 위험이 대두되고 있는 것이다.

(3) 국내 에너지 안보 저하

앞서 살펴보았던 현 수송용 연료의 두 가지 문제점, 경제성의 부족과 미약

22 "한국 車 업계, 유럽 판매 '빨간불'," 조선경제, 2010. 10. 22.

한 산업 파급 효과는 결국 전체 에너지 안보에 대한 문제점으로 귀결된다. 먼저 에너지 안보의 정의를 살펴보자. 과거 1960~1970년 1차, 2차 전 세계 석유파동이 발발했을 무렵의 에너지 안보의 개념은 국내에 유통되는 원유와 기름이 부족해지는 상황을 미연에 방지하는 것에 해당했다. 그러나 최근 변화한 에너지 안보의 개념은 이를 포괄하여, 한 국가에서 소비되는 전체 에너지 수급의 자립을 의미한다. 정유업계가 원유를 도입하여 국내에 다양한 수송용 에너지를 공급할 때, 공급과 수요가 일치하여 완전한 에너지 수급 자립을 추구하는 것이 최근의 포괄적인 에너지 안보 개념에 해당한다.[23]

그러나 이러한 에너지 안보 정의에 비추어 볼 때 국내에서는, 가스차량 보급 정책으로 경유는 수요가 감소하여 남는 공급 물량을 해외로 수출하고 LPG, CNG, LNG 등 가스연료는 부족하여 오히려 해외로부터 수입하는 실정이다.[24] 경유는 정제하여 수출하고, 역으로 가스연료는 수입하여 내수 판매하여 발생하는 연료 간 수급 불균형은 「국내 소비 에너지원의 안정적인 확보 및 공급」이라는 에너지 안보 패러다임에 역행하는 현상이다. 또 다른 의미에서 가스연료 확대 보급은 에너지 안보와 배치된다. 과거 휘발유와 경유가 대표적인 수송용 연료로 사용되던 때와 달리, 최근에는 가스연료와 전기 등 정부가 관리하고 감당해야 할 수송용 연료의 범위가 지나치게 확대되고 있다. 수급 조율을 위해 관리해야 할 수송용 연료가 늘어나는 것은 분명 에너지 안보를 강화하는 것과는 정반대의 노선이다.

이러한 점에서 최근 미국에서 에너지정책 기조와 에너지 안보의 개념이 변화하고 있다는 점은 국내 정부에도 많은 점을 시사한다.[25] 미국은 2001년 제 1 기 부시 행정부가 출범하면서 국가에너지정책(National Energy Policy)을 수립하며 중장기적이고 포괄적인 에너지 정책대안을 수립하고 추진하는 것을 목표로 하였다. 이와 관련하여 1970년대 석유파동 이후 미국은 꾸준히 에너지 수급 다변화를 추진하여 왔으며 2000년대의 유가 상승, 중국과 인도 등 신흥국가의 에너지

23 "지난 30년 동안 에너지안보의 개념은 석유의 안정적 확보와 그를 위한 공급원의 다변화(Diversification)가 핵심 요소였다." Daniel Yergin, "Ensuring Energy Security," Foreign Affairs, Vol. 85, No 2, 2006, 69-82.

24 2010년 국내 LPG 내수물량 105,175천배럴 중 66%(69,629천배럴)가 수입에 의존하고 있는 반면, 경유 생산물량 261,714천배럴 중 약 49%(130,761천배럴)가 수출되고 있음(출처: 석유공사).

25 에너지경제연구원, "최근 미국 에너지정책 기조 변화의 의미와 우리나라에 대한 시사점," 2007. 12.

수요 급등 등 새로운 국면에 직면하여 에너지 안보의 개념 역시 조금씩 변화하기 시작했다. 이러한 상황에서 미국은 에너지 안보의 새로운 개념을 제시하고 있는데, 그중 하나가 "시장 중심적인 에너지 수급"이다.[26] 이 보고서는 "효율적으로 기능하는 에너지시장은 정부의 개입이 최소화되어 시장에서 자율적으로 수요와 공급에 의해 에너지 수급이 결정되는 시장"임을 내포하고 있다. 현재 국내 정부가 에너지 수급 다변화의 이름 아래, 전 세계적으로는 수요가 거의 없는 천연가스 등을 수송용 연료로 인위적으로 지속적인 확대 보급을 하고 있는 것은, 이러한 변화된 에너지 안보의 개념에도 상반되는 것이다. 따라서 정부가 보조금이나 면세 효과를 동원하여 가스연료를 확대 보급하는 정책을 중단한다면, 환경성과 경제성이 높은 클린디젤을 중심으로 점진적으로 수요와 공급이 자율적으로 결정될 것이다. 그리고 이것이 변화한 에너지 안보의 새로운 개념에도 부합할 것이다.

Ⅳ. 국내 수송용 연료 정책 시사점

국민 생활 경제에 밀접하고 대표적인 수출 산업인 자동차 산업에 큰 영향력을 가진 수송용 연료 정책을 친환경적으로 변화시키려는 정부의 추진 의지는 당위성을 갖는다. 에너지세제개편, 자동차 세제개편 등 현재 논의되고 있는 수송용 연료와 관련된 일련의 정책 개편방향은 분명 친환경성 및 기후변화 대처에서 시작되어야 한다. 그러나 이와 함께 반드시 언급되어야 할 두 가지 시사점을 고려해야 한다.

(1) 정책 추진 시 환경성 및 경제성 종합 반영 필요

첫째, 수송용 연료 정책 추진 결과 산업·경제적으로 불합리성을 야기하는 점은 없는지 정책의 방향성이 종합적인 관점에서 검토되어야 한다는 점이다. 각종 세제 개편 시 연비 등 연료 효율이 감안되지 않고 연료의 절대적 CO_2 배출량만을 개편 기준으로 고려하거나, 10년 전의 환경성 평가 결과를 여전히 판단 기

26 Daniel Yergin, "Ensuring Energy Security," Foreign Affairs, Vol. 85, No 2, 2006, 69-82.

준으로 하여 불필요한 보조금 및 세금을 지출하고 있는 것은, 단순히 연료의 친환경성만을 고려한 결과 나타나는 정책의 부작용이다. 과거에 비해 엔진기술 및 연료품질의 개선으로 연료 간 환경성 차이가 줄어들었다면, 해당 수송용 연료가 보급되었을 때 어떤 산업 파급 효과가 기대될 수 있는지 면밀히 검토되어야 할 것이다. 자동차 수출 산업뿐만 아니라 연료와 관계된 모든 산업에 경제적으로 불필요한 비용이 낭비되거나 혹은 산업 간 연결고리가 약화되어 수출 경쟁력이 약화되는 위험은 없는지 등 환경성 못지않게 경제성 역시 충분히 감안되어야 한다.

(2) 연료 및 차량기술의 변화를 정책에 합목적 반영

둘째, 늘 변화하는 연료의 사회적 종합 비용을 정확하게 파악하여 이를 실시간으로 수송용 연료 정책 및 각 세제개편안에 반영할 필요가 있다. 수송용 연료의 환경성을 판단하는 Euro 기준은 각 연료가 배출해야 할 오염물질의 수준의 한계를 명확하게 지정하고 있는데, 특히 Euro5 기준 이후 클린디젤과 가스연료 간의 환경성 차이가 명확히 줄어들었다. 앞으로도 이러한 기술 변천은 더욱 놀라운 속도로 진행될 것이며, 전문가들 역시 2014년 발효 예정인 Euro6 기준 이후에는 연료 간 환경성은 동등한 수준에 이를 것으로 전망하고 있다. 이는 수송용 연료 정책 자체도 끊임없이 이러한 정보를 최대한 빠르게 반영하여 세금 및 보조금 정책, 차량 보급 정책에 영향을 주어야 함을 시사한다. 10년 전의 환경성 평가를 여전히 차용하여 전 세계적인 Trend에 역행하는 CNG버스를 대대적으로 보급하거나, CNG의 친환경성이라는 환경부 및 서울시의 보급 논리가 Euro5 기준 이후 타당성을 잃었음에도, 여전히 과거 수치를 기준으로 현재의 연료 정책을 추진하고 있는 점은 분명 재고되어야 할 문제점이다.

(3) 문제점 및 시사점 종합 검토

상기에서 언급한 수송용 연료 정책의 문제점 및 향후 고려되어야 할 시사점을 종합 검토한다면, 현재 정부의 수송용 연료 정책은 과거 지향적이고 단편적이며, 장기적인 관점이 결여되어있다고 검토될 수 있다. 중요한 것은 디젤이나

가스연료 어느 하나가 수송용 연료로서 절대적인 대안이 될 수 없다는 점이다. 분명 클린디젤은 가스연료에 비해 여러 관점에서 경쟁우위를 보유하고 있지만, 클린디젤만을 수송용 연료로 지원하는 것은 현재 가스연료에 전폭적인 지원을 하는 정책과 마찬가지의 결과로 회귀하는 셈이 될 것이다. 중요한 것은 각 수송용 연료의 현재와 미래를 종합적으로 검토해보고 가장 환경오염 저감 및 기후변화 대처에 합리적으로 대응할 수 있는 연료를 모색하는 것이다. 최소한 각 수송용 연료가 환경적으로 동등한 수준이라면, 연료 간 차등적으로 지원되는 연료, 차량, 세금 관련 정책은 분명 재고되어야 한다.

Ⅴ. 국내 수송용 연료 정책 제언

지금 대한민국 정부는 장기적인 관점에서 합리적인 수송용 연료 Roadmap을 수립해야 할 중대한 기로에 서 있다. 물론 이제 더 이상 회피할 수 없는 전 세계 기후변화 대처와 환경오염 저감의 정책 기조는 지속적으로 추구해야 함은 자명하다. 그러나 과거에 상대적으로 환경성이 우수했던 가스연료에 여전히 유리한 정책을 추진하여 세계적인 Trend에 역행하고 수출 효자 종목인 자동차 산업의 시너지 효과를 상쇄하는 정책을 이어나갈 것인지, 그렇지 않다면 친환경성과 경제적 논리를 모두 만족시키는 수송용 연료를 지속적으로 확대 보급하여 궁극적으로 국내의 에너지 안보를 강화하는 정책을 새롭게 수립하여 추진할 것인지 중대한 선택이 필요하다.

장기적인 수송용 연료 정책 수립을 위해 현재 수송용 연료를 면밀히 돌아보고 어떤 연료를 장기적으로 보급하는 것이 산업·경제적인 관점 및 에너지 안보 강화 관점에서 국익에 도움이 되는지 재검토·선별하는 작업이 필요하다. 이를 위해 각 수송용 연료의 사회적 비용을 재추정하여 연료의 가격에 적절히 내재화시키는 선행 작업이 반드시 필요하다. 앞서 언급하였듯이 연료의 사용을 통해 발생하는 대기환경 오염배출비용과 혼잡비용 등에 대해 책임을 부과하는 형식으로 세금구조를 갖추고 소비자의 수요를 조율하려는 목적에서, 각 연료별로 발생하는 비용이 과거에 대비하여 어떻게 변화하여 현재 어느 정도로 산출되는지 추정하는 작업이 필수적이다. 이는 어느 한 수송용 연료에만 혜택을 부여하지 않고, 각 연료별로 명확하게 환경오염 발생에 대한 책임을 부과하여 본격적인 수송용 연료 정책을 추진하기 위한 기반을 공정하게 다질 수 있게 한다.

이 과정에서 중요한 점은, 연료에 부과되는 세금과 자동차에 부과되는 세금이 서로 연계되어야 한다는 점이다. 배기량 기준으로 부과되는 현행 구조 및 연료별 절대 CO_2 배출량을 기준으로 논의되는 향후 개편안 모두 차량의 연비를 고려하지 않아 연료의 친환경적 소비에 오히려 배치되고 있다. 사회적 비용을 가장 최소화하는 연료에 유리한 세금 구조를 구축하여도, 그 연료가 실질적으로 사용되는 차량이 외면 받는다면 정책의 일관성이 결여될 것이다. 따라서 우수한 연비를 보이는 차량에 유리한 방향으로 자동차세가 개편되어, 수송용 연료 정책과 동일한 목표를 지향해야 할 것이다.

이와 같은 점을 종합적으로 고려하였을 때, 클린디젤은 장기적인 수송용 연료 정책의 가장 최적의 합리적인 대안이라고 판단된다. 지속적인 내연기관의 기술발전과 Euro 기준의 강화에 의해 클린디젤의 환경성은 과거에 대비하여 비약적으로 개선되었으며, 클린디젤이 발생하는 사회적 비용 역시 가스 등 다른 연료에 비해 동등하거나 오히려 더 낮은 수준이며 이 같은 경향은 앞으로 기술 발전에 의해 더 가속화될 전망이다. 무엇보다 서유럽을 중심으로 전 세계는 향후 가스, 전기가 아닌 클린디젤 수요가 증대될 것으로 전망되고 있어 국내 자동차 산업이 향후 디젤 차량을 해외에 수출하는 데 수송용 연료 정책이 연계되어 있다면 보다 큰 시너지 효과가 창출될 것으로 전망된다. 이렇게 클린디젤을 중심으로 국내 수송용 연료 및 자동차산업 진흥 정책이 개편된다면 궁극적으로 수송용 연료 범주에서 가스연료의 비중이 점진적으로 줄어들 것이고, 현재 발생하는 연료 간 수급 불균형 역시 해소되어 궁극적으로는 국내 에너지 안보를 강화하는 긍정적인 효과를 기대할 수 있다. 중요한 것은 이러한 수송용 연료 Roadmap이 장기적인 관점에서 천천히 포괄적으로 수립되어야 할 필요도 있지만, 반면 정부 정책기조의 변화가 조속하게 이루어져야 한다는 점이다. 정부는 다양한 정책을 통해 클린디젤 기술 육성 및 차량 보급을 추진 중이나, 기본적인 수송용 연료 정책의 기조가 변화하지 않는 한 대내외적으로 세계적인 Trend를 자칫 따라가지 못할 위험이 크다. 2010년 여름, 서울 행당동에서 발생한 CNG버스 폭발 사고 이후 가스연료 차량의 안전성 문제에서부터, 지금까지의 수송용 연료 정책의 잘못된 방향 설정에 대해 학계 및 전문가들을 중심으로 우려의 목소리가 높아지고 있다. 따라서 정부가 변화하는 에너지 산업 흐름에 조속히 대처하고 더욱 효율적이고 안전하고 환경적인 수송용 에너지 소비를 장려하기 위해 바로 지금, 클린디젤을 중심으로 한 수송용 연료 정책으로의 개편이 필요한 것이다.

결론적으로 클린디젤을 중심으로 한 수송용 연료 정책으로의 개편은 날로 중대해지고 있는 기후변화 이슈에도 효율적으로 대처할 수 있고, 산업 파급력 및 에너지 안보의 관점에서 타 연료보다 더욱 경제적인 측면을 만족시킬 수 있을 것이다. 국가의 환경과 미래 성장 동력을 결정할 수 있는 수송용 연료 정책! 지금 대한민국 정부의 조속한 결단이 요구되고 있다.

※ 주 ※

1. Euro Emissions standards for cars (Source: EuroActiv.com)

Tier	Date	CO	HC	HC + NO_x	NO_x	PM
경　유						
Euro1	1992. 7	2.72	–	0.97	–	0.14
Euro2	1996. 1	1.00	–	0.7	–	0.08
Euro3	2000. 1	0.64	–	0.56	0.5	0.05
Euro4	2005. 1	0.50	–	0.3	0.25	0.025
Euro5	2009. 9	0.50	–	0.23	0.18	0.005
Euro6	2014. 9	0.50	–	0.17	0.08	0.005

참고문헌

국내문헌

에너지경제연구원, "최근 미국 에너지정책 기조 변화의 의미와 우리나라에 대한 시사점" (2007. 12.).

환경부 고시 제2009-281호, 2011년도 환경친화적자동차 보급시행계획 (2010. 12. 29.).

환경부 고시 제2009-95호, 환경개선부담금 면제대상 자동차 등에 대한 규정.

외국문헌

BOSCH Automotive Technology Report (2009).

Daniel Yergin, "Ensuring Energy Security," Foreign Affairs, Vol. 85, No 2 (2006).

제20장 미래도시 지능형 에너지 생태계

— 스마트그리드 도시기반 제도 —[1]

김 우 영*

Ⅰ. 에너지 생태계

환경을 표상하는 기호로서 정보는 자연과 인간 사이의 의사전달을 가능하게 하는 인터페이스(Interface)를 형성한다. 자연에서 전달되는 정보들을 분석하여 현상을 파악하는 과정은 물리적 장소에 내재된 장치를 거치는 동안 특정 인자들의 변화를 단위로 환산하여 온도, 무게, 면적 또는 부피 등을 기준으로 분자의 수, 흐름의 속도, 입자의 성분, 화학 반응 등을 포함하는 함수의 집합으로 표기될 수 있다. 인터페이스의 유효성은 각 단계의 반응들이 가지는 유효범위 간의 조합으로 계량화되는 과정을 지속하게 되며, 유효범위를 벗어난 인터페이스는 실제 현상과 직접적인 인과관계를 형성하지 못하는 상황을 야기할 수 있다. 상온에서 100도까지 측정할 수 있는 온도계가 얼음의 용융점이나 물의 기화점을 살피는 데는 유효할 수 있지만 철의 용융점을 측정하기에는 한계가 있는 것처럼, 인터페이스가 유효한 개념을 공유하지만 척도와 차원의 한계에 의해 작동되지 않는 예들은 현실에서 다양하게 목격된다. 측우기의 강우량 정보는 지반에 놓여있는 용기의 집수량을 표시하지만 구름의 형태나 밀도와 연동되어 지역강우량의 분포

* 성균관대학교 건축학과 교수.

1 도시정보화 사업의 기반시설로 스마트 그리드와 스마트 미터링에 대한 제도.

를 계량화하는 인터페이스로 실효성을 갖기에는 충분하지 못했다. 일정 고도 이상의 강원도 산간지역에서 측우기로 측정된 강우량이 지형적인 이유로 인근지역에서의 실제 강우량과 상당한 격차를 보일 수 있다는 측면을 고려하면, 현재까지 환경을 표상하기 위해 개발되어온 인터페이스의 변화는 보다 효과적인 방법으로 자연과 인간 간의 직접적인 연관관계를 도출하기 위해 새로운 단위들을 개발하는 방향에서 진화를 반복하고 있다. 현재 일기예보에서 인공위성 자료로 지구 전체의 구름 분포와 이동 상황을 분석하고, 예상 강우량을 설명하는 사례는 유효범위가 확대된 인터페이스를 통해 대류와 수분의 순환구조를 매개하는 측면에서 동일한 환경에 대해 측우기를 대신하는 새로운 표상을 제시하고 있다. 이 과정에서 인공위성을 통해 표상되는 구름의 사진은 실제 강우량과 구름의 생성 및 이동 상황을 카메라로 촬영하는 방법 이외에도 인공위성과 지구사이의 전파의 투과율이나 대기 중의 물 입자에 반사되는 빛의 양 등으로 측정된 데이터에서 시각적으로 치환된 가상의 이미지에서 동일한 표상이 유추될 수도 있다. 어느 경우나 측정에 개입되는 장소와 인터페이스 사이에는 물리적인 단위들로 조합되는 새로운 단위가 생성될 수 있으며, 이는 보다 정확하고 효과적인 현상의 재현을 위해 고안되어진 사고의 기반에 기초한 커뮤니케이션의 향상을 목적으로 한다.

인터넷에서 제공되는 구글 어스(Google Earth) 같은 인공위성 정보 인터페이스는 기후변화 및 에너지 환경과 관련하여 세계의 과학자와 정책 입안자들이 이전에 접근할 수 없었던 정보들을 대중에게 제공함으로써 복잡한 현상들을 가시적 형식으로 유형화할 수 있는 데이터 마이닝(Data Mining)을 가능하게 하였고, 동일한 정보 인터페이스 참여 집단들의 기여를 통해 지구 전체를 아우르는 새로운 사고의 기반(Infrastructure)을 지속적으로 형성하는 데 기여하고 있다. 실제로 '석유 없는 세계(World Without Oil)'의 현실적 대안을 모색하기 위한 켄 에크런드(Ken Eklund)의 인터넷 기반 모의실험에서 일반인들의 삶이 어떻게 변화될 수 있는지에 대해 수천 명의 참여자가 32일 간 진행한 의사교환을 분석해 1,500여 종의 가상 시나리오를 도출하고 이를 통해 실제 상황에서 예상되는 위기들을 예방하고 사전에 대처하기 위한 현실적인 대책을 수립하는 연구와 같이, 특정 에너지 소비에 대해 실시간으로 진행될 수 있는 광범위한 정보 수집과 사회적 공유에 대한 기술적 기반으로서 '투명한 생태계(Ecosystem of Transparency)'로의 진화를

의미한다.[2]

에너지 생태계의 역사를 살펴볼 때, 에너지 단위제도의 진화는 에너지의 이동을 최소화하고 지역에서 차별화된 에너지 환경을 구축하는 데 기여해왔다.[3] 그러나 도시화의 결과 초래된 인구의 증가와 그에 따른 도시영역의 확대는 산업과 사회생활의 근대화를 위한 인간 능력의 다양화와 전문화를 지원하기 위한 근대 에너지 체계의 개발과 제도변화를 동반해왔다. 근대국가의 성립과 자본주의 사회의 영향에 따른 에너지제도의 진화는 전통적인 수급시장과 에너지 효율을 제고하기 위한 보완시장으로 이원화되는 과정을 거쳐 20세기 이후 현재까지 국가별로 지방 에너지행정 단위를 중심으로 물리적 구역에 따라 제도화 되는 지역에너지체제 또는 의무에너지제도에서 21세기 환경과 효율을 우선시하는 지능형 에너지 기반의 보급과 운영을 체계화하는 과정에 있다. 그러나 이런 현상은 현재 거시적 환경 담론에서 제시된 근대도시의 기능주의적 순환(Circulation)에 대한 대안으로서 대중교통체계를 전제로 한 에너지위주의 자연친화적 도시조성과 진보적 도시재생에 기초하여 기존 도시의 내재적 진화 가능성을 존중하는 시도들과는 상반된다.[4]

표준화와 다양화의 두 가지 모순된 원리를 공유하기 위한 에너지제도의 진화는 현실적인 에너지환경의 구축에서 대두되는 도시기능의 분화와 이동의 증가에 의한 에너지순환체계의 재구성에 즈음하여 사회별로 유사한 제도로 수렴하고 있다.[5] 도시에서 순환체계로서 에너지 지구체계에 대한 현재의 논의들은 거시적인 차원에서 에너지 환경의 사회·물리적 재정비를 통해 에너지시설을 국가적 차원에서 통합하고 중앙 정부의 운영계획에 따라 에너지 배치계획을 위계적 권역으로 구성하는 동시에 경쟁력에 대한 자본시장의 동적 특성을 활용한 개방형 권역을 병행하는 절충적 시도에 초점을 두고 있다. 이는 에너지 자원의 다변화

2 D. Tapscott and A. D. Williams, Macro Wikinomics, Rebooting Business and the World, Portfolio Penguin, 2010, pp. 81−90.

3 에너지 지구제도는 지역를 단위기준으로 소규모 지역을 구성하는 에너지 소비인구 관리방안으로 정의된다. 이와 대조되는 광역제도는 다수의 지역를 행정적으로 통합 운영하는 에너지위원회를 두고 있다.

4 그리스어로 아이디어(idea)는 '볼 수 있는 대상'(edios)으로 정의되는 것처럼, 11세기 세계지도(Beatus of Liebana from Saint-Sever)에서 보여지는 당시의 지구의 도시들은 다핵적 광역도시로 상징화되어 있다(Corner 1999: 162). http://en.wikipedia.org/wiki/Beatus_of_Liebana

5 근대 국가의 성립 및 자본주의 발생에 따른 에너지제도 변화 참조: http://blog.naver.com/redgren?Redirect=Log&logNo=90037600473

와 저탄소 성장정책에 기인해 최근 진행되는 장기적인 전력수급계획과 열과 전기의 매개체에 대한 에너지 병합을 수단으로 사업자 간 연계를 계열화하는 알고리즘의 공유를 정책으로 지원하는 것을 의미한다. 에너지 효율개선 의무화(Energy Efficiency Resource Standard; EERS)에 따른 그린에너지 제도의 활성화는 에너지의 매체 간 연동을 제고하는 에너지 이용의 합리화 과정으로 이해될 수 있다. 이와 같이 에너지 거래를 전제로 생산과 소비의 정보공유를 강화하는 정책의 확대는 에너지 수급계획이 허용하는 최대부하의 범위 내에서 단순히 진행되던 에너지 공급방식에서 탈피하여, 개방된 에너지 시장을 통해 에너지의 경작을 포함해 사회의 구성원 전체가 공급과 소비의 잠재적 주체가 될 수 있는 쌍방향 거래를 통해 에너지 환경의 최적화를 유도하는 정책으로 구체화되고 있다.[6]

투명한 생태계의 관점에서 에너지의 시장에 대한 사회적 인식변화는 지역단위계획에서 근대이후 정착되어온 지역 커뮤니티 단위의 확대와 지역단위를 초월한 에너지 순환체계의 개방에 따라 가속화되는 지역 간 불균형을 해소하기 위한 대안으로서 지구환경문제에 기초해 국제무역거래를 에너지 차원에서 정량화하는 인터페이스의 개발에 대한 국제적 협약을 추진하고 있다. '동적인 지역균형(Dynamic Regional Harmonization)'에 대한 국제사회의 동의를 전제로 지구촌 통합개발 모형의 가능성을 개념화하고, 1991년 그린라운드(Green Round)에서 환경기준에 대한 새로운 단위제도가 예시됨으로써, 이후 각국은 '공정한 거래'를 위한 국제적 표준화에 유용한 세부단위의 규정에서 자국의 입장을 반영하기 위해 국가적 역량을 집중하고 있다. 현재 국내의 녹색성장정책에서 '환경'과 '성장'의 양향가치를 효율의 단위로 척도(Scale)화 하려는 시도들에서 사회구성원의 참여와 기여를 아우르는 '환경 효율(Environmental Efficiency)'에 대한 표준화를 통해 추구되는 에너지 생태계의 투명성 확보는 새로운 환경단위가 가지는 공정한 상품경쟁에 대한 국제협약의 중심 의제로, 이후 지구촌 전체를 대상으로 하는 물리적 환경의 재구성을 예고하고 있다.

사회 과학자 폴 도리쉬(Paul Dourish)와 제네비에브 벨(Genevieve Bell)은 '경험 기반시설(Infrastructure of Experience)'에서, 일상 공간에서 내재된 우리의 경험이 기반시설과 일상생활에서 시공간을 차지하며 단지 기술적으로 뿐 아니라 경험의

6 문정호, 집단 에너지 사업자간 전력 및 열의 최적거래 매커니즘 개발, 인하대학교 전기공학과, 박사논문, 2009, pp. 8-9.

사회 문화적 구조들을 아우르게 된다고 역설하고 있다. 특히 무선기술은 우리의 경험과 근대 기반시설 간의 관계의 재해석에서 벗어나 장소와 이동과 유동성에 대한 보편적 경험들이 기반시설과 관련하여 보다 비가시적으로 '내재된 정보환경(Pervasive Computing)'으로 개념화 되고 있다는 점을 강조하고 있다. 이러한 무선통신기술의 물리적 적용은 실제 장소로서 도시의 성격을 사회문화적 정보와 접목시키는 사용자의 참여를 유도하는 과정에서 상호 차별화된 도시맥락(Urban Context)으로 인식되게 함으로써, 참여자의 경험과 도시의 장소가 갖는 물성이 상승작용을 가속화 하게 한다는 점에 주목하고 있다. 따라서 특정 목적을 위해 상용화된 무선 기반시설이 공간의 경험이나 성격을 규정짓기보다 무선기반을 통해 어떤 경향이나 잠재적인 경험이 탐구되거나 공간화 될 수 있다고 가정할 수 있다.[7] 이는 지능형 에너지 연계망 제도의 정착에 따른 에너지기반시설 단위의 진화과정과 광역지역단위의 시장형성으로 인한 에너지공동체단위의 통합 및 분화를 수용하는 과정에서 적용되고 구체화될 수 있다. 또한 현재의 에너지시설연계체계가 가지는 에너지 수급체계의 해체 및 재구성에 대한 사회적 논의에서 빈번히 재론되는 도시생활양식의 변화나 도시환경의 개선 또는 정비에 대한 에너지 소비들에 맞닿아 있다.[8]

Ⅱ. 지능형 에너지 제도

개방형 에너지시설 연계체계의 도입은 도시현상에서 밀도의 집중에 따른 도시기반시설의 '환경적 효율'을 고려하여 에너지 지구단위의 지능화를 통한 지역에너지시설의 효용성을 제고하는 보다 합리적이고 전문화된 에너지 환경을 제공하기 위한 거시적 담론을 내포하고 있다. 따라서 대상 에너지 지역을 지원하는 물리적 연결 측면에서 주요 기반시설을 중심으로 형성되는 지역거점 에너지시설들의 분포현황과 이에 따른 에너지 활용 지구단위계획을 동시에 반영하는 에너지 광역체계에 대한 입안 재구성을 의미한다. 특히 에너지 시장에서 다양하고 효과적인 에너지 자원을 제공하는 데 필요한 지역 에너지 환경을 재구성하는 과

7 A. Mackenzie, Wireless: Radical Empiricism in Network Cultures, MIT Press, 2010, pp. 94–95.

8 http://www.donga.com/fbin/output?n=200807290103

정으로도 이해될 수 있다.

국가에너지정책의 수행을 위한 지역에너지시설의 배치계획은 단위시설을 기준으로 수용 가능한 에너지 소비인구 및 시설의 분포에 근거하여 수립되어 왔다. 이는 에너지 환경의 순환체계와 무관하게 물리적인 영역의 행정적 분화를 통해 적정한 단위의 물리적 에너지밀도를 세부적으로 반영하는 정량적 접근을 전제로 특정지역에서 에너지 환경의 개선을 통해 물리적인 공급이 상향되고 에너지 소비가가 증가할 경우 에너지시설을 증축하거나 분리하여 신축하는 과정을 통해 에너지수요의 증가에 신속하게 대응해왔다. 이 과정은 사회의 구성원과 이들로 형성되는 관계집단의 행위를 빈도와 밀도의 측면에서 이해하고 분석하는 작업에 기인하고 있는 반면 지역의 에너지체계가 가지는 순환현상에 대한 동적인 특성이나 에너지 환경을 구성하는 물리적 특성에 대한 균형을 추구하는 측면에서의 통합계획에 대한 고려는 극히 미약한 실정이다. 이와 같은 에너지 환경을 사용자 측면에서 지역적 통합체계로 재정비하기 위한 일환으로, 현재 보편화된 공공에너지수급의 핵심수단인 ‘에너지수급 구역제도’를 폐지하거나 에너지구역을 통합하여, 대륙, 국가 및 지자체 단위의 에너지선택권을 확대하는 방안들이 검토되고 있다. 상반된 가치의 병치를 목표로 최근 지역별 지자체에서 제기되는 에너지제도의 개선은 지능형 에너지 통합 네트워크를 구축하여 상대적으로 광역지구를 대상으로 에너지 효율을 극대화하는 에너지제도의 개발을 의미한다. 즉 에너지 지구별 효율 격차를 해소하기 위한 거시적 관점에서의 계획과 대안에 대한 논의를 의미한다.

지역에너지체계를 수급대상의 기본단위인 행정구역 및 지구, 에너지수급 시설 및 단지, 에너지 서비스 조직(군) 등으로 정의하는 경우, 이들 구성요소들의 조합으로 설명되는 에너지시설 네트워크의 기존 운영체계는 수급에 중심을 두고 형성된 기본단위로서의 지역에너지 공동체에 대한 고려를 반영해왔다.[9] 특정 대상지역을 기준으로 제시된 수급 가상반경 내에 위치하는 동일한 유형의 에너지

9 근대도시의 구역이 가지는 이동의 주기(Cycle)와 과정(Process)을 통해 행태(Behavior Pattern)의 유형(Typology)이 분석될 수 있다는 가설에서 에너지 지구단위에서 제시되는 물리적 지형(지형장애물, 우회도로, 급경사 등)과 에너지의 이동행태를 변수로 보편적인 기준을 설정하여 가정된 서비스거리는 역으로 수급주기를 기준으로 수급거리로 예상되는 효율과 예산을 환산하여 유사하거나 동일한 범위 내에서의 에너지 수급수단을 제공하는 경우 에너지시설 체계의 범위를 가변적으로 설정할 수 있다는 가정을 가능하게 한다.

시설 간에 발생하는 서비스범위의 중첩에 대한 조정은 대상지역에서 에너지 지구단위의 단계별 분리가 기존도시의 물리적 팽창과 병행되는 과정에서 나타나는 개발 밀도의 격차를 반영한다. 따라서 도시인구와 시설의 증가에 따른 에너지 기반시설의 그리드를 확대하기 보다는 기존 기반시설에 대한 접근성을 공유하는 배치를 선호하게 됨으로써, 에너지시설의 배치는 상대적으로 통행량과 인지도가 높은 지역에 집중되는 현상을 보이고 있다. 이는 에너지시설의 공간조직에서 행정적 경계와 무관하게 인접성의 측면에서 서비스거리를 기준으로 하는 에너지지역의 중첩이 진행되면서 실제로 대상 수급지역의 에너지시설들이 가지는 물리적 편제현상을 심화하고 있다.

2010년 집단에너지사업법의 개정안 입법예고 과정에서 집단에너지사업자와 도시가스사 양측이 제기한 주장은 에너지 생태계에서 이종 군집 간의 물리적 병치에 따른 도시계획의 구체적인 사례를 제시하고 있다. 정부개정안은 집단에너지공급지역에서 불허되어온 소형열병합발전에 대한 예외규정을 두어, 일반건축물을 대상으로 설치용량이 최대열부하의 20% 이하이며 열생산용량이 시간당 25만 킬로 칼로리 이상인 경우 이를 허용하는 제도를 시범적으로 시행하였다. 이에 대해 에너지관리공단은 해당 빌딩이나 단지에 발전기를 별도로 설치 및 관리하는 데 따른 비용이 발생하는 데 대한 소비자의 부담 가중과 전체 공급지역의 에너지효율이 저하될 수 있다는 반대의사를 제시하였고, 반면 집단에너지사업자의 주장은 소비자의 측면에서 보다 효율적인 에너지서비스에 대한 선택권이 보장될 수 있는 법적근거가 마련되어 합리적이라는 입장을 피력하고 있다.[10] 결과적으로 기반시설의 중첩을 통한 에너지 수급체계의 다양화는 에너지 소비시장의 형성과 운영에 대한 사회적 요구에 부합하기 위한 변화로 이해될 수 있지만, 기존의 평준화된 에너지공급체계에서 탈피해 에너지시장의 전문화를 통한 에너지 환경개선에 대한 가능성을 모색함으로써 보다 합리적이고 투명한 시장원리와 지역적 특성이 고려된 에너지 시장의 재구성으로 가시화 될 수 있을지의 여부를 판단하기 위해서는 보다 복합적인 측면에서의 고려가 필요할 것으로 예상된다. 현재 진행되고 있는 지능형 에너지 환경에 대한 입법화 역시 에너지 체계의 기본단위에 관한 개념적인 개선 없이 단지 물리적이고 정량적인 측면에서 지역의

10 송승온, '소형열병합발전 허가' 입법예고 앞두고 공방 가열, 에너지타임즈, 2010. 7. 2. 19 : 57 : 27, http://www.energytimes.kr/news/articleView.html?idxno=9506

성장과정에서 요구되는 국부적인 소비형태에 대해 인위적인 단위격자나 모듈들의 변형을 통해 내재된 수급의 압력과 지역 외부로부터 유입되는 개발의 영향들에 의한 물리적인 분화와 확대의 과정을 수용하려는 노력은 자칫 왜곡된 에너지 순환체계를 제도화하는 데 따른 사회적 기회비용을 부담하는 결과를 초래할 수 있다는 점에서 재고되어야 한다. 지역단위의 시설광역화가 가져오는 에너지 환경의 다핵화는 거시적 측면에서 현재의 에너지 지구단위가 가지는 성장주기를 확대하여 적용할 수 있는 특성을 가지므로, 에너지와 연계된 부문별 시설활용에 관련된 물리적 거리와 시간은 시설을 이용하는 참여집단의 사용에 대한 주기와 시설활용 행태에 대한 패턴으로 분석될 수 있다. 이들 인자 간의 상관관계는 동시 다발적으로 진행되는 동적인 특성을 지니며, 특정 대상지역에서 서로 다른 에너지 지구단위의 진화단계에 따라 소규모 지역단위들이 물리적 접근을 위한 동선의 확장과 사회적 연계 강화를 위한 시설의 상호공유 등을 통해 통합될 수 있다. 이러한 사회단위의 지역별 연계가 궁극적으로 에너지 생태계의 균질화를 통한 효율 제고로 귀결될 수 있다. 이는 지역의 내부에서 진행되는 동적성장과 에너지시설구역 간에 커뮤니케이션에서 비롯되는 외부의 유사한 에너지프로그램에 의해 영향을 받는다.

지역에너지체계의 개방은 에너지 유동성을 확보하는 연계망의 구성에서 에너지 수송에 사용되는 에너지 망의 단순경유(Wheeling)와 관계되는 계통 또는 경로에 대한 고려에서 시작된다. 에너지원의 이동에 따른 부하를 수용할 수 있는 선로용량의 입체적 확보를 결정짓는 요인은 에너지 유통의 증가에 따라 제고되는 에너지 효율과 반드시 비례하지 않는다는 점에서 에너지 연계망의 배치계획은 계통전체의 한계치와 이동경로 사이의 한계치에 따른 배분 알고리즘을 지능화하는 데 비중을 두고 있다.[11] 스마트 그리드(Smart Grid)와 스마트 미터(Smart Meter)로 명명되는 지능형 에너지망의 구축은 리처드 벨만(Richard Bellman)의 동적 최적화 이론과 같은 최소비용 경로에 대한 실시간 의사결정을 다수의 에너지 사업 참여자 사이의 합의로 진행한다는 것을 의미한다. 궁극적으로 다양한 에너지 유형의 시간대별 소비량과 거래량에 대한 정보를 제공하는 시장을 형성하고 수급 한계에 대한 예측과 해결에 참여 사업자의 의지를 수용하는 시장개방을 조건으로 한다. 이는 에너지 경작과 거래에 대한 제도의 출현을 예상하게 한다.

11 문정호, 이전 논문, pp. 90–95.

합리적인 제어장치를 통해 유효 에너지를 그리드에 공급하는 과정은 에너지 거래에서 생산과 소비의 단위별 거래주기 및 이동경로에 대한 의사결정 과정과 동시에 진행된다는 측면에서 지역 에너지 연계망의 유통구조의 안정성은 에너지의 효율성을 결정하는 주요한 변수로 간주된다.[12] 에너지 시장에서 생산과 비축 간의 상관관계는 에너지 상호 간의 가역성 및 이 과정에 개입되는 비용 그리고 에너지의 소실 등의 측면에서 고려될 수 있다. 유휴시설의 지정이 에너지 효율에 의해 결정되는 경우 고비용이 요구되는 시설은 최대 부하 시에 한정적으로 가동될 가능성이 높아진다. 반면 고효율 시설은 상시 에너지 공급원으로 활용될 것으로 판단된다. 그러나 유통망의 수송효율에 의한 에너지 효율의 경쟁력은 대개의 경우 거리와 수송용량에 의해 결정될 수 있다는 점에서 거래에 활용되는 지역 사회간접자본의 성능은 에너지의 생산과 동일하게 객관화 되어 관리 되어야 한다. 기존 구성요인들에 대한 기초자료조사는 에너지시설의 외부환경요인에 대한 물리적 특성으로서 주요 에너지생산과 소비지역 간의 물리적 거리와 연결조건에 대한 분석을 전제로 한다. 이는 다층구조를 이루는 에너지 환경 주변의 기능별 공간구성에 대한 자료조사를 포함하고 있다. 즉 이용자 측면에서의 에너지 환경이 가지는 지역적 맥락의 성격을 이해하고 이후 거시적 측면에서 에너지 효율 및 가용성을 기준으로 형성되는 에너지시설의 지능형 광역체계에 대한 시장 특성을 파악하는 것을 의미한다.

에너지 지구제의 행정적 경계를 확대하고 선택적이고 참여적인 에너지구역의 개방을 통한 광역에너지체계를 계획하는 과정은 지역에너지거점을 중심으로 인접 에너지시설 간의 상호지원과 보완을 통해 에너지 특성과 주기를 변수로 재구성하는 재정비계획을 통해 지역의 기존시설을 효율적으로 활용하는 방안을 모색하는 것을 의미한다. 따라서 현재 상대적으로 획일화된 에너지시설을 활용해 보다 전문적인 특성별 에너지 수요에 부응하기 위한 에너지 환경의 개선 및 특화 방안에 대한 도시계획 대안을 마련하는 것이 필요하다. 에너지의 유형 및 에너지 환경의 요소별 특성을 조직화하고 이를 객관적 기준으로 재조정하는 단계별 실행계획이 필요하다. 사례지역에서 에너지시설의 단위조직이 가지는 경계들은 자연발생적인 지형적 여건을 반영하고 있다. 따라서 기존도시의 에너지 지구

12 홍성민, 지역에너지시스템의 안정적인 계통 연계 및 독립운전 방법에 대한 연구, 강원대학교 전기전자공학과, 박사논문, 2008, pp. 23-24.

계획의 경우 에너지 소비인구의 분포와 서비스거리의 상관관계에서 발생되는 인위적인 기하학적 형태를 취하고 있는 것으로 파악되었다. 이러한 비정형적 에너지 지구범위의 지정에 따른 지역사회에서의 갈등은 인접 에너지시설에 대한 선호도와 상대적인 우월성을 확보하고 있는 에너지시설에 대한 선호도 사이의 격차가 큰 경우 보다 심각한 양상을 나타낼 것으로 예상된다. 현재 사회적인 문제로 제기되는 에너지 지구의 객관적인 편제와 대상 에너지 소비인구의 관리에 대한 갈등은 소비자의 에너지선택권 확대 방안에 대한 사례들에서 살펴볼 수 있다. 환경변화와 관련된 사회경제적 정책의 주요한 부분으로 에너지 환경의 재구성에 대한 제도적 대안이 논의되는 시점에서 에너지 소비주체의 선택권에 대한 확대를 추가하는 것은 당위성이 있는 반면, 에너지 환경의 효율성 측면에서 세부적인 갈등이 예상될 수 있다.

Ⅲ. 미래도시 에너지

적극적인 에너지 소비부문의 도시계획상의 연계를 통한 에너지 소비의 유도와 감소를 지향함으로써, 에너지 환경의 조직과 주기의 개선을 병행한 다양한 에너지 소비집단의 전문적 에너지 소비모형 개선이 도시의 에너지 환경을 변화시키는 단서가 될 수 있다는 점에서, 에너지시설자원의 효과적이고 효율적인 통합에 대비하여, 기존 에너지공간이 가지는 역할과 기능을 유지시키고, 에너지 환경의 정보화와 같은 새로운 에너지 공간수요에 대응하는 실현계획을 창의적으로 수립하는 시설의 통합운영을 위한 실험적 방안으로서, 시설의 운영계획에 대한 지역적 경계를 재조정하고 보다 융통성 있는 시설별 연계조직을 수송수단과 연계하여 광역화 하는 방법을 통해 소비자의 선택권을 강화하고 지역 간의 소통을 활성화 할 수 있는 광역체계에 대한 물리적 대안이 제시될 수 있다. 예로서 근거리에 있는 시설을 공유하는 경우와 원거리에 있는 시설을 공유하는 경우 이동에 소요되는 시간과 에너지의 유효범위를 세분화하는 방법을 통해 시설의 활용도를 향상시키고 에너지의 효율을 극대화할 수 있다. 즉 인접한 경우 이동에 소요되는 시간을 적정기준으로 가정할 경우, 특정 요일이나 해당시간을 전후한 시간표를 조정하여 해당지역의 통합운영시간표를 계획하는 방안이 제시될 수 있다. 예를 들어 지역 내의 모든 센터가 일괄적으로 정시에 시작하는 프로그램 대신, 각 센터가 일정 간격의 차등을 두고 유사한 프로그램을 운영한다면, 이동에 소비되는 시간을 고려해 다수의 이용자가 지역의 시설을 사용하기 위해 외부에서 이동할 수 있다는 사실이다. 이는 이동에 대한 에너지가 단지 센터의 프로그램을 이용하기 위해 발생하는 것이 아니라 출발지와 목적지의 사이에 존재하고 이를 경유하는 시간이 교통상황에 의해 또는 개인적인 사정에 의해 지연되거나 시간을 가지고 계획될 경우에 대비한 사회적 기회비용을 최소화하는 데 중점을 두고 있다. 특히 도시의 정보화에 따라 보다 많은 자세하고 정확한 지역정보의 서비스가 보편화 되고 있으며, 개인의 통신기기의 스마트화가 급속히 진행되고 있다는 사실은 이러한 이동경로상에서의 사회활동이나 개인적 활동이 기존의 출발지와 목적지 위주의 참여가 아닌 보다 개방된 이동경로에서의 참여에 비중을 두는 사회현상이 예상된다. 따라서 이동에 대비해 융통성을 가질 수 있는 각 시설별 프로그램의 재편과 시설의 배치를 동적인 경계단위로 재조직하는 도시 계획적 접근을 통해 지역의 에너지 단위를 스마트화 하는 지능형 에너지 생태계의 조성이 필요하다는 점을 강조하고자 한다.

이러한 도시조직의 재정비는 다양한 에너지의 네트워크 구성을 합리화하기 위한 기반시설 배치개념의 변화를 수반한다. 에너지와 해당 시설의 연계에 필요한 입체적 회로 구성을 위한 대안으로서 특히 시설에 대한 참여를 확대하고 해당시설의 에너지 환경을 합리화 하기 위해서는 기반시설의 유지보수 및 관리를 위한 도시공동관로의 추가적인 구축이 세부적으로 고려되어야 한다. 도시의 축을 3차원의 공간으로 가정할 경우 지역에너지체계의 형성은 에너지시설의 이용을 위한 이동순환체계의 구성과 밀접한 관계를 가지며, 지역에너지시설 통합계획에서 에너지 환경의 가로와 영역의 관계를 기능과 용도의 관점에서 구분하고 이들 유형을 에너지의 다양화를 위한 주변지역의 지구계획과 연계된 에너지활성화 동선의 확보를 통한 지역사회의 맥락에서 에너지순환체계를 구성하는 것을 의미한다. 이는 해당 에너지시설을 중심으로 에너지관로를 포함한 주된 기반시설의 연계에 대한 내용을 포함하게 된다. 입체적인 관점에서 가로의 경사도와 이에 대한 예상 설치거리를 측정하여 각 구간 별로 주변상황과 해당구간의 물리적 지형조건을 분석하고, 에너지시설 지역의 이동순환체계가 평면적인 경우, 이를 3차원 순환체계로 재구성하는 도시계획상의 재구성을 의미한다. 이 경우 경사도와 같은 물리적 조건과 가로에서의 에너지시설 접근성에 따른 인지도 등이 주요요인으로 작용할 수 있으며, 계절별 기후조건 등도 에너지시설의 거시적 지역체계를 구성하는 데에 주요한 고려요소로 판단된다. 이러한 물리적 특성에 추가하여, 이동순환체계에 대한 사회기능적인 요인들에 대한 분석은 유사행위에서와 같이 주변 에너지 환경에 대한 다이어그램을 통해 이동경로와 수직적인 주변의 공간특성을 유형화 하는 방법을 통한 유사시설의 군집에 대한 가능성을 입체적 에너지 환경에 연계하는 방안을 의미한다. 이는 동일한 물리적 환경에서 유사한 행태와 활동에 대한 공간사용 프로그램을 표준화하는 제도를 통해 시설의 활용 및 에너지 수급의 효율을 극대화 할 수 있다. 현재까지 에너지 사용에서 편차가 상대적으로 크게 나타나는 건물부문에 대한 에너지 소비의 주기별 균질성을 확보하는 방안으로 단순히 냉난방 부하의 조절을 통해 돌발적이고 극단적인 에너지 최대소비량을 회피해가는 방안에 대한 논의를 진행해왔다. 그러나 실제로 냉난방 부하에 대한 변화가 1991년과 2008년의 국가 에너지 통계정보시스템(KESIS)의 자료를 비교해 볼 때 전체 에너지 사용규모가 연간 약 104,376(Gwh)에서 388,073(Gwh)로 약 3.72배 증가한 상태이며, 건물부문의 경우 편차의 범위가 계절별로 그래프상으로 현격히 완만해진 모습을 보이고 있다. 이는 건물에서 냉난방이 차지하는 비중이 상대적으로 낮아졌다는 것을 의미한다. 이는 정보화에 의해 건물의 지능화가 진행될수록 계절별 편차는 더욱 미미해 질 것으로 예상된다.

에너지 생산과 소비의 불일치에서 발생되는 에너지의 무효화는 에너지 손실에 대한 원가보전의 문제를 제기한다. 에너지 무효화의 경우는 생산에 상응하는 소비가 없는 상황과 생산된 에너지가 이동 또는 다른 에너지로 변환되는 과정에서 소실되는 경우 그리고 비축된 상태에서 소멸되는 경우 등으로 세분되어 고려될 수 있다. 각각의 경우 보전 비율이 단순히 에너지의 효율이나 소실 비율로 산정되기 보다는 단계별 관련시설의 투자액을 반영하는 비율을 도출하는 것이 필요하다. 현재 진행되고 있는 지속가능한 지역사회의 재생과 관련된 지구환경개선사업은 신도시 개발과 상이하게 전형적인 자체 분화의 수단을 통해 에너지 수요의 증가에 대응해야 하는 물리적인 한계를 보여온 것이 사실이다. 하지만 지능형 에너지 기반시설의 도입에 대한 사회적 이해는 단지 에너지의 기계설비적 효율제고에 국한되지 않고, 보다 세부적인 에너지 소비에 대한 분석과 예측을 토대로 합리화 될 수 있다. 이는 기존 에너지 환경을 재조정하고 특히 소비자의 참여를 통한 에너지 부하에 대한 개방된 관리체계를 구축함으로써 공급자와 수요자가 공동의 목표를 위해 에너지에 대한 사회적 공유를 제도화하는 것에서 시작되는 통합에너지 정책을 필요로 한다.

에너지 소비에 대한 분석은 소비자의 행동양식, 에너지 절약 실천 및 에너지 사용 정보표시 여부 등의 에너지 소비들을 대상으로 진행되고 있다. 수요관리를 부하 관리와 에너지 효율로 구분하여 가변부하를 조절하는 방안이 제시될 수 있다. '81-'97년에는 중화학공업위주의 에너지 다소비형 산업의 발전으로 총 에너지소비 증가율(9.0%)이 GDP증가율(8.1%)를 상회한 결과 에너지원단위가 지속적으로 악화되었으나, 그 이후에는 에너지절약 시책의 지속추진, 에너지저소비형 신산업 성장등으로 GDP증가율(07년 5.0%)보다 1차에너지소비증가율(07년 3.0%)이 낮아짐으로써 에너지원단위는 꾸준히 개선되고 있는 상황에 있다.[13] 에너지 공급과 소비에 따른 거래정보를 공유하고 스마트계량시스템을 통해 에너지 이용 계획을 실천하는 에너지 생태계에 대한 새로운 실험은, 계절과 날씨와 같은 자연조건과 활동과 집단과 같은 사회조건에 따라 특성을 반영해 추정요금을 가정하고 적정화하는 시뮬레이션이 될 것이다. 스마트계량시스템 실증실험 결과에 따르면 2008년 전체 1천3백만 가구를 대상으로 스마트시스템을 도입한다고 가정할 경우 연간 7.5%의 전력에너지 절감이 기대되며 이는 약 4천억의 비용이 절감되어 가구당 약 4만3천 원의 전기요금이 절약될 수 있다고 예측하고 있다.[14] 이러한 에너지 환경의 효율을 제고하기 위한 지능형 시스템의 개발은 에너지의 공급과 소비를 연계하고 관리하는 운영체계나 하드웨어를 지원하는 미들웨어로서 유무선 통신용 네트워크, 내장 프로세서, 시스템 칩으로 구성되는 그리드 네트워크 기술을 활용하여 에너지 환경의 새로운 차원으로 이동과 분산에 대한 개념이 고려될 수 있음을 의미한다.[15]

에너지 부하에 대한 균질화 과정은 실제 시설의 냉난방에 따른 계절적 변화에 비해 사회활동의 변화에 대한 도시계획적 대응에서 중요한 단서를 나타낼 것

13 에너지원단위현황, http://www.index.go.kr/egams/stts/jsp/potal/stts/PO_STTS_IdxMain.jsp?idx_cd=1169

14 임상국, 수요관리자원으로서 스마트계량시스템을 통한 에너지 소비 절감효과 분석, 숭실대학교 전기공학과, 박사논문, 2009, pp. 113-115.

15 조주형, 유비쿼터스 홈 환경에서 저전력 소비를 위한 에너지 기반 미들웨어 개발 및 연구, 중앙대학교 전자전기공학부, 석사학위논문, 2007, pp. 8-10.

으로 예상된다. 예로서 월드컵이 열리는 동안 공공장소와 주변에서 일어나는 사회적 활동과 이를 원격참여를 통해 간접적으로 체험하려는 다양한 행위들에서 발생되는 연결과 의사교환에 대한 에너지 부하가 새로운 변수로 부각될 수 있다. 이러한 시기적 요인은 보다 전문적이고 거시적인 차원에서의 에너지정책에 대한 중장기 계획을 전제로 준비될 수 있다는 측면에서, 현재 지능형 전력망을 필두로 다가올 정보사회의 도래에 대한 거대 담론이 에너지 생태계에서도 중요한 비중을 가지게 됨을 의미한다. 사회변화에서 수요에 대한 예측과 관련하여 자동차에 대한 과거의 기억들은 우리가 얼마나 미래를 예측하기가 불가능한가에 대한 좋은 경험일 것이다. 2010년 현재 국내에는 1천8백7십만 대의 자동차가 전국도시 전체를 덮고 있다. 누구도 예측하지 못했던 자동차의 경우처럼, 우리는 어떻게 에너지 환경의 미래를 준비할 수 있는가라는 질문에 직면하고 있다. 어쩌면 에너지 제도의 진화에 대한 미약한 단서로 지능형 에너지 생태계가 가지는 소비자와 생산자의 참여에 세계사회가 지나친 기대를 걸고 있지는 않은가라는 회의적인 시각도 설득력을 가진다. 하지만 에너지 수급을 입체화하는 과정에서 선택적으로 필요한 추가에너지프로그램에 대한 주기별 구성을 시도함으로써, 지역적 맥락을 통해 에너지 환경을 개선하는 지역참여방안이 마련될 경우, 에너지의 생산과 소비구조에서 시간대별로 에너지의 이동순환체계가 다양화될 수 있다는 사실로 미루어 볼 때, 앞으로 에너지시장에서 거래에 대한 제도적 장치가 이동에 대한 차원을 수용하는 새로운 인터페이스로 통합될 것으로 예상할 수 있다.

따라서, 입체적인 에너지연계유형을 구조화 함으로써, 에너지시설운영에서 스마트 네트워크를 통해 거시적 가상순환체계를 구축할 수 있다고 가정할 경우, 상대적으로 다차원적인 에너지순환체계가 새로운 에너지영역의 차원으로 인식되고 개발될 수 있다고 판단된다. 에너지 환경을 구성하는 통합순환체계의 범주화 과정은 공간단위가 가지는 유형과 밀접한 관계를 형성하고 있다. 현재의 에너지 지구제도에서 에너지시설의 선택을 위한 영역의 분화 및 연결을 보다 효율적이고 다양하게 재구성하기 위한 대안은 에너지 지구제도의 진화단계를 통해 가시화 될 수 있다. 이는 기존의 기본단위를 전제로 한 에너지 지구제의 근간을 유지하는 상태에서 에너지 지구영역이 가지는 경계에 대한 동적인 확대를 부여함으로써 해당지역의 에너지 지구단위에서 통합 운영되는 주기에 따른 이동순환체계를 통해 에너지 소비 및 특성에너지에 대한 기회를 선택할 수 있는 제도적 장치와 물리적 환경을 제공하는 것에서 시작된다.

물리적 요인에 대한 단계별 대안은 분화주기에서 유형화되는 특정 에너지프로그램에 대한 에너지 활동 또는 에너지접근에 국한되지 않고, 이동순환체계를 활용하여 에너지선택권의 광역화를 추구하는 것을 의미한다. 이는 지자체 차원의 에너지프로그램에 대한 운영관리체계를 구축하고 보다 민주적인 과정을 통해 에너지 환경을 공유하는 주체적 참여를 요구한다. 사회적 측면에서의 제시된 광역연결을 위한 사회제도적 대안은 근대적 이동순환체계에 국한되지 않는 새로운 차원의 에너지 체계에 대한 참여(tele-presence)와 협력활동(collaborative activity)을 제안하고 있다. 즉 에너지 소비와 장소에 대한 3차원적 한계를 해결하기위한 대안으로 집단참여에 대한 관계조직을 활성화하고, 집단의 자발적 참여를 통해 에너지 이동을 최소화하고 에너지의 상호작용을 증진시킬 수 있는 도시계획 대안의 개발에 비중을 두고 있다. 이러한 도시공간의 상호작용을 전제로 한 개방적인 조직의 회복은 점진적으로 지역에너지시설에서의 소비에 영향을 미치게 되며, 보다 성숙된 에너지 소비와 시설에 대한 지역적 공유를 통한 에너지프로그램의 활성화로 이어지게 된다. 이러한 도시조직과 행위모형의 개발은 물리적 환경에서 범주화되는 사회에너지 소비집단의 활성화를 통해 도시와 주변지역을 포함하는 에너지의 물리적 환경과 사회적 참여를 통한 이동주체 간의 사회적 교류를 최적화하는 방향에서 진화를 지속할 것으로 예상된다.

에너지 환경의 효율을 최적화하는 방안으로 유동적인 소비유형에 연계되는 실시간 요금제에 대한 논의는 소비자의 수요반응을 유도하여 전기사업자와 소비자 사이의 양방향 상호작용을 통한 전력수요의 예측을 가능하게 한다. 예로서, 조지 전력(George Power)의 사업유형을 살펴보면, 시간에 따른 에너지총량에 대한 차이를 이용해 에너지를 매매하는 방식을 취하고 있다. 이는 도매시장의 수급에 의한 가격결정이 아닌 내부적 한계운영비용을 반영하여 결정되며, 실시간 요금제에 근거하여 1일 전 기준(월 250kW 이상 소비자)과 1시간 전 기준(월 5MW 이상 소비자)으로 실시간 가격을 사전에 제공함으로써 소비자들의 반응을 유도하고 있다. 이 실시요금제는 소비자의 과거 전력소비량의 평균치에 근거하여 기준소비량(CBL, Customer Baseline Load)을 기준으로 실제 소비량과 기준소비량이 차이가 나는 부분에 대해서만 실시간 가격을 적용하고, 기준 소비량에 대해서는 고정요금제를 적용하는 이원화된 실시간 요금제를 시행한다. 국내 에너지 통계와 관련해 2008년 연간 전력부문별 소비실적에 대한 자료를 기가와트(Gwh)단위로 살펴보면, 전체 전력소비량 약 388,073가운데 산업부문에서 약 50.1%, 수송부문에서 약 0.6%, 그리고 건물부문(가정·상업·기타)에서 약 49.3% 정도의 소비가 있었던 것으로 조사되었다. 부문별 월평균 전력소비는 산업 16,219, 수송 190, 건물 15,931, 전체 월평균 32,339 기가와트(Gwh)로 기록되었다. 월별 최고치는 산업부문과 수송부문이 1월에 각각 16,853 및 218, 그리고 건물부문이 1월과 근소한 차이로 2월에 18,317을 기록했다. 월별 2차 최고치는 산업부문이 7월 16,852 수송부문이 8월 204, 그리고 건물부문이 1월 18,059를 기록했다. 조사기간 중 월 최저 전력소비를 나타낸 경우는 산업부문에서 연말과 구정이 있는 12월과 2월 1,532와 15,644, 수송부문의 경우 냉난방 부하가 적은 4월과 10월에 169를 기록했다. 건물부문도 냉난방 수요가 적은 5월과 6월 및 9월에 각각 13,775과 13,935 및 14,969을 기록하고 있다. 각 부문별 편차를 분석해보면 산업부문의 월평균소비량 16,219에 비해 1월과 7월에 약 633 전력소비가 증가를 보이고 12월에 약 899의 소비감소를 나타내고 있다. 수송부문은 월평균소비량 190에 비해 1월과 2월에 약 28에서 26의 전력소비 증가가 있었고, 4월과 10월에 약 21의 소비감소가 있었다. 건물부문은 월평균소비량 15,931에 대해 1월과 2월에 2,128과 2,386의 소비증가 그리고 5월에 2,156의 소비감소가 보여진다. 2008년 현재 국내 에너지 부문별 월별사용실태자료는 동일한 부문의 에너지 사용에 대한 분석이 지역에너지 구역의 각 부문별 에너지사용량의 측면에서 조사되고 검토될 경우, 앞에서 살펴본 실시간 요금제의 소비자 유도에 의한 에너지 부하의 조정이나 지자체나 사회별 에너지 소비패턴에 근거한 효율적 에너지 수급체계의 구축을 위한 상호연계 네트워크 활용 등의 에너지 관리 전략을 수립하는 측면에서 도시계획에 따른 에너지 환경의 재정비가 필요할 수 있다는 점을 시사하고 있다. 즉 지역균형 발전과 국가적인 차원에서의 적정화된 에너지 배치계획의 수립에 대한 정책적인 고려가 수반된다면 효율적인 에너지시설의 지역체계를 개선하고 재정비하기 위한 부문별 시설계획 및 운영에 관한 구체적인 에너지 전문가 집단의 참여가 가능함을 의미한다. 원격지에서 수급되는 대규모 중앙집중식 에너지 체계에 대한 대안으로 소규모로 운영되는 분산 배치식 에너지 공급체계가 개발됨으로 수요지와 공급지 간의 전력계통을 연계해서 운영할 수 있는 방안이 구현 가능하게 되었다. 이러한 탈 중심화된 분산형 에너지 공급체계는 수요자의 요구에 적합한 에너지 환경을 제공하는 지역 에너지 수급체계로 에너지 절약, 친환경 에너지 생산, 도시환경 개선 등의 목적에서 진행되고 있다. 저층 주거단지, 고층 집합주거단지, 복합단지, 업무단지의 5개 특성지역을 대상으로 진행된 도시 유형별 에너지 환경 분석에 따르면 특정 도시지역의 에너지 소비량 측정하고, 이에 기초한 신재생 에너지 생산량을 가정하여, 5개 특성지역 간 에너지 거래량을 예상하는 등의 에너지 계획과정을 통해 도시의 에너지 소비를 합리적으로 관리할 수 있는 에너지 시설계획에 대해 예시하고 있다.[16]

사회적 가치와 물리적 환경의 대응에서 발생되는 경제적 효용과 한계에 대한 고려는, 제기될 수 있는 현상의 유형들을 예측하고, 이를 정량화하는 데 사용되는 모든 수단이나 기준으로서의 도량형 제도의 수립하는 과정과 관계된다. 단위에 따른 거래제도의 시행은 지역의 특성을 반영하는 합리화 과정을 거쳐 현실화 된다.[17] 행정중심복합도시의 사회적 기능을 수행하기 위한 세종 신도시의 입안과정은 대도시 인근지역을 대상으로 추정인구 50만 명을 수용하기 위한 도시 기반시설에 대한 계획에서 6개의 행정단위로 구성되는 각 단위지역에 대한 현상의 유형을 가정하고 있다. 예로서, 각 단위는 10만 명 미만의 지역단위로 지구중심을 갖도록 설계되었으며, 각 지역의 중심지구들은 예상 인구를 수용하기 위한 특정 기준에 따라 용도별 부지와 기반시설을 배치하도록 계획되었다. 이 경우 6개의 지역이 예상대로 개발되지 않을 경우 도시를 지원하는 기반시설에 대한 개발비용과 운영비는 지방자치단체에 재정 부담으로 작용할 수 있다. 역으로 도시가 예상보다 과대하게 인구 집중이 진행되어 물리적으로 확대되는 상황에 직면하면, 주변 도시와 물리적으로 인접하게 되는 행정적 경계의 약화가 예상되며, 두 개 이상의 도시가 물리적으로 병합되는 상태가 될 수도 있다. 두 가지의 경우 모두 일반적으로 도시는 계획대로 유지되거나 운영되지 않을 수 있다. 물리적인 통합은 단순히 경계의 팽창에 따른 병합이 아닌 이동수단의 효율성에 따른 소비주체 및 물류의 이동일 수도 있다는 측면에서, 지역 개발의 불균형이 초래

16 정아름, 도시특성에 따른 신재생에너지시스템 복합 적용 방안에 관한 연구, 중앙대학교 건축학과, 석사논문, 2011, p. 93.

17 조세·공납 또는 건축·토목공사에 소요되는 곡식 등의 공출이나 물자의 조달 등의 필요에 따라 도량형 제도는 집단생활인 국가의 형성과 더불어 제일 먼저 생겨난 경제의 기초제도로서 법률적인 체계를 갖추게 되었다(네이버 백과사전 http://100.naver.com/100.nhn?docid=47704 참조).

하는 이동의 문제는 동일한 이유에서 에너지 생태계에서도 지역 에너지 체계를 변화하게 하는 주요인자로 작용할 수 있다.

중국의 경우 북경올림픽에 즈음하여 북경과 상해 연결 철도의 개통으로 두 대도시 주변의 약 3억 인구가 대도시 일일생활권으로 편입되는 과정에서 대도시의 사회경제 집중현상이 심화되는 부작용을 경험하고 있다. 국내의 경우 KTX의 개통과 확대로 지방 중소도시의 경쟁력이 퇴화되어 대도시 쏠림 현상이 심각하게 지방경제를 침체시키는 것으로 분석되고 있다. 지역 경계의 해체나 이동의 효율이 부수적으로 수반하는 시장 경쟁력에 대한 사회적 논의는 현재 진행되고 있는 에너지 생태계의 재구성에서 다음과 같은 이유에서 간과될 수 없는 주요한 부분이다. 우선, 에너지 기반시설은 장기적인 계획과 구축을 요하는 대규모 투자사업으로 초기 추진방향이 잘못될 경우 과도한 사회적 비용이 소모되는 특성을 지닌다. 둘째, 에너지원의 다양화에 따라 화석, 원자력 및 재생에너지를 이용하는 시설별 에너지 구역계획의 특성이 차별화 될 수 있다. 셋째, 에너지 시장에서 잉여에너지 비축을 포함한 에너지 생산과 소비의 직거래를 활성화하는 제도를 시행하여 에너지 효율을 제고하는 정책이 도입될 수 있다.

특히, 에너지 생산시설이 친환경적이지 않은 경우 대기 및 수질 오염과 방사능 오염을 포함한 소음 및 악취 등을 유발할 수 있으며, 정서적으로 회피시설에 해당하는 에너지 공급시설은 가능한 소비지역과 분리되는 계획을 선호해왔다. 이러한 물리적 격리는 에너지의 전달을 위해 추가적으로 소요되는 선로, 배관 및 이를 보호하고 관리하기 위한 점검구 등의 설치에 대규모 예산이 소요됨은 물론 에너지의 이동에서 적지 않은 손실이 수반된다는 측면에서 친환경적인 에너지 생산시설을 보급하여 에너지의 운반거리를 최소화하고 하수 및 쓰레기 처리 및 재활용을 통해 환경오염을 최소화하고 에너지 효율을 최대화하는 마이크로 에너지 네트워크(Micro Energy Network)을 활성화하려는 시도로 새로운 국면을 맞이하고 있다. 이는 지자체별로 에너지의 수급을 해결하는 방식으로 지역정서에 배치되는 님비현상(Not In My Back-Yard)으로 중앙정부에서 국토의 효율적 이용계획에 의해 회피시설을 특정지역에 배치할 경우 지역 주민의 반대에 부딪쳐 에너지 공급계획에 차질이 일어나거나 이를 무마하는 과정에서 지역에 과도한 보상계획을 추가로 이행하는 데 필요한 사회비용을 고려할 때 소형 에너지 생산시설이 실제적으로 대형 시설에 대해 사회경제적으로 경쟁력을 가진다는 측면에서 또한 사업이 지자체 단위로 진행되어 예산의 편성, 집행 및 지역사회 환원과 시설운영 및 유지보수가 지자체 단위로 진행되는 측면에서 전반적으로 각 지역에서 선호되고 있는 실정이다. 중앙공급제도가 지역공급제도로 분산 배치되는 단계에서 각 지자체가 경쟁적으로 신규제도를 시행하는 과정에서 예상되는 문제로는 첫째, 중앙 에너지 시설이 생산하는 최소단위의 생산설비가 지원하는 용량이 대상지역의 에너지 소비량을 현저히 초과하는 경우 중앙 에너지 시설의 효율이 설비의 기계적 효율과 무관하게 불합리하게 운영될 수 있으며, 둘째, 중앙 에너지 시설과 지역 에너지 시설이 중복투자로 중앙 및 지방예산이 낭비될 수 있다는 점이 지적될 수 있다. 또한, 지역단위 에너지 시설이 개발밀도의 증가에 의해 과부하가 걸리는 시점에서 설비를 증설하는 것이 물리적이나 경제적으로 합리적이지 않을 경우 에너지 수급계획에 대안을 마련하기가 용이하지 않다는 점 등을 들어 중앙공급과 지방분산배치에 대한 논의를 확대할 수 있다.

생산과 소비의 거래구조에서 1978년 항공운임의 자유화에 따른 시간의 가격제도는 고가의 운임을 감수하고 귀가를 서두르는 출장여행자와 낮은 가격에 일정을 바꾸는 일반여행자를 구분함으로써 동일한 이동에 대한 이용요금 차별화를 시도하고 있다.[18] 이제 지능형 에너지 생태계의 출현은 이동과 행위를 아우르는 참여와 주체의 차별화를 차원화함으로써 보다 입체적이고 개방적인 시장체계를 제시하고 있다. 이는 약속에 대한 제도적 영향력을 적용할 수 있도록 시장에 대한 의사교환의 가능성을 실시간으로 제공하는 거래 장치 및 시스템의 도입을 통해 다양한 정보를 탐색하는 과정에서 제품이나 서비스에 대한 태도가 형성되며, 이에 따라 행동이 진행될 수 있다는 가정에서 기존의 에너지 시장이 재편됨을 의미한다. 모든 가능성은 열려있다. 이제 구매에 대한 확신은 다시 소비자와 생산자를 일치시킬지 모르나 장기적으로 소비자의 에너지 소외현상은 심화될 것으로 예상된다. 이는 정보의 불균형(Digital Divide)이 초래하는 사회적 현상의 대표적인 사례가 될 것이다. 인터넷시장과 동일하게 에너지시장에서도 에너지의 가격은 에너지의 효율과 무관하게 충분히 소비를 자극할 수 있도록 형성될 것으로 예상된다. 이는 에너지시장이 시뮬레이션을 거치는 동안 소비자의 자기자각에 의한 소비유형 변화에도 불구하고 생산자에 의해 제기되는 패키지형 상품과 통합에너지 상품의 등장으로 에너지 수급의 정성적 차별화가 진행될 수 있음을 의

18 에두아르도 포터, 손민중·김홍래 역, 모든것의 가격, 김영사, 2011.

미한다. 에너지시설에 따른 유해한 환경영향은 인근지역의 에너지 가격에 반영될 수 있다. 탄소거래제도와 에너지제도의 상호관계는 지역과 환경의 인자들을 에너지에 따라 환산하는 시장경제의 새로운 인터페이스로 이해될 수 있다. 새로운 가능성은 이미 현재로 우리 주위에 있다.

참고문헌

국내문헌

문정호, 집단 에너지 사업자간 전력 및 열의 최적거래 메커니즘 개발, 인하대학교 전기공학과, 박사논문 (2009).

에두아르도 포터, 손민중·김홍래 역, 모든 것의 가격, 김영사 (2011).

임상국, 수요관리자원으로서 스마트계량시스템을 통한 에너지 소비 절감효과 분석, 숭실대학교 전기공학과, 박사논문 (2009).

정아름, 도시특성에 따른 신재생에너지시스템 복합 적용 방안에 관한 연구, 중앙대학교 건축학과, 석사논문 (2011).

조주형, 유비쿼터스 홈 환경에서 저전력 소비를 위한 에너지 기반 미들웨어 개발 및 연구, 중앙대학교 전자전기공학부, 석사학위논문 (2007).

홍성민, 지역에너지시스템의 안정적인 계통 연계 및 독립운전 방법에 대한 연구, 강원대학교 전기전자공학과, 박사논문 (2008).

외국문헌

A. Mackenzie, Wireless: Radical Empiricism in Network Cultures, MIT Press (2010).

D. Tapscott and A. D. Williams, Macro Wikinomics, Rebooting Business and the World, Portfolio Penguin (2010).

"기후변화시대의 에너지법정책" 포럼의 연구 경과

제 1 차　에너지법정책포럼
2010년 9월 28일(화) 리츠칼튼호텔 칼라시아룸

인사의 말씀: 조홍식(서울대학교)

축하의 말씀: 이경훈(포스코에너지)

제 1 부　기후변화가 가져올 에너지 산업의 미래

사회: 김우영(성균관대학교)

1. 김희집(Accenture), "녹색산업의 현황 및 제언"
2. 김성일(서울대학교), "2030 에너지자립을 위한 신 국토이용 구상"
3. 김도년(성균관대학교), "녹색에너지시대에서 도시의 발전과 적응"
4. 이경훈(포스코에너지), "산업발전과 탄소정책의 조화"

제 2 부　기후변화시대의 에너지법정책

사회: 이재협(서울대학교)

5. 원희룡(국회), "우리나라 에너지 정책의 방향: 환경적 관점"
6. 김상협(청와대), "녹색성장과 에너지 정책"

제 3 부　종합토론

사회: 조홍식(서울대학교)

제 2 차 에너지법정책포럼
2011년 2월 26일(토) – 2월 27일(일), 제주신라호텔

인사의 말씀: 조홍식(서울대학교)

제 1 부 기후변화와 에너지법정책

사회: 조홍식(서울대학교)

1. 황진택(삼성지구환경연구소), “Energy Megatrend & Business Perspectives”
2. 김우영(성균관대학교), “미래도시 지능형 에너지 생태계”
3. 안병옥(기후변화행동연구소), “독일 생태적 조세개혁의 성과와 시사점”
4. 강남훈(지식경제부), “에너지 · 기후변화시대의 에너지정책/RPS현황 및 추진방안”

제 2 부 기후변화와 에너지법정책

사회: 조홍식(서울대학교)

5. 윤종수(환경부), “저탄소 녹색성장 시대에서의 에너지와 대기환경정책”
6. 박태진(지속가능경영원), “온실가스목표관리제와 배출권거래제: 쟁점과 제언”
7. 김승래(한국조세연구원), “녹색성장을 위한 에너지 · 환경세제 개편방안”

제 3 부 기후변화와 에너지법정책

사회: 조홍식(서울대학교)

8. 이경훈(포스코에너지), “탄소정책과 주력산업의 지속가능 녹색 경쟁력”
9. 김태호(대법원), “독일법상 친환경적 에너지정책 구현의 법적 수단”
10. 황형준(법무법인 율촌), “배출권거래제도와 신재생에너지 공급의무제도의 연계가능성 과 법적 쟁점”

제 3 차 에너지법정책포럼
2011년 9월 16일(금) 13 : 00－18 : 00 서울대학교 법과대학 100주년기념관 소강당

인사의 말씀: 조홍식(서울대학교)

전체사회: 김우영 교수(성균관대학교)

기조연설: Daniel Farber(University of California, Berkeley School of Law), "Combining Economic and Environmental Benefits Through Energy Efficiency"

제 1 부 기후변화시대의 에너지법과 정책

사회: 조홍식(서울대학교)

1. 이재협(서울대학교), "기후변화의 도전과 미국의 에너지법정책"
   토론: 소병천(아주대학교)
2. 황형준(법무법인 율촌), "신재생에너지 의무할당제에 관한 쟁점들: 영국의 의무할당제를 중심으로"
   토론: 이준서(법제연구원)
3. 김태호(대법원), "기후변화의 도전과 독일의 에너지법정책"
   토론: 이유봉(법제연구원)

제 2 부 기후변화시대의 에너지법과 정책

사회: 조홍식(서울대학교)

4. 문상덕(서울시립대학교), "일본의 에너지법정책"
   토론: 최환용(법제연구원)
5. 허성욱(서울대학교), "기후변화시대의 에너지법"
   토론: 정훈(전남대학교)

제 3 부 종합토론

사회: 조홍식(서울대학교)

집필진(차례순)

조홍식	서울대학교 법학전문대학원 교수
Daniel Farber	University of California, Berkeley, Professor
John M. Leitner	Baker Botts법률회사, 변호사
윤세종	김앤장법률사무소, 변호사
이재협	서울대학교 법학전문대학원 교수
안병옥	기후변화행동연구소, 소장
황형준	법무법인 율촌, 변호사
김태호	대법원, 재판연구관
문상덕	서울시립대 법학전문대학원 교수
한삼희	조선일보, 논설위원
허성욱	서울대학교 법학전문대학원 부교수
강남훈	대통령실, 지식경제비서관
윤종수	환경부, 차관
이규용	김앤장법률사무소 상임고문, 전 환경부장관
박천규	환경부, 기후대기정책관
유승직	온실가스종합정보센터, 센터장
김승래	한림대학교 경제학과 교수
황진택	고려대학교 그린스쿨대학원 교수
이경훈	포스코에너지, 부사장
신승국	(주)SK에너지, CR전략실장
김우영	성균관대학교 건축학과 교수

편저자 약력

조 홍 식

1987년 서울대학교 법과대학 졸업
1989년-1991년 부산지방법원 판사
1993년 University of California, Berkeley, School of Law, LL.M. (Master of Laws)
1994년-현재 미국 뉴욕주 변호사
1995년 University of California, Berkeley, School of Law, J.S.D. (Juridicae Scientiae Doctor)
1997년-현재 서울대학교 법학대학원 교수
서울대학교 법학대학원 교무부학장

주요저서

법률가의 윤리와 책임(2판), 2003년, 박영사(공저)
공정거래와 법치, 2004년, 법문사(공저)
국제기준과 법의 지배, 2004년, 박영사(공저)
민주주의와 시장주의, 2007년, 박영사
식품법, 2008년, 경인문화사(공저)
소비자와 법의 지배, 2008년, 법문사(공저)
기후변화와 법의 지배, 2010년, 박영사(공편)
사법통치의 정당성과 한계(2판), 2010년, 박영사
판례환경법, 2012년, 박영사

환경에너지법정책센터 연구 시리즈 2013-1
기후변화시대의 에너지법정책

2013년 1월 5일 초판인쇄
2013년 1월 10일 초판발행

편저자 조 홍 식
발행인 안 종 만
발행처 (주) 박영사
서울 특별시 종로구 평동 13-31번지
전화 (733)6771 FAX (736)4818
등록 1959. 3. 11. 제300-1959-1호(倫)

저자와 협의하여 인지첩부를 생략합니다

www.pybook.co.kr e-mail: pys@pybook.co.kr

정 가 38,000원 ISBN 978-89-6454-882-0